Claus Bliefert
Umweltchemie

Claus Bliefert

Umweltchemie

Dritte, aktualisierte Auflage

unter Mitarbeit von
Florian Bliefert und Frank Erdt

 WILEY-VCH

Professor Dr. Claus Bliefert
Labor für Umweltchemie
Fachbereich Chemieingenieurwesen
Fachhochschule Münster
Stegerwaldstraße 39
D-48565 Steinfurt

1. Auflage 1994
Nachdruck der 1. Auflage 1995
2. Auflage 1997
3. Auflage 2002

Die Deutsche Bibliothek – CIP-Einheitsaufnahme
Ein Titeldatensatz für diese Publikation ist bei Die Deutsche Bibliothek erhältlich

© WILEY-VCH Verlag GmbH, 69469 Weinheim (Federal Republic of Germany); 2002

Gedruckt auf säurefreiem und chlorfrei gebleichtem Papier.

Umschlaggestaltung: Gunther Schulz, Fußgönheim

Meiner Frau
und meinen Kindern

Teil I
Umwelt, Stoffe

Vorwort

Die Umweltchemie ist längst aus einem deutschen oder anderen nationalen Rahmen hinausgewachsen; die lokale Betrachtungsweise der „Chemie um uns" hat weitgehend kontinentalem und globalem Denken und Handeln Platz gemacht. Landespezifisch und regional geprägte Problemstellungen aus den unterschiedlichen geografischen Zonen wachsen, mit jeweils eigenen Erfahrungen und Erkenntnissen, immer mehr zu einem Gesamtbild zusammen. Aus all dem zusätzlich in Erfahrung Gebrachten gilt es, eine „Umweltchemie" immer wieder neu zu schreiben.

Dem allen trägt diese Neubearbeitung Rechnung, wobei ich mich bevorzugt – besonders augenfällig beim Umwelt-Recht – um eine europäische Sichtweise bemüht habe. Die Veränderung des Blickfelds ist mit einer Aktualisierung der meisten Daten verbunden.

Wertvolle Impulse flossen in die vorliegende Neuauflage ein aus der Zusammenarbeit mit meinem Kollegen ROBERT PERRAUD aus Grenoble; wir haben im letzten Jahr zusammen eine „französische Umweltchemie" verfasst:

C. BLIEFERT, R. PERRAUD. 2001. *Chimie de l'Environnement*. Paris: DeBoeck Université. ISBN 2-7445-0086-0 (477 Seiten).

Sollte die *Umweltchemie* bisher zur Versachlichung der Umweltdiskussion beigetragen haben, so wäre das der schönste Lohn für mich und meine Frau, Annie Bliefert, die meine neuerlichen Arbeiten am Manuskript mit Geduld und Verständnis mitgetragen hat!

Kollegen und Freunde haben zahlreiche wertvolle Hinweise gegeben zu Veränderungen und Verbesserungen, die in diese Auflage eingeflossen sind:

> Prof. Dr. HERMANN BÜTTNER, Steinfurt
> Dr. habil. HANS F. EBEL, Heppenheim
> Prof. Dr. NORBERT EBELING, Steinfurt
> Professeur SERGE GÉRIBALDI, Université de
>   Nice-Sophia Antipolis
> Dipl.-Ing. STEFAN KIEFABER, Völklingen
> Prof. Dr. EDUARD KRAHÉ, Metelen
> Prof. Dr. GÜNTER LIECK, Steinfurt
> Professeur ROBERT PERRAUD, Université Joseph Fourier,
>   Grenoble

Ihnen sei an dieser Stelle herzlich gedankt!

Besonders bedanken möchte ich mich für die bewährte tat-kräftige Mitarbeit von Dipl.-Chem. Dipl.-Ing. FRANK ERDT und von cand. chem. FLORIAN BLIEFERT!

Schöppingen, im Juli 2002   Claus Bliefert

Vorwort zur 1. Auflage

Aber die Natur versteht gar keinen Spaß, sie ist immer wahr, immer ernst, immer strenge, sie hat immer recht, und die Fehler und Irrtümer sind immer des Menschen.

Johann Wolfgang von Goethe
(Gespräche mit Eckermann)

Diese Einführung in die *Umweltchemie* ist aus einer Vorlesung entstanden, die ich im Fachbereich Chemieingenieurwesen in Steinfurt gehalten habe.

Das Buch soll einen Überblick geben über die Erde – ihre Entstehung und ihren gegenwärtigen Zustand –, über die Bereiche Luft, Wasser und Boden und über Eigenschaften, Reaktionen, Quellen und Senken sowie die Gefährlichkeit umweltrelevanter Stoffe und über Abfälle. Sachverhalte werden durch möglichst aktuelles Datenmaterial belegt und veranschaulicht.

Dieser Überblick will, und das ist sein vorrangiges Ziel, das Bewußtsein der Leser für das weite Feld der Umweltprobleme und deren chemische Hintergründe schärfen. Es will auch einen Beitrag zur öffentlichen Diskussion über den Problemkreis „Chemie und Umwelt" leisten. Auch dem chemisch weniger Versierten soll ein Überblick über die „Umweltchemie", eine junge umfangreiche Disziplin, gegeben werden; große Passagen dieses Buches sollen verständlich sein für Leser mit Kenntnissen, wie sie bereits nach kurzem Chemieunterricht vermittelt sind. Manche Zusammenhänge der *Umweltchemie* mit anderen, eher „chemiefernen" Disziplinen werden angerissen.

Und ein weiteres: Chemie hat inzwischen viel mit Gesetzen und Verordnungen zu tun, und viele Bürger – auch unsere Hochschulabsolventen – wissen darüber zu wenig; deshalb sind eigene Kapitel zu wichtigen Vorschriften des Umweltrechts aufgenommen worden, im besonderen zum Gefahrstoff-, Immissionsschutz-, Gewässerschutz-, Bodenschutz- und Abfallrecht.

Auf den Bereich „Kernchemie/Atomenergie" wird in dem Buch nicht eingegangen: Dies hätte den vorgegebenen Rahmen gesprengt; zudem gibt es Berufenere, die sich darüber bereits umfassend in sachkundigen Schriften ausgelassen haben.

Dieser Überblick über die *Umweltchemie* ist in fünf Teile gegliedert:

I   Umwelt, Stoffe
II   Luft
III   Wasser
IV   Boden
V   Abfall

Da die Chemie der Umwelt vernetzt ist, wird zu manchem Thema in mehr als einem Kapitel – jedoch unter verschiedenen Blickwinkeln – etwas gesagt. Solche Überschneidungen wurden bewußt in Kauf genommen, Querverweise stellen die Verbindungen her.

Vorwort zur 1. Auflage

Um diesem Überblick seinen Lehrbuchcharakter nicht zu nehmen und um den Lesefluß nicht zu stören, sind im laufenden Text keine Verweise auf Bücher oder Zeitschriftenartikel aufgenommen worden. Benutzte und weiterführende Literatur sind am Ende jedes Teils angegeben. Verweise auf die Quellen für Abbildungen und Tabellen befinden sich in Anhang C.

In einem weiteren Anhang (Anhang A) wird auf die Angabe der Konzentrationen von Stoffen in der Atmosphäre eingegangen. Anhang B enthält eine alphabetische Zusammenstellung zahlreicher die Umwelt betreffender Gesetze und Verordnungen.

Ein umfangreiches Register schließlich soll das Auffinden von Definitionen, Beispielen usw. erleichtern und diesem Buch einen Hauch von „Umweltchemielexikon" verleihen.

Schöppingen, im Juli 1994   Claus Bliefert

Vorwort zur 2. Auflage

Wer sich auf sein Herz verläßt,
ist ein Narr;
wer aber mit Weisheit geht,
wird entrinnen.

Bibel, Sprüche 28, 26

Die erste Auflage der *Umweltchemie* wollte verständlich in das weite Feld „Chemie und Umwelt" einführen, wollte umfassend sein und leicht zu lesen. Das Buch wollte für Studenten und Schüler, für Chemiker und Chemie-Ingenieure und auch für Vertreter anderer Fachrichtungen eine Einführung sein, ein Lehrbuch und ein Nachschlagewerk zugleich. Und es wollte eine leicht verständliche Einführung sein für alle Leser mit geringen Chemiekenntnissen. – Daß diese Ziele erreicht worden sind, haben Leser und Rezensenten vielfach bestätigt.

Nach drei Jahren wird hier eine neue, überarbeitete und erweiterte Auflage vorgelegt. Dazu wurden viele Daten aktualisiert und neuere Forschungsergebnisse eingebaut. Die zum Teil erheblich geänderten gesetzlichen Rahmenbedingungen in Deutschland (z. B. das neue Kreislaufwirtschafts- und Abfallgesetz) und in Europa wurden berücksichtigt. Dies und auch das geänderte Umweltbewußtsein fanden ihren Niederschlag in vielen Änderungen und Erweiterungen in der zweiten Auflage.

Manche Themen, die Leser angemahnt haben, sind dazugekommen, z. B. „Innenraumluft", „Tabakrauch" oder „Deponieklassen". Einige Kapitel sind erheblich erweitert worden, z. B. „Umweltschutz" und „Altlasten". Aber nicht jeder Änderungswunsch ließ sich erfüllen, weil dafür einfach kein Druckraum mehr zur Verfügung stand. Einige Leser hätten gerne Themen aus dem Bereich „Umweltanalytik" stärker vertreten gesehen: Dies ist bewußt unterblieben – die Analytik ist ein eigenes umfangreiches Lehr- und Arbeitsgebiet und nicht Teil der Umweltchemie.

Ein wissenschaftliches Buch über ein Umwelt-Thema gerade in Deutschland zu schreiben war nicht ohne Reiz – und Risiko: Trifft man doch nirgendwo sonst zu allem, was sich mit „Umwelt" assoziieren läßt, so viel vorgefaßte und weltanschaulich verhärtete Meinung wie gerade hier. Den Sehnsüchtigen und Eiferern sei das Wort aus der Heiligen Schrift zugeraunt, das diesem Vorwort vorangestellt ist.

Meinen Lesern eine informative und unterhaltsame Lektüre!

Schöppingen, im Juli 1997   Claus Bliefert

Inhalt

Inhalt

Teil II   Luft

Inhalt

XVI

Inhalt

1 Umweltchemie, Chemie der Umwelt

1.1 Vorbemerkungen

1.1.1 Zum Begriff „Umwelt"

Das Wort „Umwelt" wurde von dem dänischen, in Hamburg lebenden Dichter JENS IMMANUEL BAGGESEN (1764-1826) „erfunden". In seiner Ode an NAPOLEON (1800) erscheint dieser Begriff bei der Beschreibung der Wirkungen des feurigen Blicks eines göttlichen Sängers.

In die Naturwissenschaften wurde „Umwelt" eingeführt von JAKOB VON UEXKÜLL (deutscher Biologe; 1864-1944) im Jahre 1909, der auch das erste Institut, das in seinem Namen das Wort „Umwelt" enthielt, 1924 in Hamburg gründete: das „Institut für Umweltforschung". Für ihn war „Umwelt" die Summe aller Faktoren, die ein Lebewesen umgeben und auf die es reagiert.

„Umwelt" ist heutzutage ein in verschiedener Hinsicht verwendeter Modebegriff – und deshalb unscharf. Oft wird „Umwelt" auf *Lebewesen* bezogen, also auf Menschen, Tiere, Pflanzen und Mikroorganismen. Diese Lebewesen stehen in vielfältigen Beziehungen zueinander und zu ihrer Umgebung, die aus zahlreichen einwirkenden „Elementen" besteht, die man *Umweltfaktoren* oder *ökologische Faktoren* nennt (*griech.* oikos, Haus, Haushalt; logos, Lehre – gemeint ist die Lehre vom Haushalt der Natur). Solche Faktoren sind alle möglichen äußeren Beeinflussungen, denen Lebewesen ausgesetzt sein können. Die Summe aller Umweltfaktoren bilden die Umwelt, die *Natur*. *Umwelt* ist also die Gesamtheit aller direkten und indirekten Einwirkungen auf ein Lebewesen und dessen Beziehungen zur übrigen Welt. Dazu gehören im weitesten Sinne neben der natürlichen die soziale und geistige Umwelt; im Folgenden soll der Begriff „Umwelt" im engeren Sinn gebraucht werden.

Die Einwirkungen auf Lebewesen lassen sich nach verschiedenen Gesichtspunkten unterteilen, z. B.:

- Einwirkungen durch *abiotische*, unbelebte, und *biotische*, belebte, Faktoren,
- klimatische, chemische oder mechanische Einwirkungen,
- natürliche und *anthropogene*, vom Menschen verursachte, Einwirkungen und andere mehr.

Oftmals spricht man statt von Umwelt von der *Biosphäre* (*griech.* bios, Leben; *lat.* sphaira, Kugel, Erdkugel) und meint

Und es verwandelt die Fluth
in Feuer sich, Nebel in Nordlicht,
Regen in Strahlenerguss, dass
von fern erscheint der Umwelt
ein' ätherische Feste die Schicksalshölle des Dichters.

(J. I. BAGGESEN, Ode an NAPOLEON)

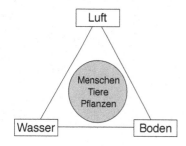

Abb. 1-1. Hauptkomponenten der „Umwelt".

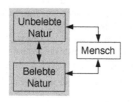

Abb. 1-2. Ökosystem und Wechselwirkungen zwischen belebter und unbelebter Natur.

damit die Gesamtheit der mit lebenden Organismen – Menschen, Tieren, Pflanzen, Mikroorganismen – besiedelten Schichten der Erde, also die Atmosphäre bis zu etwa 25 km Höhe, die Ozeane bis in ca. 10 km Tiefe und die Erdkruste bis in ca. 3 km Tiefe. Wo man die Grenzen auch setzt: die Umwelt ist in jedem Fall ein komplexes System, in dem Boden, Wasser und Luft sowie die Tier- und Pflanzenwelt und auch das Klima die Hauptkomponenten sind (Abb. 1-1).

1.1.2 Systeme

Ein *System* (*griech.* systema, aus mehreren Teilen zusammengesetztes und gegliedertes Ganzes) ist eine abgegrenzte Anordnung von Teilen (Komponenten), die in Wechselbeziehungen zueinander stehen. Ein System ist mehr als ein Nebeneinander von Teilen, es verhält sich anders als seine Teile, es ist mehr als nur ihre Summe: Es ist ein neues Ganzes. Beispiele für Begriffe, bei denen man den Wortbestandteil „System" verwendet, sind „Nervensystem" oder „Atmungssystem". Ein gigantisches überlebensfähiges System – ein komplexes „Supersystem" – ist die Biosphäre, bestehend aus der belebten und der unbelebten Natur, die miteinander in Wechselwirkungen stehen (Abb. 1-2).

Das „Mehr", das das System von der Summe seiner Teile unterscheidet, sind die Struktur, die Organisation, das Netz der Wechselwirkungen. Systeme können *offen* sein oder mit anderen *vernetzt*. Systeme „leben", sie sind *dynamisch* (*griech.* dynamikos, mächtig, wirksam); *statische* Systeme (*griech.* statikos, zum Stillstand bringend), Systeme ohne Bewegung und Entwicklung, nimmt man meist nur in Näherungsansätzen an, weil sie mathematisch einfacher zu beschreiben sind.

Bei dem „System Umwelt" ist eine isolierte Betrachtung der meisten Entwicklungen nicht sinnvoll, da Verknüpfungen (Kopplungen) mit anderen Entwicklungen oder Rückkopplungen nicht vernachlässigt werden dürfen. *Lineares Denken* – jede Wirkung wird nur auf eine einzige eindeutige Ursache zurückgeführt – führt bei Umweltproblemen meist nicht zum Ziel. Im komplexen Ökosystem Umwelt ist vielmehr „vernetztes Denken" gefragt: Wegen starker Vernetzungen und weitreichender Rückkopplungen in der Umwelt ist es oft unmöglich, eine einfache Antwort auf eine ökologische oder umweltrelevante (umweltbedeutsame) Frage zu geben.

Dennoch betrachtet man bestimmte Bereiche der stark vernetzten Umwelt getrennt, weil das Gesamtsystem zu kompliziert ist. Solche abgrenzbaren Ausschnitte, die als „funktionelle Einheiten" in wechselseitigen Beziehungen zu anderen stehen, nennt man auch *Kompartimente* (*franz.* compartiment, Abteil). Bedeutende Kompartimente sind die Atmosphäre, der Boden und die Ozeane; aber auch eine einzelne Zelle, ein Organ oder ein Bereich des menschlichen Organismus, ein Baum oder alle grünen Pflanzen können als Kompartiment aufgefasst werden.

Im Zusammenhang mit Lebewesen wird oft ein anderer Begriff verwendet: *Ökosystem (ökologisches System)*. Man versteht darunter ein mehr oder weniger deutlich abgegrenztes biologisches und chemisch-physikalisches Teilsystem innerhalb der Gesamtheit der Organismen und ihres Lebensraums, z. B. den Wald, einen Fluß oder Tümpel, die Wüste oder das Meer.

Den gleichen Wortstamm „öko" hat der Begriff *Ökologie*, der erstmals 1866 von dem Biologen ERNST HAECKEL (1834-1919) verwendet wurde. Unter diesem Teilgebiet der Biologie wird die Wissenschaft von den Wechselbeziehungen der Lebewesen mit ihrer Umwelt verstanden, die Lehre vom Haushalt der Natur.

1.1.3 Mensch und Umwelt

Der Mensch ist ein Teil des Ökosystems Erde. Er beeinflusst seine Umwelt, und die Umwelt beeinflusst ihn: Der Mensch benutzt die Umwelt und verändert sie durch Wirtschaft, Technik usw.; so schafft er seinen Lebensraum und sichert seine Versorgung (Abb. 1-3).

Inzwischen ist der Mensch zur bestimmenden Größe im Ökosystem geworden. Er hat vor allem durch die Industralisierung tief in den Naturhaushalt eingegriffen und seine Umwelt stark verändert. Dies ist erst in den letzten Jahrzehnten in das Bewusstsein der Öffentlichkeit gerückt, zum Teil wohl, weil die negativen Rückwirkungen der „industriellen" Tätigkeit des Menschen für viele erst jetzt sichtbar oder spürbar werden. Die weitere Entwicklung der Umwelt – und damit der Erde – hängt davon ab, wie gut der Mensch das Systemverhalten der Biosphäre versteht und wie gut er Beziehungen, Rückkopplungen oder andere Wirkungsweisen dieses Systems erkennt und sich darauf einstellen kann.

Heute hat sich die Erkenntnis durchgesetzt, dass Wachstum und Gewinnmaximierung für die Zukunft nicht mehr (alleiniges) Kennzeichen einer intakten Wirtschaft sein können. Die Selbstregulierungsmechanismen des Marktes in ihrer derzeitigen Form sind nicht in der Lage, mit den weltweit drängenden Umweltproblemen fertig zu werden. Umweltbezogene Überlegungen haben inzwischen bei Entscheidungsprozessen in unserer Gesellschaft, auch in der Industrie, einen höheren Stellenwert bekommen. Indirekt sind „Mensch und Umwelt" das Hauptthema der Umweltchemie!

1.1.4 Umweltbelastung und -verschmutzung

In der Diskussion der Umwelt und ihrer Chemie sind zwei weitere Begriffe von zentraler Bedeutung. Unter *Umweltbelastung* (*engl.* environmental impact) versteht man die Gesamtheit aller störenden Umweltfaktoren. Es kommt zu solchen Umweltbelastungen, wenn die natürliche Umwelt – der „Normalzustand" – durch physikalische, chemische, biologische und technische Ein-

1.1 Vorbemerkungen

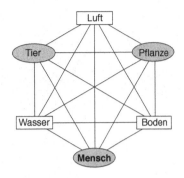

Abb. 1-3. Wechselwirkungen zwischen Mensch und Umwelt (vereinfachtes Modell). – Beziehungen sind durch Linien dargestellt.

griffe beeinflusst wird, z. B. dadurch, dass Material aus der Umwelt in größerem Ausmaß durch Abbau von Bodenschätzen entnommen wird oder dass bestimmte Bereiche der Umwelt mit „unnatürlichem" Material – Abgasen, Abwasser oder Abfällen – angefüllt werden.

Begriffe wie *Umweltbeanspruchung* oder *Umwelteinwirkung* benutzt man, wenn von einer Belastung keine eindeutige negative Wirkung auf die Umwelt ausgeht.

Wenn es sich um eine Verunreinigung der Natur durch Eindringen von Stoffen handelt, spricht man (in einem engeren Sinne) oft von *Umweltverschmutzung* (*engl.* environmental pollution). Man kann, je nach betroffenem Bereich der Umwelt, beispielsweise zwischen Luft-, Gewässer- oder Bodenverschmutzung unterscheiden.

1.2 Umweltchemie

Der „Umwelt" begegnet man erst seit einigen Jahren in Verbindung mit anderen Begriffen aus den Naturwissenschaften – als neue Modebegriffe, wie einige meinen; erinnert sei nur an „Umweltanalytik" oder „Umweltverfahrenstechnik". Besonders die „Umweltchemie" ist eine junge Teildisziplin der Chemie, die einer Abgrenzung gegenüber anderen naturwissenschaftlichen Disziplinen bedarf. Unter *Umweltchemie* (*engl.* environmental chemistry; *franz.* chimie de l'environnement) soll derjenige Teilbereich der Chemie verstanden werden, der sich mit den chemischen Aspekten der Prozesse beschäftigt, die in der Umwelt ablaufen. Umweltchemie befasst sich, um diese Definition zu vertiefen, mit Quellen und Senken, dem Transport (den Kreisläufen) und der Verteilung sowie mit Reaktionen und Wirkungen von Stoffen in Wasser, Boden und Luft und deren Einwirkungen auf *Lebewesen*, also Menschen, Tiere, Pflanzen und Mikroorganismen, sowie auf Gegenstände, z. B. Bauwerke, oder Werkstoffe. Im Mittelpunkt der Umweltchemie stehen also die Eigenschaften von Stoffen, deren Verhalten in der Umwelt und die Erkenntnisse über die komplexen Zusammenhänge zwischen Ursachen und Wirkungen, die sich daraus ableiten lassen.

Während früher in der Chemie, sofern sie sich mit der Umwelt beschäftigte, vor allem eine lokale Betrachtungsweise – die „Chemie des Lebens um uns", die *Alltagschemie* – üblich war, ist heute, nicht zuletzt aufgrund der weltweiten Verteilung umweltproblematischer Stoffe, eher eine „globale", umfassendere Betrachtungsweise in den Vordergrund gerückt. Im Mittelpunkt des Interesses steht heute das „Reaktionsgefäß Globus".

Eingedenk der Vielfalt der menschlichen Aktivitäten sind die Stoffe, die in die Umwelt gelangen können, dermaßen zahlreich, dass eine Auswahl erforderlich ist: Es soll im Folgenden vor allem auf Stoffe eingegangen werden, die in solchen Mengen oder Konzentrationen anfallen, dass sie – heute, unter Umständen auch erst nach vielen Jahren – Schaden anrichten können.

Manchmal wird „Umweltchemie" synonym zu *Ökologischer Chemie* – auch *Ökochemie* – verwendet (zu unterscheiden von der *Ökotoxikologie*, der Wissenschaft von der Verteilung chemischer Substanzen und von ihren Wirkungen auf Organismen, soweit daraus direkt oder indirekt Schäden entstehen können). Mit diesem von FRIEDHELM KORTE geschaffenen Begriff bezeichnet man ein interdisziplinäres Forschungsgebiet, das sich mit dem Schicksal von Chemikalien in der Biosphäre beschäftigt; dazu gehören die Anwendungen solcher Chemikalien und deren Einfluss auf die Umwelt, ihre Umwandlung durch Stoffwechselvorgänge, ihr Abbau durch Umwelteinflüsse usw.

1.3 Historisches

1.3.1 Luftverunreinigungen

Die Geschichte der Umwelt und ihrer Chemie ist im Wesentlichen eine Geschichte der Umweltverschmutzung. Zu einem wichtigen Teil machen die Veränderungen von Luft, Wasser und Boden durch den Menschen diese Geschichte aus, also Umweltbelastungen durch Verkehr, Gewerbe, Industrie und landwirtschaftliche Nutzung.

In der Vergangenheit waren Luftverunreinigungen in der Regel „Rauch-Probleme", die vor allem mit Schwefeldioxid und Staub zu tun hatten. Schon die Römer beklagten die Unsauberkeit ihrer Stadtluft. Die Probleme wurden mit Beginn des Kohleabbaus ab dem 13. Jahrhundert vor allem in den Städten gewichtiger. Beispielsweise untersagte ELISABETH I. im Jahre 1578 das Verbrennen von Kohle in London, solange das Parlament tagte; und in einem 1627 in Lyon herausgegebenen Gesetzestext hieß es sogar ausdrücklich: „Aerem corrumpere non licet" (Es ist verboten, die Luft zu verunreinigen).

ANTOINE LAURENT DE LAVOISIER (1743-1794), den meisten eher bekannt durch seine grundlegenden Arbeiten in der Chemie, hatte sich in Frankreich als „Verursacher" von Luftverschmutzungen unbeliebt gemacht. Er genoss diesen schlechten Ruf nicht etwa wegen seiner chemischen Experimente. Vielmehr wollte er – Lavoisier war in Paris Steuerbeamter – durch den Bau einer Mauer um die Stadt der Steuerflucht Einhalt gebieten. Wegen dieser Mauer aber blieben Gerüche, Rauch usw. innerhalb der Stadt. Der Widerstand der Pariser Bevölkerung gegen dieses Bauwerk wuchs so sehr, dass die Mauer nach einiger Zeit wieder abgerissen werden musste.

Spätestens seit der Mitte des letzten Jahrhunderts gehen von den unzähligen Verbrennungsmotoren im Straßen- und Luftverkehr neue Belastungen und Gefahren aus.

1.3.2 Wasserverunreinigungen

Die meisten alten Städte, einige wie Babylon ausgenommen, entsorgten noch bis ins 19. Jahrhundert ihre Abfälle direkt oder indirekt in Flüsse und Seen. Erst in dieser Zeit begegnet man den ersten Versuchen, Abwasser zu reinigen.

Zentrale Wasserversorgungsanlagen hingegen sind bereits für das ausgehende 15. Jahrhundert belegt, u. a. für Basel, Bern, Nürnberg, Augsburg, Ulm und München. Das Wasser vor allem aus den Brunnen war Lebensquelle einer Stadt. Bei Belagerungen garantierten sie eine gewisse Autarkie; z. B. besaß Nürnberg in der Mitte des 15. Jahrhunderts 100 städtische Ziehbrunnen. Die Verunreinigung von Brunnen wurde streng bestraft, in einigen Städten sogar mit dem Tod. Verboten war u. a., Unflat in die Brunnen zu schütten, Wäsche in den Brunnen zu waschen oder Pferde aus Brunnen zu tränken.

In Bezug auf die Nutzung von Flüssen, Bächen oder Seen als Transportmedium für Abfälle waren unsere Vorfahren noch sehr großzügig. Wollemanufakturen, Wäschereien, Kürschner, Schmiede und Pergamenthersteller hatten oft das Sonderrecht, ihre *Beizen* (flüssigen Abfälle, bestehend z. B. aus Färbemitteln für Textilien, Präparate für die Lederherstellung oder Säuren/Laugen für die Behandlung von Metalloberflächen) nachts in die Flüsse zu schütten; ähnliches galt für Färbereien und Schlachthäuser. Umweltprobleme hatten schon in früher Zeit stadtplanerische Konsequenzen: So achteten beispielsweise in Paris die Stadtväter darauf, dass sich Gerber und Metzger nur außerhalb der Stadtgrenzen und flussabwärts niederließen, wo ihre Abwässer die eigene Stadt nicht mehr belasten konnten.

1.3.3 Verunreinigungen durch die Industrie

Die ersten industriellen Aktivitäten waren der Bergbau, die Töpferei (7000 v. Chr.) und die Glasherstellung. Die Chemische Industrie im heutigen Sinne entstand um 1850; diese Zeit gilt auch als Beginn der Industrialisierung. Erstmals wurden Chemikalien, vor allem Natriumcarbonat und andere Alkalien, im größeren Maßstab in der Textilindustrie bei der Herstellung von Wolle und in der Glasindustrie eingesetzt.

Bereits die frühen Herstellungsprozesse für Natriumcarbonat *(Soda)* – das Solvay- und das Leblanc-Verfahren – schufen Probleme bei der Entsorgung der anfallenden Abfallstoffe. NICOLAS LEBLANC (1742-1806) entwickelte 1790 aufgrund eines Preisausschreibens, das die Pariser Akademie der Wissenschaften 1775 durchgeführt hatte, ein Verfahren zur Soda-Herstellung *(Leblanc-Verfahren)*. Dabei wurde Kochsalz mit Schwefelsäure zunächst zu Natriumsulfat umgesetzt:

$$2\,NaCl + H_2SO_4 \longrightarrow Na_2SO_4 + 2\,HCl \qquad (1\text{-}1)$$

Der dabei anfallende Chlorwasserstoff, HCl, wurde zuerst einfach in die Atmosphäre gelassen. Als Folge starben Bäume und andere Pflanzen in der Nachbarschaft der Fabriken ab. Nur selten verwendete man anfangs Kalk, $CaCO_3$, um den entstehenden Chlorwasserstoff zu binden. Natriumsulfat reagiert weiter mit Kalk und Kohle zu Natriumcarbonat:

$$Na_2SO_4 + CaCO_3 + 2\,C \xrightarrow{\;>T\;} Na_2CO_3 + CaS + 2\,CO_2 \qquad (1\text{-}2)$$

Aus dem Reaktionsprodukt wurde dann die Soda mit Wasser ausgelaugt. Abfallprodukt war zusätzlich Calciumsulfid, CaS.

Auch bei dem 1861 von ERNEST SOLVAY (1838-1922) ausgearbeiteten Verfahren zur Herstellung von Natriumcarbonat (*Solvay-Verfahren*, auch *Ammoniak-Soda-Verfahren* genannt) gab es Abfallprodukte: vor allem Calciumchlorid, $CaCl_2$, das entsorgt werden musste.

Für die Herstellung besonders von Seife war im steigenden Maße Natriumhydroxid, NaOH, erforderlich. Während NaOH früher vor allem durch „Kaustifizierung“ – Umsetzung von Sodalösung mit gelöschtem Kalk – gewonnen wurde,

$$Na_2CO_3 + Ca(OH)_2 \longrightarrow 2\,NaOH + CaCO_3 \qquad (1\text{-}3)$$

wurde es später großindustriell durch Elektrolyse von Natriumchlorid hergestellt, wobei als zu entsorgendes Sekundärprodukt elementares Chlor anfiel, das in der Anfangszeit einfach in die Atmosphäre geleitet wurde, heute jedoch die Grundlage einer ausgedehnten Chlorchemie ist (vgl. Abschn. 18.2.1).

1.3.4 Arbeitsschutz, Berufsrisiko

Das erste ernste – im weitesten Sinne durch chemische Einflüsse bedingte – Berufsrisiko in der Geschichte der Menschheit ist wahrscheinlich der Einfluss von Schwermetallen während des Abbaus von Metallen und Erzen und während des Schmelzens. Im Mittelalter blühte die Metallindustrie auf: Beispielsweise brauchte man immer mehr Münzen in Handel und Wirtschaft; Quecksilber wurde für Spiegel benötigt; und für die zahlreichen Kriege wurden Kupfer, Blei und Eisen produziert.

Während dieser Zeit kamen auch Vergiftungen durch Metalle oder Metallverbindungen bei bestimmten Beschäftigungen häufig vor. So wurden beispielsweise Apotheker sowie Nonnen und Mönche oft durch toxische Bestandteile der Tinte vergiftet: die einen, weil sie Tinte herstellten, und die anderen, weil sie ihre Federn vor dem Schreiben mit Speichel befeuchteten.

Die großindustrielle Herstellung von Farbstoffen begann 1857 mit der industriellen Synthese von Anilin und verwandten Verbindungen besonders in Deutschland (z. B. 1873 und 1897 Produktion von Alizarin bzw. von Indigo). Zum ersten Mal wurde man sich bewusst, dass es einen Bezug gibt zwischen Produktion (von Anilin) und dem Auftreten von Karzinomen („Anilin-Krebs“, einem Blasenkrebs): Diese Erkrankungen betrafen besonders Ar-

Anilin

Alizarin

Indigo

9

2-Naphthylamin

3 Cu(AsO$_2$)$_2$ · Cu(CH$_3$COO)$_2$

Pariser Grün

4,6-Dinitro-o-kresol

Phenylquecksilberchlorid

beiter in Deutschland, denn 1913 betrug die Weltproduktion an Farbstoffen 160 000 t, davon wurden 140 000 t in Deutschland hergestellt. (Erst später wurde nachgewiesen, dass nicht Anilin selbst der Verursacher dieser Krankheit war, sondern 2-Naphthylamin, ein anderes aromatisches Amin, das als Zwischenprodukt bei der Herstellung von Farbstoffen anfiel.)

1.3.5 Umweltbelastung durch landwirtschaftliche Nutzung

Der Mensch begann vor ungefähr 8000 Jahren mit dem Ackerbau, und von da an kam es bereits zum Einsatz von Düngemitteln und vor allem von Pestiziden.

Zahlreiche chemische Verbindungen sind im Verlauf der Geschichte gegen Seuchen eingesetzt worden. In China beispielsweise benutzten die Menschen vor 4000 Jahren „Schwefelrauch" gegen Ratten. CATO beschrieb in seinem Buch *De agri cultura* (200 v. Chr.), dass gegen die Pest Öl eingesetzt wurde. Im Jahr 77 n. Chr. wurden, so PLINIUS DER ÄLTERE, Schädlinge in den Weinbergen mit Arsenik, As$_2$O$_3$, bekämpft. Schon Griechen und Römer verwendeten „brennenden Schwefel", also Schwefeldioxid, als Mittel gegen Insekten.

Im Verlauf des 19. Jahrhunderts kamen neue anorganische Stoffe hinzu wie „Pariser Grün" (auch „Schweinfurter Grün"), das gegen Heuschrecken und andere Insekten wirksam war. Schwefelverbindungen wurden gegen schädigende Pilze verwendet, zum Beispiel Mischungen von Schwefel und Calciumhydroxid – Calciumpolysulfide –, in Europa bekannt unter dem Namen „kalifornische Mischung".

Schon vor 1900 wurden organische Pestizide synthetisiert. Zu den ersten, die heute noch vereinzelt eingesetzt werden, gehören 4,6-Dinitro-o-kresol (1882) und Phenylquecksilberchlorid (1915; mehr zu synthetischen Pestiziden s. Abschn. 22.3).

1.4 Umweltbewusstsein

In der öffentlichen Diskussion der letzten Jahre haben Themen eine wichtige Rolle gespielt wie „Waldsterben", „Saurer Regen", „Ozonloch", „Treibhauseffekt", „Gifte in Nahrungsmitteln". Ein neues Umweltbewusstsein hat inzwischen alle Bereiche der Gesellschaft, auch die Politik durchdrungen.

Die Bedeutung, die der Gesetzgeber in Deutschland dem Umweltschutz einräumt, spiegelt sich unter anderem in der fast unüberschaubaren Anzahl von Gesetzen und Vorschriften wider, die in den letzten 30 Jahren – in großer, weltweit wohl einmaliger Regelungsdichte – zum Schutz der Umwelt erlassen wurden.

Artikel 130 R
(Artikel 174 der konsolidierten Version)

„Umweltpolitik der Gemeinschaft"

Darüberhinaus ist im *Vertrag zur Gründung der Europäischen Gemeinschaft* eine gemeinsame europäische Umweltpolitik definiert worden, besonders im Artikel 130 R (s. Abschn. 5.2).

Welche die Umwelt betreffenden Themen in den letzten 20 Jahren besondere Beachtung fanden, lässt sich aus einem Artikel mit dem Titel „Zeitbomben der Menschheit" ablesen, in dem mehrere „fundamentale Bedrohungen der Menschheit" aufgezählt wurden.

Viele Menschen unserer Gesellschaft befassen sich erst seit kurzer Zeit mit den Auswirkungen ihrer Tätigkeit auf ihre natürliche Umwelt. Dafür gibt es mehrere Gründe. Zunächst: es geht uns (zu) gut. Die durchschnittliche Lebenserwartung beträgt für einen neugeborenen Jungen 74,4 Jahre, für ein gerade zur Welt gekommenes Mädchen 80,6 Jahre; diese Lebenserwartung ist die höchste, die es jemals in Deutschland gab (um 1900 lag das Lebensalter durchschnittlich bei ungefähr 35 Jahren). Und nie war die Arbeitszeit des einzelnen niedriger. Dies alles verdanken wir u. a. auch der Chemie und ihren Fortschritten in Hygiene, Pharmazeutik usw.

Neben einem eher niedrigen Informationsstand in Sachen Umweltschutz gibt es andere Gründe für das Unwohlsein mancher Bürger. Die moderne Umweltanalytik kann inzwischen das Vorkommen vieler Stoffe, über deren mögliche Gefahren in der Öffentlichkeit zum Teil kontrovers diskutiert wird, sogar auf der gesamten Erde nachweisen (vgl. auch Abschn. 7.2.3) – aber *in Spuren*, das heißt in Konzentrationen, die auch für Naturwissenschaftler fast unvorstellbar niedrig sind, z. B. in „Nanogramm pro Liter". (Man muss sich vergegenwärtigen, dass sich eine Konzentration von 1 ng/L in einem Gewässer einstellt, wenn man ein einziges Stück Würfelzucker in ca. 3 Milliarden Liter – das entspricht dem Volumen des Lechstausees – auflöst.) Derart niedrige Gehalte liegen außerhalb unserer normalen Erfahrungen. Deshalb werden allzu leicht die Gefahren unterschätzt, die von Stoffen in solch geringen Konzentrationen ausgehen können – oder aus missverstandenen Konzentrationen werden unangemessene Folgerungen abgeleitet. Eine Nachricht „In einem bestimmten Lebensmittel wurde der Schadstoff A nachgewiesen" bedeutet ja nicht, dass damit zwangsläufig eine Gefahr beispielsweise für die menschliche Gesundheit verbunden ist. (Beim *kritischen Bewerten* von Analyseergebnissen sind die Naturwissenschaftler und Ingenieure gefordert!)

Die Toxikologen sind heutzutage zwar weit davon entfernt, für alle „Schadstoffe X" Aussagen der Form „X in einer Konzentration C bei einer Einwirkung von Y Tagen hat die Folge Z" machen zu können. Bei einigen Stoffen wie den polychlorierten Dibenzodioxinen nimmt man jedoch an, das selbst „unvorstellbar" geringe Konzentrationen Organismen schädigen können, wenn die Stoffe nur lange genug einwirken. Überdies weiß man nur wenig über die gleichzeitige, sich verstärkende Wirkung mehrerer Stoffe („synergistischer Effekt"; s. Abschn. 3.9).

Viele die Umwelt betreffende Probleme sind bereits vor über 100 Jahren von weitsichtigen Persönlichkeiten angedeutet worden. Dies spiegelt der folgende Auszug aus einer Rede eindrucks-

1.4 Umweltbewußtsein

„Zeitbomben der Menschheit"

- Kurzsichtiger, verschwenderischer Umgang mit den natürlichen Ressourcen
- Luft-, Gewässer- und Bodenverschmutzung
- Entwaldung
- „Klimazeitbombe"
- „Bevölkerungszeitbombe"

„Was immer der Erde widerfährt, widerfährt auch den Kindern der Erde. Wenn die Menschen auf die Erde spucken, bespucken sie sich selbst. Denn dies wissen wir: Die Erde gehört nicht den Menschen, der Mensch gehört der Erde. Alle Dinge sind miteinander verbunden [...] der Mensch hat das Netz des Lebens nicht gewoben, er ist nur ein Strang in diesem Netz. Was immer er dem Netz antut, tut er sich selber an."

(Häuptling SEATTLE, 1855)

voll wider, die der Häuptling SEATTLE im Jahr 1855 vor dem Präsidenten der Vereinigten Staaten von Amerika hielt.

Wir sind verpflichtet, kommenden Generationen eine lebenswerte und lebensfähige Umwelt zu hinterlassen. Wir müssen verhindern, dass für unsere Nachfahren die Erde zur Hölle wird; Verbrauch und Missbrauch der Umwelt müssen stark eingeschränkt werden, um den menschlichen Lebensraum nicht weiter zu gefährden. Umweltschutz ist „Nachwelt-Schutz" (RICHARD VON WEIZSÄCKER).

Naturwissenschaftlern und Technikern kommt in dieser gesellschaftlichen Situation die wichtige Aufgabe zu, die tatsächliche Situation der Umwelt – auch den „chemischen" Ist-Zustand des Naturhaushalts – objektiv zu erfassen, möglichst verständlich zu beschreiben und realistische Wege zur Lösung von Problemen aufzuzeigen. Ihre Informationen sollen dazu beitragen, Fehlverhalten zu verhindern. Die Gesellschaft muss redlich über mögliche Folgerungen aus wissenschaftlichen Ergebnissen informiert werden. Die Umwelt betreffende sinnvolle politische Entscheidungen müssen auf größere Akzeptanz stoßen.

1.5 Bevölkerungsexplosion

In der Zeit vom Auftreten des ersten vernunftbegabten Menschen, des *Homo sapiens*, vor ca. 50 000 Jahren bis zu JULIUS CÄSAR (100 bis 44 v. Chr.) gab es niemals mehr als 250 Millionen Menschen auf der Erde. Um 1500 n. Chr. war die Bevölkerung der Erde erst auf ca. 500 Millionen Menschen angewachsen. In der Zeit von 1850 bis 1900 hat die Weltbevölkerung um etwa weitere 500 Millionen Menschen zugenommen (Abb. 1-4). Zwischen 1900 und 1950 betrug die Zunahme mehr als eine Milliarde, also mehr als das Doppelte, und zwischen 1950 (ca. 2,5 Milliarden Menschen) und 2000 ist die Weltbevölkerung um weitere 3,5 Milliarden Menschen gewachsen.

Die Weltbevölkerung wuchs in den letzten 50 Jahren besonders stark (Tab. 1-1), zur Zeit erhöht sie sich um ungefähr 90 Millionen Menschen im Jahr. Für 2025 wird eine Bevölkerung von 7,5...9,6 Milliarden Menschen prognostiziert, davon werden 85 % auf der südlichen Erdhalbkugel leben. Und im Jahr 2150 könnten, so pessimistische Vorhersagen der Vereinten Nationen, 28 Milliarden Menschen die Erde bevölkern.

Der größte Bevölkerungszuwachs findet in den Entwicklungsländern statt (1985 lebten 76 % der Erdbevölkerung in Entwicklungsländern). In einigen Ländern wie beispielsweise Kenia oder Algerien verdoppelt sich die Bevölkerung in weniger als 17 bzw. 25 Jahren, für die Gesamtbevölkerung der Erde liegt dieser Wert knapp unter 40 Jahren. Das Wachstum verläuft in den Entwicklungsländern und in den stärker industrialisierten Nationen unterschiedlich, nämlich exponentiell bzw. nahezu linear (Abb. 1-5). Die Stadtbevölkerung – 1980 lebten 41 % der Weltbevölkerung

Tab. 1-1. Zunahme der Weltbevölkerung um je eine Milliarde Menschen.

Die Weltbevölkerung benötigte für die ...

erste Milliarde (bis 1830)	ca.	50 000 Jahre
zweite Milliarde (bis 1930)	ca.	100 Jahre
dritte Milliarde (bis 1960)	ca.	30 Jahre
vierte Milliarde (bis 1975)	ca.	15 Jahre
fünfte Milliarde (bis 1987)	ca.	12 Jahre

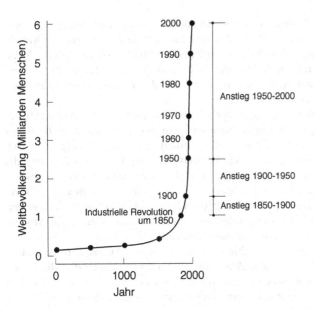

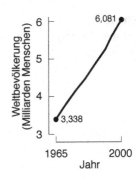

Abb. 1-4. Entwicklung der Bevölkerung der Erde.

in Städten – nimmt zur Zeit etwa 3mal so schnell zu wie die Weltbevölkerung, was zu der plakativen Aussage geführt hat: „Die Zukunft der Umwelt entscheidet sich nicht auf dem Land, sondern in den Städten."

Es war vor allem der 1968 gegründete *Club of Rome*, eine internationale Vereinigung von Wissenschaftlern, Unternehmern und Politikern, der schon früh über die Wechselwirkungen von Erdbevölkerung und Umweltbelastung, Rohstoffreserven usw. nachgedacht und dazu Weltmodelle entwickelt hat. Zwar erwiesen sich bald die quantitativen Prognosen des Berichts *Grenzen des Wachstums* (1972) als zu pessimistisch, aber der grundsätzliche Hinweis auf die Begrenztheit der Erde und ihrer Ressourcen blieb als Mahnung bestehen.

Die Entwicklung der Weltbevölkerung ist eine der ernstesten Bedrohungen für die Substanz der Erde: Die Zahl der Menschen auf der Erde hat dramatischen Einfluss auf die Umwelt und ihre Qualität („Bevölkerungszeitbombe"). Das Problem der wachsenden Weltbevölkerung ist im Prinzip kein *Ernährungsproblem* – die zur Verfügung stehenden Anbauflächen reichen bei optimaler Nutzung aus, selbst die doppelte Anzahl der heute lebenden Menschen zu ernähren. Die Welt ist erst dann überbevölkert, wenn die Nahrungsmittelproduktion mit dem Bevölkerungswachstum nicht mehr Schritt halten kann. Die Bevölkerungsentwicklung auf der Erde ist eher ein *Verteilungsproblem*: Die armen Länder bedürfen der Hilfe der reichen Länder des Nordens, um ihre Armut überwinden und ihren Nahrungsmittelbedarf abzudecken zu können.

Überdies sind Menschen keine „Kalorienmaschinen": Sie brauchen als kulturelle Wesen mehr als nur Luft, Wasser und Nahrungsmittel. Sie benötigen Häuser mit Heizungen, Schulen, Stra-

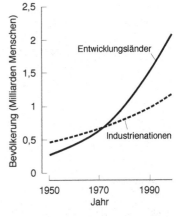

Abb. 1-5. Wachstum der Stadtbevölkerung in Entwicklungsländern und in Industrienationen.

Wieviele Menschen kann die Erde ernähren?

30 Milliarden,
wenn alle so leben, wie die Bauern in Bangladesch;

0,7 Milliarden,
wenn alle so leben, wie wir Westeuropäer.

13

1 Umweltchemie, Chemie der Umwelt

ßen, Transport- und Kommunikationsmittel und vieles mehr. Dies alles kostet Rohstoffe und Energie, bedeutet größere Abfallmengen usw. Es ist vor allem dieser Bedarf – und weniger der an Nahrungsmitteln –, der weder materiell noch finanziell mit dem Tempo zu verkraften ist, mit der die Weltbevölkerung zur Zeit immer noch wächst.

Bei einer gegebenen Form von Technik und Wirtschaft bewegen sich Umweltbelastungen im Wesentlichen proportional zur Bevölkerungszahl: Bei Bevölkerungswachstum vergrößert sich notwendigerweise die Umweltbelastung. Es steigen aber auch die materiellen Ansprüche, und damit wachsen notwendigerweise auch die Abfallmengen. Beispielsweise hat sich der Energieverbrauch zwischen 1950 und 1988 parallel zur Bevölkerungsentwicklung ungefähr verdreifacht (s. auch Abb. 8-3 in Abschn. 8.2.1); entsprechend haben sich auch die Kohlendioxidemissionen und damit der Kohlendioxidgehalt in der Atmosphäre vergrößert (Abb. 1-6). (Zur Zeit verbraucht allerdings noch die Minderheit der wohlhabenden, vorwiegend auf der Nordhalbkugel der Erde lebenden Weltbevölkerung die meisten Ressourcen.)

Es gibt zum Glück Anzeichen, dass weltweit die Geburtenziffern zurückgehen, dass das Wachstum langsamer wird. Man kann nur hoffen, dass sich in absehbarer Zeit die Zahl der auf der Erde lebenden Menschen auf einem verträglichen Wert stabilisiert.

Neben der Zahl der auf der Erde lebenden Menschen ist ein anderes wichtiges Problem der abfallintensive Lebensstil: Er muss geändert werden, um die Abfallmengen und die damit verbundene Umweltbelastung vermindern zu helfen.

CO_2-Emission
(global)

1990:	$22{,}4 \cdot 10^9$ t
1996:	$23{,}9 \cdot 10^9$ t

Seit 1950: $718{,}5 \cdot 10^9$ t
(gesamte CO_2-Emisionen)

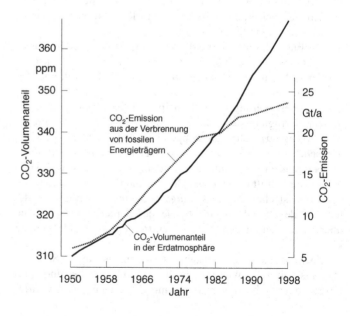

Abb. 1-6. Globale CO_2-Emission aus der Verbrennung der fossilen Energieträger und mittlerer CO_2-Gehalt in der Atmosphäre von 1950 bis 1986.

2 Entstehung und Aufbau der Erde

2.1 Entstehung der Elemente

Vieles spricht dafür, dass das Universum vor ca. 10 bis 20 Milliarden Jahren aus einer gigantischen dichten Ansammlung von Neutronen entstanden ist. Diese – nicht unumstrittene – Theorie spricht vom „Urknall" (*engl.* big bang): Es bildete sich ein Gasgemisch, der „Urnebel", aus dem sich Sternensysteme mit Sonnen, Planeten und anderen Himmelskörpern gebildet haben. Wahrscheinlich bestand dieser Urnebel, wie unsere Sonne und wie viele Sterne des Kosmos, zu mehr als 99 % aus Wasserstoff und Helium (Tab. 2-1).

Tab. 2-1. Vorkommen der zwölf häufigsten Elemente in der Erdrinde,[a] im Erdkörper und im Kosmos (Massenanteile in %).

Erdrinde		Erdkörper		Kosmos	
O	49,50	Fe	36,9	H	74,65
Si	25,80	O	29,3	He	23,72
Al	7,57	Si	14,9	O	0,806
Fe	4,70	Mg	6,73	C	0,281
Ca	3,38	Al	3,0	Fe	0,142
Na	2,63	Ca	2,99	N	0,087 2
K	2,41	Ni	2,94	Ne	0,083 7
Mg	1,95	Na	0,9	Si	0,083 2
H	0,88	S	0,73	Mg	0,072 8
Ti	0,41	Ti	0,54	S	0,045 7
Cl	0,19	K	0,29	Ar	0,025 9
P	0,09	Co	0,18	Al	0,006 5

[a] Erforschbarer Bereich von Lithosphäre, Hydrosphäre und Atmosphäre.

In der gesamten Erde oder in der Erdkruste kommen Elemente wie Sauerstoff, Silicium und Eisen am häufigsten vor, die jedoch in der Urmaterie nur in Spuren vorlagen; ähnliches gilt umgekehrt für Wasserstoff und Helium auf der Erde (Tab. 2-1). Warum unterscheiden sich Erde und Sonne, die sich aus der gleichen Urmaterie gebildet haben, so sehr in ihrer Zusammensetzung? Die meisten Astrophysiker gehen davon aus, dass sich die schweren Elemente durch Kernreaktionen aus Wasserstoff und Helium in den Sternen gebildet haben. Die Lebensgeschichte eines Sterns muss man sich ungefähr folgendermaßen vorstellen: In einem

Bereich des Universums bewirkt die Massenanziehung eine Kontraktion der aus Wasserstoff, Helium und anderen Atomen bestehenden Gaswolke. Dadurch wird die Geschwindigkeit der Atome vergrößert, und die Temperatur erhöht sich zusammen mit der Dichte der Materie. Bei $10^7...10^8$ K ist die Aktivierungsbarriere für die Fusion von H-Kernen überschritten, und Kernfusion beginnt:

$$^1_1H + {}^1_1H \longrightarrow {}^2_1H + \beta^+ + \nu \tag{2-1}$$
$$^2_1H + {}^1_1H \longrightarrow {}^3_2He + \gamma \tag{2-2}$$
$$^3_2He + {}^3_2He \longrightarrow {}^4_2He + 2\,{}^1_1H + \gamma \tag{2-3}$$

$$4\,{}^1_1H \longrightarrow {}^4_2He + 2\,\beta^+ + 2\,\gamma + 2\,\nu \tag{2-4}$$

(β^+ Positron, ν Neutrino, γ Gammastrahlung)

Die Aktivierungsenergie für Kernreaktionen ist extrem hoch, weil zunächst zwei positiv geladene Kerne sehr dicht zusammen kommen müssen, bevor die Anziehungskräfte zwischen den Kernen stark genug werden, um diese Teilchen miteinander zu verschmelzen.

Ähnlich lässt sich die Bildung weiterer Elemente durch Kernreaktionen erklären, z. B.:

$$^3_2He + {}^4_2He \longrightarrow {}^7_4Be + \gamma \tag{2-5}$$
$$^7_4Be + {}^1_1H \longrightarrow {}^8_5B + \gamma \tag{2-6}$$
$$^8_5B \longrightarrow {}^8_4Be + \beta^+ + \nu \tag{2-7}$$
$$^8_4Be + {}^4_2He \longrightarrow {}^{12}_6C \tag{2-8}$$
$$^{12}_6C + {}^4_2He \longrightarrow {}^{16}_8O \tag{2-9}$$

In der weiteren Entwicklung des Sterns können auch die schweren Kerne miteinander reagieren, z. B.:

$$^{12}_6C + {}^{12}_6C \longrightarrow {}^{20}_{10}Ne + {}^4_2He \tag{2-10}$$
$$\longrightarrow {}^{23}_{11}Na + {}^1_1H \tag{2-11}$$
$$^{16}_8O + {}^{16}_8O \longrightarrow {}^{28}_{14}Si + {}^4_2He \tag{2-12}$$
$$\longrightarrow {}^{31}_{15}P + {}^1_1H \tag{2-13}$$
$$\longrightarrow {}^{31}_{16}S + {}^1_0n \tag{2-14}$$

Bei Temperaturen von ungefähr $3 \cdot 10^9$ K haben die Kerne genug kinetische Energie, um die Aktivierungsbarrieren aller Kernreaktionen zu überwinden. Zusätzlich werden große Mengen an Energie frei, die Kernreaktionen einleiten, in denen sich alle Kerne des Periodensystems bilden können. Ihre Häufigkeit nimmt etwa exponentiell mit zunehmender Masse ab; Kerne mit geraden Massenzahlen (Summe der Anzahl der Protonen und Neutronen im Atomkern) sind meistens eine Zehnerpotenz häufiger als Kerne mit ungeraden. Auch mit steigender Ordnungszahl ergibt sich bis $Z = 42$ in guter Näherung ein exponentieller Abfall (Abb. 2-1); danach verläuft die Abnahme weniger steil. Das besonders stabile Element Eisen kommt um einen Faktor 10^3 häufiger vor, als man aufgrund der allgemeinen Tendenz erwarten würde.

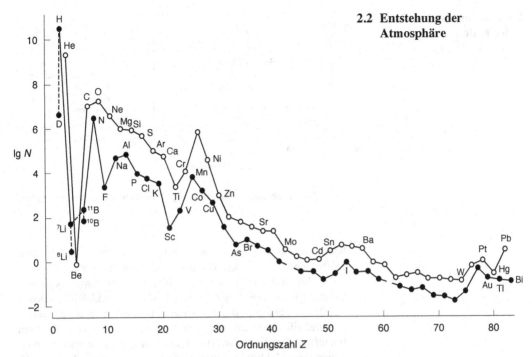

Abb. 2-1. Häufigkeit N der verschiedenen Elemente im Kosmos als Funktion der Ordnungszahl Z (bis $Z = 83$). – N ist logarithmisch angegeben und bezogen auf die Anzahl „10^6 Si-Atome"; ● Elemente mit ungerader Ordnungszahl; ○ Elemente mit gerader Ordnungszahl.

2.2 Entstehung der Atmosphäre

2.2.1 Entwicklung der Atmosphäre

Die Erde ist vor ungefähr 4,6 Milliarden Jahre entstanden. Die Entwicklung der Erdatmosphäre, die eng mit dem Entstehen und der Evolution des Lebens verknüpft ist, lässt sich in vier Zeiträume unterteilen (Abb. 2-2). In der *ersten* Periode (Dauer: einige hundert Millionen Jahre) fand im wesentlichen die Bildung der Erde aus dem solaren Urnebel statt. Das Plasma kühlte sich ab, und die Bestandteile kondensierten in der Reihenfolge ihrer Siedepunkte aus: zuerst die am wenigsten flüchtigen wie Eisen oder Silicium. Der immer noch heiße Urplanet hatte sicher noch keine Atmosphäre im heutigen Sinn: Flüchtigere Bestandteile wie Stickstoff und Kohlenstoff (z. B. als Methan) blieben entweder weitgehend im solaren Nebel oder wurden – wie die Edelgase und Wasserstoff – in dieser Phase abgereichert, da sie nicht vom Schwerefeld der Erde zurückgehalten werden konnten (auch heute noch gehen sie laufend verloren). Wenn nicht dennoch ausreichend leichtere Gase zurückgehalten worden wären, hätte die Erde

Uratmosphäre

*Haupt*bestandteile:
H_2O-Dampf (ca. 80 %), CO_2 (ca. 10 %)

*Spuren*bestandteile:
SO_2, HCl, HF, H_2, CO, Ar, CH_4, NH_3 (*kein* O_2)

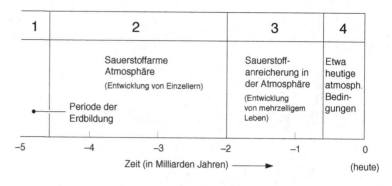

Abb. 2-2. Zeitabschnitte von Bedeutung für die Entwicklung der Atmosphäre.

heute eine Atmosphäre vorwiegend aus Neon und den schweren Edelgasen sowie Stickstoff mit Drücken um 10^6 bar.

Während dieser Phase ihrer Bildung war die Erde noch weitgehend glutflüssig; Wasserdampf (ca. 80 %) und Kohlendioxid (ca. 10 %) gelangten durch *Ausgasen* in die Atmosphäre. Andere Bestandteile dieser *Uratmosphäre* waren, nur in Spuren, vor allem leichtflüchtige Entgasungsprodukte von Erdkruste und -mantel: neben Schwefeldioxid, Chlor- und Fluorwasserstoff, Wasserstoff, Kohlenmonoxid und den Edelgasen – vorwiegend Argon – noch Methan sowie Ammoniak (s. auch Abschn. 2.3).

Freier (molekularer) Sauerstoff hingegen kam, wie auch in heutigen Vulkanausgasungen, (noch) *nicht* vor. Dies bezeugt auch das Vorkommen in entsprechenden Gesteinsschichten von Mineralen wie *Pyrit*, FeS_2, der von gasförmigem Sauerstoff oxidiert worden wäre.

Freier Sauerstoff konnte nicht aus dem Erdinnern ausgegast sein: Selbst wenn er in der Frühzeit der Erdentwicklung in ausreichender Menge vorhanden gewesen wäre, hätte er vor allem in Form von Silicaten fest gebunden vorgelegen und wäre unter den herrschenden Bedingungen nicht freigesetzt worden. Auch kann sich O_2 nur zu einem geringen Anteil unter Einwirkung der Sonnenstrahlung durch Photolyse aus dem Kohlendioxid oder aus dem Wasser der Uratmosphäre gebildet haben. Wäre er gemäß

$$2\,CO_2 \xrightarrow{h\cdot\nu} 2\,CO + O_2 \tag{2-15}$$

entstanden, müsste heute der CO-Anteil in der Atmosphäre erheblich höher sein, weil CO zu schwer ist, um dem Schwerefeld der Erde zu entweichen. Und für die Reaktion

$$2\,H_2O \xrightarrow{h\cdot\nu} 2\,H_2 + O_2 \tag{2-16}$$

wäre kurzwellige UV-Strahlung mit Wellenlängen $\lambda < 210$ nm erforderlich. Sauerstoff hätte – wenn er so gebildet worden wäre – bereits bei einem geringen Gehalt diejenige UV-Strahlung absorbiert, die eigentlich zu seiner Bildung erforderlich ist (man nennt diesen Selbstregulierungsmechanismus *Urey-Effekt*). Es kommen demzufolge für die Bildung des Atmosphärensauerstoffs keine anorganischen, sondern nur biologische photochemische Prozesse in Frage: Fast der gesamte Sauerstoff, der im Laufe der Erdentwicklung freigesetzt wurde, entstand durch Photosynthese von Biomasse – ist also eine Folge des Lebens auf der Erde.

Aus dem Oxidationszustand des Eisens in den ältesten bekannten Sedimentgesteinen (vorwiegend Fe^{2+}) – sie sind rund 3,7 Milliarden Jahre alt – lässt sich ableiten, dass die Atmosphäre in dieser Zeit nur wenig Sauerstoff enthalten haben konnte: Man nimmt höchstens 1/1000 des heutigen O_2-Niveaus (PAL, "*Present Atmospheric Level*") an, also einen O_2-Volumenanteil von weniger als 0,02 %.

In der *zweiten* Periode (s. Abb. 2-2) entwickelten sich in dieser sauerstoffarmen Atmosphäre die ersten Lebewesen ohne Zellkern. Sie lebten wahrscheinlich in seichtem Wasser oder an den Rändern der Ozeane, wo sie kaum der UV-Strahlung ausgesetzt waren, die zu diesem Zeitpunkt noch weitgehend ungehindert auf die Erdoberfläche gelangte (wenig Schutz durch Ozon; vgl. Abschn. 13.4). Diese ersten lebenden Organismen – einzellige Lebewesen ohne Zellkern *(Prokaryonten)* – entwickelten sich mit einem anaeroben Stoffwechsel, also ohne Anwesenheit von molekularem Sauerstoff: Sie bekamen ihre Energie aus Gärungsprozessen (mehr dazu s. Abschn. 2.2.2).

Vor mehr als 3 Milliarden Jahren entstanden primitive Organismen, *Blaualgen (Cyanophyta, Cyanobakterien)*, mit einer anderen Form des Stoffwechsels, bei dem Sauerstoff [nach Gl. (2.17)] entstand. Dieser biologisch erzeugte Sauerstoff wurde während eines langen Zeitraums von Silicium, Eisen, Aluminium, Calcium und anderen Elementen wie Schwefel verbraucht und in der Erdkruste in Form von Oxiden, Sulfaten oder Silicaten gebunden; lösliches Eisen(II) in den Meeren wurde durch den Sauerstoff, den die Ur-Einzeller bei ihrem Stoffwechsel produzierten, in Form unlöslicher Eisen(III)-oxide ausgefällt; dadurch wurden die Einzeller vor dem von ihnen selbst produzierten und für sie giftigen Stoffwechselprodukt, dem Sauerstoff, geschützt. Erst nachdem das meiste Eisen(II) zu Eisen(III) oxidiert war, stieg der Partialdruck des Sauerstoffs in der Atmosphäre merklich an.

Ab ca. 2 Milliarden Jahren vor unserer Zeit begann eine *dritte* Periode (s. Abb. 2-2). Der Umschlag von einer sauerstoffarmen in eine sauerstoffreiche Atmosphäre muss um diese Zeit erfolgt sein, da die jüngsten Sedimente mit zweiwertigem Eisen ein entsprechendes Alter haben. Es entwickelten sich neben Sauerstoff-indifferenten Lebewesen die ersten Lebensformen, deren Stoffwechsel auf die Anwesenheit von Sauerstoff angewiesen ist: Organismen mit einem echten Zellkern *(Eukaryonten)*. Man weiß heute, dass ein Zellteilungsprozess eine Sauerstoffkonzentration voraussetzt, die nicht kleiner ist als 1 % des heutigen O_2-Gehalts, also ein O_2-Volumenanteil von ungefähr 0,2 %. Der Sauerstoff in der Atmosphäre übte einen „Evolutionsdruck" aus, und es entstand neben der Gärung eine wirkungsvollere Form des Stoffwechsels: der aerobe Stoffwechsel (vgl. Abschn. 2.2.2).

Die *vierte* Periode (s. Abb. 2-2) – sie ist charakterisiert durch atmosphärische Bedingungen, wie wir sie heute haben – begann vor ca. 0,6 Milliarden Jahre. In Abb. 2-3 ist die Entwicklung der Sauerstoff-Konzentration in den letzten 5 Milliarden Jahren wiedergegeben.

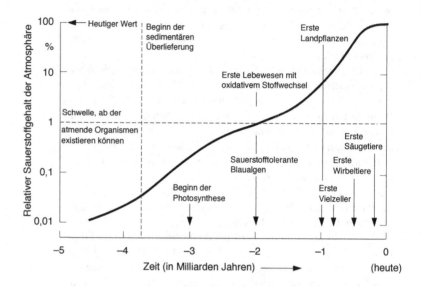

Abb. 2-3. Entwicklung der Sauerstoffkonzentration in den letzten 5 Milliarden Jahren.

2.2.2 Photosynthese, Atmung und Gärung

Schon vor ungefähr 3 Milliarden Jahren gab es photosynthetische Prozesse, die mit den heutigen weitgehend identisch sind. Man versteht unter *Photosynthese* (auch *photochemischer Synthese, Assimilation)* die reduktive Umwandlung von Kohlendioxid und Wasser zu Kohlenhydraten unter Verwendung von Lichtenergie:

$$2\,H_2O^* + CO_2 \xrightarrow[\text{Chlorophyll}]{\text{Licht}} \{CH_2O\} + H_2O + O_2^* \qquad (2\text{-}17)$$

(Durch * soll angedeutet werden, dass es sich um den Sauerstoff des Wassers handelt, der freigesetzt wird.) Beispielsweise wird durch diese Reaktion Glucose, der wichtigste Energielieferant, gebildet:

$$6\,H_2O + 6\,CO_2 \xrightarrow[\text{Chlorophyll}]{\text{Licht}} C_6H_{12}O_6 + 6\,O_2 \qquad (2\text{-}18)$$

Kohlenhydrate verdanken ihren Namen ihrer Zusammensetzung. Man kann diese Stoffe mit der Formel $C_nH_{2n}O_n$ als „Hydrate des Kohlenstoffs" auffassen: $C_n(H_2O)_n$; z. B. für $n = 6$: Glucose mit der Summenformel $C_6H_{12}O_6$.

Wichtig bei der Photosynthese-Reaktion ist die Anwesenheit von Chlorophyll und von Energie durch eingestrahltes Licht. Es handelt sich um einen *biologischen photochemischen Prozess*, der nahezu ausschließlich für den Anstieg des Sauerstoffgehalts der Atmosphäre im Laufe der Erdentwicklung verantwortlich war (vgl. Abschn. 2.2.1).

Der biologische Abbau organischer Substrate durch Mikroorganismen oder Enzyme zielt darauf ab, zelleigenes Material (z. B. Kohlenhydrate oder Proteine) der Mikroorganismen aufzubauen, also Biomasse zu bilden, und Energie zu gewinnen. Man unterscheidet nach der Art, wie der Wasserstoff der organischen Verbindung bei diesen oxidativen Abbauprozessen schließlich entfernt wird, zwischen Atmung und Gärung (Tab. 2-2).

2.2 Entstehung der Atmosphäre

Tab. 2-2. Anaerobe und aerobe Gärung/Atmung.

	Aerob	Anaerob
Atmung	Abbauprozess über Stoffwechsel *mit* O_2 aus der Luft als H-Akzeptor Weitgehend vollständiger Abbau Endprodukte CO_2 und H_2O	Abbauprozess über Stoffwechsel mit Teilchen wie NO_3^- oder SO_4^{2-} als H-Akzeptor[a] Weitgehend vollständiger Abbau Endprodukte hauptsächlich CO_2 und H_2O
Gärung	—[b]	Unvollständiger Abbau über Stoffwechsel *ohne* O_2 aus der Luft Organisches Substrat als H-Akzeptor Endprodukte z. B. Ethanol, Methan, Milchsäure

[a] „Nitrat-Atmung" bzw. „Sulfat-Atmung"; man nennt dieses Milieu, bei dem kein gelöster Sauerstoff vorhanden ist, *anoxisch*.
[b] Manchmal bezeichnet man mit „aerober Gärung" eine unvollständige Oxidation, z. B. die Oxidation von Ethanol zu Essigsäure.

Im strengen Sinn fasst man unter *Gärung* alle Stoffwechselprozesse der Energiegewinnung zusammen, bei denen der gebundene Wasserstoff auf organische Akzeptoren oder auf CO_2 übertragen wird, die dadurch reduziert werden. Ausgeschieden werden dabei Endprodukte, die weiter oxidiert werden könnten; Sauerstoff ist an diesen Prozessen nicht beteiligt. Je nach Haupt-Stoffwechselprodukten unterscheidet man u. a. zwischen *alkoholischer Gärung (Alkoholgärung, Ethanolgärung), Methangärung* oder *Milchsäuregärung*:

$$C_6H_{12}O_6 \longrightarrow 2\ C_2H_5OH + 2\ CO_2 \qquad (2\text{-}19)$$
$$C_6H_{12}O_6 \longrightarrow 3\ CH_4 + 3\ CO_2 \qquad (2\text{-}20)$$
$$C_6H_{12}O_6 \longrightarrow 2\ CH_3CH(OH)COOH \qquad (2\text{-}21)$$

$\Delta G = -219\,\text{kJ}$
$\Delta G = -416\,\text{kJ}$
$\Delta G = -196\,\text{kJ}$

(alle ΔG-Werte bezogen auf ein Mol Glucose)

Hingegen verläuft die *anaerobe Atmung* zwar auch unter Ausschluss von molekularem Sauerstoff, der Wasserstoff wird aber auf Sauerstoff „in gebundener Form", z. B. auf Nitrat- oder auf Sulfatsauerstoff als H-Akzeptoren, übertragen, wobei Nitrat bzw. Sulfat reduziert werden:

$$NO_3^- \longrightarrow N_2, NH_3 \qquad\qquad (2\text{-}22)$$
$$SO_4^{2-} \longrightarrow H_2S \qquad\qquad (2\text{-}23)$$

Unter *(aerober) Atmung* (oder *Respiration*) versteht man Stoffwechselprozesse, bei denen Organismen den abgespaltenen Wasserstoff organischer Verbindungen auf molekularen Sauerstoff unter Bildung von Wasser übertragen; die wichtigsten Verbrennungssubstrate sind Kohlenhydrate [vgl. Gl. (2-24)].

Die ältesten, sich selbst replizierenden Eiweißkörper müssen anaerob gelebt haben; das bedeutet, dass die Energiegewinnung nicht über Mechanismen stattfand, die Sauerstoff benötigen. Es handelt sich dabei um gärende Einzeller. In ihnen wurden die energiespendenden Kohlenhydrate – ohne Änderung der Oxidationsstufen – zu Brenztraubensäure und weiter zu Milchsäure abgebaut *(Milchsäuregärung)*. Diese Teilschritte sind im oberen Teil von Abb. 2-4 festgehalten. Der maximal mögliche Energiegewinn bei diesem – ineffektiven – Energieerzeugungsprozess beträgt 196 kJ/mol [Gesamtreaktion s. Gl. (2-21)].

Milchsäure

Brenztraubensäure

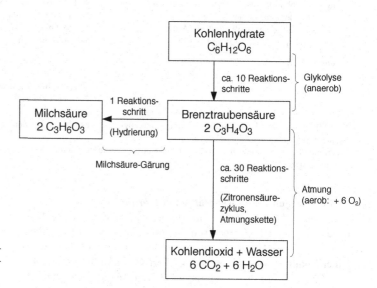

Abb. 2-4. Schema der energieliefernden Reaktionen von Gärung und Atmung.

Mit zunehmendem Sauerstoffgehalt in der Atmosphäre findet keine Hydrierung der Brenztraubensäure zur Milchsäure mehr statt, sondern der Abbau der Brenztraubensäure verläuft über den Citronensäurezyklus und mündet in die Atmungskette ein *(Atmung)*. Auf diese Weise können pro Mol Glucose maximal ungefähr 2870 kJ gewonnen werden, also ungefähr 15mal mehr Energie als bei der Milchsäuregärung:

$\Delta G = -2870$ kJ

$$C_6H_{12}O_6 + 6\,O_2 \longrightarrow 6\,CO_2 + 6\,H_2O \qquad\qquad (2\text{-}24)$$

2.3 Chemische Evolution

2.3 Chemische Evolution

Vor der Bildung von Sauerstoff – so nimmt man an – haben sich in Gegenwart von atmosphärischen Bestandteilen wie Ammoniak oder Methan zahlreiche Zwischenprodukte gebildet, die Sauerstoff binden und schließlich zu Aminosäuren, Purinbasen und anderen Vorstufen der belebten Materie führen können.

STANLEY L. MILLER hatte sich in den 50er Jahren eine einfache apparative Anordnung ausgedacht, in der er die *reduzierende* Uratmosphäre, die zu Beginn der Erdentwicklung vorgelegen haben musste, simulierte (Abb. 2-5). Er setzte in dieser Apparatur ein Gemisch aus Wasserdampf, Wasserstoff, Methan und Ammoniak elektrischen Entladungen aus und sammelte die Reaktionsprodukte. Dabei entstanden zahlreiche biochemisch wichtige organische Verbindungen wie *Glycin*, die einfachste Aminosäure, und *Alanin*, eine der wichtigsten Aminosäuren, die in fast allen Eiweißkörpern vorkommt (Tab. 2-3).

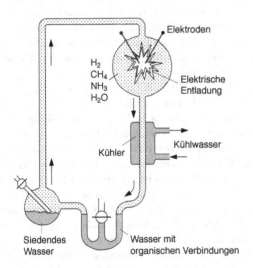

Glycin

Alanin

Abb. 2-5. Millersche Apparatur für elektrische Entladungen in einer simulierten primitiven Erdatmosphäre.

Nach diesen grundlegenden MILLERschen Arbeiten haben viele andere Forscher auf ähnliche Weise – Einwirkung von Wärme, UV-Strahlen, Elektronenbeschuss, β-Strahlen, Röntgenstrahlen usw. – in entsprechenden Versuchsanordnungen die primitive Erd-Uratmosphäre zu simulieren versucht und, zusätzlich zur Bildung von Aminosäuren, die Entstehung zahlreicher anderer organischer Verbindungen mit biochemischer Bedeutung nachgewiesen, z. B.: Purine und Pyrimidine, Zucker, Nucleoside, Nucleotide und Porphyrine. (Trotz der Bildung dieser organischen Verbindungen ist aber die Entstehung des Lebens nach wie vor ungeklärt.)

Sowohl bei der Bildung der Biomonomere als auch bei deren Verknüpfung zu Polymeren waren einige „reaktive Verbindun-

Tab. 2-3. Einige Verbindungen, die durch Einwirkung elektrischer Entladungen in einer reduzierenden Atmosphäre entstehen.

Name	Formel
Ameisensäure	$HCOOH$
Glycin	H_2NCH_2COOH
Glykolsäure	$HOCH_2COOH$
Milchsäure	$CH_3CH(OH)COOH$
Alanin	$CH_3CH(NH_2)COOH$
Propionsäure	CH_3CH_2COOH
Essigsäure	CH_3COOH

$$\begin{array}{c} H \\ | \\ C=O \\ | \\ H \end{array} \qquad H-C\equiv N:$$

Formaldehyd   Cyanwasserstoff

gen" von Bedeutung. Die wichtigsten sind wohl die einfachsten und kleinsten Moleküle, die zugleich Wasserstoff, Kohlenstoff und Sauerstoff bzw. Stickstoff enthalten, nämlich *Formaldehyd*, H_2CO, und *Cyanwasserstoff*, HCN, die in der Uratmosphäre ebenfalls entstehen konnten.

2.4 Aufbau der Erde

2.4.1 Vorbemerkungen

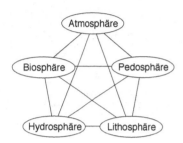

Abb. 2-6. Verschiedene Sphären der Erde.

Die Erde lässt sich in fünf verschiedene Bereiche unterteilen, die alle miteinander verknüpft sind und die mit dem Leben auf der Erde zu tun haben (Abb. 2-6). Die *Atmosphäre* ist die die Erde umgebende Lufthülle (vgl. Abschn. 7.1.1). Die *Pedosphäre* ist der Bereich der Erde, der durch Verwitterung von Gesteinen usw. entsteht, in dem das Bodenleben stattfindet; die *Lithosphäre* ist eine Bezeichnung für die äußere Gesteinshülle der Erde; dazu gehört die Erdkruste und der obere Bereich des Erdmantels (vgl. Abschn. 21.1.1). Unter *Hydrosphäre* fasst man die verschiedenen Formen von Wasser auf der Erde zusammen, also Ozeane, Seen, Flüsse usw., aber auch Schnee und Eis sowie das Wasser in der Erdkruste (vgl. Abschn. 17.1).

Die *Biosphäre* schließlich ist die Gesamtheit des von Lebewesen besiedelten Teils der Erde (vgl. Abschn. 1.1.1). Sie umfasst die oberste Schicht der Erdkruste (einschließlich des Wassers) und den untersten Bereich der Atmosphäre. Die Biosphäre hat eine Gesamtfläche von rund $0{,}5 \cdot 10^9$ km^2 – das entspricht einem quadratischen Feld mit einer Seitenlänge von ungefähr 22 500 km. Diese Plattform ist nur zu einem Bruchteil von Menschen bewohnbar, denn 71 % dieser Fläche werden von den Weltmeeren eingenommen, und den Rest des Lebensraums des *Homo sapiens* engen Wüsten, Packeis oder Hochgebirge ein. Einige Flächen, Volumina oder Massen von Atmosphäre, Hydrosphäre und Pedosphäre sind in Tab. 2-4 zusammengestellt; eine weitere Aufgliederung des Festlands ist in Tab. 2-5 zu finden.

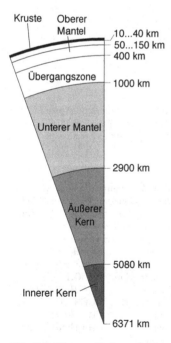

Abb. 2-7. Die verschiedenen Schichten der Erde.

2.4.2 Erdinneres, Erdrinde

Die *Seismologie* (*griech.* seismos, Erschütterung; logos Lehre), die Lehre von der Entstehung, Ausbreitung und Auswirkung von Erdbeben, hat gezeigt, dass die Erde – mittlerer Radius: 6371 km – aus mehreren konzentrischen Schalen (Abb. 2-7) mit nach außen abnehmender Dichte besteht. Der *Erdkern* setzt sich aus einem inneren festen Teil, dem *innerer Kern*, und einem flüssigen *äußerer Kern* zusammen; beide Bereiche bestehen im Wesentlichen aus Eisen als Hauptbestandteil sowie aus Nickel und Silicium (Dichten 12...13 g/cm^3 bzw. 9...12 g/cm^3). Die Temperatur im Erdmittelpunkt wird auf 2000...10 000 °C und der Druck

Tab. 2-4. Flächen, Volumina und Massen von Teilen der Ökosphäre (s. auch Tab. 17-1 in Abschn. 17.1).

Bereich	Fläche, Volumen oder Masse
Erdoberfläche[a]	$510 \cdot 10^6$ km^2
Atmosphäre	
– Masse (gesamt)	$52 \cdot 10^{14}$ t
Troposphäre[b] (Masse)	$40 \cdot 10^{14}$ t
Troposphäre (Volumen)	$5620 \cdot 10^6$ km^3
Hydrosphäre	
Ozeane (Fläche, gesamt)	$361 \cdot 10^6$ km^2
– Volumen (gesamt)	$1370 \cdot 10^6$ km^3
– Atlantischer Ozean (Volumen)	$318 \cdot 10^6$ km^3
– Nordsee (Volumen)	$0{,}054 \cdot 10^6$ km^3
– Ostsee (Volumen)	$0{,}023 \cdot 10^6$ km^3
Oberflächenwasser (Seen und Flüsse)	
– Fläche	$2 \cdot 10^6$ km^2
Pedosphäre	
– Masse[c]	$16 \cdot 10^{14}$ t
– Oberfläche	$130 \cdot 10^6$ km^2

[a] 70,8 % der Erdoberfläche sind mit Meer bedeckt.
[b] Bis ca. 11 km Höhe.
[c] Mittlere Dicke ca. 5 m (mittlere Dichte: 2,5 g/cm^3).

2.4 Aufbau der Erde

Tab. 2-5. Gliederung des Festlands der Erde.

Festland	Fläche (in 10^{12} m^2)
Wald	40
Wüsten, Halbwüsten	33
Grünland	26
Ackerland	14
Antarktis	13
Bebaute Gebiete	12
Tundra	5
Sonstige Gebiete	6
Insgesamt	149

dort auf das 3 000 000fache des Atmosphärendrucks an der Erdoberfläche geschätzt. Um den Kern legt sich der *Erdmantel*, dessen innere Schale vor allem aus Oxiden von Magnesium, Eisen, Chrom, Calcium, Natrium und Nickel besteht (Dichte 5...6 g/cm^3), worum sich ein äußerer Mantel (Dichte 3...5 g/cm^3) aus Silicaten legt. Die äußere Schale ist die *Erdkruste* (Dicke der kontinentalen Kruste im Mittel 40 km, der ozeanischen Kruste etwa 10 km).

Die Zusammensetzung der *Erdrinde* – darunter soll der gesamte einigermaßen exakt erforschbare Bereich von Lithosphäre, Hydrosphäre und Atmosphäre zusammengefasst werden – ist in Tab. 2-1 (Abschn. 2.1) wiedergegeben. Die zehn häufigsten Elemente machen bereits mehr als 99 % der Erdrinde aus. Nur wenige Elemente – und dies ist bemerkenswert – kommen häufig vor. Die Erdrinde besteht nahezu zur Hälfte aus Sauerstoff: Ein Teil kommt in der Atmosphäre als Element (z. B. O_2, O_3) oder in verschiedenen Verbindungen wie CO_2 vor, ein Teil liegt als Wasser vor. Aber der größte Anteil des Sauerstoffs bildet mit Silicium die zahlreichen verschiedenartigen Silicat-Mineralien. Metalle wie Kupfer, Blei oder Zink, die so vielfältig täglich in Haushalt und Industrie benutzt werden, kommen nur in verhältnismäßig geringen Mengen vor (sie nehmen einen Massenanteil < 1 % ein).

Unter geochemischen Gesichtspunkten lassen sich Elemente nach VICTOR MORITZ GOLDSCHMIDT (1888-1947) verschiedenen Klassen zuordnen – zwei dieser Begriffe werden auch in der Umweltchemie manchmal verwendet. Man bezeichnet chemische Elemente, die vor allem in der Erdatmosphäre angereichert sind,

2 Entstehung und Aufbau der Erde

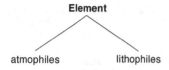

Element

atmophiles   lithophiles

Alle anderen Spurengase
< 0,04 % (< 400 ppm)

Ar 0,934 %

O_2 20,946 %

N_2 78,084 %

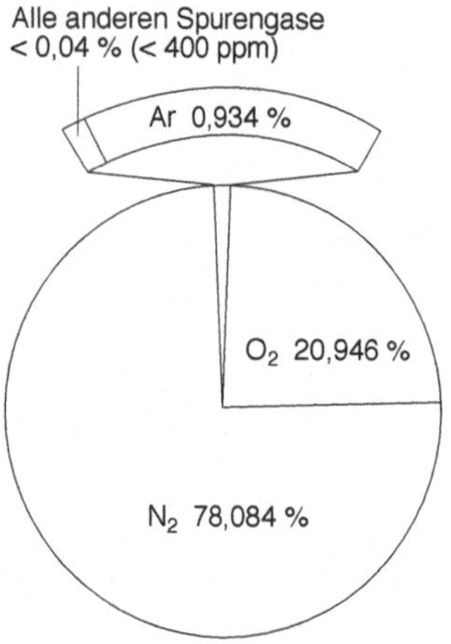

Abb. 2-8. Zusammensetzung der trockenen Luft in Erdbodennähe (Volumenanteile). – Einzelheiten s. Tab. 7-1 in Abschn. 7.2.1.

als *atmophile* Elemente (*griech.* atmos, Dunst, Dampf; philos, Freund). Solche Elemente, z. B. Sauerstoff und die Edelgase, aber auch zahlreiche Metalle wie Quecksilber oder Blei, werden vorwiegend über die Atmosphäre transportiert. Viele atmophile Elemente sind entweder selbst flüchtig, oder sie kommen in Form verhältnismäßig flüchtiger Verbindungen vor, z. B. Bleichloridbromid (vgl. Tab. 23-15 in Abschn. 23.3.2) oder Dimethylquecksilber (vgl. Abschn. 23.2.1).

Unter *lithophilen* Elementen (*griech.* lithos, Stein) versteht man solche chemischen Elemente, die die Neigung haben, sich in der Lithosphäre in Form von Oxiden, Silicaten oder anderen Verbindungen anzureichern wie Natrium, Magnesium, Aluminium, Chlor oder Brom. Lithophile Elemente werden hauptsächlich durch die Flüsse in die Ozeane transportiert; diese Form des Transports ist für diese Elemente von größerer Bedeutung als der über die Atmosphäre.

2.4.3 Aufbau der Atmosphäre

Die *Atmosphäre* ist die Lufthülle der Erde (mehr dazu s. Abschn. 7.1). Man nimmt oft für die Gesamthülle der Atmosphäre eine Höhe von 80 000 km an. Meteorologische Erscheinungen reichen bis ca. 80 km Höhe. Das Volumen, in dem sich das Wetter abspielt, entspricht nur etwa 1/50 000 des Gesamtvolumens der Atmosphäre; allerdings ist in diesem Raum 10 000-mal mehr Gas vorhanden als in der restlichen Atmosphäre.

Wenn man die gesamte Erdatmosphäre auf den Druck verdichten würde, der an der Erdoberfläche herrscht, dann nähme die Atmosphäre eine Höhe von ungefähr 8,5 km ein. Würden diese Gasmassen weiter verdichtet werden bis zum flüssigen Zustand, ergibt sich eine Schicht von ca. 10 m Höhe. Diese Überlegungen zeigen, wie klein das Kompartiment Atmosphäre (vgl. auch Abschn. 7.1.1) beispielsweise im Vergleich zur Hydrosphäre ist.

Trockene Luft in Erdbodennähe setzt sich zu mehr als 99,9 % ihres Volumens aus nur drei Gasen zusammen, nämlich Stickstoff, Sauerstoff und Argon (Abb. 2-8). Der Rest – Volumenanteil < 0,04 % (< 400 ppm; davon CO_2 ca. 370 ppm) – verteilt sich auf viele gasförmige Bestandteile, die nur in sehr geringen Konzentrationen angetroffen werden; man nennt sie deshalb *Spurengase*. Obwohl diese Spurengase nur zu einem verschwindend geringen Anteil in der Luft enthalten sind, machen sie das Leben auf der Erde erst möglich: Beispielsweise absorbieren sie einen großen Anteil der lebensgefährlichen UV-Strahlung der Sonne und beeinflussen das Klima und die Verteilung von Niederschlägen.

Bei hohen Temperaturen kann der Anteil von Wasser in der Troposphäre auf Werte bis zu 3 % ansteigen; der Wassergehalt in der Stratosphäre beträgt hingegen nur wenige ppm (zur Angabe der Gehalte von Gasen in der Atmosphäre vgl. Anhang A).

Es gibt verschiedene Kenngrößen, nach denen man die Atmosphäre in Bereiche untergliedern kann (Abb. 2-9). Nach der *Gas-*

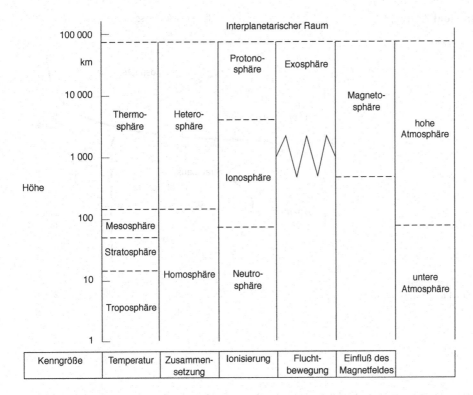

Abb. 2-9. Unterteilung der Atmosphäre nach verschiedenen Kenngrößen.

zusammensetzung lässt sich eine Homosphäre und eine Heterosphäre unterscheiden. In der *Homosphäre* (*griech*. homos, gleich, gleichartig; *lat*. sphaira, Kugel, Erdkugel) liegen die Gase gleichmäßig durchmischt vor. In der *Heterosphäre* (*griech*. heteros, anders, verschieden, fremd) im äußeren Bereich der Atmosphäre in ca. 120 km Höhe reichern sich die Gase mit geringerer molarer Masse an; die Gase mit höherer molarer Masse werden vom Gravitationsfeld der Erde stärker angezogen.

Die mittlere molare Masse der Atmosphäre ändert sich also in Abhängigkeit von der Höhe über dem Erdboden (Abb. 2-10, Tab. 2-6). Ab etwa 85 Kilometer – bis dahin beträgt die mittlere molare Masse 28,96 g/mol – fällt sie kontinuierlich ab bis auf einen Wert von ca. 0,6 g/mol. Dieser Wert ist charakteristisch für ein vollständig dissoziiertes Plasma, das aus ungefähr 45 % H-, 5 % He-Kernen und den entsprechenden Elektronen besteht (dies ist die Zusammensetzung des Sonnenwindes im interplanetarischen Raum).

Das Gravitationsfeld der Erde ist auch verantwortlich für die Dichteverteilung der Erdatmosphäre in Abhängigkeit vom Abstand von der Erdoberfläche und damit für den jeweiligen Luftdruck. Der Druck in der Atmosphäre kann über einen weiten Höhenbereich gut mit der *barometrischen Höhenformel* beschrie-

Barometrische Höhenformel

$$p = p_0 \cdot \exp[-M \cdot g \cdot (h - h_0)/(R \cdot T)]$$

p, p_0	Druck in der Höhe h bzw. h_0
M	Molare Masse
g	Erdbeschleunigung
$h - h_0$	Höhenunterschied
R	Gaskonstante
T	Temperatur (in K)

2 Entstehung und Aufbau der Erde

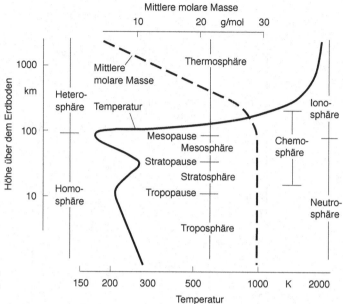

Abb. 2-10. Temperatur und mittlere molare Masse als Funktion der Höhe über dem Erdboden.

Tab. 2-6. Mittelwerte von Temperatur, Druck, Teilchendichte, Massendichte und molare Masse in der Atmosphäre.

Höhe über dem Erdboden (in km)	Tempe-ratur (in K)	Druck (in Pa)[a]	Teilchendichte (in m^{-3})	Massendichte (in kg/m^3)	Molare Masse (in g/mol)
0	288,15	101 330	$2,547 \cdot 10^{25}$	1,225	28,96
5	255,68	54 050	$1,531 \cdot 10^{25}$	0,7364	28,96
10	223,25	26 500	$8,597 \cdot 10^{24}$	0,4135	28,96
15	216,65	12 110	$4,049 \cdot 10^{24}$	0,1948	28,96
20	216,65	5 529	$1,848 \cdot 10^{24}$	$8,891 \cdot 10^{-2}$	28,96
25	221,55	2 549	$8,333 \cdot 10^{23}$	$4,008 \cdot 10^{-2}$	28,96
30	226,51	1 197	$3,828 \cdot 10^{23}$	$1,841 \cdot 10^{-2}$	28,96
35	236,51	574,6	$1,760 \cdot 10^{23}$	$8,463 \cdot 10^{-3}$	28,96
40	250,35	287,1	$8,306 \cdot 10^{22}$	$3,996 \cdot 10^{-3}$	28,96
45	264,16	149,1	$4,088 \cdot 10^{22}$	$1,966 \cdot 10^{-3}$	28,96
50	270,65	79,78	$2,135 \cdot 10^{22}$	$1,027 \cdot 10^{-3}$	28,96
55	260,77	42,53	$1,181 \cdot 10^{22}$	$5,681 \cdot 10^{-4}$	28,96
60	247,02	21,96	$6,439 \cdot 10^{21}$	$3,097 \cdot 10^{-4}$	28,96
65	233,29	10,93	$3,393 \cdot 10^{21}$	$1,632 \cdot 10^{-4}$	28,96
70	219,59	5,221	$1,722 \cdot 10^{21}$	$8,283 \cdot 10^{-5}$	28,96
75	208,40	2,388	$8,299 \cdot 10^{20}$	$3,992 \cdot 10^{-5}$	28,96
80	198,64	1,052	$3,836 \cdot 10^{20}$	$1,846 \cdot 10^{-5}$	28,96
85	188,89	0,4457	$1,901 \cdot 10^{20}$	$8,220 \cdot 10^{-6}$	28,96
90	186,87	0,1836	$7,116 \cdot 10^{19}$	$3,416 \cdot 10^{-6}$	28,91
100	195,08	$3,201 \cdot 10^{-2}$	$1,188 \cdot 10^{19}$	$9,708 \cdot 10^{-8}$	28,40
110	240,00	$7,104 \cdot 10^{-3}$	$2,144 \cdot 10^{18}$	$9,708 \cdot 10^{-8}$	27,27
120	360,00	$2,538 \cdot 10^{-3}$	$5,106 \cdot 10^{17}$	$2,222 \cdot 10^{-8}$	26,21

[a] 10^5 Pa = 1 bar.

ben werden: Der Druck nimmt exponentiell mit der Höhe ab. (Diese Formel beschreibt auch die Sedimentation von Aerosolen, Staub, Schwebstoffen und anderen Teilchen unter dem Einfluss der Schwerkraft.) Der Druck beträgt beispielsweise bei 0 m (Meeresspiegel) 1013 hPa und in 10 km Höhe nur noch ungefähr ein Viertel dieses Wertes.

Als weitere Kenngröße zur Unterteilung der Atmosphäre kann der jeweilige *Ionisierungszustand* der Gase herangezogen werden. In der *Neutrosphäre* kommen vorwiegend *neutrale*, ungeladene, Teilchen vor. In der *Ionosphäre* hingegen sind die Gase der ungefilterten Sonnenstrahlung ausgesetzt und *ionisieren* in erheblichem Maße. Der obere Bereich der Ionosphäre besteht vorwiegend aus *Protonen*, H^+-Ionen – der leichtere Wasserstoff wird am äußeren Rand der Atmosphäre angereichert –, weshalb man diesen Bereich auch *Protonosphäre* nennt.

Wenn man die *Fluchtbewegung* von Teilchen zur Bezeichnung einer Atmosphärenschicht heranzieht, kann man den äußeren Bereich der Atmosphäre *Exosphäre* (*griech.* exo, außen, außerhalb) nennen. In diesem Bereich sind so wenige Atome, dass diejenigen ungeladenen Teilchen, die sich zufällig mit großer thermischer Geschwindigkeit in Richtung von der Erde weg bewegen, ohne Zusammenstöße weiterfliegen und das Schwerefeld der Erde verlassen. Dies gilt nicht für geladene Teilchen, die durch die LORENTZ-Kraft gezwungen werden, den in sich geschlossenen Kraftlinien des Erdmagnetfeldes zu folgen. Der äußere Teil der Atmosphäre, der aus Protonen, anderen Ionen und Elektronen besteht, wird vom Magnetfeld der Erde wie von einem Käfig zusammengehalten.

Die Atmosphäre lässt sich auch entsprechend den jeweils herrschenden *Temperaturen* in Schichten unterteilen. Die *Troposphäre* (*griech.* tropos, Wendung) ist die unterste Teilschicht der Atmosphäre (Höhe an den Polen: bis ca. 8 km; am Äquator: bis ca. 18 km). Im unteren Teil dieser Luftschicht leben die Menschen, und hier spielen sich auch die Wettervorgänge ab. In der Troposphäre fällt die Temperatur von ungefähr 20 °C in der Nähe des Erdbodens auf –60 °C in ca. 12 km Höhe ab (s. Abb. 2-10). Dieser Temperaturabfall verläuft im Wesentlichen mit der Höhe linear: ungefähr 6 K alle 1000 m. Der Troposphäre – sie enthält rund drei Viertel des irdischen Luftvorrats – schließt sich die *Stratosphäre* (*lat.* stratum, Decke) bis etwa 50 km Höhe an.

Es gibt in der Atmosphäre Bereiche mit Temperaturminima oder -maxima, die man mit der Endung „pause" (*griech.* pause, Ende) kennzeichnet: *Tropopause, Stratopause, Mesopause* (*griech.* mesos, Mitte). In diesen schmalen Bereichen der Atmosphäre herrschen, jeweils von der Höhe über dem Erdboden weitgehend unabhängig, konstante Temperaturen. Diese Grenzschichten sind von Bedeutung, da sich über sie hinweg Gase nur langsam vermischen; beispielsweise rechnet man, dass ein Gas im Durchschnitt 2...3 a braucht, um aus der Troposphäre über die Tropopause in die Stratosphäre zu gelangen.

2.5 Globale Stoffkreisläufe

Fast alle Stoffe sind an *Kreisläufen (Zyklen)* beteiligt: Sie bewegen sich in unterschiedlichem Ausmaß und mit verschiedenen Geschwindigkeiten zwischen Atmo-, Hydro- und Lithosphäre sowie der Biosphäre.

Solche *Stoffkreisläufe* – ein gutes Drittel aller chemischen Elemente unterliegt einem „biologischen Recycling" – sind eine wichtige Voraussetzung dafür, dass die Lebensvorgänge auf der Erde überhaupt ablaufen. Alle Lebewesen benötigen neben Wasserstoff, Sauerstoff, Kohlenstoff und Stickstoff andere Elemente wie Phosphor, Schwefel, Calcium, Kalium, Magnesium, Natrium und auch Chlor; nicht zuletzt biologische Prozesse bewirken, dass diese Elemente zum Teil in erheblichem Ausmaß angereichert werden, z. B. Kohlenstoff in der Erdkruste in Form von Kohle und von Calciumcarbonat in Korallenriffen. Auch können einige Organismen vergleichsweise seltene Elemente weit über den Normalgehalt anreichern, z. B. speichern einige Algen und Seetange hohe Mengen an Iod.

Kreisläufe von Stoffen und Elementen kann man anhand eines einfachen Modells (Abb. 2-11) veranschaulichen. Die für den *Transport* der meisten Stoffe wichtigen Umweltbereiche sind die Atmosphäre und die Flüsse. Beide sind auch *Reservoire (franz. réservoir,* Behälter, Speicher), die Flüsse jedoch für die meisten Verbindungen nur von untergeordneter Bedeutung. Die wichtigsten Umweltbereiche mit *Speicher*funktion sind der Boden und die Ozeane.

Übergänge zwischen den Kompartimenten werden in Abb. 2-11 durch zwei Buchstaben gekennzeichnet, z. B. wird unter „BF" die Menge der Stoffe verstanden, die (jährlich) vom *B*oden (B) in die *F*lüsse (F) übergehen (BF und FO werden bei diesem Modell als gleich groß angesehen; es wird also angenommen, dass in den Flüssen nur Transport stattfindet, aber keine An- oder Abreicherung).

Zunächst: in diesem Kreislauf-Modell sollte für jedes Kompartiment – z. B. für Atmosphäre, Boden, Ozeane oder Flüsse – gelten, dass die Summe der Mengen eines bestimmten Stoffes, der in ein Kompartiment eintritt, gleich der Gesamtmenge dieses Stoffes ist, die aus dem Kompartiment austritt, also beispielsweise (in Abb. 2-11):

$$BF = FO \text{ oder } AB = BA + BF \tag{2-25}$$

oder (in Abb. 2-12):

$$Ein_1 + Ein_2 + Ein_3 = Aus_1 + Aus_2 \tag{2-26}$$

(drei „Eingänge" in das Kompartiment und zwei „Ausgänge"). Wenn die Summe der Zugänge für einen bestimmten Stoff diejenige der Abgänge übersteigt, findet in dem entsprechenden Kompartiment *Anreicherung* statt, im umgekehrten Fall *Abreiche-*

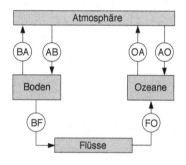

Abb. 2-11. Modell zum Kreislauf von Stoffen in der Umwelt. – In Rechtecken: Speicher; in Kreisen: Übergang zwischen zwei Kompartimenten. A Atmosphäre, B Boden, O Ozeane, F Flüsse.

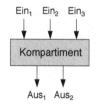

Abb. 2-12. Ein- und Ausgänge eines Kompartiments.

rung – das Kompartiment ist dann für den Stoff eine *Senke* bzw. eine *Quelle*.

Es ist in der Regel schwierig, die in einem größeren Umweltkompartiment befindlichen Stoffmengen abzuschätzen, und oft noch schwieriger, einigermaßen Verlässliches über die jährlich von einem in ein anderes Kompartiment transportierten Stoffmengen auszusagen. (Die veröffentlichten Werte sind deshalb in der Regel grobe Abschätzungen mit häufig starken Schwankungen von Autor zu Autor.)

In Tab. 2-7 sind für die in Abb. 2-11 angegebenen Übergänge zwischen den vier Kompartimenten für sechs ausgewählte Elemente die jeweils transportierten Mengen angegeben. Diese Werte vermitteln bereits einen ersten Eindruck, wie unterschiedlich die verschiedenen Belastungspfade in der Umwelt sein können. Beispielsweise sind beim Kohlenstoff die beiden Teilkreisläufe zwischen Boden und Atmosphäre (BA und AB) sowie zwischen Ozean und Atmosphäre (OA und AO) jeder für sich nahezu ausgeglichen; der verhältnismäßig geringe Unterschied zwischen AB und BA von $0,07 \cdot 10^{14}$ kg/a ist verantwortlich für die Anreicherung von Kohlenstoff in der Atmosphäre (s. auch Abschn. 8.2.2). Für Phosphor ist der Ozean die Hauptsenke, wie aus dem großen Unterschied zwischen OA und AO und dem großen Wert für FO abzulesen ist. Und der größte Anteil der Emissionen von Kupfer und Blei wird über die Flüsse ins Meer getragen und dort in den Sedimenten angereichert.

Tab. 2-7. Transport einiger chemischer Elemente zwischen den vier Umweltkompartimenten Atmosphäre, Boden, Ozeane und Flüsse. – A Atmosphäre, B Boden, O Ozeane, F Flüsse.

Element	AB	BA	FO[a]	OA	AO
Sauerstoff[b] (in 10^{17} kg/a)	1,0	0,70	0,3	3,7	3,4
Kohlenstoff (in 10^{14} kg/a)	1,2	1,27	< 0,01	0,10	0,10
Schwefel (in 10^{14} kg/a)	0,7	1,6	2,1	1,6	2,6
Phosphor (in 10^{9} kg/a)	3,2	4,3	19	0,3	1,4
Blei (in 10^{8} kg/a)	3,2	4,7	7,8	< 0,01	1,4
Kupfer (in 10^{7} kg/a)	6,2	7,1	632	< 0,01	1,3

[a] Es wird angenommen: FO = BF.
[b] Als Wasser.

Zu einigen Elementen sind in den folgenden Kapiteln Kreisläufe weiter aufgeschlüsselt als in dem stark vereinfachten Modell von Abb. 2-11. Wenn beispielsweise von „Boden" die Rede ist, kann ggf. weiter differenziert werden, und im Kreislauf des entsprechenden Stoffes können zusätzlich beispielsweise Quellen wie „Vulkane" oder „Reisanpflanzungen" berücksichtigt werden.

Die Elemente oder Verbindungen, deren Kreisläufe man betrachten will, haben eine bestimmte (mittlere) *Lebensdauer* – man spricht auch von *Aufenthaltsdauer* oder *Verweilzeit* (vgl. Abschn.

7.2.4) – in den verschiedenen Kompartimenten der Umwelt (Abb. 2-13). Sie liegt beispielsweise für viele Stoffe in der Atmosphäre, besonders reaktive wie OH oder NO_2 und extrem reaktionsträge wie N_2 oder CF_4 ausgenommen (vgl. Abb. 7-1 in Abschn. 7.2.4), in der Größenordnung von einem Jahr. Für das Verweilen von Stoffen in Hydro- und Pedosphäre müssen zwei bis drei Größenordnungen mehr angesetzt werden, also Hunderte oder gar Tausende von Jahren; und die Verweilzeit von Stoffen in der Lithosphäre liegt bei Millionen Jahre und mehr. Die verhältnismäßig kleinen Verweilzeiten vieler Stoffe in der Atmosphäre sind mit ein wichtiger Grund, diesem Speicher- und Transportmedium ein besonders breites Feld in der Diskussion der Umweltchemie einzuräumen (s. auch Abschn. 7.1.1).

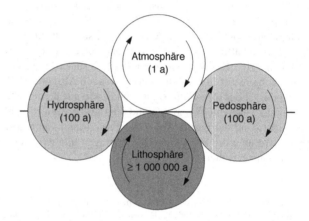

Abb. 2-13. Unterschiedliche Aufenthaltsdauer von Elementen und Verbindungen in und zwischen Atmo-, Hydro-, Pedo- und Lithosphäre (Größenordnungen).

Neben der Reaktivität eines Stoffes können im gleichen Umweltbereich andere Faktoren die Verweilzeit bestimmen (Tab. 2-8). Beispielsweise ist der Gehalt an Kohlendioxid, CO_2, in der Atmosphäre (Verweilzeit ca. 7,5 a) wegen des kleinen Vorrats durch Verbrennung fossiler Brennstoffe leicht veränderbar; der bedeutend größere Sauerstoffvorrat hingegen bleibt trotz dieses O_2-Verbrauchs praktisch unverändert. Auch können die

Tab. 2-8. Verweilzeiten von Kohlenstoff, Sauerstoff und Stickstoff im Nährstoffkreislauf.

Element	Kompartiment	Verweilzeit (in a)
N	Atmosphäre	64 000 000
O	Atmosphäre	7 500
N (anorganisch)	Boden	100
C in totem organischem Material	Land	27
C in lebendem organischem Material	Land	17
C als CO_2	Atmosphäre	7,5
C in lebendem organischem Material	Meer	0,1

Verweilzeiten des gleichen Elements in verschiedenen Kompartimenten, z. B. von Kohlenstoff in lebendem Material auf dem Land und im Meer (17 a bzw. 0,10 a), erheblich voneinander abweichen: Meeresorganismen sind im Mittel kurzlebiger als Landorganismen.

2.6 Rohstoff- und Energievorräte

Rohstoffe sind die in der Natur vorkommenden unverarbeiteten Stoffe, die als Ausgangsmaterialien für die Produktion in Gewerbe und Industrie benötigt werden, um Gebrauchsstoffe oder -gegenstände herzustellen. Manchmal nennt man solche ursprünglichen Rohstoffe *Primärrohstoffe*, um sie von den *Sekundärrohstoffen* abzugrenzen, die aus Abfällen (z. B. Produktionsrückständen) gewonnen werden.

Man unterscheidet zwischen *mineralischen* Rohstoffen (z. B. Eisenerz, Bauxit, Phosphaten), *pflanzlichen* und *tierischen* Rohstoffen (z. B. Baumwolle, Holz, Naturkautschuk, Fetten und Ölen) und *fossilen* Rohstoffen, die vor Jahrmillionen aus Pflanzen und pflanzlichem oder tierischem Plankton im Boden oder auf dem Meeresgrund entstanden sind (z. B. Erdöl, Erdgas, Stein- und Braunkohle). Manchmal werden auch die pflanzlichen und tierischen Rohstoffe als *biotische* und die mineralischen und fossilen zusammen als *abiotische* Rohstoffe bezeichnet.

Unter dem Begriff *nachwachsende* Rohstoffe werden vorwiegend landwirtschaftlich oder forstwirtschaftlich aus Pflanzen und Biomasse (z. B. Holz, Getreide, Früchten, Algen) erzeugte Rohstoffe zusammengefasst, die aus bestimmten Wachstumsprozessen zur Verfügung stehen, z. B.:

– *Fette* und *Öle* aus Ölpflanzen wie Sojabohne, Raps oder Sonnenblume oder aus Talg zur Herstellung von Waschrohstoffen und Detergentien (s. Abschn. 18.1.2), von Schmiermitteln, von Ausgangsstoffen für Lacke und Farben oder für Textil-, Papier- und Lederhilfsmittel;

– *Stärke* z. B. aus Kartoffeln oder Weizen u. a. zur Produktion von Klebstoffen, als Hilfsmittel in der Papierherstellung oder für biotechnologische Prozesse;

– *Cellulose*, die in der Natur verbreitetste Kohlenstoffverbindung, aus Holz, Stroh, Schilf, Baumwolle u. a. für Fasern in der Textilindustrie oder für Filtermaterialien.

1996 wurden in Deutschland von der chemischen Industrie insgesamt 22,4 · 10⁶ t Rohstoffe verarbeitet: 90 % davon waren Erdöl und Erdgas, 2 % Kohle, den Rest – also ungefähr 8 % des gesamten Rohstoffverbrauchs – machten die nachwachsenden Rohstoffe aus (Abb. 2-14). Sie sind für die Chemische Industrie eine zusätzliche Rohstoffbasis. Nachwachsende Rohstoffe sind besonders attraktiv bei der Herstellung von Produkten, bei denen die

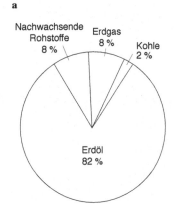

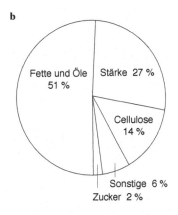

Abb. 2-14. a Einsatz von Rohstoffen in der deutschen Chemischen Industrie (1996; insgesamt ca. 22 · 10⁶ t). **b** Einsatz nachwachsender Rohstoffe in der deutschen Chemischen Industrie (1996; insgesamt 1,8 · 10⁶ t).

33

Natur bei ihrer Synthese des Rohstoffs die im Endprodukt gewünschte molekulare Zielstruktur teilweise oder weitgehend vorgegeben hat.

Rohstoffvorkommen nennt man *Reserven*, wenn sie geologisch und geographisch eindeutig identifiziert und mit der gegenwärtigen Technologie wirtschaftlich erschließbar sind. Unter *Ressourcen* (*franz.* ressource, Quelle, Mittel, Bodenschatz) versteht man den in der Natur vorhandenen abbaubaren Bestand an Rohstoffen: Man zählt dazu außer den Reserven auch gesicherte, zur Zeit noch nicht abbauwürdige sowie vermutete Rohstoffvorkommen, deren Abbau zum Teil heute noch unwirtschaftlich erscheint und/oder nur mit Hilfe neuer Technologien möglich ist.

Rohstoffvorkommen können in der Regel nur grob abgeschätzt werden, sie lassen sich nicht exakt ermitteln. Oftmals sind Zahlenangaben zu Reserven relativ niedrig, weil nicht nach neuen Reserven gesucht wird, solange die bekannten wirtschaftlich abgebaut werden können und noch lange genug reichen. Reserven können durch neu entdeckte Lagerstätten oder durch bisher als unwirtschaftlich angesehene Vorkommen vermehrt werden. Neue Förder- und Aufbereitungstechniken – oder einfach nur ein steigender Verkaufspreis – können einen Abbau rentabel machen.

Die *Lebensdauer* einer Reserve gibt an, wie lange noch bei Fortbestand der jetzigen Bedingungen – Lagerstätten, Fördertechniken usw., aber auch Verbrauchergewohnheiten – ein Abbau der entsprechenden Rohstoffe möglich ist. Wenn man beispielsweise von den Reserven an Kupfer von $450 \cdot 10^6$ t ausgeht, ergibt sich bei bekanntem, gleichbleibendem Bedarf von $8 \cdot 10^6$ t/a eine Lebensdauer der Kupferreserven von etwa 57 Jahren:

$$(450 - 57 \cdot 8) \cdot 10^6 \approx 0 \qquad\qquad (2\text{-}27)$$

Bei dieser *statischen* Betrachtungsweise wird also angenommen, dass der Bedarf in jedem Jahr *gleich groß* ist. Geht man hingegen von einer jährlichen Zuwachsrate von beispielsweise 3 % aus, liegt die Lebensdauer nur bei etwa 34 Jahren:

$$(450 - 8 - 8 \cdot 1{,}03^1 - \ldots - 8 \cdot 1{,}03^{33}) \cdot 10^6 \approx 0 \qquad (2\text{-}28)$$

[Restkupfer nach dem 1. Jahr: $(450 - 8) \cdot 10^6$ t,
nach dem 2. Jahr: $(450 - 8 - 8 \cdot 1{,}03^1) \cdot 10^6$ t, ...]

Bei dieser *dynamischen* Betrachtungsweise – hier spiegelt sich das Wirtschaftswachstum wider – nimmt man an, dass der Bedarf (gleichbleibend) *wächst*.

Die Lebensdauer ist eine fiktive Größe, die sich fast laufend nicht nur durch Verbrauch ändert, sondern auch durch das Hinzukommen neuer Reserven. Dies erkennt man daran, dass die Lebensdauer im Laufe der Zeit bei vielen Rohstoffen nicht, wie man erwarten müsste, geringer wurde, sondern zunahm. Beispielsweise betrug 1956 die statische Lebensdauer von Blei nur noch 17 Jahre. Nach 17 Jahren war sie aber nicht auf Null gesunken, sondern – trotz einer jährlichen Zuwachsrate der Förderung von 3 % – sogar auf 27 Jahre angestiegen.

Ähnliches kann man auch bei der Verfügbarkeit vieler anderer Rohstoffe feststellen, beispielsweise der fossilen Rohstoffe, der Haupt-Energielieferanten des Menschen: Vor dem zweiten Weltkrieg wurde die Lebensdauer der Erdölvorkommen mit 30 bis 35 Jahren angegeben; heute schätzt man sie auf 50 Jahre und mehr (Tab. 2-9).

Tab. 2-9. Zunahme der Weltreserven von Erdöl, Gas und Kohle.

Erdöl (in 10^9 barrel)[a]	1967:	418	
	1990:	1009	Zunahme: 141,4 %, 3,9 %/a
Gas (in 10^{12} feet^3)[b]	1977:	2519	
	1990:	4209	Zunahme: 67,1 %; 4,0 %/a
Kohle (in 10^9 t)	1981:	884	
	1990:	1079	Zunahme: 22,0 %; 2,2 %/a

[a]   1 barrel $\approx$ 159 L; 7,3 barrel $\approx$ 1 t.
[b]   1 feet^3 $\approx$ 0,0283 m^3.

Dies alles darf jedoch nicht darüber hinwegtäuschen, dass das natürliche Potential der Erde nicht unerschöpflich ist: Es gibt Vorräte, die tatsächlich zur Neige gehen. In Verantwortung für folgende Generationen muß mit den Ressourcen unbedingt sparsam umgegangen werden. Besonders gefragt sind hier die Industrieländer: Ihr Verbrauch – auch an nicht-erneuerbaren Rohstoffen – übersteigt den der Entwicklungsländer um ein Vielfaches (Tab. 2-10).

Tab. 2-10. Beispiele für den Verbrauch nicht-erneuerbarer Rohstoffe in den Industrie- und Entwicklungsländern (Jahresdurchschnitt, bezogen auf 100 Persone).

Rohstoff	Industrieländer	Entwicklungsländer
Aluminium (in t)		
1961-65	5,99	0,13
1986-90	14,13	0,69
Rohöl (in GJ)		
1961-65	115,82	7,37
1986-90	160,06	17,28

3 Stoffe in der Umwelt

3.1 Grundbegriffe

Zunächst etwas zu den Begriffen „Stoff", „Chemikalie" und „Substanz". Unter *Stoff* wird jede Art von Materie in ihren verschiedenen Erscheinungsarten verstanden, die gleichbleibende charakteristische Eigenschaften besitzt, unabhängig von der äußeren Form. Der Begriff *Substanz* wird sowohl für Stoffe verwendet als auch für reine Verbindungen oder Gemische solcher Verbindungen. Bei der Betrachtung der Umwelt benutzt man „Stoff" und „Substanz" oft synonym, man spricht beispielsweise von umweltrelevanten Stoffen oder Substanzen. Unter dem Begriff *Chemikalie* fasst man alle durch chemische Verfahren im Laboratorium oder in der Industrie hergestellten chemischen Verbindungen zusammen.

Die Belastungen der Umwelt lassen sich unterteilen in

– Belastungen durch Verbrauch von Lebensraum,
– physikalische Belastungen und
– stoffliche Belastungen (Abb. 3-1).

Zum Teil überlappen und/oder beeinflussen sich diese Wirkungen. Im Folgenden geht es nahezu ausschließlich um *stoffliche Belastungen* der Umwelt.

Ob eine Substanz „umweltrelevant" ist, hängt davon ab, in welchen Mengen und auf welchem Weg sie in die verschiedenen Bereiche der Umwelt gelangt und welche Wechselwirkungen sich zwischen ihr und den *Lebewesen* (Menschen, Tiere, Pflanzen, Mikroorganismen) einstellen. Damit Stoffe wirken können, müssen

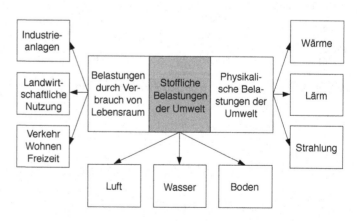

Abb. 3-1. Systematik der Umweltbelastungen.

sie sich in den *Umweltmedien* Luft, Wasser und Boden verteilen, um zu den Lebewesen *(Biota)* zu gelangen.

Stoffe werden zwischen den verschiedenen Umweltkompartimenten hin- und hertransportiert. Sie gelangen von einem Bereich in einen anderen durch Vorgänge wie Ausregnen, Auflösen, Verdunsten, Adsorption und Desorption (Abb. 3-2).

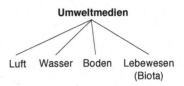

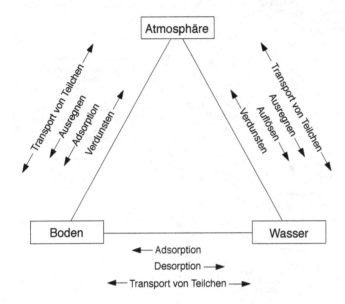

Abb. 3-2. Einfaches Modell zur Verteilung von Stoffen zwischen den drei Umweltmedien Atmosphäre, Wasser und Boden.

Im gesamten System der Kreisläufe, an denen sie beteiligt sind, gibt es für Stoffe viele Möglichkeiten – unterschiedliche *Pfade* –, auf denen sie in die Umwelt gelangen oder dort ihren Ort ändern können. Im industriellen Bereich gelangen Chemikalien in die Umwelt und zu den Organismen u. a.

- bei der Produktion direkt über die Luft oder über das Abwasser oder indirekt bei der Beseitigung von Prozessabfällen,
- beim Versagen sicherheitstechnischer Einrichtungen während der Produktion, bei der Lagerung oder beim Transport,
- beim Endverbrauch z. B. von Lacken, Pflanzenschutzmitteln oder Lösungsmitteln (Abb. 3-3).

Stoffliche Belastungen der Umwelt lassen sich nach ihrer geographischen Verbreitung unterscheiden. Man nennt sie – unabhängig vom Medium, in dem sie auftreten – *global*, wenn sie überall auf der Welt zu beobachten sind; sie werden als *regional* bezeichnet, wenn sie bis ca. 1000 km von der Quelle entfernt anzutreffen sind; und man spricht von *lokalen* Verunreinigungen, wenn sie bis ca. 100 km weit reichen (Beispiele: Tab. 3-1). Lokale Verunreinigungen können die drei Medien Luft, Wasser und Boden betreffen; globale Umweltbelastungen kommen vor allem in der Luft vor und werden über die Luft verbreitet. Man spricht von

Umweltbelastung

punktuell

0,1 km

lokal

---

100 km

regional

1000 km

global

(weltweit)

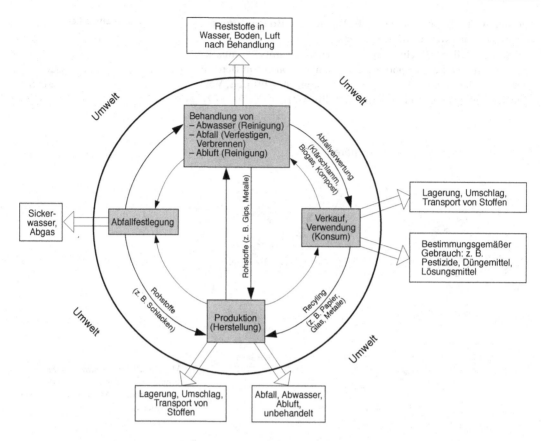

Abb. 3-3. Der Stoffkreislauf mit seinen Übergangsstellen zur Umwelt.

Tab. 3-1. Beispiele lokaler, regionaler und globaler stofflicher Umweltbelastungen.

Medium	Reichweite		
	lokal (bis 100 km)	regional (bis 1000 km)	global
Luft	Großstadt-Smog (NO_x, CO, O_3, Kohlenwasserstoffe)	Saurer Regen (SO_2, NO_x)	Stratosphärischer Ozonabbau (FCKW, CH_4, ...) Treibhauseffekt (CO_2, FCKW, CH_4, ...)
Wasser	Grundwasserverunreinigung (Pestizide, Nitrat)	Ozeanverschmutzung (Chemie- und Kommunalabfälle)	— —
Boden	Immobile Bodenverunreinigungen (Gebundene Rückstände, Schwermetalle)	— —	— —

einer *punktuellen* Verbreitung, wenn sich ein Stoff bis ca. 100 m ausgebreitet hat.

Im Zusammenhang mit stofflichen Belastungen der Umwelt hört man öfter „national". Da Ländergrenzen oft identisch sind mit Anwendungsbeschränkungen und -mustern, lässt sich mit *national* lediglich etwas über Quellen von Schadstoffen aussagen, aber nichts über deren Ausbreitung, die ja nicht an nationalen Grenzen haltmacht.

Bei Chemikalien, die Mensch und Umwelt belasten, spricht man oft – wenig genau – von „Problemchemikalien" und meint damit Stoffe wie

DDT, Pentachlorphenol (PCP), Atrazin, Fluorchlorkohlenwasserstoffe (FCKW), polychlorierte Biphenyle (PCB), Asbest.

Welcher Stoff zu welchem Zeitpunkt eine solche „Problemchemikalie" ist, hängt nicht nur – oder nicht in erster Linie – von der Einschätzung der Personen ab, die mit solchen Stoffen arbeiten, von der Beurteilung durch Toxikologen oder vom Stand der Forschung, sondern zu einem großen Teil auch davon, welches Thema in der öffentlichen Diskussion gerade aktuell ist (Stichwort: „Schadstoff des Monats").

Im Zusammenhang mit Stoffen sind einige weitere Begriffe von Bedeutung. Dazu gehört zunächst der Begriff „gefährlich". *Gefährliche Stoffe* oder *gefährliche Zubereitungen* – aus zwei oder mehreren Stoffen bestehende Gemenge, Gemische oder Lösungen – sind Stoffe oder Zubereitungen, die eine von 15 Eigenschaften besitzen, die beispielsweise in der *Gefahrstoffrichtlinie 67/ 548/EWG* oder in § 3 a (1) des Chemikaliengesetzes aufgelistet sind.

Die Definitionen der einzelnen *Gefährlichkeitsmerkmale* wie „explosionsgefährlich" usw. sind in der Gefahrstoffrichtlinie [Art. 2 (2)] oder in der *Gefahrstoffverordnung* (GefStoffV) zu finden (Tab. 3-2); Beispiele für Verbindungen mit solchen Merkmalen sind in Tab. 3-3 zusammengestellt. Eigenschaften wie „entzündbar", „ätzend" oder „giftig" sind auch Grundlage für eine Unterteilung von Stoffen in *Gefahrenklassen* im Hinblick auf deren Transport beispielsweise auf Straßen (s. auch Abschn. 6.4).

Umweltchemikalien (die Angelsachsen sprechen von "man made chemicals") wurden im Umweltprogramm der Bundesregierung (1971) definiert als

„Stoffe, die durch menschliches Zutun in die Umwelt gebracht werden und in Mengen oder Konzentrationen auftreten können, die geeignet sind, Lebewesen, insbesondere den Menschen, zu gefährden."

Anstelle von Umweltchemikalien spricht man auch oft von *Xenobiotika* (griech. xenos, Gast, Fremder; bios, Leben). Im weitesten Sinne fasst man darunter alle Stoffe zusammen, die durch menschliche Tätigkeit – beabsichtigt oder unbeabsichtigt – in die Umwelt gelangen oder als Folge menschlicher Tätigkeit in der Umwelt

„Gefährlich"

1. explosionsgefährlich
2. brandfördernd
3. hochentzündlich
4. leichtentzündlich
5. entzündlich
6. sehr giftig
7. giftig
8. gesundheitsschädlich
9. ätzend
10. reizend
11. sensibilisierend
12. krebserzeugend
13. fortpflanzungsgefährdend (reproduktionstoxisch)
14. erbgutverändernd
15. umweltgefährlich

Tab. 3-2. Gefährlichkeitsmerkmale nach § 4 (1) GefStoffV.

Stoffe und Zubereitungen sind:

explosionsgefährlich, wenn sie in festem, flüssigem, pastenförmigem oder gelatinösem Zustand auch ohne Beteiligung von Luftsauerstoff exotherm und unter schneller Entwicklung von Gasen reagieren können und unter festgelegten Prüfbedingungen detonieren, schnell deflagrieren oder beim Erhitzen unter teilweisem Einschluß explodieren;

brandfördernd, wenn sie in der Regel selbst nicht brennbar sind, aber bei Berührung mit brennbaren Stoffen oder Zubereitungen, überwiegend durch Sauerstoffabgabe, die Brandgefahr und die Heftigkeit eines Brandes beträchtlich erhöhen;

hochentzündlich, wenn sie
   a) in flüssigem Zustand einen extrem niedrigen Flammpunkt und einen niedrigen Siedepunkt haben,
   b) als Gase bei gewöhnlicher Temperatur und Normaldruck in Mischung mit Luft einen Explosionsbereich haben;

leichtentzündlich, wenn sie
   a) sich bei gewöhnlicher Temperatur an der Luft ohne Energiezufuhr erhitzen und schließlich entzünden können;
   b) in festem Zustand durch kurzzeitige Einwirkung einer Zündquelle leicht entzündet werden können und nach deren Entfernen in gefährlicher Weise weiterbrennen oder weiterglimmen,
   c) in flüssigem Zustand einen sehr niedrigen Flammpunkt haben,
   d) bei Berührung mit Wasser oder mit feuchter Luft hochentzündliche Gase in gefährlicher Menge entwickeln;

entzündlich, wenn sie in flüssigem Zustand einen niedrigen Flammpunkt haben;

sehr giftig, wenn sie in sehr geringer Menge bei Einatmen, Verschlucken oder Aufnahme über die Haut zum Tode führen oder akute oder chronische Gesundheitsschäden verursachen können;

giftig, wenn sie in geringer Menge bei Einatmen, Verschlucken oder Aufnahme über die Haut zum Tode führen oder akute oder chronische Gesundheitsschäden verursachen können;

gesundheitsschädlich,[a] wenn sie bei Einatmen, Verschlucken oder Aufnahme über die Haut zum Tode führen oder akute oder chronische Gesundheitsschäden verursachen können;

ätzend, wenn sie lebende Gewebe bei Berührung zerstören können;

reizend, wenn sie – ohne ätzend zu sein – bei kurzzeitigem, länger andauerndem oder wiederholtem Kontakt mit Haut oder Schleimhaut eine Entzündung hervorrufen können;

sensibilisierend, wenn sie bei Einatmen oder Aufnahme über die Haut Überempfindlichkeitsreaktionen hervorrufen können, so dass bei künftiger Exposition gegenüber dem Stoff oder der Zubereitung charakteristische Störungen auftreten,

krebserzeugend, wenn sie bei Einatmen, Verschlucken oder Aufnahme über die Haut Krebs erregen oder die Krebshäufigkeit erhöhen können;

fortpflanzungsgefährdend (reproduktionstoxisch), wenn sie bei Einatmen, Verschlucken oder Aufnahme über die Haut nichtvererbbare Schäden der Nachkommenschaft hervorrufen oder deren Häufigkeit erhöhen *(fruchtschädigend)* oder eine Beeinträchtigung der männlichen oder weiblichen Fortpflanzungsfunktionen oder -fähigkeit zur Folge haben können;

erbgutverändernd, wenn sie bei Einatmen, Verschlucken oder Aufnahme über die Haut vererbbare genetische Schäden zur Folge haben oder deren Häufigkeit erhöhen können;

umweltgefährlich, wenn sie selbst oder ihre Umwandlungsprodukte geeignet sind, die Beschaffenheit des Naturhaushalts, von Wasser, Boden oder Luft, Klima, Tieren, Pflanzen oder Mikroorganismen derart zu verändern, dass dadurch sofort oder später Gefahren für die Umwelt herbeigeführt werden können.

[a] Früher: mindergiftig.

entstehen oder in deutlich höheren Konzentrationen auftreten, als dies natürlicherweise der Fall ist (z. B. Schwermetalle). In einem engeren Sinn versteht man unter Xenobiotika Substanzen, die in einem biologischen System fremd und praktisch nicht abbaubar sind, z. B. in unserem Biosystem zahlreiche chlorierte Organika

Tab. 3-3. Beispiele für Substanzen mit bestimmten Gefährlichkeitsmerkmalen (nach Anhang I, Richtlinie 67/548/EWG).

Gefährlichkeits-merkmal	Substanzen
Explosionsgefährlich (**E**)	Ammoniumdichromat, Dibenzoylperoxid, Pikrinsäure
Brandfördernd (**O**)	Kaliumpermanganat, Natriumchlorat, Salpetersäure (> 65 %)[a], Wasserstoffperoxid (> 60 %), Chromtrioxid
Hochentzündlich (**F+**)	Acetaldehyd, Acetylen, Butan, Diethylether, Ethylenoxid, Kohlenmonoxid
Leichtentzündlich (**F**)	Aceton, Acetonitril, Benzol, Ethylacetat, Pentan, Propanol, Toluol
Entzündlich (R 10[b])	Butan-1-ol, Styrol, Xylol
Sehr giftig (**T+**)	Brom, Cyanwasserstoff, Dimethylsulfat, Natriumcyanid, Phosgen, Tetrachlormethan, Uranylacetat
Giftig (**T**)	Benzol, Chlor, DDT, Formaldehyd, Methanol, Phenol, Quecksilber
Gesundheitsschädlich (**Xn**)	Blei(IV)-oxid, Chloroform, Iod, Pyridin, Toluol, Trichlorethen, Xylol
Ätzend (**C**)	Brom, Essigsäure (> 25 %), Flußsäure (> 1 %), Natronlauge (> 2 %), Natriumhydroxid (fest), Salzsäure (> 25 %), Schwefelsäure (> 15 %)
Reizend (**Xi**)	Adipinsäure, Kaliumdichromat, Natriumcarbonat, Natronlauge (0,5...2 %)
Sensibilisierend	Ammoniumdichromat, Chromtrioxid, Ethylmethacrylat, Formaldehyd, Kaliumchromat, Nickeltetracarbonyl
Krebserzeugend	Ammoniumchromat, Asbest als Feinstaub, Benzol, Benzo[a]pyren, Cadmiumchlorid, Chromtrioxid, Diethylsulfat, Formaldehyd, 2-Naphthylamin, Nickeltetracarbonyl, Tetrachlormethan, Vinylchlorid
Fortpflanzungsgefährdend (reproduktionstoxisch)	Benzo[a]pyren, Dimethylquecksilber, Nickeltetracarbonyl, Schwefelkohlenstoff
Erbgutverändernd	Benzo[a]pyren, 1,2-Dibrom-3-chlorpropan, Diethylsulfat, Ethylenoxid, Hexamethyl-phosphorsäuretriamid (HMPTA)
Umweltgefährlich (**N**)	Einige Schädlingsbekämpfungsmittel und halogenierte organische Verbindungen, z. B. PCB und DDT

[a] Alle Gehaltsangaben sind Massenanteile.
[b] R-Sätze vgl. Tab. 6-5 in Abschn. 6.2.

wie polychlorierte Biphenyle (man nennt solche Stoffe auch manchmal „POP" für *P*ersistant *O*rganic *P*ollutants).

Wenn in der öffentlichen Diskussion „umweltgefährlicher Stoff" oder „Umweltchemikalie" gemeint sind, wird manchmal auch von *Umweltgift* gesprochen; diese Bezeichnung ist wenig aussagekräftig, da man darunter auch allgemein in der Umwelt weltweit verbreitete natürliche Gifte verstehen kann.

Im Zusammenhang mit Umweltchemikalien spielt offensichtlich der *Stoffeintrag*, also die Art und Weise, wie Stoffe in die Umwelt gelangen, eine Rolle. *Natürlicher* Stoffeintrag liegt vor, wenn ein Stoff beispielsweise durch die Atmung oder durch Ausscheidungen von Lebewesen oder durch Vulkanausbrüche in die Umwelt gelangt. Man spricht von *anthropogenem* Stoffeintrag, wenn der Stoff durch menschliche Aktivitäten erzeugt oder verursacht und in die Umwelt gebracht wird. Von diesen beiden Arten des Stoffeintrags – deren Folgen sind Veränderungen der stofflichen Zusammensetzung in bestimmten Bereichen der Umwelt mit erwünschten oder unerwünschten Wirkungen – wird im folgenden immer wieder die Rede sein.

Die einzelnen Informationen zum Verhalten von Stoffen in der Umwelt lassen sich zahlreichen physikalischen und chemischen

Eigenschaften entnehmen (s. Abschn. 3.2). Aber auch die Menge der produzierten und emittierten Stoffe (Abschn. 3.3), ihre Anwendung (Abschn. 3.4), ihre Tendenz zur Dispersion (Abschn. 3.5), ihre Persistenz (Abschn. 3.6) und Abbaubarkeit (Abschn. 3.7) sowie ihre Anreicherung in Organismen und Sedimenten (Abschn. 3.8) spielen eine Rolle für die indirekten oder direkten Schadwirkungen, die ein Stoff auszuüben in der Lage ist (Abschn. 3.9).

3.2 Physikalische und chemische Eigenschaften

3.2.1 Bedeutung für die Umwelt

Es gibt zahlreiche physikalische und chemische Eigenschaften, die etwas darüber aussagen, ob ein Stoff die Umwelt negativ beeinflussen kann oder nicht. Wichtig für die Schadwirkung, die ein Stoff haben kann, ist seine *Verteilung* – im besonderen zwischen den Umweltmedien Luft, Wasser und Boden sowie den Lebewesen. Die Verteilung wird bestimmt durch

- *stoff*abhängige Größen wie Wasserlöslichkeit oder Dampfdruck (vgl. Abschn. 3.2.3) und durch
- *medien*abhängige Größen wie die Temperatur in Luft und Wasser oder das Gefüge des Bodens.

Kennt man beispielsweise Löslichkeiten und Flüchtigkeit (Dampfdruck) von Stoffen und deren Verteilungskoeffizienten zwischen verschiedenen Phasen, so kann man abschätzen, ob und inwieweit sich ein Stoff aus einem Kompartiment der Umwelt in ein anderes bewegt. Daraus lassen sich Aussagen über seine Mobilität (vgl. Abschnitte 3.5 und 3.6) in Hydrosphäre, Pedosphäre und Atmosphäre ableiten sowie Hinweise gewinnen, welche Tendenz der Stoff hat, sich zwischen nichtbiologischen und biologischen Umweltbereichen zu verteilen, z. B. dem Wasser eines Sees und dem Fettgewebe eines Fisches. Gerade solche Erkenntnisse sind für die Umweltrelevanz von Stoffen bedeutsam, da Stoffe sehr oft auf diesem Weg aus dem abiotischen Bereich in lebende Organismen (Biosysteme) gelangen.

3.2.2 Temperatur, Dampfdruck

Erste wichtige Angaben zu den umweltrelevanten physikalischen Eigenschaften eines Stoffes sind *Schmelztemperatur* (auch *Schmelzbeginn*) oder *Schmelzbereich*; bei manchen Substanzen spielt die Erweichungstemperatur eine Rolle. Daneben gibt es noch andere physikalische (Kenn-)Größen wie *Erstarrungstemperatur, Siedetemperatur, Siedebereich, Siedebeginn* und *Sublimationstemperatur*.

Um die Mobilität eines Stoffes (s. Abschnitte 3.5 und 3.6) zu beurteilen, ist der *Dampfdruck* hilfreich, der Druck, der in gesättigtem Zustand in der Gasphase über einer festen oder flüssigen Substanz herrscht. Er ist ein Maß für die Neigung zu verdampfen: Je höher der Dampfdruck ist, desto schneller verdampft ein Stoff. Der Dampfdruck steigt exponentiell mit der Temperatur an (Abb. 3-4). Üblich sind die Angabe des Dampfdrucks bei Raumtemperatur (20 °C) und als Funktion der Temperatur.

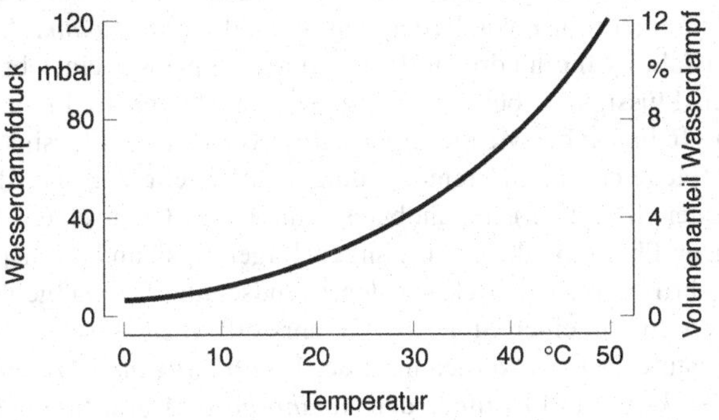

Abb. 3-4. Dampfdruck des Wassers als Funktion der Temperatur.

3.2.3 Löslichkeit, Verteilung

Die *Löslichkeit* von Stoffen ist ebenfalls von Bedeutung für deren Mobilität (s. Abschn. 3.5), und zwar speziell die Wasser- und die Fettlöslichkeit.

Unter der *Wasserlöslichkeit (S)* versteht man den Gehalt eines Stoffes bei Sättigung in (destilliertem) Wasser bei einer bestimmten Temperatur. Im allgemeinen gibt man S an in kg/m^3, g/L, oft auch in mg/kg oder in μg/kg.

Bei der Bioakkumulation (vgl. Abschn. 3.8.2) von Stoffen im Fettgewebe ist die *Fettlöslichkeit* maßgeblich. Ein Verteilungskoeffizient, der die Fettlöslichkeit von Stoffen beschreibt, ist der *1-Octanol/Wasser-Verteilungskoeffizient* (mehr dazu s. Abschn. 3.8.4).

Eine weitere physikalisch-chemische Größe ist die HENRY-Konstante (oft tabelliert in Nachschlagewerken mit umweltrelevanten Daten), die etwas über die physikalische Löslichkeit eines Gases in Wasser aussagt (s. auch Abschn. 16.3). Nach dem *HENRYschen Gesetz*

$$c(X) = K_H \cdot p(X) \tag{3-1}$$

ist die Konzentration $c(X)$ eines Gases X in Wasser (z. B. in mol/L) proportional dem Dampfdruck $p(X)$ des Gases über der wässrigen Lösung (in bar). Der Proportionalitätsfaktor ist die HENRY-Konstante, K_H (s. auch Abschn. 16.3.2).

Gelöste Gase sind im Allgemeinen umso flüchtiger, je kleiner ihr K_H-Wert ist. Gase mit K_H-Werten $\leq 2 \cdot 10^{-3}$ mol/(bar L)

3 Stoffe in der Umwelt

Tab. 3-4. HENRY-Konstanten K_H einiger ausgewählter Stoffe (20 °C).

Gas	$10^3 K_H$ [in mol/(bar L)]
N_2	0,64
H_2	0,74
CO	0,95
O_2	1,27
C_2H_6	1,94
C_2H_4	5
O_3	15
CO_2	36
C_2H_2	42
Cl_2	93
H_2S	106
SO_2	1620

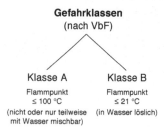

Gefahrklassen
(nach VbF)

Klasse A
Flammpunkt
$\leq 100\ °C$
(nicht oder nur teilweise
mit Wasser mischbar)

Klasse B
Flammpunkt
$\leq 21\ °C$
(in Wasser löslich)

Tab. 3-5. Beispiele für Stoffe der Gefahrklassen A und B nach der *Verordnung für brennbare Flüssigkeiten* (VbF).

Gefahr-klasse	Beispiele
A I	Ether, Schwefelkohlenstoff, Toluol
A II	Butanol, Xylol
A III	Heizöl
B	Aceton, Ethanol, Methanol

(einige Beispiele s. Tab. 3-4), die nicht mit Wasser reagieren, sind im allgemeinen stark flüchtig und halten sich deshalb nur in geringen Konzentrationen in Oberflächengewässern auf; überdies zeigen sie im allgemeinen eine starke Tendenz zur Dispersion in der Atmosphäre.

3.2.4 Flammpunkt

Eine physikalisch-chemische Eigenschaft, die auch bei der Charakterisierung der Gefährlichkeit feuergefährlicher und explosionsfähiger Stoffe von Bedeutung ist, ist der *Flammpunkt*. Diese Kennzahl ist die niedrigste Erwärmungstemperatur einer brennbaren Flüssigkeit, bei der sich unter festgelegten Bedingungen Dämpfe in solcher Menge entwickeln, dass über der Flüssigkeitsoberfläche ein durch Fremdzündung (Zündquelle z. B. Gasflamme oder Glühfaden) entzündbares Dampf/Luft-Gemisch entsteht.

Der Flammpunkt ist in einigen Lagerungs- und Transportvorschriften im Hinblick auf den Brandschutz das maßgebliche Kriterium, um einen Stoff als „Gefahrstoff" (vgl. Abschn. 6.1.2) einzustufen. Dabei werden nach der *Verordnung über brennbare Flüssigkeiten* (VbF) unter der *Gefahrklasse A* alle brennbaren Flüssigkeiten mit einem Flammpunkt $\leq 100\ °C$ zusammengefasst (Klasse A I: $< 21\ °C$; A II: $21...< 55\ °C$; A III: $55...100\ °C$), wenn diese Stoffe selbst oder ihre brennbaren, flüssigen Anteile nicht oder nur teilweise mit Wasser mischbar sind (Tab. 3-5). Die *Gefahrklasse B* der VbF umfasst alle brennbaren „Flüssigkeiten mit einem Flammpunkt $< 21\ °C$, die sich bei 15 °C in Wasser lösen oder deren brennbare flüssigen Bestandteile sich bei 15 °C in Wasser lösen" [§ 3 (1) 2 VbF].

Flüssigkeiten der Gefahrklasse A können nicht mit Wasser gelöscht werden; sie würden (meistens) auf dem Löschwasser schwimmen und damit den Brand ausweiten. Deshalb müssen beim Brand solcher Stoffe Schaum- oder Pulverlöscher verwendet werden. Die weniger gefährlichen Flüssigkeiten der Gefahrklasse B hingegen können mit Wasser gelöscht werden.

Neben der VbF gibt es noch *Technische Regeln für brennbare Flüssigkeiten* (TRbF), z. B. in der TRbF-Reihe 500 – Richtlinien für Ausrüstungsteile – Angaben zu Leckanzeigegeräten oder Überfüllsicherungen.

Die Bedeutung verschiedener physikalisch-chemischer Eigenschaften für die Bewertung der Umweltgefährlichkeit von Stoffen ist in Abb. 3-5 zusammengestellt.

3.3 Produktionsmengen

Um die Auswirkungen des Eintrags von Stoffen in die Umwelt zu charakterisieren, können die Produktionsmengen erste Hinweise geben. Wenn von einer Verbindung nur geringe Mengen jährlich produziert werden, kann es – je nach deren Eigenschaften –

Bedeutung verschiedener physikalisch-chemischer Eigenschaften für die Bewertung der Umweltgefährlichkeit von Stoffen.

Eigenschaft	Kompartimente Luft/Wasser	Wasser/Boden	Boden/Luft	Abiot. Abbau Luft	Wasser	Boden	Biot. Abbau Boden	Wasser	Akkum. abiotisch	biotisch	Akute Toxizität	Subchronische Toxizität	Teratogenität	Mutagenität	Carcinogenität	Toxikokinetik	Ökotoxizität
Molare Masse/Struktur	▲	○	▲	○	○	○	⊕	⊕		⊕	▲	▲	▲	▲	▲	▲	○
UV/VIS-Spektren	▲			▲	▲	▲	○			⊕	○	○	○	○	○	○	○
Testpunkt	⊕	⊕	⊕				○	○		○	○	○	○	○	○	○	○
Kochpunkt	○	○	⊕				○	○		○	○	○	○	○	○	○	○
Dampfdruckkurve	▲	○	▲	⊕		○	+	+		⊕	▲	▲	+	+	+	+	+
Wasserlöslichkeit	▲	▲	▲	+	○	○	+	+	+	+	⊕	⊕	+	+	+	+	+
Ad-/Desorption		▲	▲			○	○	○	▲	○							
Verteilungskoeffizient (n-Octanol/Wasser)		▲	▲					⊕	+	▲	⊕	⊕	+	○	+	▲	+
Flüchtigkeit aus wäßriger Lösung	▲	○	▲	+	+	+	+	+	○	⊕							○
Komplexbildung		▲	+					○	○	+	○	○	○				
Dichte (flüssig und fest)	▲	▲								+	▲	▲	○				
Teilchengrößenverteilung	▲	▲	▲	○		○	⊕	+		+	▲	▲				▲	+
Hydrolyse (Abhängigkeit vom pH-Wert)	⊕	⊕	⊕	▲	▲	▲	+	⊕	+	⊕	⊕	⊕	+	+	+	▲	+
Dissoziationskonstante	⊕	○	⊕	▲	▲			⊕	+	⊕	⊕	⊕	+	+	+	▲	+
Thermische Stabilität				○	○	○	○	⊕	○	⊕	○	+	+	○	+	+	○
Viscosität			▲				+										
Oberflächenspannung	▲	+	+	+						+	+	+	+	+	+	+	+
Fettlöslichkeit		○	○						+	+	+	+	+	○	+	▲	+
Permeabilität										+	▲	▲	○		▲	▲	○
Korrosivität					▲	▲	⊕	⊕	+	⊕							

Abb. 3-5. Bedeutung verschiedener physikalisch-chemischer Eigenschaften für die Bewertung der Umweltgefährlichkeit von Stoffen.

▲ Physikalisch-chemische Eigenschaft, die direkt in die Beurteilung des Stoffes eingeht;
+ physikalisch-chemische Eigenschaft, die notwendigerweise bekannt sein muß, bevor eine andere Prüfung durchgeführt werden kann (Vorbedingung);
○ physikalisch-chemische Eigenschaft, die als sinnvolle Zusatzinformation für weitere Prüfungen dient.

zwar zu einer punktuellen oder auch lokalen Anreicherung in der Nähe von Produktions- oder Anwendungsorten kommen; aber global wird ein solcher Stoff „mangels Masse" eher unbedeutend bleiben (und vielleicht nicht einmal nachweisbar sein).

Von der Chemischen Industrie produzierte Chemikalien sind in der Umwelt weit verbreitet. Immer mehr Chemikalien werden in immer größeren Mengen hergestellt und verwendet. Während

3 Stoffe in der Umwelt

Tab. 3-6. Hauptanwendungsgebiete der mehr als 100 000 in der EU im Handel befindlichen Einzelchemikalien.

Anwendungsgebiet	Anzahl
Industrie- und Haushaltchemikalien u. a.	100 000
Lebensmittel-Zusatzstoffe	5 500
Wirkstoffe von Pharmaka	4 000
Wirkstoffe von Pflanzenschutzmitteln	1 500

Tab. 3-7. Jährliche Weltproduktion einiger Chemikalien (Auswahl).

Substanz	Weltproduktion[a] (in 10^6 t/a)
Ethylen	37
Methanol	37
1,2-Dichlorethan	12
Vinylchlorid	7,7
Ethylenoxid	3,9
Formaldehyd	3,7
Ethan-1,2-diol	3,5
Acetaldehyd	2,4
Phthalsäureanhydrid	2,3
Isopropanol	2
Essigsäureanhydrid	1,8
Vinylacetat	1,7
n-Paraffine	1,3
Tetrachlorethen	0,8
Trichlorethen	0,7
Blausäure	0,4
Chlorparaffine	0,3

[a] Geschätzt.

vor 50 Jahren die Weltproduktion der Chemischen Industrie bei etwa $1 \cdot 10^6$ t/a lag, beträgt sie heute etwa $400 \cdot 10^6$ t/a.

Die Anzahl der in der Europäischen Union (EU) auf dem Markt befindlichen Chemikalien (Einzelstoffe) liegt bei über 100 000 (Hauptanwendungsgebiete s. Tab. 3-6), die Anzahl der Zubereitungen übersteigt 1 000 000. Viele dieser Chemikalien kommen in erheblichen Mengen auf den Markt (Tab. 3-7). Weltweit verteilen sich etwa 90 % der Gesamtmenge der jährlich produzierten Chemikalien auf ungefähr 3000 Einzelstoffe.

Produktionszahlen – und damit auch Emissionen – von Chemikalien, die mit dem Lebensstandard eines Landes allgemein etwas zu tun haben, können bei annähernd gleicher Industriestruktur über das jährliche Bruttosozialprodukt abgeschätzt werden. Dies gilt besonders für Produkte wie Lösungsmittel, Detergentien oder Weichmacher. Auf diese Weise lassen sich jedoch nicht Produktionsmengen für Stoffe abschätzen, die in einem Land produziert, jedoch in anderen Regionen angewendet werden (z. B. Pestizide).

Länderbezogene Daten zu Produktion und Emission bestimmter Stoffe sind in den westlichen Ländern meistens zugänglich. Beispielsweise kann man viele Informationen zu Deutschland den umfangreichen Schriften *Daten zur Umwelt* entnehmen, die das *Umweltbundesamt* (UBA) herausgibt. Oftmals ist es jedoch schwierig, die *Weltproduktion* von Grundchemikalien oder Folgeprodukten zu ermitteln: Die tatsächlichen Produktionszahlen sind nur von einzelnen Chemikalien in einigen Ländern bekannt, von anderen muss man sie abschätzen. Selbst für einige Stoffe wie chlorierte Verbindungen (z. B. chlorierte Ethane, Ethene, Benzole oder Biphenyle) kann nur grob angegeben werden, welche Mengen weltweit produziert wurden und noch produziert werden. Eine Vorgehensweise, die in vielen Fällen zumindest größenordnungsmäßig einigermaßen verlässliche Werte liefert, besteht darin, als Weltproduktion das 3- bis 4fache der USA-Produktion anzusetzen.

Indirekt lassen sich Aussagen zur Produktion und Anwendung von Stoffen recht genau aus deren Anreicherung ableiten, beispielsweise in standorttreuen Vögeln oder in Fluß- und Seefischen oder in Sedimenten. Besonders die Belastungen in großen Flussmündungen gestatten Rückschlüsse darauf, welche Stoffe in welchen Mengen flussaufwärts durch Industrie oder Landwirtschaft eingeleitet werden.

Oft kann nur grob abgeschätzt werden, welche Mengen eines produzierten Stoffs bereits in die Umwelt gelangt sind oder noch in die Umwelt gelangen werden. Und über die Emissionen, die Abfälle (z. B. Klärschlämme, Chemieabfälle) – ggf. unsachgemäß entsorgt – regional und auch global verursachen können, weiß man sehr wenig.

Eine einfache Modellrechnung kann hier zum Verständnis beitragen: Wenn man annimmt, dass von einem Stoff jährlich 10^5 t produziert werden und dass der Stoff vollständig in einem der

Umweltbereiche Luft, Wasser oder Boden verteilt ist, ergeben sich – abhängig u. a. von der Dauer des Eintrags – unterschiedliche Belastungen (Tab. 3-8). Diese Annahmen treffen zwar in der Wirklichkeit nicht zu, da produzierte Stoffe meist nur zu einem geringen Teil in die verschiedenen Umweltbereiche gelangen, sich nicht ideal gleichverteilen und auch abgebaut oder auf andere Weise, z. B. durch Ausregnen, aus einem bestimmten Umweltbereich entfernt werden. Aber einen ersten Eindruck über die Größenordnung möglicher Belastungen vermitteln diese Zahlen dennoch, wenn man bedenkt, dass von vielen Chemikalien jährlich mehr als 10^6 t produziert werden (vgl. Tab. 3-7).

Nicht alle Stoffe, die in großen Mengen hergestellt werden, sind auch umweltrelevant, z. B. Beton, Zement, Stahl. Aber dennoch kann ihre Produktion beispielsweise durch Emissionen die Umwelt belasten.

Tab. 3-8. Modellrechnungen zur Schadstoffbelastung durch ein Produkt, von dem 10 Jahre lang jährlich 10^5 t in einen Umweltbereich eingetragen werden. – Es wird angenommen, dass der Stoff in dem jeweiligen Umweltbereich gleichverteilt ist und dass der Stoff nicht abgebaut oder sonst irgendwie aus diesem Bereich entfernt wird.

Umweltbereich	Masse, Fläche oder Volumen	Gehalt, Belegung
Troposphäre	$5620 \cdot 10^6$ km^3	$0{,}18$ µg/m^3
Ozeane		
– insgesamt	$1370 \cdot 10^6$ km^3	$0{,}73$ µg/m^3
– obere Schicht (1 m Tiefe)	$361 \cdot 10^3$ km^3	$2{,}8$ g/m^3
Boden/Land		
– insgesamt	$149 \cdot 10^6$ km^2	7 mg/m^2
– obere Schicht (5 cm Dicke)	$16 \cdot 10^{12}$ t	$0{,}06$ mg/kg

3.4 Anwendung

Das *Anwendungsmuster (auch Applikationsmuster)* ist die Art, wie ein Stoff angewendet und verwendet wird; es gibt Auskunft darüber, wo ein Stoff in der Umwelt anfänglich vorkommt. Die Art der Anwendung bestimmt neben anderen Einflussgrößen, wie sich ein Stoff weiter in der Umwelt verhält.

Bei *offener Anwendung* hat der Stoff Gelegenheit, sich unkontrolliert räumlich auszubreiten. Anstreichen oder Spritzen von Farben und Streuen von Pestiziden oder ihr Versprühen vom Flugzeug aus sind Beispiele für verschiedenartige und verschieden wirkende offene Anwendungen von Chemikalien.

Bei *geschlossener Anwendung* ist eine vollständige Wiederverwendung des Stoffes oder seine gezielte Vernichtung möglich. Typisches Beispiel ist die Verwendung von Chemikalien in einem geschlossenen Prozess. Oftmals werden toxische Verbindungen,

Cl
  \
   C=O
  /
Cl

Phosgen

```
      H
      |
  H—C—N=C=O
      |
      H
```

Methylisocyanat (MIC)

z. B. Phosgen, als reaktive Zwischenprodukte eingesetzt, die normalerweise nicht in die Umwelt gelangen, außer bei Unfällen.

Erinnert sei in diesem Zusammenhang an die bisher größte Chemie-Katastrophe in der Geschichte der Menschheit, bei der in einem Betrieb der amerikanischen Firma Union Carbide India Limited in *Bhopal*, der Hauptstadt des indischen Bundesstaates Madhya Pradesh, am 3. Dezember 1984 im Verlauf von zwei Stunden ca. 24 t gasförmiges und flüssiges *Methylisocyanat* (MIC), ein Zwischenprodukt bei der Herstellung von Carbamat-Pflanzenschutzmitteln (vgl. Abschn. 22.3.1), sowie 12 t flüssige und feste aus MIC gebildete Reaktionsprodukte aus einem Lagertank entwichen. 2000, möglicherweise auch 5000 Menschen starben schon kurze Zeit nach dem Unfall, und in einem Umkreis von 10...20 km gab es ca. 200 000 Personen, die an Haut- und Schleimhautverletzungen erkrankten (Augenschäden, Lungenödeme).

3.5 Transport, Dispersion

Der *Transport* von Stoffen ist deren Ortsveränderung in der Umwelt. Man spricht auch von *Dispersion* (oft auch *Mobilität* genannt) und versteht darunter in der Umweltchemie die Tendenz von Chemikalien, sich von dem Ort, an dem sie zuerst angewandt oder verwendet wurden, in andere Bereiche der Umwelt auszubreiten (Abb. 3-6). Es handelt sich also um die Fähigkeit einer Substanz, andere Orte zu erreichen, wo sie möglicherweise erst ihre Wirkungen entfaltet oder umgewandelt wird.

Der Transport von Stoffen setzt deren *Eintrag* in die Umwelt voraus. Die meisten Stoffe werden in die Natur eingetragen und

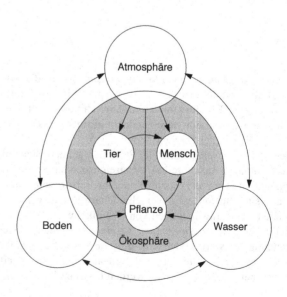

Abb. 3-6. Schema zu Transportvorgängen in der Umwelt.

dabei verdünnt, z. B. in die Luft über den Schornstein einer Produktionsanlage oder in das nächste Gewässer über das Abwasser. Oftmals werden Stoffe auch *diffus* in die Umwelt eingetragen (s. auch Abschn. 22.1): Sie werden aus vielen Quellen emittiert, die sich im einzelnen nicht exakt ermitteln lassen, z. B. Terpene aus Bäumen oder Platin aus den Kfz.

Wie weit Stoffe transportiert werden, hängt von ihren physikalischen Eigenschaften ab (z. B. Dampfdruck, Siede- und Schmelzpunkt, Wasserlöslichkeit, Adsorbierbarkeit, Oberflächenspannung), aber auch von ihrer chemischen Stabilität. Denn Transport setzt Zeit voraus: Werden Stoffe aus den wichtigsten *Transportmedien* Luft und Wasser innerhalb kürzerer Zeit (z. B. nach wenigen Stunden oder sogar Minuten) entfernt, ist also die Lebensdauer des Stoffes (s. dazu auch Abb. 7-1 in Abschn. 7.2.4) sehr klein, dann können sich diese Stoffe auch nur begrenzt ausbreiten. Dies bedeutet umgekehrt: Global verbreitete Stoffe müssen chemisch einigermaßen stabil sein (mehr dazu s. Abschn. 7.2.3).

Schließlich beeinflußt auch die Geschwindigkeit des transportierenden Mediums die Reichweite des Transports. Transportiert werden Stoffe vor allem durch die Atmosphäre und den Wasserkreislauf (das Grundwasser eingeschlossen); aber auch ortsverändernde Organismen und Transportaktivitäten des Menschen leisten einen Beitrag. (Der Boden hat keine Transportfunktionen.)

3.6 Persistenz

Der Begriff „Persistenz" wurde erstmals im Zusammenhang mit Pflanzenschutzmitteln benutzt, inzwischen wird er auch auf andere Substanzen angewendet. *Persistenz* ist die Eigenschaft von Stoffen, über lange Zeiträume hinweg in der Umwelt bleiben zu können, ohne durch physikalische, chemische oder biologische Prozesse verändert zu werden. Persistenz ist also die Beständigkeit von Stoffen in der Umwelt, ihr Widerstand gegen einen Abbau oder Umbau in der Natur.

Alle anorganischen Verbindungen, z. B. Schwermetallsalze, sind im Prinzip persistent, sie können höchstens in andere anorganische Verbindungen umgewandelt werden. Persistenz ist daher vor allem bei organischen Stoffen von Interesse. Solche Stoffe werden auch dann als persistent bezeichnet, wenn sie sich in andere organische Produkte umwandeln, die in der Natur nicht weiter abgebaut werden können.

Man unterscheidet zwischen beabsichtigter und unerwünschter Persistenz. Die *beabsichtigte Persistenz* ist eine wichtige Voraussetzung, damit eine Chemikalie überhaupt verwendet werden kann: Im Idealfall ist die Persistenz eines Stoffes dann optimal, wenn sie gerade bis zum Ende der gewünschten Wirkung dauert; danach soll die Substanz ihre Wirkungen verlieren und möglichst

Cl
|
Cl—C—Cl
|
Cl—[ ]—C—[ ]—Cl
|
H

DDT

↓

Cl   Cl
\   /
C
||
Cl—[ ]—C—[ ]—Cl

DDE

H   Cl
\   /
C=C
/   \
Cl   Cl

Trichlorethen („Tri")

Cl   Cl
\   /
C=C
/   \
Cl   Cl

Tetrachlorethen („Per")

vollkommen abgebaut werden können. So verlangt man von Tensiden (vgl. Abschn. 18.1.2), dass sie während der Lagerung stabil bleiben sollen; abbaubar – um beispielsweise die Gewässer nicht zu gefährden – sollen sie erst sein, wenn sie bestimmungsgemäß benutzt worden sind. Lacke und Farben hingegen sollen als Schutzschichten auf Autos oder an Häusern lange persistent sein, d. h. Witterungseinflüssen oder Sonneneinstrahlung widerstehen und sich nicht schon nach kurzer Zeit zersetzen.

Man spricht von *unerwünschter Persistenz*, wenn die Stabilität einer Substanz denjenigen Zeitraum überdauert, während dessen man von ihr eine bestimmte Eigenschaft oder Wirkung erwartet. Typische unerwünscht persistente Stoffe sind zahlreiche chlororganische Verbindungen (klassisches Beispiel: DDT; mehr dazu s. Abschn. 22.3.2).

Wenn der biotische Abbau von Xenobiotika auf der Stufe eines der nachfolgenden Abbauprodukte stehen bleibt, spricht man von *sekundärer* oder *tertiärer* Persistenz. Beispielsweise wird DDT durch Mikroorganismen zu dem schädlichen DDE (*Dichlordiphenyldichlorethen*) abgebaut (das keine insektizide Wirkung mehr besitzt, das aber als stark wassergefährdend eingestuft ist und im Verdacht steht, krebserzeugend zu sein). Xenobiotika können also zu anderen Xenobiotika abgebaut werden, beispielsweise

Chlorbenzole → Chlorphenole → Chlorbrenzkatechine;
Chlorbiphenyle → Chlorbenzoesäuren.

Dabei können Abbauprodukte entstehen, die toxischer sind als die Ausgangssubstanzen („Aufgiftung"); z. B. bildet sich bei der Biotransformation von Trichlorethen und Tetrachlorethen („Tri" bzw. „Per") im Grundwasser Vinylchlorid (s. Abb. 18-6 a).

Für die Persistenz von Stoffen gibt es kein absolutes Maß. Sie ist jedoch eng verbunden mit ihrer chemischen Reaktivität. Deshalb können einige allgemeine Aussagen zur Reaktivität und Stabilität von Vertretern verschiedener Stoffgruppen herangezogen werden, um die Persistenz verschiedener Stoffe zumindest miteinander zu vergleichen, z. B.:

– Ungesättigte Verbindungen sind weniger persistent als gesättigte;
– Alkane sind weniger persistent als Aromaten;
– die Persistenz von Aromaten steigt mit der Zahl der Substituenten;
– Halogene als Substituenten erhöhen die Persistenz von Stoffen mehr als Alkylreste.

Um die Reaktivität von Substanzen abzuschätzen und zu vergleichen, kann man als Maß u. a. die Geschwindigkeit der Reaktion mit einem reaktiven, in der Natur vorkommenden Teilchen, z. B. mit OH-Radikalen (vgl. Abschn. 7.5), mit Ozon oder mit atomarem Sauerstoff, zu Rate ziehen. Auch Aussagen über den BSB-Wert (vgl. Abschn. 17.4.4) für den Abbau von Stoffen in Kläranlagen oder Oberflächenwässern können zur vergleichenden Beschreibung der Persistenz dieser Stoffe herangezogen werden.

Die Persistenz einer Verbindung lässt sich auch über die *biologische Halbwertszeit* charakterisieren. Das ist diejenige Zeit, in der die Hälfte einer Substanz in der Umwelt durch Organismen in eine oder mehrere andere umgewandelt – abgebaut – wird. Sie liegt für zahlreiche persistente Stoffe, z. B. für chlorierte Kohlenwasserstoffe, im Bereich von mehreren Jahren. Nichtpersistente Verbindungen hingegen können in der Umwelt – je nach Reaktivität – schon nach wenigen Wochen, Tagen oder gar Stunden abgebaut werden (vgl. Abschn. 3.7).

3.7 Abbaubarkeit

Stoffe können in der Umwelt auf chemischem oder biologischem Weg abgebaut, also in andere Stoffe umgewandelt, werden. Ein Stoff soll *abbaubar* genannt werden, wenn er unter dem Einfluss von Mikroorganismen, Licht, Feuchtigkeit u. a. in einfachere, ggf. in der Natur vorkommende Verbindungen übergehen kann. Unter *Abbaubarkeit* versteht man die Eigenschaft einer natürlichen oder anthropogenen Substanz, durch biochemische, chemische oder physikalische Prozesse in einfachere Bestandteile zerlegt zu werden. Abbaubarkeit und Persistenz (vgl. Abschn. 3.6) sind offensichtlich gegensätzliche Stoffeigenschaften.

Unter *biotischem* (oder *biologischem*) *Abbau* versteht man die Veränderung einer Substanz durch natürlich vorkommende Enzyme bedingt durch den Stoffwechsel von Organismen, z. B. von Bakterien in der biologischen Abwasserreinigung (vgl. Abschn. 19.3.1) oder von einer Pflanze. Im allgemeinen laufen solche Stoffumwandlungen im Rahmen von Stoffwechselvorgängen ab, die geringen Energieaufwand benötigen. Unter *Stoffwechsel (Metabolismus)* werden alle chemischen Umsetzungen im Organismus zusammengefasst, die zur Aufrechterhaltung der Lebensvorgänge notwendig sind; diese Umsetzungen betreffen die Energiegewinnung, aber auch die Aufnahme, den Ein-, Um- und Abbau sowie die Ausscheidung von Stoffen und die Erhaltung oder Vermehrung von Körpersubstanz.

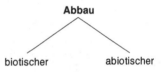

Abiotischer Abbau liegt vor, wenn eine Substanz ohne den Einfluss von Lebewesen abgebaut wird. Es sind zahlreiche solcher Abbauwege denkbar und möglich, u. a.

– *Hydrolyse*, also die Reaktion mit Wasser,
– *Oxidationen* mit verschiedenen Oxidationsmitteln wie molekularem Sauerstoff, O_2; atomarem Sauerstoff im Grundzustand oder im angeregten Zustand, O bzw. O*; Ozon, O_3; Hydroxyl-Radikalen, OH, oder
– *photochemische Reaktionen* (vgl. Abschn. 7.4.1).

Im Besonderen spricht man von *Mineralisierung*, wenn der Abbau einer organischen Substanz vollständig zu anorganischen

Grundstoffen wie CO_2, H_2O, NH_4^+, NO_3^-, H_2S, PO_4^{3-} führt.

Welche Reaktionsprodukte gebildet werden und wie schnell sich die Stoffe umwandeln, hängt von den Stoffen selbst ab, vom Medium, in dem sie vorkommen (Luft, Wasser oder Boden), von der Energie (am wichtigsten: UV-Strahlung der Sonne, Wärme) und auch von den Reaktionspartnern. Mehr wird zu Abbaureaktionen an den Stellen gesagt, an denen auf „Senken" bestimmter Stoffe eingegangen wird.

3.8 Anreicherung

3.8.1 Vorbemerkungen

Grundsätzlich kann jeder natürliche oder anthropogene Stoff durch Organismen aufgenommen werden. Substanzen, die ein Organismus nicht braucht, werden entweder erst gar nicht resorbiert oder sie werden wieder ausgeschieden. Wenn dem Organismus keine speziellen Mechanismen zur Verfügung stehen, um Resorption zu verhindern oder einen einmal aufgenommenen Stoff wirkungsvoll zu eliminieren, wird dieser angereichert.

Ein Organismus kann nicht beliebig große Mengen eines (Fremd-)Stoffes aufnehmen; vielmehr wird bei allen Stoffen nach einer bestimmten Zeit eine Grenze erreicht. Man spricht von *Sättigungszustand*, wenn die Aufnahme eines Stoffes und seine Ausscheidung gleich schnell verlaufen („dynamisches Gleichgewicht"). Wann dieser Zustand eintritt, hängt vom Stoff und von der jeweiligen biologischen Art (ggf. sogar vom Organ) ab und kann von wenigen Stunden bis zu mehreren Jahren dauern.

Unter *Anreicherung* (auch *Akkumulation*, *Akkumulierung*, manchmal *Kumulation)* versteht man den Vorgang und die Erscheinung, dass Substanzen – Elemente, organische Schadstoffe usw. – in einem bestimmten Kompartiment des Ökosystems in höheren Konzentrationen auftreten als in einem anderen Umweltkompartiment oder als in der Nahrung (s. auch Abschn. 2.5); es geht bei diesen Konzentrationen nicht um Absolutwerte, sondern um deren Verhältnis. Wenn umgekehrt die Konzentration der Substanz in einem Kompartiment, z. B. im Organismus, im Sättigungszustand tiefer liegt als die Konzentration in einem anderen Kompartiment, z. B. im umgebenden Medium oder in der Nahrung, spricht man von *Abreicherung*.

Je nach Kompartiment, in dem sich die Konzentrationen von Stoffen erhöhen, unterscheidet man zwischen biologischer und geologischer Anreicherung. Als eigene Art der Anreicherung kann man überdies diejenige in der *Atmosphäre* ansehen *(Aeroakkumulation)*: Stoffe weisen, an Staub gebunden, oft höhere Konzentrationen auf als in der freien Luft (vgl. beispielsweise Abschn. 14.6). (Bei einer Anreicherung in der Hydrosphäre spricht man auch von *Aquoakkumulation*.)

In welchem Kompartiment ein Stoff in der Umwelt voraussichtlich angereichert vorkommen wird, lässt sich aus dem Verteilungsverhalten dieses Stoffs zwischen mehreren Phasen ableiten, z. B. in einem einfachen Modellansatz über dessen Gleichgewichtsverteilung in den drei Bereichen Luft, Wasser und fester Phase (Tab. 3-9).

Tab. 3-9. Gleichgewichtsverteilung einiger Umweltchemikalien zwischen den Umweltkompartimenten Luft, Wasser und fester Phase.

Verbindung	Luft	Wasser	feste Phase	bevorzugtes Kompartiment
	Massenanteile (in %)			
Tetrachlorkohlenstoff	99,80	0,19	0,02	Luft
Pentachlorbenzol	48,10	2,10	49,81	Luft, feste Phase
Nitrobenzol	30,49	68,04	1,47	Luft, Wasser
Atrazin	0,01	93,15	6,84	Wasser
Hexachlorcyclohexan	0,28	50,67	49,05	Wasser, feste Phase
Di(2-ethylhexyl)-phthalat	1,62	4,74	93,65	feste Phase

3.8.2 Biologische Anreicherung

Bei der *biologischen Anreicherung (Bioakkumulation)* werden Stoffe in Organismen – ggf. nur in bestimmten Organen von Lebewesen – angereichert, z. B. bestimmte organische Fremdstoffe in Organismen aquatischer Systeme oder Schwermetalle in der Leber von Säugetieren.

Die Anreicherung von Elementen oder Verbindungen ist abhängig vom jeweiligen Lebewesen. Beispielsweise reichern verschiedene Wasserpflanzen Kalium, Natrium, Calcium und Silicium bei gleicher Umgebung in stark voneinander abweichenden Mengen an (Tab. 3-10). Aber auch unterschiedliche Elemente, beispielsweise Natrium oder Magnesium bzw. Phosphor oder Eisen, können vom gleichen Organismus sehr verschieden an- oder abgereichert werden (Tab. 3-11).

Ebenfalls von Bedeutung ist der *Pfad*, auf dem *Kontaminationen* (*lat.* contaminare, mit Fremdartigem in Verbindung bringen, verderben), Verunreinigungen, in einen Organismus gelangen: direkt aus dem umgebenden Medium (Wasser, Boden, Luft)

Tab. 3-10. Zusammensetzung des Veraschungsrückstandes (angegeben als Oxide) verschiedener Wasserpflanzen aus gleicher Umgebung.

Pflanze	K_2O	Na_2O	CaO	SiO_2
	Massenanteil (in %)			
Seerose *(Nymphaea alba)*	14,4	29,7	18,9	0,5
Schilf *(Phragmites communis)*	1,1	0,5	0,3	71,5

Tab. 3-11. Gehalt verschiedener Elemente im Meerwasser und im Ruder-fußkrebs *(Calanus finmarchicus).*

Element	Meerwasser	Ruderfußkrebs	Anreicherungs-faktor[a]
	Massenanteil (in %)		
O	85,966	79,99	0,93
H	10,726	10,21	0,95
Cl	1,935	1,05	0,54
Na	1,075	0,54	0,5
Mg	0,13	0,03	0,23
K	0,039	0,29	7,4
C	0,003	6,10	2 000
N	0,001	1,52	1 500
P	<0,000 1	0,13	20 000
Fe	<0,000 1	0,007	1 500

Brace for O, H, Cl, Na, Mg: "im Krebs niedriger"
Brace for K, C, N, P, Fe: "im Krebs höher"

[a] Faktoren < 1 bedeuten Abreicherung, > 1 Anreicherung [vgl. Gl. (3-2) in Abschn. 3.8.3].

Anreicherung
direkte   indirekte

in den Organismus oder über die Nahrung, über die Nahrungs-kette *(direkte* oder *indirekte* Anreicherung*).* Unter *Nahrungskette* versteht man eine Beziehung unter Lebewesen nach dem Prinzip „fressen und gefressen werden" (Abb. 3-7). Anreicherung von einem Glied zum nächsten Glied der Kette kann dazu führen, dass auf diesem Weg beim letzten Konsumenten bestimmte Schad-stoffe in besonders hohen Gehalten auftreten. Beispielsweise können Algen als *Produzenten* einen Stoff anreichern, und dessen Gehalt kann sich in *Konsumenten* höherer Ordnung jeweils erhö-hen, beispielsweise in der Abfolge

Algen → Flohkrebse → Kleinfische → Raubfische.

(Lebewesen im Wasser reichern hauptsächlich auf *direktem* Weg an, terrestrische Organismen über die Nahrungskette, also auf *in-direktem* Weg.)

Es gibt biologische Systeme, die besonders empfindlich auf bestimmte Schadstoffe reagieren *(Bioindikatoren*; s. auch Abschn. 10.3.3) oder die Schadstoffe besonders stark anreichern *(Bio-akkumulatoren).* Dazu gehören neben den Flechten auch die

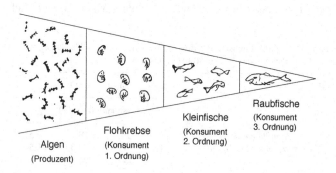

Abb. 3-7. Nahrungskette in einem Ge-wässer.

Algen (Produzent)

Flohkrebse (Konsument 1. Ordnung)

Kleinfische (Konsument 2. Ordnung)

Raubfische (Konsument 3. Ordnung)

Moose, die in ihrer Erscheinungsform auf Umwelteinflüsse sichtbar reagieren. Weiterhin besitzen Moose keine Wurzeln: Sie nehmen nicht nur Nährstoffe direkt auf aus der Atmosphäre oder aus dem Niederschlagswasser, sondern auch Schadstoffe, die von den Moosen gespeichert und zum Teil stark angereichert werden. Beispielsweise kann man über den Gehalt in Moosen die im Regen enthaltenen meist sehr geringen Schwermetallkonzentrationen bestimmen, die mit den üblichen Niederschlagsmessungen nur schwer erfassbar sind, u. a. Blei, Cadmium, Quecksilber, Kupfer, Cobalt und Nickel.

3.8.3 Bioakkumulationsfaktor

Um das Ausmaß der Anreicherung (Akkumulation) in einem bestimmten biologischen System zu beschreiben, verwendet man den *Bioakkumulationsfaktor* (auch manchmal *Biokonzentrationsfaktor* oder nur *Anreicherungsfaktor* oder *Akkumulationsfaktor* genannt; *engl. B*ioconcentration *F*actor, BCF). Es handelt sich dabei – Konzentrationsangaben in Zähler und Nenner mit gleichen Einheiten vorausgesetzt – um eine Größe (Dimension: 1) zur Charakterisierung der (Schad-)Stoffanreicherung in einem Organismus:

$$BCF = \frac{\text{Konzentration eines Stoffes in einem Lebewesen}}{\text{Konzentration des Stoffes im umgebenden Medium}} \quad (3\text{-}2)$$
$$(\text{z. B. im Wasser oder in der Nahrung})$$

BCF-Werte können, je nach Bezugskompartiment, auf die Frischmasse, die Trockenmasse oder – bei lipophilen Schadstoffen – auf die Fettmasse bezogen sein.

Organismen können Schadstoffe, die in einem umgebenden Medium wie Wasser nur in sehr geringen Konzentrationen vorkommen, zum Teil in erheblichem und – in Bezug auf ihre Verwendung als Nahrung für den Menschen – in gefährlichem Ausmaß anreichern. Die entsprechenden BCF-Werte können sehr groß werden. Die (Bio-)Anreicherung von Quecksilber beispielsweise erreicht BCF-Werte von 10^5 (Tab. 3-12; mehr zum Einfluss von Quecksilber auf Organismen s. Abschn. 23.2.2).

Von besonderer Bedeutung ist die Anreicherung *fettlöslicher* Substanzen wie chlorierter Kohlenwasserstoffe im Fettgewebe von Organismen. Wegen des geringen Stoffwechsels in dieser Art von Gewebe werden solche Stoffe kaum abgebaut und demzufolge angereichert. Für polychlorierte Biphenyle (PCB; s. auch Tab. 18-12 in Abschn. 18.2.3) sind in Tab. 3-13 einige Werte zusammengestellt, mit deren Hilfe sich Akkumulationsfaktoren in der Nahrungskette oder in Sedimenten berechnen lassen, z. B.:

$$BCF_{\text{Meeressäuger/Meerwasser}} = 160/0,000\,002 = 8 \cdot 10^7 \approx 10^8$$

$$BCF_{\text{Sediment/Meerwasser}} = 0,01/0,000\,002 = 5\,000$$

Gut geeignet als Testorganismen zur Ermittlung von Anreicherungsfaktoren sind in vielen Fällen Algen, da sie eine hohe

3.8 Anreicherung

Tab. 3-12. BCF-Werte für Quecksilber.

Lebewesen	BCF-Wert
Wirbellose Meereslebewesen[a]	100 000
Wirbellose Süßwasserlebewesen	100 000
Süßwasserfische	63 000
Meeresfische	10 000
Meerespflanzen	1 000
Süßwasserpflanzen	1 000

[a] Mittlere Konzentration von Quecksilber im Meerwasser: 0,03 µg/L (Verweilzeit ca. 40 000 a).

Tab. 3-13. PCB in der Nordsee.

	Gehalt (in mg/kg)[a]
Meerwasser	0,000 002
Sediment	0,01
Wirbellose Tiere	7,8
Phytoplankton	8,4
Zooplankton	10,3
Fische	19
Seevögel	110
Meeressäuger	160

[a] Mittelwerte.

Akkumulationsfähigkeit besitzen. In der Praxis jedoch fehlen oft experimentelle Daten für BCF-Werte, die man dann aus 1-Octanol/Wasser-Verteilungskoeffizienten (P_{OW}; s. Abschn. 3.8.4) abschätzen kann.

Die Anreicherung von PCB im Sediment (s. Tab. 3-13) ist ein Beispiel für *geologische Anreicherung (Geoakkumulation)*.

3.8.4 1-Octanol/Wasser-Verteilungskoeffizient

```
    H  H  H  H  H  H  H  H
    |  |  |  |  |  |  |  |
H―C―C―C―C―C―C―C―C―OH
    |  |  |  |  |  |  |  |
    H  H  H  H  H  H  H  H
```

Octan-1-ol (im Text: 1-Octanol; Fp −15 °C, $d = 0{,}822$ g/cm^3)

Der *1-Octanol/Wasser-Verteilungskoeffizient* ist eine Größe (Dimension: 1), die das Verhältnis zwischen den Gleichgewichtskonzentrationen einer gelösten Substanz X in den miteinander in Kontakt stehenden Phasen des schwächer polaren Lösungsmittels 1-Octanol (auch: *n*-Octanol; nach IUPAC: Octan-1-ol) und des polaren Lösungsmittels Wasser kennzeichnet:

$$P_{OW} = \frac{c_{\text{1-Octanol}}(X)}{c_{\text{Wasser}}(X)} \tag{3-3}$$

Darin bedeuten $c_{\text{1-Octanol}}(X)$ und $c_{\text{Wasser}}(X)$ die jeweilige in gleicher Einheit angegebene Konzentration des entsprechenden Stoffes X in den beiden weitgehend unmischbaren Lösungsmitteln 1-Octanol bzw. Wasser (manchmal wird der P_{OW}-Wert in der Literatur auch mit P_{oct} oder K_{OW} bezeichnet).

Normalerweise wird P_{OW} experimentell bestimmt. Dazu wird eine Stammlösung der Substanz X in 1-Octanol zu einer definierten Menge von 1-Octanol, $CH_3(CH_2)_7OH$, und Wasser gegeben, geschüttelt und bei 20...25 °C zur Phasentrennung gebracht. In beiden Phasen wird dann die Konzentration an X bestimmt, und P_{OW} wird über Gl. (3-3) errechnet.

P_{OW} ist ein Maß für die Wasser- oder Fettlöslichkeit eines Stoffes: Je größer P_{OW} ist, desto besser löst sich die Substanz in Fett und um so schlechter in Wasser, um so größer ist also auch der BCF-Wert [vgl. Gl. (3-2) in Abschn. 3.8.3]. Damit ist P_{OW} ein Maß für die Tendenz einer Substanz, sich im Fettgewebe von Organismen anzureichern. Diese Größe beschreibt also, inwieweit sich ein Stoff zwischen Nichtbiotischem (Wasser) und Biotischem verteilt. Hohe P_{OW}-Werte sind meist mit relativ hoher Tendenz zur Bio- und auch Geoakkumulation verbunden. Da P_{OW}-Werte mehrere Zehnerpotenzen überstreichen, gibt man meist „lg P_{OW}" an (einige Beispiele s. Tab. 3-14).

Besonders Chlor erhöht in organischen – im Vergleich zu den entsprechenden weniger oder nicht halogenierten – Verbindungen den P_{OW}-Wert (gute Fettlöslichkeit der Chlororganika!). Beispielsweise steigen bei erhöhter Anzahl der Chloratome am Benzolring die P_{OW}-Werte ähnlicher Verbindungen (vgl. die Reihe Benzol, Chlorbenzol, Dichlorbenzol und Hexachlorbenzol in Tab. 3-14). Die höchsten P_{OW}-Werte hat man bei chlorierten Dioxinen gemessen (lg $P_{OW} > 8$, also $P_{OW} > 10^8$).

Tab. 3-14. P_{OW}-Werte ausgewählter Verbindungen (z. T. nach Richtlinie 67/548/EWG, Anlage 2 zu Anhang V A.8).

Verbindung	Formel	lg P_{OW}
Ethanol	C_2H_5OH	−0,32
Essigsäure	CH_3COOH	−0,31
Aceton	CH_3COCH_3	−0,24
Phenol	C_6H_5OH	1,5
Benzol	C_6H_6	2,1
Toluol	$C_6H_5CH_3$	2,7
Chlorbenzol	C_6H_5Cl	2,8
1,4-Dichlorbenzol	$C_6H_4Cl_2$	3,4
Pentachlorphenol	C_6Cl_5OH	5,0
Hexachlorbenzol	C_6Cl_6	6,2
DDT		6,2

3.9 Schadwirkungen

Stoffe können in der Umwelt vielfältig wirken. Bei negativen öko-logischen Auswirkungen spricht man von *Ökotoxizität* der ver-ursachenden Stoffe.

Man unterscheidet direkte und indirekte Schadwirkungen. Zu den *direkten* Schadwirkungen eines Stoffes rechnet man seine Gift- und Ätzwirkung. Auch zahlreiche andere Wirkungen gehö-ren dazu; ein Stoff kann sein (s. auch Tab. 3-2):

- *mutagen (erbgutverändernd)*:
  Der Stoff verursacht irreversible Änderungen der Erbeigen-schaften;
- *teratogen (fortpflanzungsgefährdend, fruchtschädigend)*:
  Der Stoff ruft bei Embryonen – vor allem von Säugetieren – Missbildungen hervor; oder
- *karzinogen (krebserzeugend)*:
  Der Stoff ist an der Entstehung von Krebsgeschwüren oder Tumoren beteiligt. (Bei einem *Krebsgeschwür* geht eine Körperzelle in eine Zelle über, die nicht mehr der Wachstums-beschränkung des jeweiligen Gewebes unterliegt, sondern sich ungezügelt und ohne Rücksicht auf die Bedürfnisse des Ge-samtorganismus vermehrt. Der *Tumor* hingegen besitzt meist eine gewisse Organ-/Gewebespezifität, kann sich jedoch im Körper durch freigesetzte Zellen ausbreiten – *Metastasen*.)

Stoffe mit Eigenschaften wie „Brandförderung" oder „Ent-zündlich" sind in der Lage, *indirekte* Schadwirkungen zu verur-sachen. Aber auch andere Eigenschaften, etwa die Fähigkeit zur Änderung des pH-Werts, können z. B. im Boden indirekt Schad-wirkungen wie das Herauslösen von Metallionen durch Boden-versauerung (vgl. Abschn. 22.2) hervorrufen.

In einen Organismus können Schadstoffe auf dreierlei Wegen gelangen:

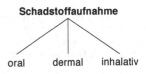

- *oral*:
  durch Schlucken; die Wirkung erfolgt oft später über den Magen-Darm-Trakt;
- *dermal*:
  über Aufnahme durch die Haut;
- *inhalativ*:
  durch Einatmen und Einwirken über die Lungenoberfläche.

Je nach Zeitpunkt der Schadwirkung nach Aufnahme eines Stof-fes spricht man von

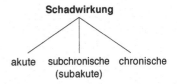

- *akuter Wirkung* (z. B. Toxizität):
  Die Schadwirkung tritt kurze Zeit (innerhalb weniger Tage) nach einmaliger Aufnahme des Stoffes auf;
- *subchronischer (subakuter) Wirkung*:
  Die Schadwirkung tritt nach einem begrenzten Zeitraum (bis zu 90 Tagen) nach Aufnahme des Stoffes auf;

57

Abb. 3-8. Beziehungen zwischen Wirkung und Dosis von Substanzen. – Lineare Dosis-Wirkung-Beziehung und Schwellenwert-Beziehung.

– *chronischer Wirkung*:
Die Schadwirkung tritt erst, ggf. nach wiederholter Aufnahme kleiner oder kleinster Mengen, nach längerer Zeit (nach mehr als 6 Monaten) auf.

Dabei kann eine Schadwirkung *reversibel* sein (der Organismus geht nach Entfernung des Schadstoffs auf den Anfangszustand zurück) oder *irreversibel* (die Veränderung des Organismus bleibt auch nach Entfernung des Schadstoffs bestehen).

Dabei können sich die Wirkungen einzelner Schadstoffe addieren *(additive Wirkung)* oder auch potenzieren – im letzten Fall spricht man von *Wirkungsakkumulation* oder *Synergismus*. Über solche Kombinationswirkungen weiß man heutzutage noch sehr wenig, man beschränkt sich bisher im Wesentlichen auf die Messung von Einzelwirkungen. Denkbar ist übrigens auch, dass die Wirkungen von zwei Schadstoffen sich aufheben *(Antagonismus)*.

Hunderte oder Tausende von körperfremden Substanzen durchlaufen Tag für Tag den menschlichen Organismus, ohne eine merkliche (Schad-)Wirkung hervorzurufen. Zu einem biologischen Effekt kommt es nur, wenn zunächst die Substanz ihren Wirkort erreicht, wenn sie also in den Organismus aufgenommen wird und zu ihrem Zielorgan gelangt; weiterhin muss die Substanz stark genug wirken (man spricht von *Wirkungsqualität* und *Wirkungsstärke*), und ihre Konzentration sowie die Empfindlichkeit des Organismus müssen ausreichend groß sein.

Grundsätzlich kann man Schadstoffe auch nach der Art der Beziehung „Dosis-Wirkung" unterteilen (Abb. 3-8). Unter *Dosis* (*griech.* dosis, Gabe) versteht man die über den Mund, die Haut oder über die Lunge verabreichte Menge eines Stoffes, meist auf die Körpermasse bezogen (z. B. in mg/kg). Bei einigen Stoffen reichen geringste Dosen aus, um bereits Schädigungen zu verursachen: Man spricht hier von *linearer Dosis-Wirkung-Beziehung*. In Frage kommen solche Schadstoffe, die in einem Organismus Einzelmoleküle mit kritischen Zellinformationen verändern oder Steuerenzyme abändern können, z. B. karzinogene oder mutagene Substanzen.

Für andere Schadstoffe lässt sich in gewissen Grenzen eine individuell schwankende untere Dosis angeben, bei deren Überschreiten mit einer Schädigung zu rechnen ist. Man spricht von *Schwellenwert-Beziehung*: Eine Schädigung tritt erst ab einer gewissen Mindestkonzentration, dem *Schwellenwert*, auf. Sofern eine Belastung durch einen Stoff unter diesem Wert bleibt, rechnet man nicht mit Gesundheitsschäden. Dies gilt beispielsweise für Stoffe wie Ethylalkohol, die mit einer gewissen Geschwindigkeit im menschlichen Körper abgebaut werden können.

Vielfach wird ein Wert zur Klassifizierung von Substanzen hinsichtlich ihrer Giftigkeit gewählt: der LD_{50}-Wert, die *mittlere letale Dosis*. Dieser Wert ist die statistisch errechnete Einzeldosis einer Substanz, die in Experimenten zur Bestimmung der akuten Toxizität voraussichtlich den Tod von 50 % der behandelten Tiere verursacht.

Die Wirkung von Stoffen kann stark von der Spezies abhängen. Schädigungen können von einem Organismus zu einem anderen der gleichen Art sehr verschieden sein. Selbst nahverwandte Organismen reagieren zum Teil unterschiedlich auf den gleichen Schadstoff. Diese starke Speziesabhängigkeit ist ein wichtiges Argument für die beschränkte Aussagekraft unter anderem von Tierversuchen. In Abb. 3-9 ist am Beispiel von *Contergan* gezeigt, dass die niedrigste wirksame Dosis bei Mensch und Affe sich bereits um den Faktor 10 unterscheidet. Versuche an anderen Säugetieren lassen sich noch weniger auf eine andere Spezies wie den Menschen übertragen: In trächtigen Ratten bleibt Contergan selbst bei 4000 mg/kg ohne teratogene oder toxische Wirkung.

Ein Großteil der negativen ökologischen Auswirkungen von Stoffen sowie deren chronischen Schadwirkungen auf die menschliche Gesundheit ist noch weitgehend unerforscht. Es ist nicht auszuschließen, dass eine Langzeitwirkung von Stoffen, die heute noch als unbedenklich gelten, zu Spätfolgen für die menschliche Gesundheit führen.

Thalidomid

Contergan

wirksames Schlafmittel und Sedativum auf der Basis von Thalidomid

(1956 vor allem in Westdeutschland auf den Markt gebracht; 1960 Missbildungen, u. a. Fehlen der Gliedmaßen oder stark verkürzte Gliedmaßen)

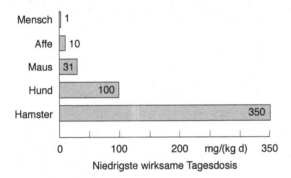

Abb. 3-9. Niedrigste wirksame Tagesdosen verschieden reagierender Organismen am Beispiel von Contergan.

3.10 Geruchsbelästigung

Die natürliche Zusammensetzung der Luft kann auch durch Geruchsstoffe verändert werden. Bei industriellen Prozessen (z. B. in der Petrochemie beim Raffinieren von Rohölen) können geruchsintensive Emissionen auftreten; aber auch bei Naturvorgängen oder bei Prozessen mit „Naturprodukten" (z. B. Tierhaltung, Klärschlammentsorgung) können erhebliche Geruchsbelästigungen auftreten.

Solche für den Geruch verantwortlichen Stoffe lassen sich aus Abgasen beispielsweise durch Adsorption an Aktivkohlefiltern entfernen.

Der Gesetzgeber hat der Geruchsbelästigung u. a. dadurch Rechnung getragen, dass er Geruchsstoffe in die Definition von „Luftverunreinigungen" eingeschlossen hat (s. Abschn. 15.1); in § 19 (2) der 17. BImSchV, der „Abfallverbrennungsverordnung",

VDI 3883-1. *Olfaktometrie, Geruchsschwellenbestimmung – Grundlagen*

Tab. 3-15. Geruchsschwellen für einige Substanzen (Auswahl).

Stoff	Geruchsschwelle (in mg/m³)
Trimethylamin	0,0005
Buttersäure	0,004
Ozon	0,04
Schwefelwasserstoff	0,01
Chlor	0,1
Stickstoffdioxid	0,1
Essigsäure	< 4
Methanol	5
Benzol	10
Ammoniak	30
Aceton	1500
Butan	6000

wird sogar direkt von *Geruchsemissionen* gesprochen. In der TA Luft ist eine *Geruchszahl* eingeführt worden, um Gerüche mit Hilfe dieser Maßzahl beurteilen zu können. Es handelt sich bei dieser Zahl um das olfaktometrisch gemessene Verhältnis der Volumenströme bei Verdünnung einer Abgasprobe (mit Neutralluft) bis zur Geruchsschwelle.

4 Umweltschutz

4.1 Vorbemerkungen

Unter *Umweltschutz* versteht man alle Maßnahmen im privaten sowie im industriellen und gewerblichen Bereich, die zum Schutz der Umwelt ergriffen werden müssen oder/und ergriffen werden. Dazu gehören sowohl vorsorgende Maßnahmen, die die Belastung von Menschen, Tieren, Pflanzen und Sachgütern durch Abluft, Abwasser und Abfall (Abb. 4-1) reduzieren helfen sollen, als auch Maßnahmen zur Wiederherstellung geschädigter Bereiche der Umwelt. Im Besonderen rechnet man Maßnahmen dazu, die die Ressourcen sparen und den Energieverbrauch drosseln helfen.

Zwar gibt es im privaten Sektor erwähnenswerte Umweltschutz-Maßnahmen; aber im Folgenden soll es vor allem um *produktionsbezogenen* Umweltschutz in Industrie und Gewerbe gehen.

Der Begriff *umweltfreundliche Technik* geht auf das Umweltprogramm der Bundesregierung von 1971 zurück. „Umweltfreundlich" bedeutet nicht, dass überhaupt keine Abgase, Abwässer oder Abfälle entstehen. Eine Produktion ohne Emissionen kann es nicht geben; eine vollkommene Umweltautarkie, also Unabhängigkeit von der Umwelt, ist unmöglich: Selbst in der Natur gibt es keine Lebewesen, die ihre Umwelt unverändert lassen; jedes Lebewesen nimmt aus seiner Umwelt Stoffe auf und gibt diese Stoffe – meist in anderer Form – zurück.

Mit dieser Art von „natürlichen Emissionen" wird die Natur gut fertig: Diese Emissionen können entweder wieder verwertet werden, oder sie fallen in einer „natürlichen" Form an, die die Umwelt nicht beeinträchtigt. Bei umweltfreundlicher Technik werden Emissionen durch Veränderung des ursprünglichen Prozesses verringert oder weitgehend vermieden und – falls es sich um *stoffliche* Emissionen (und nicht um Geräusche, Erschütterungen, Licht, Wärme oder Strahlen) handelt – in den Produktionsprozess zurückgeführt („Recycling") oder ggf. durch nachgeschaltete Reinigungsprozesse in eine mehr oder weniger umweltneutrale Form übergeführt.

Bei Produktionsprozessen in der Industrie bleiben Emissionen in Luft oder Wasser unvermeidbar. Für diese Emissionen muss größtmögliche *Naturverträglichkeit* gefordert werden: Stoffe, die als Abfälle anfallen oder die emittiert werden, müssen – und dies gilt in besonderem Maße für alle Produkte aus chemischen Verfahren – soweit wie möglich

Abb. 4-1. Abluft, Abwasser und Abfall.

4 Umweltschutz

– in unbedenklicher Form anfallen,
– sich leicht und vollständig vom Produkt trennen und sicher beherrschen lassen,
– als Rohstoffe in weiteren Prozessen verwendet oder zumindest
– unter Gewinnung von thermischer Energie umgesetzt werden können.

Soweit bei einer chemischen Reaktion Hilfsstoffe unverändert bleiben, müssen diese im Kreislauf geführt werden.

Umweltschonende Technik – abluft-, abwasser- und abfallarme (abfallose) Produktion – sollte ergänzt werden durch langlebige und verwertungsfreundliche *Produkte*. Wenn beispielsweise Waschmittel als *umweltfreundlich* bezeichnet werden, kann darunter nicht verstanden werden, dass sie in der Natur keinen Schaden anrichten oder sogar für das Ökosystem förderlich seien. Vielmehr ist jedes „umweltfreundliche" Produkt umweltschädlich, höchstens weniger als andere bislang für den gleichen Zweck verwendete Mittel; ein Produkt kann nur – verglichen mit anderen ähnlichen – „relativ umweltfreundlich" sein.

Fat alle europäischen Staaten haben ein offizielles *Umweltzeichen*. Die für den Umweltschutz zuständigen Ministerien in Deutschland haben 1977 das deutsche Umweltzeichen geschaffen („Blauer Engel"; Abb. 4-2 a). Mit diesem Zeichen sollen solche Produkte oder Produktgruppen gekennzeichnet werden, die im Vergleich zu anderen deutlich umweltfreundlicher sind, beispielsweise besonders emissionsarm oder besonders arm an schädlichen Inhaltsstoffen. Dieses Zeichen ist gedacht als marktpolitischer Anreiz des produktbezogenen Umweltschutzes: Zum einen soll es eine Hilfe für den Verbraucher sein, damit er sich ggf. für umweltverträglichere Produkte entscheidet; zum andern sollen Hersteller umweltverträglicherer Produkte „belohnt" werden, indem ihnen mit diesem Zeichen ein Vorteil im Wettbewerb mit den anderen Herstellern eingeräumt wird. Ein entsprechendes Umweltzeichen gibt es auch für die Europäische Union (Abb. 4-2 b).

Der Frage nach dem weiteren Weg der Produkte und deren Umweltfreundlichkeit – „Ist das Produkt wiederverwendbar oder wiederverwertbar?" – soll an dieser Stelle nicht nachgegangen werden (zu einigen Teilaspekten des *produktbezogenen* Umweltschutzes s. Kap. 28).

Abb. 4-2. a Deutsches Umweltzeichen für Feuerlöscher (Halon-frei) und **b** Europäisches Umweltzeichen.

4.2 Produktionsintegrierter und additiver Umweltschutz

Es gibt viele Möglichkeiten, industrielle Herstellungsprozesse umweltfreundlich zu verbessern. Beispielsweise sollte ein Prozess so gestaltet sein, dass für die Umwelt problematische Stoffe in Abgas, Abwasser und Abfall (gerasterte Fläche in Abb. 4-3)

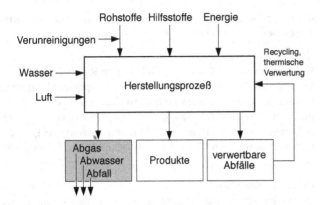

Verunreinigungen →

Wasser →

Luft →

Rohstoffe Hilfsstoffe Energie

Recycling, thermische Verwertung

Herstellungsprozeß

Abgas Abwasser Abfall

Produkte

verwertbare Abfälle

Abb. 4-3. Herstellungsprozess (Schema).

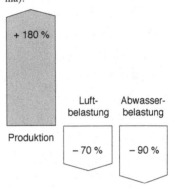

+ 180 %

Luft-belastung

Abwasser-belastung

Produktion

– 70 %

– 90 %

Abb. 4-4. Anstieg der Produktion und Verminderung der Emissionen in den letzten 25 Jahren (Stand 1993, alte Bundesländer).

Tab. 4-1. Umweltschutzausgaben des öffentlichen Sektors und der Industrie (1999).

Land	Öffentlicher Sektor	Industrie
	Anteil am BIP (in %)	
Australien	0,5[c]	0,3[c]
Deutschland	0,6[b]	0,4[b]
Frankreich	0,8[a]	0,8[a]
Großbritannien	0,4[h]	0,5[b]
Japan	0,9[h]	0,1[d]
Niederlande	1,5[b]	0,4[b]
Österreich	1,5[a]	0,6[a]
Polen	0,9	1,5
Schweden	0,9[g]	0,5[b]
Schweiz	1,0[f]	0,6[e]
USA	0,7[d]	0,9[d]

[a] 1998. [b] 1997. [c] 1996. [d] 1994. [e] 1993. [f] 1992. [g] 1991. [h] 1990.

in möglichst geringen Mengen anfallen. Auch lässt sich ein Prozess so steuern, dass die einzusetzende Energie möglichst gering ist, was umweltfreundlich und zugleich kostengünstig ist.

Die Firmen investieren – nicht zuletzt aufgrund des öffentlichen Drucks und der Auflagen des Gesetzgebers – erheblich in Maßnahmen des Umweltschutzes. Dies gilt für die meisten Bereiche der produzierenden Industrie und in besonderem Maße für die Chemische Industrie. So lagen zwischen 1988 und 1998 die Umweltschutzinvestitionen (für den additiven Umweltschutz) der deutschen Chemischen Industrie bei 13 Milliarden DM und die Umweltschutzbetriebskosten bei 61 Milliarden DM (das entspricht 0,62 % bzw. 2,9 % des Gesamtumsatzes in diesem Zeitraum). Am meisten wurde dabei in den Gewässerschutz investiert (43 %), und dieser Bereich verursachte auch die höchsten Betriebskosten (45 %).

Die Investitionen der Chemischen Industrie in den Umweltschutz haben sich in den letzten Jahren positiv ausgewirkt: Während die Produktion in 25 Jahren bis 1993 um ca. 180 % stieg, konnte die Belastung von Luft und Wasser um mehr als zwei Drittel gesenkt werden (Abb. 4-4).

Die privaten und öffentlichen Ausgaben insgesamt für den Umweltschutz sind im letzten Jahrzehnt in vielen Ländern erheblich gestiegen. Bezogen auf das Bruttoinlandsprodukt (BIP; ein Maß für die Wirtschaftsleistung eines Landes) liegen die Umweltschutzausgaben des öffentlichen Sektors und der Industrie in den Staaten der EU bei durchschnittlich 0,6 % (ca. 50 Mrd. EUR) bzw. bei 0,4 % (ca. 30 Mrd. EUR; s. auch Tab. 4-1).

Umweltschutzmaßnahmen in der Industrie kann man unterteilen in produktionsintegrierten Umweltschutz und additiven Umweltschutz. *Produktionsintegrierter Umweltschutz* (man spricht auch von *primären* Maßnahmen oder von *umweltschonender Technik*) sieht vor, wie es der Name schon sagt, dass bereits bei der Herstellung eines Produkts alle Maßnahmen getroffen werden, um umweltschonend zu produzieren: Vorausschauende Produktionsplanung verringert Umweltbelastungen. Nachträglicher Reinigungsaufwand soll verringert werden, indem rückstandsarm produziert wird, also abluft-, abwasser- und abfallarm sowie ressourcen- und energiesparend, u. a. durch

- *Rohstoffvorbehandlung*:
  Eingesetzt werden Rohstoffe mit höherem Reinheitsgrad. Bevor Rohstoffe überhaupt in den Herstellungsprozess kommen, werden sie von Verunreinigungen (weitgehend) befreit, z. B. durch die Entschwefelung von Erdgas (dadurch wurden 1999 in Deutschland immerhin 770 000 t Elementarschwefel gewonnen, und äquivalente Mengen SO_2 oder $CaSO_4$ fielen nicht an).

- *Prozessoptimierung*:
  Parameter von Herstellungsprozessen werden so eingestellt, dass sie in Bezug auf Abluft und Abwasser, auf Energiebedarf und den Verbrauch oder Einsatz von Rohstoffen, Lösungs- oder Kühlmitteln möglichst umweltfreundlich sind. Beispielsweise lässt sich durch geeignete Zugabe von Sauerstoff bei industriellen Verbrennungsprozessen im Hochtemperaturbereich (> 1000 °C) der Ausbrand beträchtlich verbessern; dabei werden zusätzlich nicht nur die Brennstoffmengen vermindert, sondern u. a. auch die Emissionen von Kohlenmonoxid und polychlorierten Dioxinen/Furanen.

- *Prozessveränderung*:
  Ein neuer Syntheseweg kann die Ausbeute erhöhen und die Menge anfallender Abfallstoffe verringern; umweltbelastende Hilfsstoffe können bei einem veränderten Syntheseweg substituiert werden (s. die Herstellung von Siliconen in Abschn. 4.3). Katalysatoren mit erhöhter Selektivität können ähnliches bewirken. Beispielsweise wurde früher Schwefelsäure nach dem „Normalkatalyse-Verfahren" mit einer Ausbeute von 98,5 %, bezogen auf das eingesetzte Schwefeldioxid, und einer SO_2-Emission, bezogen auf Schwefelsäure, von 13 kg/t erzeugt; heute ist es möglich, im Bayer-Doppelkontaktverfahren Schwefelsäure mit einer Ausbeute von 99,7 %, bezogen auf eingesetztes SO_2, herzustellen und die SO_2-Emissionen auf einen Anteil von 2...3 kg je hergestellte Tonne Schwefelsäure zu reduzieren.

Eine weitere wichtige Maßnahme beim produktionsintegrierten Umweltschutz ist, Abfälle zu vermeiden oder möglichst zu verwerten: Verwertbare Abfälle – früher sprach man auch von *Wertstoffen* – können z. B. als „Sekundärrohstoffe" im gleichen Prozess oder auch in anderen Betriebsteilen wieder eingesetzt (s. Kap. 29) oder in anderen Prozessen und im Produktionsverbund genutzt werden (z. B. Lösungsmittel); auch ist es möglich, Abfälle energetisch zu verwerten, z. B. anfallende brennbare Gase zu verbrennen und die Wärme zu nutzen, sonst müssen diese Produktionsrückstände ggf. mit hohem Kostenaufwand entsorgt werden.
Am Beispiel eines Lösungsmittels lässt sich ablesen, wie es in einem Herstellungsprozess wiederverwendet werden kann

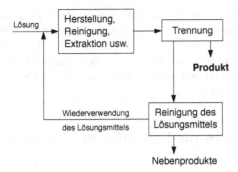

4.2 Produktionsintegrierter und additiver Umwelt-schutz

Abb. 4-5. Wiederverwendung von Lösungsmitteln in einem Prozess (Schema).

(Abb. 4-5): Die Lösung soll in einem ersten Schritt der Herstellung, Reinigung, Extraktion usw. eines Produkts dienen; in einem zweiten Schritt werden Produkt und Lösungsmittel voneinander getrennt; anschließend wird das Lösungsmittel gereinigt, wobei Nebenprodukte anfallen, die entweder verwertet werden können oder beseitigt werden müssen. Das gereinigte Lösungsmittel kann erneut bei Herstellung, Reinigung, Extraktion usw. eingesetzt werden. So wird das Lösungsmittel „im Kreis gefahren".

Unter *additivem* Umweltschutz fasst man alle diejenigen Anlagenteile und Maßnahmen zusammen, die existierenden Anlagen „nachgeschaltet" werden (können). Man spricht auch von *sekundären* Maßnahmen der Umwelttechnik, von „nachsorgender Umwelttechnik" oder „End-of-pipe-Technik" (*engl.* pipe, Lei tung); dazu gehört vor allem der Einsatz von Anlagenteilen, die dem Reinigen von Abgasen und Abwasser (z. B. Filter bzw. Filteranlagen) und dem Behandeln von Abfällen dienen.

Sekundäre Umweltschutzmaßnahmen haben zwar den Vorteil, dass sie sich meist einfach in existierende Verfahren integrieren lassen: Es müssen nicht vollkommen neue Anlagen konzipiert und gebaut werden. Solche Maßnahmen haben aber den erheblichen Nachteil, dass die Probleme von Luft- und Wasserreinhaltung in den Bereich Abfall – beispielsweise in Form von Filterstäuben bzw. Klärschlämmen aus der Wasseraufbereitung – verlagert werden.

Der integrierte Umweltschutz wird den additiven nicht vollständig ersetzen können: Filter- und Kläranlagen zur Reinigung von Abluft und Abwasser werden auch in Zukunft erforderlich sein. Aber primäre Maßnahmen, die Abluft und Abwasser vermindern und/oder reinhalten helfen, entlasten nachgeschaltete Anlagen erheblich und reduzieren den anfallenden Abfall.

Eine besondere Umweltschutz-Aktivität in der Bundesrepublik Deutschland ist die *Recyclingbörse*, die 1974 von den Industrie- und Handelskammern und dem Verband der Chemischen Industrie (VCI) unter dem Namen *Abfallbörse* gegründet wurde. Es handelt sich um eine „Rohstoffbörse", die Produktionsrückstände aller Art zur Aufbereitung und Verwertung anderen interessierten Betrieben unterschiedlicher Branchen und entfernter Regionen vermittelt mit dem Ziel, Rohstoffe sparen zu helfen, das überbetriebliche Wiederverwerten von Produktionsrückständen anzuregen und so die Menge der Abfälle zu vermindern. Produktionsrückstände können „Rohstoffe am falschen Ort" sein; die Recyclingbörse will dazu beitragen, solche Sekundärrohstoffe – technisch sinnvoll und wirtschaftlich – wieder dem Wirtschaftskreislauf zuzuführen.

4.3 Einsparen von Rohstoffen und Energie

Das Einsparen von Rohstoffen und Energie bei industriellen Verfahren gehört zum produktionsintegrierten Umweltschutz (vgl. Abschn. 4.2) und hat mehrere Ziele:

– Reduzieren der Herstellungskosten und damit Erhöhen der Rentabilität,
– Vermindern der Menge der zu beseitigenden Abfallstoffe und damit geringere Deponie- oder andere Entsorgungskosten,
– Verringern der Stoff- und Materialströme,
– Schonen der Ressourcen.

Die Chemische Industrie gehört zu den energieintensivsten Industriezweigen und muss besonders daran interessiert sein, die Kosten der Energieversorgung möglichst stark zu reduzieren – sie machen etwa 20 % der Fertigungskosten aus.

Ein Beispiel für ein Verfahren, bei dem durch Veränderung des Verfahrens unter anderem Rohstoffe eingespart werden konnten, ist die Herstellung von Polypropylen. Jahrzehntelang waren Verfahren gebräuchlich, bei denen in einem leichter flüchtigen Lösungsmittel, z. B. einer bestimmten Leichtbenzinfraktion, polymerisiert wurde („Suspensionsverfahren"; Abb. 4-6 a). Hier lag aber der Nachteil des Verfahrens: Beim Abtrennen und anschließenden Trocknen des gebildeten Polymers ließ sich das Lösungsmittel aus physikalischen Gründen nicht vollständig zurückgewinnen. Überdies entstanden beim Aufarbeiten der Polymersuspensionen große Abwassermengen, die gereinigt werden mussten.

In einem vollständig anderen Prozess wird die Polymerisation ohne Lösungsmittel im monomeren Propylen durchgeführt (Polymerisation in Masse, „Masseverfahren"; Abb. 4-6 b). Dazu mussten zwei wichtige Reaktionsparameter geändert werden: Der Reaktionsdruck wurde auf etwa 40 bar angehoben, und es wurden neuentwickelte hochwirksame Katalysatoren eingesetzt. Bei diesem neuen Verfahren gibt es keine Lösungsmittelemissionen mehr, es fällt deutlich weniger Abwasser an, und während früher 1200 kg Rohstoff notwendig waren, um 1000 kg Polymer zu erhalten, ist dies heute schon mit 1020 kg möglich. Während vorher über die Abluft noch 108 kg Abfälle anfielen, liegt dieser Wert beim neuen Verfahren bei nur noch 16 kg. In ähnlichem Ausmaß wurden die Mengen an Abwasser und zu deponierenden Abfallstoffen vermindert. 1991 konnte mit nochmals verbesserten Katalysatoren erreicht werden, dass die Menge an Abfällen im Abgas

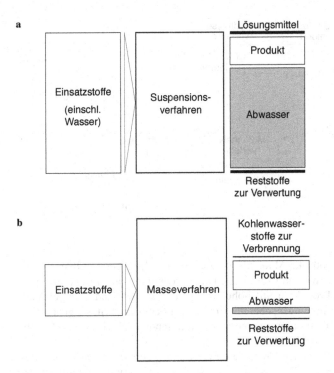

Abb. 4-6. Schema zur Herstellung von Polypropylen **a** nach dem Suspensionsverfahren und **b** nach dem Masseverfahren. – Nach dem Suspensionsverfahren fallen viele gasförmige Emissionen und Abwasser an; nach dem Masseverfahren lassen sich die Abwassermengen beträchtlich reduzieren, gasförmige Emissionen werden vermieden.

auf 1,3 % der eingesetzten Rohstoffmenge gesenkt wurde. Abwasser und Abfall fallen nicht mehr an, das Abgas wird vollständig thermisch verwertet.

Ein weiteres Beispiel ist die Herstellung von Siliconen, die beispielsweise in der Bauindustrie eingesetzt werden. Früher wurde das Vorprodukt Chlorsilan, $ClSiH_3$, großtechnisch aus metallischem Silicium und Methylchlorid, CH_3Cl, hergestellt, und eine anschließende Hydrolyse führte zu den Siliconen. Dabei entstand Salzsäure, die mit Natronlauge neutralisiert werden musste (es entstand ca. 1 t NaCl pro Tonne Silicon). In dem neuen Methanolyse-Verfahren wird Chlorsilan nicht mehr mit Wasser, sondern mit Methanol, CH_3OH, „hydrolysiert"; dabei bildet sich neben den Siliconen Methylchlorid, CH_3Cl, das im Kreislauf geführt wird. In diesem Verfahren ist die anfallende Salzfracht um 99 % reduziert und die Abwassermenge um 76 % (Abb. 4-7). Eine wichtige Folge neben der erhöhten Umweltfreundlichkeit sind niedrigere Rohstoff- und Entsorgungskosten – das neue Verfahren ist wirtschaftlicher.

Es gibt weitere Prozesse, bei denen große Abfall- und Abwassermengen anfallen, besonders in der Metallgewinnung. Je nach Gehalt eines Metalls im Erz und auch in Abhängigkeit von den Gewinnungsmethoden oder -prozessen macht das Roherz nur einen Bruchteil der Stoffe aus, die eingesetzt werden müssen, um das Metall zu gewinnen: Hinzu kommen Zuschläge, Flotationsmittel und andere. Beispielsweise ist es notwendig, insgesamt

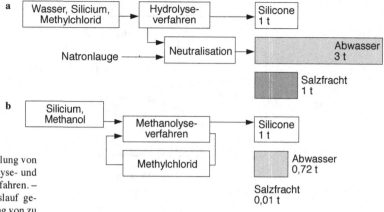

a Wasser, Silicium, Methylchlorid → Hydrolyse-verfahren → Silicone 1 t

Natronlauge → Neutralisation → Abwasser 3 t

Salzfracht 1 t

b Silicium, Methanol → Methanolyse-verfahren → Silicone 1 t

Methylchlorid

Abwasser 0,72 t

Salzfracht 0,01 t

Abb. 4-7. Schema zur Herstellung von Siliconen **a** nach dem Hydrolyse- und **b** nach dem Methanolyse-Verfahren. – Methylchlorid wird im Kreislauf geführt; dadurch wird die Bildung von zu entsorgender Salzsäure vermieden.

350 000 kg Material einzusetzen, um 1 kg vermarktbares Gold zu gewinnen (Tab. 4-2). Die Veredelung von Erzen führt zwar zu Produkten mit höherem Wertstoffgehalt und weniger Verunreinigungen; aber mit jedem Verarbeitungsschritt steigt zugleich das Gefährdungspotential der anfallenden Schadstoffe (vgl. Abb. 26-4 in Abschn. 26.3).

Besonders Prozesse zur Gewinnung von Metallen sind energieintensiv. Die elektrolytische Herstellung von Aluminium ist ein gutes Beispiel dafür, wie im Laufe der Jahre die pro Masse Metall aufzuwendende Energie vermindert werden konnte: Heutzutage benötigt man für das Herstellen einer Tonne metallischen Aluminiums 14 000 kW h, 1950 waren es noch 21 000 kW h (Abb. 4-8). Beim Recycling werden zur Produktion von 1 t Aluminium sogar nur ca. 700 kW h benötigt (rund ein Drittel des Aluminiums in den Staaten der Europäischen Union wird so gewonnen).

Auch die Emissionen bei Herstellungsprozessen sind schon in den 70er- und 80er-Jahren der letzten Jahrhunderts deutlich vermindert worden. So hat sich beispielsweise in der Hüttenindustrie die Menge an Staub, die bei der Herstellung der gleichen

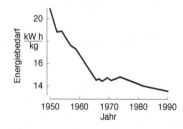

Abb. 4-8. Energiebedarf bei der Aluminiumherstellung.

Tab. 4-2. Mengenverhältnis des zu handhabenden Materials zum vermarktbaren Metall und geschätzte Anteile von Metallen in Erzen.

Metall	Mengen des zu handhabenden Materials zu Einheiten von vermarktbarem Metall	Typischer Gewichtsanteil des Metalls im Erz (in %)
Gold	350 000 : 1	0,000 4
Silber	7 500 : 1	0,03
Kupfer	420 : 1	0,6
Zink	27 : 1	3,7
Blei	19 : 1	5,0
Eisen	6 : 1	33,0

Menge Fertigprodukt anfällt, wesentlich verringert, zum Teil auf ein Zehntel und weniger wie beispielsweise bei der Erzeugung von Kupfer oder Zink (Tab. 4-3).

4.4 Ökobilanzen

Seit langem wird versucht, Handelsprodukte und Dienstleistungen (z. B. Herstellungsverfahren) in Bezug auf ihre Auswirkungen auf die Umwelt so zu bewerten, dass sie miteinander verglichen werden können. Bekannt sind die Versuche, verschiedene Verpackungsmaterialien zu bewerten, um z. B. die Fragen zu beantworten:

– Sind Papiertüten „umweltfreundlicher" als Kunststofftüten?
– Sind Einwegflaschen „umweltfreundlicher" als Mehrwegflaschen?

Man nennt solche Bewertungen „Ökobilanzen". (Viele Veröffentlichungen über Ökobilanzen beschäftigt sich übrigens mit „Verpackungen".) In einer Schrift des Umweltbundesamtes wird eine *Ökobilanz* definiert als

„ein möglichst umfassender Vergleich der Umweltauswirkungen zweier oder mehrerer unterschiedlicher Produkte, Produktgruppen, Systeme, Verfahren oder Verhaltensweisen".

Solche Ökobilanzen (*engl.* Life Cycle Assessment, LCA; *franz.* écobilan, auch *A*nalyse du *C*ycle de *V*ie, ACV) sollen helfen, Produktionsbetriebe, Produkte und Verfahren in Bezug auf ihre Umweltfreundlichkeit möglichst umfassend zu beschreiben und zu bewerten, um sie miteinander vergleichen zu können (*Ökovergleich*). Alle mit einem Produkt oder einer Tätigkeit verbundenen Stoff- und Energieströme sollen systematisch erfasst (quantifiziert) und bewertet werden, um einen möglichst umfassenden Überblick über die ökonomischen Auswirkungen („Umweltwirkungen") dieses Produkts oder dieser Tätigkeit zu gewinnen. Während die meisten gesetzlichen Regelungen am Fabriktor oder am Schornstein haltmachen, orientieren sich Ökobilanzen umfassend am Zustand und an der Zukunft der Umwelt. Sie sollen u. a. dazu beitragen,

– Schwachstellen von Produktionsverfahren aufzudecken,
– die Umwelteigenschaften von Produkten zu verbessern,
– bei der Beschaffung die geeigneten Entscheidungen zu treffen,
– umweltfreundliche Produkte und Verfahren zu fördern,
– alternative Verhaltensweisen zu vergleichen,
– Handlungsempfehlungen zu begründen.

Die Ökobilanz zählt man zu den Methoden des *Umweltmanagements* [andere sind Risikoabschätzung, Umweltaudits (s.

Tab. 4-3. Staubemissionen in verschiedenen Bereichen der Hüttenindustrie.

Fertigprodukt aus der Hüttenindustrie	1970	1986
	Mengenverhältnis von Staub zu Fertigprodukt (in kg/t)	
Roheisen	3,5	1,8
Rohstahl	1,6	0,28
Eisenlegierungen	95	10
Rohkupfer	7	0,4
Blei	2,5	0,3
Zink	6	0,3
Aluminium	28	6

Ökobilanz

Zusammenstellung und Beurteilung der Input- und Outputflüsse und der potenziellen Umweltwirkungen eines Produktsystems im Verlauf seines Lebenswegs.

Input (Output)

Stoff oder Energie, der bzw. die einem Prozess oder Modul zugeführt wird (von einem Prozess oder Modul abgegeben wird).

(nach EN ISO 14040)

EN ISO 14040. *Ökobilanz – Prinzipien und allgemeine Anforderungen*

EN ISO 14041. *Ökobilanz – Festlegung des Ziels und des Untersuchungsrahmens sowie Sachbilanz*

EN ISO 14042. *Ökobilanz – Wirkungsabschätzung*

EN ISO 14043. *Ökobilanz – Auswertung*

4 Umweltschutz

Abschn. 5.3.3) und Umweltverträglichkeitsprüfungen].

Eine Ökobilanz hat mehrere Bestandteile (Abb. 4-9):

– die Festlegung des Ziels und des Untersuchungsrahmens,
– die Sachbilanz,
– die Wirkungsbilanz und
– die Auswertung.

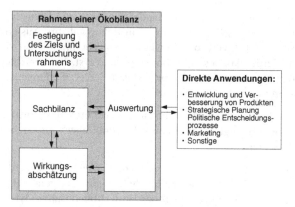

Abb. 4-9. Bestandteile einer Ökobilanz (nach EN ISO 14040).

Die erste Teilaufgabe einer Ökobilanz besteht darin, deren *Ziel* und *Untersuchungsrahmen* festzulegen: Es müssen die vorgesehene Verwendung angegeben werden, die Gründe, warum die Studie ausgeführt werden soll, und die Zielgruppe, der die Studie übermittelt werden soll. Im Besonderen gehört zu einer Ökobilanz-Studie die für andere nachvollziehbare Festlegung der *Systemgrenzen*:

Systemgrenze

Schnittstelle zwischen einem Produktsystem und seiner Umwelt oder anderen Produktsystemen.

(EN ISO 14040)

– Welche Module (s. u.) sind in das zu modellierende System aufzunehmen?
– Mit welcher Detailgenauigkeit sollen diese Module untersucht werden?
– Welche Emissionen in die Umwelt sollen erfasst werden?
– Welche Lebensabschnitte, Teilprozesse oder Flüsse (Inputs/ Outputs) sollen/können berücksichtigt, welche ausgelassen werden? Und warum?

Sachbilanz

Bestandteil der Ökobilanz, der die Zusammenstellung und Quantifizierung von Inputs und Outputs eines gegebenen Produktsystems im Verlauf seines Lebenswegs umfasst (EN ISO 14040).

... befasst sich mit Verfahren der Sammlung und Berechnung von Daten (EN ISO 14041).

Die nächste Teilaufgabe einer Ökobilanz besteht darin, die Auswirkungen des zu beurteilenden Produkts oder der Dienstleistung auf die Umwelt, die Umweltbelastungen, in Form von Daten zu erfassen und in einer *Sachbilanz* (*engl.* Life Cycle Inventory Analysis, LCI) transparent aufzubereiten. Dazu werden alle Stoff- und Energieumsätze (alle Inputs und Outputs) zusammengestellt und quantifiziert, und zwar von der Entnahme und Aufbereitung der Rohstoffe über die Herstellung und Wartung der Betriebsanlagen sowie der Entwicklung und Herstellung dieses Produkts und seinen Gebrauch und ggf. seine Verteilung in der Umwelt bei der Nutzung bis hin zur Entsorgung, also „von der Wiege bis zur Bahre". Berücksichtigt werden bei dieser *Lebensweg-Betrachtung* die Gewinnung von Rohstoffen, der Verbrauch von Roh- und Betriebsstoffen sowie Energieträgern, die durch die Produkte, deren Vertrieb oder Transport und deren Herstellung verursachten Emissionen in Luft, Wasser und Boden sowie das Abfallaufkommen während aller *Lebensphasen* des Produkts (Abb. 4-10), also alle Umweltaspekte und potenziellen Umweltwirkungen im Verlaufe des Lebenswegs des Produkts. Ebenfalls werden Kriterien wie Nutzungsdauer, Einsatzhäufigkeit und Aufwand für Reparatur oder Wiederverwendung in diese Betrachtung einbezogen.

Wenn es um Systeme geht, die mehrere Produkte erzeugen (z. B. eine Vielzahl von Produkten in der Erdölraffination), ist in dieser Phase der Ökobilanz *Allokation* erforderlich: Die Stoff- und Energieflüsse sowie zughehörige Umweltwirkungen müssen den verschiedenen Produkten nach eindeutig festgelegten Verfahren zugeordnet werden.

Es gibt viele Kriterien, die einen Überblick über die Umweltauswirkungen eines Produkts oder einer Dienstleistung ermöglichen. Es hängt vom jeweils betrachteten Produkt oder beispielsweise vom Produktionsschritt/-prozess ab, welche Kriterien zutreffen und wie sie zu gewichten sind, denn nicht alle Kriterien gelten für jedes Produkt und für jede seiner Lebensphasen (Tab. 4-4).

Im dritten Schritt einer Ökobilanz sind die beispielsweise bei einem Produktionsprozess anfallenden Stoffe in ihren Umweltwirkungen umfassend zu beschreiben. Dazu werden in der *Wirkungsabschätzung* (engl. Life Cycle Impact Assessment, LCIA; auch *Wirkungsbilanz*) Einzelstoffe, Stoffgemische oder Stoffgruppen auf ihrem Lebensweg oder hinsichtlich bestimmter Wirkungen wie ihres Einflusses auf das Ökosystem (ökotoxikologische Eigenschaften) und die Gesundheit des Menschen (toxikologische Eigenschaften), Klimarelevanz oder Ressourcenbean-

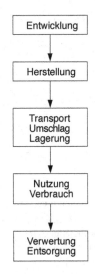

Abb. 4-10. Lebensphasen eines Produkts.

Wirkungsabschätzung

Bestandteil der Ökobilanz, der dem Erkennen und der Beurteilung der Größe und Bedeutung von potenziellen Umweltwirkungen eines Produktsystems dient.

(EN ISO 14040)

Tab. 4-4. Umweltorientierte Kriterien mit einigen Einzelaspekten.

Umweltorientiertes Kriterium	Einzelaspekt (Beispiele)
Rohstoffe, Vorprodukte und deren Gewinnung	Stoffeinsatz (Art und Menge), Energieeinsatz (Art und Menge), Wasserverbrauch, Landschaftsverbrauch, Emissionen
Herstellung der Produkte, Hilfs- und Betriebsstoffe	Abfall, Stoff- und Energieeinsatz (Art und Menge), Wasserverbrauch, Emissionen
Transport, Vertrieb, Umschlag, Lagerung	Verpackung, Energieeinsatz, Abfall, Landschaftsverbrauch
Nutzung, Verbrauch	Energieeinsatz, Wasserverbrauch, Stoffeinsatz, Emissionen, Lebensdauer, Abfall, Verbraucher-/Nutzerinformationen
Verwertung, Beseitigung	Recycling, Rückstandsaufbereitung, Abfall

spruchung beurteilt. Den Daten aus der Sachbilanz werden spezifische Umweltwirkungen zugeordnet.

Eine Ökobilanz wird abgeschlossen durch eine *Auswertung* (*engl.* Live Cycle Interpretation; manche nennen diese „ökologische Dateninterpretation" auch *Bilanzbewertung* oder *Bewertungsbilanz*). Ziel der Auswertung ist, die Sachbilanz und Wirkungsabschätzung zu gewichten und zu einer Gesamtbewertung der Umweltbelastungen zusammenzufassen, Schwachstellen von Produkten oder Dienstleistungen festzustellen und Möglichkeiten zu finden, Verfahren in Bezug auf ihre ökologische Verträglichkeit zu optimieren. Diese Vorgehensweise ist als Schema in Abb. 4-11 wiedergegeben.

Modul (*engl.* unit process)

Kleinster Anteil eines Produktsystems, für den zur Erstellung einer Ökobilanz Daten gesammelt werden.

(EN ISO 14040)

Der Lebensweg eines Produkts wird in einzelne Abschnitte *(Module)* zerlegt. Dadurch wird die Erhebung von Daten (Stromverbrauch; eingesetzte Rohstoffmengen; Emissionen in die Luft, in das Wasser; Abfälle usw.) in vielen aus mehreren Teilprozessen zusammengesetzten Systemen überhaupt erst möglich. Die Module werden nach Bedarf definiert: Jedes Modul umfasst die Vorgänge eines Einzelprozesses oder einer Gruppe von Prozes-

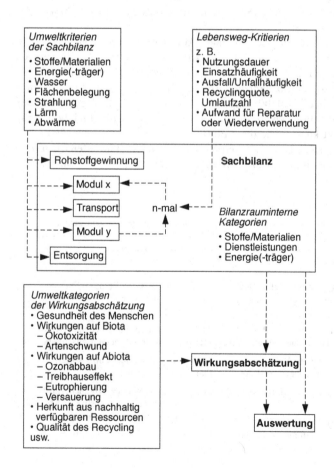

Abb. 4-11. Vorgehensweise zum Erstellen der Sachbilanz, der Wirkungsabschätzung und der Auswertung einer Ökobilanz.

sen. Die Module sind so miteinander verknüpft, dass sie das Produkt oder die Dienstleistung modellieren.

Die Module werden innerhalb des zuvor abgegrenzten Systems durch einfache Material- und/oder Energieflüsse miteinander verbunden; sie sind also untereinander durch bestimmte Input/Output-Beziehungen verknüpft. Der „Input" kann aus der Umwelt oder aus dem (vorgeschalteten) Prozess(schritt) kommen, und der „Output" kann in einen nachgeschalteten Prozess(schritt) gehen oder in die Umwelt (Abb. 4-12). Auf diese Weise lassen sich der Verbrauch an Stoffen und Energie, die Bildung von Emissionen usw. für jedes Modul und insgesamt für den gesamten Lebensweg des Produkts bilanzieren. In einem *Systemfließbild* lassen sich die Module und ihre Wechselwirkungen darstellen.

Die Ergebnisse einer Ökobilanz müssen den Zielgruppen in einem *Bericht* angemessen, vollständig und korrekt mitgeteilt werden. Dazu sollen die Daten, Ergebnisse, Methoden, Annahmen

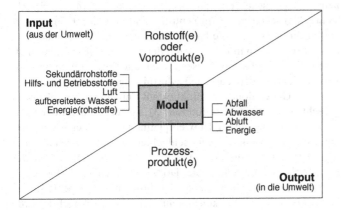

Abb. 4-12. Module (bei der Sachbilanz).

und Einschränkungen so transparent und ausreichend ausführlich dargelegt werden, dass der Leser die Komplexität und Wechselwirkungen der Studie verstehen kann.

In ähnlichem Zusammenhang wie „Ökobilanz" oder „Ökovergleich" werden oft andere Begriffe verwendet, die zum Teil das gleiche beschreiben, z. B. *Produktlinienanalyse* (häufig auch *Produkt-Umweltverträglichkeitsprüfung*), *Lebensweg-* oder *Lebenslinienanalyse*, auch *Lebenswegbilanz, Ökoprofil, Ökoeffizienzanalyse, Input-Output-Analyse* oder *Stoff-, Energie-, Emissions- und Abfallbilanz*. Besonders von Interesse für Unternehmen ist heutzutage das Umwelt-Audit, eine unternehmensbezogene Umwelt-Schwachstellenanalyse (mehr dazu s. Abschn. 5.3.3).

4.5 Nachhaltige Entwicklung, Verantwortliches Handeln

Die Weltkommission für Umwelt und Entwicklung veröffentlichte 1987 einen Bericht "Our common future" („Unsere gemeinsame Zukunft"). In dieser nach der Leiterin der Kommission, GRO HARLEM BRUNDTLAND (ehemalige norwegische Ministerpräsidentin), *Brundtland-Bericht* genannten Schrift steht die strikte Beachtung des Prinzips "Sustainable Development" im Mittelpunkt. Auf Deutsch bedeutet das so viel wie nachhaltige, zukunftsträchtige, langfristig tragfähige oder dauerhaft umweltgerechte Entwicklung.

Auf der *Konferenz der Vereinten Nationen für Umwelt und Entwicklung* in Rio de Janeiro im Juni 1992 verabschiedeten die Regierungschefs von mehr als 100 Staaten eine gemeinsame Erklärung, in der das Leitbild "Sustainable Development" wie ein neuer kategorischer Imperativ als „Umweltkodex" im Mittelpunkt steht. „Menschen stehen im Zentrum des Interesses für eine nachhaltige Entwicklung. Sie haben das Recht auf ein gesundes und produktives Leben in Einklang mit der Natur", heißt es im Grundsatz 1 dieser Erklärung. Dieses „Recht auf Entwicklung muss so verwirklicht werden, dass die Bedürfnisse gegenwärtiger und zukünftiger Generationen im Hinblick auf Entwicklung und Umwelt gerecht erfüllt werden" (Grundsatz 3). Spätere Generationen sollen also in Bezug auf die Umweltqualität und die Versorgung mit natürlichen Ressourcen nicht schlechter gestellt werden als heutige. Diese Übereinkunft ist der Versuch, die Interessen der Industrieländer, der Länder der Dritten Welt und der zukünftigen Generationen auf einen Nenner zu bringen. Teilaspekte dieses Konflikts sind der Überkonsum auf der Nordhalbkugel der Erde und die Überbevölkerung im Süden (s. auch Abschn. 1.5).

Was ist „nachhaltige Entwicklung"? Gemeint ist ein Wirtschaftsprozess, der im Prinzip unendlich lange aufrechterhalten werden kann, ohne dass dabei das Ökosystem Erde überlastet wird. Schon seit Anfang des 19. Jahrhunderts wurde in der Forstwirtschaft der Begriff *Nachhaltigkeit* eingeführt: Der Wald soll so bewirtschaftet werden, dass der jährliche Holzeinschlag nicht größer ist als die nachwachsende Holzmenge. So wird langfristig ein möglichst großer Holzertrag gewährleistet, ohne dass dabei Boden und Standort beeinträchtigt werden. Mit anderen Worten: Die Substanz wird erhalten, nur der Zuwachs wird geerntet. Oder: Die Ressourcen (das „Kapital") werden nicht angetastet, gelebt wird nur von den Erträgen (den „Zinsen").

Nachhaltige Entwicklung in bezug auf die Umwelt fordert Anstrengungen von verschiedenen Gruppen der Gesellschaft (z. B. von der Industrie, vom Verbraucher) in verschiedenen Bereichen (z. B. in Produktions- und Konsumgewohnheiten). Eine besondere Verantwortung kommt dabei den Industrienationen zu, da sie zum einen die inzwischen erheblichen globalen Umweltbela-

Probleme

- Begrenztheit der natürlichen Ressourcen
- Begrenzte Belastbarkeit der natürlichen Ökosysteme
- Wachstum der Weltbevölkerung
- Unterversorgung großer Teile der Weltbevölkerung

stungen überwiegend verursacht haben und zum Teil noch verursachen und zum anderen, weil nur diese Nationen über die technologischen und finanziellen Möglichkeiten verfügen, um sich „nachhaltig" zu entwickeln.

Das heutige wachstumsorientierte Wirtschaften – so die Ansicht der meisten Wissenschaftler – ist alles andere als nachhaltig: Beispielsweise überfordern die anfallenden Abfallmengen und Emissionen die Selbstreinigungsfähigkeit von Luft, Wasser und Boden. Wenn ein Kollaps des Ökosystems Erde nicht unvermeidlich werden soll, kann es nach Meinung vieler so nicht weiter gehen. Was ist also zu tun, um „nachhaltig" zu wirtschaften (falls dies überhaupt möglich ist)?

Luft, Wasser und Boden werden durch den übermäßigen Gebrauch von Ressourcen verschmutzt. Der Aufnahmefähigkeit unseres Planeten für Abfälle jeglicher Art sind Grenzen gesetzt.

- Schadstoffe dürfen deshalb nur in dem Maß in die Umwelt eingetragen werden, wie die Selbstreinigungsfähigkeit der Natur solche Belastungen „verarbeiten" kann.

Die meisten Ressourcen sind bisher ineffizient und schlecht geplant verbraucht worden, und ihr Verbrauch ist in den letzten Jahrzehnten stark angestiegen. Deshalb:

- *Erneuerbare Ressourcen* wie die Wälder müssen so genutzt werden, dass nur so viel vom Bestand entnommen wird, wie nachwachsen kann („nachhaltiger Ertrag"), das Ausmaß des Abbaus soll also das der Regeneration nicht überschreiten.

Die Umwelt braucht *Zeit*, um auf anthropogene Eingriffe (z. B. durch die Errichtung von Staudämmen oder durch exzessiven Anbau von Industriepflanzen) oder Einträge (z. B. von Schadstoffen in die Luft oder in Gewässer) zu reagieren:

- Deshalb dürfen alle menschlichen Eingriffe oder Einträge in die Natur deren *zeitliches Anpassungsvermögen* nicht überfordern; menschliches Handeln muss in einem ausgewogenen Verhältnis zu der Zeit stehen, die die Umwelt zu ihrer Regeneration oder Reaktion benötigt.

Nichterneuerbare Ressourcen wie Mineralien oder fossile Brennstoffe verschwinden durch den Verbrauch.

- Sie sollen nur in dem Maß abgebaut werden, wie Ersatz an erneuerbaren Ressourcen zur Verfügung steht, die für denselben Zweck eingesetzt werden können (z. B. Raps oder Zuckerrohr zur Gewinnung von Ersatzstoffen für Erdölprodukte); diese Ressourcen dürfen nur in dem Ausmaß verbraucht werden, wie die technische Effizienz bei der Verarbeitung der Rohstoffe steigt (dabei bliebe das *Nutzungspotenzial* des verringerten Bestandes gleich).

Eine zukunftsverträgliche Entwicklung der Gesellschaft ist nur möglich, wenn die Unternehmen ihre Kreativität und Innovations-

4.5 Nachhaltige Entwicklung, Verantwortliches Handeln

kraft einsetzen, um ihr Wirtschaften so umzustellen, dass es langfristig tragbar wird (man spricht von „Ökoeffizienz"), indem sie u. a.

- problematische Materialien substituieren,
- statt Einzelstoffen intelligente energie- und ressourcensparende Produktkonzepte oder Dienstleistungen liefern,
- weniger umweltbelastende Technologien (s. auch produktionsintegrierter Umweltschutz; Abschn. 4.2) und Produkte einführen,
- sich um effizientere Verwendung von Ressourcen und Verringerung nichtverwertbarer Abfälle bemühen.

Die Chemische Industrie ist wohl eine der ökologisch umstrittensten Branchen. Sie ist zwar weltweit eine Schlüsselindustrie, deren Produkte und Leistungen für die Versorgung der Menschen unverzichtbar sind, z. B. in den Bereichen Ernährung, Gesundheit, Kleidung, Wohnen, Kommunikation, Mobilität. Die Chemische Industrie hat aber durch zum Teil spektakuläre Unfälle (wie in Seveso oder Bhopal) und mangelhafte Kommunikation viel dazu beigetragen, dass sie zur Zeit in der Öffentlichkeit ein schlechtes Ansehen hat. Nicht zuletzt aus diesem Grund haben sich die Chemieverbände weltweit zu dem Programm *Responsible Care* („Verantwortliches Handeln") zusammengeschlossen.

Dieses Programm umfasst Grundsätze für umweltgerechtes Verhalten: Chemische Betriebe, die sich an dieser Initiative beteiligen, verpflichten sich (in Deutschland seit 1991) unabhängig von gesetzlichen Vorgaben, ihre Leistungen in Bereichen wie Umwelt- und Arbeitsschutz sowie Anlagen- und Transportsicherheit ständig zu verbessern; sie richten ein Öko-Managementsystem ein, mit dem sich alle Belange des Umweltschutzes im Betrieb kontrollieren und steuern lassen; der Fortschritt im Umweltverhalten des gesamten Betriebes soll messbar gemacht werden; die Öffentlichkeit soll in einem ständigen Dialog objektiv über Fragen von Umwelt, Gesundheit und Sicherheit informiert werden; besonders sollen Aus- und Weiterbildung aller Mitarbeiter die Akzeptanz für verantwortliches Handeln am Arbeitsplatz fördern.

Die Chemische Industrie sieht in dieser Initiative, die zahlreiche Schnittstellen zur Umwelt-Audit-Verordnung (s. Abschn. 5.3.3) aufweist, ihren Beitrag zu einer nachhaltigen tragfähigen Zukunftsplanung mit dem Ziel, Vertrauen und Akzeptanz der Bevölkerung zu gewinnen. Diese Selbstverpflichtung zum „verantwortlichen Handeln" ist in Umweltleitlinien festgeschrieben, wobei die nationalen Chemieverbände – in Deutschland der *Verband der Chemischen Industrie*, VCI – darüber wachen, dass die Forderungen dieser Initiative von ihren Mitgliedern erfüllt werden.

Die an der Initiative „Verantwortliches Handeln" beteiligten Unternehmen haben das Recht, ihre Teilnahme durch die Verwendung eines eigenen Logos (Abb. 4-13) nach außen hin zu dokumentieren.

Abb. 4-13. Responsible-Care-Logo.

5 Umweltrecht

5.1 Rechtskenntnisse bei Naturwissenschaftlern und Ingenieuren

Naturwissenschaftler und Ingenieure benötigen heute mehr denn je Rechtskenntnisse. Sie müssen ständig mit gefährlichen Stoffen und Zubereitungen umgehen und sind deshalb besonders der Umwelt, auch ihren Mitmenschen, gegenüber verantwortlich. Kenntnisse über die Gefahren, die mit dem Umgang mit Chemikalien u. ä. verbunden sind, erlernt der Studierende zwar während seines Studiums; in der Regel wird er jedoch nicht oder nur unzureichend in den rechtlichen Vorschriften unterwiesen, die er in seiner späteren Tätigkeit zu beachten hat.

Ein anderer wichtiger Aspekt ist die „Verrechtlichung der Gesellschaft", die vor der täglichen Arbeit der Naturwissenschaftler und Ingenieure nicht halt gemacht hat. Gesetze, Rechtsverordnungen und Verwaltungsvorschriften sowie technische Regeln und Normen und deren Auswirkungen haben für die Verantwortlichen in Industrie und öffentlichem Dienst inzwischen die gleiche Bedeutung wie die rein naturwissenschaftlichen oder technischen Aspekte ihres Tuns.

In diesem Kapitel soll zunächst über die Ziele der Umweltgesetzgebung gesprochen werden (Abschn. 5.2). Die Erläuterung einiger wichtiger Begriffe (Abschn. 5.3), Aussagen über Struktur und Prinzipien (Abschn. 5.4) sowie Instrumente des Umweltschutzes schließen sich an (Abschn. 5.5).

5.2 Ziele der Umweltgesetzgebung

Die *Umweltpolitik* wurde im Umweltprogramm der Bundesregierung von 1971 als die Gesamtheit aller Maßnahmen zusammengefasst, die notwendig sind, um drei Ziele zu verwirklichen („Zieltrias"):

- „um dem Menschen eine Umwelt zu sichern, wie er sie für seine Gesundheit und für ein menschenwürdiges Dasein braucht,
- um Boden, Luft und Wasser, Pflanzen- und Tierwelt vor nachteiligen Wirkungen menschlicher Eingriffe zu schützen und
- um Schäden oder Nachteile aus menschlichen Eingriffen zu beseitigen."

5 Umweltrecht

Vertrag zur Gründung der Europäischen Gemeinschaft

Artikel 174
(der konsolidierten Fassung; früherer Artikel 130 r)

(1) Die Umweltpolitik der Gemeinschaft trägt zur Verfolgung der nachstehenden Ziele bei:
- Erhaltung und Schutz sowie Verbesserung der Qualität der Umwelt;
- Schutz der menschlichen Gesundheit;
- umsichtige und rationelle Verwendung der natürlichen Ressourcen;
- Förderung von Maßnahmen auf internationaler Ebene zur Bewältigung regionaler oder globaler Umweltprobleme.

(2) Die Umweltpolitik der Gemeinschaft zielt unter Berücksichtigung der unterschiedlichen Gegebenheiten in den einzelnen Regionen der Gemeinschaft auf ein hohes Schutzniveau ab. Sie beruht auf den Grundsätzen der Vorsorge und Vorbeugung, auf dem Grundsatz, Umweltbeeinträchtigungen mit Vorrang an ihrem Ursprung zu bekämpfen, sowie auf dem Verursacherprinzip.
...
(unterzeichnet am 2.10.1997 in Amsterdam)

Ähnlich lauten auch die umweltpolitischen Ziele der *Europäischen Wirtschaftsgemeinschaft* im EWG-Vertrag (Artikel 174).

Die Umwelt – im Besonderen Luft, Wasser, Boden – mit ihren Lebewesen (Menschen, Tiere, Pflanzen, Mikroorganismen) sollen also geschützt werden. Der Zustand der Umwelt soll dabei verbessert, bereits bestehende Umweltschäden sollen vermindert und beseitigt werden. Schäden für den Menschen und seinen Lebensraum sollen abgewehrt werden.

Diese allgemein formulierten Ziele und Zwecke der Umweltgesetzgebung haben – teilweise in ähnlichem Wortlaut – in vielen Gesetzen und Verordnungen Eingang gefunden. So heißt es beispielsweise in § 1 des Bundes-Immissionsschutzgesetzes (BImSchG):

„Zweck dieses Gesetzes ist es, Menschen, Tiere und Pflanzen, den Boden, das Wasser, die Atmosphäre sowie Kultur- und sonstige Sachgüter vor schädlichen Umwelteinwirkungen [...] zu schützen und dem Entstehen schädlicher Umwelteinwirkungen vorzubeugen."

Formulierungen mit ähnlicher Zielsetzung finden sich auch in anderen Gesetzen und Verordnungen, z. B. in § 1 Chemikaliengesetz (ChemG), in § 1 a (2) Wasserhaushaltsgesetz (WHG) oder in § 1 Gefahrstoffverordnung (GefStoffV).

Zahlreiche die Umwelt betreffende Gesetze, Verordnungen, Richtlinien und Vorschriften sind in Anhang B zusammengestellt.

5.3 Gesetze, Rechtsverordnungen, Verwaltungsvorschriften, Technische Regeln

5.3.1 Rechtsvorschriften

Alle die Umwelt betreffenden Gesetze und Vorschriften fasst man als *Umweltrecht* zusammen. Die Verpflichtung des Staates zum Umweltschutz lässt sich aus Art. 1 des Grundgesetzes („Die Würde des Menschen ist unantastbar. Sie zu achten und zu schützen ist Verpflichtung aller staatlichen Gewalt") und Art. 2 Abs. 2 („Jeder hat das Recht auf Leben und körperliche Unversehrtheit") ableiten. Im *Grundgesetz* (GG) gibt es zwar kein Grundrecht auf eine gesunde Umwelt. Aber in dem neuen Artikel 20 a (in Kraft seit dem 15.11.1994) wird der *Umweltschutz* als Staatsziel festgeschrieben:

„Der Staat schützt auch in Verantwortung für die künftigen Generationen die natürlichen Lebensgrundlagen im Rahmen der verfassungsmäßigen Ordnung durch die Gesetzgebung und nach Maßgabe von Gesetz und Recht durch die vollziehende Gewalt und die Rechtsprechung."

Einige Artikel des Grundgesetzes sind direkt für die Umweltgesetzgebung von Bedeutung. Zunächst ist da Art. 30, der die Ausübung der staatlichen Befugnisse und die Erfüllung der staatlichen Aufgaben als Sache der Länder bezeichnet, soweit das Grundgesetz keine anderen Regelungen trifft oder zulässt. Weiterhin sieht das Grundgesetz vor, dass sowohl der Bund ausschließlich (Art. 71 GG) als auch die Länder konkurrierend (Art. 72 GG) Gesetze in verschiedenen Bereichen erlassen können. So gibt es beispielsweise Gesetze zur Abfallbeseitigung und zur Luftreinhaltung (s. auch Art. 74 Abs. 24 GG) als Bundes- *und* Ländergesetze. Den Bundesgesetzen kommt dabei meist die Funktion von *Rahmengesetzen* zu, in denen allgemeine Grundsätze festgelegt werden. Die Ländergesetze kümmern sich mehr um die praktische Umsetzung, geben Handlungsanweisungen und gehen auf länderspezifische Gegebenheiten ein.

In *Gesetzen* – sie werden von Parlamenten (der Legislative) beschlossen – werden oft die Regierung oder ein Ministerium (also Teile der Exekutive) ermächtigt, zu einem bestimmten Sachverhalt Rechtsverordnungen oder Verwaltungsvorschriften zu erlassen, in denen beispielsweise unbestimmte Rechtsbegriffe (vgl. Abschn. 5.3.2) ausgefüllt oder exakte Vorgehensweisen festgelegt werden.

Große Bedeutung haben die Verordnungen und Richtlinien des *EU-Rechts* (vgl. Abschn. 5.3.3). Alle diese rechtlich verbindlichen Regelungen lassen sich in einer Hierarchie anordnen, in der die Anzahl der Vorschriften und deren Detailgenauigkeit nach „unten" hin zunimmt (Abb. 5-1). Hinzu kommen noch nichtgesetzliche Regelwerke wie Normen, Technische Regeln, Anleitungen und Merkblätter, die in der Praxis (und vor Gericht!) einen hohen Rang an Verbindlichkeit haben können.

Rechtsverordnungen richten sich an die Allgemeinheit, während *Verwaltungsvorschriften* für die Behörden erlassen werden und dadurch nur indirekt für die Allgemeinheit Verbindlichkeit

5.3 Gesetze, Rechtsverordnungen, Verwaltungsvorschriften, Technische Regeln

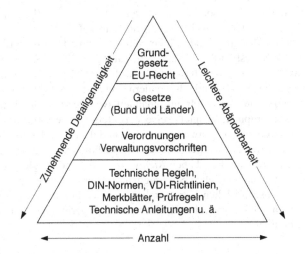

Abb. 5-1. Gesetze, Rechtsverordnungen, Verwaltungsvorschriften, Normen und Technische Regeln.

erlangen. In der Regel dienen die Verwaltungsvorschriften weniger der inhaltlichen Konkretisierung als der einheitlichen Durchführung eines Gesetzes; eine Ausnahme bildet die Technische Anleitung (TA) Luft (mehr dazu s. Abschn. 15.5).

Auch im *Strafgesetzbuch* (StGB) gibt es einen eigenen Abschnitt, der sich mit „Straftaten gegen die Umwelt" beschäftigt (§§ 324 bis 330 d StGB). Dort sind einzelne Verhaltensweisen, die die Umwelt gefährden können, explizit aufgeführt. Beispielsweise sind bei „umweltgefährdender Abfallbeseitigung" (§ 326) oder „schwerer Gefährdung durch Freisetzen von Giften" (§ 330 a) Freiheitsstrafen bis zu 3 bzw. 10 Jahren möglich. Mit der Verurteilung nach dem Strafgesetzbuch ist – im Gegensatz zu einer Ordnungswidrigkeit – eine moralische Missbilligung der als kriminell eingestuften Tat durch die Gesellschaft verbunden.

5.3.2 Bestimmte und unbestimmte Rechtsbegriffe

Rechtsbegriff

bestimmter   unbestimmter

In Gesetzen werden bestimmte und unbestimmte Rechtsbegriffe verwendet. In *bestimmten Rechtsbegriffen* schreibt der Gesetzgeber bis in alle Einzelheiten vor, wie in einer bestimmten Situation zu verfahren ist, z. B. werden im Abwasserabgabengesetz genaue Beträge für Abgaben bei bestimmten Schadstoffen im Abwasser genannt.

Mit *unbestimmten Rechtsbegriffen* wird lediglich ein Rahmen vorgegeben; der Gesetzgeber schreibt nur allgemein vor, welches Ziel erreicht werden soll und auf welchem Weg dies im Großen und Ganzen geschehen soll. Beispielsweise steht in § 5 (1) des Bundes-Immissionsschutzgesetzes etwas über „schädliche Umwelteinwirkungen", „Vorsorge" und dem „Stand der Technik entsprechende Maßnahmen zur Emissionsbegrenzung"; diese unbestimmten Rechtsbegriffe werden im Gesetz selbst nicht definiert, sondern im Wesentlichen in (später erlassenen) Rechtsverordnungen und Verwaltungsvorschriften konkretisiert. Der Gesetzgeber lässt in Gesetzen deutlich erkennen, dass die Exekutive *ermächtigt* sein soll, einen solchen unbestimmten Rechtsbegriff in einer Verordnung oder Verwaltungsvorschrift auszufüllen.

Ermächtigung

„Die Bundesregierung wird ermächtigt, nach Anhörung der beteiligten Kreise [...] durch Rechtsverordnung mit Zustimmung des Bundesrates vorzuschreiben, dass ..."

[z. B. § 7 (1) BImSchG].

Oft werden aufgrund solcher unbestimmter Rechtsbegriffe *Grenzwerte* festgelegt. Sie spiegeln häufig nicht das Ziel einer anzustrebenden Umweltqualität wider, sind also keine anzustrebenden Umweltstandards, sondern sind eher „politische" Werte. Grenzwerte werden oft ausgehandelt zwischen verschiedenen Interessengruppen, beispielsweise Vertretern von betroffenen Industriezweigen und Umweltverbänden, und dann von den Behörden durch einen gesetzgeberischen Akt verbindlich festgelegt.

Grenzwerte, Richtwerte

Richtwerte kennzeichnen die Schwelle eines Risikos, Grenzwerte die des Gerichtssaales.

Im Gegensatz dazu haben *Richtwerte* – sie sind vergleichbar mit einer gutachterlichen Stellungnahme oder dem Ergebnis einer wissenschaftlichen Veröffentlichung – rechtlich eher orientierenden Charakter und stets ein wesentlich geringeres Maß an Verbindlichkeit.

Zwei in der Umweltgesetzgebung häufiger anzutreffende unbestimmte Rechtsbegriffe sind

– *Allgemein anerkannte Regeln der Technik* (aaRdT):
„Allgemein anerkannt" bedeutet dabei, dass die Regeln theoretisch richtig sind, dass sie in der Praxis erprobt wurden und dass sie sich nach Ansicht der Mehrheit der auf dem entsprechenden Gebiet tätigen Fachleute bewährt haben, also erfolgreich eingesetzt worden sind. Die Regeln der Technik entsprechen den Vorstellungen der einschlägigen Fachkreise und Organisationen. Das Anforderungsniveau ist relativ niedrig; Wirtschaftlichkeit steht im Vordergrund, nicht das technisch Machbare. Man könnte von „üblichem Verfahrensstandard" sprechen.

Beispielsweise sollen an das Einleiten von Abwasser Mindestanforderungen gestellt werden, die den allgemein anerkannte Regeln der Technik entsprechen [§ 7 a (1) WHG].

– *Stand der (Sicherheits-)Technik* (StdT):
Beim *Stand der Technik* handelt es sich um den Entwicklungsstand fortschrittlicher Verfahren, Einrichtungen und Betriebsweisen, die den besten zur Zeit realisierbaren Schutz der Umwelt vor Schädigungen garantieren und bereits mit Erfolg im Betrieb erprobt wurden. Während die „allgemein anerkannten Regeln der Technik" in Gesetzen explizit nicht definiert sind, ist der „Stand der Technik" oder „Stand der Sicherheitstechnik" beispielsweise im Bundes-Immissionsschutzgesetz, in der Gefahrstoffverordnung oder im Kreislaufwirtschafts- und Abfallgesetz bzw. in der Störfallverordnung (12. BImSchV) in allgemeiner Form festgelegt. Die Anforderungen sind deutlich höher als bei den „aaRdT": Die anzuwendenden Vorgehensweisen brauchen sich in der Praxis noch nicht allgemein durchgesetzt zu haben; der Maßstab für die Technologie wird vielmehr an die Front der technischen Entwicklung verlagert.

Ein Vorgehen nach dem Stand der Technik ist beispielsweise gefordert für das Unterschreiten der Konzentrationen gefährlicher Stoffe oder Zubereitungen am Arbeitsplatz bei Herstellungs- und Verwendungsverfahren [§ 19 (3) 4b ChemG; für Abwässer vgl. Abschn. 20.2].

5.3.3 EU-Richtlinien und -Verordnungen

In der von den zwöf Mitgliedstaaten der *Europäischen Gemeinschaft* (EG) unterzeichneten *Einheitlichen Europäischen Akte* (EEA) vom 28. Februar 1986 wurde der frühere EWG-Vertrag durch einen eigenen Titel „Umwelt" (Artikel 174 bis 176) erweitert. Dadurch wurde der *Umweltschutz* als eigenständiges Ziel der *Europäische Union* (EU) festgeschrieben. Da das Recht der EU – es gewinnt im Umweltbereich mehr und mehr an Bedeutung – Vorrang vor nationalem Recht hat, sind die EU-Richtlinien und -Verordnungen für Deutschland, wie auch für die anderen Mitgliedstaaten, verbindlich.

5.3 Gesetze, Rechtsverordnungen, Verwaltungsvorschriften, Technische Regeln

Stand der Technik[a]

„ist der Entwicklungsstand fortschrittlicher Verfahren, Einrichtungen oder Betriebsweisen, der die praktische Eignung einer Maßnahme

– zur Begrenzung von Emissionen in Luft, Wasser und Boden ... [§ 3 (6) BImSchG]

– für eine umweltverträgliche Abfallbeseitigung ... [§ 12 (3) KrW-/AbfG]

– zum Schutz der Gesundheit der Beschäftigten ... [§ 3 (9) GefStoffV]

– zur Verhinderung von Störfällen oder zur Begrenzung ihrer Auswirkungen ... [§ 2 (3) 5 der 12. BImSchV]

gesichert erscheinen lässt."

---

[a] In § 2 (3) 5 der 12. BImSchV heißt es an dieser Stelle: „Sicherheitstechnik".

5 Umweltrecht

IVU-Richtlinie

Richtlinie 96/91/EG des Rates vom 24.9.1996 über die integrierte Vermeidung und Verminderung der Umweltverschmutzung

Gefahrstoffrichtlinie

Richtlinie 67/548/EWG des Rates vom 27.6.1967 zur Angleichung der Rechts- und Verwaltungsvorschriften der Mitgliedstaaten für die Einstufung, Verpackung und Kennzeichnung gefährlicher Stoffe

Umwelt-Audit-Verordnung

Verordnung (EWG) Nr. 1836/93 des Rates vom 29.6.1993 über die freiwillige Beteiligung gewerblicher Unternehmen an einem Gemeinschaftssystem für das Umweltmanagement und die Umweltbetriebsprüfung

EU- (oder *EG-, EWG-)Richtlinien* wie die *IVU-Richtlinie* sind Rahmenvorschriften: Die Mitgliedstaaten müssen – meist in einem vorgegebenen Zeitrahmen – ein bestimmtes Ziel erreichen. Dazu kann es erforderlich sein, nationales Recht an die EU-Richtlinie anzupassen oder neue entsprechende nationale Rechts- und Verwaltungsvorschriften zu erlassen. Einige nationale deutsche Vorschriften wurden wesentlich durch EU-Richtlinien beeinflusst, beispielsweise die Gefahrstoffverordnung durch die Richtlinie *Gefahrstoffrichtlinie* 67/548/EWG und deren zahlreichen späteren Änderungen sowie Ergänzungen.

Von der EU erlassene *Verordnungen* hingegen sind für jeden Mitgliedstaat der EU unmittelbar verbindlich, ohne dass es einer eigenen nationalen Regelung bedarf. Ein Beispiel ist die für die Industrie bedeutsame *Umwelt-Audit-Verordnung* (auch *Öko-Audit-Verordnung*).

Unter einem *Audit* versteht man eine regelmäßige, systematische, objektive, dokumentierte und im übergeordneten Zusammenhang stehende Handlung, die untersucht, prüft und beurteilt; speziell beim *Umwelt-Audit* (auch *Öko-Audit, Eco-Audit*) sollen Fachleute das Umweltverhalten eines Unternehmens beurteilen. Dazu überprüfen sie – wie bei einer Wirtschaftsprüfung –, ob an einem Standort alle einschlägigen Umweltvorschriften eingehalten werden. Außerdem sollen in einem *Umweltprogramm* die konkreten Ziele für den Umweltschutz im Betrieb festgelegt werden. Regelmäßige, mindestens alle drei Jahre durchzuführende *Umweltbetriebsprüfungen* sollen sicherstellen, dass die selbst gesetzten Ziele des Managements erreicht und neue, anspruchsvollere formuliert werden. Die Ergebnisse solcher Prüfungen sollen in einer *Umwelterklärung* veröffentlicht werden. Externe zugelassene „Umweltgutachter" sollen das Umweltmanagement, die internen Prüfungen und die Umwelterklärung mit den Forderungen der Verordnung vergleichen und ggf. Einwände erheben, die beseitigt werden müssen.

Dann kann der geprüfte Standort die *Teilnahmeerklärung* an dieser Maßnahme erhalten. Dieser freiwillige Öko-Check kann den Betrieben – neben der Öffentlichkeitswirkung, die mit der Anerkennung als „umweltbewusstes Unternehmen" verbunden ist – Vorteile bringen: Unter anderem werden alle wesentlichen Umweltdaten dokumentiert, und Schwachstellen im Unternehmen können erkannt werden. Inzwischen wird ein solches Zertifikat durch den Druck von Banken, Versicherungen und von Auftraggebern in vielen Fällen gefordert.

5.4 Struktur und Prinzipien des Umweltrechts

5.4.1 Vorbemerkungen

Den Bürgern stehen die öffentlichen Umweltgüter wie Luft, Wasser oder Boden weitgehend unentgeltlich zur Verfügung;

diese Güter werden verschmutzt und verbraucht, und in den meisten Fällen trägt die Allgemeinheit die dadurch verursachten Kosten. Umwelt hat – trotz der Knappheit – noch keinen angemessenen Preis: Produzenten und Konsumenten konnten sich lange Zeit weitgehend gewinn- bzw. nutzenorientiert verhalten, ohne auf den Naturhaushalt Rücksicht nehmen zu müssen. Dem Staat bieten sich einige Möglichkeiten – die zum Teil auch genutzt werden –, dem entgegenzusteuern:

- Erklärung des Umweltschutzes zur Staatsaufgabe und Finanzierung aller darauf bezogenen Vorhaben aus allgemeinen Steuermitteln,
- Erlass von Geboten, Verboten, Auflagen,
- Festsetzen von Preisen für Umweltgüter, z. B. in Form von Abgaben,
- Subventionen und Steuererleichterungen für Umweltinvestitionen.

Es lassen sich einige *Prinzipien* des Umweltrechts herauskristallisieren – die drei wichtigsten sind das Vorsorge-, das Verursacher- und das Kooperationsprinzip („Prinzipientrias") –, die alternativ oder zusammen angewendet werden. Diese Prinzipien behalten den Charakter von umwelt- und rechtspolitischen Handlungsmaximen, solange sie nicht in Gesetzen verankert sind.

5.4.2 Vorsorgeprinzip

Das *Vorsorgeprinzip* (engl. principle of providence) versucht durch vorausschauendes Handeln, auf die Lebensbedingungen jetziger und künftiger Generationen dadurch Rücksicht zu nehmen, dass möglichst überhaupt keine Umweltbelastungen entstehen. Solche Vorsorgegedanken werden oft in den ersten Paragraphen von Gesetzen angesprochen, in denen der Rahmen eines Gesetzes abgesteckt und sein Zweck beschrieben werden (s. Abschn. 5.2). Diese allgemein formulierten Ziele werden dann in weiteren Teilen des Gesetzes und ggf. in Rechtsverordnungen oder Verwaltungsvorschriften konkretisiert.

Im Vorsorgeprinzip kann man einige allgemeine Regeln und Grundsätze ausmachen, die jedoch nicht immer konsequent angewandt werden, u. a.:

- Die Umweltbelastung soll nicht mehr anwachsen;
- optimale Technologien sollen eingesetzt werden, um auf dem „Stand der Technik" zu möglichst niedrigen Emissions- und Immissionswerten zu gelangen;
- behördliche Maßnahmen sollen nicht davon abhängen, dass ein Stoff in einer bestimmten Konzentration als schädlich nachgewiesen wurde; vielmehr soll schon allein die Wahrscheinlichkeit einer schädlichen Wirkung für das Eingreifen der Behörden ausreichen;

5.4 Struktur und Prinzipien des Umweltrechts

Haptprinzipien
des Umweltrechts

Vorsorge- Verursacher- Kooperationsprinzip   prinzip   prinzip

– bei jeder wichtigeren Planungsentscheidung sollen Umweltbelange mitberücksichtigt werden;
– da die Wirkung von Eingriffen des Menschen in die Natur nie vollständig unterbunden werden kann, müssen solche Eingriffe auf ein zumutbares Maß reduziert werden.

5.4.3 Verursacherprinzip, Gemeinlastprinzip

Das *Verursacherprinzip* (*engl.* principle of the originator, polluter-must-pay-principle) legt – im Gegensatz zum Gemeinlastprinzip – fest, wer für einzelne Umweltbeeinträchtigungen verantwortlich ist und wer sie beseitigen oder vermindern muss – wer also ggf. zahlen soll. Dabei wird der Verursacher nicht für alle Schäden verantwortlich gemacht, sondern nur für diejenigen, bei denen es die Umweltpolitik des Staates für erforderlich hält.

Beispielsweise müssen die Autofahrer für Umweltschäden, die sie verursachen, kaum aufkommen, während ein Industriebetrieb bei umweltbelastender Produktion durchaus zur Kasse gebeten wird, z. B. über eine Abwasserabgabe (s. auch Abschn. 20.3).

Beim *Gemeinlastprinzip* (*engl.* principle of common burden) geht man davon aus, dass Kosten, die anfallen, um Umweltschäden zu beseitigen oder gar nicht erst entstehen zu lassen, von der Allgemeinheit und damit vom Staatshaushalt, also vom Steuerzahler, getragen werden. Eigentlich soll dieses Prinzip nur (ausnahmsweise) dann greifen, wenn eine Umweltgefahr oder -störung nicht einem bestimmten Verursacher zugeordnet werden kann. Ein typisches Beispiel sind – neben den vom Automobilverkehr verursachten Kosten – die Kosten der Gesundheitsfürsorge, z. B. die Behandlung von Erkrankungen der Atemwege als Folge hoher Luftverschmutzung, zu deren Entstehen viele Quellen wie Hausbrand, Kraftwerke und Zigarettenrauch beitragen.

5.4.4 Kooperationsprinzip

Das Ziel des *Kooperationsprinzips* (*engl.* principle of cooperation) ist die Lösung von Umweltproblemen nicht allein durch den Staat, sondern durch möglichst umfassende Zusammenarbeit von Staat und Gesellschaft. Dabei versteht man unter „Gesellschaft" betroffene oder interessierte gesellschaftliche Kreise wie Unternehmer, Industrie- und Umweltschutzverbände. Dieses Prinzip geht davon aus, dass Umweltschutzgedanken leichter mit als gegen die wichtigen Gruppen der Gesellschaft durchgesetzt werden können. Auf diese Weise wird überdies sichergestellt, dass bei der Vorbereitung von Gesetzen, staatlichen Entscheidungen, Vorschriften u. ä. Sachverstand von Seiten der Betroffenen eingebracht wird. Dies geschieht beispielsweise in Beratergremien wie im „Rat von Sachverständigen für Umweltfragen", aber auch durch „Anhörung der beteiligten Kreise" [z. B. nach § 3 (2), § 4 (2) und § 5 (1) Wasch- und Reinigungsmittelgesetz (WRMG)].

Durch die Mitarbeit von Vertretern betroffener Gruppen der Gesellschaft wird zwar die Akzeptanz staatlicher Entscheidungen erleichtert; eine Gefahr besteht aber darin, dass im Interesse einer guten Zusammenarbeit zwischen Staat und gesellschaftlichen Gruppen Kompromisse zu Lasten der Allgemeinheit zustande kommen.

5.5 Instrumente des Umweltrechts

Dem Umweltrecht stehen mehrere „Instrumente" zur Verfügung. Zu den *Planungsinstrumenten* des Umweltrechts gehören Landschaftsplanung oder Schutzgebietsausweisungen im Sinne des Bundesnaturschutzgesetzes (BNatSchG) sowie Luftreinhaltepläne und Abfallwirtschaftskonzepte (§ 47 BImSchG bzw. § 19 KrW-/AbfG).

Von besonderer Bedeutung sind (wohl) die *ordnungsrechtlichen* Instrumente des Umweltrechts. Dazu zählt man Anmelde- und Anzeige-, Auskunfts- und Sicherungspflichten. Dieses Instrumentarium gestattet der Umweltverwaltung, sich Daten zu verschaffen; sie kann umweltbedeutsame Aktivitäten überwachen und Betreiber von Anlagen zur Eigenüberwachung anhalten. Solche Auskunftspflichten sind z. B. in § 52 (2) BImSchG oder § 10 (4) WRMG festgelegt.

Ebenfalls zu den ordnungsrechtlichen Instrumenten gehören die gesetzlichen *Gebote* oder *Verbote*, die bestimmte Verhaltensweisen zur Pflicht machen bzw. untersagen sollen. Zusätzlich machen *Genehmigungsvorbehalte* bestimmte Tätigkeiten von einer vorherigen behördlichen Genehmigung abhängig; und *Verbotsvorbehalte* besagen, dass bestimmte Tätigkeiten beim Vorliegen bestimmter Voraussetzungen durch die Behörden verboten werden können.

Zu den *abgabenrechtlichen* Instrumenten des Umweltrechts gehören Steuern, Gebühren, Beiträge u. ä.

Zu den *informellen* Instrumenten des Umweltrechts zählt man rechtlich nicht geregelte Kontakte, Absprachen, Vorabstimmungen und gemeinsame Aktionen zwischen der Verwaltung und den Bürgern. Vorteile dieser Vorgehensweise sind größere Flexibilität, höhere Effizienz, Ersparnis von Kosten und Zeit, Abbau von Rechtsunsicherheit sowie Vermeidung von Rechtsstreitigkeiten.

Eine Besonderheit, um die Vorsorge im Umweltschutz zu verbessern, ist die *Umweltverträglichkeitsprüfung* (UVP). Diese Prüfung soll also Auswirkungen eines Vorhaben auf die Umwelt *vor* dessen Durchführung aufdecken.

Umweltverträglichkeitsprüfungen sind auf bestimmte Vorhaben oder konkrete Projekte bezogen. Sie sind u. a. zwingend vorgeschrieben („UVP-pflichtige Vorhaben") beim Bau von Raffinerien, Wärmekraftwerken, Autobahnen und ähnlichen großen

Instrumente des Umweltrechts

- Planungsinstrumente
- Ordnungsrechtliche Instrumente
- Abgabenrechtliche Instrumente
- Informelle Instrumente
- Umweltverträglichkeitsprüfung

**Zweck der
Umweltverträglichkeitsprüfung**

„ist es sicherzustellen, dass bei bestimmten öffentlichen und privaten
Vorhaben zur wirksamen Umweltvor-
sorge nach einheitlichen Grundsätzen

– die Auswirkungen auf die Umwelt
frühzeitig und umfassend ermittelt,
beschrieben und bewertet werden,

– das Ergebnis der Umweltverträglichkeitsprüfung so früh wie möglich bei allen behördlichen Entscheidungen über die Zulässigkeit berücksichtigt wird."

(Gesetz über die Umweltverträglichkeitsprüfung, UVPG, § 1)

Bauvorhaben, bei denen erhebliche Beeinträchtigungen in der Umwelt zu erwarten sind. Die UVP erfordert eine strikte Beteiligung
der Öffentlichkeit. Bewertet wird ein Vorhaben aufgrund zu er-
wartender nachteiliger Einwirkungen auf „Naturgüter" wie Boden, Wasser, Luft und Klima.

5.6 Überblick

Die Gesetze im Umweltbereich lassen sich nach der Art der
Regelungsbereiche im Zusammenhang mit der möglichen Art der
Gefährdung untergliedern. Man kann „chemikalienbezogene Regelungen", „umweltmedienbezogene Regelungen" und „sicher-
heitstechnische Regelungen" unterscheiden.

In Abb. 5-2 sind mehrere Bereiche aufgeführt, in denen es
Gesetze von Bedeutung für Naturwissenschaftler und Ingenieure
gibt. Im Folgenden wird besonders auf die fünf Sachbereiche
Gefahrstoffe, Immissionen, Gewässer, Boden und Abfall eingegangen (vgl. Kapitel 6, 15, 20, 25 bzw. 30). Dort werden auch
weitere relevante Gesetze, Richtlinien, Verordnungen und Verwaltungsvorschriften sowie technische Regeln vorgestellt.

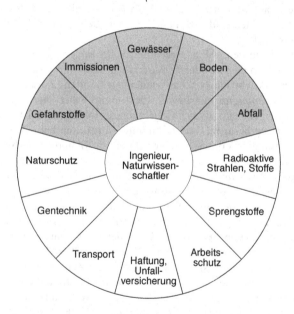

Abb. 5-2. Für Naturwissenschaftler
und Ingenieure relevante Rechts-
bereiche. – Die Bereiche, auf die im
Folgenden ausführlicher eingegangen
wird, sind gerastert.

6 Chemikaliengesetz, Gefahrstoffverordnung, Gefahrgutgesetz

6.1 Chemikaliengesetz

6.1.1 Vorbemerkungen

Im weitesten Sinn versteht man unter *Gefahrstoffrecht* die Gesamtheit aller Regelungen, die dem Schutz von Mensch und Umwelt vor gefährlichen Stoffen dienen sollen. Dazu gibt es auf europäischer Ebene zahlreiche Verordnungen und Richtlinien, z. B.

- zur Angleichung der Rechts- und Verwaltungsvorschriften für die Einstufung, Verpackung und Kennzeichnung *gefährlicher Stoffe* („Gefahrstoffrichtlinie" 67/548/EWG),
- zur Angleichung der Rechts- und Verwaltungsvorschriften der Mitgliedstaaten für die Einstufung, Verpackung und Kennzeichnung *gefährlicher Zubereitungen* („Zubereitungsrichtlinie" 1999/45/EG)
- zur Bewertung und Kontrolle der Umweltrisiken *chemischer Altstoffe* [„Altstoff-Verordnung", Verordnung (EWG) Nr. 793/93],
- über *gefährliche Stoffe* enthaltende Batterien und Akkumulatoren (Richtlinie 91/157/EWG),
- über das Inverkehrbringen von *Pflanzenschutzmitteln* (Richtlinie 91/414/EWG),
- betreffend die Ausfuhr und Einfuhr bestimmter *gefährlicher Chemikalien* [Verordnung (EWG) Nr. 2455/92],
- zur Festlegung von Grundsätzen für die Bewertung der Risiken für Mensch und Umwelt von [...] Stoffen (Richtlinie 93/67/EWG).

Zum Gefahrstoffrecht kann man neben dem Chemikaliengesetz Gesetze wie das Bundes-Immissionsschutzgesetz, das Wasserhaushaltsgesetz und auch das Abfallgesetz zählen. Im engeren Sinn unterscheidet man

- das allgemeine Gefahrstoffrecht: das Chemikaliengesetz und seine Verordnungen;
- das spezielle Gefahrstoffrecht: zahlreiche Gesetze und Verordnungen wie das Benzinbleigesetz oder das DDT-Gesetz.

Das *Chemikaliengesetz* („Gesetz zum Schutz vor gefährlichen Stoffen"; ChemG) hat den Zweck,

„den Menschen und die Umwelt vor schädlichen Einwirkungen gefährlicher Stoffe und Zubereitungen zu schützen, ins-

Chemikaliengesetz
(ChemG)

Gefahrstoffverordnung (GefStoffV)
Chemikalien-Verbotsverordnung (ChemVerbotsV)
EG-Altstoffverordnung (EG-AltstoffV)
Prüfnachweisverordnung (ChemPrüfV)
FCKW-Halon-Verbotsverordnung

Abb. 6-1. Aufgrund des Chemikaliengesetzes erlassene Verordnungen (Auswahl).

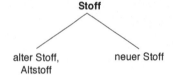

Stoff

alter Stoff, Altstoff   neuer Stoff

besondere sie erkennbar zu machen, sie abzuwenden und ihrem Entstehen vorzubeugen" (§ 1 ChemG).

Dieses Rahmengesetz nennt vorwiegend Zielvorstellungen und gibt kaum spezielle Regelungen oder Vorgehensweisen vor. Es enthält jedoch zahlreiche Ermächtigungen zum Erlass von Verordnungen und Richtlinien durch die Exekutive (Abb. 6-1); die bedeutendste ist die Gefahrstoffverordnung (vgl. Abschn. 6.2). Überdies sind aufgrund des ChemG und seiner Verordnungen *Technische Regeln für Gefahrstoffe* (*TRGS*; eine Auswahl s. Anhang B.2) erarbeitet worden, die den Charakter von „offiziellen Normen" haben.

Zum sicheren Umgang mit Gefahrstoffen gibt es daneben noch Regelungen im Arbeitsschutzgesetz (ArbSchG) und einschlägige Vorschriften der Unfallversicherungsträger, z. B. die *BUK-Regeln* (herausgegeben vom Bundesverband der Unfallkassen) „Regeln für Sicherheit und Gesundheitsschutz beim Umgang mit Gefahrstoffen im Unterricht" (GUV 19.16) oder die „Regeln für Sicherheit und Gesundheitsschutz beim Umgang mit Gefahrstoffen im Hochschulbereich" (GUV 19.17).

6.1.2 Alter Stoff, neuer Stoff, Gefahrstoff

In den §§ 3 und 3 a des Chemikaliengesetzes werden zahlreiche Begriffe definiert. Ein Stoff wird gem. § 3 Nr. 2 ChemG *alter Stoff* [nach der Art. 2 e „Altstoff-Verordnung" (EWG) Nr. 793/ 93: *Altstoff*] genannt, wenn er im *Altstoffverzeichnis der Europäischen Gemeinschaft*, EINECS ("European Inventory of Existing Commercial Chemical Substances", Europäisches Verzeichnis der im Handel erhältlichen Stoffe), aufgenommen ist. In diesem endgültigen Verzeichnis aller in der Europäischen Union als Altstoffe anerkannten Stoffe sind die bis zum Stichtag 18.9.1981 innerhalb der Europäischen Union in den Verkehr gebrachten Stoffe – nachgemeldete eingeschlossen – tabellarisch zusammengefasst (mehr als 100 000 Stoffe).

Neue Stoffe im Sinne des Chemikaliengesetztes (§ 3 Nr. 3) sind Stoffe, die nicht im Europäischen Altstoffverzeichnis aufgeführt sind, die also keine alten Stoffe sind. Neue Stoffe müssen – im Gegensatz zu alten Stoffen – bei der *Bundesanstalt für Arbeitsschutz und Arbeitsmedizin* (BAuA) angemeldet werden, wenn sie erstmals in einer Gesamtmenge von 1 t oder mehr jährlich von einem Hersteller in einem der Mitgliedstaaten der EU in den Verkehr gebracht werden. Bei einer Produktionsmenge bis 100 t muss eine *Grundprüfung* durchgeführt werden: Es werden für den neuen Stoff Prüfnachweise gefordert, die sich erstrecken müssen auf physikalische, chemische und physikalisch-chemische Eigenschaften, Anhaltspunkte für krebserzeugende oder erbgutverändernde und sensibilisierende Eigenschaften, Angaben zu akuter oder subakuter Toxizität und über abiotische und leichte biologische Abbaubarkeit sowie über die Toxizität des neues Stoffes gegenüber Wasserorganismen nach kurzer Einwirkung (§ 7 ChemG). Wenn die Menge eines neuen Stoffes 100 t oder gar 1000 t jährlich überschreitet, werden zusätzliche aufwendigere Tests gefordert (*Zusatzprüfungen* nach §§ 9 bzw. 9 a ChemG), z. B. solche zur Toxizität gegenüber Bodenorganismen und Pflanzen oder zur Mobilität im Wasser, im Boden und in der Luft.

Neue Stoffe, die nach diesen Regeln des Chemikaliengesetzes angemeldet wurden, werden auf europäischer Ebene in einer von der Kommission der Europäischen Gemeinschaften veröffentlichten *Europäischen Liste der angemeldeten chemischen Stoffe* ("*European List of Notified Chemical Substances*", ELINCS) eingetragen.

Alte oder neue Stoffe sind in den beiden Verzeichnissen EINECS bzw. ELINCS aufgeführt und werden durch eine Nummer gekennzeichnet, die *EU-Nummer* (manchmal noch *EG-Nummer*). Diese Nummer wird als 7-stellige Ziffernsequenz angegeben (Abb. 6-2, Tab. 6-1), manchmal ohne Bindestriche. Die ersten 6 Ziffern dienen der eigentlichen Nummerierung der mehr als 100 000 Altstoffe und der neuen Stoffe; Y ist eine Kontrollziffer.

Im Gefahrstoffrecht der EU gibt es eine weitere Stoff-Kennzeichnungsnummer, die aus 9 Ziffern bestehende *Index-Nummer* (vgl. Abb. 6-3, Tab. 6-2). [Diese Nummern sind nicht zu verwechseln mit der *E-Nummer* für Lebensmittel-Zusatzstoffe (vgl. Abschn. 10.1)].

Eine andere, vielfach verwendete Nummer zur Charakterisierung von Stoffen ist die *CAS-Nummer* (genauer müsste es heißen: *CAS Registry Number*, CAS für "Chemical Abstracts Service"). Diese Nummer wird beispielsweise in der MAK-Werte-Liste verwendet. Es handelt sich dabei um eine vom Chemical Abstracts Service seit 1965 weltweit zur eindeutigen Kennzeichnung von chemischen Stoffen verwendete Registriernummer (die fortlaufend vergeben wird und keine chemische Bedeutung hat). Diese Nummer besteht maximal aus 9 Ziffern, die durch Bindestriche in drei Gruppen aufgeteilt werden (Abb. 6-4, Tab. 6-3). Inzwischen ist mehr als 5 000 000 Stoffen eine CAS-Nummer zugeordnet worden.

Diese drei Nummern dienen zur Kennzeichnung von Stoffen und werden bei der Übermittlung von Daten über Stoffe angegeben. In der *Gefahrstoffliste* (Anhang I der Richtlinie 67/548/EWG) sind neben der Stoffbezeichnung, der Einstufung, der R- und S-Sätze (vgl. Tab. 6-5) sowie der Gefahrenbezeichnungen die jeweiligen Index-, EU- und CAS-Nummern angegeben.

Auf die Definition von „gefährliche Stoffe und Zubereitungen" nach § 3 a (1) ChemG wurde schon in Abschn. 3.1 eingegangen, ebenso auf die *Gefährlichkeitsmerkmale* wie „brandfördernd" oder „ätzend" (vgl. Tab. 3-2 in Abschn. 3.1). *Gefahrstoffe* [§ 19 (2) ChemG] sind definiert als

– gefährliche Stoffe und Zubereitungen nach § 3 a ChemG;
– Stoffe, Zubereitungen und Erzeugnisse, die explosionsfähig sind;

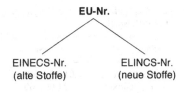

EINECS-Nr. (alte Stoffe)   ELINCS-Nr. (neue Stoffe)

Kontrollziffer
– fortlaufende Nummerierung der mehr als 100 000 **Altstoffe** in der EU (Nummern 200-001-8 bis 310-192-0)
– fortlaufende Nummerierung der in der EU angemeldeten **neuen Stoffe** (ab Nummer 400-010-9)

Abb. 6-2. Aufbau von EINECS- und ELINCS-Nummer.

Tab. 6-2. EINECS-Nummern für einige Altstoffe (Beispiele).

Substanz	EINECS-Nr.
Phosphorsäure	231-633-2
Chrom(VI)-oxid	215-607-8
Ammoniumdichromat	232-143-1
Cadmiumoxid	215-146-2
Benzol	200-753-7
Ameisensäure	200-579-1
Essigsäure	200-580-7
Anilin	200-539-3

Laufende Nummer des Stoffes in der ABC-Reihe — Angabe der Form, in der der Stoff hergestellt oder in Verkehr gebracht wird

ABC-RST-VW-Y

Ordnungszahl des kennzeichnensten Elements (ggf. mit vorangestellten Nullen) oder bei organischen Stoffen eine festgelegte Klassennummer, z. B. — Kontrollziffer
601 Kohlenwasserstoffe
603 Alkohole und ihre Derivate
612 Aminoverbindungen
647 Enzyme

Abb. 6-3. Aufbau der Index-Nummer (Richtlinie 67/548/EWG, Anhang I).

Tab. 6-2. Index-Nummern für einige Stoffe (Beispiele).

Substanz	Index-Nr.
Phosphorsäure	015-011-00-6
Chrom(VI)-oxid	024-001-00-0
Ammoniumdichromat	024-003-00-1
Cadmiumoxid	048-002-00-0
Methan	601-001-00-4
Ethan	601-002-00-X
Ethanol	603-002-00-5
Anilin	612-008-00-7

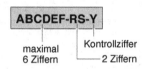

Abb. 6-4. Aufbau der CAS-Nummer.

Tab. 6-3. CAS-Nummern (Beispiele).

Substanz	CAS-Nr.
Essigsäure	64-19-7
Benzol	71-43-2
Toluol	108-88-3
Fluorwasserstoff	766-39-3
Cadmiumoxid	1306-19-0
Kaliumnitrit	7758-09-0
Natriumdichromat	10588-01-9
Nickeltetracarbonyl	13463-39-3

– Stoffe, Zubereitungen und Erzeugnisse, aus denen bei der Herstellung oder Verwendung gefährliche oder explosionsfähige Stoffe oder Zubereitungen entstehen oder freigesetzt werden können;

– sonstige gefährliche chemische Arbeitsstoffe im Sinne der Richtlinie 98/24/EG;

– Stoffe, Zubereitungen und Erzeugnisse, die erfahrungsgemäß Krankheitserreger übertragen können.

Die Gefahrstoffe bilden also eine Obermenge zu den „gefährlichen Stoffen".

6.2 Gefahrstoffverordnung

Die *Gefahrstoffverordnung* („Verordnung zum Schutz vor gefährlichen Stoffen", GefStoffV) wurde aufgrund von § 14 ChemG und unter Berücksichtigung von fast 30 EU-Richtlinien erlassen. Darin sind die Regelungen zur Einstufung, Kennzeichnung und Verpackung beim Inverkehrbringen von gefährlichen Stoffen, Zubereitungen und Erzeugnissen sowie über den Umgang mit Gefahrstoffen aufgeführt.

Wer gefährliche Stoffe und Zubereitungen in den Verkehr bringt, hat gemäß § 13 ChemG neben der Verpflichtung zur *Verpackung* die Pflicht zur Einstufung und Kennzeichnung. Unter *Einstufung* versteht man (§ 3 Nr. 6 ChemG) die Zuordnung eines Stoffes oder einer Zubereitung zu den 16 Gefährlichkeitsmerkmalen des § 3 a (1) ChemG (vgl. Abschn. 3.1). Der Gesetzgeber hat dazu *Gefahrensymbole* mit dazugehörigen Gefahrenbezeichnungen und Kennbuchstaben festgelegt (Tab. 6-4).

Die *Kennzeichnung* eines Stoffes oder einer Zubereitung soll die Arbeitnehmer/Endverbraucher über Gefahren informieren, die von dem Stoff oder Stoffgemisch ausgehen können. Dazu gehört neben der genauen Bezeichnung und den Gefahrensymbolen mit den zugehörigen Gefahrenbezeichnungen die Angabe von R- und S-Sätzen: *R-Sätze* sind standardisierte *Hinweise auf besondere Gefahren* (R von Risiko, *engl.* risk); bei den *S-Sätzen* handelt es sich um standardisierte *Sicherheitsratschläge* (Tab. 6-5).

Die Anzahl der Gefahrensymbole soll bei einer Kennzeichnung zwei nicht überschreiten; R- und S-Sätze sollten jeweils maximal vier auf einem Etikett angegeben werden.

Wenn ein Stoff in der Liste derjenigen Stoffe aufgeführt ist, die bereits gekennzeichnet sind – sie wird in Deutschland veröffentlicht durch das Bundesministerium für Arbeit und Soziales im Bundesanzeiger –, ist die dort angegebene Einstufung und Kennzeichnung verbindlich. Bei allen anderen Stoffen muss der Hersteller oder Einführer nach Anhang VI der *Gefahrstoffrichtlinie* 67/548/EWG („Allgemeine Anforderungen für die Einstufung und Kennzeichnung gefährlicher Stoffe und Zubereitungen") einstufen.

Tab. 6-4. Gefahrensymbole mit dazugehörigen Gefahrenbezeichnungen und Kennbuchstaben (nach Anhang II der Gefahrstoffrichtlinie 67/548/EWG).

Gefahren-bezeichnung	Gefahren-symbol	Kenn-buchstaben	Gefahren-bezeichnung	Gefahren-symbol	Kenn-buchstaben
Explosionsgefährlich[a]		E	Reizend[b] Gesundheitsschädlich[b]		Xi Xn
Brandfördernd[a]		O	Ätzend[b]		C
Hochentzündlich[a] Leichtentzündlich[a]		F+ F	Umweltgefährlich[c]		N
Sehr giftig[b] Giftig[b]		T+ T			

a „Physikalisch-chemische Gefahren", b „Gesundheitsgefahren", c „Umweltgefahren" (nach TRGS 220).

6.3 MAK-, TRK-, BAT- und MIK-Wert

6.3.1 MAK-Wert

Nicht nur der Umweltschutz ist Zweck des Chemikaliengesetzes, es ist auch die Grundlage für den stoffbezogenen *Arbeitsschutz*, also den Schutz der Arbeitnehmer vor Gefahren, die sich aus der Arbeit mit Stoffen ergeben.

Der Arbeitgeber muss bestimmte *Luftgrenzwerte* von Schadstoffen am Arbeitsplatz überprüfen und dafür Sorge tragen, dass sie nicht überschritten werden. Dazu gehört der *MAK-Wert* (MAK: *M*aximale *A*rbeitsplatz*k*onzentration):

„die höchstzulässige Konzentration eines Arbeitsstoffes als Gas, Dampf oder Schwebstoff in der Luft am Arbeitsplatz, die nach dem gegenwärtigen Stand der Kenntnis auch bei wiederholter und langfristiger, in der Regel täglich 8stündiger Exposition, jedoch bei Einhaltung einer durchschnittlichen Wochenarbeitszeit von 40 Stunden im Allgemeinen die Gesundheit der

Luftgrenzwerte
(„Grenzwerte in der Luft am Arbeitsplatz", TRGS 900)

- Maximale Arbeitsplatzkonzentration (MAK)
- Technische Richtkonzentration (TRK)

Tab. 6-5. Bezeichnung der besonderen Gefahren (R-Sätze) und Sicherheitsratschläge (S-Sätze) bei gefährlichen Stoffen und Zubereitungen (nach Anhang III bzw. IV der Gefahrstoffrichtlinie 67/548/EWG).

Nummer	Bedeutung

Bezeichnung der besonderen Gefahren (R-Sätze)

R 1	In trockenem Zustand explosionsgefährlich
R 2	Durch Schlag, Reibung, Feuer oder andere Zündquellen explosionsgefährlich
R 3	Durch Schlag, Reibung, Feuer oder andere Zündquellen beson- ders explosionsgefährlich
R 4	Bildet hochempfindliche explosionsgefährliche Metall- verbindungen
R 5	Beim Erwärmen explosionsfähig
R 6	Mit und ohne Luft explosionsfähig
R 7	Kann Brand verursachen
R 8	Feuergefahr bei Berührung mit brennbaren Stoffen
R 9	Explosionsgefahr bei Mischung mit brennbaren Stoffen
R 10	Entzündlich
R 11	Leichtentzündlich
R 12	Hochentzündlich
R 14	Reagiert heftig mit Wasser
R 15	Reagiert mit Wasser unter Bildung hochentzündlicher Gase
R 16	Explosionsgefährlich in Mischung mit brandfördernden Stoffen
R 17	Selbstentzündlich an der Luft
R 18	Bei Gebrauch Bildung explosionsfähiger/leichtentzündlicher Dampf-Luftgemische möglich
R 19	Kann explosionsfähige Peroxide bilden
R 20	Gesundheitsschädlich beim Einatmen
R 21	Gesundheitsschädlich bei Berührung mit der Haut
R 22	Gesundheitsschädlich beim Verschlucken
R 23	Giftig beim Einatmen
R 24	Giftig bei Berührung mit der Haut
R 25	Giftig beim Verschlucken
R 26	Sehr giftig beim Einatmen
R 27	Sehr giftig bei Berührung mit der Haut
R 28	Sehr giftig beim Verschlucken
R 29	Entwickelt bei Berührung mit Wasser giftige Gase
R 30	Kann bei Gebrauch leicht entzündlich werden
R 31	Entwickelt bei Berührung mit Säure giftige Gase
R 32	Entwickelt bei Berührung mit Säure sehr giftige Gase
R 33	Gefahr kumulativer Wirkungen
R 34	Verursacht Verätzungen
R 35	Verursacht schwere Verätzungen
R 36	Reizt die Augen
R 37	Reizt die Atmungsorgane
R 38	Reizt die Haut
R 39	Ernste Gefahr irreversiblen Schadens
R 40	Irreversibler Schaden möglich
R 41	Gefahr ernster Augenschäden
R 42	Sensibilisierung durch Einatmen möglich
R 43	Sensibilisierung durch Hautkontakt möglich
R 44	Explosionsgefahr bei Erhitzen unter Einschluss
R 45	Kann Krebs erzeugen
R 46	Kann vererbbare Schäden verursachen
R 48	Gefahr ernster Gesundheitsschäden bei längerer Exposition
R 49	Kann Krebs erzeugen beim Einatmen
R 50	Sehr giftig für Wasserorganismen
R 51	Giftig für Wasserorganismen

Tab. 6-5. Fortsetzung.

Nummer	Bedeutung
R 52	Schädlich für Wasserorganismen
R 53	Kann in Gewässern längerfristig schädliche Wirkungen haben
R 54	Giftig für Pflanzen
R 55	Giftig für Tiere
R 56	Giftig für Bodenorganismen
R 57	Giftig für Bienen
R 58	Kann längerfristig schädliche Wirkungen auf die Umwelt haben
R 59	Gefährlich für die Ozonschicht
R 60	Kann die Fortpflanzungsfähigkeit beeinträchtigen
R 61	Kann das Kind im Mutterleib schädigen
R 62	Kann möglicherweise die Fortpflanzungsfähigkeit beeinträchtigen
R 63	Kann das Kind im Mutterleib möglicherweise schädigen
R 64	Kann Säuglinge über die Muttermilch schädigen
R 65	Gesundheitsschädlich: kann beim Verschlucken Lungenschäden verursachen
R 66	Wiederholter Kontakt kann zu spröder oder rissiger Haut führen
R 67	Dämpfe können Schläfrigkeit oder Benommenheit verursachen
R 68	Irreversibler Schaden möglich

Sicherheitsratschläge (S-Sätze)

S 1	Unter Verschluss aufbewahren
S 2	Darf nicht in die Hände von Kindern gelangen
S 3	Kühl aufbewahren
S 4	Von Wohnplätzen fernhalten
S 5	Unter ... aufbewahren (geeignete Flüssigkeit vom Hersteller anzugeben)
S 6	Unter ... aufbewahren (inertes Gas vom Hersteller anzugeben)
S 7	Behälter dicht geschlossen halten
S 8	Behälter trocken halten
S 9	Behälter an einem gut gelüfteten Ort aufbewahren
S 12	Behälter nicht gasdicht verschließen
S 13	Von Nahrungsmitteln, Getränken und Futtermitteln fernhalten
S 14	Von ... fernhalten (inkompatible Substanzen vom Hersteller anzugeben)
S 15	Vor Hitze schützen
S 16	Von Zündquellen fernhalten – Nicht rauchen
S 17	Von brennbaren Stoffen fernhalten
S 18	Behälter mit Vorsicht öffnen und handhaben
S 20	Bei der Arbeit nicht essen und trinken
S 21	Bei der Arbeit nicht rauchen
S 22	Staub nicht einatmen
S 23	Gas/Rauch/Dampf/Aerosol nicht einatmen (geeignete Bezeichnung(en) vom Hersteller anzugeben)
S 24	Berührung mit der Haut vermeiden
S 25	Berührung mit den Augen vermeiden
S 26	Bei Berührung mit den Augen sofort gründlich mit Wasser abspülen und Arzt konsultieren
S 27	Beschmutzte, getränkte Kleidung sofort ausziehen
S 28	Bei Berührung mit der Haut sofort abwaschen mit viel ... (vom Hersteller anzugeben)
S 29	Nicht in die Kanalisation gelangen lassen
S 30	Niemals Wasser hinzugießen
S 33	Maßnahmen gegen elektrostatische Aufladung treffen
S 35	Abfälle und Behälter müssen in gesicherter Weise beseitigt werden
S 36	Bei der Arbeit geeignete Schutzkleidung tragen

6.3 MAK-, TRK-, BAT- und MIK-Wert

Kombination von R-Sätzen
(Beispiele)

R 14/15
Reagiert heftig mit Wasser unter Bildung hochentzündlicher Gase

R 23/24/25
Giftig beim Einatmen, Verschlucken und bei Berührung mit der Haut

Tab. 6-5. Fortsetzung.

Nummer	Bedeutung
S 37	Geeignete Schutzhandschuhe tragen
S 38	Bei unzureichender Belüftung Atemschutzgerät anlegen
S 39	Schutzbrille/Gesichtsschutz tragen
S 40	Fußboden und verunreinigte Gegenstände mit ... reinigen (Material vom Hersteller anzugeben)
S 41	Explosions- und Brandgase nicht einatmen
S 42	Bei Räuchern/Versprühen geeignetes Atemschutzgerät anlegen (geeignete Bezeichnung(en) vom Hersteller anzugeben)
S 43	Zum Löschen ... (vom Hersteller anzugeben) verwenden (wenn Wasser die Gefahr erhöht, anfügen: „Kein Wasser verwenden")
S 45	Bei Unfall oder Unwohlsein sofort Arzt hinzuziehen (wenn möglich, dieses Etikett vorzeigen)
S 46	Bei Verschlucken sofort ärztlichen Rat einholen und Verpackung oder Etikett vorzeigen
S 47	Nicht bei Temperaturen über ... °C aufbewahren (vom Hersteller anzugeben)
S 48	Feucht halten mit ... (geeignetes Mittel vom Hersteller anzugeben)
S 49	Nur im Originalbehälter aufbewahren
S 50	Nicht mischen mit ... (vom Hersteller anzugeben)
S 51	Nur in gut gelüfteten Bereichen verwenden
S 52	Nicht großflächig für Wohn- und Aufenthaltsräume zu verwenden
S 53	Exposition vermeiden – vor Gebrauch besondere Anweisungen einholen
S 56	Dieses Produkt und seinen Behälter der Problemabfallentsorgung zuführen
S 57	Zur Vermeidung einer Kontamination der Umwelt geeigneten Behälter verwenden
S 59	Informationen zur Wiederverwendung/Wiederverwertung beim Hersteller/Lieferanten erfragen
S 60	Dieses Produkt und sein Behälter sind als gefährlicher Abfall zu entsorgen
S 61	Freisetzung in die Umwelt vermeiden. Besondere Anweisungen einholen/Sicherheitsdatenblatt zu Rate ziehen
S 62	Bei Verschlucken kein Erbrechen herbeiführen. Sofort ärztlichen Rat einholen und Verpackung oder dieses Etikett vorzeigen
S 63	Bei Unfall durch Einatmen: Verunfallten an die frische Luft bringen und ruhigstellen
S 64	Bei Verschlucken Mund mit Wasser ausspülen (nur wenn Verunfallter bei Bewusstsein ist)

Kombination von S-Sätzen
(Beispiele)

S 1/2
Unter Verschluss und für Kinder unzugänglich aufbewahren

S 3/9/49
Nur im Originalbehälter an einem kühlen, gut gelüfteten Ort aufbewahren

Beschäftigten nicht beeinträchtigt und diese nicht unangemessen belästigt (z. B. durch ekelerregenden Geruch)."
(MAK- und BAT-Werte-Liste 2001)

[So ähnlich lauten auch die Definitionen in § 3 Abs. 5 GefStoffV und TRGS 900, Nr. 1(1)].

Der MAK-Wert – angegeben in mL/m^3 (ppm) oder mg/m^3 – gilt in der Regel für reine Stoffe. Er kann nicht ohne weiteres auf Bestandteile von Gemischen angewandt werden, da die Exposition gegenüber verschiedenen Stoffen die gesundheitsschädigende Wirkung erheblich verstärken kann (Synergismus; vgl. Abschn.

3.9), in Einzelfällen auch vermindern. Eine Errechnung von MAK-Werten für Gemische ist in der Regel nicht möglich, die Wirkungen einzelner Stoffe lassen sich nicht einfach „addieren"

Die MAK-Werte sollen dem Schutz der Gesundheit von Arbeitnehmern am Arbeitsplatz dienen: Dieser Wert bildet die Grundlage, um die Bedenklichkeit oder Unbedenklichkeit solcher Konzentrationen von Schadstoffen am Arbeitsplatz zu beurteilen, die reversible Wirkungen auslösen, also weder krebserzeugend noch erbgutverändernd sind. Im Vordergrund steht dabei die Einwirkung über die Atemwege.

MAK-Werte sind *Grenzwerte*, die aufgrund der wissenschaftlichen Empfehlungen zu den toxikologischen Eigenschaften der Stoffe von der „Senatskommission der Deutschen Forschungsgemeinschaft zur Prüfung gesundheitsschädlicher Arbeitsstoffe" festgelegt wurden. Diese rechtlich verbindlichen Werte werden in der jährlich erscheinenden *MAK- und BAT-Werte-Liste* (herausgegeben von der Deutschen Forschungsgemeinschaft, DFG) veröffentlicht und sind in den *Technischen Regeln für Gefahrstoffe 900 (TRGS 900)* festgehalten (Tab. 6-6).

Für Arbeitsstoffe, die als *krebserzeugend* nachgewiesen sind, und Stoffe mit begründetem Verdacht auf krebserzeugendes Potenzial werden in den meisten Fällen keine MAK-Werte angegeben; solche Stoffe sowie *erbgutverändernde* und *fortpflanzungsgefährdende (reproduktionstoxische)* Arbeitsstoffe sind in der *TRGS 905*, dem *Verzeichnis krebserzeugender, erbgutverändernder oder fortpflanzungsgefährdender Stoffe*, zusammengestellt.

6.3.2 TRK-Wert

Die *Technische Richtkonzentration (TRK-Wert)* ist ein weiterer Luftgrenzwert der Gefahrstoffverordnung. Unter dem TRK-Wert eines gefährlichen Stoffes versteht man diejenige Konzentration als Gas, Dampf oder Schwebstoff in der Luft am Arbeits-

Kategorien krebserzeugender Stoffe
(nach Richtlinie 67/548/EWG, Anhang VI, Nr. 4.2.1)

Kategorie 1 (K1)
Stoffe, die auf den Menschen bekanntermaßen krebserzeugend wirken.

Kategorie 2 (K2)
Stoffe, die als krebserzeugend für den Menschen angesehen werden sollten. Es bestehen hinreichende Anhaltspunkte zur Annahme, dass die Exposition eines Menschen genüber dem Stoff Krebs erzeugen kann. Diese Annahme beruht im Allgemeinen auf geeigneten Langzeit-Tierversuchen sowie sonstigen relevanten Informationen.

Kategorie 3 (K3)
Stoffe, die als wegen möglicher krebserzeugender Wirkung beim Menschen Anlass zu Besorgnis geben, über die jedoch ungenügend Informationen für eine befriedigende Beurteilung vorliegen. Aus geeigneten Tierversuchen liegen einige Anhaltspunkte vor, die jedoch nicht ausreichen, um einen Stoff in die Kategorie 2 einzustufen.

Tab. 6-6. Maximale Arbeitsplatzkonzentrationen, MAK (Beispiele).

Stoff	Formel	MAK		Krebs-erzeugend, Kategorie[a]
		(in mL/m^3)	(in mg/m^3)	
Acetaldehyd	H$_3$C–CHO	50	91	3
Acetonitril	H$_3$C–CN	40	68	
Benzol	C$_6$H$_6$	–	–	1
Bleichromat	PbCrO$_4$	–	–	3
Chlor	Cl$_2$	0,5	1,5	
Chlormethan	CH$_3$Cl	50	100	3
Ethanol	H$_3$C–CH$_2$OH	1000	1900	
Formaldehyd	HCHO	0,5	0,62	3
Kohlenmonoxid	CO	30	35	

[a]   Nach der Gefahrstoffrichtlinie 67/548/EWG, Anhang I.

platz, die nach dem Stand der Technik erreicht werden kann [vgl. § 3 (7) GefStoffV; TRGS 102, Nr. 1 (1); TRGS 900, Nr. 1 (1)].

Die TRK-Werte sind ebenfalls in den *Technischen Regeln für Gefahrstoffe 900*, „Grenzwerte in der Luft am Arbeitsplatz", aufgelistet, und zwar nur für eine Reihe krebserzeugender und erbgutverändernder gefährlicher Stoffe, für die zur Zeit keine toxikologisch-arbeitsmedizinisch begründeten MAK-Werte aufgestellt werden können.

Diese im Rahmen der Gefahrstoffverordnung rechtlich verbindlichen Werte werden vom „Ausschuss für Gefahrstoffe (AGS)" aufgestellt, einer vom Bundesminister für Arbeit und Sozialordnung aufgestellten Arbeitsgruppe. Ziel ist bei diesen Grenzwerten – wie auch bei den MAK-Werten –, einen Anhalt für zu treffende Schutzmaßnahmen am Arbeitsplatz zu geben, um das Risiko einer Beeinträchtigung der Gesundheit des Arbeitnehmers zu vermindern; ein Restrisiko bleibt aber.

Tab. 6-7. Technische Richtkonzentrationen, TRK, für krebserzeugende Stoffe (Beispiele; TRGS 900).

Stoff	TRK-Wert	
	(in mL/m^3)	(in mg/m^3)
Benzol[a]		
– Kokereien; Tankfeld in der Mineralölindustrie; Reparatur und Wartung in der chemischen Industrie und Mineralölindustrie, Ottokraftstoffversorgungsräume für Prüfstände	2,5	8
– im übrigen	1	3,2
Dimethylsulfat[b]		
– Herstellung	0,02	0,1
– Verwendung	0,04	0,2
Hydrazin[b]	0,1	0,13

[a] Krebserzeugend, Kategorie 1 (Richtlinie 67/548/EWG, Anhang I).
[b] Krebserzeugend, Kategorie 2 (Richtlinie 67/548/EWG, Anhang I).

6.3.3 BAT-Wert

Ein weiterer Grenzwert mit Bedeutung im Arbeitsschutz ist der *BAT*-Wert (BAT: *B*iologischer *A*rbeitsplatz*t*oleranzwert, auch *A*rbeitsstoff*t*oleranzwert). Der BAT-Wert

„ist die Konzentration eines Stoffes oder seines Umwandlungsproduktes im Körper oder die dadurch ausgelöste Abweichung eines biologischen Indikators von seiner Norm, bei der im Allgemeinen die Gesundheit der Arbeitnehmer nicht beeinträchtigt wird" [§ 3 (6) GefStoffV; TRGS 903, Nr. 1 (1)].

BAT-Werte sind in der TRGS 903 aufgeführt. Diese Werte können nur für solche Arbeitsstoffe angegeben werden, die über die Lunge und/oder andere Körperoberflächen in nennenswertem

Ausmaß in den Organismus gelangen, z. B. für Kohlenmonoxid in Form des Carboxyhämoglobingehalts (Tab. 6-8; vgl. Abschn. 9.3). Auch beim BAT-Wert wird, wie beim MAK-Wert, in der Regel eine Belastung durch den Gefahrstoff von maximal 8 Stunden täglich und 40 Stunden wöchentlich zugrundegelegt. BAT-Werte sind Höchstwerte für gesunde Einzelpersonen. Sie sind in der Regel für eine Belastung mit reinen Stoffen definiert und nicht ohne weiteres auf einen Umgang mit Zubereitungen anwendbar, die aus zwei oder mehr toxisch wirkenden Arbeitsstoffen bestehen.

6.3 MAK-, TRK-, BAT- und MIK-Wert

Tab. 6-8. Biologische Arbeitsplatztoleranzwerte, BAT-Werte (Beispiele).

Arbeitsstoff	Parameter	BAT-Wert	Untersuchungs-material
Blei	Blei	700 µg/L	Blut
		300 µg/L (Frauen < 45 J.)	Blut
Kohlenmonoxid	COHb[a]	5 %	Blut
Methanol	Methanol	30 mg/L	Urin
Propan-2-ol	Aceton	50 mg/L	Blut, Urin

a   COHb: Carboxyhämoglobin (vgl. Abschn. 9.3).

Technische Regeln für Gefahrstoffe, TRGS 903, *Biologische Arbeitsplatztoleranzwerte – BAT-Werte*

Die BAT-Wert ist die Grundlage für die Beurteilung der Bedenklichkeit oder Unbedenklichkeit von Arbeitsstoffmengen, die vom Organismus aufgenommen werden. Er spielt besonders im Rahmen gesetzlich vorgeschriebener ärztlicher Untersuchungen für Arbeitnehmer eine Rolle. In der Regel werden die BAT-Werte für Blut und/oder Harn definiert. Sie können angegeben sein als Konzentrationen, Bildungsraten oder Ausscheidungsraten.

6.3.4 MIK-Wert

Immissionen sind (im Sinne des Bundes-Immissionsschutzgesetzes)

„auf Menschen, Tiere und Pflanzen, den Boden, das Wasser, die Atmosphäre sowie Kultur- und sonstige Sachgüter einwirkende Luftverunreinigungen, Geräusche, Erschütterungen, Licht, Wärme, Strahlen und ähnliche Umwelteinwirkungen" [§ 3 (2) BImSchG].

Immissionen sind also aus chemischer Sicht im Rahmen der Luftreinhaltung das, was die Atmosphäre aufnimmt und was sich dort bis auf eine bestimmte Konzentration verteilt. „Immission" bezieht sich auf den Übertritt luftverunreinigender Stoffe aus der offenen Atmosphäre auf einen Akzeptor. (In diesem Zusammenhang wurde auch schon von „Schluckwert" – im Gegensatz zum „Spuckwert" der Emissionen – gesprochen.) Bei den Luftverunreinigungen handelt es sich im Besonderen um Gase, Dämpfe, Rauch, Ruß und Gerüche.

6 Chemikaliengesetz, Gefahrstoffverordnung, Gefahrgutgesetz

Von Bedeutung für die Diskussion schädlicher Umwelteinwirkungen ist der *MIK-Wert* (MIK: *M*aximale *I*mmissions*k*onzentration). Diese MIK-Werte sind Richtwerte. Sie basieren auf einem mehr oder weniger großen Wissens- und Erfahrungsstand, z. B. für Schadstoffe in Nahrungsmitteln oder für den tolerierten Gehalt an Schwermetallen im Boden.

MIK-Werte – sie haben weder mit dem Chemikaliengesetz noch mit der Gefahrstoffverordnung etwas zu tun – sind an zwei Stellen beschrieben. Zum einen werden sie von der VDI-Kommission „Reinhaltung der Luft" erarbeitet und sind in VDI-Richtlinien zu finden; zum anderen sind *Immissionsgrenzwerte* „zum Schutz vor Gesundheitsgefahren" in der *TA Luft* („Technische Anleitung zur Reinhaltung der Luft"; vgl. Abschn. 15.5) festgelegt.

Beispielsweise beschäftigen sich die VDI-Richtlinien 2310 Blatt 2 und Blatt 11 mit Schwefeldioxid: Dort werden „Maximale Immissions-Werte zum Schutze der Vegetation" bzw. „Maximale Immissions-Werte zum Schutze des Menschen" festgelegt. In der Regel sind die Konzentrationswerte, die zum Schutz der Vegetation eingehalten werden müssen, niedriger als diejenigen, bei denen der Schutz des Menschen gewährleistet ist. Bei der Einhaltung dieser Werte ist der Schutz des Menschen und seiner Umwelt nach derzeitigem Wissensstand gewährleistet.

In der VDI-Richtlinie 2310 Blatt 1 wird gefordert, dass „nachteilige Wirkungen von Luftverunreinigungen auf den Mensch und seine Umwelt" zu verhindern oder zumindest zu begrenzen sind. Unter *nachteiliger Wirkung* wird verstanden, dass ein begründeter Zusammenhang zwischen einer Krankheit oder einer Leistungseinbuße und physiologischen, biochemischen Veränderungen oder Änderungen in der normalen chemischen Zusammensetzung von Organen und Körperflüssigkeit angenommen werden kann. Schon eine erhebliche Störung des menschlichen Wohlbefindens reicht also aus. Entsprechendes gilt für Boden, Pflanzen oder Tiere: Der Zusammenhang zwischen einem Effekt und einer Wertminderung oder Beeinträchtigung einer Funktion muss nachgewiesen sein.

Der Schutzumfang des MIK-Wertes bezieht sich auch auf Risikogruppen (z. B. Kinder, alte Menschen, Schwangere) oder besonders empfindliche Pflanzen oder Nutztiere. Aber ein Individualschutz wird durch diese Werte ausdrücklich ausgeschlossen. Für eine Reihe von Einzelschadstoffen werden Mittelwerte über eine halbe Stunde, 24 Stunden und 1 Jahr angegeben. Die *Lang*- und *Kurzzeitwerte*, die die VDI-Kommission festgelegt hat, unterscheiden sich zum Teil von den Immissionswerten der TA-Luft (Tab. 6-9).

Für bestimmte Luftschadstoffe hat auch die Weltgesundheitsorganisation (WHO) *Richtwerte* vorgeschlagen (vgl. Tab. 7-16 in Abschn. 7.3.2). Und speziell für Schadstoffe in Innenräumen gibt es von verschiedenen Institutionen erarbeitete Richtwerte (vgl. Tabellen 7-20 und 7-17 in Abschn. 7.3.2).

Tab. 6-9. Beispiele für maximale Immissionskonzentrationen (in mg/m^3) nach VDI 2310 (1974) und TA Luft (Nr. 2.5.1).

Stoff	VDI 2310			TA Luft	
	1/2 h	24 h	1 a	IW 1 (Langzeitwert)	IW 2 (Kurzzeitwert)
NO_2	0,2	0,1	–	0,08	0,20
CO	50	10	10	10	30
SO_2	1	0,3	0,1	0,14	0,40
Staub[a]	0,3	0,2	0,1	0,15	0,30

[a] Feinstaub (Schwebstaub).

6.4 Gefahrgutgesetz

Im Zusammenhang mit Gefahren, die von Stoffen ausgehen können (s. auch Abschn. 6.1.2), spielt der Transport gefährlicher Güter zu Land, zu Wasser und in der Luft eine wichtige Rolle. Das Rahmengesetz hierzu ist das *Gesetz über die Beförderung gefährlicher Güter (Gefahrgutbeförderungsgesetz*, GGBefG*)*. Für die verschiedenen Verkehrsträger wird in Verordnungen u. a. geregelt, welche gefährlichen Güter überhaupt transportiert werden dürfen, wie solche Güter verpackt und gekennzeichnet werden müssen und welche Anforderungen an die Beförderungsmittel (z. B. an Tankwagen) hinsichtlich Bau, Ausrüstung und Kennzeichnung zu stellen sind. Eine dieser Verordnungen ist die *Gefahrgutverordnung Straße und Eisenbahn* (GGVSE).

In dieser Verordnung werden – wie in den meisten nationalen und internationalen Transportbestimmungen – zu transportierende Stoffe in Klassen eingeteilt. Beispielsweise gibt es in der GGVSE neun verschiedene *Gefahrklassen* (Tab. 6-10).

Im Straßenverkehr müssen Fahrzeuge mit gefährlichen Ladungen orangefarbene Tafeln (30 cm × 40 cm) tragen (Abb. 6-5). Darauf wird der transportierte Stoff mit zwei Zahlen, einer Gefahrnummer und einer Stoffnummer, charakterisiert. Die Zahl in der oberen Reihe ist eine Nummer (zwei oder drei Ziffern) zur Kennzeichnung der besonderen Gefahren, die vom transportierten Stoff ausgehen können: Die *Gefahrnummer* entspricht einer Nummer der neun Klassen in der GGVSE (vgl. Tab. 6-10). Die Verdopplung einer Ziffer bedeutet „besonders starke Gefahr"; einige Ziffernkombinationen habe eine besondere Bedeutung, z. B. X88 (Tab. 6-11). Diese Gefahrnummer gestattet beispielsweise der Feuerwehr, im Falle eines Unfalls schnell die zu erwartende Gefahr abzuschätzen. Mit der zweiten Nummer, der vierstelligen *UN-Nummer*, wird der Stoff oder die Stoffgruppe gekennzeichnet (einige Beispiele s. Tab. 6-11).

6.4 Gefahrgutgesetz

Gefährliche Güter

Stoffe und Gegenstände, von denen auf Grund ihrer Natur, ihrer Eigenschaften oder ihres Zustandes im Zusammenhang mit der Beförderung Gefahren für die öffentliche Sicherheit oder Ordnung, insbesondere für die Allgemeinheit, für wichtige Gemeingüter, für Leben und Gesundheit von Menschen sowie für Tiere und Sachen ausgehen können.

[§ 2 (1) GGBefG]

Abb. 6-5. Tafel zur Kennzeichnung gefährlicher Güter beim Transport auf der Straße.

6 Chemikaliengesetz, Gefahrstoffverordnung, Gefahrgutgesetz

Tab. 6-10. Gefahrklassen nach GGVSE.

Klasse	Gefährliche Güter
1	Explosive Stoffe und Gegenstände mit Explosivstoff
2	Gase
3	Entzündbare flüssige Stoffe („brennbare Flüssigkeiten")
4.1	Entzündbare feste Stoffe, selbstzersetzliche Stoffe und desensibilisierte explosive feste Stoffe
4.2	Selbstentzündliche Stoffe
4.3	Stoffe, die bei Berührung mit Wasser entzündbare Gase entwickeln
5.1	Entzündend (oxidierend) wirkende Stoffe
5.2	Organische Peroxide
6.1	Giftige Stoffe
6.2	Ansteckungsgefährliche Stoffe
7	Radioaktive Stoffe
8	Ätzende Stoffe
9	Verschiedene gefährliche Stoffe und Gegenstände

Tab. 6-11. Nummern zur Kennzeichnung von Gefahren (Gefahrnummer) und Stoffen (UN-Nummer) beim Transport auf der Straße (Auswahl).

Gefahr-nummer	Bedeutung	Beispiel	UN-Nummer
20	Inertes Gas	Trifluorbrommethan (Halon 1301)	1009
23	Brennbares Gas	Butan	1011
268	Giftiges und ätzendes Gas	Ammoniak	1005
30	Entzündbare Flüssigkeit (Flammpunkt 21...100 °C)	Heizöl, Dieselöl	1202
33	Leicht entzündbare Flüssigkeit (Flammpunkt < 21 °C)	Benzin	1203
336	Leicht entzündbare und giftige Flüssigkeit	Schwefelkohlenstoff	1131
40	Entzündbarer oder selbsterhitzungsfähiger Stoff	Schwefel	1350
X423[a]	Entzündbarer fester Stoff, der mit Wasser gefährlich reagiert, wobei brennbare Gase entweichen	Natrium unter Inertgas oder in gasdichten Behältern	1428
50	Oxidierender (brandfördernder) Stoff	Natriumchlorat	1495
60	Giftiger oder gesundheitsschädlicher Stoff	Trichlorethen	1710
80	Ätzender oder schwach ätzender Stoff	Salzsäure	1789
X88[a]	Stark ätzender Stoff, der mit Wasser gefährlich reagiert	Thionylchlorid	1836

[a] Vorangestelltes X bedeutet „reagiert gefährlich mit Wasser".

Literatur zu Teil I

Literatur zu Kap. 1

Bach W. 1986. Die Zeitbomben der Menschheit. *Umschau*. 86: 164-169.

Brüggemeier FJ, Rommelspacher T, Hrsg. 1989. *Besiegte Natur: Geschichte der Umwelt im 19. und 20. Jahrhundert* (Becksche Reihe 345). München: CH Beck. 198 S.

Dieckmann B. 1991. Aspekte einer zukünftigen Energieversorgung angesichts des Treibhauseffekts (Hutter K, Hrsg. *Dynamik umweltrelevanter Systeme*). Berlin: Springer. S 123-140.

Eggert HU, Hrsg. 1988. *Umwelt hat Geschichte – auch in Münster*. Münster: Eigenverlag Schriftproben, Wilhelm-Hittorf-Gymnasium. 312 S.

Fritsch B. 1993. *Mensch – Umwelt – Wissen: Evolutionsgeschichtliche Aspekte des Umweltproblems*. 3te Aufl. Stuttgart: Teubner. 442 S.

Gore A. 1992. *Wege zum Gleichgewicht: Ein Marshallplan für die Erde*. Frankfurt: S Fischer. 383 S.

Herrmann B, Hrsg. 1986. *Mensch und Umwelt im Mittelalter*. 2te Aufl. Stuttgart. Deutsche Verlags-Anstalt. 288 S.

Herrmann B, Hrsg. 1989. *Umwelt in der Geschichte: Beiträge zur Umweltgeschichte*. Göttingen: Vandenhoeck & Ruprecht. 152 S.

Lersner H v. 1991. *Die ökologische Wende*. Berlin: WJ Siedler Verlag. 96 S.

Lübbe H. 1990. *Der Lebenssinn der Industriegesellschaft: Über die moralische Verfassung der wissenschaftlich-technischen Zivilisation*. Berlin: Springer. 224 S.

Meadows D. 1972. *Die Grenzen des Wachstums: Bericht des Club of Rome zur Lage der Menschheit*. Stuttgart: Deutsche Verlags-Anstalt. 180 S.

Meadows DH, Meadows DL, Randers J. 1992. *Die neuen Grenzen des Wachstums – Die Lage der Menschheit: Bedrohung und Zukunftschancen*. Stuttgart: Deutsche Verlags-Anstalt. 3te Aufl. 319 S.

Riederer J. 1988. Umweltbelastung und ihre Folgen in der Vergangenheit. *Praxis Naturwiss Chem*. 37 (8): 2-6.

Umweltbundesamt, Hrsg. 1989. *Daten zur Umwelt 1988/89*. Berlin: Erich Schmidt. 612 S.

Vester F. 1991. *Unsere Welt – ein vernetztes System*. 7te Aufl. Deutscher Taschenbuch Verlag. 177 S.

Wijbenga A, Hutzinger O. 1984. Chemicals, man and the environment: a historic perspective of pollution and related topics. *Naturwissenschaften*. 71: 239-246.

World Resources Institute, Hrsg. 2000. *World Resources 2000 – 2001: People and Ecosystems*. Washington, DC. ISBN 1-56973-443-7.

Literatur zu Kap. 2

Asche W. 1994. Nachwachsende Rohstoffe: Mehr „Elefantengras" gefordert. *Chem Rundsch*. 4 (28.1.94): 12.

Bossel H. 1990. *Umweltwissen: Daten, Fakten, Zusammenhänge*. Berlin: Springer. 169 S.

Bünau G v, Wolff T. 1987. *Photochemie: Grundlagen, Methoden, Anwendungen*. Weinheim: VCH. 329 S.

Dieminger W. 1969. Hohe Atmosphäre der Erde. *Umschau*. (2): 35-41.

Literatur zu Teil I

Deutscher Bundestag, Hrsg. 1990. *Schutz der Erde: Eine Bestandsaufnahme mit Vorschlägen zu einer neuen Energiepolitik* (Dritter Bericht der Enquete-Kommission des 11. Deutschen Bundestages „Vorsorge zum Schutz der Erde"; Bd 1 und 2). Bonn.

Eggersdorfer M, Laupichler L. 1994. Nachwachsende Rohstoffe – Perspektiven für die Chemie?. *Nachr Chem Tech Lab.* 42: 996-1002.

Eggersdorfer M, Warwel S, Wulff G, Hrsg. 1993. *Nachwachsende Rohstoffe – Perspektiven für die Chemie.* Weinheim: VCH. 402 S.

Fabian P. 1992. *Atmosphäre und Umwelt: Chemische Prozesse, menschliche Eingriffe, Ozon-Schicht, Luftverschmutzung, Smog, saurer Regen.* 4te Aufl. Berlin: Springer. 144 S.

Fritsch B. 1993. *Mensch – Umwelt – Wissen: Evolutionsgeschichtliche Aspekte des Umweltproblems.* 3te Aufl. Stuttgart: Teubner. 442 S.

Greenwood NN, Earnshaw A. 1988. *Chemie der Elemente.* Weinheim: VCH. 1707 S.

Herrmann AG. 1992. Dynamische Prozesse in der Natur als Kriterien für die langfristig sichere Deponierung anthropogener Abfälle (Warnecke G, Huch M, Germann K, Hrsg. *Tatort „Erde": Menschliche Eingriffe in Naturraum und Klima*). 2te Aufl. Berlin: Springer; S 86-111.

Junge C. 1981. Die Entwicklung der Erdatmosphäre und ihre Wechselbeziehung zur Entwicklung der Sedimente und des Lebens. *Naturwissenschaften.* 68: 236-244.

Kümmel R, Papp S. 1988. *Umweltchemie: Eine Einführung.* Leipzig: Deutscher Verlag für Grundstoffindustrie. 312 S.

Leisinger KM. 1996. Stabilisierung der Bevölkerung – Reduzierung des materiellen Konsums (Altner G, Mettler-Meibomm B, Simonis UE, von Weizsäcker EU, Hrsg. *Jahrbuch Ökologie 1996*; Becksche Reihe 1118). S 239-246.

Miller SL. 1953. A production of amino acids under possible primitive earth conditions. *Science.* 117: 528-529.

Miller SL. 1955. Production of organic compounds under possible primitive earth conditions. *J Am Chem Soc.* 77: 2351-2361.

Miller SL. 1957. The mechanism of synthesis of amino acids by electric discharges. *Biochem Biophys Acta.* 23: 480-489.

Palme H, Suess HE, Zeh HD. 1981. Abundances of the elements in the solar system (Landolt-Börnstein: *Zahlenwerte und Funktionen aus Naturwissenschaften und Technik*). Neue Serie VI Bd 2a. Berlin: Springer; S 275-285.

Schidlowski M, Eichmann R, Junge CE. 1974. Evolution des irdischen Sauerstoff-Budgets und Entwicklung der Erdatmosphäre. *Umschau.* 22: 703-707.

Schidlowski M. 1973. Die Evolution der Erdatmosphäre. *Physikal Bl.* 29: 203-212.

Schidlowski M. 1988. Die Geschichte der Erdatmosphäre (Kraatz R, Hrsg. *Die Dynamik der Erde: Bewegungen, Strukturen, Wechselwirkungen*). 2te Aufl. Spektrum-der-Wissenschaft-Verlagsgesellschaft: Heidelberg; S 182-193.

Selbin J. 1973. The origin of the chemical elements, I and II. *J Chem Educ.* 50: 306-310, 380-387.

Sigg L, Stumm W. 1994. *Aquatische Chemie: Eine Einführung in die Chemie wässriger Lösungen und natürlicher Gewässer.* 3te Aufl. Stuttgart: Teubner. 498 S.

Sposito G. 1989. *The chemistry of soils.* New York: Oxford University Press. 277 S.

Zehnder AJB, Zinder SH. 1980. The sulfur cycle (Hutzinger O, Hrsg. *The natural environment and the biogeochemical cycles*; in: *The handbook of environmental chemistry*; vol 1, part A). Berlin: Springer; S 105-145.

Arnold H. 1997. *Chemisch-dynamische Prozesse in der Umwelt: Eine stoff-und populationsökologische Einführung.* Stuttgart: Teubner. 198 S.

Ballschmiter K. 1992. Transport und Verbleib organischer Verbindungen im globalen Rahmen. *Angew Chem.* 104: 501-674.

Bossel H. 1990. *Umweltwissen: Daten, Fakten, Zusammenhänge.* Berlin: Springer. 169 S.

Burg R v, Greenwood MR. 1991. Mercury (Merian E, ed. *Metals and their compounds in the environment: occurrence, analysis and biological relevance).* Weinheim: VCH; S 1045-1088.

Eisenbrand G, Metzler M. 1994. *Toxikologie für Chemiker: Stoffe, Mechanismen, Prüfverfahren.* Stuttgart: Thieme. 320 S.

Fritsch B. 1993. *Mensch – Umwelt – Wissen: Evolutionsgeschichtliche Aspekte des Umweltproblems.* 3te Aufl. Stuttgart: Teubner. 442 S.

Gemert LJ van, Nettenbreijer AH, Hrsg. 1977. *Compilation of odour threshold values in air and water.* Voorburg: National Institute for Water Supply. 76 S.

Grombach P, Haberer K, Trüeb KE. 1985. *Handbuch der Wasserversorgungstechnik.* München: Oldenbourg. 1128 S.

Günther KO. 1981. Erkennung der Umweltgefährlichkeit von Stoffen (Weise E, Hrsg. *Ullmanns Encyclopädie der technischen Chemie; Umweltschutz und Arbeitssicherheit, Bd 6).* Weinheim: Verlag Chemie; S 51-64.

Klöpffer W. 1996. *Verhalten und Abbau von Umweltchemikalien: Physikalisch-chemische Grundlagen.* ecomed: Landsberg. 386 S.

Klötzli F. 1983. *Einführung in die Ökologie: Die Wechselbeziehung zwischen Mensch und Umwelt.* Herrsching: Manfred Pawlak. 320 S.

Koch R. 1991. *Umweltchemikalien: Physikalisch-chemische Daten, Toxizitäten, Grenz- und Richtwerte, Umweltverhalten.* 2te Aufl. Weinheim: VCH. 426 S.

Korte F, Hrsg. 1987. *Lehrbuch der Ökologischen Chemie: Grundlagen und Konzepte für die ökologische Beurteilung von Chemikalien.* 2te Aufl. Stuttgart: Georg Thieme.

Lyman WJ. 1982. Octanol/water partition coefficient (Lyman WJ, Reehl WF, Rosenblatt DH. *Handbook of chemical property estimation methods: Environmental behaviour of organic compounds).* New York: McGraw-Hill; Chap 1: 1-54.

Parlar H, Angerhöfer D. 1991. *Chemische Ökotoxikologie.* Berlin: Springer. 384 S.

Pohle H. 1991. *Chemische Industrie: Umweltschutz, Arbeitsschutz, Anlagensicherheit – Rechtliche und Technische Normen, Umsetzung in die Praxis.* Weinheim: VCH. 781 S.

Umweltbundesamt, Hrsg. 2001. *Daten zur Umwelt – Der Zustand der Umwelt in Deutschland 2000.* Berlin: Erich Schmidt. 377 S.

Umweltschutz: Das Umweltprogramm der Bundesregierung (Bundestags-Drucksache VI/2710 vom 14. Oktober 1971). 1973. 3te Aufl. Stuttgart: Kohlhammer. 220 S.

VDI 3881-1. 1986. *Olfaktometrie: Geruchsschwellenbestimmung – Grundlagen.*

Verschueren K. 1983. *Handbook of environmental data on organic chemicals.* 2te Aufl. New York: Van Nostrand Reinhold. 1310 S.

Literatur zu Kap. 4

Böhler A, Kottmann H. 1996. Ökobilanzen – Beurteilung von Bewertungsmethoden. *Z Umweltchem Ökotox.* 8 (2): 107-112.

Christ C. 1992. Produktintegrierter Umweltschutz in der chemischen Industrie – Chancen und Grenzen. *Chem Ing Tech.* 64: 889-898.

Literatur zu Teil I

Dieckmann B. 1991. Aspekte einer zukünftigen Energieversorgung angesichts des Treibhauseffekts (Hutter K, Hrsg. *Dynamik umweltrelevanter Systeme*). Berlin: Springer; S 123-140.

Ebeling N. 1999. *Abluft und Abgas – Reinigung und Überwachung* (Kwiatkowski J, Bliefert C., Hrsg. *Praxis des technischen Umweltschutzes*). Weinheim: Wiley-VCH. 233 S.

EN ISO 14040. 1997. *Umweltmanagement: Ökobilanz – Prinzipien und allgemeine Anforderungen*

EN ISO 14041. 1998. *Umweltmanagement: Ökobilanz – Festlegung des Ziels und des Untersuchungsrahmens sowie Sachbilanz*

EN ISO 14 042. 2000. *Umweltmanagement: Ökobilanz – Wirkungsabschätzung*

EN ISO 14 043. 2000. *Umweltmanagement: Ökobilanz – Auswertung*

Enquete-Kommission „Schutz des Menschen und der Umwelt" des Deutschen Bundestages, Hrsg. 1993. *Verantwortung für die Zukunft: Wege zum nachhaltigen Umgang mit Stoff- und Materialströmen*. Bonn: Economia. 332 S.

Fecker I. 1990. *Was ist eine Ökobilanz?* Eidgenössische Materialprüfungs- und Forschungsanstalt. St. Gallen.

Gießhammer R. 1991. *Produktlinienanalyse und Ökobilanzen*. Freiburg: Öko-Institut (Werkstattreihe). 58 S.

Hornke J, Lipphardt R, Meldt R. 1990. Herstellung von Polypropylen (DECHEMA Deutsche Gesellschaft für Chemisches Apparatewesen e V, Chemische Technik und Biotechnologie, GVC VDI-Gesellschaft Verfahrenstechnik, Chemieingenieurwesen, SATW Schweizerische Akademie der Technischen Wissenschaften, Hrsg. *Produktionsintegrierter Umweltschutz in der chemischen Industrie*). Frankfurt; S 17-20.

Hulpke H, Marsmann M. 1994. Ökobilanzen und Ökovergleiche. *Nachr Chem Techn Lab*. 42: 11-27.

Hungerbühler K, Ranke J, Mettier T. 1999. *Chemische Produkte und Prozesse – Grundkonzepte zum umweltorientierten Design*. Berlin: Springer. 317 S.

ISO/TR 14049. 2000. *Environmental management – Life cycle assessment – Examples of Application of ISO 14041 to goal and scope definition and inverntory analysis*.

Johansson U. 2001. Umweltschutzausgaben in Europa. *Statistik kurz gefasst* (Eurostat, Hrsg). 7/2001.

Neitzel V, Iske U. 1998. *Abwasser – Technik und Kontrolle* (Kwiatkowski J, Bliefert C., Hrsg. *Praxis des technischen Umweltschutzes*). Weinheim: Wiley-VCH. 333 S.

Nöthe M. 1999. *Abfall – Behandlung, Management, Rechtsgrundlagen* (Kwiatkowski J, Bliefert C., Hrsg. *Praxis des technischen Umweltschutzes*). Weinheim: Wiley-VCH. 297 S.

Nutzinger HG, Hrsg. 1995. *Nachhaltige Wirtschaftsweise und Energieversorgung: Konzepte, Bedingungen, Ansatzpunkte*. Marburg: Metropolis. 256 S.

RAL Deutsches Institut für Gütesicherung und Kennzeichnung e V, Hrsg. 1996. *Umweltzeichen: Produktanforderungen, Zeichenanwender und Produkte*. Sankt Augustin: RAL. 196 S.

Umweltbundesamt, Hrsg. 1989. *Was Sie schon immer über Luftreinhaltung wissen wollten*. Stuttgart: Kohlhammer. 191 S.

Umweltbundesamt, Hrsg. 1992. *Ökobilanzen für Produkte: Bedeutung, Sachstand, Perspektiven* (Texte 38/92). Berlin. 113 S.

Umweltbundesamt, Hrsg. 2001. *Daten zur Umwelt – Der Zustand der Umwelt in Deutschland 2000*. Berlin: Erich Schmidt. 377 S.

Umweltschutz: Das Umweltprogramm der Bundesregierung (Bundestags-Drucksache VI/2710 vom 14. Oktober 1971). 1973. 3te Aufl. Stuttgart: Kohlhammer. 220 S.

VCI, Hrsg. 1993. *Umweltschutz von Anfang an* (Chemie im Dialog). S 9.

Wilmoth RC, Hubbart SJ, Burckle JO, Martin JF. 1991. Production and processing of metals: their disposal and future risk (Merian E, ed. *Metals and their compounds in the environment: occurrence, analysis and biological relevance*). Weinheim: VCH; S 19-65.

Züst R, Wagner R. 1992. Zur Entwicklung umweltverträglicher Produkte. *Techn Rundsch.* 21: 22-27.

Literatur zu Teil I

Literatur zu Kap. 5

Schmidt R, Müller H. 1992. *Einführung in das Umweltrecht.* 3te Aufl. München: CH Beck. 190 S.

Umweltschutz: Das Umweltprogramm der Bundesregierung (Bundestags-Drucksache VI/2710 vom 14. Oktober 1971). 1973. 3te Aufl. Stuttgart: Kohlhammer. 220 S.

Umwelt-Recht: Wichtigste Gesetze und Verordnungen zum Schutz der Umwelt. 1997. Beck-Texte (dtv-Band 5533). 10te Aufl. Deutscher Taschenbuch Verlag. 992 S.

Literatur zu Kap. 6

DFG Deutsche Forschungsgemeinschaft, Hrsg. 2001. *MAK- und BAT-Werte-Liste 2001: Maximale Arbeitsplatzkonzentrationen und Biologische Arbeitsstofftoleranzwerte* (Senatskommission zur Prüfung gesundheitsschädlicher Arbeitsstoffe, Mitteilung 37). Weinheim: Wiley-VCH. 222 S.

Hommel G. *Handbuch der gefährlichen Güter* (Loseblatt-Ausgabe). Berlin: Springer.

Johann HP, Preuß M, Hrsg. 1993 (Grundwerk). *Handbuch für Betriebsbeauftragte Umweltschutz* (Loseblattsammlung). Köln: Deutscher Wirtschaftsdienst John von Freyend.

Kühn R, Birett K. *Merkblätter Gefährliche Arbeitsstoffe* (Loseblattsammlung, 8 Bde). Landsberg: ecomed.

Schauer W, Quellmalz E. 1992. *Die Kennzeichnung von gefährlichen Stoffen und Zubereitungen nach Chemikaliengesetz und Gefahrstoffverordnung: Anleitungen für die Praxis.* 2te Aufl. Weinheim: VCH.

VDI 2309-1. 1983. *Ermittlung von Maximalen Immissions-Werten: Grundlagen.*

VDI 2310. 1974. *Maximale Immissions-Werte.*

VDI 2310-1. 1988. *Zielsetzung und Bedeutung der Richtlinien Maximale Immissions-Werte.*

VDI 2310-2. 1978. *Maximale Immissions-Werte zum Schutze der Vegetation: Maximale Immissions-Werte für Schwefeldioxid.*

VDI 2310-5. 1978. *Maximale Immissions-Werte zum Schutze der Vegetation: Maximale Immissions-Konzentrationen für Stickstoffdioxid.*

VDI 2310-6. 1989. *Maximale Immissions-Werte zum Schutze der Vegetation: Maximale Immissions-Konzentrationen für Ozon.*

VDI 2310-11. 1984. *Maximale Immissions-Werte zum Schutze des Menschen: Maximale Immissions-Konzentrationen für Schwefeldioxid.*

VDI 2310-12. 1985. *Maximale Immissions-Werte zum Schutze des Menschen: Maximale Immissions-Konzentrationen für Stickstoffdioxid.*

VDI 2310-15. 2001. *Maximale Immissions-Werte zum Schutze des Menschen: Maximale Immissions-Konzentrationen für Ozon.*

VDI 3883-1. 1986. *Olfaktometrie, Geruchsschwellenbestimmung – Grundlagen.*

Teil II
Luft

7 Die Lufthülle der Erde

7.1 Vorbemerkungen

7.1.1 Bedeutung der Atmosphäre

Unter *Atmosphäre* (*griech.* atmos, Dunst, Dampf; *lat.* sphaira, Kugel, Erdkugel) versteht man die gasförmige Hülle eines Himmelskörpers, speziell die Lufthülle der Erde. Die wichtigsten Bereiche der Erdatmosphäre im Zusammenhang mit der Diskussion umweltrelevanter Prozesse sind die Troposphäre – hier spielt sich das Leben ab, hier finden die wesentlichen das Wetter betreffenden Vorgänge statt – und die Stratosphäre (ein erster Überblick wurde in Abschn. 2.4.3 gegeben).

Luft zählt zwar rechtlich nicht zu den Lebensmitteln, sie ist jedoch das wichtigste überhaupt: Der Mensch kann bis zu ca. zwei Wochen ohne Nahrung leben und bis zu zwei Tagen ohne Wasser, aber noch keine fünf Minuten ohne Luft. Pro Atemzug werden ca. 0,5 L Luft aufgenommen. Bei 16 Atemzügen pro Minute (ruhigem Atmen) ergibt sich ein Luftvolumen von 11,5 m^3 (ca. 13,5 kg), das ein Mensch täglich einatmet; diese Menge übertrifft bei weitem die des aufgenommenen Wassers oder der aufgenommenen Nahrung.

Veränderungen in der Atmosphäre sind für die Umwelt von größerer Bedeutung als Veränderungen in den Bereichen Wasser oder Boden:

- Die Atmosphäre ist das wichtigste Kompartiment für den Transport von Schadstoffen. Für Gase und Flüssigkeiten mit ausreichend hohem Dampfdruck ist dies leicht einzusehen (vgl. Abschn. 3.2.2); aber auch Feststoffe werden über die Luft, z. B. an Staub gebunden, transportiert (vgl. Abschn. 14.1).

- Die Masse der Atmosphäre ist um ein Vielfaches kleiner als die der anderen großen Reservoire wie Boden oder Gewässer/Ozeane; dieses Kompartiment reagiert deshalb bedeutend empfindlicher schon auf kleinere Substanzmengen, wie sie beispielsweise durch Vulkanausbrüche oder durch Aktivitäten des Menschen eingetragen werden können.

- Die Zeiträume, in denen sich die Zusammensetzung bei Belastung durch Schadstoffe nachhaltig verändert, sind für die Atmosphäre besonders kurz (vgl. Abb. 2-13 in Abschn. 2.5).

Luftvolumen beim Atmen

in Ruhe	0,5 m^3/h
bei der Arbeit	1,2 m^3/h

Luft

1 m^3 wiegt 1,17 kg (bei 15 °C, 1 bar)

Wie empfindlich die Atmosphäre auf die Aktivitäten des Menschen reagiert, kann man beispielsweise am Chlorgehalt (Cl in chlororganischen Verbindungen) ablesen, der in den vergangenen 40 Jahren um ca. 600 % angestiegen ist, und am CO_2-Gehalt, der im gleichen Zeitraum um rund 20 % zugenommen hat.

7.1.2 Atmosphärenchemie

Gegenstand der *Atmosphärenchemie* sind die chemischen Aspekte all derjenigen Vorgänge, die maßgeblich die chemische Zusammensetzung der Erdatmosphäre bestimmen.

Die Atmosphäre ist trotz einer scheinbar nahezu unveränderlichen Zusammensetzung (vgl. Abschn. 7.2.1) ein *dynamisches System*. Die gasförmigen Komponenten sind stets miteinander in Wechselwirkung, es werden andauernd Stoffe gebildet und abgebaut und mit den Ozeanen und der Biosphäre ausgetauscht. Veränderungen in der Zusammensetzung der Atmosphäre können schon in Zeiträumen von Jahren wahrnehmbar sein.

Die zahlreichen Stoffe, die in den meisten Fällen mit geringen Gehalten in der Atmosphäre vorkommen, können in unübersehbar vielfältiger Weise miteinander reagieren. Deshalb ist es notwendig, aus den vielen heute bekannten Reaktionen in der Atmosphäre im Folgenden einige auszuwählen, die einen Einblick in wichtige Ereignisse und Vorgänge in der Umwelt geben können.

Viele der komplexen Reaktionsfolgen in der Atmosphäre sind noch nicht oder nicht zweifelsfrei aufgeklärt; zum Teil ist unser Wissen über die Vorgänge in Troposphäre und Stratosphäre noch unvollständig. So gibt es beispielsweise unterschiedliche Meinungen dazu, ob die Abgase von Flugzeugen in der Stratosphäre den Ozonabbau fördern oder bremsen. Auch weiß man noch ziemlich wenig über den Einfluss der Ozeane auf die Zusammensetzung der Atmosphäre. Und in welchem Ausmaß Vulkaneruptionen für die Chemie der Stratosphäre eine Rolle spielen, beginnt man erst in den letzten Jahren genauer zu verstehen.

7.2 Zusammensetzung und Eigenschaften der Atmosphäre

7.2.1 Zusammensetzung der Atmosphäre

Luft ist niemals *sauber* oder *rein* in dem Sinn, dass sie nur Stickstoff, Sauerstoff, Kohlendioxid, Wasser und die Edelgase enthielte (Tab. 7-1). Bereits vor der Existenz von Menschen gab es in der Atmosphäre Bestandteile, die wir heute als Luftverunreinigungen oder Schadstoffe bezeichnen (s. Abschn. 7.3). Solche natürlichen Luftschadstoffe entstammten beispielsweise Vulkanen und Pflanzen oder entstehen bei Waldbränden.

Tab. 7-1. Zusammensetzung der trockenen Atmosphäre in der Nähe der Erdoberfläche (Bezugsjahr 1992).

Bestandteil	Formel	Volumenanteil
Stickstoff	N_2	78,084 %
Sauerstoff	O_2	20,946 %
Argon	Ar	0,934 %
Kohlendioxid	CO_2	370 ppm[b]
Neon	Ne	18,18 ppm
Helium	He	5,24 ppm
Methan	CH_4	1,75 ppm[c]
Krypton	Kr	1,14 ppm
Wasserstoff	H_2	0,5 ppm
Distickstoffoxid	N_2O	0,3 ppm[d]
Xenon	Xe	87 ppb
Kohlenmonoxid[a]	CO	30...250 ppb
Ozon[a]	O_3	10...100 ppb[e]
Stickstoffdioxid[a]	NO_2	10...100 ppb
Stickstoffoxid[a]	NO	5...100 ppb
Schwefeldioxid[a]	SO_2	< 1...50 ppb
Ammoniak[a]	NH_3	0,1...1 ppb
Formaldehyd[a]	HCHO	0,1...1 ppb
Chlormethan	CH_3Cl	620 ppt
Dichlordifluormethan (R 12)	CF_2Cl_2	500 ppt
Kohlenoxidsulfid	COS	400...600 ppt
Trichlorfluormethan (R 11)	$CFCl_3$	280 ppt[f]
Methylchloroform	CH_3CCl_3	130 ppt
Tetrachlorkohlenstoff	CCl_4	100...200 ppt
Tetrafluormethan	CF_4	67 ppt[f]
Salpetersäure[a]	HNO_3	50...1000 ppt
Schwefelkohlenstoff[a]	CS_2	20...300 ppt
Dimethylsulfid[a]	CH_3SCH_3	20...300 ppt
Peroxyacetylnitrat (PAN)[a]	$CH_3C(O)O_2NO_2$	10...500 ppt
Methylmercaptan[a]	CH_3SH	10...400 ppt
Perhydroxyl-Radikal	HO_2	4 ppt
Trifluorbrommethan	CF_3Br	2 ppt
Schwefelhexafluorid	SF_6	0,5 ppt
Hydroxyl-Radikal	OH	0,04 ppt
Wasserstoffperoxid	H_2O_2	≤ 5 ppt
Schwefelwasserstoff	H_2S	≤ 0,5 ppt

Spurengase 0,036 %

[a] Spurengase mit schwankenden Volumenanteilen.
[b] Relativer Anstieg zur Zeit 0,4 % im Jahr.
[c] Relativer Anstieg zur Zeit ca. 0,4 % im Jahr.
[d] Relativer Anstieg zur Zeit ca. 0,25 % im Jahr.
[e] Relativer jährlicher Anstieg zur Zeit 0,7 % in der Troposphäre; relative jährliche Abnahme 0,3...0,4 % in der Stratosphäre.
[f] Vgl. Tab. 8-12 in Abschn. 8.4.1.

Hauptbestandteile der Luft sind Stickstoff, N_2 (Volumenanteil 78,084 %), und Sauerstoff, O_2 (20,946 %); Argon mit 0,934 % ist ein *Nebenbestandteil*. Diese drei machen also zusammen einen Volumenanteil von 99,964 % aus – die restlichen mit einem Volumenanteil von weniger als 0,04 % sind *Spurengase*: Kohlendioxid, CO_2, nimmt darunter mit zur Zeit ca. 0,037 % (370 ppm) den ersten Rang ein. (Einige Informationen zur Angabe von Konzentrationen in der Atmosphärenchemie sind in Anhang A zusammengestellt.)

Die Zusammensetzung der Erdatmosphäre ist nicht überall und immer gleich; sie kann von vielen Faktoren abhängen, u. a. von der

- Höhe über dem Erdboden (z. B. der vertikalen Verteilung der FCKW; vgl. Abb. 13-8 in Abschn. 13.3.2),
- geographischen Breite (z. B. der horizontalen Verteilung von CO_2; vgl. Abschn. 8.3),
- Tageszeit (z. B. der tageszeitlichen Veränderung der Volumenanteile von O_3; vgl. Abb. 13-11 in Abschn. 13.4.1),
- Region (z. B. Meer/Festland, Stadt/Land; vgl. beispielsweise Abschn. 7.2.2).

Einige Spurengase können – trotz ihrer geringen Konzentrationen – bedeutende Auswirkungen in der Umwelt, auf Menschen, auf Pflanzen usw. zeigen; darauf wird in den folgenden Abschnitten und Kapiteln ausführlich eingegangen.

7.2.2 Luftqualität

Gebiete
(nach ihrer Luftqualität)

Belastungs-   Unbelastete   Reinluftgebiete   Gebiete   gebiete

Manchmal teilt man Gebiete nach ihrer *Luftqualität* ein. Man verwendet verschiedene Begriffe, aber nicht einheitlich und auch nicht scharf voneinander abgrenzbar. Im Folgenden sollen unter *Belastungsgebieten (Ballungsgebieten)* diejenigen Gebiete der Erde verstanden werden, die die Hauptquellen der Luftverunreinigung enthalten, also Ansammlungen von Industrie und Großstädte. Unter *unbelasteten Gebieten* fasst man ländliche, weitflächige Gebiete zusammen, die mehr oder weniger weit von den Hauptquellen im engeren Sinn entfernt sind (manchmal spricht man auch von *Freiland*). Solche Gebiete sind in der Regel nur indirekt belastet.

Bei Regionen, die von möglichen Emissionsquellen sehr weit entfernt liegen, die also von jeglicher Art menschlicher Tätigkeit nicht betroffen sind, spricht man von *Reinluftgebieten*. Jede Belastung solcher Gebiete mit Schadstoffen ist das Ergebnis eines „natürlichen" Eintrags durch Wind, Regen, Schnee oder Staub. In Mitteleuropa kommen als Reinluftgebiete in diesem strengen Sinn höchstens noch wenige Hochalpenregionen und die Meere außerhalb eines Küstenstreifens von 50...100 km in Frage. Ansonsten kann man extrem dünn besiedelte Gebiete auf der Südhalbkugel unserer Erde oder Bereiche über den Ozeanen zu den Reinluftgebieten zählen. Ähnliches gilt für Wüsten und weite Gebiete der Arktis und Antarktis.

Die Zusammensetzung der Atmosphäre variiert in Erdnähe stark zwischen unterschiedlich belasteten Gebieten, z. B. zwischen Städten und ländlichen Gebieten (Tab. 7-2). Das Mehr an Verunreinigungen in Ballungsgebieten – dort ist oft die Windgeschwindigkeit niedrig, was Luftaustausch behindert – stammt haupt-

Tab. 7-2. Gehalte einiger Spurenstoffe in der Atmosphäre in ländlichen und städtischen Gebieten.

Verunreinigung	Ländliches Gebiet	Städtisches Gebiet
	Volumenanteile[a] (in ppm)	
SO_2	0,001...0,1	0,02...0,2
NO_x	0,001...0,01	0,01...0,1
KW[b]	< 1	1...20
CO	< 1	5...200
Staub	0,01...0,02 mg/m^3	0,07...0,7 mg/m^3

a   Die angegebenen Bereiche für Volumenanteile und Massenkonzentrationen haben nur orientierenden Charakter, da sie u. a. maßgeblich von der Lage der Messstation abhängen.
b   Kohlenwasserstoffe.

7.2 Zusammensetzung und Eigenschaften der Atmosphäre

sächlich aus Verkehr, Energiegewinnung und Industrie; die anthropogenen Emissionen an Stäuben, Schwefeldioxid, Stickoxiden, flüchtigen Kohlenwasserstoffen und Kohlenmonoxid in der Atmosphäre in Deutschland und deren Zuordnung zu den verschiedenen Verursachern sind in Tab. 7-3 aufgelistet (zum Anteil an den Verkehrsemissionen s. Tab. 7-4).

Tab. 7-3. Anthropogene Emissionen in Deutschland nach Emittentengruppen (1999).

Verursacher, Emittentengruppe	Staub	SO_2	NO_x	NMVOC[a]	CO
	Anteile an den Emissionen (in %)				
Industrieprozesse	38,2	9,4	0,7	8,4	11,3
Straßenverkehr	13,5	3,1	50,9	20,3	53,0
Übriger Verkehr	7,3	0,6	13,0	3,1	3,4
Kraft- und Fernheizwerke	7,7	49,2	15,3	0,3	2,1
Industriefeuerungen	2,3	25,2	13,1	0,5	12,6
Haushalte	12,0	9,1	5,0	3,2	16,1
Kleinverbraucher	1,5	3,4	2,0	0,3	1,7
Schüttgutumschlag	17,0	0	0	0	0
Gewinnung und Verteilung von Ottokraftstoff	0	0	0	3,3	0
Lösungsmittelverwendung	0	0	0	60,6	0
Emissionen (in 10^6 t)	0,26	0,83	1,64	1,65	4,95

a   Flüchtige organische Verbindungen (vgl. Abschn. 12.1), Methan ausgenommen.

Tab. 7-4. Anteil der Verkehrsemissionen[a] an den Gesamtemissionen in Deutschland (1999).

Gas	Anteil (in %)
CO_2	22
NO_x	64
CO	56
NMVOC[b]	23
Stäube	21

a   Durch Kraft- und Luftfahrzeuge sowie durch Schiffe und Eisenbahnen verursachte Emissionen.
b   Flüchtige organische Verbindungen, Methan ausgenommen.

Zahlreiche Schadstoffe sind natürlichen Ursprungs, während andere vor allem aus Aktivitäten des Menschen stammen. Für einige wichtige gasförmige Schadstoffe sind die global durch anthropogene Emissionen verursachten Schadstoffmengen *(A)* und die entsprechenden Mengen aus natürlichen Quellen *(N)* sowie deren Verhältnis:

$$A/N = \frac{\text{Globale anthropogene Schadstoffemissionen (in t/a)}}{\text{Globale natürliche Schadstoffemissionen (in t/a)}} \qquad (7\text{-}1)$$

in Tab. 7-5 zusammengestellt.

Ebenfalls in dieser Tabelle sind aufgeführt die Volumenanteile dieser Stoffe in verunreinigter Luft in Belastungsgebieten und in reiner Luft in Reinluftgebieten (*V* bzw. *R*) sowie deren Verhältnis:

$$V/R = \frac{\text{Volumenanteil in belasteten Gebieten (in ppm)}}{\text{Volumenanteil in Reinluftgebieten (in ppm)}} \qquad (7\text{-}2)$$

$A/N = 1$ (= 100 %) bedeutet, dass die aus anthropogenen und natürlichen Quellen emittierten Schadstoffmengen gleich groß sind. Im Falle $A/N < 1$ (< 100 %) sind die Mengen aus natürlichen Quellen größer als diejenigen aus anthropogenen Quellen, bei $A/N > 1$ (> 100 %) ist es umgekehrt. Entsprechendes gilt für das Verhältnis V/R der Volumenanteile eines Schadstoffes in belasteten Gebieten und in Reinluftgebieten.

Tab. 7-5. Globale Emissionen und charakteristische Gehalte einiger Spurengase in der Atmosphäre.

Gas	Global emittierte Menge (in 10^6 t/a)		Volumenanteile (in ppm)		Verhältnis der globalen anthropogenen zu den natürlichen Emissionen	Verhältnis der Volumenanteile in verunreinigter und reiner Luft in Belastungs- bzw. in Reinluftgebieten
	natürlich	anthropogen	reine Luft	verunreinigte Luft		
	(*N*)	(*A*)	(*R*)	(*V*)	(*A/N*)	(*V/R*)
CO_2	600 000	22 000	320	400	0,037	1,25
CO	920	1 490	0,1	60	1,62	600
CH_4	1 600	50	1,5	2,5	0,031	1,7
NMKW[a]	2 600	90	0,1	10	0,035	100
SO_2	155	200	0,0002	0,2	1,3	1000

[a] Nicht-Methan-Kohlenwasserstoffe (vgl. Abschn. 12.3).

Einige dieser Zahlenwerte sind bemerkenswert. Wegen erheblicher natürlich emittierter Mengen an Kohlendioxid und Methan, bezogen auf die anthropogenen Emissionen ($A/N = 0,037 = 3,7$ % bzw. $0,031 = 3,1$ %), sind die Überhöhungen in den aktuellen Gehalten in der Umwelt gering ($V/R = 1,25$ bzw. 1,7). Anders bei den Nicht-Methan-Kohlenwasserstoffen (NMKW): Der anthropogene Anteil ist zwar ebenfalls verhältnismäßig gering ($A/N = 3,5$ %), wirkt sich aber auf den Gehalt in der Reinluft sehr stark aus; das Verhältnis der Volumenanteile der NMKW in verunreinigter und in reiner Luft (*V/R*) beträgt 100. Und bei *A/N*-Werten von $1,62 = 162$ % für CO und $1,3 = 130$ % für SO_2 steigt der Anteil in verunreinigter Luft auf das 600- bzw. 1000fache. – Diese Beispiele vermitteln einen ersten Eindruck, wie komplex der Zusammenhang zwischen der emittierten Menge eines Stoffes und seinem Gehalt in der Atmosphäre ist, in welchem Ausmaß also das natürliche Gleichgewicht durch zusätzlich in die Umwelt gelangte Stoffe tatsächlich gestört wird. (Richtige Vorhersagen sind offensichtlich nicht möglich.)

7.2.3 Ubiquitäre Stoffe

Einige Spurenstoffe findet man überall auf der Erde in geringen Konzentrationen, sie sind global verteilt (vgl. Abschn. 3.1). Man nennt solche Stoffe *allgegenwärtig (ubiquitär)*. Sie haben eine *Hintergrundkonzentration* (Tab. 7-6): Man meint damit ihre Konzentration in Reinluftgebieten.

Stoffe können nur ubiquitär sein, wenn von ihnen genügend große Mengen an die Umwelt abgegeben wurden oder wenn sie in „ausreichender" Menge aus anderen Stoffen gebildet wurden – von einer Substanz reichen weltweit ca. 50 000 t/a aus – und wenn sie über die Atmosphäre verteilt werden können. Deshalb sind ubiquitäre Stoffe in der Regel stark persistent (vgl. Abschn. 3.6): Sie werden in der Atmosphäre nur langsam abgebaut. Weiter ist erforderlich, dass die Stoffe wenig wasserlöslich sind, weil sie sonst zu schnell über die Niederschläge aus der Atmosphäre entfernt werden würden.

Viele dieser Stoffe, für die eine Allgegenwartskonzentration angegeben werden kann, sind *Xenobiotika* (vgl. Abschn. 3.1),

Tab. 7-6. Hintergrundkonzentrationen einiger ubiquitärer Spurenstoffe.

Spurenstoff	Hintergrund- konzentration (in ng/m^3)
Dichlordifluormethan (R 12)	1670
Chlormethan	1350
Trichlorfluormethan (R 11)	1300
Kohlenstoffoxidsulfid	1300
Tetrachlorkohlenstoff	850
1,1,1-Trichlorethan	760
Perchlorethen	660
Formaldehyd[a]	500
Dichlormethan	170
Chloroform	100
Trichlorethen	90
Schwefelhexafluorid	1,5
Di(2-ethylhexyl)-phthalat	1...3
α-Hexachlorcyclohexan	0,3...1,15
Polychlorierte Biphenyle (PCB)	0,1...1
Hexachlorbenzol	0,1...0,15
Dichlordiphenyltrichlorethan (DDT)	0,05...0,5
β-Hexachlorcyclohexan	0,02...0,1

[a] Dass Formaldehyd ubiquitär ist, ist nicht auf dessen Persistenz zurückzuführen, sondern darauf, dass es als Zwischenprodukt u. a. beim Abbau von Methan entsteht.

O
‖
C–OH

C–OH
‖
O

Phthalsäure, $C_6H_4(COOH)_2$

O C_2H_5
‖ |
C–O–CH$_2$–CH–C$_4$H$_9$

C–O–CH$_2$–CH–C$_4$H$_9$
‖ |
O C_2H_5

Di(2-ethylhexyl)-phthalat, DEHP

nicht natürlich vorkommende organische Verbindungen, Fremd-stoffe in der Natur. Dazu gehören neben anderen (vgl. Tab. 7-6):

– *Phthalsäureester*, die u. a. als Weichmacher in Kunststoffen verwendet werden, z. B. Di(2-ethylhexyl)-phthalat, das mehr als 50 % der Produktionsmenge dieser Verbindungsklasse aus-macht (Weichmacher können z. B. bis zu 50 % der Masse von Weich-PVC ausmachen); und einige

– *Chlororganika* (vgl. z. B. Abschn. 18.2), die oft weitflächig beispielsweise zur Bekämpfung von Krankheitserregern ange-wendet werden wie DDT (s. Tab. 7-6).

7.2.4 Durchmischungszeit, Lebensdauer

Unter *Durchmischungszeit* versteht man diejenige Zeit, die ver-streicht, bis eine Substanz in einer bestimmten Region gleich-mäßig in der Atmosphäre verteilt ist. Bei einem Spurenstoff, der nicht oder nur langsam durch chemische Reaktionen in der Atmo-sphäre abgebaut wird, dauert es ein bis zwei Monate, bis er über einer Erdhalbkugel (Hemisphäre; *lat.* hemisphaerium, Halbkugel) homogen vermischt ist; man spricht von *hemisphärischer* Durch-mischungszeit (Abb. 7-1, linker gerasterter Streifen).

Bis ein Stoff über die gesamte Erde verteilt ist (*interhemisphä-rische* Durchmischungszeit), dauert es deutlich länger, nämlich ein bis zwei Jahre (Abb. 7-1, rechter gerasterter Streifen). Dies liegt an einer trennenden Luftzone, der *innertropischen Konver-genzzone* (ITCZ), rund um die Erde in der Nähe des Äquators: Hier werden durch starke turbulente und variable Winde Gase in der Troposphäre zwar intensiv *vertikal* durchmischt, aber bei einer horizontalen Bewegung von Gasen von der Nord- auf die Süd-halbkugel oder umgekehrt wirkt diese Luftschicht als schwer überwindbare Sperre.

Wie lange ein Stoff in der Atmosphäre überleben kann, lässt sich mit Hilfe der Zeit beschreiben, nach der ein bestimmter An-teil des Stoffes abgebaut ist: Die *Halbwertszeit* (*engl.* half-life, $t_{1/2}$) ist diejenige Zeit, die ein Stoff in einer chemischen Reakti-on braucht, um auf die Hälfte seiner ursprünglichen Konzentra-tion abgebaut zu werden. In der Atmosphärenchemie gibt man oft die *Lebensdauer* an (auch *Verweilzeit; engl.* natural lifetime, τ), diejenige Zeit, nach der die Konzentration des reagierenden Stoffes in einer bestimmten chemischen Reaktion auf 1/e (36,8 %

Tab. 7-7. Halbwertszeit und Lebensdauer (für Reaktionen 1. und 2. Ordnung).

Ordnung	Reaktion	Halbwertszeit	Lebensdauer
1	A $\xrightarrow{k_1}$ Produkte	$t_{1/2} = \dfrac{\ln 2}{k_1}$	$\tau = \dfrac{1}{k_1}$
2	A + B $\xrightarrow{k_2}$ Produkte	$t_{1/2} = \dfrac{\ln 2}{k_2 \cdot c_B}$	$\tau = \dfrac{1}{k_2 \cdot c_B}$

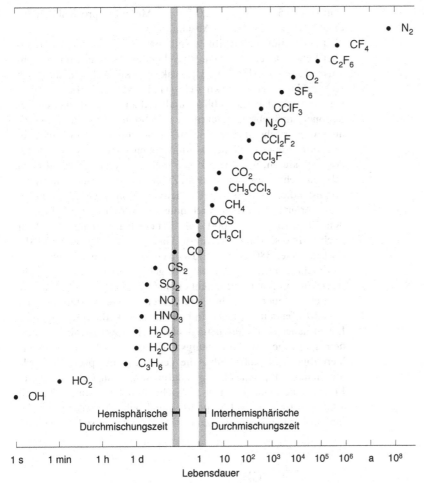

Abb. 7-1. Lebensdauer einiger Gase in der Atmosphäre (Auswahl). – Die hemisphärische Durchmischungszeit beträgt 1 bis 2 Monate (linker gerasterter Streifen), die interhemisphärische Durchmischungszeit 1 bis 2 Jahre (rechter gerasterter Streifen).

der Ausgangskonzentration) gefallen ist, also ungefähr auf 1/3 ($e \approx 2{,}718$) ihres ursprünglichen Wertes. Beide Zeitangaben hängen direkt von den jeweiligen Geschwindigkeitskonstanten k_i (einem Maß zur Beschreibung der Geschwindigkeit einer chemischen Reaktion) und – für Reaktionen höherer als erster Ordnung – auch von den Konzentrationen anderer Reaktionspartner ab (Tab. 7-7). (Diese Definitionen können sinngemäß auch für nichtgasförmige Stoffe gelten.)

Die Lebensdauer einer organischen Verbindung gilt immer für einen bestimmten chemischen Abbauvorgang. Meistens bezieht man sich in der Atmosphärenchemie dabei auf die Reaktion mit OH-Radikalen, den reaktivsten Teilchen in der Atmosphäre. Die Konzentration an OH-Radikalen muss dabei bekannt sein; oft setzt man als mittlere globale troposphärische Konzentration der OH-

Radikale $0,5 \cdot 10^6$ cm^{-3} („$0,5 \cdot 10^6$ Moleküle pro Kubikzentimeter") ein (mehr dazu s. Abschn. 7.5).

In der Atmosphäre gibt es Spurengase mit sehr unterschiedlicher Lebensdauer: von wenigen Sekunden bis zu mehreren zehntausend Jahren (Abb. 7-1). Die reaktiven Radikale OH und auch HO$_2$ sind ungewöhnlich kurzlebig (Lebensdauer 1 s bzw. 1 min); sie werden andauernd gebildet und sind an vielen wichtigen Reaktionen maßgeblich beteiligt (vgl. Abschn. 7.5), durch die sie auch wieder schnell „abreagieren". Stoffe mit hoher Lebensdauer reichern sich – ausreichende Emissionen vorausgesetzt – in der Atmosphäre an, weil sie mit den meisten anderen Stoffen nicht oder nur sehr langsam reagieren. Zu den langlebigsten Atmosphärenbestandteilen gehören neben dem reaktionsträgen N$_2$ vollständig fluorierte organische Verbindungen; für CF$_4$ oder C$_2$F$_6$ werden 50 000 a bzw. 10 000 a als Lebensdauer angegeben. Aber auch teilweise fluorierte inerte Gase wie CClF$_3$ oder CCl$_2$F$_2$ (Lebensdauer 380 a bzw. 130 a) werden, selbst wenn sie ab sofort nicht mehr in die Atmosphäre gelangen würden, nach mehreren Generationen noch nicht einmal zur Hälfte abgebaut sein.

Lebensdauer, Durchmischungszeit sowie Verteilung von Schadstoffen auf der Erde sind miteinander verknüpft. Wenn die Lebensdauer viele Jahre beträgt, also auch größer ist, als die interhemispärische Durchmischungszeit, ist eine nahezu homogene Verteilung des Stoffes über die gesamte Atmosphäre der Erde möglich. Ein typisches Beispiel dafür ist Methan, CH$_4$, mit seiner Lebensdauer von 4 a: Der CH$_4$-Gehalt ist in Abb. 7-2 a mit 1,65 ppm (heute: ca. 1,75 ppm) global nahezu konstant, an der innertropischen Konvergenzzone (ITCZ) ändert er sich nur gering-

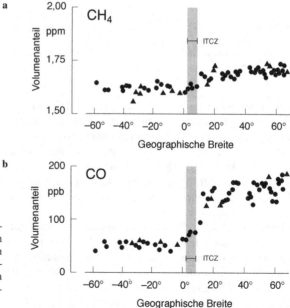

Abb. 7-2. Mittlere Gehalte in der Atmosphäre **a** von Methan, CH$_4$, und **b** von Kohlenmonoxid, CO, in Abhängigkeit von der geographischen Breite (um 1980). – Die Lebensdauer der beiden Verbindungen beträgt 4 a bzw. 65 d; ITCZ: innertropischen Konvergenzzone.

fügig. Wenn die Lebensdauer eines Stoffes in der Atmosphäre jedoch im Bereich von Tagen oder Stunden liegt, wird sein Volumenanteil ausschließlich durch lokale Produktions- und Abbaumechanismen und ggf. durch meteorologische Umstände bestimmt. Die Gehalte variieren dann räumlich und zeitlich beträchtlich, wie dies beispielsweise für CO (Lebensdauer: 65 d) der Fall ist (Abb. 7-2 b): Sein Gehalt ist in der Nordhemisphäre, wo wesentlich mehr Verbrennungsvorgänge stattfinden und demzufolge mehr CO entsteht, deutlich höher als auf der Südhalbkugel; wegen seiner verhältnismäßig kurzen Lebensdauer kann sich CO nicht über die gesamte Atmosphäre verteilen, sondern wird bereits in der Nähe seiner Quellen abgebaut.

7.2.5 Quellen, Quellgase

Unter *Quelle* versteht man einen Bereich oder ein Kompartiment, aus dem eine Substanz in die Umwelt einströmt. Dabei emittierte Gase nennt man *Quellgase*. Sie brauchen selbst wenig oder gar nicht reaktiv zu sein, können aber beispielsweise in der höheren Atmosphäre unter Einfluss von Licht und/oder durch Reaktion mit anderen Stoffen reaktive Verbindungen liefern – also „Quelle" für reaktive Substanzen sein (Tab. 7-8). Im Besonderen unterscheidet man *natürliche* Quellgase wie N_2O oder CH_4, die vorwiegend natürlichen Ursprungs sind, und vom Menschen verursachte, *anthropogene*, Quellgase wie CCl_2F_2 oder CCl_3F.

7.2 Zusammensetzung und Eigenschaften der Atmosphäre

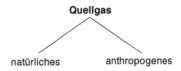

Tab. 7-8. Beispiele für Quellgase und deren Reaktionsprodukte in der Stratosphäre.

Quellgas	Reaktionspartner/ Reaktionsbedingungen	Reaktionsprodukt
N_2O	$O*^{a)}$	NO
H_2O	$O*$	OH
CH_4	OH	CO
CH_3Cl, CH_3CCl_3, FCKW	$h \cdot v^{b)}$	Cl, ClO

[a] Angeregter Sauerstoff (vgl. Abschn. 7.4.1).
[b] Einstrahlung von Licht geeigneter Energie.

Die Emissionen nicht-ortsfester Quellen – man spricht auch von *diffusen* Quellen – werden oft unterschätzt. Beispielsweise nimmt man für Deutschland im Jahr ca. 100 000 t Autoreifenabrieb an; aus Dieselkraftfahrzeugen werden an Rußpartikeln derzeit ca. 60 000 t/a abgegeben; und beim Betanken von Automobilen verdunsteten – vor Einführung des Gaspendelverfahrens („Saugrüssel") – jährlich ca. 50 000 t Kraftstoff.

Diffuse Emissionen (bei Anlagen) (nach § 2 Nr. 6 der 31. BImSchV)

Alle nicht in gefassten Abgasen einer Anlage enthaltenen Emissionen flüchtiger organischer Verbindungen einschliesslich der Emissionen, die durch Fenster, Türen, Entlüftungsschächte und ähnliche Öffnungen in die Umwelt gelangen, sowie die flüchtigen organischen Verbindungen, die in einem von der Anlage hergestellten Produkt enthalten sind.

7.2.6 Emission, Transmission und Deposition

Der Transport von Luftverunreinigungen lässt sich mit drei Grundbausteinen beschreiben: einer *Quelle*, aus der der Schadstoff entweicht, und der *Atmosphäre*, über die der Stoff – emittiert als Gas, Tropfen oder feste Partikeln – zu einem *Empfänger* gelangt (Abb. 7-3). Die dabei stattfindenden Vorgänge nennt man Emission, Transmission und Deposition.

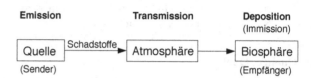

Abb. 7-3. Einfaches Modell für Emission, Transmission und Deposition von Schadstoffen in der Atmosphäre.

Das Wort *Emission* (*lat.* emissio, Aussendung, Laufenlassen) bedeutet in diesem Zusammenhang allgemein den Übertritt oder das Ausstoßen von luftverunreinigenden Stoffen wie Stäuben, Metallverbindungen, Schwefeldioxid, Kohlenmonoxid oder Stickoxiden aus *Emissionsquellen*, z. B. Pflanzen, Vulkanen, Verbrennungsmotoren oder Schornsteinen, in die Atmosphäre.

Die *Transmission* (*lat.* transmissio, Überfahrt) bezeichnet alle Vorgänge, in deren Verlauf sich räumliche Lage und Verteilung der luftverunreinigenden Stoffe in der Atmosphäre unter dem Einfluss von Bewegungsphänomenen oder infolge weiterer physikalischer sowie chemischer Effekte ändern. Manchmal spricht man anstelle von Transmission auch von *Transfer*, *Ausbreitung* oder *Verteilung*.

Schließlich findet beim „Empfänger" *Deposition* (*lat.* deponere, ablegen, niederlegen) statt: Die Schadstoffe oder die aus ihnen entstandenen Umwandlungsprodukte erreichen ein anderes Kompartiment der Umwelt. Die Deposition – aus der Sicht des Empfängers: die *Immission* (vgl. Abschn. 6.3.4) – kann in allen Bereichen der Biosphäre stattfinden, z. B. auf dem Boden, im Wasser oder auf Pflanzen. Die endgültige Wirkung betrifft vor allem die Lebewesen, den Menschen einbezogen.

Primäre Schadstoffe wie SO_2 oder NO_2 werden direkt von einer Quelle emittiert (Abb. 7-4) und dann ggf. an andere Orte

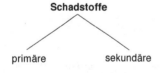

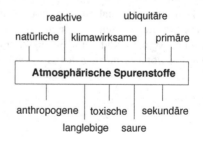

Abb. 7-4. Einige Gesichtspunkte, nach denen atmosphärische Spurenstoffe unterschieden werden können.

transportiert. Während des *Ferntransports* von der Quelle zum Empfänger können Emissionen, die selbst möglicherweise nicht oder nur wenig schädlich sind, in andere Stoffe umgewandelt werden; wenn solche Umwandlungsprodukte Schadstoffe sind wie O_3, HNO_3 oder H_2SO_4, spricht man von *sekundären* Schadstoffen.

Stoffe mit ausreichend großer Lebensdauer können in der Atmosphäre unverändert transportiert werden, bevor sie sich, weit von ihren Emissionsquellen entfernt, an der Erdoberfläche ablagern. Während des Transports können verschiedene Prozesse stattfinden (Abb. 7-5): Stoffe können in andere Schichten diffundieren; sie können sich ohne Mitwirkung von Regen, Schnee u. ä. niederschlagen oder zusammen mit Niederschlag – man spricht von *trockener* bzw. *feuchter* oder *nasser Deposition* (s. auch Abschn. 10.4.1) – auf die Erdoberfläche gelangen, oder sie können als Aerosole auftreten oder an Aerosolen gebunden sein (vgl. Abschn. 14.1).

7.2 Zusammensetzung und Eigenschaften der Atmosphäre

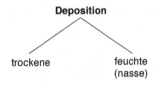

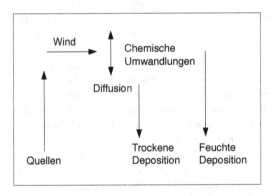

Abb. 7-5. Schematische Übersicht der Prozesse während der Ausbreitung von Schadstoffen in der Atmosphäre.

Die Deposition eines bestimmten Stoffes unterliegt also vielen Einflüssen. Neben der mittleren Lebensdauer spielen eine Rolle:

– die Höhe des Eintrags dieser Substanz in die Atmosphäre (Emissionshöhe);
– die meteorologischen Randbedingungen im betrachteten Depositionsgebiet (z. B. Windverhältnisse, Regentätigkeit);
– die Größe und damit die Beweglichkeit der Teilchen, in oder an denen der Stoff enthalten ist;
– die Eigenschaften der Oberflächen, auf denen der Stoff abgelagert wird.

In diesem Zusammenhang kommt die „Politik der hohen Schornsteine" zum Tragen: Schadstoffe werden durch hohe Schornsteine in eine ca. 1000 Meter hoch liegende Grenzschicht mit höheren Windgeschwindigkeiten emittiert und gelangen über Ferntransport an die Orte der Deposition – oft Regionen, sogar Reinluftgebiete, die von den ursprünglichen Emissionsstellen weit entfernt sind.

7 Die Lufthülle der Erde

Tab. 7-9. Schwefelflüsse über die Atmosphäre zwischen Deutschland und einigen anderen Ländern für das Jahr 1994 (bezogen auf S).

	von D[a]) nach ...	nach D[a]) von ...
	(in 10^3 t/a)	
Belgien	8	12
Dänemark	10	2
Frankreich	22	45
Großbritanien	10	5
Niederlande	11	10
Norwegen	16	0,1
Polen	230	30
Schweden	25	0,4

[a] Deutschland.

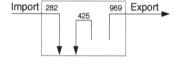

Abb. 7-6. Schwefelbilanz in Deutschland (1994; in 10^3 t/a, bezogen auf S).

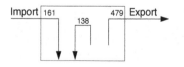

Abb. 7-7. Bilanz der Stickoxide in Deutschland (1994; in 10^3 t/a, bezogen auf N).

Für verschiedene Schadstoffe hat man regelrechte „Handelsbilanzen" aufgestellt: Wer exportiert wieviel in welches Land? Und: welches Land „liefert" wieviel in das eigene Land? Ein wichtiges Beispiel sind Import und Export von Schwefeldioxid: Die Schwefelbilanz für die Bundesrepublik Deutschland sieht so aus, dass *in* sie mehr Schwefelverbindungen in Form von Schwefeldioxid transportiert wurden als *aus* ihr in andere Länder gelangen (Tab. 7-9).

1994 wurden im Gebiet der der Bundesrepublik Deutschland – zusätzlich zu den $425 \cdot 10^3$ t aus dem Bundesgebiet selbst – insgesamt $282 \cdot 10^3$ t Schwefelverbindungen (angegeben als S) hauptsächlich in Form von Schwefeldioxid deponiert, die aus dem Ausland stammen. Das entspricht einer mittleren Deposition von Schwefelverbindungen von 2 t/(km² a), angegeben als S – ein mittlerer SO_2-Eintrag, der weit über dem Schwefelbedarf der Ökosysteme lag (heutzutage sind wegen der inzwischen niedrigen SO_2-Belastung in Deutschland wahrscheinlich die Pflanzen mit dem essentiellen Spurenelement Schwefel eher unterversorgt). Im gleichen Jahr wurden hingegen $969 \cdot 10^3$ t Schwefelverbindungen (angegeben als S) in das europäische Ausland exportiert (Abb. 7-6).

Ähnliche „Außenhandelsbilanzen" hat man auch für andere Stoffe aufgestellt, beispielsweise für die Stickoxide (Abb. 7-7).

Offensichtlich gibt es Länder – dazu gehören in Bezug auf die Schwefelbilanz neben der Bundesrepublik Deutschland vor allem die skandinavischen Länder –, die mehr Schadgase aus dem Ausland importiert haben (und importieren), als sie exportieren. Umgekehrt überstieg bei einer Reihe von Ländern der Export den Import (s. Tab. 7-9). Dies gilt aber nur für die bilaterale Beziehung mit Deutschland, nicht für den gesamten Nettoexport/-import eines anderen Landes.

Gerade SO_2-Emissionen aus weit entfernten Industriegebieten sind verantwortlich für die Ansäuerung kanadischer und skandinavischer Binnenseen. Die Folgen für die empfindsame Ökologie der wenig gepufferten Seen waren dramatisch: Viele Seen starben ökologisch ab.

7.2.7 Natürliche Quellen

Zu den natürlichen Emissionsquellen gehören die Vulkane. *Vulkanismus* führt zum Eintrag von Staub und Gas in die Atmosphäre – manchmal bis in die Stratosphäre – und verändert deren Zusammensetzung. Beispielsweise schleuderte der *El Chichon* (Mexiko) bei seinem Ausbruch am 29. März 1982 ca. $500 \cdot 10^6$ m³ Asche, Bimsstein und Staub in die Atmosphäre. Überdies gelangten 40 000 t Chlorwasserstoff in die Stratosphäre, wodurch sich die HCl-Konzentration dort schon nach Tagen um 40 % erhöhte.

Der *Kilauea*, ein Vulkan auf Hawaii, war in den Jahren 1956 bis 1983 ohne größere Eruptionen tätig; dennoch wurden große Mengen an Schwefelwasserstoff und Schwefeldioxid sowie Chlorwasserstoff und Fluorwasserstoff emittiert, überdies täglich ca. 800 kg Quecksilber (Tab. 7-10).

Auch organische Verbindungen werden – verglichen mit den Gesamtemissionen jedoch in geringeren Mengen – von Vulkanen in die Atmosphäre ausgestoßen, u. a.

Methan, Benzol, Toluol und andere Kohlenwasserstoffe, Aldehyde, Ketone, Alkohole.

Andere natürliche Emissionen verursacht das *Wetter* in den heißen Entladungszonen von Blitzen: Es entstehen beispielsweise Stickoxide. Und durch Sandstürme wird Staub in großen Mengen über weite Strecken transportiert, z. B. aus Nordafrika bis nach Mitteleuropa.

Auch *Tiere* und *Pflanzen* sorgen dafür, dass auf natürliche Weise Stoffe wie Kohlendioxid oder Methan durch Atmung, Gärung oder andere Stoffwechselprozesse in die Atmosphäre gelangen (vgl. Abschn. 2.2.2).

7.2.8 Senken

Eine *Senke* ist ein Kompartiment der Umwelt, in dem eine Substanz durch „Abfangvorgänge" entfernt wird. Manchmal – z. B. im Zusammenhang mit Treibhausgasen – versteht man unter einer *Senke* auch einen Vorgang, eine Tätigkeit oder einen Mechanismus, wodurch eine Substanz aus einem Kompartiment der Umwelt entfernt wird. In einer Senke kann ein Stoff

– adsorbiert (z. B. Gase oder Flüssigkeiten an Staub),
– absorbiert (z. B. CO_2 in Flüssen, in Seen oder im Meer),
– abgelagert (z. B. in den Sedimenten eines Flusses),
– biologisch abgebaut (z. B. die Aufnahme von CO_2 oder H_2S durch Pflanzen) oder
– durch chemische Reaktionen abgebaut werden (z. B. die Umwandlung von FCKW in CO_2, HCl und HF).

Gasförmige Verbindungen nennt man *Senkengase*, wenn sie aus der Atmosphäre durch natürliche Prozesse entfernt werden können (Tab. 7-11). Senkengase sind meist wasserlöslich; sie können aus der Troposphäre im Niederschlag ausgeregnet werden und so auf den Erdboden gelangen (s. auch Abb. 7-10 in Abschn. 7.5).

Die quantitativen Beschreibungen der Quellen und Senken, wie sie zum Teil in den folgenden Kapiteln angegeben werden, sind – oft nur sehr grobe – Schätzungen, die in der Regel mit großen Unsicherheiten behaftet sind. Verlässlichere Werte gibt es nur für einige Quellen, z. B. für solche, die sich über Produktionszahlen abschätzen lassen.

7.2 Zusammensetzung und Eigenschaften der Atmosphäre

Tab. 7-10. Emissionen des Vulkans Kilauea (Hawaii) zwischen 1956 und 1983.

Stoff	Emittierte Menge (in t)
Schwefel[a]	7 600 000
Fluorwasserstoff	2 200 000
Chlorwasserstoff	500 000
Quecksilber	8 200

[a] In Form von Schwefelwasserstoff und Schwefeldioxid.

Tab. 7-11. Beispiele für Senkengase in der Stratosphäre.

Senkengas	... kann entstehen aus
H_2SO_4	SO_2
HNO_3	NO, NO_2
HCl	Cl, ClO
HF	FCKW (z. B. CCl_3F, CCl_2F_2)
H_2O_2	H, OH, HO_2

7.3 Schäden durch Luftverunreinigungen

7.3.1 Allgemeines

Die Belastung der Erdatmosphäre hat vor allem durch anthropogene Emissionen ein Ausmaß angenommen, das über lokale und regionale Aspekte hinaus zu einem globalen Problem angewachsen ist (s. auch Abschn. 3.1). Erst um 1960 ist wegen des sauren Regens und des Einflusses der Kohlendioxid- und FCKW-Emissionen auf das Klima das Bewusstsein entstanden, dass die Luftverunreinigungen nicht mehr lokaler Natur sind, sondern – über die Grenzen der eigenen Länder hinweg – ein Problem der ganzen Menschheit bedeuten. Der Mensch muss – und dies ist schon heute unumstritten – seine Emissionen unbedingt reduzieren. Davon wird abhängen, ob die Erde in Zukunft in der jetzigen Form noch bewohnbar sein wird.

Die Luft, die wir atmen, enthält *Luftverunreinigungen* (auch *luftverunreinigende Stoffe* genannt; Tab. 7-12). Man versteht darunter unerwünschte Stoffe oder Stoffgemische in der Luft, die infolge natürlicher Vorgänge oder menschlicher Tätigkeit in die Atmosphäre gelangen oder dort entstehen, und dies in Konzentrationen, die geeignet sind, nachteilige Wirkungen auf den Menschen und seine Umwelt auszuüben. Vielfach wird für diese Stoffe der – weniger treffende – Ausdruck *luftfremde* Stoffe gebraucht.

Ein Volumenanteil von ca. 90 % der Luftverunreinigungen – die ihrerseits weniger als 0,04 % ausmachen – wird verursacht durch wenige gasförmige Schadstoffe: vor allem CO_2, Kohlenwasserstoffe, NO_x, CO und SO_2; ihre Quellen und Senken sind zusammen mit denen anderer Spurengase in Tab. 7-12 aufgelistet.

Luftverunreinigungen können auf vielfältige Weise schädigend auf die Umwelt einwirken. Einige dieser Auswirkungen sind messbar, z. B. auf Böden (etwa über den Säure- oder Schwermetallgehalt) oder auf die Materialqualität (z. B. über das Ausmaß der Korrosion). Andere Schäden sind nur schwer bewertbar wie beispielsweise der Einfluß bestimmter Luftbestandteile auf die Haltbarkeit von Geweben oder gar auf die menschliche Gesundheit. Eine Folge ist, dass die quantitativen Auswirkungen von Luftverunreinigungen unterschiedlich eingeschätzt und diskutiert werden.

In den folgenden Kapiteln sollen bei einzelnen ausgewählten Stoffen die jeweiligen speziellen Schadwirkungen besprochen werden. Hier sollen zunächst nur einige allgemeine Aspekte der Folgen und Wirkungen von Luftverunreinigungen angeschnitten werden. Luftverunreinigungen können u. a.

- die Gesundheit von Tieren und Menschen beeinträchtigen oder gar deren Leben gefährden, besonders das von Kindern, deren Immunsystems noch nicht voll entwickelt ist,
- Schäden an Vegetation und Boden hervorrufen,

Tab. 7-12. Luftverunreinigungen in der Troposphäre und deren natürliche und anthropogene Quellen.

Verbindung	Natürliche Quellen	Anthropogene Quellen
C-enthaltende Spurengase		
Kohlenmonoxid (CO)	Oxidation von natürlichem Methan; Oxidation von natürlichen C_5- und C_{10}-Kohlenwasserstoffen; Ozeane; Waldbrände	Oxidation von anthropogenen Kohlenwasserstoffen; unvollständige Verbrennung von Holz, Öl, Gas und Kohle, besonders in Kraftfahrzeugen; industrielle Prozesse; Hochöfen
Kohlendioxid (CO_2)	Oxidation von natürlichem CO; Zerstörung von Wäldern; Atmung der Pflanzen	Verbrennung von Öl, Gas, Kohle und Holz; Brennen von Kalk
Methan (CH_4)	Darmgärung bei wilden Tieren; Emissionen aus Sümpfen, Mooren usw., natürliche Feuchtlandgebiete; Ozeane Erdgas- und Erdöllagerstätten, Klathrate, Permafrostgebiete	Darmgärung bei Wiederkäuern (Haustieren); Emissionen von Reisfeldern; Entweichen von Erdgas; Sumpfgas; Grubengas; Verbrennungsprozesse
leichte Kohlenwasserstoffe (C_2 ... C_6)	Aerobe biologische Quellen Erdgas- und Erdöllagerstätten	Entweichen von Erdgas; Emissionen aus Kfz; Emissionen von Raffinerien
Olefine (C_2 ... C_6)		Kfz-Abgase; Dieselmotoren-Abgase
Aromatische Kohlenwasserstoffe		Kfz-Abgase; Farben; Verdunstung: Farben, Kraftstoff, Lösungsmittel
Hemiterpene (C_5H_8), Terpene ($C_{10}H_{16}$), Diterpene ($C_{20}H_{32}$)	Laub- und Nadelbäume; Pflanzen	
N-enthaltende Spurengase		
Stickstoffmonoxid (NO)	Waldbrände; anaerobe Prozesse im Boden; Gewitter	Verbrennung von Öl, Gas und Kohle
Stickstoffdioxid (NO_2)	Waldbrände; Gewitter	Verbrennung von Öl, Gas und Kohle; Umwandlung von NO in der Atmosphäre
Distickstoffmonoxid (N_2O)	Emissionen von denitrifizierenden Bakterien im Boden; Ozeane	Verbrennung von Öl und Kohle
Peroxyacetylnitrat (PAN)	Abbau von Isopren	Abbau von Kohlenwasserstoffen
Ammoniak (NH_3)	Aerobe biologische Quelle im Boden; Abbau von Aminosäuren in organischen Abfällen	Verbrennung von Kohle und Heizöl; Behandlung von Abfällen
S-enthaltende Spurengase		
Schwefeldioxid (SO_2)	Oxidation von H_2S; Vulkane	Verbrennung von Öl und Kohle; Rösten sulfidischer Erze
Schwefelwasserstoff (H_2S)	Anaerobe Gärung; Vulkane und Dampfquellen	Raffination von Öl; tierischer Dung; Herstellung von Kraftpapier; Herstellung von Kunstseide; Kokereigas
Kohlenstoffdisulfid (CS_2)	anaerobe Gärung	Herstellung von Viskoseseide; Ziegeleien; Fischmehlfabriken
Kohlenoxidsulfid (COS)	Oxidation von CS_2; Brandrodung; Vulkane und Dampfquellen	Oxidation von Schwefelkohlenstoff; Herstellung von Ziegeln; Abwasser aus Papiermühlen; Gichtgas; Kokereigas; Schiefer und Erdgas
Schwefeltrioxid (SO_3)		Verbrennung schwefelhaltiger Brennstoffe

Tab. 7-12. Fortsetzung.

Verbindung	Natürliche Quellen	Anthropogene Quellen
Methylmercaptan (CH$_3$SH)	Anaerobe biologische Quellen	Verarbeitung von Tierkadavern; tierischer Dünger; Papier- und Papierbreimühlen; Ziegeleien; Öl-Raffinerien
Dimethylsulfid (CH$_3$SCH$_3$)	Aerobe biologische Quellen	Verarbeitung von Tierkadavern; tierischer Dünger; Papier- und Papierbreimühlen
Dimethyldisulfid (CH$_3$SSCH$_3$)		Verarbeitung von Tierkadavern; Herstellung von Fischmehl
Andere organische S-Verbindungen: C$_2$ ... C$_4$-Mercaptane, Dialkyldisulfide, Dimethyltrisulfid, Alkylthiophene, Benzothiophene	Anaerobe biologische Quellen	Verarbeitung von Tierkadavern; Herstellung von Fischmehl; Ziegeleien

Cl-enthaltende Spurengase

Chlorwasserstoff (HCl)	Vulkane und Dampfquellen; Abbau von CH$_3$Cl	Verbrennung von Kohle; Abbau von Chlorkohlenwasserstoffen
Methylchlorid (CH$_3$Cl)	Langsame Verbrennung von organischem Material; Meer: Algen; Bäume, Farne	PVC und Verbrennung von Tabak
Methylenchlorid (CH$_2$Cl$_2$)		Lösungsmittel
Chloroform (CHCl$_3$)		Pharmazeutische Industrie; Lösungsmittel; Verbrennen von Kraftstoff; Bleichen von Holzschliff; Abbau von Trichlorethen
Tetrachlormethan (CCl$_4$)		Lösungsmittel; Feuerlöscher; Abbau von C$_2$Cl$_4$
Methylchloroform (CH$_3$CCl$_3$)		Lösungsmittel; Entfettungsmittel
Trichlorethen (C$_2$HCl$_3$)		Lösungsmittel; Mittel zur Trockenreinigung; Entfettungsmittel
Tetrachlorethen (C$_2$Cl$_4$)		Lösungsmittel; Mittel zur Trockenreinigung; Entfettungsmittel
Fluorchlorkohlenwasserstoffe (z. B. CCl$_3$F, CCl$_2$F$_2$, C$_2$Cl$_3$F$_3$, C$_2$Cl$_2$F$_4$, C$_2$ClF$_5$)		Treibmittel für Aerosole; Kühlmittel; Schäummittel; Lösungsmittel

Andere Spurengase

Wasserstoff (H$_2$)	Ozeane; Böden; Oxidation von Methan, Isopren und Terpenen (über Formaldehyd)	Kfz-Abgase; Oxidation von Methan (über Formaldehyd)
Fluorwasserstoff (HF)	Vulkane und Dampfquellen	Ziegelherstellung; keramische Industrie
Ozon (O$_3$)	Stratosphäre: natürliche Umwandlung von NO in NO$_2$	Vom Menschen verursachte Umwandlung von NO in NO$_2$
Wasser (H$_2$O)	Verdampfen aus den Ozeanen	Unbedeutend
Schwefelhexafluorid (SF$_6$)		Isolator in der Elektrotechnik
Tetrafluormethan (CF$_4$)		Aluminiumindustrie
Brommethan (CH$_3$Br)	Aerobe biologische Quelle	Bodenbehandlungsmittel, Begasungsmittel
Iodmethan (CH$_3$I)	Aerobe biologische Quelle	Unbedeutend

– Material verschmutzen, seine Qualität verschlechtern oder sogar erhebliche Materialschäden verursachen (Tab. 7-13; s. auch Tab. 10-5 in Abschn. 10.3.3),
– die Sicht beeinträchtigen und die Sonneneinstrahlung verringern,
– das Klima beeinflussen.

Was die Beeinträchtigung der menschlichen Gesundheit durch Luftverunreinigungen kostet, lässt sich nur schwer abschätzen – vermutlich jährlich viele Milliarden Euro. Überhaupt nicht erfassbar sind die immateriellen Schäden, die viele hunderttausend Menschen durch vermeidbare Krankheiten erleiden.

Verunreinigungen der Luft können die natürlichen Verwitterungs- und Alterungsvorgänge von Materialien beschleunigen oder diese Materialien anders angreifen. Auf diese Weise entstehen erhebliche Schäden; unter anderem werden die Korrosion von Metall und die Verwitterung von Baustoffen durch Luftverunreinigungen wesentlich beschleunigt. Ein besorgniserregendes Ausmaß haben die Schäden angenommen, die Luftschadstoffe (wie SO_2) an Kunstgütern und Denkmälern verursachen, besonders bei alten Kalksandsteinbauten und mittelalterlichen Glasfenstern.

Bei Textilien können Luftschadstoffe die Zugfestigkeit – und damit die Gebrauchsdauer – verringern, gefärbte Textilien können ausgebleicht oder verfärbt werden; in staubbelasteten Gebieten müssen Textilien außerdem öfter gewaschen werden. Die Kosten für die Beseitigung der jährlichen immissionsbedingten Materialschäden durch Fassadenanstriche und -instandsetzung an Metall- und Holzteilen von Gebäuden, vorzeitiges Erneuern von Dachrinnen, häufigeres Reinigen von Fenstern, Mehraufwendungen für Waschen und Reinigen der Kleidung in Deutschland

7.3 Schäden durch Luftverunreinigungen

$$CaCO_3 \xrightarrow{SO_2} CaSO_3 \longrightarrow CaSO_4$$
(Kalk)

Tab. 7-13. Wichtigste Materialschäden durch Luftschadstoffe.

Material	Schäden	Hauptschadstoffe
Metalle	Korrosion, Verfärbung und Zerstörung der Oberfläche, Materialverluste	SO_2 und andere säurebildende Gase
Baustoffe	Verfärbungen, Auslaugungen, Oberflächenzerstörungen, Festigkeitsverlust	SO_2 und andere säurebildende Gase, Schmutz
Anstriche	Verfärbungen, Aufweichen der Oberfläche	SO_2, H_2S, Schmutz
Leder	Oberflächenzersetzung, Festigkeitsverlust	SO_2, säurebildende Gase
Textilien, Papier	Fleckbildung, Festigkeitsverlust	SO_2 und andere säurebildende Gase
Gummi	Festigkeitsverlust, Einreißen	Säurebildende Gase, Oxidantien
Farben	Ausbleichung	SO_2, Stickstoffoxide
Glas, Keramik	Oberflächenzersetzung	HF, SO_2 und andere säurebildende Gase, Schmutz

sind erheblich: Allein die aufgrund von Luftverunreinigungen angerichteten Metallkorrosionsschäden werden auf mehr als eine halbe Milliarde Euro pro Jahr geschätzt (s. auch Tab. 10-5 in Abschn. 10.3.3).

7.3.2 Innenraumluft

Innenraumluftbelastung

dauerhafte   vorübergehende

Innenräume sind alle Räume in Gebäuden, die zum nicht nur vorübergehenden Aufenthalt von Menschen bestimmt sind; dazu rechnet man im weiteren Sinne auch die mobilen Fahrzeuginnenräume. Ausgenommen sind Arbeitsräume, für die spezifische Arbeitsschutzregelungen für den Umgang mit Gefahrstoffen gelten. Wenn es um Verunreinigungen von Innenraumluft in Wohnungen, in Büros usw. und auch in Transportmitteln (z. B. in Pkw, Eisenbahnwagen) geht, spricht man – im Gegensatz zu Luftverunreinigungen am Arbeitsplatz (vgl. Abschn. 6.3.1) – von *Innenraumluftbelastung* (*engl.* indoor air pollution).

Der Luftqualität in Innenräumen kommt eine besondere Bedeutung zu, da sich der Mensch – zumindest in Mitteleuropa – die überwiegende Zeit des Tages und auch des Lebens in Räumen aufhält (bis zu 90 %, davon mindestens die Hälfte im Wohnbereich). Gesundheit und Wohlbefinden von Menschen beim Aufenthalt in Innenräumen wird durch mehrere Faktoren beeinflusst: Neben dem Raumklima (vor allem der Temperatur und Luftfeuchtigkeit) spielen Verunreinigungen der Innenraumluft eine Rolle. Besonders empfindlich auf Luftverunreinigungen reagieren kleine Kinder und kranke oder alte Menschen, die sich oft ausschließlich in bestimmten Räumen aufhalten (müssen).

Zunehmend dichte Fenster haben den Austausch der Luft zwischen Innenräumen und der Außenluft erheblich verringert; gleichzeitig hat die Menge und auch die Anzahl der Chemikalien zugenommen, die aus Bauprodukten, Haushaltsprodukten usw. in die Innenraumluft gelangen können. Deshalb können in Innenräumen die Konzentrationen besonders von (bestimmten) organischen Luftverunreinigungen in der Nähe oder über den MAK- oder TRK-Werten liegen (Tab. 7-14) und auch erheblich über denen in der Außenluft (Tab. 7-15).

Bei den meisten *anorganischen* Verbindungen wie SO_2 oder CO können kurzzeitig auftretende Spitzenwerte der Konzentrationen die längerfristigen Mittelwerte um das 5- bis 10fache übertreffen (s. Tab. 7-15). *Organische* Bestandteile von Innenraumluft sind flüchtig, z. B. Kohlenwasserstoffe, Chlorkohlenwasserstoffe, Alkohole, Ester oder Ketone. Die kurzzeitigen Spitzenwerte der Konzentrationen solcher Verbindungen übertreffen mindestens um das 10fache die langfristig vorliegenden Konzentrationen, häufig sogar um den Faktor 100 und mehr.

Im Wesentlichen haben Emissionen, die zu Belastungen von Innenraumluft führen, folgende Quellen (die menschlichen Stoffwechselprodukte, die sich durch den Aufenthalt in Innenräumen ergeben, sind ausgenommen):

Tab. 7-14. Konzentrationen einiger Bestandteile von Innenraumluft.

Stoff, Stoffgruppe	Konzentration in Innenräumen (in mg/m^3)	MAK (in mg/m^3)
Schwefeldioxid (SO$_2$)	0,02 ... 0,08	5
Kohlenmonoxid (CO)	1 ... 10	35
Kohlendioxid (CO$_2$)	500 ...2000	9100
Stickstoffdioxid (NO$_2$)	0,02 ... 0,08	9,5
Ozon (O$_3$)	0,04 ... 0,4	0,2
Formaldehyd (HCHO)	0,01 ... 1	0,62
Benzol (C$_6$H$_6$)	0,003... 0,03	8[a]
Toluol (C$_6$H$_5$CH$_3$)	0,02 ... 0,2	190
Halogenkohlenwasserstoffe	0,001	–

[a] TRK-Wert; vgl. Tab. 6-7.

Tab. 7-15. Verhältnis *I/A* der Konzentrationen einiger Luftinhaltsstoffe in *I*nnenräumen und *A*ußenluft (in zufällig untersuchten Wohnungen).

Stoff, Stoffgruppe	*I/A*	Bemerkungen
Schwefeldioxid (SO$_2$)	ca. 0,5	
Stickstoffdioxid (NO$_2$)	≤ 1	ohne NO$_2$-Quelle innen
	2...5	mit NO$_2$-Quelle innen
Kohlendioxid (CO$_2$)	1...10	
Kohlenmonoxid (CO)	≤ 1	
	1...5	CO-Quelle innen
Schwebstaub	0,5...2	ohne Tabakrauch innen
	2...10	mit Tabakrauch innen
Formaldehyd (HCHO)	≤ 10	
höhere aliphatische Kohlenwasser- stoffe	2...5	
aromatische Kohlenwasserstoffe	1...3	
leicht flüchtige Halogenkohlen- wasserstoffe	10...50	
polychlorierte Biphenyle (PCB)	5...10	
N-Nitrosodimethylamin	≤ 1	ohne Tabakrauch innen
	> 1	mit Tabakrauch innen

- Holzprodukte (z. B. Formaldehyd aus Möbeln und Spanplatten oder Pentachlorphenol aus Holzschutzmitteln),
- Bauprodukte (z. B. Asbest),
- Ausstattungsmaterialien und Einrichtungsgegenstände (z. B. Lösungsmittel aus Klebstoffen, Zusätze aus Teppichböden oder Dämmstoffen),
- bewusst angewendete Produkte wie Sprays oder Reinigungs-, Pflege-, Konservierungs- und Desinfektionsmittel,
- Produkte des Heimwerker-, Hobby- und Bastelbereichs (z. B. Farben und Lacke, Klebstoffe, Holzschutzmittel, Dichtungsmassen und Montageschäume),
- besonders das Rauchen (vgl. Abschn. 14.8),
- Verbrennungsvorgänge, besonders bei Feuerstellen mit offenen Flammen (Holzstaub und Ruß wirken zusätzlich als Trä-

germedium für schwer flüchtige organische Stoffe, z. B. für Holschutzmittel oder Weichmacher),
– Hausstaub und daran angelagerte (ggf. sogar angereicherte) Stoffe, z. B. weniger flüchtige Schadstoffe wie PAK oder Schwermetalle wie Cadmium oder Blei,
– luftverunreinigende Stoffe, die von außen durch die Umgebungsluft in die Innenräume eingetragen werden,
– biogenes Material wie Pilze, Milben, Haare u. a. m.

Daneben sind noch andere Quellen möglich, z. B. das Ausdunsten von Zimmerpflanzen oder Pyrolyseprodukte, die sich bei der Zubereitung von Speisen bilden (können).

Im Haushalt verwendete Produkte oder Baumaterialien können vorübergehende oder dauerhafte Emissionsquellen sein. Haushaltsprodukte gehören meist zu den *vorübergehenden* Emissionsquellen; da sie aber regelmäßig angewendet werden, können sie erheblich zur Belastung der Innenraumluft beitragen. Baustoffe und Ausstattungsmaterialien hingegen wie behandelte Holzprodukte oder Teppichböden können *dauerhaft* Schadstoffe in die Innenraumluft emittieren.

Es werden oft Produkte in Innenräumen oder im Haushalt verwendet, bei denen die technischen Anforderungen im Vordergrund stehen und nicht das Emissionsverhalten; zu bevorzugen wären „emissionsarme Produkte". Beispielsweise kann durch den Einsatz lösungsmittelarmer Produkte (z. B. Lacke), die vorübergehende Belastung der Innenraumluft bei Renovierungsarbeiten stark verringert werden.

Auch durch ausreichende Lüftung können Luftbelastungen erheblich vermindert werden, und das Raumklima lässt sich verbessern. Um eine gesunde, möglichst belastungsarme Innenraumluft zu haben, muss frische Luft zugeführt werden: Die Luftverunreinigungen müssen abtransportiert werden. Empfohlen wird für Wohnräume eine *Luftwechselzahl* von $0,5...1\ \mathrm{h^{-1}}$; d. h. die Raumluft soll in einer Stunde zur Häfte bis einmal gewechselt werden. Falsch verstandenes Energiesparen kann dazu führen, dass die Luftwechselzahl deutlich unter $0,5\ \mathrm{h^{-1}}$ liegt.

In der Vergangenheit wurden einzelne, heute als besonders kritisch erkannte Stoffe wie Asbeste, polychlorierte Biphenyle (PCB) oder Holzschutzmittel auch in Innenräumen verwendet. Bei solchen dauerhaften Quellen hilft Lüftung nur vorübergehend. Beispielsweise sind mit Formaldehydleimen hergestellte Holzwerkstoffe eine nahezu permanente Quelle für Formaldehyd in Innenräumen.

Für einige Erzeugnisse gibt es in Deutschland Verbote oder Beschränkungen für die Anwendung in Innenräumen, z. B. für den Einsatz *Teeröle* enthaltender Holzschutzmittel in Innenräumen (nach der ChemVerbotsV, Anhang, Abschn. 17). Teeröle sind krebserregend, Kategorie 2 (Anhang I der Richtlinie 67/548/ EWG).

Eine vom Gesetzgeber vorgeschriebene *maximale Raumluftkonzentration*, einen „MRK-Wert", gibt es nicht. Für die Luft-

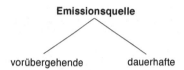

Emissionsquelle

vorübergehende   dauerhafte

Luftwechselzahl

Das stündlich einem Raum zugeführte Luftvolumen, bezogen auf das Raumvolumen.

Kohlenteeröle

Ölige, PAK (s. Abschn. 14.7) enthaltende Flüssigkeiten, die man bei der fraktionierten Destillation von Steinkohlenteer gewinnt.

130

qualität von Innenräumen existieren – im Gegensatz zu der von Arbeitsplätzen – keine verbindlichen Grenzwerte. Hingegen gibt es zahlreiche Innenraumluft*richtwerte* (mit nur empfehlendem, aber nicht rechtsverbindlichem Charakter), die von verschiedenen Arbeitsgruppen und Gremien wie der Weltgesundheitsorganisation (WHO), der „Kommission Innenraumlufthygiene" des Umweltbundesamtes (UBA) oder dem „Ausschuss zur gesundheitlichen Bewertung von Bauprodukten" (AgBB) erarbeitet und vorgeschlagen wurden. [Am intensivsten hat man sich mit den Emissionen von Schadstoffen aus Bauprodukten beschäftigt. Allgemeine Vorschriften befinden sich in der europäischen *Bauproduktenrichtlinie* (89/196/EWG), die durch das *Bauproduktengesetz* (BauPG) in deutsches Recht umgesetzt wurde.]

Die Weltgesundheitsorganisation (WHO) hat in ihren *Luftgüteleitlinien* allgemeine Richtwerte für zahlreiche Schadstoffe angegeben (Tab. 7-16), die auch auf Innraumluft anwendbar sind.

Die UBA-Kommission hat Richtwerte für die Innenraumluft aufgestellt: Ein *Richtwert I* (RW I) ist die Konzentration eines einzelnen Stoffes in der Innenraumluft, bei der nach gegenwärtigem Erkenntnisstand auch bei lebenslanger Exposition keine gesundheitlichen Beeinträchtigungen zu erwarten sind. Der *Richtwert II* (RW II) ist der Gehalt eines Stoffes, bei deren Erreichen oder Überschreiten unverzüglich Handlungsbedarf besteht, da diese Konzentrationen besonders für empfindliche Personen bei dauerndem Aufenthalt in den Räumen die Gesundheit gefährden können (Tab. 7-17).

In der Praxis werden zur Beurteilung von Innenraumbelastungen manchmal MAK-Werte (vgl. Abschn. 6.3.1) herangezogen, z. B. wird für flüchtige organische Verbindungen (VOC) 1/100 des MAK-Werts als *NIK-Wert* (niedrigste interessierende Konzentration; *engl.* lowest concentration of interest, LCI; Tab. 7-18) für Raumluft angegeben. Diese Vorgehensweise („Basisschema") kann entsprechend auch auf andere Verbindungsklassen angewendet werden.

Beschäftigte an gewerblichen oder industriellen *Arbeitsplätzen*, an denen mit Gefahrstoffen umgegangen wird, werden seit Jahrzehnten vor arbeitsbedingten Gesundheitsgefahren geschützt: Die Gefahrstoffverordnung enthält Regelungen zur Kontrolle der Luft am Arbeitsplatz (s. Abschn. 6.3). Ähnliches gilt für Arbeitsräume, z. B. an (Büro-)Arbeitsplätzen: Dort muss „ausreichend gesundheitlich zuträgliche Atemluft vorhanden sein" (§ 5 der Arbeitsstättenverordnung, ArbStättV). In der Arbeitsstätten-Richtlinie „ASR 5 – Lüftung" zu § 5 ArbStättV wird dazu gefordert, dass „die Luftqualität im Wesentlichen der Außenluftqualität entspricht".

Stoffe können – je nach physikalischen und chemischen Eigenschaften (wie Dampfdruck oder Löslichkeit) – vom Menschen über die Atemluft oder über die Haut aufgenommen werden. Weniger flüchtige Stoffe können an Materialoberflächen in Innenräumen absorbiert oder adsorbiert und dann über längere Zeit frei-

Tab. 7-16. Richtwerte aus den Luftgüteleitlinien der WHO *(Guidelines for Air Quality)*.

Stoff	Richtwert (in $\mu g/m^3$)
Blei[a,b]	0,5
Kohlenmonoxid[a,e]	10 000
Fluoride[b]	1
Formaldehyd[f]	100
Ozon[a,e]	120
Tetrachlorethen[d]	250
Toluol[c]	260
Schwefeldioxid[a,b]	50
Schwefelwasserstoff	150
Stickstoffdioxid[a,b]	40

[a] In den WHO-Leitlinien als „klassische" Luftschadstoffe bezeichnet.
[b,c,d,e,f] Zeitraum der Belastung 1 Jahr, 1 Woche, 24 h, 8 h bzw. 30 min.

Tab. 7-17. Innenraumluft-Richtwerte des UBA.

Stoff	RW I	RW II
	(beide in $\mu g/m^3$)	
Dichlormethan[b]	200	2 000
Kohlenmonoxid[a]	1 500	15 000
Pentachlorphenol[c]	0,1	1
Styrol[c]	30	300
Toluol[c]	300	3 000

[a,b] Bezugszeit 8 h bzw. 24 h.
[c] Bezugszeit nicht festgelegt.

Tab. 7-18. Innenraumluft-Richtwerte. – NIK-Werte für aus Bauprodukten emittierte VOC.

Stoff	NIK-Wert (in $\mu g/m^3$)
Acetaldehyd	40
Aceton	6 000
Dimethylphthalat	30
Dibutylphthalat	30
Essigsäure	250
Formaldehyd	10
n-Heptan	8 000
n-Hexan	700
n-Octan	9 000
Phenol	400
Tetrachlorethen	70
Toluol	1 000
Trichlorethen	50

gesetzt werden und so zu einer chronischen Belastung des Menschen führen.

Verunreinigungen der Innenraumluft werden als eine Ursache für das "Sick Building Syndrom" (SBS) angesehen, von dem vor allem Beschäftigte in modernen Geschäfts- und Verwaltungsgebäuden, an Reinluftarbeitsplätzen, aber auch in Schulen und Kindergärten betroffen sind: Die Symptome dieser Erkrankungen sind meist wenig spezifisch und schwer überprüfbar, u. a. Reizungen der Augen, der oberen Luftwege und der Haut, Kopfschmerzen, Müdigkeit, Konzentrationsschwäche, häufige Infektionen. Die Gebäude, in denen SBS gehäuft auftritt, sind meist mit raumlufttechnischen Anlagen (z. B. zentralen Klimaanlagen mit Umluftbetrieb) ausgerüstet; diese Gebäude sind weitgehend vom Außenklima abgeschirmt und gut gegen Wärmeverluste isoliert: Ein Austausch möglicherweise belasteter Innenluft mit der weniger belasteten Außenluft ist stark erschwert.

7.4 Grundlagen der Photochemie

7.4.1 Photochemische Reaktionen

Die *Photochemie* (*griech.* phos, Licht) ist das Teilgebiet der Chemie, das sich mit der Wirkung elektromagnetischer Strahlung der Wellenlängen 100...1000 nm auf chemische Systeme befasst. Die elektromagnetische Strahlung wird je nach Wellenlänge in verschiedene Bereiche unterteilt (Tab. 7-19). Chemische Reaktionen, die durch Licht ausgelöst werden, nennt man allgemein *photochemische Reaktionen*.

Die Lichtquelle für solche Reaktionen in der Atmosphäre ist die *Sonne*. Ihre spektrale Bestrahlungsstärke ist in Abb. 7-8 wiedergegeben. (In der Zwischenzeit spricht man sogar von „ökologischer Photochemie" als derjenigen Chemie, die sich mit Reaktionen von Umweltchemikalien mit anderen Stoffen unter dem Einfluss der Sonnenstrahlung beschäftigt.) Die Sonnenenergie, die pro Zeiteinheit auf eine bestimmte Fläche senkrecht einfällt, nennt man *Solarkonstante*. Sie beträgt auf der Erdoberfläche unter Vernachlässigung der Absorption 1368 W/m^2.

Die Sonne emittiert an einem Tag $3 \cdot 10^{32}$ J, wovon $1,5 \cdot 10^{22}$ J auf der Erde ankommen. Von der auf der Erde ankommenden Strahlung werden ca. 30 % reflektiert (Albedo), ca. 47 % werden in Wärme umgewandelt und als langwellige Strahlung wieder abgestrahlt; ca. 23 % werden dazu verbraucht, Wasser zu verdampfen. Übrigens: in einem Jahr verbraucht die Menschheit so viel Energie, wie in 20 min von der Sonne auf der Erde ankommen.

Im ersten Schritt einer photochemischen Reaktion wird von einem Atom oder Molekül stets elektromagnetische Strahlung absorbiert, es findet *Photoaktivierung* statt: Das Molekül oder

Tab. 7-19. Bezeichnung der elektromagnetischen Strahlung von 10 nm bis 500 μm.

Bezeichnung	Wellenlängenbereich
UV-Licht	10...400 nm
Sichtbares Licht[a]	400...760 nm
Infrarotes Licht	> 760 nm
NIR (Nahes IR)	760 nm...2,5 μm
MIR (Mittleres IR)	2,5...25 μm
FIR (Fernes IR)	25... 500 μm

[a] Die vom menschlichen Auge wahrnehmbare Strahlung.

Solarkonstante

1368 W/m^2
[oder 8,3 J/(cm^2 min)]

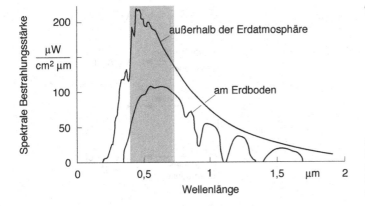

Abb. 7-8. Spektrale Verteilung der Sonnenstrahlung außerhalb der Erdatmosphäre und am Erdboden. – Der Bereich des sichtbaren Lichts ist gerastert.

Atom A wird durch Photonen ($h \cdot v$), also Zufuhr von Lichtenergie von außen, gemäß

$$A \xrightarrow[\text{Photoaktivierung}]{h \cdot v} A^* \qquad (7\text{-}3)$$

in ein *angeregtes* Molekül oder Atom A* übergeführt. [Im Folgenden sollen angeregte Zustände, die sich vom Grundzustand dadurch unterscheiden, dass sie energiereicher sind, mit einem hochgestellten Stern (*) gekennzeichnet werden.] Dieses angeregte Teilchen verweilt meist nur kurze Zeit in dem Zustand höherer Energie, bevor es entweder wieder – qualitativ unverändert – seinen Ausgangszustand einnimmt und dabei seine Anregungsenergie als Strahlung oder in Form von Wärme abgibt (man spricht von „Emission" bzw. „strahlungslosem Übergang") oder weiterreagiert (Abb. 7-9).

Photochemische Reaktionen lassen sich in verschiedene Typen unterteilen. Die eingestrahlte Energie kann so groß sein, dass A oder A* zu A^+ ionisiert wird *(Photoionisation)*. Wenn das angeregte Teilchen A* Elektronen auf einen anderen Partner D (ein Atom oder Molekül) überträgt oder von diesem Elektronen empfängt, können sich A^+D^- oder A^-D^+ bilden (man spricht ebenfalls von *Photoionisation*).

In einer anderen Art der Reaktion kann A* seine Energie auf einen *Stoßpartner* M übertragen, der dann seinerseits angeregt wird, während A* wieder in den Grundzustand zurückfällt. Solche Stoßpartner – man schreibt für sie, auch wenn sie angeregt sind, in chemischen Gleichungen auf der linken und der rechten Seite meist nur „M" – können Atome oder Moleküle sein: In der Atmosphäre sind das meist N_2- oder O_2-Moleküle, da diese Teilchen als Hauptbestandteile der Luft (vgl. Tab. 7-1) am häufigsten vorkommen und ein Zusammenstoß mit ihnen deshalb am wahrscheinlichsten ist. Sie wandeln die auf sie übertragene Energie in Bewegung – Translationen, Schwingungen oder Rotationen – um.

Ein weiterer Typ sind chemische Reaktionen. Ein angeregtes Molekül A* kann sich umlagern oder kann Additionsreaktionen

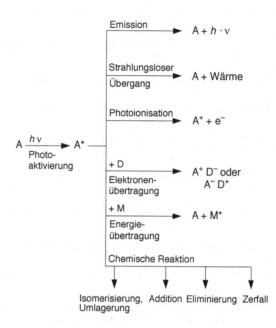

Abb. 7-9. Photochemische Reaktionen.

eingehen. Oft werden nach Absorption elektromagnetischer Strahlung chemische Bindungen eines solchen angeregten Moleküls gespalten; in diesem Fall spricht man von *Photolyse (Photodissoziation)*. Dabei kann es sich – je nach Standpunkt des Betrachters der Reaktion – entweder um eine *Eliminierungsreaktion* handeln, wenn dabei ein kleines Molekül aus dem Molekülverband von A entfernt („eliminiert") wird, oder um einen *Zerfall*, wenn sich mehrere Bruchstücke bilden.

Häufig entstehen bei solchen Photolysereaktionen *Radikale*: kurzlebige, valenzmäßig ungesättigte Atome und Moleküle mit einsamem Elektron, die – Radikale sind besonders reaktionsfähig – in Folgeprozessen weiterreagieren. (Die einsamen Elektronen der Radikale werden zur Vereinfachung nicht in den Formeln angegeben, z. B. schreibt man nur OH und nicht ·OH.)

Die von ihrer Bedeutung für das Leben auf der Erde und vom Umsatz her wichtigste photochemische Reaktion überhaupt ist die *Photosynthese* (s. auch Abschn. 2.2.2), durch die Sonnenenergie in chemische Energie umgewandelt wird: Gemäß (vereinfacht)

$$n\,CO_2 + n\,H_2O \xrightarrow[\text{Chlorophyll}]{\text{Sonnenlicht}} (CH_2O)_n + n\,O_2 \qquad (7\text{-}4)$$

werden in Anwesenheit von Licht und Chlorophyll aus Kohlendioxid und Wasser jährlich weltweit ca. $200 \cdot 10^9$ t organische Substanz (angegeben als Trockenmasse) in den oberen Schichten der Ozeane und an der Erdoberfläche erzeugt (der Mensch nutzt davon ca. $6 \cdot 10^9$ t/a). Ausgeführt wird diese Biomassebildung von grünen Pflanzen und einigen Mikroorganismen – oftmals unter Bildung von Glucose [$n = 6$ in Gl. (7-4)]. Von der auf der Erde eingestrahlten Sonnenenergie werden durch pflanzliche

Photosynthese lediglich 0,023 % ($4 \cdot 10^{18}$ J/d) verwertet. Wälder nutzen 2...3 % des eingestrahlten Sonnenlichts für die Produktion organischer Substanz, landwirtschaftliche Kulturen 1...2 %.

7.4.2 Photolyse

Elektromagnetische Wellen können auch als ein Strom von Photonen angesehen werden. Die Energie E eines jeden Photons beträgt

$$E = h \cdot v \tag{7-5}$$

mit $h = 6{,}625 \cdot 10^{-34}$ J s *(Plancksches Wirkungsquantum)* und v, der Frequenz der Strahlung.

Wenn die Strahlung eine chemische Reaktion auslösen soll, müssen zwei Bedingungen erfüllt sein:

– Die Photonen müssen von den Molekülen *absorbiert* werden, das heißt, die Energie des Photons muss in eine andere Energieform innerhalb des Moleküls umgewandelt werden: Nur absorbierte Strahlung kann eine photochemische Wirkung haben.

– Die Photonen müssen genügend *Energie* besitzen, um z. B. eine chemische Bindung aufspalten oder ein Elektron entfernen (ionisieren) zu können.

Betrachtet werden soll beispielsweise die Photolyse (vgl. Abschn. 7.4.1) von gasförmigem Sauerstoff gemäß

$$O_{2(g)} \xrightarrow{\ h \cdot v\ } 2\,O_{(g)} \tag{7-6}$$

Hierbei handelt es sich um die Absorption von Photonen durch molekularen Sauerstoff mit anschließender Dissoziation (Photolyse). Die erforderliche Mindestenergie zur Spaltung der O=O-Doppelbindung beträgt 495 kJ/mol. Diese *Dissoziationsenergie* ist ein Maß für die Stärke der Bindung und bedeutet: 495 kJ reichen aus, um ein Mol O_2, also $6{,}022 \cdot 10^{23}$ O_2-Moleküle, in O-Atome zu spalten. Für ein einziges O_2-Molekül beträgt demzufolge die Energie:

$$E = \frac{459 \cdot 10^3 \text{ J}}{6{,}022 \cdot 10^{23}} = 8{,}22 \cdot 10^{-19} \text{ J} \tag{7-7}$$

Aus Gl. (7-5) ergibt sich:

$$v = \frac{E}{h} = 1{,}24 \cdot 10^{15} \text{ s}^{-1} \tag{7-8}$$

Und wegen $c = v \cdot \lambda$ ($c = 3{,}00 \cdot 10^8$ m/s, Lichtgeschwindigkeit) erhält man schließlich für die Wellenlänge λ:

$$\lambda = \frac{c}{v} = 2{,}42 \cdot 10^{-7} \text{ m} = 242 \text{ nm} \tag{7-9}$$

Dies bedeutet: Photonen mit einer Wellenlänge $\lambda < 242$ nm – kleinere Wellenlänge bedeutet höhere Energie – sind grundsätzlich in der Lage, O_2 entsprechend Gl. (7-6) zu spalten.

Je stärker eine chemische Bindung ist, um so höher ist die Dissoziationsenergie und Licht mit um so niedrigeren Wellenlängen ist erforderlich, um die entsprechenden Bindungen photolytisch zu spalten (Tab. 7-20).

Die Photolyserate von Stoffen in der Atmosphäre nimmt mit der Höhe zu, das heißt, auch photolytisch stabilere Verbindungen können in größerer Höhe schnell abgebaut werden.

Tab. 7-20. Photolyse einiger zweiatomiger Moleküle.

Zwei-atomiges Molekül	Dissoziations-energie (in kJ/mol)	Wellen-länge (in nm)
CO	1077	111
N_2	945	127
HF	569	210
O_2	495	242
H_2	436	275
HCl	432	277
Cl_2	243	493

7.4.3 Photoionisation

Damit Photoionisation (vgl. Abschn. 7.4.1) stattfinden kann, müssen die gleichen Voraussetzungen in Bezug auf Energie und Absorption erfüllt sein wie beim Auslösen von chemischen Reaktionen durch Photonen: Das Photon muss vom Molekül absorbiert werden, und die Photonen müssen genügend Energie besitzen, um ein Elektron aus den höchsten Energieniveaus zu entfernen.

Photoionisation findet in der oberen Atmosphäre, also in Höhen ≥ 80 km, statt. Dass dort freie Elektronen existieren, wurde experimentell erstmals um 1924 bestätigt. Einige solcher Ionisationsvorgänge sind in Tab. 7-21 aufgelistet zusammen mit der jeweiligen molaren Ionisationsenergie und maximalen Wellenlänge von Photonen, die die Ionisation bewirken können. Da diese Reaktionen *harte*, das heißt besonders energiereiche kurzwellige, UV-Strahlung benötigen, werden kurzwellige Photonen bereits in der äußeren Atmosphäre auf diese Weise aus dem Sonnenspektrum vollständig weggefiltert und erreichen die Erde nicht.

Tab. 7-21. Einige Ionisationsvorgänge in der oberen Atmosphäre.

Reaktion			Ionisationsenergie (in kJ/mol)	Wellenlänge (in nm)
NO	$\rightarrow$ NO^+	$+ e^-$	892	134
NO_2	$\rightarrow$ NO_2^+	$+ e^-$	945	127
O_2	$\rightarrow$ O_2^+	$+ e^-$	1164	103
O_3	$\rightarrow$ O_3^+	$+ e^-$	1187	101
H_2O	$\rightarrow$ H_2O^+	$+ e^-$	1216	98
N_2O	$\rightarrow$ N_2O^+	$+ e^-$	1244	96
OH	$\rightarrow$ OH^+	$+ e^-$	1271	94
H	$\rightarrow$ H^+	$+ e^-$	1312	91
O	$\rightarrow$ O^+	$+ e^-$	1314	91
CO_2	$\rightarrow$ CO_2^+	$+ e^-$	1328	90
CO	$\rightarrow$ CO^+	$+ e^-$	1352	88
N	$\rightarrow$ N^+	$+ e^-$	1402	85
H_2	$\rightarrow$ H_2^+	$+ e^-$	1488	80
N_2	$\rightarrow$ N_2^+	$+ e^-$	1503	80
He	$\rightarrow$ He^+	$+ e^-$	2372	50

7.5 OH-Radikale in der Troposphäre

Die Zusammensetzung der Atmosphärenschicht von 10...150 km Höhe über dem Erdboden, der *Chemosphäre*, wird wesentlich durch photochemische Reaktionen geprägt: Die Sonne wirkt weitgehend ungehindert ein. Aber auch die Troposphäre wirkt – trotz des Fehlens energiereicher UV-Strahlung – wie ein „photochemischen Reaktor": Die Lufthülle bis zu etwa 10 km Höhe über dem Erdboden wird durch die Tropopause (vgl. Abschn. 2.4.3) – wie durch den Deckel eines Reaktors – am Stoffaustausch zwischen Troposphäre und höheren Luftschichten gehindert; die Sonne dient dabei gleichzeitig als Lichtquelle für Photolysereaktionen und als Heizung.

Das kürzerwellige Sonnenlicht wird durch Ionisationsreaktionen vollständig herausgefiltert (vgl. Tab. 7-21 in Abschn. 7.4.3). Zusätzlich wirkt das Ozon der höheren Atmosphäre als Lichtfilter („Ozonfilter"), das Sonnenlicht mit Wellenlängen $\lambda \leq 310$ nm nur noch stark geschwächt bis in die Troposphäre durchlässt.

Dennoch wird – trotz wesentlich geringerer Ozonmengen als in der mittleren Atmosphäre – auch in der Troposphäre gemäß

$$O_3 \xrightarrow[\lambda < 310\,nm]{h \cdot \nu} O_2 + O^* \qquad (7\text{-}10)$$

genügend angeregter Sauerstoff, O*, gebildet, um aus Wasserdampf OH-Radikale, *Hydroxyl-Radikale*, zu erzeugen: Die meisten angeregten Sauerstoffatome gehen zwar mit einem Stoßpartner M in Sauerstoff im Grundzustand über,

$$O^* + M \longrightarrow O + M \quad (M = N_2, O_2) \qquad (7\text{-}11)$$

aber es bleibt ein kleiner – ausreichender – Teil, der mit Wasser gemäß

$$O^* + H_2O \longrightarrow 2\,OH \qquad (7\text{-}12)$$

unter Bildung von Hydroxyl-Radikalen reagiert. Diese Reaktion, eine der Schlüsselreaktionen der Atmosphärenchemie, ist die Hauptquelle für OH-Radikale in der Troposphäre. Einige andere Reaktionen, bei denen sich in der Atmosphäre OH-Radikale bilden, sind in Tab. 7-22 zusammengestellt.

Das OH-Radikal ist eine Schlüsselsubstanz der Troposphärenchemie. Es ist das reaktivste Teilchen der Troposphäre, es hat die kürzeste Lebensdauer (ca. 1 s; vgl. Abb. 7-1 in Abschn. 7.2.4). Die Konzentration von OH-Radikalen ist zwar in der Troposphäre 100- bis 1000-mal geringer als in der Stratosphäre. Dennoch kommt diesem reaktionsfreudigen Teilchen in der Troposphäre eine zentrale Rolle als „Waschmittel" zu: In dieser Schicht, die wegen des Fehlens energiereicher UV-Strahlung eigentlich photochemisch träge ist, reagiert es schnell mit vielen Spurenstoffen und hat damit maßgeblichen Anteil an deren Entfernung aus der Atmosphäre, trägt also wesentlich zur *Selbstreinigung* der erdnahen Atmosphäre bei (Abb. 7-10).

OH-Gehalt der Troposphäre

$3 \cdot 10^6$ cm^{-3}
($3 \cdot 10^6$ Teilchen im Kubikzentimeter)
(Volumenanteil: 0,1 ppt)

Tab. 7-22. Reaktionen zur Bildung von OH-Radikalen in der Atmosphäre (Auswahl).

$O^* + H_2O$	$\rightarrow 2\,OH^{[a]}$
$O_3 + HO_2$	$\rightarrow OH + 2\,O_2$
$NO + HO_2$	$\rightarrow OH + NO_2$
$O^* + H_2$	$\rightarrow OH + H$
$O^* + CH_4$	$\rightarrow OH + CH_3$
$O + H_2O_2$	$\rightarrow OH + HO_2$
$O_3 + H$	$\rightarrow OH + O_2$
$H_2O_2 + h \cdot \nu$	$\rightarrow 2\,OH$

[a] Wichtigste Reaktion.

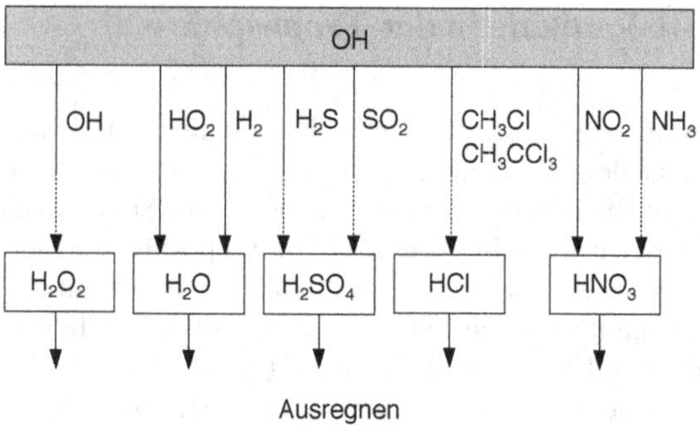

OH

| OH | HO$_2$ | H$_2$ | H$_2$S | SO$_2$ | CH$_3$Cl CH$_3$CCl$_3$ | NO$_2$ | NH$_3$ |

| H$_2$O$_2$ | H$_2$O | H$_2$SO$_4$ | HCl | HNO$_3$ |

Ausregnen

Abb. 7-10. Selbstreinigung der Troposphäre durch OH-Radikale.

Tab. 7-23. Photochemische Reaktivität verschiedener Verbindungsklassen (qualitativer Überblick).

Reaktivität	Stoff
Hoch	Terpene
↑	Alkene
	Aromaten, Aldehyde, Alkylamine
	Ketone, Alkohole, Ether, Ester
	Teilhalogenierte Alkane
Gering	Vollhalogenierte Alkane, Methan

Die wichtigsten Abfangreaktionen für OH-Radikale sind in der Troposphäre die mit CH$_4$ und CO: Sie tragen zu etwa 90 % zum gesamten OH-Abbau bei und bestimmen deshalb auch seine atmosphärische Lebensdauer. Dabei ist CO bedeutender als CH$_4$: Die CH$_4$-Menge ist zwar ungefähr 10-mal größer als die von CO, aber der CH$_4$-Abbau mit OH (vgl. Abschn. 12.2.2) verläuft bedeutend langsamer, so dass vor allem die Reaktion mit CO (vgl. Abschn. 9.2.2) für die niedrige Lebensdauer von ca. 1 s verantwortlich ist. (Andere Spurenstoffe wie SO$_2$ reagieren zwar auch mit OH, beeinflussen den OH-Haushalt jedoch nicht. Umgekehrt spielt jedoch das OH-Radikal in deren Haushalt oft eine größere Rolle.)

Selten findet der Abbau von organischen und anorganischen Spurenstoffen in der Troposphäre durch reine Photolyse oder durch Reaktionen mit anderen reaktiven Spurenstoffen wie *Perhydroxyl-Radikale* (HOO, HO$_2$), *Stickstofftrioxid* (NO$_3$) oder Ozon statt; meist sind es OH-Radikale, die wichtige Reaktionsketten auslösen, z. B. den Abbau von Kohlenmonoxid oder Methan (vgl. Abschnitte 9.2.2 bzw. 12.2.2). Das OH-Radikal bestimmt die chemische Lebensdauer der meisten Schadstoffe in der Troposphäre (s. auch Abschn. 7.2.4).

Durch die Reaktion mit OH-Radikalen werden also die meisten Schadstoffe der Atmosphäre oxidiert und in wasserlösliche Stoffe übergeführt, die dann über den Niederschlag aus der Atmosphäre entfernt werden können. Die angeregten Sauerstoffatome, die für die Bildung von OH-Radikalen und damit für die Reinigungsreaktionen in der Troposphäre notwendig sind, liefert Ozon [Gl. (7-10)].

Je größer und komplizierter ein organisches Molekül ist, desto größer ist die Wahrscheinlichkeit, dass es eine Atomgruppierung aufweist, an der ein Abbau beginnen kann. Verbindungen mit Doppelbindungen wie Terpene (vgl. Abschn. 12.3) oder Aromaten sind photochemisch reaktiver als Alkane oder erst recht als halogenierte Alkane (Tab. 7-23). Innerhalb homologer Reihen reagiert in der Regel das erste Glied, z. B. Methan bei den Alkanen, mit Abstand am langsamsten.

8 Kohlendioxid

8.1 Eigenschaften

Kohlendioxid (Kohlenstoffdioxid, CO_2*)* ist ein farbloses, unbrennbares, geruchloses Gas (CO_2 sublimiert unter Atmosphärendruck bei $-78,5\ °C$). Es ist in Wasser löslich (Tab. 8-1); das gelöste CO_2 reagiert mit Wasser gemäß

$$CO_{2(gelöst)} + H_2O \rightleftharpoons H_2CO_3 \qquad (8\text{-}1)$$
$$H_2CO_3 + H_2O \rightleftharpoons HCO_3^- + H_3O^+ \qquad (8\text{-}2)$$
$$HCO_3^- + H_2O \rightleftharpoons CO_3^{2-} + H_3O^+ \qquad (8\text{-}3)$$

Mit starken Basen, beispielsweise mit O^{2-}-Anionen in manchen Oxiden, reagiert CO_2 unter Bildung von Carbonaten, z. B.

$$CO_2 + CaO \longrightarrow CaCO_3 \qquad (8\text{-}4)$$

Bei jeder Verbrennung von Kohlenstoff und Kohlenstoff enthaltenden Verbindungen laufen mehrere Reaktionen ab:

$$C + O_2 \longrightarrow CO_2 \qquad (8\text{-}5)$$

$$C + \frac{1}{2} O_2 \longrightarrow CO \qquad (8\text{-}6)$$

Im Verlauf der Reaktion (8-5) bleibt die Anzahl der Gasmoleküle konstant. Die Oxidation von C zu CO [Gl. (8-6); s. auch Abschn. 9.1] geht jedoch mit einer Verdopplung der Anzahl der Gasmoleküle einher – die Reaktionsentropie ist also wesentlich größer als bei der Bildung von CO_2, die Reaktion ist somit bei höheren Temperaturen begünstigt.

Überdies spielt bei Verbrennungsprozessen die Reaktion von CO_2 mit glühender Kohle, das *BOUDOUARD-Gleichgewicht* eine Rolle,

$$CO_2 + C \rightleftharpoons 2\,CO \qquad (8\text{-}7)$$

das bei höheren Temperaturen auf Seiten von CO liegt (Tab. 8-2), also zusätzlich zur Bildung von CO beiträgt.

CO_2 ist die energetisch stabilste Verbindung, die am natürlichen Kohlenstoffkreislauf beteiligt ist; es nimmt deshalb eine Schlüsselstellung ein (s. Abschn. 8.2.2). Kohlendioxid ist temperaturbeständig. Bei 2000 °C sind weniger als 10 % der CO_2-Moleküle gespalten nach:

$$2\,CO_2 \rightleftharpoons 2\,CO + O_2 \qquad (8\text{-}8)$$

Tab. 8-1. Löslichkeit von Kohlendioxid in Wasser.

Temperatur (in °C)	Löslichkeit (in mL/L)
0	1710
10	1190
20	880
25	757
60	270

$\Delta H = -393,0$ kJ/mol
$\Delta S = +\ 2,89$ J/(K mol)

$\Delta H = -110,7$ kJ/mol
$\Delta S = +89,7$ J/(K mol)

Tab. 8-2. Zusammensetzung des Gasgemischs beim BOUDOUARD-Gleichgewicht für verschiedene Temperaturen. – φ Volumenanteil.

Temperatur (in °C)	$\varphi(CO_2)$ (in %)	$\varphi(CO)$ (in %)
450	98	2
600	77	23
700	42,3	57,7
800	6	94
1000	0,7	99,3

8 Kohlendioxid

Tab. 8-3. Zusammensetzung der Atemluft (Volumenanteile in %).

Luft	O_2	CO_2
Eingeatmet	20,946	0,0370
Ausgeatmet	15,8	4,0

CO_2

MAK-Wert:
5000 ppm (9000 mg/m^3)

CO_2

Dichte: 1,977 kg/m^3

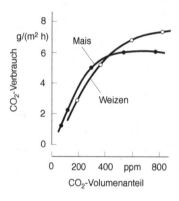

Abb. 8-1. Photosyntheseraten für Mais und Weizen in Abhängigkeit vom CO_2-Gehalt.

Wichtigste fossile Brennstoffe

Stein- und Braunkohle   Erdöl   Erdgas

Vorsatz-zeichen	Vorsatz	Zahlenwert, mit dem die Einheit multipliziert wird
P	Peta	10^{15}
T	Tera	10^{12}
G	Giga	10^{9}
M	Mega	10^{6}
k	Kilo	10^{3}

Täglich atmet der Mensch im Mittel mehr als 700 g (> 350 L) CO_2 aus; der Volumenanteil in der Ausatemluft liegt bei etwa 4 % (Tab. 8-3).

Der MAK-Wert für CO_2 liegt bei 9 g/m^3; CO_2 ist also nicht eigentlich giftig. Der Mensch erträgt bis zu 2,5 % Volumenanteile CO_2 auch bei stundenlangem Einatmen ohne größere Schäden. Kohlendioxid übt einen starken Reiz auf das Atemzentrum aus: Die Atmung wird beschleunigt und tiefer – deshalb enthält Sauerstoff zur Wiederbelebung manchmal 5 % CO_2.

Bei Volumenanteilen von 8...10 % treten allerdings Kopfschmerzen auf, und es werden Schwindel, Anstieg des Blutdrucks und Erregungszustände beobachtet. Mehr als 10 % CO_2 in der eingeatmeten Luft führen zu Bewusstlosigkeit, Krämpfen und Kreislaufschwächen. Bei Volumenanteilen > 15 % kommt es zu Schlaganfall-ähnlichen Lähmungen, 20 % wirken tödlich.

Da CO_2 schwerer ist als Luft, kann es sich an tiefer liegenden Stellen ansammeln. Hohe CO_2-Gehalte, wie sie z. B. in Gärkellern oder Höhlen auftreten können, führen rasch zum Tod, wenn nicht umgehend genügend Sauerstoff zugeführt wird.

Kohlendioxid ist der Rohstoff für die Bildung organischer Substanz durch Photosynthese (vgl. Abschn. 2.2.2), also der wichtigste Nährstoff für Pflanzen (vgl. Abschn. 21.4.1). Man weiß aus Treibhaus- und aus Feldexperimenten, dass CO_2 das Wachstum von Pflanzen unterschiedlich beeinflusst. Beispielsweise verändern erhöhte CO_2-Gehalte in der Luft das Wachstum von Mais weniger stark als das von Weizen (Abb. 8-1). Bei Feldfrüchten wie Reis, Weizen, Luzerne und Sojabohnen kann zusätzliches CO_2 zu einer Steigerung der Produktion führen.

Mit Vorhersagen über Wachstum und Ausbeute sollte man sich wegen der komplexen Zusammenhänge zurückhalten: Neben der unterschiedlichen photosynthetischen Aktivität der jeweiligen Pflanzen müssen andere, möglicherweise wachstumshemmende Effekte berücksichtigt werden, die durch erhöhten CO_2-Gehalt verursacht werden, z. B. der Einfluss eines veränderten Klimas. Aber über solche Zusammenhänge weiß man noch nicht viel.

8.2 Quellen und Senken, Kohlenstoffkreislauf

8.2.1 Quellen und Senken

Zunächst einige Anmerkungen zum Vorkommen von CO_2. Die Lufthülle der Erde enthält etwa 2,35 Tt CO_2, die Ozeane enthalten ca. 130 Tt (also mehr als 50-mal so viel), zum Teil gelöst als CO_2, zum Teil als Carbonat, CO_3^{2-}, hauptsächlich aber als Hydrogencarbonat, HCO_3^- (vgl. Tab. 8-10 in Abschn. 8.2.2). In Mexiko wurde 1947 eine CO_2-Quelle erbohrt, die zeitweise täglich 247 000 m^3 des Gases lieferte. CO_2 ist in vielen Mineralwassern enthalten und bewirkt deren säuerlichen Geschmack („Sauerbrunnen"). In chemisch gebundener Form liegt Kohlendioxid vor allem in Carbonaten vor, besonders in $CaCO_3$ und $MgCO_3$.

Die Kohlendioxidemissionen betragen weltweit jährlich ca. $850 \cdot 10^9$ t. Davon entfallen ca. 50 % auf Atmung und biologischen Abbau. Aktivitäten des Menschen, vor allem das Verbrennen fossiler Brennstoffe und die Brandrodung, machen nur etwa 2...4,5 % aus (Tab. 8-4). (Die CO_2-Emissionen von Termiten schätzt man auf $50 \cdot 10^9$ t/a; sie liegen damit ungefähr doppelt so hoch wie alle anthropogenen Emissionen zusammen!)

Der beim Verbrennen fossiler Brennstoffe entstehende – an den Gesamtemissionen gemessen – geringe Anteil trägt dennoch wesentlich zur Erhöhung des CO_2-Gehalts in der Atmosphäre bei. Dazu zunächst: fast 90 % der erzeugten *Primärenergie*, auch *Rohenergie* genannt, werden durch die fossilen Energieträger gedeckt. Der Rest entfällt auf Wasserkraft, Kernenergie und andere Energiequellen (Abb. 8-2); in der Bundesrepublik Deutschland, die mit fast 5 % am weltweiten Primärenergieverbrauch beteiligt ist (s. auch Tab. 8-6), liegen die Verhältnisse geringfügig anders (Tab. 8-5).

Unter *Primärenergieträgern* versteht man die Gesamtheit der in der Natur vorkommenden Rohstoffe zur Energiegewinnung, also die natürlich vorkommenden Energieträger wie die aus pflanzlichen und tierischen Resten im Lauf von vielen Millionen Jahren entstandenen *fossilen Brennstoffe* Stein- und Braunkohle, Erdöl, Erdgas, Torf, Ölschiefer, Teersande. Zu den Primärenergieträgern zählt man auch *Kernbrennstoffe* wie Uran sowie die *erneuerbaren (regenerativen) Energiequellen* Sonnenenergie und geothermische Energie. Die Sonnenenergie kann direkt genutzt werden oder „indirekt" in Form von Wasser- und Windkraft, Sonnenenergie, Meereswärme, Meeresströmungen (Gezeiten), Holz oder anderer Biomasse.

Da diese Primärenergieträger meist nicht direkt technisch genutzt werden können, werden sie zum großen Teil in *Sekundärenergieträger* umgewandelt, z. B. in Benzin und Heizöl (aus Erdöl) oder in elektrische Energie (aus Kohle oder Wasserkraft).

Je höher zivilisiert ein Land und je weiter seine Industrie entwickelt ist, um so größer ist der Bedarf an Energie beim Endverbraucher (beispielsweise verbrauchen an Kohle, Öl und Gas 81 Millionen Deutsche 1,5-mal soviel wie 930 Millionen Inder). Um so höher sind aber auch die durch Energiegewinnung verursachten Emissionen an Kohlendioxid (Tab. 8-6): In den meisten industrialisierten Staaten werden pro Einwohner CO_2-Ausstoßwerte von 10...20 t/a erreicht, in den meisten Entwicklungsländern liegt der entsprechende Wert nahe bei 1 t/a. In Deutschland sind es Industrie und Verkehr, die mehr als 40 % der gesamten Energie verbrauchen (Tab. 8-7), und die Hauptquelle der CO_2-Emissionen ist die Verbrennung von Mineralöl (vgl. Tab. 8-8).

Parallel zum Primärenergieverbrauch und damit zum Verbrauch fossiler Brennstoffe sind in der Vergangenheit auch die Kohlendioxidemissionen exponentiell gewachsen (Abb. 8-3). Dies

Tab. 8-4. Globale Kohlendioxidemissionen.

Quelle	Menge (in 10^9 t/a)
Atmung, biologischer Abbau	370...520
Meer	300...450
Verbrennung fossiler Brennstoffe, Brandrodung	20... 30

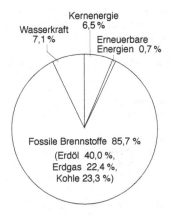

Abb. 8-2. Weltweiter Primärenergieverbrauch (1998). – Unter *erneuerbare Energien* sind zusammengefasst Sonne, Wind, Biomasse und Erdwärme.

Tab. 8-5. Verbrauch an Primärenergie in Deutschland, aufgeschlüsselt nach Energieträgern.

Energieträger	1990	1994	1999[a]
	Verbrauch (in PJ)		
Steinkohle	2307	2139	1890
Braunkohle	3200	1861	1468
Mineralöle	5237	5692	5595
Naturgas[b]	2315	2591	3057
Wasserkraft, Windkraft	59	64	91
Kernenergie	1665	1650	1852
Sonstige Energieträger[c]	126	176	237

[a] Vorläufige Angaben.
[b] Erdgas, Erdöl, Klärgas.
[c] Brenn- und Abfallholz, Brenntorf u. a.

Tab. 8-6. CO_2-Emissionen im internationalen Vergleich (Auswahl; 1998).

Land	Verbrauch an fossilen Energie-trägern (in PJ)	CO_2-Emission in Mt	in t/EW[a)]	in t/km^2
Australien	4 397	338	18,1	44
Belgien	2 443	122	12,1	4 000
Dänemark	871	60	11,3	1 392
Deutschland	14 424	888	10,8	2 487
Frankreich	10 705	413	7,0	759
Griechenland	1 129	100	9,4	758
Großbritanien	9 750	546	9,3	2 237
Italien	7 031	459	8,0	1 534
Japan	21 357	1 231	9,7	3 258
Kanada	9 811	529	17,1	53
Niederlande	3 115	181	11,5	4 361
Norwegen	1 064	42	9,6	130
Österreich	1 206	67	8,2	799
Polen	4 038	337	8,7	1 042
Russische Föderation	37 394	2 071	14,1	121
Schweden	2 197	57	6,4	127
Schweiz	1 114	45	6,2	1 090
Spanien	4 722	273	6,9	540
Tschechische Republik	1 718	128	12,4	1 622
Ukraine	5 985	314	6,2	520
USA	91 347	5 478	19,8	585

[a] EW Einwohner.

Tab. 8-7. CO_2-Emissionen in Deutschland, aufgeschlüsselt nach Verursachern (insgesamt 859 Mt; 1999).

Verursacher	Anteil (in %)
Industrieprozesse, Industriefeuerungen	19,8
Verkehr	22,2
Haushalte	14,6
Kraft- und Fernheizwerke	38,0
Kleinverbraucher	5,4

Tab. 8-8. Zur Stromerzeugung verwendete Primärenergie (Deutschland 1999, insgesamt 14 194 PJ).

Energieträger	Anteil (in %)
Mineralöl	39
Naturgas	22
Steinkohle	13
Braunkohle	10
Erneuerbare Energieträger	2
Kernenergie	13

1 MW h = 3,600 GJ

kann man dem weitgehend linearen Verlauf der halblogarithmisch aufgetragenen Werte für die Zeit von 1860 bis 1980 entnehmen (s. auch Abb. 1-6 in Abschn. 1.5). In den letzten Jahren hat sich der Anstieg des Energieverbrauchs deutlich verlangsamt (s. Tab. 8-9).

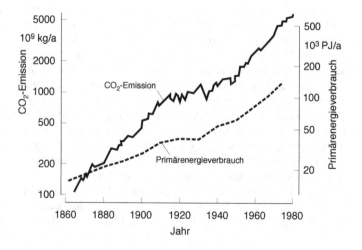

Abb. 8-3. Anthropogene CO_2-Emissionen und Primärenergieverbrauch zwischen 1860 und 1980.

Die anthropogenen Emissionen mit ihrem – wie schon erwähnt (vgl. Tab. 8-3) – nur kleinen Anteil an den Gesamtemissionen sind trotzdem hauptverantwortlich für den Anstieg des CO_2-Gehalts in der Atmosphäre: Zwar werden 60 % dieser anthropogenen CO_2-Emissionen durch die Ozeane und durch die Biosphäre der Kontinente in etwa gleichen Teilen aufgenommen (Senken!). Die restlichen 40 % bleiben aber in der Atmosphäre und bewirken das Ansteigen des CO_2-Gehalts.

Der Transport von Kohlendioxid aus der Atmosphäre in die Ozeane verläuft langsam: Das „Auswechseln" des Atmosphären-CO_2 dauert im Durchschnitt 7...8 a – der Hauptgrund, warum diese wichtige Senke die verhältnismäßig schnell ansteigenden anthropogenen CO_2-Emissionen nicht wirksam abfangen kann.

Heute ist noch nicht abzuschätzen, ob und wie lange die Senken für CO_2 im Meer und auf den Kontinenten auch in Zukunft noch wirksam arbeiten werden. Mittel- bis langfristig wird die Biosphäre auf den Kontinenten möglicherweise weniger CO_2 aufnehmen, weil das Pflanzenwachstum durch andere Faktoren wie ansteigende Temperaturen negativ beeinflusst wird. Eine Folge kann sein, dass der CO_2-Gehalt – bei gleichbleibenden anthropogenen Emissionen, aber geringerem Pflanzenwachstum – stärker ansteigen wird.

Wie die Entwicklung des anthropogen emittierten CO_2 auch weiterläuft, das troposphärische CO_2 wird wegen seiner langen Verweilzeit noch weit in die Zukunft hineinwirken. Modellrechnungen, die auch die Wirkungen der Ozeane einzubeziehen versuchen, sagen ein weiteres Ansteigen des CO_2-Volumenanteils in der Troposphäre voraus. Er könnte im Jahr 2050 einen Wert von etwa 500 ppm erreichen und im Jahr 2100 sogar um 700 ppm liegen. Um den CO_2-Gehalt in der Troposphäre kurzfristig zu stabilisieren, wäre es nötig, sofort weltweit alle anthropogenen Emissionen um 50...80 % zu verringern.

An dieser Stelle eine kurze Bemerkung zum Sauerstoff. Die Menge des Sauerstoffs in der Atmosphäre bleibt mit ca. 10^{15} t praktisch konstant. Dennoch gibt es einen permanenten Austausch zwischen der Lufthülle der Erde, der Erde selbst und den Lebewesen (Atmosphäre, Lithosphäre und Biosphäre). Grüne Pflanzen produzieren durch Photosynthese weltweit jährlich ca. $2,7 \cdot 10^{11}$ t Sauerstoff, O_2. Die überwiegende Menge wird – bis auf $48 \cdot 10^6$ t – durch Atmungs- oder Absterbeprozesse verbraucht. Selbst wenn man alle fossilen Brennstoffe der Erde (Kohle, Öl, Erdgas) – sie entsprechen ungefähr $850 \cdot 10^9$ t Kohlenstoff – verbrennen würde, würde dadurch der Sauerstoffgehalt um weniger als 2 ‰ sinken; der CO_2-Gehalt hingegen würde dabei um ca. 380 ppm ansteigen, also von heute ca. 370 ppm auf deutlich über 700 ppm.

8.2.2 Kohlenstoffkreislauf

Kohlenstoff ist im Wesentlichen – in unterschiedlicher Form – auf vier verschiedene Umweltbereiche verteilt (Tab. 8-10). Um

8.2 Quellen und Senken, Kohlenstoffkreislauf

Tab. 8-9. Verbrauch an fossiler Primärenergie (weltweit).

Jahr	Verbrauch (in 10^3 PJ)
1988	311
1990	321
1992	322
1994	325
1996	343
1998	345

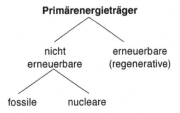

Tab. 8-10. Verteilung von Kohlenstoff in seinen verschiedenen Verbindungen in Sedimenten, Hydrosphäre, Atmosphäre und Biosphäre. – Der Kohlenstoffgehalt der Atmosphäre (Gehalt ca. $0{,}64 \cdot 10^{12}$ t) ist 1 gesetzt.

Bereich	Gesamtgehalt (in 10^{18} mol, bezogen auf C)	Gehalt relativ zum Gehalt der Atmosphäre
Sedimente		
Carbonate	1530	24 700
Organischer Kohlenstoff	572	9 200
Land		
Organischer Kohlenstoff	0,065	1,05
Ozeane		
$CO_2 + H_2CO_3$	0,018	0,3
HCO_3^-	2,6	42
CO_3^{2-}	0,33	5,3
C (tot, organisch)	0,23	3,7
C (lebend, organisch)	0,0007	0,01
Atmosphäre		
CO_2[a]	0,062	**1,0**

[a]   Bezogen auf einen CO_2-Volumenanteil von 354 ppm (1992).

die Verteilung von Kohlenstoff in der Umwelt transparenter zu machen, wird der in der Atmosphäre vorkommende Kohlenstoff gleich 1,0 gesetzt – es handelt sich dabei vorwiegend um CO_2; andere Kohlenstoff enthaltende Gase wie CO, COS oder CH_4 kommen, verglichen mit CO_2, in vernachlässigbar kleinen Mengen vor. Offensichtlich gibt es also für jedes Kohlenstoffatom in der Atmosphäre knapp über 50 Kohlenstoffatome in der Hydrosphäre (hauptsächlich in Form von Hydrogencarbonat, HCO_3^-) und fast 35 000 Kohlenstoffatome in den Sedimenten, die im Wesentlichen als Carbonat und organischer Kohlenstoff, z. B. in Kohle, vorliegen. Die Kohlenstoffmenge in der Biosphäre (auf dem Land) ist von der gleichen Größenordnung wie die des Kohlenstoffs in der Atmosphäre.

Der Ozean ist das größte Kohlendioxidreservoir, wenn man von den Carbonatsedimenten absieht (s. Tab. 8-10). Wie sich das Ozeanwasser bei Änderungen des CO_2-Gehalts der Atmosphäre verhält, ist von wesentlicher Bedeutung für den tatsächlichen Anstieg des CO_2-Gehalts in der Atmosphäre. Dies hängt ab von der Chemie des CO_2 im Ozeanwasser und von der Verteilung des CO_2 durch Transport- und Austauschprozesse in den Ozeanen.

Der Kohlenstoffkreislauf in einfacher Form ist in Abb. 8-5 wiedergegeben. Das CO_2 der Atmosphäre ist an mindestens zwei Kohlenstoffkreisläufen beteiligt. Der *biosphärische* Kohlenstoffkreislauf wird bestimmt durch die Geschwindigkeit der Photosynthese in der Biosphäre sowie durch die Geschwindigkeit der Mineralisation der toten Biomasse, also ihrer Umwandlung in anorganische Verbindungen wie CO_2 oder H_2O. Dabei wird CO_2 etwa einmal alle fünf Jahre umgesetzt. Der *geochemische* Kohlen-

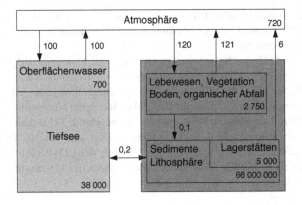

Abb. 8-4. Wichtigste Reservoire und Flüsse im Kohlenstoffkreislauf. – Die Einheiten bei den Reservoiren sind 10^9 t, bezogen auf Kohlenstoff, die Einheiten bei den Strömen sind 10^9 t/a; alle Angaben beziehen sich auf C; zur Umrechnung auf CO_2: Multiplikation mit 3,66.

stoffkreislauf hängt im Wesentlichen ab von dem Austausch von Kohlenstoff zwischen der Atmosphäre und dem Tiefenwasser der Ozeane und dem Sediment (vgl. Abb. 17-2 in Abschn. 17.2). Es handelt sich hierbei um einen relativ langsamen Austausch, für den im Mittel ca. 120 Jahre angenommen werden.

8.3 Änderungen des CO_2-Gehalts in der Atmosphäre

Der CO_2-Gehalt ist, wie auch die Sonneneinstrahlung, zeitlichen (tages- und jahreszeitlichen) und räumlichen (z. B. geographischen) Schwankungen unterworfen. Zum *Tagesverlauf*: morgens setzt die Photosynthese ein, der CO_2-Gehalt über Flächen mit Grünwuchs sinkt. Nachmittags erreicht der CO_2-Gehalt seinen Minimalwert. Über Nacht steigt er wieder an, denn es findet keine Assimilation mehr statt, und die Abgabe von CO_2 durch Atmung kommt zum Tragen.

Höchst- und Tiefstwerte der CO_2-Gehalte können sich in Bodennähe erheblich unterscheiden, wenn kräftige Sonneneinstrahlung und die Wachstumsphase der Pflanzen zusammenkommen: Bei sonnigem Wetter sind über Getreidefeldern Veränderungen um ± 50 ppm beobachtet worden (Abb. 8-5), bei bedecktem Wetter lagen diese Werte bei etwa ± 15 ppm.

Der CO_2-Gehalt ändert sich ähnlich im *Jahresverlauf*, und zwar aus den gleichen Gründen wie beim Tagesverlauf. Bei Einsetzen des pflanzlichen Wachstums – auf der Nordhalbkugel etwa im Monat März – nimmt der CO_2-Gehalt ab. Er erreicht sein Minimum in der zweiten Jahreshälfte und steigt im folgenden Frühjahr wieder an. Die Amplitude der Veränderung des CO_2-Gehalts während eines Jahres kann in Bodennähe ± 10 ppm betragen.

Die zwischen Alaska und dem Südpol gemessenen CO_2-Gehalte in der Atmosphäre (1958 bis 1979) schwanken deutlich mit der geographischen Breite (Abb. 8-6). Die höchsten Gehalte trifft man im Bereich von 40° bis 80° nördlicher Breite an, wo

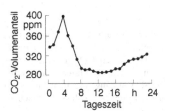

Abb. 8-5. Tagesverlauf des CO_2-Gehalts direkt über einem Getreidefeld.

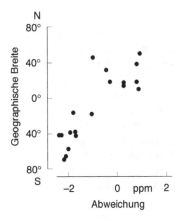

Abb. 8-6. Abhängigkeit des Kohlendioxid-Volumenanteils von der geographischen Breite. – Der Volumenanteil an CO_2 (in ppm) gibt die Abweichung vom mittleren Jahresgehalt am Mauna Loa, Hawaii, an.

8 Kohlendioxid

die meisten fossilen Brennstoffe verbrannt werden und wo auch die Pflanzenaktivität in Abhängigkeit von der Jahreszeit am stärksten wechselt.

Trotz dieser Schwankungen hat sich der Kohlendioxidgehalt in den letzten Jahren erhöht (Abb. 8-7). Offensichtlich ist von 1972 bis heute der mittlere CO_2-Volumenanteil angestiegen, und zwar von unter 330 ppm auf heute über 360 ppm (Jahresmittelwert 2000 in Deuselbach: 375,8 ppm, in Schauinsland: 371,0 ppm). Ein andauernder Anstieg des CO_2-Gehalts lässt sich bereits für die letzten 250 Jahre feststellen: Um 1750 lag der CO_2-Volumenanteil bei ca. 280 ppm, wie man aus Messungen in Lufteinschlüssen im Gletschereis weiß (Abb. 8-8).

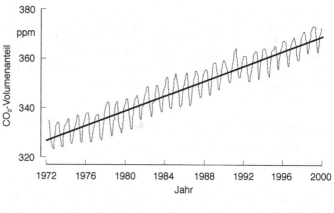

Abb. 8-7. Zeitliche Änderung des atmosphärischen CO_2-Volumenanteils von 1972 bis 2000 (Tagesmittelwerte). – Eingezeichnete Linien: jahreszeitliche Schwankungen (gepunktete Linie) und Langzeittrend (Messstelle: Schauinsland).

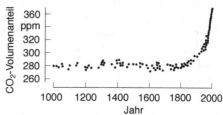

Abb. 8-8. CO_2-Gehalt in der Atmosphäre in den letzten 1000 Jahren.

CO_2-Gehalt
in der Atmosphäre (global)

ca. 1860: 286...288 ppm
(Vorindustrieller Gehalt)

1965:   320 ppm
1998:   367 ppm

An Orten, an denen im Sommer Schneeoberflächen nicht anschmelzen, z. B. im „ewigen Eis" der Arktis oder Antarktis oder im Innern von Gletschern, ist Eis ein perfekter Probebehälter für CO_2, aber auch für andere Luftbestandteile wie CH_4. Blasen mit atmosphärischer Luft sind im Eis dicht abgeschlossen und können kaum diffundieren: Durch die hohen Drücke in größeren Eistiefen verschwinden die Gasblasen und werden in *Clathrate* umgewandelt, in Einschlussverbindungen, in denen ein käfigartiges Kristallgitter aus Wassermolekülen als „Wirt" die Gasmoleküle Jahrtausende lang unverändert eingeschlossen hält.

Aus Untersuchungen von *Eisbohrkernen* ist der Gehalt an CO_2 der letzten 160 000 Jahre rekonstruiert worden (Abb. 8-9). Grundlagen waren Messungen an einem Bohrkern aus der Bohrstelle

146

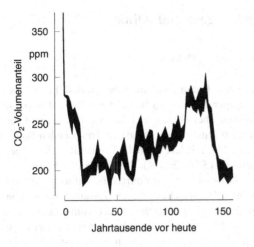

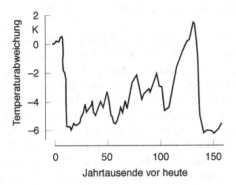

8.3 Änderungen des CO$_2$-Gehalts in der Atmosphäre

Abb. 8-9. Atmosphärischer CO$_2$-Gehalt der letzten 160 000 Jahre (ermittelt am Vostok-Bohrkern in der Antarktis).

Abb. 8-10. Temperaturschwankungen in den vergangenen 160 000 Jahren (ermittelt am Vostok-Bohrkern in der Antarktis).

„Vostok" in der Nähe des Südpols (für die an gleicher Stelle durchgeführten Messungen des CH$_4$-Gehalts vgl. Abb. 12-2 in Abschn. 12.2.1).

Die Analyse dieser im Eis eingefrorenen Spurenstoffe und des Wassers liefert überdies Informationen über das Klima vergangener Zeiten. Aufgrund der Isotopenverhältnisse $^{18}O/^{16}O$, $^{2}H/^{1}H$ in den Wassermolekülen von Firn und Eis – ein wahres „Archiv der Klimageschichte"! – können die zum Zeitpunkt des Kondensierens herrschenden Temperaturen in den Wolken („Wolkenthermometer") bestimmt werden. Die Jahresmittelwerte in den Niederschlägen entsprechen den mittleren Jahrestemperaturen. Temperaturänderungen von 1 K und mehr lassen sich so feststellen. Die mittleren Jahrestemperaturen verlaufen in ihren Abweichungen vom 15-°C-Mittelwert in den letzten 160 000 Jahren im Wesentlichen parallel zu Änderungen der Gehalte an CO$_2$ und CH$_4$: Steigende Gehalte dieser Spurengase bedeuteten immer auch steigende Temperaturen und umgekehrt (s. Abb. 8-10 zusammen mit Abb. 8-9 bzw. Abb. 12-2 in Abschn. 12.2.1).

8.4 Spurengase und Klima

8.4.1 Treibhauseffekt

Wenn es keine Erdatmosphäre gäbe (Abb. 8-11 a), läge die mittlere Erdtemperatur bei −18 °C (255 K): Diese Temperatur würde für ein thermisches Gleichgewicht zwischen der von der Erde abgestrahlten Wärmemenge und der ankommenden Sonnenenergie ausreichen. Die mittlere globale Temperatur liegt aber zur Zeit bei ungefähr +15 °C (288 K); die Erdoberfläche ist also um 33 K wärmer, als sie ohne diesen durch die Atmosphäre verursachten Effekt wäre. Man spricht in diesem Zusammenhang vom *natürlichen Treibhauseffekt* (manchmal auch vom *Glashauseffekt*; engl. greenhouse effect). Dadurch ist das Leben in seiner jetzigen Form überhaupt erst möglich geworden. (Der erste, der diesen Sachverhalt formulierte, war SVANTE AUGUST ARRHENIUS im Jahr 1896.)

Dieser Effekt lässt sich – daher auch sein Name – mit einer Glasscheibe, wie sie auch als Dach für Treibhäuser verwendet wird, gut veranschaulichen (Abb. 8-11 b). Die Sonnenstrahlen gelangen durch das Glas (die Atmosphäre) auf den Boden. Das Glas im Treibhaus reflektiert – wie die Atmosphäre (Abb. 8-11 c) – je nach Durchlässigkeit für kurze oder lange Wellenlängen mit verschiedener Intensität einen Teil der vom Boden des Treibhauses ausgehenden Wärmeausstrahlung (gestrichelte Linien in Abb. 8-11); dadurch steigt die Temperatur am Boden und damit im Innern des Treibhauses an. Da ein Körper mit steigender Temperatur auch zunehmend mehr Wärme abstrahlt, stellt sich ein neues thermisches Gleichgewicht zwischen von der Sonne eingestrahlter und vom Boden abgestrahlter Energie ein und damit insgesamt bei unveränderter Sonneneinstrahlung eine höhere mittlere Temperatur auf der Erdoberfläche. (Die hohen Temperaturunterschiede zwischen Tag und Nacht, wie man sie in Äquator-

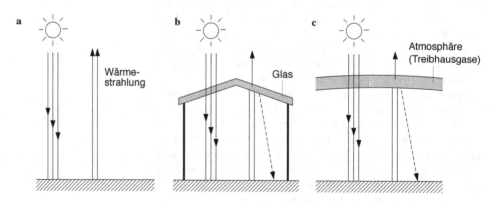

Abb. 8-11. Treibhauseffekt. – **a** Ungehinderte Sonneneinstrahlung und Wärmeabstrahlung; **b** Veranschaulichung mit Hilfe von Glasscheiben; **c** Wirkung der Atmosphäre.

nähe, in Wüstengegenden u. ä. beobachtet, sind darauf zurückzuführen, dass der Gehalt am Treibhausgas Wasserdampf dort deutlich niedriger ist; dadurch wird nachts weniger Wärme in Erdnähe zurückgehalten.)

Weiterhin spricht man vom *zusätzlichen* Treibhauseffekt. Verantwortlich dafür sind einige Spurengase wie CO_2 und CH_4 bzw. $CFCl_3$ und SF_6, deren Gehalte vor allem wegen der menschlichen Aktivitäten seit einigen Jahren deutlich ansteigen (vgl. auch Abb. 8-8 und Abb. 12-1).

Man nennt Spurenstoffe in der Atmosphäre, die die Wärmeabstrahlung von der Erde in den Weltraum beeinträchtigen und so eine Erwärmung erdnaher Luftschichten bewirken können, *klimawirksam* oder *Treibhausgase*. Es handelt sich dabei also um gasförmige Bestandteile der Atmosphäre, die infrarote Strahlung aufnehmen und wieder abgeben können.

Die wichtigsten *natürlichen* Treibhausgase, die die nächtliche Abkühlung der Erde abmildern und so das Leben auf der Erde ermöglichen, sind Wasserdampf und Kohlendioxid (Tab. 8-11).

8.4 Spurengase und Klima

Zusätzliche Teilchen
→ Zusätzlicher Treibhauseffekt

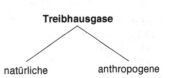

Tab. 8-11. Beitrag der wichtigsten klimawirksamen Spurengase zum Treibhauseffekt.

Gas	Anteil am zusätzlichen Treibhauseffekt (in %)	Erwärmungs-effekt (in K)	Relatives Treibhaus-potenzial[a]	Relativer Anstieg des Gehalts pro Jahr (in %)
Kohlendioxid (CO_2)	50	7,2	1	0,4
Methan (CH_4)	13	0,8	21	1,0
Ozon (bodennah; O_3)	7	2,4	2 000	0,7
Distickstoffoxid (N_2O)	5	1,4	310	0,25
Wasser (H_2O)[b]		20,6		
FCKW				
R 11 ($CFCl_3$)	5		12 400	
R 12 (CF_2Cl_2)	12	0,6	15 800	
Weitere (z. B. NH_3, CCl_4)				
Summe ca.		33 K		

a Konzentrationsbezogen; das relative Treibhauspotenzial von CO_2 ist 1 gesetzt (vgl. auch die auf R 11 bezogenen GWP-Werte für FCKW in Abb. 13-20 in Abschn. 13.5.2).
b Wechselnde Mengen.

Andere Gase sind *anthropogene* Treibhausgase, also vorwiegend auf die Aktivitäten des Menschen zurückzuführen (Tab. 8-12). Dazu zählt man auch z. B. die voll- und teilhalogenierten Fluorkohlenwasserstoffe (FCKW und H-FCKW), die halogenierten Fluorkohlenwasserstoffe (H-FKW) und die perfluorierten Kohlenwasserstoffe (FKW; vgl. Abschn. 13.5) sowie Schwefelhexafluorid, SF_6 (bei einigen Gasen ist die heutige Konzentration teilweise natürlichen Ursprungs, z. B. die Häfte des gegenwärtigen CF_4-Gehalts). Wegen ihrer hohen IR-Absorption und ihrer langen atmosphärischen Lebensdauer sind diese fluorierten Verbindungen sehr klimawirksam; im *Kioto-Protokoll* (1997) wurde

Tab. 8-12. Einige anthropogene Treibhausgase.

Gas	Volumenanteil um 1850	1998	Jährliche Zunahme
CO_2	~280 ppm	365 ppm	1,5 ppm
CH_4	~700 ppb	1745 ppb	7,0 ppb
N_2O	~270 ppb	314 ppb	0,8 ppb
$CFCl_3$	0 ppt	268 ppt	−1,4 ppt[a]
CHF_3	0 ppt	14 ppt	0,55 ppt
CF_4	40 ppt	80 ppt	1 ppt

a Jährliche Abnahme.

Tab. 8-13. GWP-Werte einiger klimawirksamer Gase[a)].

Gas	GWP-Wert
FKW	
CF_4	5 700
C_2F_6	11 900
C_3F_8	8 600
H-FKW	
CHF_3 (R 23)	12 000
CH_2F_2 (R 32)	550
CH_3F (R 41)	97
SF_6	22 200

[a] Bezogen auf einen Zeithorizont von 100 a.

Die Wellenlängenbereiche, in denen die Treibhausgase die Wärmestrahlung absorbieren, sind in Abb. 8-12 wiedergegeben. Maßgeblich für die Treibhauswirkung eines Gases in der Atmosphäre ist dessen Wärmeabsorptionsfähigkeit, also seine Absorption im infraroten Bereich, und seine Verweilzeit in der Atmosphäre. Um die Beiträge der verschiedenen Gase zum Treibhauseffekt miteinander vergleichen zu können (vgl. Tab. 8-11), wurde das *relative Treibhauspotenzial* (auch *GWP-Wert* genannt; GWP Greenhouse Warming Potential, auch Global Warming Potential) definiert. Es ist ein Maß für die Treibhauswirkung von Spurengasen: Diese relative Größe beschreibt die jeweilige Absorptionswirkung der einzelnen Treibhausgase im Vergleich zur Referenzsubstanz CO_2, für die der Wert mit 1 festgelegt wurde. So besitzen die FCKW im Vergleich zu CO_2 ein um mehr als das 10 000fache größeres Treibhauspotenzial (s.auch Tab. 8-13), was bedeutet, dass eines dieser Moleküle die gleiche Treibhauswirkung hat wie mehr als 10 000 zusätzliche CO_2-Moleküle.

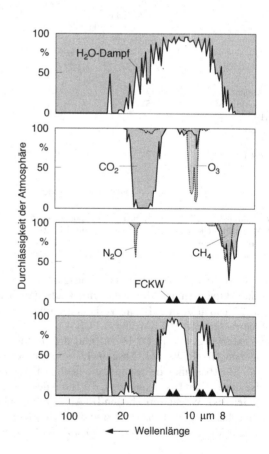

Abb. 8-12. Infrarot-Durchlässigkeit der Atmosphäre als Folge der Absorption durch die Treibhausgase H_2O, CO_2, CH_4, O_3 und N_2O. – Das untere Teilspektrum stellt die Summe der Wirkungen aller Gase dar; die Wellenlängenbereiche, in denen die FCKW absorbieren, sind gekennzeichnet.

Wegen der unterschiedlichen Verweilzeiten der einzelnen Treibhausgase in der Atmosphäre ist der GWP-Wert überdies abhängig vom betrachteten *Zeithorizont*: Der relative Beitrag von Gasen mit einer kürzeren atmosphärischen Verweilzeit als CO_2, z. B. CH_4, geht mit wachsendem Betrachtungszeitraum stärker zurück als der von Gasen mit einer längereren atmosphärischen Verweilzeit wie N_2O oder R 11 (Tab. 8-14).

Auch die sehr hohen Temperaturen (über 450 °C) an der Oberfläche der Venus – sie ist der Sonne näher als die Erde! – beruhen auf einem ausgeprägten Treibhauseffekt: Die Venusatmosphäre besteht nämlich zu 96 % aus CO_2, zu 3,5 % aus N_2, und den Rest machen SO_2, H_2O-Dampf, Ar, CO und H_2SO_4 aus.

8.4.2 Klimaänderung

Einige Veränderungen der Umwelt wie Erdbeben, Vulkanausbrüche oder Dürreperioden sind *Naturkatastrophen*. Der Mensch ist solchen Veränderungen seiner Umwelt, die in kurzen, überblickbaren Zeitabschnitten ablaufen, seit Jahrtausenden unterworfen. Neu sind die *Klimaveränderungen*: Wegen des jahreszeitlich bedingt stark schwankenden Wettergeschehens sind jedoch schleichende Veränderungen, die zu den natürlichen Schwankungen hinzukommen, kaum zu bemerken. Jedoch haben sich die Durchschnittstemperaturen in der Atmosphäre in den letzten 140 Jahren weltweit erhöht (Abb. 8-13).

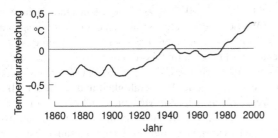

8.4 Spurengase und Klima

Tab. 8-14. GWP-Werte für verschiedene Zeithorizonte.

Verbindung	GWP-Wert		Verweilzeit (in a)
	100 a	500 a	
CO_2	1	1	
CH_4	21	4	10
N_2O	310	170	120
$CFCl_3$ (R 11)	4 600	1 400	45
CF_2Cl_2 (R 12)	10 100	4 100	100

Abb. 8-13. Temperaturabweichungen (weltweit) vom Mittelwert; gemittelt über die Durchschnittstemperaturen von 1961 bis 1990.

Die Änderung des Klimas in Europa wird inzwischen kaum noch angezweifelt. Die mittlere Lufttemperatur hat sich im 20. Jahrhundert um 0,8 °C erhöht; und das Jahrzehnt von 1990 bis 1999 wahr das wärmste in diesem Jahrhundert. Erste Auswirkungen der veränderten Temperaturen zeigen sich beim Zeitpunkt des Beginns und bei der Dauer der einzelnen Jahreszeiten: Der Frühling kommt früher, und der Herbst beginnt später. Manche Blumen beginnen signifikant früher zu blühen, und viele Singvögel halten sich fast einen Monat länger in unseren Breiten auf als noch vor 30 Jahren. Der Gebrauch fossiler Energien muss, so die Meinung vieler Vertreter der Wissenschaften und auch Befürworter einer vorsorgenden Klimapolitik, unbedingt vermindert werden, um den Treibhauseffekt einzudämmen. (Bis zum Jahr 2005 soll der CO_2-Ausstoß um 25 %, bezogen auf den Emissionswert von 1992, reduziert werden – so eine ehrgeizige Selbstverpflichtung Deutschlands bei der Klimakonferenz in Rio 1992.)

Die Hypothese, die am meisten diskutiert wird, basiert auf der Annahme, dass sich das Erdklima aufgrund des steigenden Gehalts an CO_2 und einiger anderer Treibhausgase (vgl. Abschn. 8.4.1) verändert. Einige Fragen, die im Zusammenhang mit diesem „Kohlendioxidproblem" gestellt werden, lauten:

– Wie schnell und bis zu welchem Niveau wird das Verbrennen fossiler Brennstoffe den Kohlendioxidgehalt der Atmosphäre erhöhen?

– Führt die Zunahme des Kohlendioxidgehalts tatsächlich, wie vermutet, zu einer weltweiten Erwärmung? (Oder erwärmt sich die Erde, und der CO_2-Gehalt der Atmosphäre steigt deshalb an?)

– Welche Konsequenzen für die Biosphäre haben eventuelle Klimaänderungen und andere Auswirkungen einer steigenden Kohlendioxidkonzentration?

Man kann nicht verlässlich vorhersagen, wie sich die menschlichen Aktivitäten und das damit verbundene Ansteigen der Gehalte zahlreicher Spurengase in der Atmosphäre (vgl. Tab. 8-11 in Abschn. 8.4.1) auf das Klima auswirken werden. Eine besondere Rolle spielen bei allen Überlegungen die Ozeane: Sie sind zwar der Hauptregulator der CO_2-Menge in der Atmosphäre; aber man weiß nicht, wie schnell CO_2 zwischen dem Oberflächenwasser und dem Wasser in den tiefen Schichten der Ozeane ausgetauscht wird. Auch ist unter anderem unsicher, wie sich eine Änderung des Gehalts an Plankton im Oberflächenwasser – verursacht beispielsweise durch erhöhte UV-Einstrahlung (vgl. Abschn. 13.4.3) – oder eine Änderung der Pufferfähigkeit und damit der Alkalität des Meeres durch ansteigende Mengen an gelöstem anorganischen Kohlenstoff auswirken. Hinzu kommt, dass die Ozeane wegen ihrer enormen Wärmekapazität auf Temperaturänderungen in der Atmosphäre dämpfend wirken.

Mit Hilfe von *Klimamodellen* versuchen Wissenschaftler, Prognosen über die Entwicklung des Weltklimas zu gewinnen. Solche Berechnungen sind mit erheblichen Unsicherheiten behaftet, da einige Prozesse, die das Klima beeinflussen, auch heute noch nicht vollständig verstanden werden, z. B. die Wasserkreisläufe in den Ozeanen und der Einfluss der Wolken. Das System aus Atmosphäre, Ozeanen, Land- und Eisflächen ist nicht-linear, d. h. es muss mit exponentiell ablaufenden Veränderungen gerechnet werden; bei solchen Systemen ist es grundsätzlich nicht möglich, Ereignisse über lange Zeiträume vorherzusagen. Dieser Unsicherheit versucht man dadurch Rechnung zu tragen, dass man bei zu erwartenden Änderungen Bandbreiten angibt. Wenn die Emissionen von Treibhausgasen weiter, wie zur Zeit, bis zum Jahre 2100 ansteigen, wird sich die globale mittlere Temperatur um 3...9 K gegenüber dem vorindustriellen Wert erhöhen; 5 K werden heute als wahrscheinlichster Wert angesehen (diese Erwärmung in gut 100 Jahren wäre genau so groß wie die seit der letzten Eiszeit vor 18 000 Jahren).

Was würde bei Temperaturerhöhung geschehen? Da dann mehr Wasser – besonders aus den Ozeanen – verdunstet, würde der Wassergehalt in der Atmosphäre ansteigen. Wenn dieser Wasserdampf zu tiefliegenden Cumulus- und Stratus-Wolken kondensiert, wird die Sonnenstrahlung stark an der Wolkenoberfläche reflektiert, was zu einer Abnahme der Temperatur unter den Wolken führt – der Treibhauseffekt würde in diesem Fall teilweise kompensiert. Kondensiert der Wasserdampf jedoch zu hochliegenden Cirrus-Wolken, die besonders stark IR-Strahlung absorbieren, würde der Treibhauseffekt noch verstärkt werden – ein Rückkopplungseffekt mit einer noch stärkeren Erwärmung der Erdoberfläche wäre die Folge. Welche Art der Bewölkung letztlich überwiegen wird, ist derzeit noch nicht abzusehen.

Für eine Temperaturerhöhung ist Kohlendioxid nicht allein verantwortlich. Der Temperatureffekt könnte erheblich verstärkt werden, wenn auch die Gehalte anderer IR-Strahlen absorbierender Gase wie N_2O, CH_4 und FCKW in den nächsten 50 bis 100 Jahren, wie erwartet, zunehmen. Der Anstieg der globalen Durchschnittstemperatur um ca. 0,5 K in den vergangenen 100 Jahren sowie der Anstieg des Meeresspiegels um 10...20 cm im selben Zeitraum sind wahrscheinlich bereits auf den vom Menschen verursachten zusätzlichen Treibhauseffekt zurückzuführen.

8.4 Spurengase und Klima

9 Kohlenmonoxid

9.1 Eigenschaften

Kohlenmonoxid (auch *Kohlenoxid*, *Kohlenstoffmonoxid*; CO) ist ein farb-, geruch- und geschmackloses Gas. Es hat eine Dichte von 96,5 % der Dichte der Luft und ist schlecht löslich in Wasser (bei 20 °C: 0,23 mL/L).

Ab ca. 700 °C verbrennt CO mit bläulicher Flamme zu CO_2 nach

$$CO + 1/2\, O_2 \longrightarrow CO_2 \qquad (9\text{-}1)$$

Volumenanteile von 12,5...74 % Kohlenmonoxid in Luft sind explosible Gemische. Von Bedeutung bei den Reaktionen im System $C\text{-}CO\text{-}CO_2\text{-}O_2$ [vgl. Gl. (8-5) und (8-6) in Abschn. 8.1] ist auch das *BOUDOUARD-Gleichgewicht* [s. Gl. (8-7)].

Kohlenmonoxid – Lebensdauer in der Atmosphäre ca. 40 d – ist reaktionsfähiger als Kohlendioxid. Dies ist auch der Grund für seine Bedeutung in der anorganischen Technologie, z. B. bei der Herstellung reinster Metalle über Carbonyle, und in der organischen Synthese, z. B. bei der Herstellung von Methanol oder von Carbonsäuren und von Estern durch Carbonylierung bzw. Hydroformylierung (die Anlagerung von CO und H_2 an olefinische Doppelbindungen).

CO ist ein wichtiger Bestandteil des als Heizgas verwendeten *Generatorgases* (25 % CO, 4 % CO_2 und 70 % N_2 neben Spuren von H_2, CH_4 und O_2), das durch Einblasen von Luft in glühenden Koks gewonnen wird:

$$2\,C + O_2 \xrightarrow{\ >T\ } 2\,CO \qquad (9\text{-}2)$$

und des *Wassergases* (50 % H_2, 40 % CO, 5 % CO_2 und 5 % N_2 und CH_4), das man durch Einblasen von Wasserdampf in glühenden Koks erhält:

$$C + H_2O \xrightarrow{\ >T\ } CO + H_2 \qquad (9\text{-}3)$$

(Ein hauptsächlich aus CO und H_2 bestehendes Gas wird auch *Synthesegas* genannt, wenn es für Synthesen in der Chemischen Industrie eingesetzt wird.)

9.2 Quellen und Senken

9.2.1 Quellen

Bei der Verbrennung von Kohlenstoff und Kohlenstoff enthaltenden Verbindungen entsteht neben CO_2 stets auch Kohlenmonoxid, CO, und dies in besonders großen Mengen, wenn der vorhandene Sauerstoff zur vollständigen Verbrennung nicht ausreicht [vgl. Gl. (8-6) in Abschn. 8.1]. Beispielsweise wird CO in großen Mengen emittiert durch Feuerung in der Industrie und durch den Hausbrand.

Die zweite bedeutende CO-Quelle ist die Reaktion flüchtiger organischer Verbindungen mit Hydroxyl-Radikalen, OH, besonders die Oxidation von Methan, CH_4, zunächst zu Formaldehyd, HCHO, und weiter zu Kohlenmonoxid, CO (vgl. Abb. 12-3 und Abb. 12-4 in Abschn. 12.2.2). Die Methanoxidation ist eine bedeutende Quelle für CO und zugleich eine wichtige Senke für Methan: Ungefähr 80 % des CO in nicht-städtischen Gegenden werden auf diese Weise gebildet.

Eine weniger bedeutende CO-Quelle sind die Ozeane, die CO in die Luft abgeben (die Herkunft des CO im Ozean ist noch nicht bekannt). Auch beim Wachsen und bei der Zersetzung von Pflanzen, die Chlorophyll enthalten, entsteht CO.

Aus anthropogenen Quellen stammen jährlich insgesamt $1490 \cdot 10^6$ t Kohlenmonoxid und aus natürlichen $920 \cdot 10^6$ t – damit liefert die Tätigkeit des Menschen einen Beitrag von ca. 60 %. Im Straßenverkehr in den Städten liegen die CO-Volumenanteile bei 5...50 ppm. Es besteht eine direkte Korrelation zwischen Automobilverkehr und CO-Emissionen: In der Hauptverkehrszeit steigen die CO-Gehalte stark an. Bei besonders starkem Verkehr und bei Staus sind CO-Volumenanteile von 140 ppm beobachtet worden. Dann wird CO derart schnell und in so großen Mengen auf engem Raum gebildet, dass die natürlichen Mechanis-

CO

1 ppb entspricht $1{,}165\ \mu g/m^3$
(20 °C; 1,013 hPa)

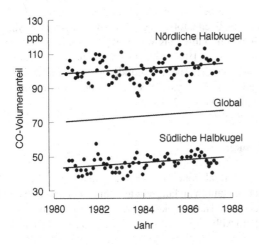

Abb. 9-1. Zeitliche Änderung des CO-Gehalts in der Troposphäre.

155

9 Kohlenmonoxid

Tab. 9-1. Globale Quellen und Senken[a] von CO in der Atmosphäre.

Quellen und Senken	Flüsse[b] (in 10^6 t/a)
Natürliche Quellen	
Photochemische Oxidation von natürlichen flüchtigen organischen Verbindungen in der Troposphäre (Methan, Terpene usw.)	750
Pflanzen und Mikroorganismen auf den Kontinenten	100
Ozeane	40
Waldbrände	30
Anthropogene Quellen	
Verbrennung fossiler Brennstoffe	500
Brandrodung tropischer Wälder	400
Photochemische Oxidation von flüchtigen organischen Verbindungen in der Troposphäre	340
Savannenbrände und landwirtschaftliche Verbrennung von Biomasse in den Tropen	200
Verbrennung von Holz zur Energiegewinnung	50
Senken	
Reaktion mit OH-Radikalen in der Troposphäre	2050
Aufnahme durch Böden	250
Photochemischer Abbau in der Stratosphäre	107

[a] Akkumulierung in der Atmosphäre: ca. $3 \cdot 10^9$ t/a.
[b] Mittelwerte, geschätzt.

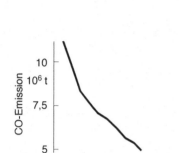

Abb. 9-2. CO-Emissionen in Deutschland.

Tab. 9-1. CO-Emissionen einiger Länder (Auswahl).

	1980	1996
	Emissionen (in 10^6 t)	
Belgien	1,6[b]	1,4
Dänemark	0,7	0,6
Deutschland	14,0[a]	6,7
Finnland	0,7	0,4
Frankreich	9,2	8,6
Griechenland	1,4[b]	1,3
Großbritannien	8,1[b]	2,6
Italien	7,6	8,0[b]
Niederlande	1,1[b]	0,9
Österreich	1,7	1,0
Polen	7,4[b]	4,8
Russland	31,5	9,3
Schweiz	1,3	0,5
Tschechien	0,9	0,9
Spanien	–	4,7[b]
USA	105,9	80,6

[a] Bundesrepublik Deutschland und DDR.
[a] Wert für 1990.

men versagen, nach denen CO sonst wirkungsvoll aus der Atmosphäre entfernt wird. In Stadtgebieten können 95...98 % des CO anthropogenen Ursprungs sein (s. auch Tab. 7-3 in Abschn. 7.2.2).

Die Hauptquellen für Kohlenmonoxid sind also die unvollständige Verbrennung von Kohlenstoff oder organischen Stoffen wie Kohle, Holz oder Erdöl – auch aus dem Automobilverkehr – und die photochemische Oxidation flüchtiger organischer Verbindungen (Tab. 9-1), eingeleitet durch OH-Radikale. Deshalb ist der CO-Gehalt auf der Nordhalbkugel fast 2,5-mal so hoch wie auf der wenig industrialisierten Südhalbkugel (s. auch Abb. 7-2 b in Abschn. 7.2). Auch ist – entsprechend der zunehmenden Verbrennung fossiler Brennstoffe (vgl. Abb. 8-3 in Abschn. 8.2.1) – der CO-Gehalt viele Jahre lang weltweit gestiegen (Abb. 9-1); er sinkt aber seit ungefähr 1987. In Deutschland haben die Emissionen – wie in den meisten anderen Ländern – nicht zuletzt wegen der wirkungsvollen Katalysatortechnik in den Automobilen – stark abgenommen (Abb. 9-2, Tab. 9-1).

9.2.2 Senken

Die meisten Reaktionen in der Atmosphäre wie die in Gl. (9-1) beschriebene laufen zu langsam ab, um CO in merklichen Mengen abzubauen. Die Hauptsenke für CO ist die Reaktion mit Hydroxyl-Radikalen (Abb. 9-3). (Auf die Bedeutung des OH-Radikals als wichtigste reaktive Verbindung für die Reinigung der Troposphäre ist schon in Abschn. 7.5 eingegangen worden.)

Dabei kann die Oxidation von CO im Wesentlichen auf zwei Wegen ablaufen, je nach Gehalt an Stickstoffmonoxid und Ozon in der Atmosphäre. Wenn das Verhältnis $c(NO)/c(O_3)$ bei Werten > 1/5000 liegt, wird beim Abbau von Kohlenmonoxid Ozon *gebildet* (linker Ast des Schemas in Abb. 9-3).

$$CO + OH \longrightarrow CO_2 + H \qquad (9\text{-}4\,a)$$
$$H + O_2 + M \longrightarrow HO_2 + M \qquad (9\text{-}4\,b)$$
$$HO_2 + NO \longrightarrow NO_2 + OH \qquad (9\text{-}4\,c)$$
$$NO_2 \xrightarrow[h \cdot v]{\lambda < 420\,nm} NO + O \qquad (9\text{-}4\,d)$$
$$O + O_2 \longrightarrow O_3 \qquad (9\text{-}4\,e)$$

$$CO + 2\,O_2 \xrightarrow[h \cdot v]{\lambda < 420\,nm} CO_2 + O_3 \qquad (9\text{-}4\,f)$$

Wenn sich das kritische Konzentrationsverhältnis $c(NO)/c(O_3)$ bei Werten < 1/5000 einstellt, überwiegt ein anderer Reaktionsweg (rechter Ast in Abb. 9-3): Beim Abbau von Kohlenmonoxid wird Ozon *verbraucht*.

$$CO + OH \longrightarrow CO_2 + H \qquad (9\text{-}5\,a)$$
$$H + O_2 + M \longrightarrow HO_2 + M \qquad (9\text{-}5\,b)$$
$$HO_2 + O_3 \longrightarrow OH + 2\,O_2 \qquad (9\text{-}5\,c)$$

$$CO + O_3 \longrightarrow CO_2 + O_2 \qquad (9\text{-}5\,d)$$

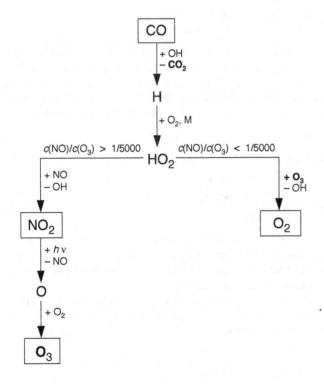

Abb. 9-3. Abbau von CO in der Troposphäre.

9 Kohlenmonoxid

Das OH-Radikal ist dasjenige reaktive Teilchen, das die Oxidation auslöst; aber NO und O_3 spielen offensichtlich bei Zwischenschritten dieser Reaktionen eine wesentliche Rolle. Die Summengleichungen (9-4 f) und (9-5 d), die sich durch Addition aller linken und aller rechten Seiten der Gleichungen ergeben, beschreiben den Gesamtvorgang, geben aber nicht wieder, welche Teilchen tatsächlich an diesen nacheinander ablaufenden Reaktionen beteiligt sind.

Senken, jedoch von untergeordneter Bedeutung, sind die Böden, die eine große Anzahl aerober Mikroorganismen (Bakterien, Pilze, Algen) beherbergen, die unter anderem auch CO – in erster Linie zu CO_2 – umsetzen können.

9.3 Wirkungen beim Menschen

Hämoglobin (*griech.* aima, Blut, *lat.* globus, Kugel) ist im menschlichen Blut für den Transport von Sauerstoff zuständig. Hämoglobin ist der rote Blutfarbstoff in den roten Blutkörperchen (Erythrozyten) der Wirbeltiere. Eingeatmeter Sauerstoff wird als *Oxyhämoglobin*, HbO_2, von der Lunge bis zu den Körperzellen, z. B. in Muskeln, transportiert. Das Stoffwechsel-Endprodukt ist Kohlendioxid, CO_2; es gelangt zu einem großen Teil als CO_2Hb von den Zellen wieder zurück zur Lunge und wird dort ausgeatmet.

Hämoglobin	Hb
Oxyhämoglobin	HbO_2
Carboxyhämoglobin	COHb

$$Hb + O_2 \rightleftharpoons HbO_2 \tag{9-6}$$
$$Hb + CO_2 \rightleftharpoons CO_2Hb \tag{9-7}$$

Soweit der „normale" Transport von O_2 und CO_2 im Blut. Aber auch Kohlenmonoxid kann mit Hämoglobin in den roten Blutkörperchen reversibel eine Verbindung bilden: den Koordinationskomplex *Carboxyhämoglobin*, COHb. CO kann im Blut O_2 ersetzen und so den Sauerstofftransport im Körper behindern.

$$HbO_2 + CO \rightleftharpoons COHb + O_2 \tag{9-8}$$

Die Gleichgewichtskonstante für diese Reaktion

$$K = \frac{c(COHb) \cdot \varphi(O_2)}{c(HbO_2) \cdot \varphi(CO)} = 370 \tag{9-9}$$

(φ Volumenanteil)

(die in der Literatur angegeben Werte variieren von 210 bis 400) sagt aus, dass CO eine 370-mal größere Affinität zu Hämoglobin hat als Sauerstoff. Kleine Mengen Kohlenmonoxid können also durchaus „erfolgreich" wirken.

Dazu ein Rechenbeispiel: Um zu ermitteln, bei welchem CO-Volumenanteil in der Atemluft 10 % des Hämoglobins im Blut blockiert sind, muss

$$\frac{c(\text{COHb})}{c(\text{HbO}_2)} = 1/9 \qquad\qquad (9\text{-}10)$$

gelten. Da die Luft ungefähr 20 % O_2 enthält, also $\varphi(O_2) = 0{,}20$ gilt, ergibt sich

$$K = 370 = \frac{0{,}20}{\varphi(\text{CO})} \cdot \frac{1}{9} \qquad\qquad (9\text{-}11)$$

oder

$$\varphi(\text{CO}) = \frac{0{,}20}{9 \cdot 370} = 0{,}000\,060 = 60\ \text{ppm} \qquad\qquad (9\text{-}12)$$

Ein Volumenanteil von nur 60 ppm CO in der Atmosphäre reicht also aus, um bereits 10 % des Hämoglobins im Blut zu binden und damit für den Sauerstofftransport auszuschalten.

Je nach Gehalt an Carboxyhämoglobin im Blut werden verschieden starke Gesundheitsschäden beobachtet (Tab. 9-2). Schon ein CO-Volumenanteil in der Atemluft von 100 ppm (0,01 %) beeinträchtigt die Leistungsfähigkeit des Menschen. Tod tritt ein, wenn ca. 60 % des Hämoglobins für den Sauerstofftransport ausfallen.

CO

MAK-Wert: 30 ppm (33 mg/m^3)
BAT-Wert: 5 % COHb

9.3 Wirkungen beim Menschen

Tab. 9-2. Vergiftungssymptome in Abhängigkeit vom Gehalt an CO in der Atemluft und an Carboxyhämoglobin, COHb, im Blut.

$\varphi(\text{CO})$ in der Luft (in ppm)	COHb-Gehalt im Blut (in %)	Symptome
60	10	Beeinträchtigung der Leistungsfähigkeit, Anzeichen von Sehschwäche, leichte Kopfschmerzen
130	20	Kopf- und Leibschmerzen, Müdigkeit, beginnende Bewusstseinseinschränkung
200	30	Bewusstseinsschwund, Lähmung, Beginn von Atemstörungen, evtl. Kreislaufkollaps
660	50	Tiefe Bewusstlosigkeit, Lähmung, Atmungshemmung
750	60	Beginn der letalen Wirkung innerhalb einer Stunde

Der Normalwert von Carboxyhämoglobin, der „Hintergrundlevel", im normalen Blut liegt bei 3 %. Der HbCO-Spiegel bei den Verkehr regelnden Polizisten in Ballungsgebieten liegt bei höchstens 10 %. Bei starken Rauchern kann dieser Wert 15 % erreichen.

Wenn CO auf den menschlichen Organismus einwirkt, stellt sich das Gleichgewicht [Gl. (9-8)] nicht spontan ein. Es dauert normalerweise einige Stunden, bis die Gleichgewichts-COHb-Konzentration im Körper erreicht ist. Die Geschwindigkeit, mit der sich CO an Hämoglobin bindet, hängt neben dem CO-Volumenanteil von der Aktivität des Stoffwechsels und damit von der Atemfrequenz ab: Erhöhte körperliche Anstrengungen können diese Zeitspanne erheblich verkürzen (Abb. 9-4).

Zur Behandlung von CO-Vergiftungen wird viel frische Luft – besser: mit Sauerstoff angereicherte Luft – empfohlen.

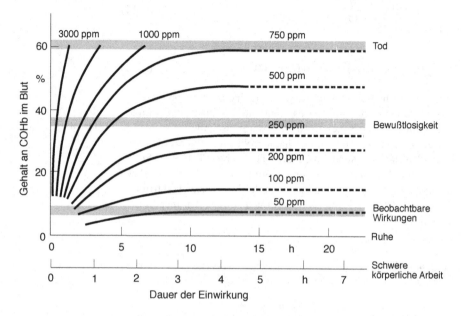

Abb. 9-4. Zusammenhang zwischen COHb-Gehalt in den roten Blutkörperchen, Zeit des Einwirkens von Kohlenmonoxid und körperlicher Aktivität für unterschiedliche CO-Volumenanteile in der Atemluft.

10 Schwefelverbindungen

10.1 Eigenschaften, Verwendung

Nur wenige Schwefelverbindungen sind an der Chemie der Atmosphäre beteiligt (Abb. 10-1). Allen voran zu nennen – weil in großen Mengen vorkommend – ist *Schwefeldioxid*, SO_2. Es ist ein farbloses, stechend riechendes Gas, ungefähr 2,3-mal schwerer als Luft (Gasdichte 2,927 g/L); bei 20 °C und 1013 hPa lösen sich 18,6 g SO_2 (das sind 6,5 L) in 100 mL Wasser (s. auch Abschn. 16.3.3).

Gasförmiges SO_2 ist unbrennbar. Es kann in Anwesenheit von Katalysatoren zu *Schwefeltrioxid*, SO_3, oxidiert werden. In der Atmosphäre können besonders Rußpartikeln als Oxidationskatalysatoren wirksam sein:

$$SO_2 \xrightarrow[\text{Katalysator}]{O} SO_3 \qquad (10\text{-}1)$$

Früher führte man in Krankenzimmern und Wohnungen gegen Wanzen und andere Schädlinge Schwefelräucherungen durch: Dazu wurden je Kubikmeter Wohnraum ca. 16 g Schwefel verbrannt. Man sprach von „Schwefeln" und meinte damit die desinfizierende Wirkung von Schwefeldioxid: Bereits 2 % SO_2 in der Luft wirken innerhalb von 6 Stunden in geschlossenen Räumen insektentötend, das Wachstum von Mikroorganismen wird durch SO_2 gehemmt.

SO_2 ist ein *Lebensmittel-Zusatzstoff*. Darunter versteht man alle Stoffe, die nicht normale Lebensmittelrohstoffe oder deren Inhaltsstoffe sind und die bei der Herstellung von Lebensmitteln zum Einsatz kommen. Solche Zusatzstoffe sollen dazu beitragen, die Brauchbarkeit, Haltbarkeit, Ansehnlichkeit oder Stabilität der Lebensmittel zu verbessern oder zu verlängern. SO_2 dient vor allem der Konservierung. Solche Lebensmittel-*Konservierungsstoffe* sollen nachteilige Veränderungen an Lebensmitteln verzögern oder verhindern; sie werden also Lebensmitteln zugesetzt, um deren Haltbarkeit und Gebrauchsfähigkeit zu verlängern.

Gebräuchliche „natürliche" Konservierungsmittel sind u. a. Kochsalz, Essig und Zucker. Die anderen, „chemischen", Konservierungsmittel sind – wie SO_2 – nur für bestimmte Lebensmittel in bestimmten Konzentrationen ausdrücklich zugelassen (vgl. § 12 des Lebensmittel- und Bedarfsgegenständegesetzes, LMBG). Lebensmittel-Zusatzstoffe müssen beispielsweise auf Speisekarten oder auf Lebensmittel-Etiketten mit ihren *E-Nummern* kenntlich gemacht werden („E" steht für „Europa" oder „EG/EU" und auch für „Essbar/Edible"; Tab. 10-1). Zusatzstoffe mit einer

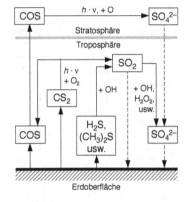

Abb. 10-1. Umweltchemisch relevante Schwefelverbindungen. – Die gestrichelten Linien kennzeichnen „trockene und nasse Deposition".

SO_2

MAK-Wert: 2 ppm (5 mg/m^3)

Lebensmittel-Zusatzstoffe
(Auswahl)

• Konservierungsstoffe
• Farbstoffe
• Antioxidationsmittel
• Emulgatoren
• Schaumverhüter
• Gelier- und Verdickungsmittel
• Stabilisatoren
• Geschmacksverstärker
• Süßungsmittel
• Säuerungsmittel
• Feuchthaltemittel

10 Schwefelverbindungen

H_2S

MAK-Wert: 10 ppm (14 mg/m^3)

SF_6-Emissionen

6 300 t (weltweit; 1996)

Schwefelverbindungen

Reduzierte Form	Oxidierte Form
H_2S, CH_3SH,	SO_2, HSO_3^-,
$(CH_3)_2S$, CS_2,	H_2SO_4, SO_4^{2-}
COS u. a.	u. a.

solchen E-Nummer sind über das europäische Lebensmittelrecht zusätzlich auf ihre gesundheitliche Unbedenklichkeit hin geprüft, und die Art der Verwendung wird ausdrücklich geregelt.

Die zur Konservierung erlaubten Höchstmengen von Schwefeldioxid („E 220"; Tab. 10-1) für einzelne Lebensmittel sind in der *Zusatzstoff-Zulassungsverordnung* (ZZulV) angegeben: Beispielsweise dürfen Rosinen und einige andere Trockenfrüchte mit Schwefeldioxid oder bestimmten Sulfiten konserviert werden (SO_2-Höchstmenge: 2000 mg/kg); Wein wird schon seit alters her geschwefelt.

In der Zellstoff- und Textilindustrie dient SO_2 als Bleichmittel. 98 % des industriell erzeugten Schwefeldioxids werden zur Herstellung von *Schwefelsäure*, H_2SO_4, einem der wichtigsten Grundprodukte der Chemischen Industrie, verwendet.

Schwefeldioxid reagiert in wässriger Lösung unter Bildung von *Hydrogensulfit-* und *Sulfit-*Ionen (HSO_3^- bzw. SO_3^{2-}):

$$SO_2 + H_2O \quad \rightleftharpoons \quad H_2SO_3 \tag{10-2}$$

$$H_2SO_3 + H_2O \quad \rightleftharpoons \quad H_3O^+ + HSO_3^- \tag{10-3}$$

$$HSO_3^- + H_2O \quad \rightleftharpoons \quad H_3O^+ + SO_3^{2-} \tag{10-4}$$

Eine weitere Schwefel enthaltende Verbindung in der Natur ist *Schwefelwasserstoff*, H_2S. Schwefelwasserstoff ist ein stark giftiges Gas; faule Eier verdanken ihm ihren spezifischen Geruch: Die Geruchsschwelle liegt bei ungefähr 0,15 mg/m^3. Besonders bei diesem giftigen Gas liegt, was die Geruchswahrnehmung angeht, eine große Gefahr in einem Gewöhnungseffekt: Die Nase nimmt das Gas nach kurzer Zeit nicht mehr wahr.

Eine für die Umwelt relevante gasförmige Schwefelverbindung ist *Kohlenoxidsulfid (Carbonylsulfid)*, COS. Dieses farblose übelriechende Gas ist, ähnlich wie *Schwefelkohlenstoff*, CS_2, sehr leicht entzündlich. *Dimethylsulfid*, $(CH_3)_2S$, ist die wichtigste flüchtige Schwefelverbindung im Ozean. In der Meeresluft findet man des weiteren in geringen Mengen *Methylmercaptan*, CH_3SH.

Wegen seiner starken IR-Absorptionen und der damit verbundenen Klimawirksamkeit (s. Abschn. 8.4.1) gehört in diese Aufzählung noch das anthropogene *Schwefelhexafluorid* (SF_6), das als Füllgas für Schallschutzfenster und Autoreifen verwendet wird.

10.2 Quellen und Senken, Schwefelkreislauf

Am Transport von Schwefel in der Natur sind vor allem die gasförmigen Verbindungen beteiligt (Abb. 10-2). Ungefähr die Hälfte der Schwefelverbindungen in der Atmosphäre kommt in *oxidierter* Form – vorwiegend aus anthropogenen Quellen – als SO_2 und H_2SO_4/SO_4^{2-} vor. Die Verbindungen mit Schwefel in *reduzierter* Form, also H_2S, CH_3SH, $(CH_3)_2S$, CS_2 und COS, stammen im Wesentlichen aus natürlichen Quellen.

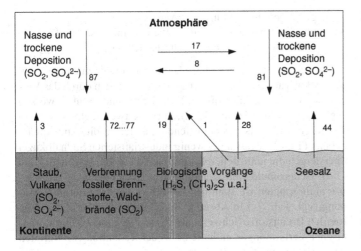

Atmosphäre

Nasse und
trockene
Deposition
(SO_2, SO_4^{2-})

17

8

Nasse und
trockene
Deposition
(SO_2, SO_4^{2-})

87

81

3

72...77

19

1

28

44

Staub,
Vulkane
(SO_2,
SO_4^{2-})

Verbrennung
fossiler Brenn-
stoffe, Wald-
brände (SO_2)

Biologische Vorgänge
[H_2S, $(CH_3)_2S$ u.a.]

Seesalz

Kontinente

Ozeane

10.2 Quellen und Senken, Schwefelkreislauf

Abb. 10-2. Atmosphärischer Schwefelkreislauf (Werte in 10^6 t/a, bezogen auf S).

Kohlenoxidsulfid, COS, ist mit einer Lebensdauer von ungefähr 1 a die langlebigste Schwefelverbindung in der Atmosphäre. Es ist global annähernd gleich verteilt und hat – von SO_2 abgesehen – den höchsten mittleren Gehalt in der Troposphäre und die geringsten Schwankungen im Gehalt aller Schwefelverbindungen (vgl. Tab. 7-1 in Abschn. 7.2.1). Als Quellen nimmt man neben Vulkanismus die Oxidation von CS_2 an, aber auch bei biologischen Prozessen und bei Waldbränden entsteht COS. Wegen seiner hohen Stabilität in der Troposphäre liegen die Senken von Kohlenoxidsulfid wahrscheinlich vorwiegend in der Stratosphäre. Die meisten anderen Schwefel enthaltenden gasförmigen Verbindungen in der Troposphäre sind zu reaktiv – die Lebensdauer von CS_2 und SO_2 beträgt beispielsweise nur wenige Tage – und zu gut wasserlöslich, um in größerem Ausmaß die Stratosphäre zu erreichen.

Quellen für H_2S, CH_3SH, $(CH_3)_2S$ und CS_2 gibt es an allen Stellen der Erdoberfläche, an denen biologische Prozesse unter anaeroben Bedingungen (vgl. Abschn. 2.2.2) ablaufen, z. B. in Watten und Sümpfen; aber auch in den Ozeanen entstehen Schwefelverbindungen, vor allem $(CH_3)_2S$, das in großen Mengen von Algen produziert wird. Ein erhöhter Gehalt dieser Gase in Ballungsgebieten zeigt an, dass ebenfalls anthropogene Quellen, z. B. Raffinerien, eine Rolle spielen.

Die reduzierenden schwefelhaltigen Gase wie H_2S und $(CH_3)_2S$ werden in der Atmosphäre überwiegend zu SO_2 oxidiert (s. Abb. 10-1). Dabei werden die meisten dieser Stoffe in einem ersten Reaktionsschritt durch OH-Radikale in 1...2 d abgebaut (die weiteren Reaktionswege sind noch keineswegs gesichert). Aus CS_2 entsteht zu gleichen Teilen COS und SO_2.

Schwefeldioxid in der Atmosphäre kann weiter in SO_3 und H_2SO_4 umgewandelt werden. Diese Schwefel(VI)-Verbindungen

Tab. 10-2. SO_2-Emissionen einiger Länder (Auswahl).

	1980	1996
	Emissionen (in 10^6 t)	
Belgien	0,83	0,24
Dänemark	0,45	0,19
Deutschland	7,51[a]	1,54
Finnland	0,58	0,11
Frankreich	3,34	1,03
Griechenland	0,40	0,54
Großbritannien	4,86	2,02
Italien	3,76	1,65[b]
Niederlande	0,49	0,14
Österreich	0,40	0,05
Polen	4,10	2,37
Russland	7,16	2,69
Schweiz	0,12	0,03
Tschechien	2,26	0,95
Spanien	3,32	2,27[b]
USA	23,50	17,34

[a] Bundesrepublik Deutschland und DDR.

[b] Wert für 1990.

Tab. 10-3. Weltweite Emissionen von Schwefelverbindungen (angegeben als SO_2).

Hauptquellen	Emissionen (in 10^6 t/a)
Verbrennung von Kohle und Erdöl[a]	160...240
Oxidation von Schwefel-verbindungen aus Ozeanen, Sümpfen usw.	80...200
Vulkane	10... 20

[a] Rohkohle und Erdöl enthalten bis zu 4 % Schwefel.

Tab. 10-4. Schwefelgehalte in verschiedenen fossilen Brennstoffen, bezogen auf die Menge an Brennstoff, die einem Heizwert von 1 GJ (= 10^9 J) entspricht.

Brennstoff	Schwefelgehalt (in kg)
Steinkohle	10,9
Braunkohle	8,0
Schweres Heizöl	6,7
Leichtes Heizöl	1,7
Erdgas	0,2

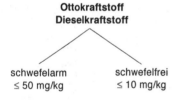

Ottokraftstoff
Dieselkraftstoff

schwefelarm ≤ 50 mg/kg   schwefelfrei ≤ 10 mg/kg

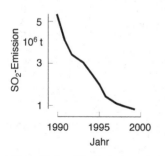

Abb. 10-3. SO_2-Emissionen in Deutschland.

– begünstigen die Bildung von Aerosolen,
– können die Produktion von Wolken beeinflussen, und
– sind deshalb von Bedeutung für das Klima.

Durch Aktivitäten des Menschen (die Emissionen einiger Länder sind in Tab. 10-2 zusammengestellt), vor allem durch das Verbrennen fossiler Brennstoffe z. B. in Kraft- und Fernheizwerken (vgl. Tab. 7-3 in Abschn. 7.2.2), wird weltweit mehr Schwefeldioxid emittiert, als aus natürlichen Quellen in die Atmosphäre gelangt (Tab. 10-3). Auf der wenig industrialisierten Südhalbkugel übersteigen die natürlichen Emissionen die anthropogenen.

In Deutschland sind ungefähr zwei Drittel der SO_2-Emissionen anthropogen; sie stammen vor allem aus der Energiegewinnung (vgl. Tab. 7-3 in Abschn. 7.2.2). Dies liegt daran, dass die fossilen Brennstoffe Schwefel als *Pyrit*, FeS_2, und in Form organischer Verbindungen enthalten (aus der Reduktion von Sulfaten durch Bakterien; Tab. 10-4).

Um die SO_2-Emissionen zu verringern, wird in Deutschland der Schwefelgehalt in Heizöl und Dieselkraftstoff durch die *Schwefelgehaltsverordnung* („Verordnung über Schwefelgehalt von leichtem Heizöl und Dieselkraftstoff", 3. BImSchV) auf einen Gewichtsanteil von höchstens 0,2 %, berechnet als Schwefel, beschränkt.

Von Bedeutung für natürliche Emissionen sind auch Vulkane, Risse in der Erdkruste, durch die Schwefeldioxid ausgestoßen wird. Vermutete Schwefelquelle ist *Pyrit*, FeS_2, ein weitverbreitetes Mineral in irdischem Vulkangestein.

Man geht davon aus, dass vom emittierten Schwefeldioxid 40 % wieder gasförmig auf die Erde zurückkommt und 60 % nach Oxidation als Sulfat auf der Erdoberfläche abgelagert wird. Trocken- und Nassablagerung sind mit jeweils rund 50 % an der Entfernung von anthropogenem Schwefel beteiligt.

Insgesamt haben sich die SO_2-Emissionen in Deutschland selbst in den letzten wenigen Jahren verringert (von 1990 bis 1999 um fast 85 %, Abb. 10-3). Dies ist vor allem darauf zurückzuführen, dass die Emissionen aus den Feuerungsanlagen der Kraft- und Fernheizwerke und der Industriefeuerungen – nicht zuletzt durch die Anforderungen der *Großfeuerungsanlagenverordnung* (13. BImSchV) – durch verbesserte Filtertechnik und schwefelärmere fossile Brennstoffe vermindert wurden. Zum Vergleich: 1975 lagen die Emissionen der Bundesrepublik Deutschland bei fast $3{,}5 \cdot 10^6$ t, die der DDR bei knapp über $4 \cdot 10^6$ t (also insgesamt bei etwa $7{,}5 \cdot 10^6$ t; zum Export und Import von SO_2 vgl. Tab. 7-9 und Abb. 7-6 in Abschn. 7.2.6).

10.3 Wirkungen

10.3.1 London-Smog

Man weiß bereits seit einigen Jahrzehnten, dass es einen grundsätzlichen Zusammenhang zwischen Luftverunreinigungen und gesundheitlichen Schäden gibt. Die Smog-Katastrophe in London im Dezember 1952 machte diesen Zusammenhang zwischen Luftverunreinigung und Gesundheit der Bevölkerung einer breiten Öffentlichkeit bewusst.

Smog – eine besonders unangenehme, direkt wahrnehmbare Form der Luftverunreinigung – ist ein Wort aus dem Englischen, gebildet aus "smoke", Rauch, und "fog", Nebel. Es handelt sich um eine disperse Verteilung fester und flüssiger Stoffe in der Luft, die durch thermische und/oder chemische Prozesse bzw. Kondensation entstanden sind.

In den ersten Dezembertagen des Jahres 1952 lag das Themsetal unter sehr dichtem Nebel, der wegen einer starken Inversionswetterlage (vgl. Abb. 12-6 in Abschn. 12.4.4) die Abgase in der Stadt festhielt. Üblicherweise lagen zu dieser Zeit die Volumenanteile von Schwefeldioxid in London bei 0,07...0,23 ppm und die Massenkonzentrationen von Staub bei 0,12...0,44 mg/m^3. In diesen Dezembertagen wurden für die Gehalte an Staub und Schwefeldioxid tägliche Spitzenwerte von mehr als 6 mg/m^3 bzw. 1,3 ppm (bei 20 °C: 3,5 mg/m^3; zur Umrechnung s. Anh. A) erreicht; die Durchschnittswerte (Abb. 10-4) lagen also zum Teil um mehr als das 10fache über den – bereits hohen – Normalwerten.

Als Folge bekamen nach kurzer Zeit eine ungewöhnlich hohe Anzahl von Menschen in London Atembeschwerden, und die Zahl der Todesfälle stieg deutlich an. Die ersten Symptome waren Halsschmerzen und plötzliches Erbrechen, gefolgt von Atemnot und

SO$_2$
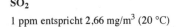
1 ppm entspricht 2,66 mg/m^3 (20 °C)

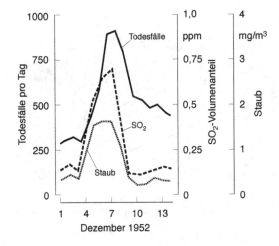

Abb. 10-4. Smog-Katastrophe in London (1952).

10 Schwefelverbindungen

SO$_2$

Immissionswerte: 80...350 µg/m^3
(je nach Schwebstaubgehalt und
Jahreszeit)

(§ 1 der 22. BImSchV)

Schwefelsäureaerosol

MAK-Wert: 1 mg/m^3

Fieber. Besonders betroffen waren Personen, die schon vorher an chronischen Erkrankungen der Atemwege, z. B. Bronchitis oder Asthma, litten. Eine spätere Auswertung der Sterbestatistiken ergab, dass in den 14 Tagen der Smog-Katastrophe insgesamt rund 4000 Menschen mehr starben als sonst in einem solchen Zeitraum (s. Abb. 10-4). Die Zahl der Todesfälle nahm vom ersten Tag des Konzentrationsanstiegs an signifikant zu, am stärksten bei Personen über 45 Jahren und bei Säuglingen bis zu einem Jahr.

Ursächlich für die gesundheitlichen Beeinträchtigungen mit teilweise tödlichen Folgen war unter Smog-Bedingungen gebildeter schwefelsaurer Nebel: In der Atmosphäre wird SO$_2$ zu Schwefelsäure, H$_2$SO$_4$, oxidiert (vgl. Abschn. 10.4.2). Und Nebel – hohe Luftfeuchtigkeit – zusammen mit Ruß und Schwefelsäure ist ein starker Reizstoff für die Atemwege. Seit dieser Zeit spricht man bei dieser Art von Smog aus Schwefeldioxid/Schwefelsäure und Rauch von *London-Smog*, auch von *Winter-Smog*, weil er vornehmlich im Winter auftritt.

10.3.2 Wirkung von Schwefeldioxid auf Lebewesen

Aufgrund der sauren Wirkung von SO$_2$ und der daraus in der Atmosphäre gebildeten Schwefelsäure, H$_2$SO$_4$, werden die Schleimhäute gereizt und geschädigt, es kommt zu Krämpfen der Bronchialmuskeln und zu Reizhusten. Schon bei SO$_2$-Gehalten um 1 mg/m^3 beobachtet man erste Vergiftungserscheinungen (Hornhauttrübung, Atemnot, Entzündungen der Atmungsorgane). Bei länger andauerndem Einatmen von Schwefeldioxid geht zunächst der Geschmack verloren; weitere Anzeichen sind rote Zunge, Beklemmungen, dann Lungenentzündungen oder -ödeme, schließlich Herz-Kreislauf-Versagen und Atemstillstand. Volumenanteile ab 400...500 ppm (> 1000 mg/m^3) sind bereits bei kurzzeitigem Einatmen lebensgefährdend (Abb. 10-5).

Pflanzen reagieren im Allgemeinen entschieden empfindlicher auf die Einwirkung von SO$_2$ als Menschen: Volumenanteile

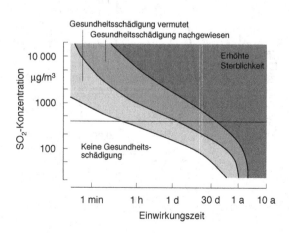

Abb. 10-5. Auswirkungen von Schwefeldioxid in der Atemluft auf die Gesundheit.

> 1 ppm genügen selbst bei robusteren Pflanzen in den meisten Fällen, um den natürlichen Ablauf der Photosynthese zu stören, was eine Schädigung der Blätter und ein Absterben zur Folge haben kann. Besonders empfindlich reagieren bestimmte Moose und Flechten, die als Bioindikatoren für SO_2 dienen können.

10.3.3 Schwefeldioxid und Sachgüter

Die Einwirkung von Schwefeldioxid auf Sachgüter verursacht in jedem Jahr immer noch erhebliche Kosten (Tab. 10-5). Metalle korrodieren schneller, und Baumaterialien werden angegriffen. Verantwortlich dafür ist zum einen die direkte Reaktion von SO_2, z. B. mit Kalk, zum anderen – besonders bei den gewaltigen Korrosionsschäden – die Bildung von Protonen in Anwesenheit von Feuchtigkeit [SO_2 ist ein „saures Gas"; vgl. Gleichungen (10-2) bis (10-4)], welche die Korrosion erheblich beschleunigen.

10.4 Saurer Regen, neuartige Waldschäden

10.4.1 Saurer Regen

Die wichtigsten Selbstreinigungsprozesse der Atmosphäre werden durch Regen und andere Niederschläge eingeleitet, womit alle wasserlöslichen Stoffe auf die Erde zurücktransportiert werden. Je feintropfiger der Niederschlag ist, desto mehr Schadstoffe nimmt er auf. Werden bei der nassen Deposition (vgl. Abschn. 7.2.6) Stoffe durch fallende Regentropfen mitgerissen, spricht man von *Auswaschen* (*engl.* wash out); die Stoffe werden dabei im Regenwasser absorbiert wie bei einer Gaswäsche. Wenn Schadstoffe über Partikel, die als Kondensationskeime für Wolkenwassertropfen gewirkt haben, durch Regen ausgetragen werden, nennt man den Vorgang *Ausregnen* (*engl.* rain out).

Für SO_2 dürfte in Ballungsräumen mittlerer geographischer Breite die Abbaurate in der Atmosphäre im Winter bei ca. 10 % pro Stunde liegen. Bei Regen oder Schneefall wird stündlich die mehrfache Menge aus der Atmosphäre entfernt.

„Sauberer" Regen, der als pH-Wert-veränderndes Gas im wesentlichen nur CO_2 enthält, müsste einen pH-Wert zwischen 5 und 5,6 haben. Tatsächlich liegt der pH-Wert aber niedriger: In weiten Gegenden der USA und Nordeuropas hat der Regen pH-Werte von 4...4,5: Man spricht von *saurem Regen*. In der Atmosphäre befindliche starke Säuren leisten dazu einen großen Beitrag, an der Spitze die Schwefelverbindungen mit einem Anteil von mehr als 80 % (Tab. 10-6).

10.4 Saurer Regen, neuartige Waldschäden

Tab. 10-5. Volkswirtschaftliche Verluste, die in der Bundesrepublik Deutschland durch Materialschäden infolge von Luftverunreinigungen entstehen (s. auch Tab. 7-13 in Abschn. 7.3.1).

Bereich	Jährliche Aufwendungen[a]
Schäden an Gebäuden	
Anstriche von Fenstern, Haustüren, Metallgeländern, sonstige Ausbesserungen	350
Fassadenanstriche	507
Erneuerung von Dachrinnen	205
Schäden an Stahlbauten	22
Zusätzlicher Reinigungsaufwand (Fensterreinigung)	71

[a] In Millionen Euro; Preise von 1983.

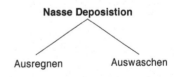

Tab. 10-6. Vergleich der Deposition von Schwefel-, Stickstoff- und Chlorverbindungen durch Niederschlag.

Anorganische Stoffe	Anteil an der Acidität des Niederschlags (in %)
SO_2 ($\rightarrow H_2SO_4$)	83
NO, NO_2 ($\rightarrow HNO_3$)	12
HCl	5

10.4.2 Oxidationsreaktionen

Schwefelsäure und Sulfat in der Atmosphäre stammen hauptsächlich aus SO_2-Emissionen. Wie man sich diese Oxidation vorstellen kann, ist in Abb. 10-6 wiedergegeben. Im linken Teil stehen mögliche *homogene* Reaktionen (*griech.* homogenes, einheitlich, aus Gleichartigem zusammengesetzt), also Reaktionen in einer Phase (hier: in der Gasphase), in der rechten gerasterten Hälfte mögliche *heterogene* Reaktionen (*griech.* heterogenes, uneinheitlich, ungleichartig), in diesem Fall Reaktionen in der Grenzschicht von Gasphase und wässriger Phase.

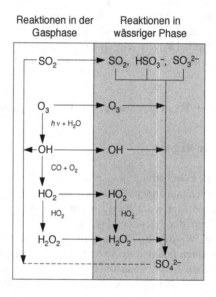

Abb. 10-6. Mögliche Wege der Oxidation von Schwefeldioxid zu Schwefelsäure/Sulfat.

Die Umwandlung von SO_2 in Sulfat kann auf mehreren Wegen erreicht werden. Sie kann beispielsweise initiiert werden durch eine Gasphasenreaktion mit OH- oder HO_2-Radikalen oder durch Oxidation von gelöstem SO_2 in der Flüssigphase. Eine dominierende Rolle bei der Oxidation von SO_2 spielt wohl *Wasserstoffperoxid*, H_2O_2, in wässriger Phase: Es oxidiert aus SO_2 entstandenes Hydrogensulfit, HSO_3^-, zu Hydrogensulfat, HSO_4^-.

$$HSO_3^- + H_2O_2 \longrightarrow HSO_4^- + H_2O \qquad (10\text{-}5)$$

Aufgrund von Messungen an grönländischen Eisbohrkernen weiß man, dass die atmosphärische Sulfatkonzentration auf der Nordhalbkugel der Erde im 20. Jahrhundert deutlich angestiegen ist (Abb. 10-7). In den antarktischen Kernen hingegen war kein Anstieg zu beobachten, da sich die Hauptquellen für Sulfat, nämlich die anthropogenen SO_2-Emissionen, zum größten Teil in der nördlichen Hemisphäre befinden. Und die atmosphärische Lebensdauer von SO_2 ist zu kurz, als dass es – ohne vorher „abzureagieren" – bis in die Antarktis transportiert werden könnte.

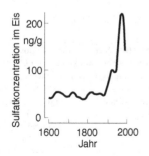

Abb. 10-7. Mittlerer Sulfatgehalt während 400 Jahren (aus grönländischen Eisbohrkernen).

10.4.3 Neuartige Waldschäden

Eine wichtige Folge der erhöhten Acidität des Regens ist die *Versauerung* bestimmter Seen. In gesunden Seen liegt der pH-Wert in der Regel um 7. Die meisten Tierarten fühlen sich auch noch bei pH 6 wohl, aber bei pH-Werten < 5 verenden die meisten Fischarten; in einigen skandinavischen Seen sind wegen der niedrigen pH-Werte – diese Gewässer mit Granituntergrund haben besonders niedrige Pufferkapazitäten – schon um 1980 sämtliche Fische verschwunden.

Im Zusammenhang mit Schwefeldioxid muss auch über die *neuartigen Waldschäden* gesprochen werden – den irreführenden, eher medienwirksamen Begriff „Waldsterben" sollte man dafür nicht verwenden. Symptome für diese Waldschäden sind Nadel- und Blattverfärbung und -verlust, stark verlichtete Kronen, Triebverkürzungen oder absterbende Triebe, Blattfall im Sommer und Rindenrisse.

Früher waren Waldschäden klassische „Rauchschäden": Es starben ganze Wälder wegen des hohen Schwefeldioxidausstoßes. Ursachen und Wirkungen sind beispielsweise im direkten Einflussgebiet der großen Braunkohlekraftwerke der früheren CSFR und DDR leicht nachzuweisen, wo vornehmlich stark schwefelhaltige Kohle verbrannt wurde. Dabei verursacht Schwefeldioxid – wie auch NO_x – bei den Pflanzen direkt Schäden: Selbst kurzzeitig auftretende Immissionsspitzen, die bei episodenhaften Immissionen mit pH-Werten ≤ 3 in Niederschlag und Tau einhergehen können, schädigen bei trockener Deposition Blätter und Nadeln besonders heftig. Aber auch mittelbar über die Böden kann lange andauernder Eintrag „saurer" Gase vornehmlich kalkarme Böden versauern (vgl. Abschn. 22.2) und dadurch die Pflanzen schädigen.

Die sauren Gase (SO_2, NO_x und HCl) können aber, gasförmig oder im Niederschlag gelöst, nicht die direkten und alleinigen Schadensfaktoren der „neuartigen" Waldschäden sein. Denn wie sollte man erklären, dass diese Waldschäden überwiegend weiträumig in wenig belasteten Reinluftgebieten in ganz Europa in Wäldern auftreten, in denen alle anderen klassischen Waldschäden wie Schädlinge oder Krankheiten als Faktoren ausscheiden und die weit von industriellen Ballungsgebieten entfernt sind, z. B. im Harz, in den Höhenlagen des Bayerischen Waldes oder im Südschwarzwald, also in den Hochlagen der Mittelgebirge? Immer mehr Bäume sind geschädigt, und in den entsprechenden Schadstufen (Tab. 10-7) zu ihrer Beurteilung sind sie als „stärker geschädigt" einzustufen. Nach dem Waldschadensbericht von 1992 war die Tanne am stärksten geschädigt, gefolgt von Eiche, Kiefer, Buche und Fichte.

Über die Ursachen der „neuartigen" Waldschäden ist man sich noch nicht abschließend im klaren. Heutzutage ist man der Ansicht, dass viele Einflüsse in komplexer Weise zusammenwirken und so die Bäume schwächen (Tab. 10-8). Im November 1989

10.4 Saurer Regen, neuartige Waldschäden

Tab. 10-7. Schadstufen bei Bäumen.

Schadstufe	Nadel-/ Blatt- verlust (in %)
0 Ohne Schadmerkmale	0...10
1 Schwach geschädigt	11...25
2 Mittelstark geschädigt	26...60
3 Stark geschädigt	> 60
4 Abgestorben	100

Tab. 10-8. Vermutete Ursachen von Waldschäden (Beispiele).

Klima	Temperatur (Kälte- und Hitzeresistenz), Trockenheit („Dürrestress"), Wind, Schneelast, Frostrisse, fehlendes Feuer (für die Verjüngung in angepassten Wäldern), Nährstoffauswaschung (Erosion)
Immissionen	*Saure und basische Immissionen:* Schwefeloxide, Stickstoffoxide, Chlorwasserstoff, Fluorwasserstoff, Schwefel-, Salpeter- und Halogenwasserstoffsäure; Ammoniak *Sonstige anorganische Stoffe:* Schwermetalle, besonders Blei (aus Autoabgasen und Munition), Fluoride (z. B. neben Aluminiumhütten), Streumittel, Überdüngung *Organische Stoffe:* PAK, Herbizide, Ethen, Organoblei-Verbindungen, Methylquecksilber, Nitrophenol *Photooxidantien:* Ozon, Wasserstoffperoxid, Peroxide, Hydroxyl-Radikale, Peroxyacylnitrate, organische Blei-Radikale *Strahlung:* UV-Strahlung, Radioaktivität
Schadorganismen	Viroide, Viren, Bakterien, Pilze, Insekten (durch Fraß oder als Überträger von Krankheiten), Würmer, Wildverbiss
Bewirtschaftung	*Boden:* Bodenverfestigung (durch schwere Forstmaschinen), Bodenversiegelung (z. B. durch Wegebau), Standortwahl bzw. Rückdrängung auf ungünstige Standorte, fehlende oder einseitige Düngung, Nährstoffentzug (Mangel im besonderen an Mg, Ca, K, Zn und Fe) *Biozönose:*[a] Monokulturen (Rohhumus, Schädlingsdruck), Baumarten-Wahl, Wildbestände, verspätete Umforstung, mangelnde Sturmwurf- und Unterholzbeseitigung

[a] (*griech.* bios, Leben, koinos, gemeinsam) Lebensgemeinschaft von Pflanzen und Tieren in einem Biotop.

veröffentlichte der *Forschungsbeirat Waldschäden/Luftverunreinigungen* einen Bericht, in dem es u. a. zusammenfassend heißt:

„Neuartige Waldschäden gehen auf einen Ursachenkomplex aus abiotischen und biotischen Faktoren zurück. Anthropogene Luftverunreinigungen aus Industrieanlagen, Kraftwerken, Verkehr, Haushalt und Landwirtschaft spielen dabei eine Schlüsselrolle."

Als anthropogene Luftverunreinigungen kommen – neben SO_2, NO_x und HCl – Ozon, O_3 (vgl. Abschn. 12.4), und Ammoniak, NH_3, in Frage. Der direkten Schädigung der Blätter und Nadeln durch diese Schadgase sowie der Versauerung der Waldböden und der sich daraus ergebenden Nährstoffverarmung (mehr dazu s. Abschn. 22.2) wird aber nur eine untergeordnete Rolle zugeschrieben.

Vor allem liegt Stickstoff in Form von Ammoniak, NH_3, aus der Landwirtschaft, aus Kläranlagen und aus Mülldeponien sowie über NO_x (vgl. Abschn. 11.1.1) in Form von NO_3^-- und NH_4^+-Ionen im *Überangebot* vor. Unter günstigen klimatischen Bedingungen kann ein Wald an Stickstoff jährlich 5...12 kg/ha zu organischen Substanzen assimilieren; unter naturnahen Verhältnissen werden davon weniger als 1 kg/ha aus der Luft eingetragen. Tatsächlich liegt das Stickstoffangebot aber aufgrund des schon seit langem andauernden, hohen Eintrags aus der Luft inzwischen um ein Vielfaches höher, beispielsweise bei 23 kg/ha im Schwarzwald (davon 9 kg/ha als NH_4^+) oder in der Wingst in Nordwestdeutschland bei 72 kg/ha (davon 50 kg/ha als NH_4^+). Die Böden sind also mit Stickstoff gesättigt.

Dies bringt die Bäume in eine *Stress*situation: Durch den N-Eintrag wird das Wachstum angeregt; deshalb brauchen die Bäume mehr Mineralstoffe wie Ca, Mg oder K und Wasser. Wegen der Versauerung der Böden sind die Nährstoffe aber weitgehend aus dem Boden ausgewaschen. Die Folge ist eine Mangel an Nährstoffen; beispielsweise fehlen Magnesium und Kalium, die für die Bildung von Chlorophyll und für die Regulierung des Stoffwechsels besonders während der Blattentwicklung unentbehrlich sind; damit verbunden sind Mangelerkrankungen (s. auch Tab. 21-8 in Abschn. 21.4.1) mit den klassischen Krankheitssymptomen Vergilben und Abwurf von Blättern und Nadeln. Hinzu kommen unzureichende Niederschläge.

10.4 Saurer Regen, neuartige Waldschäden

11 Oxide des Stickstoffs

11.1 Eigenschaften

11.1.1 Überblick

Stickstoffoxide

Formel	Oxidationszahl des Stickstoffs
N_2O	+1
NO	+2
NO_2	+4

Nur wenige der zahlreichen Oxide des Stickstoffs sind für die Chemie der Umwelt von Bedeutung, nämlich vor allem Distickstoffmonoxid, Stickstoffmonoxid und Stickstoffdioxid.

Distickstoffmonoxid, N_2O, ist ein farbloses Gas (Gasdichte 1,997 g/L bei 0 °C, 1013 hPa). Es ist in Wasser nur wenig löslich (bei 20 °C und 1013 hPa: 670 mL/L). Es besitzt schwach süßlichen Geruch und unterhält die Verbrennung. Eingeatmet kann Distickstoffmonoxid rauschartige Zustände und krampfartige Lachlust hervorrufen – daher der historische Name *Lachgas* und seine Verwendung als Narkosegas.

Stickstoffmonoxid, NO, ist ein farbloses, giftiges, nichtbrennbares Gas (Gasdichte 1,3402 g/L bei 25 °C, 1013 hPa). Das reaktive Gas ist in Wasser nur wenig löslich (73,4 mL/L bei 0 °C). In Reinluft [Abwesenheit von O_3, HO_2 oder RO_2 (z. B. R = CH_3)] wird NO bei Temperaturen < 500 °C sehr langsam zu Stickstoffdioxid, NO_2, oxidiert (s. auch Tab. 11-6 in Abschn. 11.3.2).

$$NO + 1/2\,O_2 \longrightarrow NO_2 \qquad\qquad (11\text{-}1)$$

Stickstoffdioxid, NO_2, ist ein braunrotes, giftiges, eigenartig riechendes Gas. Es ist chemisch aggressiv und ein starkes Oxidationsmittel. Oberhalb 150 °C beginnt NO_2, in NO und O_2 zu zerfallen, und bei 620 °C ist dieser Zerfall vollständig.

$$NO_2 \xrightarrow{\,>T\,} NO + 1/2\,O_2 \qquad\qquad (11\text{-}2)$$

Zusammen mit Wasser – ggf. in Anwesenheit von Sauerstoff – bildet NO_2 Salpetersäure:

$$3\,NO_2 + H_2O \longrightarrow 2\,HNO_3 + NO \qquad (11\text{-}3\,a)$$
$$2\,NO_2 + 1/2\,O_2 + H_2O \longrightarrow 2\,HNO_3 \qquad (11\text{-}3\,b)$$

„NO_x = NO + NO_2"

Die Sauerstoffverbindungen des Stickstoffs tragen erheblich zur allgemeinen Luftverunreinigung bei. Man nennt sie oft pauschal – und nicht exakt – *Stickoxide* und beschreibt sie mit der „Summenformel" NO_x (s. auch Abschn. 11.3.1). Man meint damit stets NO *und* NO_2 *(nitrose Gase)*, und unter „NO_x-Konzentration" versteht man die – meist auf NO_2 bezogene – Summe der Konzentrationen dieser zwei Stickstoffoxide (und der mit ihnen in Gleichgewichten stehenden Teilchen N_2O_n, $n = 2, 3, 4$; meist angegeben als NO_2).

Manchmal findet man in der Literatur auch die Formel NO_y. Damit wird die Summe von NO_x und allen gasförmigen, Stickstoff in oxidierter Form enthaltenden Verbindungen bezeichnet (Tab. 11-1). Solche Bestandteile können bei Vorgängen, die in verhältnismäßig kurzen Zeiträumen ablaufen, Quellen und Senken für NO_x sein. N_2O ist zwar in der Stratosphäre eine NO_x-Quelle, aber kaum von Bedeutung in der Troposphäre, und wird deshalb nicht zu den NO_y-Verbindungen gezählt.

Das mit Abstand wichtigste „basische Gas" in der Atmosphäre ist *Ammoniak*, NH_3 (Löslichkeit in Wasser bei 20 °C: 529 g/L). Signifikante Quellen sind pflanzliche und tierische Abfälle (in der Landwirtschaft: 90 % aus Jauche und Mist), Kläranlagen und Mülldeponien, die Ammonifizierung von Humus, gefolgt von den Emissionen aus dem Boden, der Zersetzung von Düngemitteln auf Ammoniakbasis und industriellen Emissionen.

Die chemische Analyse der Luft, die im Gletschereis der polaren Eiskappen eingeschlossen ist, gestattet Aussagen über die zeitliche Entwicklung des mittleren globalen N_2O-Volumenanteils in der Troposphäre: Der vorindustrielle Wert liegt bei etwa 285 ppb, damit deutlich unter dem heutigen mittleren Wert von ungefähr 310 ppb – dies entspricht in der gesamten Atmosphäre einer Masse von $2350 \cdot 10^6$ t. N_2O ist global nahezu gleichverteilt, und sein Gehalt steigt pro Jahr um 0,2...0,3 % an.

Die Gehalte an NO/NO_2 und CO/CO_2 in der Atmosphäre sind sehr verschieden. Der Gehalt an Stickstoffmonoxid ist zwar dem von Kohlenmonoxid ähnlich; aber der NO_2-Gehalt ist mehr als 1000-mal kleiner als der von CO_2 (Tab. 11-2).

Ein weiterer Unterschied liegt in den unterschiedlichen chemischen Gleichgewichten. Bei hohen Temperaturen, wie sie in der Natur beispielsweise bei elektrischen Entladungen in Blitzen auftreten, werden aus elementarem Stickstoff und Sauerstoff Stickoxide – zunächst NO – gemäß (vereinfacht)

$$N_2 + O_2 \longrightarrow 2\ NO \qquad (11-4)$$

gebildet (s. auch Abschn. 11.1.2). Unter Verbrennungsbedingungen läuft die durch Gl. (11-1) beschriebene Reaktion – im Gegensatz zur Bildungsreaktion von CO_2 [s. Gl. (9-1) in Abschn. 9.1] – *nicht* im Sinne der Bildung von NO_2 ab: Denn bereits bei 150 °C beginnt NO_2, wie schon oben ausgeführt, sich merklich in NO und O_2 zu zersetzen.

11.1.2 Brennstoff-, thermisches und promptes NO

Je nach Bildung von NO unterscheidet man bei Feuerungs- oder Verbrennungsprozessen drei verschiedene Arten:
Brennstoff-NO entsteht bei der Oxidation organischer stickstoffhaltiger Verbindungen, die im Brennstoff eingebunden sind,

11.1 Eigenschaften

Tab. 11-1. Verbindungen, die von der Bezeichnung „NO_y" erfaßt werden.

Formel	Name
NO	Stickstoffmonoxid
NO_2	Stickstoffdioxid
N_2O_5	Distickstoffpentoxid
NO_3	Stickstofftrioxid
HNO_3	Salpetersäure
HNO_4	Peroxysalpetersäure
$ClONO_2$	Chlornitrat
$CH_3C(O)O_2NO_2$	Peroxyacetylnitrat (PAN)

N_2O-Gehalt
in der Atmosphäre (global)

ca. 1860: 285 ppb
(Vorindustrieller Gehalt)

1978: 298 ppb
1998: 311 ppb

Tab. 11-2. Gehalte in der Atmosphäre an NO, NO_2, CO und CO_2.

Bestandteil	Volumenanteil
CO	30...250 ppb
NO	5...100 ppb
NO_2	10...100 ppb
CO_2	360 ppm

durch Luftsauerstoff; die Reaktion läuft im allgemeinen schnell ab und kann durch die Brenntemperatur beeinflusst werden. Solche NO-Emissionen entstehen beispielsweise bei Kohlekraftwerken.

Thermisches NO entsteht – Sauerstoff in ausreichender Menge vorausgesetzt – bei Temperaturen oberhalb 1000 °C aus Luftstickstoff bei hinreichend langen Verweilzeiten der Brenngase im Brennraum, z. B. während des Verbrennens von Heizöl. Der Anteil an thermischem NO steigt mit der Temperatur; bei Temperaturen > 1300 °C entsteht es verweilzeitunabhängig. Einer entsprechenden Reaktion vorgelagert ist das Aufspalten von molekularem Sauerstoff in atomaren Sauerstoff [Gl. (11-5)]. (Die Dissoziation von molekularem Stickstoff in Stickstoffatome gewinnt erst bei Temperaturen > 4500 K an Bedeutung.) Dieser Typ von Reaktionen benötigt eine hohe Aktivierungsenergie; die Reaktionsgeschwindigkeit hängt stark von der Temperatur ab. Sauerstoffatome reagieren weiter mit molekularem Stickstoff [Gl. (11-6)] und die dabei gebildeten Stickstoffatome wiederum mit molekularem Sauerstoff [Gl. (11-7)].

$$O_2 \rightleftharpoons 2\,O \tag{11-5}$$
$$N_2 + O \rightleftharpoons NO + N \tag{11-6}$$
$$N + O_2 \rightleftharpoons NO + O \tag{11-7}$$

Diese drei Gleichungen zusammen ergeben die Gesamtreaktionsgleichung (11-4).

Die dritte Art von Stickoxid, die man bei Verbrennungsprozessen unterscheidet, ist das *prompte NO*. Es entsteht aus Luftstickstoff in komplizierter Reaktion mit aktivierten Brennstoff-Molekülen vor allem bei sauerstoffarmen Verbrennungsprozessen; bei den gängigen Feuerungsanlagen spielt es keine Rolle.

11.1.3 Stickstoffkreislauf

Die einzigen bedeutenden Stickstoff enthaltenden Minerale sind *Kalisalpeter*, KNO_3, und *Chilesalpeter*, $NaNO_3$. Ansonsten ist Stickstoff in der Erdkruste und in Mineralien wenig vertreten. Hauptsächlich kommt Stickstoff elementar als N_2 in der Atmosphäre vor.

Unter *Denitrifikation* versteht man die Umwandlung von Nitraten in Stickstoffmonoxid, Distickstoffoxid oder freien Stickstoff durch Bakterien. Die dafür verantwortlichen Bakterien sind Anaerobier. Sie benutzen den Sauerstoff von Nitraten als Wasserstoffakzeptor für den Abbau organischer Nährstoffe („Nitratatmung"; vgl. Tab. 2-2 in Abschn. 2.2.2), eine Eigenschaft, die z. B. bei der Reinigung von Abwasser zur Stickstoffentfernung genutzt wird. N_2O entsteht in besonders großem Ausmaß bei der Denitrifikation in den Böden der tropischen Regenwälder (10-mal mehr als in normalen Böden). Zum Teil bildet sich N_2O auch bei der Nitrifikation (vgl. Abschn. 19.3.4).

Für die Landwirtschaft sind solche Bakterien von Nachteil, da sie der Düngung Nitrat-Stickstoff entziehen, der dann den Pflanzen fehlt. Diese Bakterien befinden sich u. a. in Ackerböden und im Meer. Starke Bewässerung des Bodens und Luftmangel begünstigen ihre Tätigkeit. Umgekehrt können nitrifizierende Bakterien NH_4^+ zu NO_3^- oxidieren.

Man nennt alle Reaktionen, in denen der wegen seiner stabilen Dreifachbindung reaktionsträge atmosphärische Stickstoff in chemisch reaktive oder biologisch verfügbare Verbindungen mit Wasserstoff, Kohlenstoff und/oder Sauerstoff umgewandelt wird, *Stickstofffixierung*, auch *Stickstoffassimilation*. Diese Reaktionen sind von großer Bedeutung, weil Stickstoff für pflanzliches, tierisches und menschliches Leben eines der essentiellen Nährelemente (vgl. Abschn. 21.4.1) ist.

Auf dem Land und auch im Ozean gibt es einige Mikroorganismen und Algen, die in großem Ausmaß N_2 in NH_3 oder NH_4^+ und organische Stickstoffverbindungen umwandeln können (*biologische* Stickstofffixierung).

Bei Feuer, Blitz u. ä. kann die $N\equiv N$-Dreifachbindung aufgespalten und NO_x gebildet werden. Bei der Verbrennung von Benzin und anderen fossilen Brennstoffen entsteht aus N_2 ebenfalls NO_x. Dies sind Beispiele für *chemische* Stickstofffixierung. Die so gebildeten Mengen können in Ballungsräumen zwar erheblich sein, global gesehen kommt jedoch dieser Art der Stickstofffixierung keine große Bedeutung zu.

Wichtig ist die *industrielle* Stickstofffixierung: In Prozessen der Chemischen Industrie wird aus N_2 und H_2 Ammoniak nach dem HABER-BOSCH-Verfahren synthetisiert, der zu einem großen Teil zu Stickstoffdüngern (vgl. Abschn. 21.4.4) weiterverarbeitet wird. Schätzungsweise werden jährlich 30...40 % des Stickstoffs auf diese Weise fixiert (Tab. 11-3).

Der „fixierte" Stickstoff wird – als NH_4^+ und vor allem als NO_3^- – von Land- und Wasserpflanzen in Proteine umgewandelt. Umgekehrt wird durch Verwesung von Organismen, durch Oxidation, durch denitrifizierende Bakterien oder durch andere Mechanismen N_2 in die Atmosphäre freigesetzt. Ein anderer Teilkreislauf besteht darin, dass Tiere Pflanzen als Nahrung aufnehmen und so Stickstoff in tierischem Protein binden, schließlich wieder absterben und verwesen, wobei unter Denitrifizierung (Bildung von N_2O) Stickstoff wieder freigesetzt wird. Den Austausch von Stickstoff zwischen Atmosphäre und Biospäre, den *Stickstoffkreislauf*, zeigt in Übersicht Abb. 11-1.

Tab. 11-3. Globale Stickstofffixierung.

Stickstofffixierung	Menge (in 10^6 t/a)
Biologische	100...200
Industrielle[a]	82
Chemische[b]	25

[a] Ammoniaksynthese nach dem HABER-BOSCH-Verfahren.
[b] NO_x aus Verbrennungsprozessen.

11.2 Distickstoffmonoxid

N_2O entsteht überall dort, wo in einem feuchten Milieu Bakterien Biomasse zersetzen. Diese langlebige Stickstoffverbindung (Lebensdauer ca. 150 a) wird im Wesentlichen durch die Aktivi-

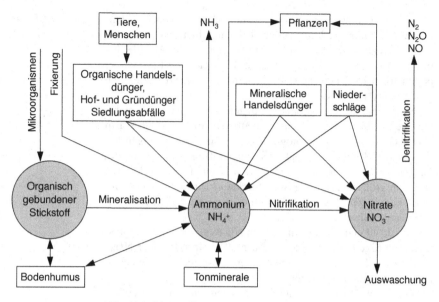

Abb. 11-1. Stickstoffkreislauf.

täten von nitrifizierenden und denitrifizierenden Mikroorganismen in Böden sowie im Meerwasser und in Seen auf den Kontinenten gebildet: Die Oberflächenwässer des Nordatlantik sind, bezogen auf seinen Partialdruck in der Atmosphäre, mit N_2O übersättigt; deshalb müssen im Ozean Quellen für N_2O sein. Die N_2O-Emissionen aus tropischen Böden werden zur Zeit als die größte bekannte N_2O-Quelle angegeben (Tab. 11-4). Die höchsten N_2O-

Tab. 11-4. Quellen und Senken von Distickstoffoxid (N_2O).

Quellen, Senken	Globale Flüsse (in 10^6 t/a)
Natürliche Quellen	
Ozeane, Seen	2,0...4,0
Natürliche Böden	4,6...8,2
Anthropogene Quellen[a)]	
Verbrennung fossiler Brennstoffe	0,2...0,5
Verbrennung von Biomasse	0,2...2,4
Einsatz von künstlichen Düngern (Böden und Grundwasser)	1,0...3,6
Senken	
Photochemischer Abbau in der Stratosphäre	etwa bis 20,5
Aufnahme durch Böden und/oder aquatische Mikroorganismen	unbekannt

[a] Weitere mögliche Quellen sind photochemische Reaktionen in der Stratosphäre und Troposphäre sowie die Bildung von N_2O durch den Einsatz von Katalysatoren zur Abgasreinigung von Verbrennungsmotoren [vgl. Gl. (12-29) in Abschn. 12.5.3].

Tab. 11-5. Anthropogene N_2O-Emissionen in Deutschland nach Emittentengruppen (insgesamt $0,141 \cdot 10^6$ t; 1999).

Verursacher, Emittentengruppe	Anteil (in %)
Land- und Abfallwirtschaft	59
Industrieprozesse	9
Verkehr	13
Kraft- und Fernheizwerke	9
Industriefeuerungen	3
Haushalte	2
Kleinverbraucher	1
Produktverwendung[a)]	4

[a] Als Narkosegas („Lachgas").

Emissionen in Deutschand stammen aus der Landwirtschaft (Tab. 11-5).

N_2O ist in der erdnahen Lufthülle chemisch inert. Es gibt in der Troposphäre praktisch keine chemischen Reaktionen, durch die N_2O abgebaut wird. Deshalb kommt als einzige Senke die Stratosphäre in Frage. Im Prinzip sind drei photochemische Abbaureaktionen bekannt, die dort ablaufen können: N_2O reagiert mit angeregtem atomarem Sauerstoff, O^*, oder es wird durch Photolyse direkt zersetzt [s. Gl. (11-8) bis (11-10)].

$$N_2O + O^* \longrightarrow 2\,NO \qquad\qquad (11\text{-}8)$$
$$N_2O + O^* \longrightarrow N_2 + O_2 \qquad\qquad (11\text{-}9)$$
$$N_2O \xrightarrow[\lambda < 240\,\text{nm}]{h \cdot \nu} N_2 + O^* \qquad\qquad (11\text{-}10)$$

N_2O ist die Hauptquelle für die Bildung von Stickstoffmonoxid, NO, in der Stratosphäre. Die drei Reaktionen sind „photochemische Senken" für N_2O – auch für die Bildung von O^* ist Licht erforderlich –, sie sind nur in der Stratosphäre für den N_2O-Abbau von Bedeutung.

Das Anwachsen von N_2O (Abb. 11-2) hat zwei Folgen. Zum einen beeinflusst N_2O direkt die Erzeugung von Stickoxiden in der Stratosphäre und damit mittelbar den Abbau von Ozon. Modellrechnungen haben ergeben, dass eine Verdoppelung des N_2O-Gehalts wegen der Bildung von katalytisch wirksamem NO_x in der Atmosphäre (vgl. Abschn. 13.3.3) eine Reduktion des Ozongehalts um 10 % zur Folge haben kann. Zum anderen spielt N_2O eine wichtige Rolle im Strahlungshaushalt der Erde: Es hat zu ca. 5 % Anteil am zusätzlichen Treibhauseffekt (vgl. Tab. 8-9 in Abschn. 8.4.1).

11.2 Distickstoffmonoxid

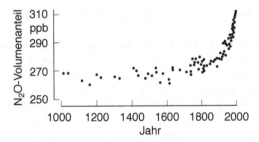

Abb. 11-2. Gehalt an Distickstoffmonoxid, N_2O, in der Atmosphäre in den letzten 1000 Jahren.

Der beobachtete Anstieg von N_2O in der Troposphäre von jährlich 0,2...0,3 % wird vor allem, davon geht man heute aus, durch den steigenden Einsatz stickstoffhaltiger Mineraldünger und durch die zunehmende Verbrennung von Biomasse, besonders in den Tropen, verursacht (manche Autoren machen die Landwirtschaft für ein Drittel der N_2O-Emissionen verantwortlich). Eine Folge wird u. a. langfristig ein Anstieg des NO_x-Gehalts in der Stratosphäre mit Auswirkungen auf die Ozonschicht sein (vgl. Abschn. 13.3.3).

11.3 NO$_x$: Gleichgewicht, Quellen, Senken

11.3.1 NO-NO$_2$-Gleichgewicht

Im Wellenlängenbereich von 300...1500 nm absorbieren in der erdnahen Atmosphäre nur Schwefeldioxid, SO$_2$, und Stickstoffdioxid, NO$_2$, nicht Kohlenmonoxid, Stickstoffmonoxid und die Kohlenwasserstoffe. Für photochemische Reaktionen von Bedeutung ist davon nur NO$_2$.

In einem Primärschritt wird durch Photolyse (vgl. Abschn. 7.4.2) von NO$_2$ gemäß

$$NO_2 \xrightarrow[\lambda < 420\,nm]{h \cdot v} NO + O \qquad (11\text{-}11)$$

atomarer Sauerstoff, O, gebildet. O-Atome finden im Augenblick ihrer Entstehung in ihrer näheren Umgebung in der Atmosphäre – neben dem reaktionsträgen Stickstoff, N$_2$ – als reaktive Spezies vorwiegend Sauerstoff, O$_2$, vor, mit dem sie in einer schnell verlaufenden Reaktion Ozon, O$_3$, bilden können:

$$O + O_2 + M \longrightarrow O_3 + M \qquad (11\text{-}12)$$

Beim Zusammenstoß von O$_2$ und O wird ein Stoßpartner, in Gl. (11-12) mit M bezeichnet, benötigt. M ist irgendein drittes Teilchen, das zur Abführung der Reaktionsenergie erforderlich ist, damit gebildetes O$_3$ nicht sofort wieder in O$_2$ und O zerfällt. Meistens handelt es sich bei solchen „Stoßpartnern" um N$_2$- oder O$_2$-Moleküle.

Das gebildete Ozon kann sich nun seinerseits gemäß

$$O_3 + NO \longrightarrow O_2 + NO_2 \qquad (11\text{-}13)$$

unter Bildung von Stickstoffdioxid und Sauerstoff wieder zersetzen.

Es handelt sich bei diesem System chemischer Reaktionen um ein *dynamisches Gleichgewicht*. In dieser Reaktionsfolge werden, im Kreislauf, andauernd NO, NO$_2$, O, O$_2$ und O$_3$ gebildet und wieder abgebaut, aber die jeweiligen Gehalte an NO und NO$_2$ ändern sich nicht; O$_3$ wird dabei – wenn nur diese Reaktionen [Gl. (11-11) bis (11-13)] ablaufen – nicht zusätzlich gebildet. Man spricht in dem Zusammenhang auch von einem „photochemischen" Gleichgewicht, weil für die Aufspaltung von NO$_2$ [Gl. (11-11)] Sonnenlicht erforderlich ist (Abb. 11-3). Dieses Gleichgewicht ist von Bedeutung, da NO$_2$ ein wesentlicher Auslöser bei der Bildung von photochemischem Smog ist (vgl. Abschn. 12.4.6).

Wegen dieses photochemischen Gleichgewichts, über das NO und NO$_2$ schnell ineinander umgewandelt werden können, fasst man beide Gase zu Recht zusammen als „NO$_x$".

Gäbe es neben O$_2$ als Spurengase in der Atmosphäre nur NO und NO$_2$, würde tagsüber wegen der Sonneneinstrahlung vorwiegend NO gebildet; nachts hingegen würde sich eine maximale NO$_2$-Konzentration aufbauen. Tatsächlich sind jedoch weitere

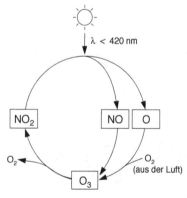

Abb. 11-3. Photochemisches Gleichgewicht zwischen Sauerstoff, Ozon und den Stickoxiden NO und NO$_2$.

Stoffe in der Atmosphäre, z. B. Kohlenwasserstoffe, die diesen Kreislauf so beeinflussen, dass es unter geeigneten Bedingungen zu einem Anwachsen des NO_x-Gehalts kommt (mehr dazu s. Abschn. 12.4.6).

11.3.2 Quellen und Senken für NO_x

Trotz beträchtlicher N_2O-Mengen in der Atmosphäre spricht man im Zusammenhang mit Luftverunreinigungen vor allem von NO und NO_2. Gründe dafür sind:

- NO und NO_2 sind toxisch, N_2O ist es nicht;
- NO und NO_2 beteiligen sich, anders als N_2O, an photochemischen Reaktionen mit Bedeutung in der Troposphäre;
- die beiden Stickoxide NO und NO_2 haben kurze atmosphärische Verweilzeiten (in der Troposphäre wenige Tage), die von N_2O beträgt 150 Jahre;
- NO und NO_2 haben – im Gegensatz zu N_2O – bedeutende anthropogene Quellen.

Die wichtigste Quelle im NO_x-Haushalt der Troposphäre ist die Verbrennung fossiler Brennstoffe. Fast alles anthropogene NO und NO_2 wird durch die gleichzeitig ablaufende (unerwünschte) Oxidation von atmosphärischem Stickstoff bei Hochtemperaturverbrennungen (1300...1500 °C) gebildet (Tab. 11-6).

In Deutschland betragen die anthropogenen NO_x-Emissionen $1,64 \cdot 10^6$ t (angegeben als NO_2; Stand 1999). Davon entfallen mehr als 60 % auf den Verkehr (vgl. Tab. 7-3 in Abschn. 7.2.2). Die NO_x-Emissionen einiger Länder sind in Tab. 11-7 aufgelistet.

Tab. 11-6. Quellen der Stickoxide NO_x (NO, NO_2) in der Troposphäre.

Quellen	Globale Flüsse (in 10^6 t/a)[a]
Natürliche Quellen	
Transport aus der Stratosphäre	$1 \pm 0,5$
Elektrische Entladungen in der Troposphäre	5 ± 3
Natürliche Böden	10 ± 5
Photooxidation von NH_3 in der Troposphäre	3 ± 2
Anthropogene Quellen	
Verbrennung fossiler Brennstoffe[b]	20 ± 7
Verbrennung von Biomasse (z. B. Savannenbrände, Rodung, Nutzung von Brennholz)[c]	7 ± 3
Künstliche Düngung, mineralischer Dünger (mikrobiologische Prozesse im Boden)	2 ± 1
Gülle (mikrobiologische Umwandlung von Harnstoff)	2 ± 1

[a] Angegeben als N.
[b] 55 % Energiegewinnung, 45 % Transport (Automobile, Flugzeuge).
[c] 4 % natürliche Brände; 96 % Brände anthropogener Natur.

11 Oxide des Stickstoffs

NO$_2$

1 ppm entspricht 1,91 mg/m^3 (20 °C)

Tab. 11-7. NO$_x$-Emissionen einiger Länder (Auswahl).

	1980	1996
	Emissionen (in 10^6 t)	
Belgien	0,44	0,33
Dänemark	0,28	0,29
Deutschland	3,33[a]	1,89
Finnland	0,30	0,27
Frankreich	1,82	1,64
Griechenland	0,34[b]	0,37
Großbritannien	2,51	2,03
Italien	1,64	1,94[b]
Niederlande	0,58	0,50
Österreich	0,23	0,16
Polen	1,23	1,15
Russland	1,73	2,47
Schweiz	0,17	0,13
Tschechien	0,94	0,43
Spanien	0,95	1,18[b]
USA	22,50	21,22

[a] Bundesrepublik Deutschland und DDR.
[b] Wert für 1990.

Die Volumenanteile von NO$_x$ in reiner maritimer Luft liegen bei 1 ppt, in verschmutzter Luft, wie sie über Europa und dem östlichen Nordamerika vorzufinden ist, können sie 10 ppb erreichen, also 10 000-mal größer sein. In Großstädten beobachtet man häufig Werte von mehr als 10 ppb, kurzzeitig sogar > 100 ppb. Es sind schon Spitzenwerte von 200 ppb für NO$_2$ und weit über 1000 ppb für NO beispielsweise in der Nähe dicht befahrener Straßen gemessen worden. Im Jahresmittel liegen die NO-Volumenanteile bei 50 ppb, die von NO$_2$ bei 30 ppb. Der Gehalt an Stickstoffdioxid im Ruhrgebiet und in Reinluftgebieten ist in Abb. 11-4 wiedergegeben.

Wenn andere reaktive Teilchen abwesend sind, wird Stickstoffmonoxid in Reinluft nur sehr langsam gemäß Gl. (11-1) in NO$_2$ umgewandelt. Die Geschwindigkeit der Bildung von NO$_2$ hängt stark von der NO-Konzentration ab: Bei sinkendem NO-Gehalt verläuft die Oxidation von NO mit Luftsauerstoff nur sehr langsam und spielt in der Atmosphäre keine Rolle. Bei einem NO-Volumenanteil von 50 ppb beträgt beispielsweise die Lebensdauer bei der Oxidation durch O$_2$ ca. 0,5 a. Die NO-Lebensdauer in der Atmosphäre verringert sich erheblich, wenn reaktive Teilchen wie OH, RO$_2$ (z. B. R = CH$_3$), HO$_2$ oder gar O$_3$ anwesend sind (Tab. 11-6). Es ist das wichtige Charakteristikum des photochemischen Smogs (vgl. Abschn. 12.4.6), dass die Umwandlung NO → NO$_2$ durch solche Teilchen deutlich beschleunigt wird.

Bei diesen Oxidationen (s. Tab. 11-8) wird NO nicht tatsächlich abgebaut, sondern es wird wegen der photochemischen Instabilität von NO$_2$ schnell – je nach Konzentration in wenigen Minuten – wieder zurückgebildet.

Unterbrochen wird dieser Kreislauf beispielsweise durch eine echte Abbaureaktion von NO$_2$:

$$NO_2 + OH + M \longrightarrow HNO_3 + M \qquad (11\text{-}14)$$

Die sich bildende Salpetersäure kann entweder mit dem Niederschlag direkt ausgewaschen werden, oder sie reagiert zuvor mit Basen – vornehmlich mit NH$_3$ – unter Bildung von Ammoniumnitrat-Aerosolen.

Der Nitratgehalt im Niederschlag gibt Informationen über den NO$_x$-Gehalt in der Atmosphäre. Aufgrund von Messungen an

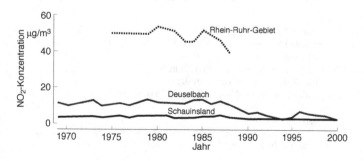

Abb. 11-4. Gehalte an Stickstoffdioxid in Deutschland für die Jahre 1970 bis 2000.

Tab. 11-8. Lebensdauer von NO in der Troposphäre in Anwesenheit von O_3, HO_2, RO_2, OH oder O_2.

Reaktion[a]			Lebensdauer von NO
$NO + O_3$	$\longrightarrow$	$NO_2 + O_2$	1 min
$NO + HO_2$	$\longrightarrow$	$NO_2 + OH$	20 min
$NO + RO_2$	$\longrightarrow$	$NO_2 + RO$[b]	2 h
$NO + OH \ (+ M)$	$\longrightarrow$	$HNO_2 \ (+ M)$	27 h
$2 NO + O_2$	$\longrightarrow$	$2 NO_2$	182 d[c]

[a] Diese Reaktionen sind keine echten Abbauprozesse, da die Rückbildung von NO (gemäß $NO_2 \xrightarrow{h \cdot v} NO + O$) ca. 2 min dauert.

[b] Beispielsweise $R = CH_3$.

[c] NO-Volumenanteil 50 ppb.

11.4 Einfluß von NO$_x$ auf Lebewesen

grönländischen Eisbohrkernen weiß man, dass der Nitratgehalt im 20. Jahrhundert auf der Nordhalbkugel der Erde deutlich angestiegen ist (Abb. 11-5). In den antarktischen Kernen hingegen war – ähnlich wie beim Sulfatgehalt – kein bemerkenswerter Anstieg dieser Konzentrationen zu beobachten, da sich die Quellen für Nitrat, vor allem der NO$_x$-erzeugende Verkehr, vorwiegend in der nördlichen Hemisphäre befinden und die atmosphärische Lebensdauer von NO oder NO_2 zu kurz ist, als dass diese Gase – ohne weitere Reaktionen – bis in die Antarktis transportiert werden könnten.

Ungefähr 60 % der NO-Gesamtemissionen sind das Ergebnis menschlicher Aktivitäten. Ungefähr zur Hälfte verschwindet NO$_x$ durch direkte Deposition aus der Gasphase, zur Hälfte unter Bildung von HNO_3 [s. Gleichungen (11-3 a) und (11-14)]. Dadurch tragen die Stickstoffoxide NO und NO_2 immerhin mit mehr als 10 % zum sauren Regen bei (vgl. Tab. 10-5 in Abschn. 10.4.1).

In Abb. 11-6 sind Quellen und Senken für NO und NO_2 und die diese beiden Stoffe verbindenden Reaktionen schematisch wiedergegeben (zum Stickstoffkreislauf s. Abb. 11-1 in Abschn. 11.1.3).

In diesem Kapitel ist vor allem etwas zur Chemie der Stickoxide gesagt worden; auf die Rolle, die Kohlenwasserstoffe dabei spielen, wird in den Kapiteln 12 und 13 eingegangen.

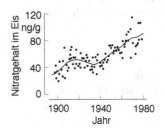

Abb. 11-5. Mittlerer Nitratgehalt aus grönländischem Eisbohrkern. – Die ausgezogene Linie zeigt den Trend.

11.4 Einfluss von NO$_x$ auf Lebewesen

NO ist in den Konzentrationen, in denen es normalerweise in der Atmosphäre vorliegt, nicht reizend und nicht gesundheitsschädlich. NO_2 hingegen hat einen stechenden und stickigen Geruch. Wahrgenommen werden Volumenanteile ab 0,1...0,2 ppm. Wenn sich der Gehalt jedoch schleichend erhöht, kann aufgrund der Gewöhnung der Geruch auch bei höheren Gehalten nicht bemerkt werden.

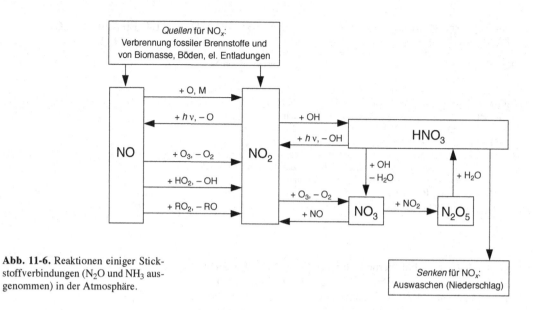

Abb. 11-6. Reaktionen einiger Stickstoffverbindungen (N_2O und NH_3 ausgenommen) in der Atmosphäre.

Senken für NO_x:
Auswaschen (Niederschlag)

NO_2

MIK-Werte:
1/2-h-Mittelwert 200 µg/mg
24-h-Mittelwert 100 µg/mg

NO_2

80 µg/m³
(arithmetischer Jahresmittelwert aus
Halbstundenmittelwerten, Grenzwert
zum Schutz der menschlichen Gesundheit; nach TA Luft)

100 µg/m³
(Richtwert, Tagesmittelwert zum
Schutz der menschlichen Gesundheit;
nach VDI-Richtlinie 2310-12)

200 µg/m³
(98 %-Wert der Summenhäufigkeit aus
Einstundenmittelwerten eines Jahres[a]),
Grenzwert zum Schutz der menschlichen Gesundheit; nach Richtlinie 85/
203/EWG und nach 22. BImSchV)

[a] Der Wert wird von 98 % aller Ein-
zelwerte unterschritten und nur
von 2 % überschritten.

NO_2 ist gut wasserlöslich und reagiert mit Wasser gemäß Gl.
(11-3 a); beim Einatmen wird es zu 80...90 % im Atemtrakt, zum
Teil unter Bildung von HNO_3, absorbiert [s. Gl. (11-3) in Abschn.
11.1.1]. Primär angegriffen werden dabei die Schleimhäute des
Atemtraktes. NO_2 führt zu Husten, akuten Atembeschwerden,
Lungenödemen und schließlich zum Tod. NO_2-Volumenanteile
> 100 ppm sind für die meisten Tierarten und für den Menschen
tödlich, und in 90 % der Fälle sind Lungenödeme die Todesursache. Andere Wirkungen, die bei Tieren nach NO_2-Exposition festgestellt wurden, sind verringertes Wachstum und geringes Körpergewicht.

Es gibt zahlreiche Pflanzen, die gegenüber NO_2 empfindlich
reagieren – empfindlicher als der Mensch. Bereits geringe NO_2-
Volumenanteile können normale biochemische Vorgänge beeinflussen und beispielsweise zu einer Minderung des Trocken-
gewichts, des Blattwachstums und zu Ertragsverlust bei Pflanzen
führen. Einige Pflanzen werden als „sehr empfindlich" eingestuft,
z. B. Apfel- und Birnbaum, Weißbirke, Gerste, Salat: Volumenanteile von ungefähr 3 ppb reichen bereits aus, um bei einmaliger Einwirkung nach weniger als einer Stunde erste äußerliche
Veränderungen auftreten zu lassen.

12 Flüchtige organische Verbindungen

12.1 Überblick

Zu den *flüchtigen organischen Kohlenstoffverbindungen* (VOC) mit Bedeutung in der Umwelt gehören im Wesentlichen Kohlenwasserstoffe (Aliphaten, Aromaten), Alkohole, Aldehyde und Ketone; die in Bezug auf Emissionen wichtigste Klasse sind die Kohlenwasserstoffe.

Die flüchtigen organischen Kohlenstoffverbindungen lassen sich u. a. nach der Verweilzeit in der Atmosphäre unterteilen (Tab. 12-1). Die Verweilzeit nimmt, wie schon in Abschn. 7.5 angemerkt, im allgemeinen mit zunehmender Länge der Kohlenstoffkette im Kohlenwasserstoff ab; das erste Glied innerhalb homologer Reihen reagiert in der Regel mit Abstand am langsamsten. Deshalb betrachtet man beispielsweise in der Atmosphärenchemie Methan und die anderen Alkane und Kohlenwasserstoffe – die *Nicht-Methan-Kohlenwasserstoffe* (NMKW; auch NMVOC, nonmethane volatile organic compounds) – getrennt.

Man spricht oft auch von *Persistent Organic Pollutants* (POP), wenn es sich um persistente (vgl. Abschn. 3.6) organische Schadstoffe handelt.

Die flüchtigen organischen Stoffe mit den höchsten Konzentrationen in Ballungsgebieten sind – nach Methan – u. a. Ethan, Ethen (Ethylen), Ethin (Acetylen) und Benzol (Tab. 12-2).

VOC

Flüchtige organische Kohlenstoffverbindungen
(*engl.* Volatile Organic Compounds)

Flüchtige organische Verbindung
(nach § 2 Nr. 11 der 31. BImSchV, der „VOC-Verordnung")

Eine organische Verbindung, die bei 293,15 K einen Dampfdruck von 0,01 kPa oder mehr hat oder unter den jeweiligen Verwendungsbedingungen eine entsprechende Flüchtigkeit aufweist.

Tab. 12-2. Gehalte und Verweilzeiten einiger flüchtiger organischer Kohlenwasserstoffe in Ballungsgebieten (Werte gerundet).

Gas	Formel	Volumenanteil (in ppb)	Verweilzeit (in d)
Methan	CH_4	1600 ...7000	1500 (4 a)
Ethan	C_2H_6	0,1 ... 100	61
Propan	C_3H_8	5 ... 100	11
Ethin	C_2H_2	10 ... 500	13
Ethen	C_2H_4	10 ... 150	1,9
Propen	C_3H_6	20 ... 70	0,4
Benzol	C_6H_6	0,05... 200	14
Toluol	$C_6H_5CH_3$	0,1 ... 150	2,8
Formaldehyd	HCHO	1 ... 150	0,9
Acetaldehyd	CH_3CHO	1 ... 50	0,6
Methanol	CH_3OH	0,5 ... 50	15
Ethanol	C_2H_5OH	1 ... 50	5,9

Tab. 12-1. Beziehung zwischen Reaktivität und Verweilzeit der flüchtigen organischen Kohlenstoffverbindungen (VOC).

Reaktivität	Verweilzeit
Langsam reagierend	> 7 d
Reaktiv	0,5...7 d
Sehr reaktiv	Wenige Stunden und kürzer

Im Allgemeinen nehmen die Gehalte solcher Verbindungen mit der Höhe ab, sie werden auch bei abnehmender geographischer Breite geringer. Wie aufgrund der anthropogenen Emissionsquellen zu erwarten ist (vgl. Tab. 12-3 und Tab. 12-4 in Abschn. 12.2.1 bzw. 12.3), liegen die Gehalte der flüchtigen Kohlenwasserstoffe auf der Südhalbkugel niedriger als auf der Nordhalbkugel.

In Großstädten und industriellen Ballungsgebieten sind die Volumenanteile flüchtiger organischer Verbindungen am größten, weil – neben den Lösungsmittelemissionen aus Industrie, Gewerbe und Haushalten – der Verkehr mit Abstand die bedeutendste anthropogene Quelle ist (vgl. Tab. 7-3 in Abschn. 7.2.2). Zu Spitzenlastzeiten und bei Windstille oder Inversionswetterlagen (vgl. Abschn. 12.4.4) kann man in Innenstädten oft um zwei bis drei Größenordnungen höhere Werte registrieren als in ländlichen oder Reinluftgebieten. Flüchtige C_1- und C_2-Kohlenwasserstoffe (das sind Kohlenwasserstoffe, die ein oder zwei Kohlenstoffatome im Molekül enthalten wie CH_4 bzw. C_2H_6) bilden die Hauptmenge der flüchtigen organischen Stoffe in der Atmosphäre von Städten. Messungen des Kohlenwasserstoffgehalts in der Luft verschiedener Städte ergaben zum Teil Gesamtwerte von mehr als 1000 µg/m^3.

Die meisten *Kohlenw*asserstoffe (KW) sind unter Normalbedingungen für Pflanzen nicht toxisch. Aliphatische KW zeigen unerwünschte Wirkungen auf den Menschen erst bei Gehalten, die um den Faktor 100 bis 1000 höher sind als die tatsächlich in der Atmosphäre vorliegenden.

12.2 Methan

12.2.1 Quellen

Für *Methan*, CH_4, gibt es viele Quellen an der Erdoberfläche, aber das Ausmaß der Einzelemissionen ist größtenteils nur unzulänglich bekannt (Tab. 12-3). Die anthropogenen Emissionen lassen sich jedoch ziemlich genau ihren Verursachern zuordnen (für Deutschland s. Tab. 12-4).

Die Quellen für Methan müssen erheblich sein, da trotz der begrenzten Lebensdauer von ca. 4 Jahren relativ hohe und sogar ansteigende Methangehalte beobachtet werden – sie steigen zur Zeit jährlich um ca. 1 %. Aus Eisbohrkernen weiß man, dass der Methangehalt in vorindustrieller Zeit ca. 0,75 ppm betrug (Abb. 12-1). Zur Zeit liegt der CH_4-Volumenanteil auf der Nordhalbkugel bei ca. 1,8 ppm und bei ca. 1,7 ppm auf der Südhalbkugel (s. auch Abb. 7-2 in Abschn. 7.2.4).

Der CH_4-Gehalt der letzten 160 000 Jahre ist aus einem Eisbohrkern aus der Bohrstelle an der Antarktis-Station „Vostok" rekonstruiert worden (Abb. 12-2). Bemerkenswert ist das sehr star-

CH_4-Gehalt
in der Atmosphäre (global)

ca. 1860:   848 ppb
(Vorindustrieller Gehalt)

1986:   1 600 ppb
1998:   1 693 ppb

in der Atmosphäre (Deutschland, 2000)

Schauinsland: 1 842 ppb
Deuselbach: 1 879 ppb

Tab. 12-3. Quellen und Senken von Methan in der Troposphäre.[a) – Gesamtgehalt der Atmosphäre ca. $4,9 \cdot 10^9$ t.

	Globale Methanflüsse[b)] (in 10^6 t/a)
Natürliche Quellen	
Feuchtgebiete (Moore, Sümpfe, Tundren)	115
Ozeane	10
Seen	5
Zersetzung von Methan-Hydraten aus Dauerfrost-Böden[c)]	5
Termiten und andere Insekten	40
Fermentation (durch wildlebende Wiederkäuer)	5
Anthropogene Quellen	
Reisfelder (Nassreis)	130
Fermentation durch Wiederkäuer (Viehhaltung)	75
Verbrennung von Biomasse	40
Mülldeponien	40
Erdgas-Verluste bei der Gewinnung und Verteilung	30
Kohlebergbau	35
Unbekannte fossile Quellen	60
Senken	
Chemische Reaktion mit OH-Radikalen in der Troposphäre	500
Photochemischer Abbau in der Stratosphäre	40
Mikrobieller Abbau in Böden (durch methanotrophe Bakterien)	6

[a] Akkumulierung in der Atmosphäre ca. $500 \cdot 10^6$ t/a.
[b] Mittelwerte, geschätzt.
[c] Auftauen dieser Böden aufgrund der in den hohen Breiten ansteigenden Temperatur.

Tab. 12-4. Anthropogene CH_4-Emissionen in Deutschland nach Emittentengruppen (insgesamt $3,27 \cdot 10^6$ t; 1999).

Verursacher, Emittentengruppe	Anteil (in %)
Landwirtschaft[a)]	44,9
Abfallwirtschaft[b)]	24,3
Lokale Gasverteilung, Erdöl- und Erdgasförderung, Bergbau	28,2
Industrieprozesse	0,1
Straßenverkehr	0,6
Übriger Verkehr	0,1
Kraft- und Fernheizwerke	0,2
Industriefeuerungen	0,2
Haushalte	1,3
Kleinverbraucher	0,1

[a] Fermentation, tierische Abfälle und Klärschlammausbringung.
[b] Deponien, Abwasserbehandlung, Klärschlammverwertung (außer landwirtschaftlicher Verwendung).

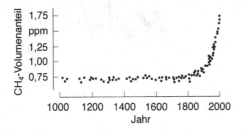

Abb. 12-1. CH_4-Gehalt in der Atmosphäre in den letzten 1000 Jahren.

ke *Anwachsen* des Methangehalts in den letzten Jahren – nur noch übertroffen durch das der FCKW (vgl. Abb. 13-9 in Abschn. 13.3.2). Wichtigste Ursachen dafür sind:

– Zunahme des Reisanbaus, der Rinderhaltung und der Zersetzung von Biomasse,
– der Abbau von Stein- und Braunkohle,
– Emissionen aus Mülldeponien,
– Verluste bei der Erdgas- und Erdölgewinnung,
– Verluste bei der Versorgung mit Erdgas.

Etwa 90 % des atmosphärischen CH_4 müssen aus neuerer organischer Substanz gebildet sein – hauptsächlich durch die Tätigkeit anaerober Bakterien. Ozeane und Reisfelder wurden eingehender untersucht, die Angaben zu anderen Quellen (s. Tab. 12-3) beruhen auf Schätzungen (die Unsicherheiten sind erheblich). Dennoch wird als sehr wahrscheinlich angesehen, dass das starke Anwachsen des CH_4-Gehalts direkt mit dem starken Anwachsen der Weltbevölkerung zusammenhängt: Hauptsächlich steigen die Emissionen wegen landwirtschaftlicher Aktivitäten an.

In der für uns bisher überschaubaren Vergangenheit (bis vor 160 000 Jahren) hat der atmosphärische Methangehalt niemals den heutigen Wert auch nur entfernt erreicht (Abb. 12-2). Der mittlere CH_4-Gehalt und die Temperatur auf der Erde sind – ähnlich wie der CO_2-Gehalt (vgl. Abschn. 8.3) – hoch korreliert. Wahrscheinlich hängt dies damit zusammen, dass biologische Prozesse stark temperaturabhängig sind. Denkbar ist hier sogar ein verstärkender Rückkopplungseffekt: Durch Erwärmung steigt die biologische Aktivität; dadurch wird mehr Methan freigesetzt; dieses liefert einen weiteren Beitrag zum zusätzlichen Treibhauseffekt und bedingt damit eine weitere Temperaturerhöhung usw.

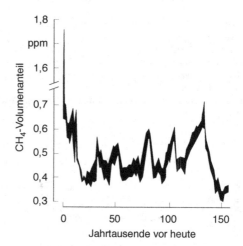

Abb. 12-2. CH_4-Gehalt der letzten 160 000 Jahre, ermittelt am Vostok-Bohrkern.

12.2.2 Senken

Methan hat im Wesentlichen nur eine Senke: Es wird fast ausschließlich durch seine Reaktion mit Hydroxyl-Radikalen, OH, abgebaut (Abb. 12-3); diese Reaktion ist global von Bedeutung für den OH-Haushalt. Wenn geringere Mengen an NO bei der Abbaureaktion anwesend sind, werden als Zwischenprodukte u. a. Formaldehyd, HCHO, und bei Folgereaktionen Ozon, O_3, gebildet. Dadurch sind die Kohlenwasserstoffe – die folgenden Gleichungen sind für Methan formuliert – mit dem Stickstoff- und dem Ozonkreislauf verbunden.

Die Reaktion von Methan mit Hydroxyl-Radikalen kann man – als Modell der Oxidation eines Kohlenwasserstoffs in der Atmosphäre – folgendermaßen beschreiben:

$$CH_4 \quad + OH \qquad\qquad \longrightarrow CH_3 \quad + H_2O \qquad\qquad (12\text{-}1\,a)$$
$$CH_3 \quad + O_2 \ + M \quad \longrightarrow CH_3O_2 \qquad\qquad\quad + M \quad (12\text{-}1\,b)$$
$$CH_3O_2 + NO \qquad\quad \longrightarrow CH_3O \ + NO_2 \qquad\qquad (12\text{-}1\,c)$$
$$CH_3O + O_2 \qquad\quad \longrightarrow HCHO + HO_2 \qquad\qquad (12\text{-}1\,d)$$
$$HO_2 \quad + NO \qquad\quad \longrightarrow OH \quad\ + NO_2 \qquad\qquad (12\text{-}1\,e)$$

$$CH_4 \quad + 2\,O_2 + 2\,NO \longrightarrow HCHO + H_2O + 2\,NO_2 \quad (12\text{-}1\,f)$$

Berücksichtigt man noch das photochemische $NO\text{-}NO_2$-Gleichgewicht (s. auch Abb. 11-3 in Abschn. 11.3.1),

$$NO_2 \xrightarrow{\ +\,h\cdot v\ } NO \ \ + O \qquad\qquad\qquad (12\text{-}2)$$
$$O + O_2 + M \ \longrightarrow \ O_3 \qquad\qquad\quad + M \qquad (12\text{-}3)$$

so kann man diesen Teil der Oxidation von Methan zu Formaldehyd insgesamt [Gl. (12-1) bis (12-3)] beschreiben mit:

$$CH_4 + 4\,O_2 \xrightarrow{\ +\,h\cdot v\ } HCHO + H_2O \ + 2\,O_3 \qquad (12\text{-}4)$$

Formaldehyd, HCHO, kann nun auf verschiedenen Wegen weiterreagieren (Abb. 12-4). Beispielsweise wird bei einem dieser Reaktionswege aus HCHO zunächst photolytisch ein H-Atom abgespalten und – nach mehreren Reaktionsschritten – O_3 gebildet:

$$HCHO \xrightarrow{\ +\,h\cdot v\ } COH + H \qquad\qquad\qquad (12\text{-}5\,a)$$
$$COH \ \ + O_2 \ \ + M \longrightarrow CO \ \ + HO_2 + M \qquad (12\text{-}5\,b)$$
$$H \qquad + O_2 \ \ + M \longrightarrow HO_2 \qquad\quad\ + M \qquad (12\text{-}5\,c)$$
$$HO_2 \quad + NO \qquad \longrightarrow OH \ \ + NO_2 \qquad\qquad (12\text{-}5\,d)$$
$$HO_2 \quad + OH \qquad \longrightarrow H_2O + O_2 \qquad\qquad (12\text{-}5\,e)$$
$$NO_2 \qquad\qquad \xrightarrow{\ +\,h\cdot v\ } NO \ \ + O \qquad\qquad\qquad (12\text{-}5\,f)$$
$$O \qquad + O_2 \ \ + M \longrightarrow O_3 \qquad\qquad + M \qquad (12\text{-}5\,g)$$

$$HCHO + 2\,O_2 \xrightarrow{\ +\,h\cdot v\ } CO \ \ + H_2O + O_3 \qquad (12\text{-}5\,h)$$

Insgesamt lässt sich dann die Oxidation von Methan zu Kohlenmonoxid aus Gl. (12-1 f), (12-5 h) sowie (12-5 f) und (12-5 g) formulieren:

$$CH_4 \quad + 6\,O_2 \xrightarrow{\ +\,h\cdot v\ } CO \ \ + 2\,H_2O + 3\,O_3 \quad (12\text{-}6)$$

Bei dieser Reaktionsfolge werden für jedes oxidierte Methanmolekül drei Ozonmoleküle gebildet. Das bei dieser Oxidation entstehende CO macht 20...50 % des atmosphärischen CO aus. Es kann, geeignete Konzentrationen an NO und Lichtenergie vorausgesetzt, selbst ebenfalls Verursacher von O_3 sein (vgl. Abschn. 9.2.2).

Die Hydroxyl-Radikale, OH, nehmen bei der Oxidation von Methan eine Schlüsselstellung ein, denn sie leiten die Reaktionsfolge ein. Da der in der Troposphäre verfügbare OH-Gehalt wohl konstant bleibt, zugleich aber die Atmosphäre mit anderen Schadstoffen zunehmend belastet wird, ist denkbar, dass aus diesem Grund nicht mehr genügend OH-Radikale für die Oxidation von CH_4 zur Verfügung stehen und der Methangehalt in der Atmosphäre (auch) aus diesem Grund ansteigt.

12.2 Methan

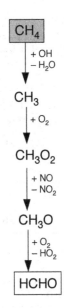

Abb. 12-3. Abbau von Methan in der Troposphäre in Anwesenheit von NO zu Formaldehyd.

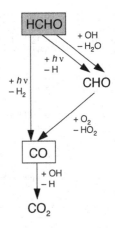

Abb. 12-4. Abbau von Formaldehyd.

12 Flüchtige organische Verbindungen

NMKW

*N*icht-*M*ethan-*K*ohlenwasserstoffe
(*engl.* Nonmethane Hydrocarbons,
NMHC)

Tab. 12-5. Hauptquellen für Nicht-Methan-Kohlenwasserstoffe.

Quellen	Menge (in 10^6 t/a)
Bäume (Isopren, Terpene)	600 ... 1200
Kraftfahrzeuge	30 ... 50
Lösungsmittel	10 ... 20

Tab. 12-6. VOC-Emissionen einiger Länder (Auswahl).

Land	1980	1996
	Emissionen (in 10^6 t)	
Belgien	0,36[b]	0,32
Dänemark	0,20	0,14
Deutschland	3,22[a]	1,88
Finnland	0,21[b]	0,17
Frankreich	2,40[b]	2,57
Griechenland	0,37[b]	0,41
Großbritannien	2,31	2,05
Italien	2,18	2,21[b]
Niederlande	0,50[b]	0,36
Österreich	0,36	0,26
Polen	1,04	0,77
Russland	2,84	2,58
Schweiz	0,32	0,20
Tschechien	0,44[b]	0,28
Spanien	–	1,13[b]
USA	23,60	17,32

[a] Bundesrepublik Deutschland und DDR.
[b] Wert für 1990.

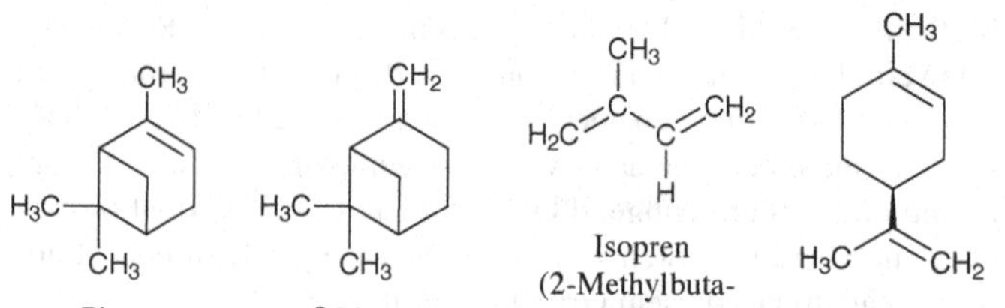

12.3 Nicht-Methan-Kohlenwasserstoffe

Weltweit entstehen jährlich ungefähr 10^9 t Nicht-Methan-Kohlenwasserstoffe (NMKW). Über die Emissionen aus natürlichen Quellen – sie übertreffen global die anthropogenen – liegen nur grobe Schätzungen vor (Tab. 12-5). Vor allem stammen die Kohlenwasserstoffe aus der Vegetation: Besonders Nadelbäume sondern *Isopren* und zahlreiche Terpene ab (Abb. 12-5). Die anthropogenen Emissionen von NMKW in Automobilabgasen (vgl. Tab. 7-3 in Abschn. 7.2.2) und in Form von Lösungsmitteln sollen, verglichen mit den natürlichen Quellen, gering sein.

Terpene sind Verbindungen mit der doppelten molaren Masse des Isoprens: Man kann sie als Dimere des Isoprens auffassen. Sie sind farblose terpentinartig riechende, leicht brennbare, Haut und Schleimhäute reizende Flüssigkeiten. In Waldluft sind mehr als 15 verschiedene Terpene gefunden worden. In der Luft von Pinienwäldern (in der Ukraine) wurden Terpengehalte bis 210 ppb gemessen, und in jungen Wäldern bei Windstille Werte sogar bis 825 ppb; im allgemeinen übersteigen die Gehalte in der Atmosphäre jedoch nicht 70 ppb.

Eines der Terpene ist das *Pinen* (*lat.* pinus, Kiefer), das in etherischen Ölen von Nadelhölzern vorkommt: α-Pinen in über 400 Arten und β-Pinen in über 100 Arten. Auch das Terpen *Limonen* kommt in der Natur häufig vor, z. B. im Fichtennadelöl.

Ungesättigte Kohlenwasserstoffe wie die Terpene sind reaktiver als gesättigte (vgl. Tab. 7-19 in Abschn. 7.5). Deshalb sind sie stärker an atmosphärischen Reaktionen beteiligt als Methan oder andere gesättigte Kohlenwasserstoffe. Die Reaktion von höheren Kohlenwasserstoffen (vgl. Abschn. 12.4.6) läuft ähnlich ab wie die von Methan (vgl. Abschn. 12.2.2).

Daneben ist noch der NMKW *Benzol* erwähnenswert. Es stammt vor allem aus den Emissionen der Kfz: In der Nähe stark befahrener Straßen werden die höchsten Benzolgehalte festgestellt. In ländlichen Bereichen liegen die Konzentrationen unter 1 µg/m^3; in Ballungsräumen und Städten erreichen sie 12 µg/m^3 (Jahresmittelwert). Nach der 23. BImSchV sind „Maßnahmen zur Verminderung oder zur Vermeidung des Entstehens schädlicher Umwelteinwirkungen" zu prüfen, wenn ein arithmetischer Jahresmittelwert von 10 µg/m^3 überschritten wird.

Eine Übersicht über das Ausmaß der VOC-Emissionen einiger Länder gibt Tab. 12-6.

Abb. 12-5. Isopren und einige natürliche Terpene (Summenformeln C$_5$H$_8$ bzw. C$_{10}$H$_{16}$).

α-Pinen   β-Pinen   Isopren (2-Methylbuta-1,3-dien)   Limonen

12.4 Photooxidantien

12.4.1 Vorbemerkungen

Zu den wichtigsten sekundären Luftschadstoffen (vgl. Abschn. 7.2.6) gehören *Photooxidantien* (auch *photochemische Oxidantien* genannt). Es handelt sich dabei um oxidierende Verbindungen, die in der Atmosphäre auf photochemischem Wege – unter Einfluss des Sonnenlichts – entstehen (daher das „Photo" im Namen). Das wichtigste Photooxidans in diesem Sinn ist Ozon, O_3, das in den größten Mengen vorkommt; daneben gibt es u. a. Peroxyacetylnitrat (PAN) und einige ähnlich aufgebaute Verbindungen (Tab. 12-7), die in geringeren Mengen entstehen. In einem weiteren Sinne versteht man unter Photooxidantien alle Reaktanten und Reaktionsprodukte von organischen Verbindungen mit NO_x (und damit auch mit O_3 und OH): Neben NO_x und O_3 sowie OH zählt man zu den Photooxidantien auch Verbindungen wie HO_2, RO_2 (R organischer Rest), H_2O_2, HNO_3, N_2O_5, NO_3, Aldehyde und Ketone, organische Säuren (z. B. Essigsäure), organische Nitrate, Peroxyessigsäure, Peroxysalpetersäure und Peroxynitrate.

Tab. 12-7. Photooxidantien (Auswahl).

Name		Formel
Ozon		O_3
Peroxyacetylnitrat	(PAN)	$CH_3C(O)O_2NO_2$
Peroxypropionylnitrat	(PPN)	$CH_3CH_2C(O)O_2NO_2$
Peroxybenzoylnitrat	(PBzN)	$C_6H_5C(O)O_2NO_2$

Gehalt an O_3 (Deutschland, 2000)

Schauinsland:	85 µg/m^3
Deuselbach:	67 µg/m^3

Gehalt an PAN (Deutschland, 2000)

Schauinsland:	414 ppt

Photooxidantien entstehen unter Einfluss von Sonnenlicht in Anwesenheit von Stickoxiden (NO_x) vor allem aus flüchtigen Kohlenwasserstoffen (VOC), wie schon an Methan als Beispiel gezeigt wurde (vgl. Abschn. 12.2.2). Eine weitere wichtige Quelle ist Kohlenmonoxid, CO, das unter geeigneten atmosphärischen Bedingungen Ozon bilden kann (vgl. Abschn. 9.2.2).

12.4.2 Eigenschaften

Ozon, ein äußerst giftiges farbloses Gas, ist dasjenige Photooxidans, das mit der größten Konzentration in der Atmosphäre vorkommt. Es verdankt seinen Namen seinem Geruch (*griech.* ozein, nach etwas riechen): Er wird je nach Konzentration als nelken-, heu-, chlorähnlich oder nach Stickoxiden riechend beschrieben; aber möglicherweise ist das Gas geruchlos, und der noch in Verdünnungen von $1 : 10^8$ feststellbare Geruch wird durch NO_2 hervorgerufen, das stets zusammen mit O_3 vorhanden ist, wenn Ozon in der Luft ist (vgl. Abschn. 11.3.1).

12 Flüchtige organische Verbindungen

Tab. 12-8. Standard-Redoxpotentiale einiger Oxidationsmittel.

Halbreaktion	Standard-Redoxpotential E^0 (in V)
$F_2 + 2\,e^- \leftrightarrows 2\,F^-$	2,87
$O_3 + 2\,H^+ + 2\,e^- \leftrightarrows O_2 + H_2O$	2,07
$S_2O_8^{2-} + 2\,e^- \leftrightarrows 2\,SO_4^{2-}$	2,05
$Ag^+ + e^- \leftrightarrows Ag$	1,99
$Co^{3+} + e^- \leftrightarrows Co^{2+}$	1,84

Ozon ist nach Fluor das stärkste Oxidationsmittel (Tab. 12-8). Das Standard-Redoxpotential für die Halbreaktion

$$O_{3(g)} + 2\,H^+ + 2\,e^- \iff O_{2(g)} + H_2O$$

beträgt 2,07 V.

Nach Ozon ist *Peroxyacetylnitrat* (PAN) das am häufigsten vorkommende Photooxidans. Es kann bei der Oxidation von Acetaldehyd entstehen:

$$CH_3CHO \quad + OH \quad \longrightarrow \quad CH_3CO + H_2O \qquad (12\text{-}7)$$
$$CH_3CO \quad + O_2 \quad \longrightarrow \quad CH_3C(O)O_2 \qquad (12\text{-}8)$$
$$CH_3C(O)O_2 + NO_2 \iff CH_3C(O)O_2NO_2 \qquad (12\text{-}9)$$

PAN kann also eine (temporäre) Senke für NO_2 sein; während der Nacht wird PAN kaum zersetzt und kann über weite Entfernungen transportiert werden. Tagsüber bildet sich NO_2 zurück.

Infolge seiner Bildungs- und Zerfallsprozesse unterliegt der Gehalt an PAN, wie auch der an Ozon, großen tageszeitlichen Schwankungen. Die Peroxyverbindungen gehören zu den instabilsten und – neben Ozon – reaktivsten Stoffen, die im photochemischen Smog vorkommen. Sie übertreffen, was die Giftigkeit und Reizwirkung auf Augen und Atemwege angeht, die Aldehyde. PAN reagiert mit biologisch wichtigen Verbindungen, z. B. mit Enzymen; Gehalte von 10 ppb können bereits innerhalb weniger Stunden zu Schäden bei Pflanzen führen.

Von den Peroxyacylnitraten kommen PPN und PBzN (vgl. Tab. 12-5 in Abschn. 12.4.1) deutlich weniger häufig vor als PAN, da auch die Gehalte der entsprechenden als Vorläufer notwendigen Kohlenwasserstoffe in der Atmosphäre niedriger sind.

12.4.3 Vorkommen, Quellen und Senken von Ozon

Der Hauptanteil des Ozons der Atmosphäre (etwa 90 %) befindet sich in der Stratosphäre. Die maximalen Volumenanteile findet man in etwa 30 km Höhe (vgl. Abb. 13-1 in Abschn. 13.1). In der Troposphäre befinden sich nur etwa 10 % der Gesamtmenge. Wegen der Beteiligung von O_3 an unterschiedlichen Reaktionen in der Troposphäre und in der Stratosphäre werden beide Bereiche getrennt behandelt (mehr zu Ozon in der Stratosphäre s. Kap. 13).

Der Ozongehalt in der Troposphäre lag um 1880 bei etwa 7...10 ppb; die Gehalte sind durch die Industrialisierung angestiegen. Der jährliche mittlere Ozon-Volumenanteil in bodennahen Luftschichten in Deutschland liegt heute bei ca. 45 $\mu g/m^3$.

Das Tagesmaximum des Ozongehalts tritt um die Mittagszeit auf. In Los Angeles beispielsweise wurde als Spitzenwert ein Ozon-Volumenanteil von 580 ppb (1160 $\mu g/m^3$) gemessen. In Deutschland haben die Werte immerhin schon bei 275 ppb (550 $\mu g/m^3$) gelegen.

Quellen und Senken des Ozons in der Troposphäre sind in Tab. 12-9 zusammengefasst.

O_3

1 ppb entspricht 2 $\mu g/m^3$ (20 °C)

Der Ozonverlust in der Troposphäre läuft hauptsächlich folgendermaßen ab:

$$O_3 \xrightarrow[\lambda < 310\,nm]{h \cdot \nu} O_2 + O^* \qquad (12\text{-}10)$$

Die beiden Reaktionen des angeregten atomaren Sauerstoffs, O*, mit Wasser und mit einem Stoßpartner M

$$O^* + H_2O + M \longrightarrow 2\,OH + M \qquad (12\text{-}11)$$
$$O^* + M \qquad \longrightarrow O + M \qquad (12\text{-}12)$$

konkurrieren miteinander; die meisten O*-Atome geben ihre Anregungsenergie an Stoßpartner M wie N_2 oder O_2 ab. Ozon wird ferner abgebaut bei den Reaktionen

$$OH + O_3 \longrightarrow HO_2 + O_2 \qquad (12\text{-}13)$$
$$HO_2 + O_3 \longrightarrow OH + 2\,O_2 \qquad (12\text{-}14)$$

Die Gleichungen (12-10), (12-11), (12-13) und (12-14) zusammen ergeben als Gesamtreaktion eine mögliche Formulierung für den Ozonabbau in der Troposphäre:

$$5\,O_3 + H_2O \xrightarrow{h \cdot \nu} 2\,OH + 7\,O_2 \qquad (12\text{-}15)$$

Bei der photochemischen Reaktion

$$O_3 \xrightarrow[\lambda > 310\,nm]{h \cdot \nu} O_2 + O \qquad (12\text{-}16)$$

bildet sich, im Gegensatz zu der durch Gl. (12-10) beschriebenen, kein angeregter Sauerstoff, sondern es entstehen Sauerstoff-

12.4 Photooxidantien

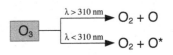

Tab. 12-9. Quellen und Senken für Ozon in der Troposphäre (Schätzwerte für 1980).

Quellen, Senken	Globale Flüsse (in 10^6 t/a)
Quellen	
Vertikaler Transport aus der Stratosphäre	1220
Oxidation von CO, CH_4 und NMKW[a] in der Troposphäre	
– Oxidation von NO durch HO_2	3360
– Oxidation von NO durch CH_3O_2	1200
– Oxidation von NO durch RO_2 (R ≠ H, CH_3)	570
Senken	
Trockene Deposition an der Erdoberfläche	1420
Chemische Reaktionen in der Troposphäre	
– Bildung von OH-Radikalen	2260
– Verlust von O*	25
– Reaktion von O_3 mit NO	140
– Reaktion von O_3 mit NO_2 (nachts)[b]	30
– Reaktion von O_3 mit Alkenen[c]	175
– Reaktion von O_3 mit HO_2 und OH	2300

[a] Nicht-Methan-Kohlenwasserstoffe.
[b] Vgl. Abb. 13-6 in Abschn. 13.3.2.
[c] Ungesättigte Aliphaten, Isopren und Terpene.

atome im Grundzustand. Diese Reaktion verläuft bei Troposphärendruck reversibel und liefert deshalb keinen Beitrag zum
Abbau des Ozons.

12.4.4 Inversionswetterlagen

Damit photochemischer Smog entstehen kann, müssen mindestens
zwei meteorologische Bedingungen erfüllt sein: Eine Inversionswetterlage muss vorliegen, und die Sonneneinstrahlung muss hoch
sein.

Inversionswetterlagen (Abb. 12-6) sind gekennzeichnet durch
eine *Mischungsschicht*, das sind Luftmassen in Bodennähe, die
von wärmeren Luftschichten überlagert sind: In dieser Situation
kommt der natürliche vertikale Luftwechsel über diese bodennahe
Luftschicht hinaus fast vollständig zum Erliegen, und das Luftvolumen dieser Schicht, in dem sich gasförmige Schadstoffe verteilen können, ist verhältnismäßig klein. Schadstoffe werden durch
Luftbewegung oder Wind nicht wegtransportiert oder über ein ausgedehntes Gebiet verteilt, sondern die mit Schadstoffen beladene
Luft wird festgehalten. Man spricht deshalb auch von *austauscharmer Wetterlage*.

Inversionslagen sind normalerweise durch warmes, trockenes,
wolkenloses und windschwaches Wetter gekennzeichnet. Die oberen Schichten lassen ein Maximum an Sonnenlicht durch – die
zweite Bedingung für das Entstehen photochemischen Smogs.
Solche Wetterlagen können mehrere Tage unverändert anhalten.

In Los Angeles und Umgebung – einem Siedlungskomplex in
den USA mit einer Fläche von ca. 4000 km^2, in dem ca. 8 000 000

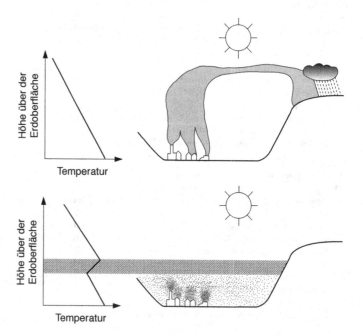

Abb. 12-6. Normale Wetterlage (oben)
und Inversionswetterlage (unten).

Menschen leben – kommen Inversionswetterlagen wegen der ungünstigen Kessellage besonders häufig vor. Die Berge bilden die „Barrieren", vom Pazifischen Ozean her lagern sich kühle Luftmassen etwa bis zur Höhe des umrandenden Gebirges, und wärmere Luftschichten bilden auf der Mischungsschicht einen „meteorologischen Deckel". Und die Sonne Kaliforniens ist die Lichtquelle in diesem „photochemischen Reaktor".

12.4.5 Los-Angeles-Smog

Der „klassische" Smog ist der *London-Smog* aus Schwefeldioxid und Rauch (vgl. Abschn. 10.3.1). Eine andere Art Smog, der bereits seit den 40er Jahren des letzten Jahrhunderts bekannt ist, ist der *Los-Angeles-Smog* (oder *Sommer-Smog, LA-Smog*), ein *photochemischer Smog (Photosmog)*. Photooxidantien sind die wichtigsten Bestandteile des photochemischen Smogs, der deshalb – im Gegensatz zum London-Smog mit seinen reduzierenden Eigenschaften – oxidierend wirkt.

Damit sich photochemischer Smog bilden kann, müssen – neben Inversionswetterlage und Sonneneinstrahlung – aus chemischer Sicht gleichzeitig

– Kohlenwasserstoffe (KW) und/oder Kohlenmonoxid, CO, und
– Stickoxide, NO_x,

vorhanden sein. Der Los-Angeles-Smog kann zwar auch durch Emissionen z. B. der petrochemischen Industrie verursacht werden, aber im Wesentlichen ist er ein „Automobil-Smog", da das Auto Hauptlieferant für die Kohlenwasserstoffe und die Stickoxide ist (mehr dazu s. Abschn. 12.5).

Auf die photochemischen Reaktionen von Kohlenmonoxid, CO, in der Atmosphäre in Anwesenheit von Stickoxiden wurde schon in Abschn. 9.2.2 eingegangen. Bei hohem Automobilaufkommen liegt der NO_x-Anteil hoch: Dann kommt es beim Abbau von CO in der Atmosphäre vornehmlich zur Bildung von Ozon (linke Verzweigung des Reaktionsschemas in Abb. 9-3 in Abschn. 9.2.2).

Grundlage zur Beschreibung des *Sommer*-Smogs sind Messungen aus der „Welt-Smoghauptstadt" Los Angeles (Abb. 12-7). Morgens nehmen wegen des beginnenden Berufsverkehrs die Gehalte an NO und an KW zu. Bei Sonnenaufgang beginnt die Zersetzung von NO_2 durch Photodissoziation [vgl. Gl. (11-11) in Abschn. 11.3.1], und der NO-Gehalt steigt an; die dabei gleichzeitig gebildeten O-Atome stehen für die Ozon-Bildung zur Verfügung. Gegen 7 Uhr wird die Wirkung der Kohlenwasserstoffe bemerkbar: Sie reagieren in Anwesenheit von O_2 mit beträchtlichen NO-Mengen; der NO-Gehalt nimmt ab, der von NO_2 nimmt zu. Die höheren NO_2-Gehalte und die intensive Sonnenstrahlung (gegen 8 Uhr) führen zur vermehrten Bildung von O und damit zu einem Anstieg des Ozongehalts. Gegen 10 Uhr ist

12.4 Photooxidantien

12 Flüchtige organische Verbindungen

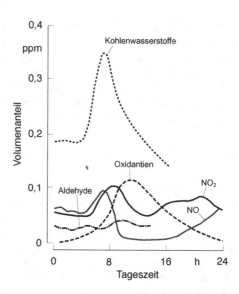

Abb. 12-7. Gehalte an NO, NO$_2$, Kohlenwasserstoffen, Aldehyden und Oxidantien im photochemischen Smog (Messdaten aus den 50er Jahren; Los Angeles).

Tab. 12-10. Schwellenwerte für Ozon (Richtlinie 92/72/EWG).

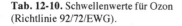

Gesundheitsschutz	110 µg/m^3 [a]
Vegetationsschutz	200 µg/m^3 [b]
Unterrichtung der Bevölkerung	180 µg/m^3 [b]
Auslösung des Warnsystems	360 µg/m^3 [b]

[a] Acht-Stunden-Mittelwert.
[b] Ein-Stunden-Mittelwert.

der NO-Gehalt in der Atmosphäre stark gemindert – es wird also kaum noch Ozon nach Gl. (11-13) abgefangen, der Gehalt an O$_3$ und anderen Oxidantien steigt. Zum typischen Tagesgang von Ozon und anderen Oxidantien gehört, dass der Gehalt um die Mittagszeit ein Maximum durchläuft. Nachmittags wandeln sich die KW in andere organische Moleküle um, die Konzentration der KW nimmt also ab. Der Gehalt an O$_3$ (und der anderen Oxidantien) geht ebenfalls zurück, z. B. durch Reaktionen mit anderen Schadstoffen und mit Pflanzen.

Diese Art von Smog ist auch von Bedeutung für andere industrielle Ballungsgebiete, z. B. sind auch das Ruhrgebiet oder das Rhein-Main-Becken typische „Smog-Gebiete".

Von der EU sind *Schwellenwerte* für den Ozongehalt der Luft festgelegt worden (Tab. 12-10), die durch die *Immissionswerte-Verordnung* (22. BImSchV) in das deutsche Immissionsschutzrecht übernommen worden sind. In der Richtlinie 2002/3/EG „über den Ozongehalt der Luft" ist als *Zielwert* für 2010 für den Schutz der menschlichen Gesundheit einen Ozongehalt der Luft von 120 µg/m^3 als höchster Acht-Stunden-Wert vorgesehen (dieser Wert darf, gemittelt über drei Jahre, an höchstens 25 Tagen pro Kalenderjahr überschritten werden).

Die Vorgänge während einer Smogwetterlage lassen sich in *Smog-Kammern* simulieren. Man nimmt dazu ein Gemisch aus 80 % N$_2$ und 20 % O$_2$ (zur Simulation trockener Luft) und am besten einen einzigen Kohlenwasserstoff, beispielsweise *Propen*, CH$_3$–CH=CH$_2$ (C$_3$H$_6$), und vermischt das Ganze mit NO. (*Benzin* ist für solche Experimente weniger gut geeignet, denn es ist ein Gemisch aus mehr als 200 verschiedenen Kohlenwasserstoffen aus den Klassen der Alkane, Alkene und Aromaten und liefert zu viele, schlechter messbare Reaktionsprodukte.) Dann wird mit Lampen geeigneter spektraler Verteilung und Lichtintensität bestrahlt („Sonnensimulatoren"), und die Konzentrationen an C_3H_6, NO, NO_2 und O_3 werden gemessen (Abb. 12-8).

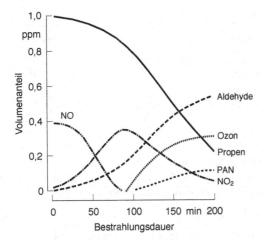

Abb. 12-8. Typische Änderungen der Gehalte während der Bestrahlung eines Gemischs aus Propen, C_3H_6, und NO in Luft.

12.4.6 Reaktionsablauf

Die Schlüsselreaktionen bei der Bildung des Photooxidans Ozon sind die Photolyse von NO_2 [Gl. (11-11)] und die Reaktion von atomarem Sauerstoff mit O_2 [Gl. (11-12); s. auch Abb. 11-3 in Abschn. 11.3.1].

Jedes NO-Molekül, das z. B. primär beim Verbrennungsprozess im Automobil gebildet wird, „verbraucht" ein O_3-Molekül unter Bildung von NO_2 („Titrationseffekt"); für jedes NO_2, das gebildet wird, ist also ein O_3-Molekül entfernt worden – eine andauernde O_3-Produktion dürfte demzufolge in der Stadtluft nicht beobachtet werden. Wegen der schnellen Rückreaktion zwischen O_3 und NO [Gl. (11-13)] dürfte es in der Troposphäre durch die Photolyse von NO_2 allein nicht zu einer solchen Anreicherung von O_3 kommen, wenn nicht andere Prozesse das NO/NO_2-Konzentrationsverhältnis zugunsten von NO_2 und damit von O_3 verschöben. Da die Oxidation von NO mit O_2 zu langsam abläuft, kommen nur Reaktionen mit sehr reaktiven anderen Teilchen, z. B. – neben O_3 – mit Perhydroxyl- oder Alkylperoxy-Radikalen, HO_2 bzw. RO_2, in Frage. Somit trägt auch jede Quelle für H, HO_2 oder OH zur raschen Oxidation von NO zu NO_2 und zum beschleunigten Abbau von Alkenen bei. Die Rolle der HO_x-Lieferanten ($x = 0, 1, 2$) wird von den flüchtigen organischen Kohlenstoffverbindungen (VOC) übernommen, die – neben CO – die Hauptquelle dafür sind; man spricht in diesem Zusammenhang sogar von einer „NO_2-Pumpe" (Abb. 12-9; s. auch Tab. 11-8 in Abschn. 11.3.2).

Bildung von O_3

$$NO_2 \rightarrow NO + O \ (\lambda < 420\ nm)$$
$$O + O_2 + M \rightarrow O_3 + M$$

Zersetzung von O_3

$$NO + O_3 \rightarrow NO_2 + O_2$$

195

12 Flüchtige organische Verbindungen

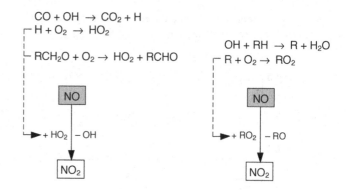

Abb. 12-9. Oxidation von NO zu NO_2 durch HO_2 und RO_2 („NO_2-Pumpe").

Die Oxidation eines Kohlenwasserstoffs $R–CH_3$ in Gebieten mit „ausreichendem" NO_x-Gehalt erfolgt entsprechend der CH_4-Oxidation (vgl. Abschn. 12.2.2) über die Stufen

$$–CH_3 \rightarrow R–CH_2 \qquad \rightarrow R–CH_2O_2 \qquad \rightarrow R–CH_2O \qquad \rightarrow R–CHO$$

$$\text{Alkan} \rightarrow \text{Alkyl-Radikal} \rightarrow \text{Alkylperoxy-Radikal} \rightarrow \text{Alkyloxy-Radikal} \rightarrow \text{Aldehyd}$$

Aldehyde können weiter zu CO_2 oxidiert werden. In Abb. 12-10 ist dieser Abbau – idealisiert – wiedergegeben.

Die folgenden Reaktionsgleichungen beschreiben die Vorgänge im photochemischen Smog bis zur Stufe der Aldehyde („NO_2-Pumpe"):

(12-17 a)	$R–CH_2–H + OH$	$\longrightarrow$	$R–CH_2 + H_2O$
(12-17 b)	$R–CH_2 + O_2$	$\longrightarrow$	$R–CH_2O_2$
(12-17 c)	$R–CH_2O_2 + NO$	$\longrightarrow$	$R–CH_2O + NO_2$
(12-17 d)	$R–CH_2O + O_2$	$\longrightarrow$	$R–CHO + HO_2$
(12-17 e)	$HO_2 + NO$	$\longrightarrow$	$OH + NO_2$

(12-17 f) $\qquad R–CH_2–H + 2\,O_2 + 2\,NO \xrightarrow{h \cdot v} R–CHO + 2\,NO_2 + H_2O$

Eine zentrale Rolle bei diesen Reaktionswegen, auf denen Spurengase/Schadstoffe umgewandelt werden können, spielt wieder das OH-Radikal, das die Reaktionskette auslöst.

Gl. (12-17 f) zusammen mit

$$2\,NO_2 \xrightarrow{h \cdot v} 2\,NO + 2\,O \qquad (12\text{-}18)$$
$$2\,O + 2\,O_2 \longrightarrow 2\,O_3 \qquad (12\text{-}19)$$

ergibt als Bruttogleichung für die Bildung von Aldehyden beim photochemischen Smog:

$$R–CH_3 + 4\,O_2 \xrightarrow{NO_2,\,h \cdot v} R–CHO + 2\,O_3 + H_2O \qquad (12\text{-}20)$$

Häufig sind die Aldehyde nicht das Ende der Oxidationskette. Der am häufigsten vorkommende Aldehyd, Acetaldehyd ($CH_3–CHO$), kann beispielsweise zu Peroxyacetylnitrat (PAN) weiterreagieren [s. Gl. (12-7) bis (12-9)].

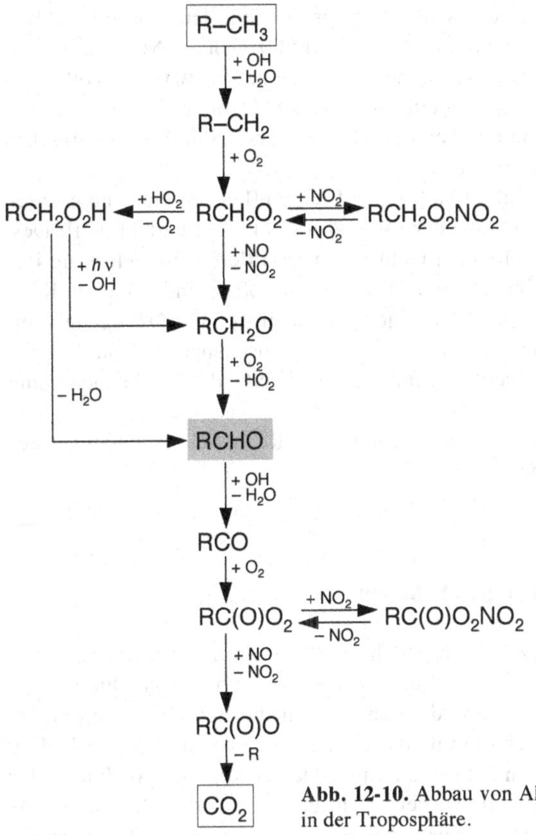

R–CH3
+OH
–H2O
R–CH2
+O2
RCH2O2H
+HO2
–O2
RCH2O2
+NO2
–NO2
RCH2O2NO2
+hν
–OH
+NO
–NO2
RCH2O
+O2
–HO2
–H2O
RCHO
+OH
–H2O
RCO
+O2
RC(O)O2
+NO2
–NO2
RC(O)O2NO2
+NO
–NO2
RC(O)O
–R
CO2

Abb. 12-10. Abbau von Alkanen in der Troposphäre.

R–CH=CH2
+OH
+OH
R–CH–CH2OH
R–CH–CH2
OH
+O2
R–CH–CH2OH
O2
R–CH–CH2–O2
OH
+NO
–NO2
R–CH–CH2OH
O
R–CH–CH2–O
OH
R–C–H
O
+ CH2OH
+O2
–HO2
HCHO
R–CH + HCHO
OH
R–C–H
O

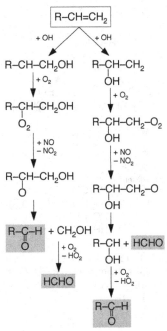

Abb. 12-11. Abbau von Alkenen in der Troposphäre.

Aus sekundären Alkanen der Zusammensetzung R–CHR'–H bilden sich entsprechend anstelle der Aldehyde Ketone, RR'CO:

$$R(R')CH_2 + 2\,O_2 + 2\,NO \xrightarrow{h \cdot \nu} R(R')CO + 2\,NO_2 + H_2O \quad (12\text{-}21)$$

Bei ungesättigten Kohlenwasserstoffen (z. B. Alkenen; s. Abb. 12-11) verläuft die Reaktion ähnlich, wenn auch komplizierter (s. auch Abb. 12-12 für die Reaktion von Alkenen mit O_3).

12.4.7 Ozon fern von den Quellen

In Abb. 12-13 ist der zeitliche Verlauf der mittleren Ozonkonzentrationen an verschiedenen Orten der Bundesrepublik Deutschland aufgetragen. Es fällt darin auf, dass in Gebieten fern der „Zivilisation", z. B. auf der Zugspitze, die Ozongehalte im Mittel deutlich höher liegen als beispielsweise in einer Industriestadt wie Mannheim.

Dies lässt sich folgendermaßen erklären: Bei fehlender Sonneneinstrahlung kommt es in Ballungsgebieten in der Nacht zu fortgesetzter Emission von NO durch Automobile und andere

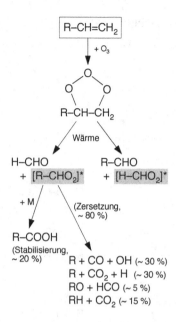

Abb. 12-12. Reaktion von Alkenen mit O_3 in der Atmosphäre. – R Alkylrest; $[H–CHO_2]^*$ regiert entsprechend wie $[R–CHO_2]^*$.

O_3

MAK-Wert: 0,1 ppm (0,2 mg/m^3)

Quellen. Durch den schon angesprochenen „Titrationseffekt" [Gl. (11-13); s. auch Abschn. 12.4.6] wird Ozon durch NO nahezu vollständig in NO_2 umgewandelt (NO ist eine sehr wirkungsvolle Senke für O_3!) – NO_2 ist ein „verstecktes" Ozon, es ist sogar langlebiger als Ozon und kann (nachts) unzersetzt über weite Strecken transportiert werden.

Tagsüber bildet sich unter Lichteinfluss an entfernten Orten aus diesem NO_2 wieder O_3 [vgl. Gl. (11-11) und 11-12)]. Deshalb ist in quellnahen Gebieten die mittlere Ozonbelastung insgesamt niedriger als in quellfernen. Betroffen sind vor allem Reinluftgebiete in höheren Lagen, in denen sich der Ozongehalt „erholt": Dort hat Ozon höhere „Überlebenschancen", denn dort gibt es bedeutend weniger Spurengase wie NO, die O_3 abbauen könnten.

Aus diesem Grund findet man zu Recht bei manchen Autoren die Definition:

$$„O_x = O_3 + NO_2". \tag{12-22}$$

12.4.8 Wirkungen, Schäden

Die Wirkungen des photochemischen Smogs sind im Wesentlichen die von Photooxidantien, vor allem von Ozon. Durch Ozon und andere Photooxidantien werden die Schleimhäute gereizt, auch die Augen. Am meisten werden die Atemwege geschädigt; es kann zu Bronchitis und Lungenödemen kommen. Wohlbefinden und Vitalität werden beeinträchtigt. Aber Todesfälle durch LA-Smog sind – im Gegensatz zum London-Smog – nicht nachweisbar. Die Toxizität von Ozon wird zum Teil darauf zurückgeführt, dass es ungesättigte Fettsäuren im Organismus oxidativ zersetzt.

Über gesundheitliche Wirkungen gibt es keine einheitlichen Messdaten, nur Richtwerte. 100...120 µg/m^3 sind als Dauerbelastung für Menschen (wahrscheinlich) nicht abträglich. 60 µg/m^3 akzeptiert die WHO für Pflanzen. Die maximal zulässige Konzentration am Arbeitsplatz (MAK-Wert) ist auf 0,2 mg/m^3 festgesetzt worden. Gehalte in der Luft von ca. 2 mg/m^3 sollen unbedenklich sein, sofern diese Luft nicht länger als 10 min lang eingeatmet wird.

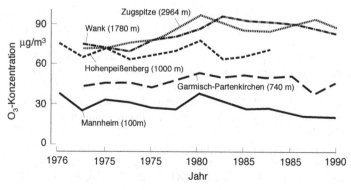

Abb. 12-13. Zeitlicher Verlauf der Ozonkonzentrationen an verschiedenen Orten in Deutschland.

Die oxidierende Wirkung von Ozon ist erwünscht für Zwecke der *Desinfektion* (Abtötung niederer Organismen wie Viren, Bakterien und Pilzen). Bei Pflanzen hingegen ist diese Wirkung unerwünscht, denn Ozon zerstört u. a. Chlorophyll.

Photooxidantien, allen voran Ozon, sind als Mitverursacher der neuartigen Waldschäden diskutiert worden (vgl. Abschn. 10.4.3). Viele Nutzpflanzen wie Tabak, Spinat, Tomaten oder Salat zeigen bei Ozon-Volumenanteilen im ppb-Bereich charakteristische Flecken und Verfärbungen. Dieses Pflanzenverhalten ist geeignet, Smog-Bereiche zu lokalisieren („Bioindikatoren"). Ozon und andere Photooxidantien mindern überdies, wie man aus Begasungsversuchen weiß, landwirtschaftliche Erträge um 10...15 %: Photooxidantien hemmen die Wasseraufnahme und Photosynthese. Besonders große Ernteschäden sind bei Weintrauben und Zitrusfrüchten beobachtet worden.

Bei Smog-Wetterlagen bildet sich Dunst, der die Sichtweite stark begrenzt. Das Sonnenlicht, das zur Erdoberfläche gelangt, wird durch Smog stark abgeschwächt; Kontraste werden durch Lichtstreuung vermindert, die hauptsächlich durch die bei den photochemischen Reaktionen gebildeten Aerosole verursacht wird (vgl. Abschn. 14.1).

Photooxidantien können zum Teil Stoffe oxidieren, die von normalem Sauerstoff, O_2, nicht ohne weiteres angegriffen werden. Viele organische Farbstoffe, z. B. in Lacken, werden durch Ozon gebleicht; C–C-Brücken in organischen Molekülen werden gespalten, und Gummi kann durch Einwirkung von Ozon brüchig werden. (In Labors an der UCLA, University of California at Los Angeles, halten Gummischläuche beispielsweise für Kühlwasser nur ein paar Wochen.) Deshalb müssen vielen Produkten *Antioxidantien* zum Schutz vor Alterung zugesetzt werden. Auch Textilien, Leder und andere organische Materialien werden durch Ozon angegriffen.

Troposphärisches Ozon liefert einen Beitrag von etwa 7 % zum zusätzlichen Treibhauseffekt (vgl. Tab. 8-11 in Abschn. 8.4.1). Auf die Gefahren, die mit einer Veränderung des Ozongehalts in der Stratosphäre zusammenhängen, wird in Abschn. 13.4.3 eingegangen.

Für Ozon sind EU-weit *Schwellenwerte* festgelegt worden, die auf den Schutz der menschlichen Gesundheit und der Vegetation zielen (Tab. 12-11).

Tab. 12-11. Schwellenwerte für Ozon (nach Anhang I, Richtlinie 92/72/ EWG; auch: § 1a der 22. BImSchV).

Schwellenwert	Konzentration (in µg/m³)
... zum Schutz der menschlichen Gesundheit im Falle länger andauernder Verschmutzungsfälle[a]	110
... für den Schutz der Vegetation[b]	200
... für die Unterrichtung der Bevölkerung über mögliche begrenzte und vorübergehende gesundheitliche Auswirkungen bei besonders empfindlichen Gruppen der Bevölkerung im Falle einer kurzen Exposition[b]	180
... für die Auslösung eines Warnsystems zum Schutz vor Gefahren für die menschliche Gesundheit im Falle einer kurzen Exposition[b]	360

[a] Als Mittelwert während acht Stunden.
[b] Als Mittelwert während einer Stunde.

12.5 Automobilabgase

12.5.1 Zusammensetzung

Automobilabgase sind die Produkte, die bei der Verbrennung von Motorkraftstoffen mit Luft in Kraftfahrzeugmotoren entstehen (Abb. 12-14). Das komplex zusammengesetzte Abgasgemisch

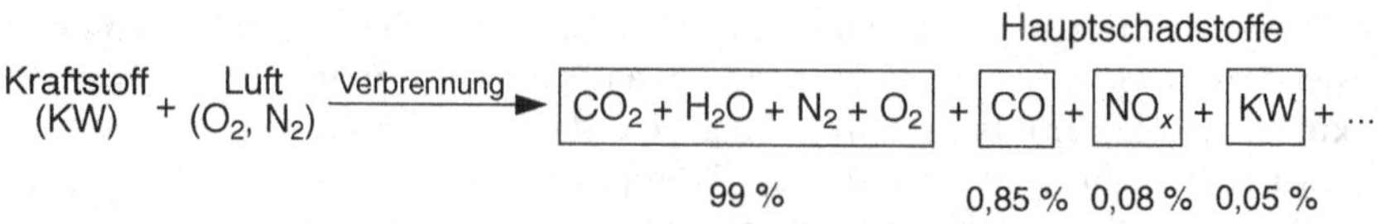

$$\begin{array}{c} \text{Kraftstoff} \\ (KW) \end{array} + \begin{array}{c} \text{Luft} \\ (O_2, N_2) \end{array} \xrightarrow{\text{Verbrennung}} \boxed{CO_2 + H_2O + N_2 + O_2} + \boxed{CO} + \boxed{NO_x} + \boxed{KW} + \dots$$

99 %   0,85 % 0,08 % 0,05 %

Tab. 12-13. Typische Abgaszusammensetzung beim Ottomotor.

Verbindung	Volumenanteil (in %)
N_2	71
CO_2	18,1[a]
H_2O	9,2
O_2 und Edelgase	0,7
Schadstoffe[b]	1

[a] Aus 1 L Benzin entstehen ca. 2,3 kg CO_2 (also 1,16 L bei 20 °C und 1013 hPa).

[b] Vgl. Abb. 12-12.

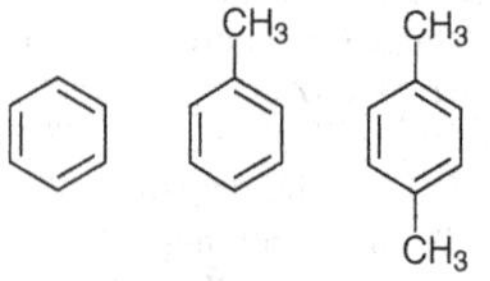

Benzol, Toluol und *p*-Xylol

Tab. 12-14. Kohlenwasserstoffe in den Abgasen eines Ottomotors (Auswahl).

Verbindung	Volumenanteil, bezogen auf die KW[a] (in %)
Methan	16,7
Ethen	14,5
Ethin	14,1
Propen	6,3
n-Butan	5,3
Isopentan	3,7
Toluol	3,1
n-Pentan	2,5
Benzol	2,4
Xylole	1,9
Ethan	1,8
But-1-en	1,8

[a] Gesamt-Volumenanteil im Abgas ca. 0,1 %.

Abb. 12-14. Verbrennungsreaktionen im Ottomotor; Volumenanteile (schematische Darstellung).

(Tab. 12-13) besteht zu 99 % aus den Bestandteilen CO_2, H_2O, N_2 und O_2. Der Rest von 1 % umfasst CO, NO_x (vor allem NO, in geringerem Maße NO_2; auch N_2O-Spuren entstehen – typische NO_x-Emissionen für Kfz liegen bei 2,5 g/km) sowie unverbrannte Kohlenwasserstoffe (Tab. 12-14) und andere flüchtige organische Verbindungen (z. B. Aldehyde, Ketone und Carbonsäuren) sowie Feststoffe (ca. 0,005 %).

Der wichtigste Motorkraftstoff ist *Benzin*. Es ist ein Gemisch aus Kohlenwasserstoffen (KW) und enthält als drei wichtigste Klassen (fast 90 %):

— *Alkane* (gesättigte aliphatische Kohlenwasserstoffe wie Octan, C_8H_{18}),

— *Alkene* (*Olefine*, acyclische und cyclische Kohlenwasserstoffe mit einer oder mehreren reaktiven Doppelbindungen im Molekül, z. B. Octen, C_8H_{16}) und

— *Aromaten* (aromatische Kohlenwasserstoffe wie Benzol, Toluol und Xylole; abgekürzt: BTX).

12.5.2 Emissionen, Belastungen

Der Kraftfahrzeugverkehr ist einer der Haupt-Luftbelaster. Vor allem sind die städtischen Hauptverkehrsstraßen sowie Bürgersteige, straßennahe Arbeitsplätze, Wohnungen oder ganze Stadtviertel betroffen (Tab. 12-15). Die Gehalte von CO und NO_x sind auf der Straßenmitte bei viel befahrenen Straßen ungefähr 3-mal so hoch wie auf den Bürgersteigen. Wegen ihrer leistungsstarken Dieselmotoren sind die Lastkraftwagen überproportional an den

Tab. 12-15. Schadstoffbelastungen (im Jahresmittel).

Komponente	Über Kfz in die Atmosphäre (1983)	Städtische Hauptverkehrsstraßen	Städtische Wohngebiete	Ländliche Gebiete
		Belastung (in $\mu g/m^3$)		
CO	$6,2 \cdot 10^6$ t	10 000	2 000	200
NO_x	$1,34 \cdot 10^6$ t	120	50	10
C_6H_6[a]	$6,2 \cdot 10^6$ t	30	10	3

[a] Benzol ist krebserregend: Blutkrebs (Leukämie), Knochenmarkkrebs u. a.

Emissionen beteiligt. Im innerstädtischen Verkehr verursachen sie bis zu 40 % der NO_x- und ca. 75 % der Rußemissionen (zu den Bleiemissionen vgl. Abschn. 23.3.2). Dieselmotoren haben zwar niedrigere NO_x- und CO-Emissionen als Ottomotoren ohne Katalysator, aber hohe Rußemissionen.

Moderne Technologien haben Dieselmotoren zwar zu sparsamen und spritzigen Motoren gemacht. Sie sind sogar schadstoffarm; aber die Emissionen besonders kleiner, alveolengängiger Rußpartikel haben den Dieselmotor in die Kritik gebracht: Leistungsfähige regenerierbare Filter für die zuverlässige Abscheidung von Ultrafeinstaub (Partikel < 0,1 μm, vgl. Abb. 14-4 in Abschn. 14.2) werden wohl bald bei allen Diesel-Kfz zur Pflicht gemacht werden.

Übrigens sind die *Kraftwagendichte*, also die Anzahl der Kraftwagen je 1000 Einwohner, und der pro Einwohner durchschnittlich in einem Jahr verbrauchte Kraftstoff in den höher industrialisierten Ländern am größten (Tab. 12-16).

12.5.3 Abgasreinigung, katalytische Nachverbrennung

Die Zusammensetzung der Kfz-Abgase hängt wesentlich vom Benzin-Luft-Verhältnis ab. Im Besonderen stehen im Abgas die Mengen der Hauptschadstoffe CO, Kohlenwasserstoffe (KW) und NO_x bei gegebener Zusammensetzung des Kraftstoffs und fest vorgegebener Luftmenge in bestimmten Verhältnissen zueinander (Abb. 12-15).

Wenn man diese drei Hauptschadstoffe im Abgas vermindern will – und der Gesetzgeber hat dazu *Abgasgrenzwerte* (zulässige Höchstkonzentration von Schadstoffen in Autoabgasen) festge-

12.5 Automobilabgase

Tab. 12-16. Kraftwagendichte (1996) und jährlicher Kraftstoffverbrauch (1997) in einigen Ländern (Auswahl).

Land	Anzahl der Kfz je 1000 Einwohner	Jährliche Kraftstoffverbrauch (in L) pro Einwohner
Australien	485	950
Belgien	424	334
China	3	35
Dänemark	331	502
Deutschland	500	491
Frankreich	437	334
Griechenland	223	383
Italien	533	434
Japan	373	442
Kanada	441	1 178
Mexico	93	303
Niederlande	370	353
Österreich	458	345
Peru	59	60
Polen	209	170
Portugal	269	263
Schweiz	462	703
Spanien	376	302
Türkei	55	96
USA	489	1 688

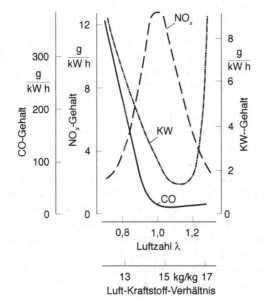

Abb. 12-15. CO-, NO_x- und KW-Emission in den Abgasen von Ottomotoren in Abhängigkeit von der Luftzahl und vom Luft-Kraftstoff-Verhältnis. – Definition von λ s. Gl. (12-26).

12 Flüchtige organische Verbindungen

Abgasgrenzwerte
für PKWs (3. Stufe ab 2000/01;
nach Richtlinie 1998/69/EG)

Benzinfahrzeuge
CO   1,5 g/km
KW + NO$_x$ 0,2 g/km

Dieselfahrzeuge
CO   0,5 g/km
KW + NO$_x$ 0,5 g/km
Partikel   0,04 g/km

legt –, bieten sich – vom Ersatz der Verbrennungsmotoren durch andere Antriebsmotoren abgesehen – mehrere Möglichkeiten an:

- Änderung der Verbrennungsbedingungen,
- katalytische Nachverbrennung der Abgase,
- Wahl anderer Brennstoffe (Methan, Wasserstoff und Methanol werden am meisten genannt).

Selbst bei optimalen Verbrennungsbedingungen, also einem Kraftstoff-Luft-Verhältnis, bei dem die Bildung von Schadstoffen am geringsten ist, liegen die CO-, NO$_x$- und KW-Emissionen noch hoch (vgl. Abb. 12-14 in Abschn. 12.5.1). Deshalb hat man in den letzten Jahren besonders über die „Nachverbrennung" der Abgase nachgedacht, und inzwischen sind Motoren mit Katalysatoren in vielen Ländern die Regelausstattung.

Zunächst: das Wort *Katalysator* stammt aus der Chemie und bezeichnet dort einen Stoff, der die Reaktionen anderer Stoffe beschleunigt oder ermöglicht, selbst aber unverändert bleibt. In der Kfz-Technik versteht man darunter ein Gefäß mit beschichteten Trägerkörpern in einer Abgasleitung z. B. von Ottomotoren, das auf einer möglichst großen Innenfläche Katalysatorsubstanzen enthält, die die Umwandlung der schädlichen Abgasbestandteile CO, KW und NO$_x$ in N$_2$, H$_2$O-Dampf und CO$_2$ ermöglicht.

Solche Katalysatoren haben zwei entgegengesetzte Aufgaben zu lösen. Zum einen sollen sie die *Oxidation* von CO und der Kohlenwasserstoffe beschleunigen:

$$2\,CO + O_2 \longrightarrow 2\,CO_2 \tag{12-23}$$
$$C_mH_n + (m + n/4)\,O_2 \longrightarrow m\,CO_2 + n/2\,H_2O \tag{12-24}$$

Zum anderen sollen sie die *Reduktion* der Stickoxide (NO$_x$) zu Stickstoff, N$_2$, ermöglichen:

$$2\,NO + 2\,CO \longrightarrow N_2 + 2\,CO_2 \tag{12-25 a}$$
$$2\,NO_2 + 4\,CO \longrightarrow N_2 + 4\,CO_2 \tag{12-25 b}$$

Aus den Gleichungen (12-23) bis (12-25) lassen sich zwei Grenzen ablesen: Bei *magerem*, also sauerstoffreichem, Kraftstoff-Luft-Gemisch wird bevorzugt CO oxidiert; dabei bleibt für die langsamere NO$_x$-Reduktion [Gl. (12-25 a, b)] nicht mehr genug CO übrig. Im *fetten* Bereich – bei Benzinüberschuss, also Sauerstoffunterschuss – reichen der O$_2$- und NO$_x$-Gehalt nicht mehr aus, um CO und die KW vollständig umzusetzen [Gl. (12-23) und (12-24)].

Zunächst versuchte man es mit dem *Einbett-Katalysator* (auch *Oxidationskatalysator* genannt; Abb. 12-16 a). Er war für die oxidative Entfernung der Schadstoffe CO und KW geeignet [s. Gl. (12-23) und (12-24)]. Ein Vorteil dieses Katalysators ist, dass der Motor „magerer" gefahren werden kann, also bei geringerem Kraftstoffverbrauch. Meist wurde vor dem Katalysator noch Luft zugemischt, um einen genügenden O$_2$-Überschuss zu erreichen. Nachteil dieses Katalysators ist, dass der NO$_x$-Anteil im Abgas kaum herabgesetzt wird.

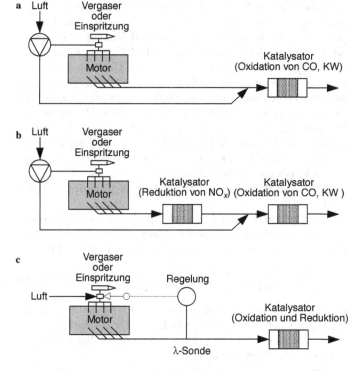

Abb. 12-16. Katalysatoren für die Abgasentgiftung in Ottomotoren. – **a** Einbett-Katalysator; **b** Zweibett-Katalysator; **c** geregelter Dreiweg-Katalysator.

Später schaltete man zwei Katalysatoren zusammen: einen für die reduktive Entfernung von NO_x *(Reduktionskatalysator)* und einen für die Oxidation von CO und die KW. Man sprach in diesem Zusammenhang von *Zweibett-* oder *Doppelbett-Katalysatoren* (Abb. 12-16 b). Diese Katalysatorkopplung benötigt zunächst ein fettes Gemisch, um den reduzierenden Katalysator [s. Gl. (12-25 a, b)] nicht mit überschüssigem Sauerstoff zu belasten. Vor Eintritt in den zweiten Reaktor mit dem oxidierenden Katalysator muss dem Abgas zusätzlich Luft (Sauerstoff) zugeführt werden, um CO und die KW – wie beim Einbett-Katalysator – zu oxidieren.

Schließlich schuf man multifunktionelle Katalysatoren, mit denen sich die drei Schadstoffkomponenten gleichzeitig aus dem Abgas entfernen ließen: die geregelten *Dreiweg-Katalysatoren* (Abb. 12-16 c). Sie sind aus technischer Sicht – auch in Bezug auf Lebensdauer, Platzbedarf, Treibstoffverbrauch und Unterdrückung von Nebenreaktionen – die effektivsten und heute allgemein bevorzugten. Alle drei Reaktionen [s. Gl. (12-23) bis (12-25)] laufen in einem einzigen Gefäß ab, das als Trägermaterial temperatur- und temperaturwechselbeständige Alumosilicate enthält, die meistens mit einigen Gramm der katalytisch aktiven Edelmetalle Platin, Rhodium oder Palladium in feiner Verteilung beschichtet sind. Diese Platingruppenelemente werden durch die Automobile besonders in der Nähe von Straßen in Straßenstaub deponiert und sind auch in Pflanzen nachweisbar (Tab. 12-16 a).

Tab. 12-16 a. Platin-Gehalte in verschiedenen Umweltproben.

Probe	Gehalt (in ng g^{-1})
Boden[a]	15...32
Boden (unkultiviert)	0,03...0,26
Luftstaub[a]	5...130
Holunderblätter[a]	0,8...2,5
Pappelblätter (unbelastet)	0,04

[a] An der Autobahn.

203

12 Flüchtige organische Verbindungen

Hohe Umwandlungsraten im Katalysator erreicht man nur, wenn gleichzeitig genügend CO und O_2 vorhanden sind. Dies ist dann der Fall, wenn das Luft-Kraftstoff-Verhältnis in einem schmalen Bereich (λ zwischen 0,98 und 1,02), dem „Katalysatorfenster", gehalten wird, das Luft-Kraftstoff-Gemisch also weder zu mager noch zu fett ist (Abb. 12-17). Am besten erreicht man dies durch einen elektronisch geregelten Vergaser oder eine elektronisch geregelte Einspritzung, die von einem Messfühler zur Messung des O_2-Gehalts – der *Lambda-Sonde* – in der Abgasleitung gesteuert wird. Mit einer solchen Anlage können, unverbleites Benzin (um den Katalysator nicht zu „vergiften") und optimale Katalysator-Betriebstemperatur vorausgesetzt, mehr als 80 % der drei Hauptschadstoffe aus dem Abgas entfernt werden (Abb. 12-18).

Die *Luftzahl* λ (auch *Luftverhältnis*, *Luft-Kraftstoff-Verhältnis* oder *Lambda-Wert* genannt) ist dabei definiert als das Verhältnis von zugeführter Luftmenge zum theoretischen Luftbedarf:

$$\lambda = \frac{\text{Zugeführte Luftmenge}}{\text{Theoretischer Luftbedarf für vollständigen Umsatz}} \qquad (12\text{-}26)$$

Aus dem λ-Wert kann man ablesen, inwieweit die Zusammensetzung des Luft-Kraftstoff-Gemischs von der Zusammensetzung desjenigen Gemischs abweicht, das zur vollständigen Verbrennung theoretisch notwendig ist.

$\lambda = 1$ bedeutet, dass ein Luft-Kraftstoff-Gemisch vorliegt, bei dem eine stöchiometrische Verbrennung möglich ist („stöchiometrisches Gemisch"); 1 kg Benzin benötigt zur vollständigen Verbrennung unter Normalbedingungen ungefähr 14,7 kg Luft (vgl. Abb. 12-15) – der Wert schwankt je nach Zusammensetzung des Benzins.

Bei $\lambda < 1$ spricht man von einem *fetten* Gemisch – bei der Verbrennung im Motor liegt mehr Kraftstoff vor, als Sauerstoff

Abb. 12-17. Einfluss der Luftzahl λ auf den Gehalt an den drei Hauptschadstoffen, CO, NO_x und KW (Kohlenwasserstoffe), im Abgas eines Ottomotors: **a** vor und **b** hinter einem geregelten Dreiweg-Katalysator. – Der Regelbereich ist mit einem grau gerasterten Streifen gekennzeichnet.

zur Verfügung steht – und bei $\lambda > 1$ von einem *mageren* Gemisch, gefahren wird hier also mit Luftüberschuss.

Außer den oben beschriebenen Reaktionen [Gl. (12-23) bis (12-25)] können bei der katalytischen Reinigung von Automobilabgasen, zum Teil mit anderen Abgasbestandteilen, Nebenreaktionen ablaufen, die jedoch die Abgaszusammensetzung – möglicherweise die Bildung von N_2O nach Gl. (12-29) ausgenommen – nur unbedeutend verändern:

$$2\,H_2 + O_2 \longrightarrow 2\,H_2O \qquad (12\text{-}27)$$

$$C_mH_n + 2\,(m + n/4)\,NO$$
$$\longrightarrow (m + n/4)\,N_2 + m\,CO_2 + n/2\,H_2O \qquad (12\text{-}28)$$

$$C_mH_n + 2\,(2m + n/2)\,NO$$
$$\longrightarrow (2m + n/2)\,N_2O + m\,CO_2 + n/2\,H_2O \qquad (12\text{-}29)$$
$$2\,H_2 + 2\,NO \longrightarrow N_2 + 2\,H_2O \qquad (12\text{-}30)$$
$$CO + H_2O \longrightarrow CO_2 + H_2 \qquad (12\text{-}31)$$
$$C_mH_n + 2m\,H_2O \longrightarrow m\,CO_2 + (2m + n/2)\,H_2 \qquad (12\text{-}32)$$

Einige weitere Reaktionen führen zur Bildung von Schwefeltrioxid, SO_3, Ammoniak, NH_3, Schwefelwasserstoff, H_2S, und Cyanwasserstoff, HCN:

$$2\,SO_2 + O_2 \longrightarrow 2\,SO_3 \qquad (12\text{-}33)$$
$$5\,H_2 + 2\,NO \longrightarrow 2\,NH_3 + 2\,H_2O \qquad (12\text{-}34)$$
$$SO_2 + 3\,H_2 \longrightarrow H_2S + 2\,H_2O \qquad (12\text{-}35)$$
$$NH_3 + CH_4 \longrightarrow HCN + 3\,H_2 \qquad (12\text{-}36)$$

Diese Stoffe entstehen in derart geringen Mengen, dass sie für die Umwelt bedeutungslos sind.

12.5.4 Ersatzstoffe für Benzin

Bei den *Ersatzstoffen* für Benzin oder Dieselkraftstoff *(Alternativkraftstoffen)* handelt es sich vor allem um Wasserstoff, Flüssiggas (Propan, Butan, Methan) und Alkohole, die inzwischen schon in – ggf. geringfügig abgeänderten – Verbrennungsmotoren eingesetzt werden.

Wasserstoff, H_2, ist aus mehreren Gründen ein interessanter Ersatzstoff für Benzin: Das Abgas enthält keine Kohlenstoffverbindungen, H_2-Luft-Gemische sind leicht entzündbar, und Wasser ist eine praktisch unerschöpfliche H_2-Quelle. Überdies wird der aus Wasser gewonnene Wasserstoff bei seiner Benutzung wieder zu Wasser – ein nahezu perfekter Kreislauf.

$$H_2 + 1/2\,O_2 \longrightarrow H_2O \qquad (12\text{-}37)$$

Hauptprobleme sind das Speichern des Wasserstoffs und die noch zu hohen Kosten für die H_2-Erzeugung (Kohlevergasung, Elektrolyse); seit einiger Zeit wird daran gearbeitet, Wasserstoff in Form fester Hydride zu speichern, aus denen er nach Bedarf freigesetzt werden kann. Ein weiteres Problem sind die Stickoxide,

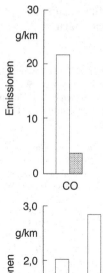

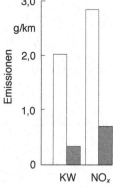

Abb. 12-18. Emissionen der drei Hauptschadstoffe CO, NO_x und KW (Kohlenwasserstoffe) in den Abgasen von Ottomotoren. – Ungerasterte Flächen: ohne Katalysator; gerasterte Flächen: mit geregeltem Dreiweg-Katalysator.

12 Flüchtige organische Verbindungen

Tab. 12-17. Emissionen eines Gasmotors mit geregeltem Drei-Wege-Katalysator; im Vergleich dazu: europäische Abgasgrenzwerte für Diesel-Nutzfahrzeuge.

	Diesel-motor[a]	Gas-motor
	Emissionen [in g/(kW h)]	
NO_x	7	0,8
CO	4	0,3
KW	1,1	0,2
Ruß	0,15	0

[a] Richtlinie 91/542/EWG.

Tab. 12-18. Heizwert einiger Treibstoffe.

Verbindung	Heizwert (in MJ/kg)
CH_3OH	19
CH_4	36
C_8H_{18}	44,5

die – wie beim Benzinmotor – notwendigerweise bei Nutzung von Luft als Sauerstofflieferanten bei der Verbrennung von H_2 entstehen.

Flüssiggase (*engl. Liquified Petroleum Gas*, LPG) – Gase, die bei Raumtemperatur und meist schon geringen Drücken vom gasförmigen in den flüssigen Zustand übergeführt werden können – wie Gemische aus den Alkanen *Propan* (C_3H_8) und *Butan* (C_4H_{10}) werden heutzutage in geringem Umfang für den Betrieb von Kraftfahrzeugen verwendet.

Ein anderer Gaskraftstoff ist *Erdgas* (*Methan*, CH_4), das Anfangsglied der homologen Reihe der Alkane. Es wird nicht nur in Form von Biogas zur Energiegewinnung genutzt, sondern inzwischen auch als Treibstoff in Automobilen. Erd- und Flüssiggas als Treibstoff bieten gegenüber Diesel und Benzin mehrere Umweltvorteile: sehr geringe NO_x-, KW- und CO-Emissionen und praktisch keine Emission von Rußpartikeln (Tab. 12-17).

Kraftstoffen werden üblicherweise geringe Mengen *Methanol*, CH_3OH, zugesetzt. Treibstoffe mit höheren Gehalten (bis 95 %) wurden schon in Großversuchen getestet; herkömmliche Motoren lassen sich auf Methanol-Verbrennung umrüsten. Dieser Alkohol kann wie Benzin aufbewahrt und verteilt werden. Er lässt sich aus vielen Stoffen synthetisieren, z. B. aus Erdöl, Naturgas, Kohle oder Holz. Nachteil beim Einsatz von Methanol ist, dass das Abgas höhere Aldehydmengen enthält: Aldehyde sind Komponenten des photochemischen Smogs (vgl. z. B. Abschn. 12.4.6). Weiterhin ist für die gleiche Reichweite eines Fahrzeugs – wegen des verhältnismäßig niedrigen Heizwerts (Tab. 12-18) – ungefähr der doppelte Tankinhalt erforderlich. Ähnliches gilt für *Ethanol*, das vor allem in Brasilien – gewonnen durch alkoholische Gärung aus Zuckerrohr – in größerem Umfang als Kfz-Treibstoff verwendet wird.

13 Ozon in der Stratosphäre

13.1 Vorkommen und Eigenschaften

In der Atmosphäre spielen mehrere nur Sauerstoff enthaltende Gase eine Rolle: *atomarer* Sauerstoff (als *angeregter* Sauerstoff, O*, und Sauerstoff im *Grundzustand*, O), molekularer Sauerstoff, O_2, und Ozon, O_3. Vornehmlich bei Ozon muss, wie schon in Abschn. 12.4.3 angemerkt, zwischen den Reaktionen in Bodennähe – in der Troposphäre – und in der Stratosphäre, also in Höhen oberhalb ca. 10 km über dem Erdboden, unterschieden werden. Schadstoffe, die mit Ozon reagieren können, wandern nämlich nur extrem langsam aus erdnahen Bereichen in die Stratosphäre, weil die zwischen Troposphäre und Stratosphäre liegende Tropopause (vgl. Abb. 2-10 in Abschn. 2.4.3) als Sperre wirkt.

Auf die Bedeutung von Ozon als Photooxidans in der Troposphäre wurde bereits im Zusammenhang mit dem photochemischen Smog (vgl. Abschn. 12.4) eingegangen. In diesem Kapitel soll es um Ozon in den weiter außen liegenden Hüllen der Atmosphäre gehen (Abb. 13-1). Man hat eine Schicht in ca. 30 km Höhe über dem Erdboden *Ozonschicht (*auch *Ozonosphäre*, *Ozongürtel)* genannt, weil hier sowohl der absolute Ozongehalt (angegeben

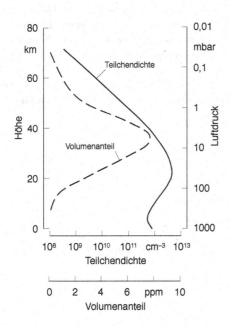

Abb. 13-1. Ozongehalt der Atmosphäre. – Der Ozongehalt ist angegeben als Teilchendichte (in cm^{-3}) und als Volumenanteil.

13 Ozon in der Stratosphäre

in Molekülen pro Kubikzentimeter) als auch der Ozon-Volumenanteil am größten sind.

Ozon ist die einzige Substanz in der Stratosphäre, die Sonnenstrahlung im Bereich 200...310 nm absorbiert (für Wellenlängen < 200 nm s. Tab. 7-20 in Abschn. 7.4.3). Damit schützt Ozon Pflanzen, Tiere und den Menschen vor den UV-Strahlen der Sonne (s. Abschn. 13.4.3).

Die photolytische Zersetzung von O_2 [vgl. Gl. (7-6) in Abschn. 7.4.2] beeinflusst die Verteilung der verschiedenen O-enthaltenden Teilchen in der Atmosphäre. Je weniger gehindert die Sonnenstrahlung einwirken kann, umso stärker steigt der Gehalt an atomarem Sauerstoff, und der an O_2 sinkt. Der Ozongehalt durchläuft im Gegensatz zu den Gehalten von O und O_2 im Bereich um 30 km Höhe ein Maximum. Dies lässt sich mit zwei entgegengesetzten Effekten erklären. Im Bereich der Stratosphäre unterhalb 30 km Höhe bis zur Tropopause ist der O_2-Gehalt hoch und der von O niedrig, und damit ist die Wahrscheinlichkeit, dass O und O_2 zusammenstoßen und die beiden Teilchen gemäß

$$O_2 + O + M \longrightarrow O_3 + M \qquad (13\text{-}1)$$

reagieren, größer als die Wahrscheinlichkeit für eine Reaktion vom Typ

$$O + O + M \longrightarrow O_2 + M \qquad (13\text{-}2)$$

Insgesamt aber wirkt sich der wegen der geringeren Sonneneinstrahlung niedrige Gehalt an O negativ auf die Bildung von O_3 aus. In größeren Höhen nimmt die Wahrscheinlichkeit für eine Reaktion vom Typ (13-1) wegen der intensiveren Sonneneinstrahlung zu. Aber die entstehenden Ozon-Moleküle zerfallen wieder in Sauerstoffmoleküle und -atome, wenn sie nicht schnell ihre überschüssige Energie an einen Stoßpartner ($M = N_2$, O_2) abgeben können. Da in größeren Höhen wegen der niedrigen Partialdrücke solche Stoßreaktionen weniger wahrscheinlich sind, wird insgesamt wieder wenig Ozon gebildet. Dazwischen liegt ein Bildungsmaximum.

Bei der Photolyse von Ozon bildet sich bei $\lambda > 310$ nm Sauerstoff im Grundzustand, O, bei $\lambda < 310$ nm angeregter Sauerstoff, O* (Abb. 13-2).

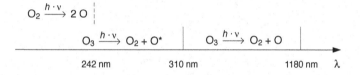

Abb. 13-2. Schematische Darstellung der Photolyse von O_2 und O_3 als Funktion der Wellenlänge des einwirkenden Lichts.

13.2 Der Chapman-Zyklus

In den 30er Jahren postulierte SIDNEY CHAPMAN, dass in der höheren Atmosphäre ein dauernder Ab- und Aufbau von Ozon stattfinden müsste. Der Ozon-*bildende* Prozess lässt sich durch Kombination der Gleichung

$$O_2 \xrightarrow{\lambda\,<\,242\ nm} 2\,O \qquad (13\text{-}3)$$

mit Gl. (13-1) beschreiben (Abb. 13-3).

Die Übertragung von Lichtenergie auf die mit M bezeichneten Stoßpartner (hauptsächlich N_2 und O_2) führt zu einem Temperaturanstieg in der Atmosphäre (vgl. Abb. 2-10 in Abschn. 2.4.3). Bei der Bildung von O_3 wird also Strahlung (Licht) absorbiert und teilweise in Wärme umgewandelt.

Ozon-*zerstörende* Prozesse sind

$$O_3 \xrightarrow{\lambda\,<\,1180\ nm} O_2 + O \qquad (13\text{-}4)$$
$$O_3 + O \longrightarrow 2\,O_2 \qquad (13\text{-}5)$$

Sie sind im unteren rechten bzw. linken Teil von Abb. 13-3 dargestellt. Die Wellenlänge zur Spaltung von O_3 – die Energie des sichtbaren Licht reicht schon aus – ist ungefähr 5-mal so groß wie diejenige, die zur Spaltung des O_2-Moleküls erforderlich ist. Dies liegt daran, dass die O–O-Bindungsenergie (101 kJ/mol) in O_3 etwa ein Fünftel der im O_2-Molekül (495 kJ/mol) beträgt.

Die Gleichungen (13-1) und (13-3) bis (13-5) beschreiben das Verhalten von O, O_2 und O_3 in einer reinen Sauerstoffatmosphäre. Jeweils zwei dieser vier Gleichungen zusammen bilden Hin- bzw. Rückreaktion des Ozon-Gleichgewichts

$$3\,O_2 \rightleftarrows 2\,O_3 \qquad (13\text{-}6)$$

O_3 wird also ständig aus O_2-Molekülen aufgebaut und zu O_2-Molekülen abgebaut; der O_3-Gehalt wird so in einem *dynamischen Gleichgewicht* gehalten.

In den Reaktionen (13-3) und (13-4) kann auch angeregter Sauerstoff entstehen. Fast alle angeregten Bruchstücke O* werden jedoch durch Stoßreaktionen desaktiviert:

$$O^* + M \longrightarrow O + M \qquad (13\text{-}7)$$

Der kleine Rest reagiert mit Wasser – das in der Stratosphäre nur in geringen Mengen vorkommt – gemäß

$$O^* + H_2O \longrightarrow 2\,OH \qquad (13\text{-}8)$$

unter Bildung von OH-Radikalen (über deren Bedeutung in der Troposphäre wurde schon mehrfach gesprochen; vgl. beispielsweise Abschn. 7.5). Dies ist der Hauptgrund, warum für die Diskussion des stratosphärischen Ozonzyklus angeregter Sauerstoff nicht berücksichtigt werden muss.

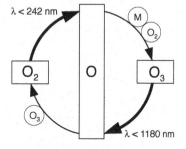

Abb. 13-3. Der CHAPMAN-Zyklus. – Die dicken Reaktionspfeile kennzeichnen photochemische Reaktionen, die einfachen Pfeile Stoßreaktionen; Reaktionspartner für O stehen in Kreisen an den Pfeilen.

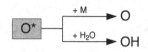

13.3 Katalytischer Ozonabbau

13.3.1 Vorbemerkungen

Aufgrund der bekannten Reaktionen des CHAPMAN-Zyklus (Abschn. 13.2) lässt sich mit Kenntnis der Geschwindigkeiten der Reaktionen (13-1) und (13-3) bis (13-5) die Lage des Gleichgewichts (13-6) in Abhängigkeit von der Höhe über dem Meeresspiegel und damit der jeweils zu erwartende Ozongehalt berechnen. Qualitativ stimmen die Rechenergebnisse recht gut mit den Befunden überein: Es ergibt sich ein Maximum des O_3-Gehalts bei ungefähr 30 km Höhe über dem Erdboden (vgl. Abb. 13-1 in Abschn. 13.1). Die Bildung von O_3 und seine Stabilität in diesem dynamischen Gleichgewicht kann also – zumindest qualitativ – mit dem CHAPMAN-Modell recht gut erklärt werden. Aber quantitativ liegen die tatsächlich gemessenen O_3-Gehalte um ca. eine Zehnerpotenz niedriger als die Werte, die sich nach dem CHAPMAN-Mechanismus errechnen lassen.

Dies lässt sich nicht ausreichend dadurch erklären, dass ein Teil des Ozons aus der Strato- in die Troposphäre transportiert wird: Dieser Effekt ist, wie man weiß, wegen der sperrenden Wirkung der Tropopause trotz größerer Verwirbelungen durch Hurrikane und andere Stürme, bei denen Luftmassen von der Tropo- in die Stratosphäre und umgekehrt gelangen können, zu gering. Als Erklärung bleiben nur weitere chemische Reaktionen, die für den O_3-Verlust verantwortlich sein müssen.

Zunächst: N_2, CO_2 und H_2O sowie die Spurengase CH_4 und N_2O reagieren nicht mit O_3, kommen also als Senken *nicht* in Frage. Aus der Chemie des Ozons weiß man aber, dass u. a. Cl, NO und OH, auch H oder Br – diese Teilchen sind alle in der Stratosphäre nachgewiesen worden – mit O_3 in einer Weise reagieren, dass sie selbst *unverändert* nach der Umwandlung von O_3 in O_2 zurückbleiben, also als *Katalysatoren* wirken, und dann erneut für weitere Reaktionen zur Verfügung stehen (Abb. 13-4):

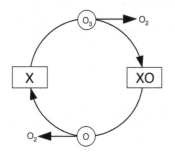

Abb. 13-4. Schema zum katalytischen Abbau von Ozon (z. B. X = Cl, NO, OH).

$$X + O_3 \longrightarrow XO + O_2 \tag{13-9}$$
$$XO + O \longrightarrow X + O_2 \tag{13-10}$$

$$O_3 + O \longrightarrow 2\,O_2 \tag{13-11}$$
(z. B. X = Cl, NO, OH)

Der atomare Sauerstoff auf der linken Seite von Gl. (13-10) stammt aus der Zersetzung von Ozon [Gl. (13-4)]; diese Reaktion kann man den Gleichungen (13-9) und (13-10) vorlagern (Abb. 13-5).

Man unterscheidet – je nach wirkendem Teilchen X – mehrere Abbaureaktionen, von denen die wichtigsten im Folgenden (zum Teil vereinfacht) vorgestellt werden sollen.

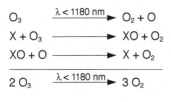

Abb. 13-5. Reaktionsgleichungen zum katalytischen Abbau von Ozon (X = Cl, NO, OH).

13.3.2 Katalytischer ClO_x-Zyklus

Für X = Cl liefert das Schema in Abb. 13-5 den erstmals von M. J. MOLINA und F. S. ROWLAND (Chemie-Nobel-Preis 1995) beschriebenen *ClO_x-Zyklus*:

$$O_3 \xrightarrow{\lambda < 1180\,nm} O_2 + O \tag{13-4}$$

$$Cl + O_3 \longrightarrow ClO + O_2 \tag{13-12}$$

$$ClO + O \longrightarrow Cl + O_2 \tag{13-13}$$

$$2\,O_3 \xrightarrow{\lambda < 1180\,nm} 3\,O_2 \tag{13-14}$$

Die großen Mengen an Chlorid im Natriumchlorid, das aus dem Meer in Form von Seesalzkernen in die Atmosphäre gelangt, kommen als Quelle für Cl-Atome in die Atmosphäre kaum in Frage. Man weiß zwar, dass die NaCl-haltigen Aerosole – sie erreichen nur ca. 3 km Höhe (vgl. Abb. 14-8 in Abschn. 14.5) – mit einigen Stickstoffverbindungen wie *Stickstofftrioxid*, NO_3 (Abb. 13-6), zu Cl reagieren können:

$$NO_3 + Cl^- \longrightarrow NO_3^- + Cl \tag{13-15}$$

und dass auch Cl^- in der Atmosphäre zu Cl oxidiert werden kann; aber die Lebensdauer von Cl und NO_3 in der Troposphäre ist zu gering, als dass die beiden reaktiven Verbindungen in die Stratosphäre gelangen könnten.

Im Prinzip müssen als Cl-Quellen alle Chlorverbindungen mit ausreichend langer atmosphärischer Lebensdauer in Betracht gezogen werden. Da ist zunächst die wichtigste natürliche Cl-Quelle, *Chlormethan* (*Methylchlorid*, CH_3Cl; Lebensdauer 1 a), das aus biologischen Prozessen im Ozean stammt und bei Verbrennung von Biomasse entsteht. Die wichtigsten anthropogenen Cl-Quellen sind die *Fluorchlorkohlenwasserstoffe* (FCKW), für die keine bedeutenden natürlichen Quellen bekannt sind. FCKW sind in „ausreichenden" Mengen produziert worden (Abb. 13-7): insgesamt bis heute mehr als $8 \cdot 10^6$ t R 11 und $11 \cdot 10^6$ t R 12.

13.3 Katalytischer Ozonabbau

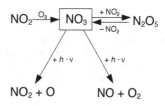

Abb. 13-6. Reaktionen von Stickstofftrioxid in Tropo- und Stratosphäre.

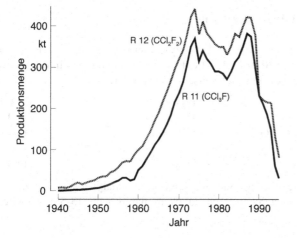

Abb. 13-7. Produktionsmengen von R 11 (CCl_3F) und R 12 (CCl_2F_2) zwischen 1940 und 1995 in den westlichen Industriestaaten.

13 Ozon in der Stratosphäre

R 11 : CCl_3F
R 12 : CCl_2F_2

FCKW sind ungewöhnlich stabil, so dass sie – im Gegensatz zu dem vorwiegend natürlich emittierten CH_3Cl – in der Troposphäre kaum zersetzt werden und in die Stratosphäre gelangen können. Ihre Stabilität besonders in größeren Höhen über dem Erdboden steigt mit der Anzahl der F-Atome im Molekül (Abb. 13-8).

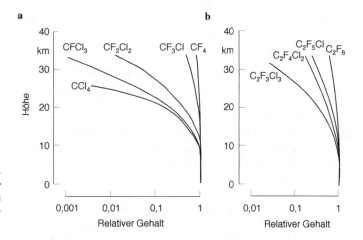

Abb. 13-8. Vertikalverteilung **a** halogenierter Methane, **b** halogenierter Ethane. – Der Gehalt in der Nähe des Erdbodens ist jeweils 1 gesetzt worden.

Parallel zur Produktion ist bis Anfang der 90er Jahre des letzten Jahrhunderts der Gehalt an R 11 in der Atmosphäre angewachsen (Abb. 13-9).

Cl-Atome können sich aus diesen Verbindungen direkt bilden, z. B. aus Dichlordifluormethan nach der Reaktionsgleichung

$$CCl_2F_2 \xrightarrow[\lambda < 220\,nm]{h \cdot v} CF_2 + 2\,Cl \qquad (13\text{-}16)$$

Ein Cl-Atom kann mehrere 10 000 O_3-Moleküle zerstören, bevor es in eine Senkenverbindung wie HCl umgewandelt wird und dann aus der Stratosphäre z. B. durch Wasser entfernt werden kann.

13.3.3 Weitere Zyklen

Weitere katalytische Abbauzyklen erhält man für $X = HO_x$ ($x = 0, 1, 2$ in Abb. 13-5); alle diese Teilchen kommen in der Stratosphäre vor. Beispielsweise wird mit $x = 1$:

$$O_3 \xrightarrow{\lambda < 1180\,nm} O_2 + O \qquad (13\text{-}4)$$
$$OH + O_3 \longrightarrow HO_2 + O_2 \qquad (13\text{-}17)$$
$$HO_2 + O \longrightarrow OH + O_2 \qquad (13\text{-}18)$$
$$\overline{2\,O_3 \xrightarrow{\lambda < 1180\,nm} 3\,O_2} \qquad (13\text{-}14)$$

Die Reaktionsgleichungen für den katalytischen NO_x-Zyklus ergeben sich entsprechend, wenn man in Abb. 13-5 in den Glei-

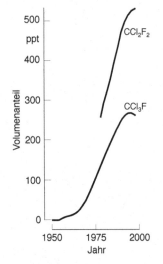

Abb. 13-9. Zeitliche Entwicklung des mittleren globalen Gehalts an R 11 (CCl_3F) und R 12 (CCl_2F_2).

chungen X = NO (XO ist dann NO_2) setzt. Für NO (oder NO_2) in der Stratosphäre kennt man, neben den Flugzeugabgasen, nur eine bedeutende Quelle, nämlich N_2O (vgl. Tab. 11-4 in Abschn. 11.2).

Von den drei oben beschriebenen katalytischen Zyklen liefert der NO_x-Zyklus in einer Höhe um 30 km den größten Beitrag zum Ozonabbau, nämlich mehr als zwei Drittel (Abb. 13-10). Nur in Erdbodennähe und in der äußeren Stratosphäre ist der HO_x-Zyklus von größerer Bedeutung.

Die verschiedenen katalytischen „Familien" wirken nicht additiv, denn sie sind nicht voneinander isoliert: Ihre Mitglieder können untereinander reagieren. Beispielsweise werden durch die Reaktionen

$$ClO + NO \longrightarrow NO_2 + Cl \qquad (13\text{-}19)$$
$$HO_2 + NO \longrightarrow OH + NO_2 \qquad (13\text{-}20)$$

der NO_x- mit dem ClO_x- bzw. HO_x-Zyklus verknüpft. So kann die Erhöhung des Gehalts einer der Komponenten zu einer Erniedrigung des Gehalts der anderen führen, und der Mehrabbau auf einem Weg kann durch geringeren Abbau in einem anderen Zyklus kompensiert werden.

Brom wirkt ähnlich katalytisch wie Chlor (X = Br in Abb. 13-5), sogar noch wesentlich wirksamer. Jedoch liegen die Gehalte von Bromverbindungen in der Stratosphäre um eine bis zwei Zehnerpotenzen niedriger als die von Chlorverbindungen. Über *Fluor* weiß man bisher nur wenig, man geht aber davon aus, dass die kohlenstoffhaltigen Fluor-Radikale wie CF_2 *(Difluorcarben)*

13.3 Katalytischer Ozonabbau

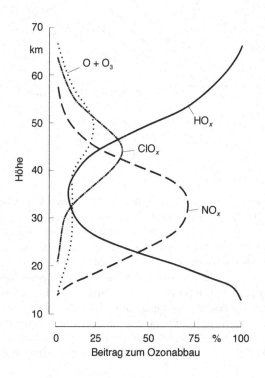

Abb. 13-10. Relative Beiträge der verschiedenen Zyklen zum Ozonabbau als Funktion der Höhe.

13 Ozon in der Stratosphäre

FKW	Emission (in 10^3 t)
CF_4	10,5
C_2F_6	2
C_3F_8	0,7

sich schließlich in die Senkensubstanz Fluorwasserstoff, HF, umwandeln. Die Fluoratome reagieren wahrscheinlich nach dem gleichen Mechanismus mit Ozon wie die Cl-Atome. Die Zahl der Zyklen ist jedoch wesentlich geringer (man nimmt weniger als 100 Abbauzyklen pro F-Atom an), weil F durch alle H enthaltenden Verbindungen wie CH_4, H_2, HO_2, H_2O_2 oder HNO_3 unter Bildung von stabilem Fluorwasserstoff abgefangen werden kann (zu den FKW-Emissionen s. Tab. 13-1).

13.4 Ozonloch

13.4.1 Beschreibung

Der Ozongehalt in der Atmosphäre ist von der geographischen Breite abhängig. Dies ist mit ein Grund, weshalb sich seine Veränderungen nur schwierig bestimmen lassen. Auch schwanken die Ozongehalte je nach Tages- und Jahreszeit (Abb. 13-11). Nach Messungen mit dem TOMS (*T*otal *O*zone *M*apping-*S*pectrometer) an Bord des US-amerikanischen Satelliten Nimbus 7 hat der Gesamt-Ozongehalt zwischen 1978 und 1990 global um 3 % abgenommen.

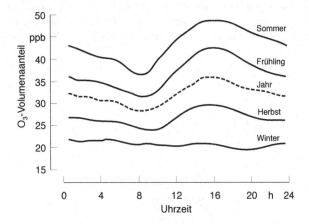

Abb. 13-11. Ozongehalt zu verschiedenen Tages- und Jahreszeiten am Hohenpeißenberg (gemittelt über die Jahre 1971-1977). – Auf dem Hohenpeißenberg (Oberbayern; 1000 m) ist die älteste Bergwetterstation der Erde beheimatet.

Ein Phänomen, das sowohl bei den Wissenschaftlern als auch in der Öffentlichkeit besondere Aufmerksamkeit erregt, ist das *Ozonloch*. Es handelt sich dabei um einen Abfall des Gesamt-Ozongehalts der Atmosphäre in verhältnismäßig kurzer Zeit auf weniger als die Hälfte. Dieses Phänomen ist zuerst über dem Südpol im antarktischen Sommer, also im Oktober, beobachtet worden: So ging beispielsweise der O_3-Partialdruck in 18 km Höhe über dem Erdboden von ungefähr 15 mPa Ende Juli 1999 praktisch auf 0 mPa Anfang Oktober des gleichen Jahres zurück (Abb. 13-12). In der ozonarmen Zone treten horizontale Ozongradienten von 10 DE pro 100 km auf (DE Abkürzung für *D*obson-*E*inhei-

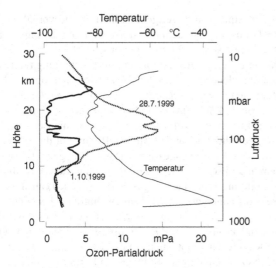

Abb. 13-12. Vertikalverteilung von Ozon über der Antarktis im Juli und Oktober 1999.

ten; *engl.* DU, *D*obson *U*nits, benannt nach dem englischen Atmosphärenforscher G. B. M. DOBSON): Diese verhältnismäßig scharf abgegrenzte ozonarme Zone erreicht im polaren Frühling über der Antarktis inzwischen eine Ausdehnung von der Fläche der USA.

Dobson-Einheit (DE)

1 DE = 0,01 atm mm
$$(= 0,01 \cdot 1,013 \text{ bar mm})$$

Dies bedeutet: 100 DE entsprechen einer Ozonsäule von 1 mm Dicke. Die *Gesamt-Ozonsäule*, also die Ozonschicht, die entstünde, wenn das Ozon von ca. 300 DE auf Normalbedingungen (1013 mbar und 0 °C) gebracht würde, hat im Jahresmittel eine Dicke von nur ca. 3 mm.

13.4.2 Ursachen

Die Bildung des Ozonlochs – nicht zu verwechseln mit der Abnahme der mittleren Ozonkonzentration – lässt sich folgendermaßen erklären: Im Winter existiert über der Antarktis ein kalter, isolierter Polarwirbel mit Temperaturen von –90...–80 °C (in 20 km Höhe): Die Luft zirkuliert in nahezu konzentrischen Kreisen um den Südpol (Abb. 13-13). Dieser Kaltluftkern ist von der

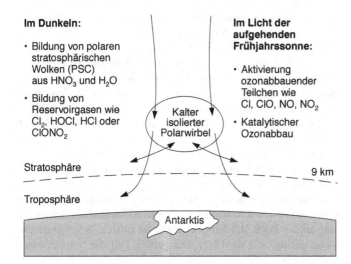

Abb. 13-13. Meteorologie und Chemie des Ozonlochs über der Antarktis.

215

13 Ozon in der Stratosphäre

Reservoir-substanz	Kann ent-stehen aus ...	Bildet zurück ...[a]
HOCl	$ClO + HO_2$	Cl, OH
Cl_2	Cl + Cl	Cl
$ClONO_2$	$ClO + NO_2$	ClO, NO_2
NO_3	NO, NO_2	NO_2
HNO_4	NO, NO_2	NO_2

[a] Bedingung zum Freisetzen: $h \cdot v$.

restlichen Atmosphäre weitgehend isoliert und verhält sich wie ein Reaktionsgefäß, in dem die Stoffe während der langen Polarnacht auf die ersten Lichtstrahlen vorbereitet werden können.

Die tiefe Temperatur ermöglicht die Ausbildung fester Oberflächen, auf denen ein Teil der Reaktionen heterogen ablaufen. Es bilden sich *polare stratosphärische Wolken* (*engl.* Polar Stratospheric Clouds, PSC), die zum überwiegenden Teil aus ca. 1 µm großen Salpetersäurehydrat-Kristallen (Zusammensetzung: $HNO_3 \cdot 3\ H_2O$) bestehen; der aktive Stickstoff wird auf diese Weise aus der Stratosphäre herausgezogen. Das Gleichgewicht zwischen aktivem und Reservoir-Chlor wird dadurch gestört, dass durch die Wolkenbildung Oberflächen geschaffen werden, an denen sich andere Stoffe anlagern und wo ungewöhnliche chemische Reaktionen ablaufen können. In den Wolken kommt es zur Bildung von festen Verbindungen – *Reservoirsubstanzen* – wie $ClONO_2$, Cl_2, HOCl oder HCl; potentiell katalytisch wirksame Teilchen wie Cl oder NO_2 werden in dieser inaktiven Form für eine bestimmte Zeit „zwischengespeichert" (Tab. 13-2).

Der massive katalytische Abbau des Ozons beginnt, wenn die erste Sonnenstrahlung im späten August einwirkt: Im Licht der aufgehenden südpolaren Frühjahrssonne werden dann in verhältnismäßig kurzer Zeit aus den Reservoirsubstanzen große Mengen beim Abbau von Ozon katalytisch wirkender Teilchen freigesetzt (Tab. 13-1). Erst gegen Anfang Dezember normalisiert sich die Situation. Wie die verschiedenen Quell-, Senken- und Reservoirsubstanzen zusammenhängen, ist in Abb. 13-14 dargestellt.

Ein ähnliches, von der Jahreszeit abhängiges Ozonloch ist inzwischen auch über der Nordhalbkugel beobachtet worden.

13.4.3 Schäden durch Ozon, UV-Strahlung

Ozon kann in der erdnahen Atmosphäre direkt Schäden verursachen (vgl. Abschn. 12.4.8). Da O_3 das einzige Spurengas ist, das UV-Strahlung im Wellenlängen-Bereich von ungefähr 250 nm bis 310 nm absorbiert, kommt diesem Teilchen die wichtige Bedeutung eines „UV-Schutzschildes" der Erde zu.

Die UV-Strahlung ist eine elektromagnetische Strahlung, die zwischen dem weniger energiereichen sichtbaren Licht und der energiereicheren Röntgenstrahlung einzuordnen ist. Man nennt Teilbereiche der UV-Strahlung entsprechend ihrer unterschiedlichen biologischen Wirkung *UV-A*, *UV-B* und *UV-C* (Tab. 13-3).

Die UV-Strahlung, die von der Sonne ausgeht, erreicht den äußeren Teil der Atmosphäre; nur ein kleiner Teil gelangt auf die Erdoberfläche: Vor allem Sauerstoff und Ozon in der Stratosphäre absorbieren, wie schon mehrfach erwähnt, Licht mit Wellenlängen < 200 nm bzw. < 290 nm. Der gesamte UV-Anteil der Solarstrahlung in der Nähe der Erdoberfläche ist mit ca. 6 % vergleichsweise gering (s. Tab. 13-2). Der größte Teil der Solarstrahlung

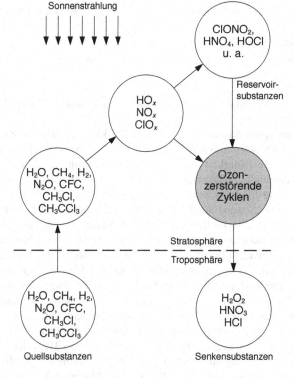

Abb. 13-14. Zusammenhang zwischen den verschiedenen Quell-, Senken- und Reservoirsubstanzen.

Tab. 13-3. Verteilung der relativen Strahlenflussdichte der Sonne auf die einzelnen Wellenlängenbereiche in Bodennähe.

Wellenlänge λ (in nm)	Bezeichnung	Anteil (in %)	
100 ... 280	UV-C	0	
280 ... 320	UV-B	0,5	
320 ... 400	UV-A	5,6	
400 ... 800	sichtbares Licht	51,18	} $\approx 93\ \%$
> 800	Infrarotstrahlung	42,1	

(ca. 93 %) entfällt etwa zu gleichen Teilen auf den sichtbaren und infraroten Spektralbereich.

Für *UV-A-Strahlung* mit Wellenlängen von 320...400 nm (Abb. 13-15), den energieärmsten Teil der UV-Strahlung, war die Atmosphäre von jeher durchlässig, so dass irdisches Leben daran gewöhnt ist. Diese Strahlung erreicht wegen Streuung an Molekülen und Aerosolen nur geschwächt den Erdboden.

Die kürzerwellige *UV-C-Strahlung* wird bereits in der Stratosphäre durch Ozon quantitativ absorbiert und gelangt deshalb nicht bis an die Erdoberfläche.

Der größte Teil der *UV-B-Strahlung* ($\lambda = 280...320$ nm) wird zwar in der Atmosphäre absorbiert, aber ein geringer Anteil dringt

Abb. 13-15. UV-Strahlung.

– abhängig von der Ozonmenge in der Atmosphäre – bis zur Erdoberfläche vor.

Einen Anhalt für die biologische Wirksamkeit der UV-Strahlung einer bestimmten Wellenlänge gibt die *Erythemwirksamkeit*: Das ist die Fähigkeit einer bestimmten Strahlung, auf der Haut eine entzündliche Rötung, ein *Erythem*, hervorzurufen; sofern diese Rötung durch Sonneneinstrahlung verursacht wird, spricht man auch von „Sonnenbrand". Die relative Erythemwirksamkeit hat bei 310 nm, also im Bereich der UV-B-Strahlung, ein Maximum.

Natürliche wie auch künstliche UV-B-Strahlung bewirken beim Menschen Veränderungen an der Haut (Sonnenbrand), schwächen das Immunsystem (Induktion von Photoallergien) und die Vitamin-D_3-Synthese und schädigen die Augen (Schneeblindheit). Es gilt als gesichert, dass der UV-B-Anteil im natürlichen Sonnenspektrum in dieser Hinsicht von entscheidender Bedeutung ist. Im Vordergrund stehen chronische Schäden des Auges (*Katarakt*, Trübung der Linse des Auges) und der Haut (Krebs).

UV-Strahlung übt ebenfalls gefährliche Wirkungen auf Mikroorganismen in Bezug auf Wachstum, Mutationen usw. aus; Schutzmechanismen gegen erhöhte UV-Strahlung gibt es bei Mikroorganismen nicht. UV-C- und in geringem Maße noch UV-B-Strahlung wirken auf lebende Zellen, z. B. Bakterien, abtötend.

Von großer Bedeutung sind die Auswirkungen dieser Strahlung auf aquatische Ökosysteme. Stark betroffen ist dabei offenbar das Phytoplankton, das gegenüber UV-B-Strahlung besonders empfindlich reagiert – ein Rückgang der Planktonproduktion wurde bereits festgestellt. Unter den aquatischen tierischen Lebewesen sind besonders die jungen Entwicklungsstadien durch erhöhte UV-B-Strahlung gefährdet. Schon bei einer relativ kleinen Verringerung des Ozongehalts in der Atmosphäre dürfte sich die Artenzusammensetzung des Phytoplanktons in den Ozeanen verschieben und damit die Nahrungskette verändern; ähnliches wird wahrscheinlich auch im Süßwasserbereich eintreten.

Wenn sich wegen der erhöhten UV-Strahlung die Zusammensetzung des Planktons ändert oder gar dessen Menge verringert, könnte eine niedrigere CO_2-Aufnahme durch die Ozeane die Folge sein – auf diesem indirekten Weg würde dann der Ozonabbau in der Stratosphäre den zusätzlichen Treibhauseffekt (vgl. Abschn. 8.4.1) verstärken.

Auch viele Landpflanzen regieren gegenüber UV-B-Strahlung empfindlich. Je nach Pflanzenart entstehen in Art und Ausmaß unterschiedliche Schäden – häufig eine Verminderung der Blattfläche und der Sprosslänge.

13.5 FCKW, CKW, Halone

13.5.1 Eigenschaften, Verwendung, Ozonzerstörungspotenzial

Halogenkohlenwasserstoffe sind Kohlenwasserstoffe, in denen ein oder mehrere H-Atome durch Halogene ersetzt sind. Je nach Art und Grad der Substitution unterscheidet man verschiedene Arten von Verbindungen (Tab. 13-4). Für die FCKW (*F*luorchlor*kohlen-wasserstoffe*) und auch eigens für die Halone hat sich eine eigene Notation eingebürgert (Abbildungen 13-16 bzw. 13-17).

Die FCKW sind in den letzten Jahren in das öffentliche Interesse gerückt, weil sie teilweise für einen Abbau der Ozonschicht verantwortlich gemacht werden (vgl. Abschn. 13.3.2).

Tab. 13-4. Verschiedene Arten von Halogenkohlenwasserstoffen.

Bezeichnung	Abkürzung *(engl.)*	Beispiele
Kohlenwasserstoff	KW (HC, hydrocarbon)	CH_4, C_2H_6
Vollhalogenierter Chlorkohlenwasserstoff	CKW	CCl_4, C_2Cl_6
Vollhalogenierter Fluorkohlenwasserstoff	FKW	CF_4, C_2F_6
Vollhalogenierter Fluorchlorkohlenwasserstoff	FCKW[a)] (CFC, chlorofluorocarbon)	$CFCl_3$, CF_2Cl_2
Teilhalogenierter Fluorkohlenwasserstoff	H-FKW (HFC, hydrofluorocarbon)	CF_3–CHF_2
Teilhalogenierter Fluorchlorkohlenwasserstoff	H-FCKW (HCFC, hydrochlorofluorocarbon)	CH_3–CCl_2F, CF_3–$CHCl_2$

[a]   Auch CFK für Chlorfluorkohlenstoff.

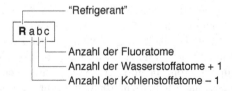

DIN 8960. *Kältemittel: Anforderungen und Kurzzeichen*

Abb. 13-16. Ziffernnotation für FCKW. – R steht für *(engl.)* Refrigerant, Kältemittel (anstelle von „R" verwendet man oft „CFC" oder ggf. „HCFC"; vgl. Tab. 13-3). FCKW mit einem C-Atom werden durch zwei Ziffern, solche mit zwei C-Atomen mit drei Ziffern gekennzeichnet; die Anzahl der Cl-Atome ist bei dieser Notation nicht gesondert angegeben, sie ergibt sich aus der Differenz der maximal möglichen Substituenten und der Summe von H- und F-Atomen im Molekül. *Methan-Derivate* haben als erste Ziffer eine 0, die weggelassen wird; sie werden also durch 2-stellige Zahlen charakterisiert. *Ethan-Derivate* haben als erste von drei Ziffern eine 1. Die *Isomeren* der Ethangruppe haben alle die gleiche Kennzahl, wobei das „symmetrischste" Isomer ohne zusätzlichen Buchstaben nur durch die Zahl bezeichnet wird. Mit zunehmender Asymmetrie werden die Isomeren durch Hinzufügen von Buchstaben a, b usw. unterschieden. Die Symmetrie wird dadurch bestimmt, dass man die Atommassen der an das jeweilige C-Atom gebundenen Elementgruppe addiert und diese Summen voneinander subtrahiert: Je kleiner der Betrag dieser Differenz ist, desto „symmetrischer" ist die Verbindung. Beispielsweise ist von den zwei C_2HF_4Cl-Isomeren das Isomer CF_3–$CHClF$ als R 124 und das Isomer $CClF_2$–CHF_2 als R 124 a zu bezeichnen.

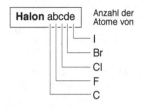

Abb. 13-17. Halon-Notation. – Die als Feuerlöschmittel eingesetzten Halone enthalten alle Br, werden also mit mindestens vier Ziffern gekennzeichnet; die letzte (fünfte) Ziffer wird weggelassen, wenn das Halon I-frei ist.

219

13 Ozon in der Stratosphäre

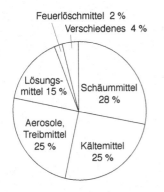

Abb. 13-18. Verwendung von FCKW (Stand 1985).

Tab. 13-5. Als Feuerlöschmittel verwendete Halone.

Halon	Formel
1211	CF_2ClBr
1301	CF_3Br
2402	$C_2F_4Br_2$

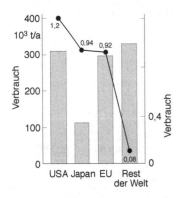

Abb. 13-19. Verbrauch an FCKW (Stand 1985): **a** Gesamtmenge; **b** Verbrauch pro Einwohner.

Die wichtigsten FCKW sind Abkömmlinge des Methans (*Chlorfluormethane*, CFM) und Ethans, bei denen alle Wasserstoff- durch Halogenatome ersetzt sind. Diese leicht zu verflüssigenden Gase oder leicht beweglichen Flüssigkeiten besitzen einige ungewöhnliche Eigenschaften: Sie sind chemisch und thermisch sehr stabil, nicht entflammbar, wenig aggressiv gegenüber anderen Werkstoffen und nicht toxisch. Vor allem deshalb haben diese Verbindungen seit den 30er Jahren des letzten Jahrhunderts eine derart weite Verbreitung gefunden, u. a. als Schäummittel für Kunststoffe, als Kältemittel in der Klimatechnik, als Treibmittel in Sprays und als Lösungsmittel (Abb. 13-18).

Aus ähnlichen Gründen sind die *Halone* (*engl. halo*genated hydrocarbo*ns*) genannten Halogenkohlen(wasser)stoffe, in denen Wasserstoffatome durch die Halogene F, Cl, Br und/oder I ersetzt sind und die als Feuerlöschmittel (Tab. 13-5) verwendet werden, einzigartig: Sie sind sehr wirkungsvoll, sauber, chemisch stabil und für den Menschen verträglich.

1985 verbrauchten die USA oder Europa ungefähr so viel FCKW wie der gesamte Rest der Welt, Japan ausgenommen (Abb. 13-19).

Die FCKW haben eine lange Lebensdauer; die mittlere Verweilzeit in der Atmosphäre beträgt, je nach Halogenart und -gehalt, zwischen 50 und 500 Jahren, bei einigen nur Fluor enthaltenden Vertretern sogar mehrere tausend Jahre (s. auch Abb. 7-1 in Abschn. 7.2.4). Die FCKW-Gehalte steigen mit 5 % jährlich so stark an, wie das bei keinem anderen atmosphärischen Spurengas der Fall ist (vgl. Tab. 7-1 in Abschn. 7.2.1). Es werden also noch lange Zeit Stoffe in der Atmosphäre bleiben, die Chlor zum Ozonabbau bereitstellen können.

Der Gesamtgehalt der Stratosphäre an Chlor – die Summe der Stoffmengenanteile aller Cl-haltigen Komponenten wie HCl, $ClONO_2$, ClO, HOCl, FCKW, gewichtet mit der Zahl der Cl-Atome pro Molekül – beträgt zur Zeit ca. 3 ppb. (Das natürliche Cl-Niveau in der Troposphäre liegt – vor allem wegen CH_3Cl, dem wichtigsten natürlichen chlorhaltigen Spurengas – bei ca. 0,7 ppb.)

Im Zusammenhang mit FCKW wurde die *relative Ozonwirksamkeit* (auch *relatives Ozonabbaupotenzial* oder *relatives Ozonzerstörungspotenzial* genannt; *engl. O*zone Depletion Potential, ODP) ermittelt. Dazu wurde das Vermögen, O_3 abzubauen, für R 11 als „1" definiert und die entsprechende Wirksamkeit anderer Verbindungen darauf bezogen (Tab. 13-6). Beispielsweise bedeutet ein ODP-Wert von 0,6 für R 115: 1 t R 115 in der Atmosphäre führt zum gleichen Ozonabbau wie 0,6 t R 11.

Der tatsächliche Ozonabbau, den eine Substanz verursacht, hängt aber nicht nur vom ODP-Wert ab, sondern auch von der emittierten Menge. Beispielsweise haben aufgrund ihrer höheren relativen Ozonwirksamkeit die Bromverbindungen trotz erheblich geringerer Produktionsmengen und Emissionen weltweit ca. 8 % Anteil am Ozonabbau durch Halogenkohlenwasserstoffe (s. Tab.

Tab. 13-6. Lebensdauer und Ozonzerstörungspotenzial einiger Halogen-kohlenwasserstoffe.

13.5 FCKW, CKW, Halone

FCKW		Atmosphärische Lebensdauer (in a)	Relatives Ozonabbau-potenzial[a]
R 11	CCl_3F	60	$1,0^{[b]}$
R 12	CCl_2F_2	130	$1,0^{[b]}$
R 13	$CClF_3$	380	$1,0^{[b]}$
R 14	CF_4	50 000	0
R 113	$CCl_2F-CClF_2$	90	$0,8^{[b]}$
R 114	$CClF_2-CClF_2$	200	$1,0^{[b]}$
R 115	CF_3-CClF_2	400	$0,6^{[b]}$
Halon 1211	CF_2ClBr	18	$3,0^{[b]}$
Halon 1301	CF_3Br	110	$10,0^{[b]}$
Halon 2402	$C_2F_4Br_2$		$6,0^{[b]}$
R 140 a	CH_3CCl_3	6	0,1
R 10	CCl_4	50	$1,1^{[b]}$

[a] ODP-Wert, bezogen auf R 11.
[b] Nach Verordnung (EG) Nr. 2037/2000, Anhang I.

13-7). Ein weiterer wichtiger Faktor ist die mittlere Lebensdauer in der Atmosphäre: Je langlebiger ein FCKW ist, desto gefährlicher ist er für die Ozonschicht; denn es dauert bis zu 20 Jahren, bis die FCKW in die Stratosphäre gelangen. Kurzlebige FCKW werden bereits in der Troposphäre abgebaut.

Die FCKW tragen außerdem zu mehr als 15 % zum zusätzlichen Treibhauseffekt bei (vgl. Tab. 8-11 und Abb. 8-12 in Abschn. 8.4.1 sowie Tab. 13-8).

Tab. 13-7. Weltweiter Verbrauch sowie Emissionen an FCKW, Halonen und CKW und deren Anteil am Ozonabbau (1985).

Stoffgruppe	Verbrauch (in 10^3 t)	Emissionen (in 10^3 t)	Anteil (in %) am Ozonabbau
FCKW (R 11, R 12, R 22, R 113, R 114, R 115)	1255	1255	79,3
Halone (1211, 1301)	18,7	18,7	8,0
CKW (R 10, R 140 a)	1600	615	12,7

Tab. 13-8. Relatives Treibhauspotenzial (GWP-Wert) einiger FCKW.

FCKW		GWP-Wert
R 11[a]	CCl_3F	1
R 12	CCl_2F_2	2,8...3,4
R 113	$CCl_2F-CClF_2$	1...4
R 22	$CHClF_2$	0,3...0,4
R 123	$CHCl_2-CF_3$	0,024
R 124	$CHClF-CF_3$	0,09
R 134 a	CH_2F-CF_3	0,3
R 141 b	CH_3-CCl_2F	0,09...0,1

[a] Der GWP-Wert für die Referenzsubstanz R 11 wurde 1 gesetzt.

13.5.2 FCKW-Ersatzstoffe

Am 16.9.1987 wurde das *Protokoll von Montreal* verabschiedet. Darin verpflichteten sich die Unterzeichner-Staaten – auch die Bundesrepublik Deutschland (vgl. auch die EG-Verordnung Nr. 2037/2000) – die FCKW-Produktion einzufrieren und den Verbrauch an FCKW wesentlich zu reduzieren (z. B. um 20 % bis

1993 und um 50 % bis 1998, bezogen auf den Verbrauch von 1986). Überdies beschloss man, Produktion, Verbrauch und Handel dieser Produkte zu kontrollieren, und verpflichtete sich im Besonderen, unterentwickelten Ländern und Ländern mit Planwirtschaft keine Technologie zur Produktion von FCKW zur Verfügung zu stellen.

Die weltweit großen FCKW-Hersteller vereinbarten daraufhin ein Programm ("*Program for Alternative Fluorocarbon Toxicity Testing*", PAFT), in dem sie gemeinsam mögliche *Ersatzstoffe* für FCKW untersuchen und auf ihre Eignung hin testen wollten.

Als *Ersatzstoffe (Substituenten)* für FCKW kommen Stoffe in Frage, die mehreren Anforderungen genügen, u. a.:

- chemische und thermische Stabilität,
- vernachlässigbares oder deutlich reduziertes Ozonzerstörungspotenzial,
- vernachlässigbare Beeinflussung der übrigen chemischen Zusammensetzung der Atmosphäre,
- vernachlässigbare oder deutlich reduzierte Klimawirksamkeit,
- keine toxischen Eigenschaften,
- geringes Risiko in Bezug auf Handhabbarkeit, im Besonderen Unbrennbarkeit,
- passende physikalische und thermodynamische Eigenschaften, um hohe Energieeffizienz bei Einsatz in Kälte- und Klimatechnik zu erreichen,
- großtechnische Herstellbarkeit und vertretbarer Verkaufspreis,
- allgemeine (globale) Verfügbarkeit.

Viele mögliche Substanzen wurden bisher getestet, aber einen idealen Allround-Ersatzstoff für die klassischen FCKW wird es nicht geben. Beispielsweise hat man als Ersatzstoff für R 12 als Treibmittel oder in Kälteanlagen u. a. das chlorfreie Tetrafluorethan R 134 a, CF_3-CH_2F, vorgeschlagen (Tab. 13-9). In Abb. 13-20 sind für einige FCKW und einige Ersatzstoffe aus der Klasse der halogenierten Kohlenwasserstoffe – sie sind nur eine Zwischenlösung auf dem Weg zu halogenfreien FCKW-Ersatzstoffen – die ODP- und GWP-Werte (vgl. Abschn. 13.5.1) einge-

Tab. 13-9. Beispiele für FCKW-Ersatzstoffe.

FCKW	Möglicher Ersatzstoff		Atmosphärische Lebensdauer (in a)	ODP-Wert des Ersatzstoffes
R 11 CCl_3F	R 22	$CHClF_2$	15,3	0,055[a]
	R 123	CF_3-CHCl_2	1,6	0,020[a]
	R 141 b	CH_3-CCl_2F	7,8	0,110[a]
R 12 CCl_2F_2	R 124	$CHClF-CF_3$	6,6	0,022[a]
	R 134 a	CF_3-CH_2F	15,5	0

[a] Nach Verordnung (EG) Nr. 2037/2000, Anhang I.

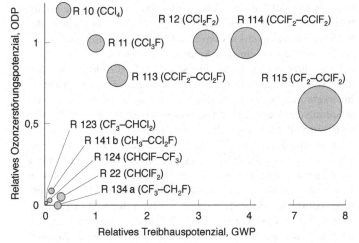

R 10 (CCl₄)
R 12 (CCl₂F₂)   R 114 (CClF₂–CClF₂)
R 11 (CCl₃F)
R 113 (CClF₂–CCl₂F)   R 115 (CF₂–CClF₂)
R 123 (CF₃–CHCl₂)
R 141 b (CH₃–CCl₂F)
R 124 (CHClF–CF₃)
R 22 (CHClF₂)
R 134 a (CF₃–CH₂F)

Abb. 13-20. Einige FCKW und Ersatzstoffe mit relativem Ozonabbaupotenzial (ODP) und Treibhauspotenzial (GWP). – Die ODP- und GWP-Werte sind auf R 11 bezogen und jeweils für R 11 gleich 1 gesetzt; die Kreisflächen sind proportional zur jeweiligen atmosphärischen Lebensdauer.

tragen; die möglichen Ersatzstoffe liegen in diesem Diagramm in der Nähe des Koordinatenursprungs.

Der Verbrauch von FCKW und Halonen ist in Deutschland seit 1986 drastisch zurückgegangen (Abb. 13-21). Seit dem 1.1.1992 ist es in Deutschland nach der *FCKW-Halon-Verbots-verordnung* verboten, Feuerlöschmittel mit einem Massenanteil von insgesamt mehr als 1 % der Halone 1211, 1301 und 2402 (Tab. 13-4) herzustellen oder in den Verkehr zu bringen; seit 1994 dürfen keine Halon-Feuerlöscher mehr verwendet werden. Nach der FCKW-Halon-Verbots-Verordnung ist verboten, Druckgaspackungen, Kältemittel, Reinigungs- oder Lösungsmittel oder Löschmittel herzustellen, in den Verkehr zu bringen oder zu verwenden, die einen Massengehalt der in Tab. 13-10 aufgelisteten Stoffe von mehr als 1 % aufweisen. Schaumstoffe dürfen nicht mehr mit diesen Stoffen als Schäummittel hergestellt werden. Für Dämmschäume aus Polyurethan werden inzwischen selbst H-FCKW kaum noch mehr als FCKW-Ersatzstoffe verwendet,

Tab. 13-10. In der FCKW-Halon-Verbots-Verordnung genannte FCKW/Halone.

R 11	R 112	Halon 1211
R 12	R 113	Halon 1301
R 13	R 114	Halon 2402
CCl₄	R 115	
CH₃–CCl₃	R 22	

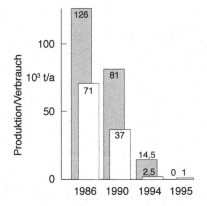

Abb. 13-21. FCKW-Produktion (gerastert) und -Verbrauch in Deutschland seit 1986.

n-Pentan (C_5H_{12})

Cyclohexan (C_6H_{12})

sondern beispielsweise *n*-Pentan oder Cyclohexan (beide brennbare Flüssigkeiten). FCKW werden inzwischen nur noch in Bereichen, wo sie (noch) als unverzichtbar gelten, eingesetzt, z. B. für bestimmte medizinische Sprays (Asthmasprays).

Auf europäischer Ebene gilt seit dem 1.10.2000 die Verordnung (EG) Nr. 2037/2000, in der Produktion, Einfuhr, Ausfuhr, Inverkehrbringen, Verwendung, Rückgewinnung, Recycling, Aufarbeitung und Vernichtung von Halonen und anderen Stoffen, die zum Abbau der Ozonschicht führen, geregelt sind.

Im *Kyoto-Protokoll*, einer Fortentwicklung der Klimarahmenkonvention von 1992, wurden 1997 erstmals rechtsverbindliche Begrenzungs- und Reduktionsverpflichtungen für einige Treibhausgase festgelegt, u. a. auch für teilhalogenierte Fluorkohlenwasserstoffe, die als FCKW-Ersatzstoffe in Betracht kamen.

Kohlenwasserstoffe wie Propan, Butan oder Pentan sollten normalerweise nicht als FCKW-Ersatz für Treibgase in Betracht kommen: Sie sind brennbar und reagieren – verschieden schnell – mit OH-Radikalen; man zählt sie zu den Vorläufern der Photooxidantien (vgl. Abschn. 12.4.6). Beispielsweise reagiert Butan verhältnismäßig schnell mit OH; Butan wird vielfach in der Chemie der Atmosphäre als Modellverbindung bei der Untersuchung des Verhaltens gesättigter Kohlenwasserstoffe eingesetzt. Dennoch hat man beispielsweise in neueren Kälteanlagen die FCKW in den Schaumstoffen zur Isolation und im Kühlsystem durch das unter Normalbedingungen flüssige *Cyclopentan* ersetzt.

Propan (C_3H_8)

n-Butan (C_4H_{10})

Cyclopentan (C_5H_{10})

14 Aerosole

14.1 Bedeutung

Aerosole (*griech.* oder *lat.* aer, Luft; und Sole, Lösungen) sind kolloide Systeme, bestehend aus Gasen – in unserem Fall Luft – und fein verteilten kleinen festen oder flüssigen Teilchen, *Schwebstoffen* („luftgetragenen Teilchen", auch *Partikeln* genannt), von etwa $10^{-2}...10^2$ µm Durchmesser – manchmal spricht man auch von *Suspensionen* (*lat.* suspendere, in der Schwebe lassen) von Teilchen in Gas.

Zu den *festen* Schwebstoffen gehören Seesalzkerne aus den Ozeanen, Mineralteilchen aus Vulkanausbrüchen, Sand der Wüsten, Kohlestaub, Rußpartikeln im Rauch aus Feuerungsanlagen u. ä.; zu den *flüssigen* Schwebstoffen zählt man beispielsweise Wassertröpfchen (z. B. in Nebel und Wolken). Diese Aerosolbestandteile kann man den *nichtlebenden* Aerosolen zuordnen und sie von *lebenden* Aerosolen unterscheiden, die lebende Organismen wie Bakterien, Pilze oder Sporen enthalten.

Aerosole enthalten feinverteilte, kleine Feststoff- oder Flüssigkeitsteilchen, die für einen längeren Zeitraum in der Luft schweben und sich daher – wie Gase – weiträumig verteilen können. Die Teilchen unterliegen der Erdanziehung und sinken nach unten *(Sedimentation)*. Maßgeblich für die Bewegung und für die atmospärische Lebensdauer solcher schwebender Teilchen sind deren Größe, Dichte und Konzentration: Teilchen setzen sich umso rascher am Boden ab, je größer und schwerer sie sind und je mehr von ihnen sich im gleichen Luftvolumen befinden. In Abb. 14-1 sind die Größenbereiche einiger Partikeln in der Atmosphäre angegeben. In dieser Abbildung sind zum Vergleich noch die durchschnittlichen Durchmesser anderer luftgetragener Teilchen wie kleiner Moleküle, Viren oder Bakterien und der Wellenlängenbereich des sichtbaren Lichts eingetragen.

Das bedeutendste natürliche Aerosol ist die Lufthülle der Erde, das „atmosphärische Aerosol". Es ist u. a. an der Bildung von Wolken, Nebel, Regen, Schnee, Hagel, Tau und Reif beteiligt und bestimmt deshalb das Wettergeschehen entscheidend mit. Denn die Bildung von Wassertropfen beginnt gewöhnlich durch Kondensation (*lat.* condensatio, Verdichtung) von Wasser an festen Aerosolpartikeln, die man deshalb auch Wolken-*Kondensationskerne* nennt.

Luftverunreinigungen durch Aerosole sind aus mehreren Gründen von Bedeutung. Sie verstärken die Trübung der Atmosphäre

Schwebstoffe

feste — flüssige

Seesalzkerne
Sand
Staub
Ruß (in Rauch)

Wasser
(in Nebel,
Wolken)

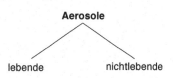

Aerosole

lebende — nichtlebende

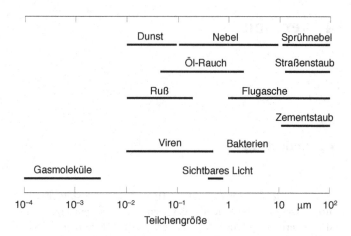

Abb. 14-1. Teilchendurchmesser einiger Partikeln.

und reduzieren die Sicht. Am stärksten wird die Sicht durch Teilchen mit Durchmessern von 0,1...1 μm beeinflusst, weil sie sichtbares Licht streuen: Ihr Durchmesser liegt im Bereich der Wellenlänge von sichtbarem Licht (0,4...0,8 μm). In städtischen Bereichen ist wegen der hohen Staubbelastungen – sie ist ungefähr 2- bis 3-mal so groß wie in ländlichen Gegenden (Abb. 14-2) – die Sonneneinstrahlung um 15...20 % geringer als in ländlichen. In Zeiten starker Luftverschmutzung kann die Einstrahlung der Sonne sogar um 30 % vermindert sein. Auf diese Weise können Aerosole den Strahlungshaushalt der Erde und damit auch das Klima nachhaltig beeinflussen.

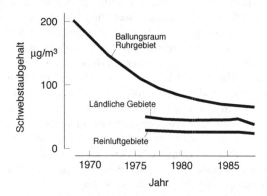

Abb. 14-2. Schwebstaub in der Bundesrepublik Deutschland.

Weiterhin sind Aerosole hervorragende Träger für wenig flüchtige umweltschädliche, giftige Verbindungen wie die Schwermetalle (vgl. Kap. 23), die in Stäuben meist als Oxide, Silicate, Sulfide, Sulfate, Nitrate, Phosphate oder Halogenide gebunden vorliegen. Solche Aerosole können – wie Gase! – tief in das Atmungssystem gelangen und sind dort oft wirkungsvoller als gasförmige Luftverunreinigungen (mehr dazu s. Abschn. 14.6). Auch wurden zahlreiche organische Verbindungen wie polycyclische aromatische Kohlenwasserstoffe (PAK; s. auch

Abschn. 14.7) in staubhaltigen Aerosolen aus Stadtgebieten nachgewiesen (Tab. 14-1). Besonders gefährlich sind wegen ihrer krebserzeugenden Eigenschaften faserförmige Stäube wie Asbest (s. Abschn. 14.9).

Tab. 14-1. Klassen organischer Verbindungen, die bisher in Aerosolen aus Stadtgebieten nachgewiesen wurden (Auswahl).

Alkane	Ester
Alkene	Aldehyde
Alkylbenzole	Aliphatische Carbonsäuren und
Naphthaline	Dicarbonsäuren
Polycyclische aromatische	*N*-Nitrosamine
Kohlenwasserstoffe (PAK)	Nitroverbindungen
Aromatische Säuren	Heterocyclische Schwefel-
Cyclische Ketone	verbindungen
Phenole	Chlorphenole

14.2 Quellen, Eigenschaften

Viele Aerosole wie Nebel und Wolken sind natürlichen Ursprungs, andere vom Menschen verursacht, z. B. Rauch aus Feuerungsanlagen. Die bedeutendste Quelle für natürliche Aerosole ist das Meer (Tab. 14-2): *Seesalzpartikeln* (auch *Seesalzkerne, Seesalzspray*) entstehen, wenn Gasblasen im Wasser (Durchmesser 0,3...3 mm) bei stärkerem Wind an der Meeresoberfläche in den sich brechenden Wellenkämmen zerplatzen. Beim Zerplatzen der Blasenhaut entstehen mehrere hundert Tröpfchen mit einem Durchmesser von einigen Mikrometern oder weniger (Abb. 14-3) und ein zentraler Jet, der sich in mehrere Tröpfchen mit einem Durchmesser von etwa 1/10 des Blasendurchmessers auflöst. Alle diese Tröpfchen können mehrere Zentimeter hochgeschleudert werden, und da das Meerwasser schnell verdunstet, bleibt Salz fein verteilt in der Luft zurück.

Die zweitwichtigste direkte Aerosolemission ist der Mineralstaub. Unter *Staub* versteht man die Gesamtheit der Feststoffe in der Atmosphäre, ungeachtet ihrer chemischen Zusammensetzung. Die wichtigsten Quellen für solchen Staub aus mineralischen Bestandteilen sind die Wüsten und wüstenähnliche Gebiete, die jährlich etwa $(200...500) \cdot 10^6$ t Mineralstaub in die Atmosphäre abgeben, wovon etwa 20 % in den Ferntransport gehen. Dieser Staub ist ein in allen Luftmassen auf der Erde – selbst in Reinluftgebieten – anzutreffender Bestandteil des atmosphärischen *Hintergrund-Aerosols* (Teilchenkonzentration etwa 300 cm^{-3}); seine mittlere Zusammensetzung entspricht im Wesentlichen der Zusammensetzung der Erdkruste (vgl. Tab. 2-1 in Abschn. 2.1).

Neben dem Aufwirbeln von Mineralstaub gibt es noch andere natürliche Prozesse, die für Staub in der Atmosphäre verantwortlich sind, z. B. Ausbrüche von Vulkanen oder Waldbrände.

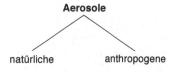

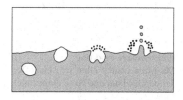

Abb. 14-3. Bildung von Tröpfchen beim Zerplatzen von Meerwasser-Blasen.

Tab. 14-2. Globale natürliche und vom Menschen verursachte, anthropogene, Aerosolbestandteile und -quellen.

Bereich	Emissionen (in 10^6 t/a)
Natürliche Quellen	
Direkte Emissionen	
– Seesalz	1000
– Mineralstaub	200...500
– Vulkane (ohne Gasemissionen)	10... 20
– Wald- und Buschfeuer	3... 30
– Biologisch-organisches Material	80
Bildung durch Reaktionen von Gasen	
– Sulfat [meist aus $(CH_3)_2S$ und H_2S]	100...200
– Nitrat	75...400
– Ammonium	250
– Feststoffteilchen aus organischen Dämpfen	75...200
– Feststoffteilchen aus vulkanischen Gasen	15
Anthropogene Quellen	
Direkte Emissionen	
– Stäube	90...135
Bildung durch Reaktionen von Gasen	
– Sulfat (meist aus SO_2)	100...200
– Nitrat	30... 40
– Feststoffteilchen aus Kohlenwasserstoffen u. ä.	30

PM$_{10}$-Grenzwert

40 µg/m^3

(ab 2005 einzuhaltender Jahresgrenzwert „für den Schutz der menschlichen Gesundheit"; Richtlinie 1999/30/EG, Anhang III)

Einatembare Fraktion
Der Massenanteil aller Schwebstoffe, der durch Mund und Nase eingeatmet wird.

(Extra)thorakale Fraktion
Der Massenanteil der eingeatmeten Partikel, der (nicht) über den Kehlkopf hinaus vordringt.

Tracheobronchiale Fraktion
Massenanteil der eingeatmeten Partikel, der über den Kehlkopf hinaus vordringt, aber nicht bis in die Lungenbläschen gelangt.

Alveolengängige Fraktion
Massenanteil der eingeatmeten Partikel, der bis in die Lungenbläschen gelangt.

(nach DIN EN 481)

Vom Menschen direkt emittierte Stäube entstehen bei Verbrennungsvorgängen, z. B. als *Flugasche* oder *Ruß* in Kraft- und Fernheizwerken, in sonstigen Industrieprozessen z. B. bei der Metallverarbeitung, beim Umschlag von Schüttgütern und durch den Abrieb von Reifen im Straßenverkehr (vgl. Tab. 7-3 in Abschn. 7.2.2). Dieser „anthropogene Staub" besteht im Mittel zu mehr als 80 % aus Partikeln mit einem Durchmesser < 10 µm.

Atmosphärische Staubteilchen können zwischen 0,2 µm und mehr als 500 µm groß sein. Derjenige Größenbereich, der den größten Beitrag zur Masse der Feststoff-Aerosole liefert, der *massenrelevante* Bereich, liegt jedoch bei 0,5...50 µm.

Bei Feststoffaerosolen unterscheidet man je nach Größe oft zwischen *Grobstaub* (Teilchendurchmesser 10...200 µm) und *Feinstaub* (Teilchendurchmesser < 10 µm). Mit PM$_{10}$ und PM$_{2,5}$ (manchmal auch geschrieben: PM10 bzw. PM2,5) werden alle Schwebstaubpartikel mit Durchmessern < 10 µm bzw. < 2,5 µm bezeichnet (Abb. 14-4). Je feiner Staub ist, umso tiefer kann er eingeatmet werden (vgl. Abschn. 14.6), umso größer ist seine Oberfläche bei gleicher Masse und umso schwieriger ist auch seine Beseitigung aus der Luft.

Manchmal wird auch zwischen *einatembarer*, *extrathorakaler*, *thorakaler*, *tracheobronchialer* und *alveolengängiger* Fraktion von Schwebstoffen unterschieden.

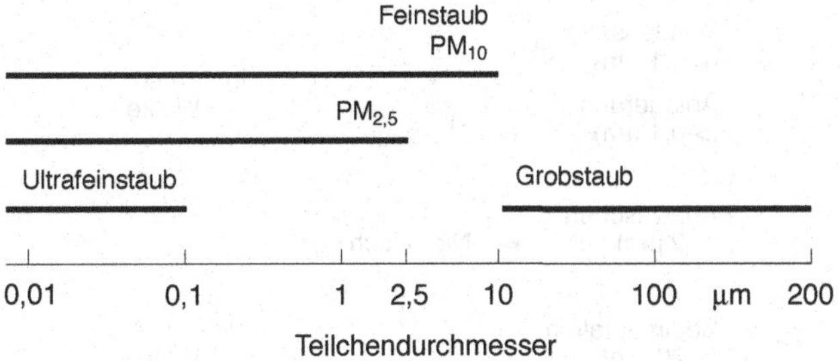

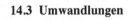

Feinstaub
PM$_{10}$

PM$_{2,5}$

Ultrafeinstaub

Grobstaub

| 0,01 | 0,1 | 1 | 2,5 | 10 | 100 | µm | 200 |

Teilchendurchmesser

Abb. 14-4. Durchmesser von Grob- und Feinstaubteilchen. – PM steht für Particulate Matter, partikelförmige Materie.

14.3 Umwandlungen

Aerosole, die als solche direkt in die Atmosphäre gelangen, nennt man *primär*, gleichgültig, ob ihre Quellen natürlich oder anthropogen sind. Zu den primären Aerosolen gehören die *Dispersionsaerosole*, die sich durch Dispergieren (*lat.* dispergere, zerstreuen, verbreiten, fein verteilen) und Aufwirbeln von Material an der Erdoberfläche bilden (z. B. Mineralstaub, Seesalzkerne), das dort schon in kondensierter Form vorliegt. Aerosole mit größeren Partikeln entstehen vorwiegend durch Dispersion von Staub oder Gischt.

Sekundäre Aerosole sind solche, die in der Atmosphäre durch Reaktionen aus gasförmigen Stoffen entstehen (ähnlich unterscheiden sich auch primäre und sekundäre Schadstoffe; vgl. Abschn. 7.2.6). Solche sekundären Aerosole enthalten oft Ammonium-, Sulfat- oder Nitrat-Ionen (in Form von Salzen und Säuren):

Schwefelverbindungen $\longrightarrow$ Schwefelsäure, Sulfat
Stickoxide $\longrightarrow$ Salpetersäure, Nitrate
Ammoniak $\longrightarrow$ Ammoniumsalze

Solche sekundäre Aerosole entstehen bei der homogenen Kondensation übersättigter Dämpfe aus der Gasphase, durch „homogene Nukleation"; man nennt sie deshalb auch *Nukleationsaerosole* (*lat.* nucleus, Kern, Keim). Es bilden sich dabei zunächst Kondensations- oder Kristallisationskeime, die sich durch Anlagerung weiterer Teilchen vergrößern können. Nukleation führt eher zu Aerosolen mit kleinen Partikeln (Durchmesser < 10 µm).

Aerosol-Schwebstoffe werden im Wesentlichen durch Wolken und Niederschlag aus der Atmosphäre wieder entfernt – ein wirkungsvoller Mechanismus zum Reinigen der Atmosphäre, den man nach jedem Regen ahnen kann. Je nach Größe der Teilchen, die bei diesem Reinigungsprozess aus der Atmosphäre entfernt werden, findet vorwiegend Kondensation, Anlagerung, Auswaschen oder Sedimentation statt (Abb. 14-5).

Man geht davon aus, dass sich Wasser bei der Bildung von Regenwasser- und Nebeltropfen zunächst um einen – festen – Kondensationskern anreichert; dann lösen die Wassertropfen Aerosol-Schwebstoffe auf und absorbieren auch Gase wie CO_2, NO,

Aerosole

primäre   sekundäre

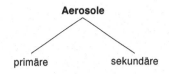

	Durchmesser
Nebeltropfen	5... 50 µm
Regentropfen	50...1000 µm

229

14 Aerosole

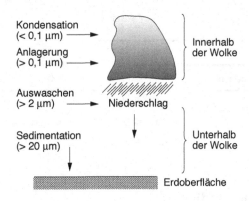

Abb. 14-5. Reinigungsprozesse durch Wolken und Niederschläge für Aerosole.

NO_2, SO_2, NH_3 oder HCl (Abb. 14-6). Auch Oxidantien wie O_3, OH-Radikale und Wasserstoffperoxid, H_2O_2, können in diesem System anwesend sein – ein günstiges Milieu für zahlreiche Oxidationsvorgänge. Zusätzlich können beispielsweise durch Reaktionen zwischen Schwefel- oder Salpetersäure und Ammoniak und anschließendes Verdunsten von Wasser wiederum Aerosole entstehen, die vorwiegend Ammoniumsulfat und -nitrat enthalten.

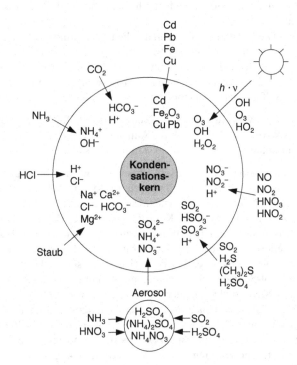

Abb. 14-6. Verschiedene Wechselwirkungen, die die Zusammensetzung von Wassertröpfchen in der Atmosphäre beeinflussen können.

14.4 Zusammensetzung

Aerosole können sehr unterschiedlich zusammengesetzt sein. Man kann in Aerosolen praktisch jedes Element und viele organische Verbindungen finden, wenn man nur Proben aus genügend großen Luftvolumina gesammelt hat und ausreichend empfindliche analytische Methoden anwendet (Tab. 14-3). Die jeweilige Zusammensetzung von Aerosolen hängt stark von deren Herkunft ab. Beispielsweise enthält Mineralstaub vorwiegend Calcium-, Aluminium- und Siliciumverbindungen, wie sie auch im Boden und in Mineralen vorkommen; in Rauch aus einem Kohle- oder Holzfeuer hingegen sind viele organische Verbindungen angereichert, auch PAK (vgl. Abschn. 14.7).

Die Tropfen des Regenwassers sind wieder anders zusammengesetzt: In der Wassermatrix sind die Hauptbestandteile neben Ruß und Silicaten SO_4^{2-}, NO_3^-, Cl^-, Ca^{2+}, Na^+, Fe^{2+}, Al^{3+}, NH_4^+ und H^+-Ionen. Die in Regenwasser gelösten Ionen können im Wesentlichen in zwei Gruppen aufgeteilt werden. Die einen wie Na^+-, K^+-, Ca^{2+}-, Mg^{2+}- und Cl^--Ionen stammen primär von Feststoffen; Quellen sind Seesalzaerosole, Erdstaub, biologische Emissionen oder anthropogene Emissionen aus Industrie- und Verbrennungsprozessen. Die anderen Aerosole, die sich vorwiegend aus Gasen bilden, enthalten vor allem SO_4^{2-}, NO_3^- und NH_4^+. Dabei lassen sich die Ionen entsprechend der Häufigkeit, mit der sie in Aerosolen vorkommen, in einer Hierarchie anordnen:

$$Cl^- \approx Na^+ > Mg^{2+} > Ca^{2+} > SO_4^{2-} > NO_3^- \approx NH_4^+$$

meist maritim   meist kontinental

Die am häufigsten vorkommenden Natrium- und Chlorid-Ionen, die in dieser Anordnung links stehen, sind meist maritimen Ursprungs, während die rechts stehenden Ammonium- und Nitrat-Ionen meist von den Kontinenten herrühren.

Besonders durch die Verbrennung fossiler Brennstoffe zur Energieerzeugung gelangen zahlreiche Metalle in die Atmosphäre und von da – als „kontinentale" Aerosole durch die Luft transportiert – in Flüsse und Ozeane, auch in Böden und auf diesem Weg ins Grundwasser (mehr über Metalle und deren Wirkungen s. Kap. 23).

Tab. 14-3. Typische Konzentrationen (Größenordnungen) einiger Elemente in kontinentalen Aerosolen. – Die Werte sind mittlere Anhaltswerte, die von denen tatsächlicher Proben stark abweichen können (z. B. schwanken Co- und Hg-Gehalte in Aerosolen über vier Zehnerpotenzen).

Elemente	Konzentration (in ng/m^3)
C	30 000
Si, S	10 000
Fe, Ca, Al, Na, Mg, K, N, H	3 000
Zn, Cl, Pb	1 000
Ti, Br	300
Mn, P, Ba, F, V	100
Ni, Sn, Cr, Sr	30
Cd, Sb, B, As, Mo	10
Li, Co, Se, Ag, Hg	3
Ga, W, Cs, Te, Sm	1
Seltene Erden, U, In	0,3
Au, Tl	0,1

14.5 Größe, Lebensdauer, Verteilung

Der aerodynamische Durchmesser von Aerosolpartikeln ist bestimmend dafür, wie lange die Schwebstoffe in der Atmosphäre bleiben und wie sie verteilt sind (Abb. 14-7). Er gestattet überdies Aussagen über die Wirkung von Aerosol-Luftverunreinigungen (s. Abschn. 14.6). Die *Lebensdauer* der Aerosole in der Nähe der Erdoberfläche wird durch drei Mechanismen bestimmt.

Aerodynamischer Partikeldurchmesser

Der Durchmesser einer Kugel mit der Dichte 1 g cm^{-1} und der gleichen Sinkgeschwindigkeit in ruhender Luft wie die Partikel unter den herrschenden Bedingungen bezüglich Temperatur, Druck und relativer Luftfeuchte

(DIN EN 481)

14 Aerosole

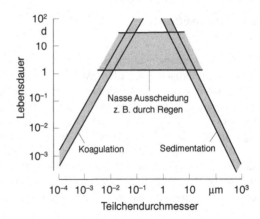

Abb. 14-7. Mittlere Lebensdauer von Aerosolen in Abhängigkeit vom Teilchendurchmesser.

Sehr kleine Partikeln (Durchmesser < 0,1 μm) verhalten sich in der Atmosphäre wie Moleküle: Es findet häufig Kollision untereinander und mit Gasmolekülen statt. Die Lebensdauer solcher kleiner Teilchen ist gering, da sie nach kurzer Zeit (Größenordnung: Stunden) zu größeren Aggregaten koagulieren. Die *Koagulation* (*lat.* coagulatio, das Gerinnen) bestimmt die Lebensdauer der Teilchen.

Teilchen mit Durchmessern > 10 μm („Riesenkerne") haben ebenfalls eine geringe Lebensdauer: Sie bleiben wegen der Erdanziehung nur kurze Zeit in der Luft und fallen – „sedimentieren" – unter dem Einfluss der Erdanziehung verhältnismäßig schnell auf die Erdoberfläche.

Im mittleren Bereich (Durchmesser 0,1...10 μm) ist die nasse Ausscheidung durch den Regen der wichtigste Prozess, der die Lebensdauer der Aerosole auf einige Tage begrenzt. Die meisten Aerosole gehören zu diesem mittleren Größenbereich; sie bleiben für 4 bis 6 Tage in der Luft – ein gutes Maß für die *durchschnittliche Lebensdauer* der Aerosole insgesamt (s. Abb. 14-7).

Der Massenanteil desjenigen Luftstaubs, dessen Partikeln einen Durchmesser von 10 μm und weniger aufweisen (PM$_{10}$; vgl. Abb. 14-4 in Abschn. 14.2), liegt in städtischen Gebieten ziemlich konstant bei etwa 85 %. Unter „normalen" Emissionsbedingungen, also ohne den unmittelbaren Einfluss von Emissionsquellen, liegen in der bodennahen Atmosphäre nur etwa 5 % der gesamten Masse des Luftstaubes als Partikeln mit mehr als 30 μm Durchmesser vor; dies trifft besonders auf städtische Gebiete zu. Dieser Wert kann auf 40 % des Gesamtstaubes ansteigen, wenn es sich um große Flächen mit unbefestigtem, nicht bewachsenem, sandigem Boden in der Umgebung stark staubemittierender Industrien bei hohen Windgeschwindigkeiten handelt.

Der Gehalt der Aerosol-Schwebstoffe nimmt mit der Höhe rasch ab (Abb. 14-8). Beispielsweise beträgt in 5 km Höhe und darüber die Anzahl der Teilchen pro Kubikzentimeter in kontinentalen Aerosolen nur noch 100 bis 1000. Seesalzkerne sind in dieser Höhe über dem Erdboden praktisch nicht mehr zu beob-

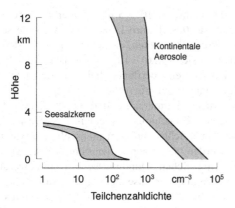

Abb. 14-8. Abhängigkeit der Teilchenzahldichte von Seesalzkernen und kontinentalen Aerosolen von der Höhe.

achten. Dies hängt zusammen mit der feuchten Luft über dem Meer und der hohen Wasserlöslichkeit der Seesalzteilchen sowie mit der damit verbundenen Eigenschaft dieser Partikeln, gute Kondensationskeime für Wassertröpfchen zu sein.

In Bodennähe über den Kontinenten liegt die Massenkonzentration von Aerosolen bei 30...150 µg/m^3.

14.6 Einfluss auf den Menschen

Staub ist ein wichtiger Träger – vielleicht sogar *der* Hauptträger – von Schadstoffen. Partikeln mit einem Durchmesser < 10 µm sind von besonderer Bedeutung für den Menschen, denn sie existieren lange genug (s. Abb. 14-7 in Abschn. 14.5), und sie können – wie Gase – bis in die Lunge vordringen (Abb. 14-9).

Aerosole gelangen durch das Atemsystem – bestehend aus *Schlund (Pharynx), Nasen-Rachen-Raum (Nasopharynx)*, gefolgt von *Kehlkopf (Larynx)* und *Luftröhre (Trachaea)* – in die beiden

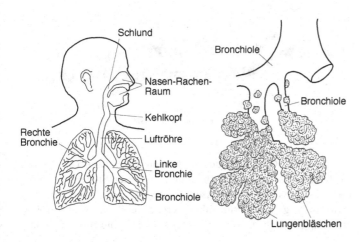

Abb. 14-9. Aufbau von Atmungsorgan und Lunge.

233

Bronchien (Durchmesser 10...15 mm). Über mehrere *Bronchiolen* (Durchmesser 0,5...1 mm) können die Aerosole schließlich die *Lungenbläschen (Alveolen)* erreichen. In den beiden Lungenflügeln befinden sich $(3...6) \cdot 10^8$ solcher Bläschen (Durchmesser: ca. 0,2 mm), deren Oberfläche (beim Menschen 80...100 m^2) für den Gasaustausch verantwortlich ist.

Teilchen dringen unterschiedlich „tief" in den Atemtrakt (Nase, Bronchien, Bronchiolen, Alveolen; s. Abb. 14-9) ein. Welche Teilchen an welcher Stelle im menschlichen Atemtrakt abgeschieden werden, hängt zum einen vom *Teilchendurchmesser* ab. Die großen Teilchen (Durchmesser > 10 μm) werden schon von kleinen Haaren in der Nase und von den Nasenschleimhäuten („erste Abwehrlinie" des menschlichen Filtersystems) herausgefiltert und durch den Schleim ausgeschieden (Abb. 14-10); sie können somit die Gesundheit kaum dauerhaft beeinträchtigen. Anders ist dies bei kleinen Teilchen, an und in denen die meisten Schadstoffe gebunden sind und die bis in die Alveolen eindringen und während des Transports im Lungensystem resorbiert werden können. Diese Teilchen werden aus der Lunge nur sehr langsam und unvollständig entfernt: Der Abtransport der sich langsam auflösenden Partikeln aus den Alveolen kann zwischen Wochen und Jahren dauern. Auf diese Weise können Bakterien, Schwermetalle und andere toxische Stoffe wie polycyclische aromatische Kohlenwasserstoffe (PAK; s. Abschn. 14.7) bis in die Lungenbläschen und weiter durch Resorption in den Organismus gelangen. (Durch das übliche „Staubsaugen" im Haushalt kann es – dies sei noch angemerkt – zu einer Anreicherung von Feinstäuben kommen, wenn nicht durch gleichzeitiges „Querlüften" eine Luftströmung erzeugt wird, die diese Feinstäube wegtransportieren kann.)

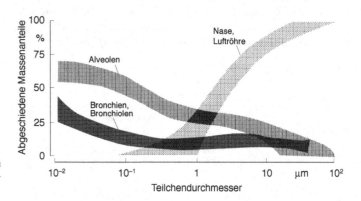

Abb. 14-10. Abscheidung von Stäuben im menschlichen Atemtrakt in Abhängigkeit vom Teilchendurchmesser.

Neben der Größe ist zum anderen die *Löslichkeit* von Schadstoffen in Wasser maßgeblich dafür, an welchen Stellen im Atemtrakt sie einwirken. Gut wasserlösliche Gase wie NH$_3$ oder HCl (Tab. 14-4) greifen vornehmlich bereits Kehlkopf und Luftröhre an. Mäßig lösliche Gase wie Cl$_2$ wirken bis in die Bronchien und

Bronchiolen. Und wenig wasserlösliche Substanzen – dazu gehören O_3 und viele Aerosole, die Schwermetalle und andere Schadstoffe mit sich führen – gelangen in die Bronchiolen und sogar bis in die Lungenbläschen (Tab. 14-5).

Es gibt Berufe, in denen Exposition durch *anorganische Stäube* wie Quarzstaub oder *Thomasmehl* (ein Calciumphosphat, das bei der Stahlherstellung aus phosphatreichen Eisenerzen anfällt; es wurde früher als Düngemittel verwendet) nur schwer vermeidbar ist. *Organische Stäube* kommen z. B. beim Arbeiten mit Mehl, Baumwolle, Flachs oder Hanf vor.

Tab. 14-4. Löslichkeit einiger Gase in Wasser bei 20 °C.

Verbindung	Löslichkeit (in L/L)
NH_3	1142[a)]
HCl	525[b)]
SO_2	65[a)]
Cl_2	2,3[a)]
O_3	0,5[b)]

[a] 20 °C.
[b] 0 °C.

Tab. 14-5. Angriffsorte im Atemtrakt in Abhängigkeit von der Wasserlöslichkeit einiger Spurengase (Beispiele).

Angriffsorte	Wasserlöslichkeit	Schadstoffe
Kehlkopf, Luftröhre	hoch	NH_3, HCl, HCHO, S_2Cl_2, $CH_2{=}CH{-}CHO$
Bronchien, Bronchiolen	mittel	SO_2, Cl_2, Br_2, $RC(O)Cl$, $R(NCO)_2$
Bronchiolen, Lungenbläschen, Kapillaren	gering	O_3, O_2, NO_2, $COCl_2$, Aerosole mit Schwermetallen

MAK- oder TRK-Werte werden für jeden gefährlichen Arbeitsstoff, der über die Atmosphäre einwirken kann, einzeln festgesetzt. Lediglich für *Inertstäube* – schwerlösliche oder unlösliche Stäube, die weder mutagene noch krebserzeugende, fibrogene, toxische oder allergisierende Wirkungen haben – ist als *Allgemeiner Staubgrenzwert* eine Feinstaubkonzentration (das ist die Konzentration des alveolengängigen Anteils) von 1,5 mg/m³ festgesetzt (*MAK- und BAT-Werte-Liste*).

14.7 Polycyclische aromatische Kohlenwasserstoffe

Auf Rauchpartikeln oder anderen Bestandteilen von Aerosolen werden, wie schon erwähnt, zahlreiche organische toxische Verbindungen transportiert, darunter auch *polycyclische aromatische Kohlenwasserstoffe* (PAK; *engl.* Polycyclic Aromatic *Hydrocarbons*, PAH). Sie gehören zu den ringförmigen Kohlenwasserstoffen: kondensierte Ringsysteme mit einem Molekülgerüst aus mehreren miteinander verbundenen Benzolringen (Abb. 14-11).

Die PAK zeichnen sich durch geringe Wasserlöslichkeit und niedrigen Dampfdruck aus. Sie werden – wie auch die PCDD, PCDF und PCB (vgl. Abschn. 18.2) – wegen ihrer hydrophoben Eigenschaften in Böden und in den Sedimenten von Gewässern sowie in Pflanzen und – über die Nahrungskette – auch in Tieren angereichert. In fast allen Gewässern kommen PAK ungelöst, an Sedimenten und Schwebstoffen adsorbiert, und auch gelöst vor.

Inertstäube

MIK-Werte (nach VDI 2310-19):
1-h-Mittelwert: 500 µg/m³ (bis zu drei aufeinander folgende Stunden)
24-h-Mittelwert: 250 µg/m³ (einmalige Exposition)
150 µg/m³ (an aufeinanderfolgenden Tagen)
Jahresmittelwert: 75 µg/m³

Allgemeiner Staubgrenzwert (MAK-Wert)

Gesamtstaub: 4 mg/m³ (einatembarer Anteil des Staubes)
Feinstaub: 1,5 mg/m³ (alveolengängiger Anteil des Staubes)

Schwebstaub

Immissionswert: 150 µg/m³ (arithmetisches Mittel aller während eines Jahres gemessenen Tagesmittelwerte)

[§ 1 (4) der 22. BImSchV]

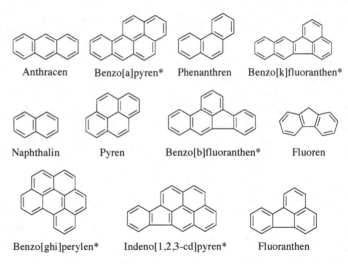

Anthracen   Benzo[a]pyren*   Phenanthren   Benzo[k]fluoranthen*

Naphthalin   Pyren   Benzo[b]fluoranthen*   Fluoren

Benzo[ghi]perylen*   Indeno[1,2,3-cd]pyren*   Fluoranthen

DIN ISO 13877. *Bestimmung von polycyclischen aromatischen Kohlenwasserstoffen*

Abb. 14-11. Polycyclische aromatische Kohlenwasserstoffe, PAK (Auswahl). – Die bei der PAK-Bestimmung in Trinkwasser (nach Richtlinie 98/83/EG oder nach Trinkwasserverordnung) berücksichtigten sind mit * gekennzeichnet. Bei der Bodenanalytik werden in der Regel die 16 von der EPA (Environmental Protection Agency, US-Amerikanische Umweltbehörde) empfohlenen PAK bestimmt; zu den PAK in dieser Abbildung kommen dann noch Acenaphthylen, Acenaphthen, Benz[a]anthracen, Chrysen, Dibenz[ah]anthracen.

In Böden und Gewässer gelangen die PAK vor allem durch Deposition von Stäuben aus Rauch oder Flugasche, an denen sie adsorbiert sind. Bodenbelastungen durch PAK finden sich auch häufig auf Altstandorten von Mineralöllagern, Kokereien oder teerverarbeitenden Betrieben.

PAK sind in der Umwelt weit verbreitet: Sie kommen vor allem in Erdöl und in Kohle und daraus gewonnenen Produkten wie Mineralölen, Bitumen, Teer oder Ruß vor, aber auch in Algen, Bakterien und höheren Pflanzen. PAK entstehen bei unvollständiger Verbrennung praktisch aller organischen Stoffe: Abgase von Pkw und die darin enthaltenen festen Aerosolbestandteile – in Abgasen aus Dieselmotoren mehr als in denen aus Benzinmotoren – , Abgas aus Hausbrand und Großfeuerungsanlagen, aber auch Tabakrauch enthalten PAK.

PAK entstehen ebenfalls beim Grillen und Räuchern. Geräucherte Waren können hohe PAK-Gehalte aufweisen; nach der *Fleischverordnung* darf der Gehalt an dem besonders cancerogenen Benzo[a]pyren (s. Abb. 14-11), das hier als Leitsubstanz für PAK angesehen wird, in Fleischerzeugnissen 1 µg/kg nicht überschreiten.

Zahlreiche Vertreter der PAK sind im Tierversuch krebserzeugend (am besten untersucht sind bisher das Vorkommen und die Eigenschaften von Benzo[a]pyren). Die PAK sind deshalb in der *MAK- und BAT-Werte-Liste* als krebserzeugend nach Kategorie 2 (s. Abschn. 6.3.1) eingestuft. Sie können Lungenkarzinome und

Hautkrebs verursachen. Es sollen vor allem die vier bis sieben Ringe enthaltenden PAK sein, die Krebswachstum auslösen. Der PAK-Anteil ist besonders hoch in Braun- und Steinkohlenteeren und in Steinkohlenteerölen sowie in Kokereirohgasen; deshalb wurden diese Aromatengemische als krebserzeugend nach Kategorie 1 eingestuft.

Um die PAK-Belastung von Trinkwasser über einen Summenwert zu bewerten, wurden aus mehreren hundert bekannten Vertretern dieser Verbindungsklasse sechs typische und verhältnismäßig gut nachweisbare Einzelverbindungen ausgewählt (DIN 38 409-13; s. auch Abb. 14-11): Im Trinkwasser dürfen nicht mehr als 0,2 µg/L (Summenkonzentration dieser PAK, berechnet als C; TrinkwV, Anlage 2) enthalten sein (nach der EU-Trinkwasser-Richtlinie 98/83/EG: 0,1 µg/L).

14.8 Tabakrauch

Dieselmotor-Emissionen

Krebserzeugend Kategorie 2

14.8 Tabakrauch

Ein Aerosol mit besonderer Bedeutung für die Innenraumluft (vgl. Abschn. 7.3.2) ist *Tabakrauch*, der beim Abbrand von Tabak – dem Verbrennen und Verkohlen von Tabak, aber auch von Papier und anderen Stoffen wie Feuchthaltemittel oder Druckfarben – in der Glutzone während des Rauchens von Zigaretten (auch Zigarren oder Pfeifen) entsteht. Das Rauchen ist die stärkste nicht-arbeitsplatzbezogene Emissionsquelle.

Man unterscheidet beim Zigarettenrauchen zwei verschiedene Arten von Rauch (Abb. 14-12). Der *Hauptstromrauch* wird vom Raucher beim Einatmen über das Zigarettenmundstück in den Mund eingesogen. Zur Bildung des *Nebenstromrauchs* – er entsteht vor allem an der Glimmzone – tragen beim Ziehen und zwischen den Zügen mehrere Rauchströme bei: Sie treten im Bereich des Mundstücks (heute meist ein adsorptiv wirkendes Filter mit faseriger Struktur, beispielsweise aus Cellulose oder Kreppapier) bei Rauchpausen aus der Zigarette aus, werden auch aus dem Mund nach dem „Filtern" durch die Lunge ausgeatmet und diffundieren durch das Zigarettenpapier nach außen.

Die Art, die Menge und die Zusammensetzung des in der Glutzone entstehenden Rauches ist – wie bei allen Verbrennungs-prozessen – von der Zusammensetzung und der physikalischen

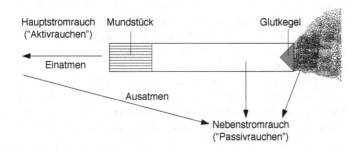

Abb. 14-12. Haupt- und Nebenstromrauch beim Zigarettenrauchen.

14 Aerosole

Tabakrauch
(Zusammensetzung)

Gase   Aerosole

Filterzigarette (Deutschland, 1990)

- mittlerer Nicotingehalt   0,86 mg
- mittlerer Kondensatgehalt 12,2 mg

Beschaffenheit des Tabaks und den Verbrennungsbedingungen, z. B. der Luftzufuhr, abhängig. Im vorderen Bereich des Glutkegels herrschen bei Zigaretten bei Temperaturen um 900 °C oxidierende Bedingungen vor (bei Zigarren: ca. 600 °C, Pfeifen ca. 450 °C), der Tabak verbrennt vollständig. Im Inneren des Glutkegels wird der Tabak unter reduzierenden Bedingungen unvollständig in ungesättigte organische Verbindungen, Kondensations- und Polymerisationsprodukte umgewandelt. Hinter dem Glutkegel werden die Bestandteile des Zigarettenrauchs pyrolytisch zersetzt (je nach Entfernung von der Glutzone bei 200...600 °C; Abb. 14-13). Aufgrund der unterschiedlichen Brennbedingungen des Tabaks sind Haupt- und Nebenstromrauch verschieden zusammengesetzt (Tab. 14-6).

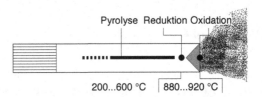

Abb. 14-13. Temperaturverteilung in einer Zigarette.

Tab. 14-6. Nebenstromrauch-/Hauptstromrauch-Verteilung (NS/HS) von Schadstoffen im Zigarettenrauch (Auswahl).

Stoff	NS/HS
Kohlenmonoxid	2,5...4,7
Formaldehyd	ca. 50
Benzo[a]pyren	3,5...4,5
Dimethylnitrosamin	13...100[a]
	12...830[b]
2-Naphthylamin	ca. 40

[a] Filterlose Zigarette.
[b] Filterzigarette.

Der Tabakrauch besteht aus Gasen und Aerosolen (festen und flüssigen Partikeln). Die *Gasphase* des Tabakrauchs enthält vor allem anorganische Bestandteile, organische Verbindungen nur in Spuren (s. Tab. 14-7). Verantwortlich für die typische Herz- und Kreislaufwirkung von Zigaretten u. a. ist der Hauptteil der Tabakinhaltsstoffe wie Nicotin und etherischen Ölen. Er findet sich in der *Kondensatphase* (dem „Teer"), die zum Teil durch das beim Verrauchen des Tabaks frei werdende Wasser in die Außenluft transportiert wird. Der im Rauch einer Zigarette enthaltene Teer- und Nicotingehalt müssen auf der Packung angegeben sein (§ 5 der „Verordnung über die Kennzeichnung von Tabakerzeugnissen und über Höchstmengen von Teer im Zigarettenrauch").

Nicotin – eine süchtig machende Substanz – ist das Hauptalkaloid des Tabaks. Vom im Tabak enthaltenen Nicotin verbrennen beim Rauchen 30...35 %; 40 % gelangen in den Nebenstromrauch und 20...30 % in den ungefilterten Hauptstromrauch. Bei Filterzigaretten kommen nur 5...12 % des Nicotins in die Mundhöhle des Rauchers, und davon werden beim Inhalieren in die Lunge („Lungenzug") ca. 90 % resorbiert. (Die heutigen Zigarettenfilter können 40...70 % der Partikelphase herausfiltern, ohne dabei Aromaanteile wesentlich zurückzuhalten; die Anzahl der giftigen Bestandteile ist aber zu hoch, und sie alle herauszufiltern ist zu schwierig.)

Bisher wurden im Tabakrauch mehr als 6000 Inhaltsstoffe nachgewiesen (Tab. 14-8) – bedeutend mehr, als im Aroma des Tabaks zu finden sind. Unter anderem hat man viele Vertreter der wichtigsten Verbindungsklassen im Tabakrauch nachgewiesen,

Nicotin
[*MAK-Wert:* 0,07 ppm (0,47 mg/m^3)]

z. B. organische Säuren, Alkohole, Aldehyde und Ketone, aliphatische und aromatische Kohlenwasserstoffe, Phenole, Ester, Amine. Viele dieser Stoffe im Tabakrauch – besonders im Kondensat – sind als krebserzeugend für den Menschen oder im Tierversuch nachgewiesen; sie sind z. T. als krebserzeugende Arbeitsstoffe bekannt (Tab. 14-9).

Die Konzentration der Partikel im Tabakrauch liegt bei $10^7 ... 10^{10}$ mL^{-1}. Die Größe der Partikel im massenrelevanten Bereich liegt bei 0,1...0,4 µm; die Schwebstoffe im Tabakrauch sind also alveolengängig (s. Abschn. 14.6).

Im Tabakrauch wurden bisher zahlreiche Metalle nachgewiesen (Tab. 14-10). Besonders der Cadmiumgehalt im Tabakrauch führt zu einer signifikant höheren Cadmiumbelastung von Rauchern im Vergleich zu Nichtrauchern (vgl. Abschn. 14.6).

Rauchen *(Aktivrauchen)* schädigt – dies ist inzwischen allgemein bekannt – auf die Dauer die Gesundheit. Einige der krebserzeugenden Inhaltsstoffe (vgl. Tab. 14-9) können nicht nur Lungen-, Lippen-, Speiseröhren- oder Blasenkrebs verursachen, sondern Rauchen wird für eine Reihe weiterer Leiden verantwortlich gemacht wie Herz- und Hirninfarkte. Aber auch das *Passivrauchen*, also das Inhalieren von Tabakrauch aus der Umgebungsluft (ETS, *E*nvironmental *T*obacco *S*moke), ist gesundheitsschädigend und erhöht das Risiko u. a. für Lungenkrebs; denn der Nebenstromrauch gelangt ungefiltert in die Umgebung, z. B. in die Innenraumluft (s. Abschn. 7.3.2), und damit auch in die Lungen von Nichtrauchern.

Tab. 14-7. Zusammensetzung der beim Verrauchen von Tabak entstehenden Gase.

Bestandteil	Anteil (in %)
N_2	73
O_2	10
CO_2	9,5
$CO^{a)}$	4,2
H_2	1
Edelgase	0,6
HCN	0,16
NH_3	0,03
NO_x	0,02
H_2S	Spuren
Organische Verbindungen	Spuren

a BAT-Wert (s. auch Abschn. 6.3.3): 5 % COHb; bei Rauchern: 5...8 % COHb, bei starken Rauchern > 10 % COHb.

Tab. 14-8. Anzahl der im Tabakrauch nachgewiesenen wichtigsten Vertreter einiger Verbindungsklassen.

Verbindungsklasse	Anzahl der nachgewiesenen Vertreter (ca.)
Alkane, Alkene, Alkine	80
aromatische Kohlenwasserstoffe	100
Alkohole	25
Carbonyl-Derivate	45
Säuren	55
Ester	270
Phenole, Phenolether	55
Alkaloide und andere Stickstoffbasen	100

Tab. 14-9. Verbindungen im Hauptstromrauch des Tabakrauches einer filterlosen Zigarette (Auswahl).

Rauchinhaltsstoff$^{a)}$	Gehalt pro Zigarette	Rauchinhaltsstoff$^{a)}$	Gehalt pro Zigarette
Kohlenmonoxid	15..40 mg	Brenzcatechin	100...360 µg
Nicotin	1,0...23 mg	Anthracen$^{b)}$	0,023...0,23 µg
Acetaldehyd	0,5...1,2 mg	Benz[*a*]anthracen$^{b)}$	0,004...0,076 µg
Essigsäure	0,1...1,2 mg	Benzo[*a*]fluoren$^{b)}$	0,04...0,18 µg
Aceton	100...250 µg	Pyren$^{b)}$	0,05...0.27 µg
Methanol	90...180 µg	Fluoranthen$^{b)}$	0,01...0,27 µg
Stickoxide	100...600 µg	*N*-Nitroso-	
Ameisensäure	80...600 µg	dimethylamin$^{c)}$	0,5...180 ng
Cyanwasserstoff	400...500 µg	*N'*-Nitroso-	
Hydrochinon	110...300 µg	nornicotin	590...3700 ng

a Gesamtmenge in einer Zigarette: 15...40 mg.
b PAK (s. auch Abschn. 14.7), krebserzeugend wie alle Pyrolyseprodukte aus organischem Material.
c Krebserzeugend Kategorie 2.

Tab. 14-10. Gehalte einiger Metalle in Zigarettenrauch (Auswahl).

Metall	Gehalt im Rauch einer Zigarette (in µg)
Cd	0,007 ... 0,35
Cr	0,004 ... 0,069
Cu	0,19
Hg	0,004
K	70
Mg	0,070
Na	1,3
Pb	0,017 ... 0,98
Sb	0,052
Zn	0,12 ... 1,21

14.9 Asbeste

14.9.1 Eigenschaften, Verwendung

Asbeste bilden eine Gruppe natürlicher Magnesiumsilicate mit verfilzter faserartiger Struktur. Bestandteil ist unter anderem Serpentin, $Mg_3Si_2O_5(OH)_4$.

Man unterscheidet zwei verschiedene Gruppen von Asbest. *Serpentinasbest* besteht aus Fasern mit einem Durchmesser von 18...30 nm (Länge 0,2...200 µm). Das Material ist bis ca. 1500 °C hitzebeständig, aber wenig säurebeständig. Zu dieser Gruppe gehört *Chrysotil (Weißasbest;* Abb. 14-14), der bei technischen Anwendungen zu ca. 95 % verwendet wird. Die zweite Gruppe sind die *Amphibolasbeste.* Zu dieser Asbestart gehört u. a. der *Krokydolith (Blauasbest)*, feinfaserige, seidenglänzende blaue bis braune Aggregate (Länge max. 18 µm, Durchmesser 60...90 nm). Diese Astbestart ist weniger hitzebeständig (bis 1200 °C), aber säurebeständiger als Chrysotil.

Naturfasern

Natürliche linienförmige Gebilde, die sich textil verarbeiten lassen.

(DIN 60001-1)

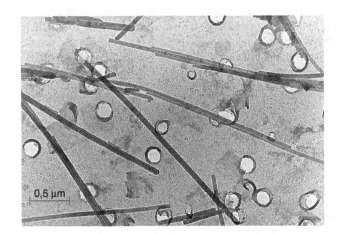

Abb. 14-14. Chrysotil (Rasterelektronenmikroskop-Aufnahme).

Asbest ist schon seit ca. 4000 Jahren bekannt. Die erste systematische Gewinnung im Ural begann um 1700. Um 1850 setzte die Asbestzement-Industrie ein.

Asbest ist ein Stoff, der seinen Namen (*griech*. asbestos, unzerstörbar) wegen seiner Nichtbrennbarkeit, Hitzebeständigkeit und chemischen Beständigkeit erhalten hat. Zusätzlich zeichnet er sich durch eine Reihe weiterer besonderer Eigenschaften aus:

- geringe Wärme- und elektrische Leitfähigkeit,
- Elastizität und Zugfestigkeit,
- Adsorptionsfähigkeit,
- thermische Isolierfähigkeit.

Wegen seiner faserigen Struktur lässt sich Asbest u. a. verspinnen und verweben. Solche Gewebe können beispielsweise zu Feuerschutzanzügen oder -vorhängen verarbeitet werden.

Asbest wurde bis in die 80er Jahre des letzten Jahrhunderts im Baubereich eingesetzt, vor allem als Zusatz bei Baustoffen aus Zement, *Asbestzement*. Asbestfasern und Zement wurden unter hohen Drücken zu Platten und Welltafeln verpresst, die z. B. als Dach- und Fassadenplatten eingesetzt wurden. Diese Produkte enthielten, im Zement eingeschlossen, 5...10 % Chrysotil. Heutzutage werden in den meisten westlichen Ländern im Hochbau nur noch astbestfreie Faserzement-Produkte angeboten. Im Tiefbau hingegen werden noch heute in einigen Ländern Rohre u. a. für Abwasser aus Asbestzement gefertigt.

Spritzasbest, der bis zu 90 % aus Krokydolith besteht – der Rest sind Bindemittel –, wurde früher zur Isolierung auf Decken, Wänden und Böden in Hallen und sonstigen Räumlichkeiten, zur Ummantelung von Rohren und Leitungen, für Brandschutzabschottungen und Kabelschächte in Wand- und Deckendurchbrüchen aufgespritzt. Im Spritzasbest ist der Asbest so schwach gebunden, dass er als Faserstaub in die Raumluft gelangen kann. Seit 1979 ist seine Verwendung in Deutschland verboten.

Der Arbeitgeber hat gefährliche Fasern möglichst durch Erzeugnisse mit einem geringeren gesundheitlichen Risiko zu ersetzen (*Ersatzstoffverpflichtung*; Anhang V Nr. 7.2 GefStoffV). Als Ersatzstoffe für Asbeste werden, je nach Anwendung, natürliche oder künstlich hergestellte organische oder anorganische Fasern verwendet, z. B. Flachs und Hanf, Kunststofffasern (z. B. Polyacrylnitril) und *künstliche Mineralfasern* (KMF), z. B. Glas- oder Steinwolle (letztere „krebserzeugend, Kategorie 2"; vgl. Abschn. 6.3.1).

14.9.2 Gesundheitsrisiken, Rechtliches

Asbest gehört zu den besonders gefährlichen faserförmigen Stäuben. Als *Faserstäube* werden Partikeln angesehen, deren Geometrie bestimmten Bedingungen genügt. Damit gehört Asbest zum Feinstaub, ist also alveolengängig. Man nennt Stäube wie Quarz oder Asbest, die Staublungen-Erkrankungen wie Silikose bzw. Asbestose verursachen können, auch *fibrinogene* Stäube.

Asbest ist in der MAK-Werte-Liste als „Stoff, der beim Menschen Krebs erzeugt" (krebserzeugend, Kategorie 1) ausgewiesen.

Als Orientierungswert für Innenräume nimmt man für die Anzahl der Fasern 1000 m^{-3} an. Nach einer Sanierungsmaßnahme soll der Gehalt an Fasern in der Luft 500 m^{-3} („nicht kontaminiert" nach TRGS 519) nicht überschreiten. Man spricht „Arbeiten mit geringer Exposition" wenn eine Asbestfaserkonzentration am Arbeitsplatz von 15 000 m^{-3} („Fasern pro m^3") unterschritten wird.

14.9 Asbeste

EU-Asbest-Richtlinien
(Auswahl)

Richtlinie 83/477/EWG
über den Schutz der Arbeitnehmer gegen Gefährdung durch Asbest am Arbeitsplatz

Richtlinie 87/217/EWG
zur Verhütung und Verringerung der Umweltverschmutzung durch Asbest

Richtlinie 1999/77/EG
... Beschränkungen des Inverkehrbringens und der Verwendung gewisser gefährlicher Stoffe und Zubereitungen (Asbest)

Faserstäube

Stäube, die Mineralfasern mit einer Länge > 5 µm, einem Durchmesser < 3 µm und einem Länge-zu-Durchmesser-Verhältnis > 3 : 1 enthalten.

[TRGS 521, Nr. 2 (1) und TRGS 519, Nr. 2.10 (2); s. auch Richtlinie 87/217/ EWG, Anhang B, II]

TRGS 519

Asbest: Abbruch-, Sanierungs- und Instandhaltungsarbeiten

Tab. 14-11. An den Berufskrankheiten Asbestose und an Asbest-Lungenkrebs in Deutschland anerkannt Erkrankte.[a]

Jahr	Asbestose	Asbest-Lungenkrebs	Asbest-Mesotheliom
1991	502	200	301
1992	663	266	334
1993	1 295	436	406
1994	1 606	597	486
1995	2 185	697	498
1996	2 078	743	519
1997	2 079	693	554
1998	2 170	745	582

[a] 957 Todesfälle durch Asbest im Jahr 2000.

Abb. 14-15. Vorgeschriebene Kennzeichnung asbesthaltiger Erzeugnisse und Zubereitungen (schwarze und/oder weiße Schrift auf rotem Grund; nach Anhang II Teil A der Richtlinie 76/769/EWG).

Das von Asbest ausgehende gesundheitliche Risiko ist, wie auch bei Quarzstaub *(Silikose)*, nicht eine Folge der chemischen Zusammensetzung, sondern liegt in der Fasergestalt begründet; Asbest, in festen Massen wie Beton eingebunden, ist hingegen unschädlich.

Die gesundheitsschädigende Wirkung von Asbest*staub* betrifft vor allem die Lunge (*Asbestose*, Asbeststaublunge, eine Lungenerkrankung ähnlich der Silikose, und asbestverursachter *Lungenkrebs*) sowie das Brust- und Bauchfell (*Mesotheliom*, Krebs des Brust- oder Bauchfells). Die Zeitspanne zwischen der Exposition und dem Ausbruch der Asbestose dauert Jahre bis Jahrzehnte (als durchschnittliche Latenzzeit wird 17 a angegeben), was die Beurteilung einer Asbestexposition erschwert. Die Asbestfasern bleiben jahrelang im Gewebe, das sich dadurch krankhaft verändert. Bei länger dauernder Einwirkung können die Fasern im Gewebe kanzerogen wirken und Krebs auslösen.

Schon zu Anfang dieses Jahrhunderts wußte man, dass das Einatmen von Asbeststäuben zu einer speziellen Lungenkrankheit führt, aber erst 1936 wurde Asbestose als Berufskrankheit anerkannt. Asbest ist die häufigste Todesursache bei Berufskrankheiten. Die Anzahl der an Asbestose Erkrankten weist – trotz Asbestverbot, möglicherweise wegen der langen Latenzzeit – ansteigende Tendenz auf (Tab. 14-11).

Das Inverkehrbringen, Herstellen und Verwenden von Asbest und den meisten Asbestprodukten – asbesthaltige Erzeugnisse und Zubereitungen müssen besonders gekennzeichnet werden (Abb. 14-15) – sind in der Europäischen Union verboten (Richtlinien 1999/77/EG und 76/769/EWG, Anhang I Nr. 6; ChemVerbotV, Anhang, Abschn. 2; GefStoffV, Anhang IV Nr. 1); Arbeitnehmer dürfen diesem gefährlichen krebserzeugenden Gefahrstoff nicht ausgesetzt sein [§ 15 a (1) GefStoffV].

Das Asbestproblem in Deutschland und den meisten Ländern der EU ist heute nur noch ein Problem von zu sanierenden Bereichen oder Gebäuden und kein Problem neuer asbesthaltiger Produkte.

15 Immissionsschutzrecht

15.1 Vorbemerkungen

Im *Immissionsschutzrecht* der Europäischen Union gibt es neben der Verordnung (EG) Nr. 2037/2000 über „Stoffe, die zum Abbau der Ozonschicht führen" zahlreiche Richtlinien, die eine Begrenzung bestimmter Emissionen oder der Emissionen bestimmter Anlagen zum Ziel haben (Tab. 15-1).

Leitgesetz in Deutschland für das besonders schützenswerte Gut „Luft" ist das *Bundes-Immissionsschutzgesetz* („Gesetz zum Schutz vor schädlichen Umwelteinwirkungen durch Luftverunreinigungen, Geräusche, Erschütterungen und ähnliche Vorgänge", BImSchG). Der Gesetzgeber hat es 1974 erlassen, um die besorgniserregende Zunahme der Luftverunreinigungen – eine wesentliche Ursache für Schäden an Menschen, Vegetation, Material usw. – anzuhalten oder sogar umzukehren.

Viele rechtliche Maßnahmen und Anleitungen zu ihrer praktischen Umsetzung sollen dazu beitragen, Luftverunreinigungen zu vermindern. Dies wird erreicht durch (oft aufwendige) technische Vorrichtungen wie Filter, Katalysatoren und betriebliche Vorkehrungen wie Produktionsunterbrechungen oder Änderung von Verfahren. Eine Strategie setzt bei der letzten Stufe eines Verfahrens an („End-of-pipe-Anlagen"), z. B. mit Hilfe nachgeschalteter Filter. Wirkungsvoller sind emissionsmindernde oder sogar -vermeidende Primärmaßnahmen, weil aufwendigere nachgeschaltete Reinigungseinheiten gar nicht erst benötigt werden (vgl. Abschn. 4.2).

Im Bundes-Immissionsschutzgesetz werden im § 3 einige wichtige Begriffe definiert, u. a. *Luftverunreinigungen*, *Emissionen* und *Immissionen*.

Im Besonderen geht es in diesem Gesetz um die Begrenzung von Emissionen, die von *Anlagen* [§ 3 (5)] ausgehen – dazu werden auch Fahrzeuge (§ 38) und Straßen und Schienenwege (§ 41) gezählt. *Immissionen* nach § 3 (2) betreffen zwar die gleichen Erscheinungen, die bereits für Emissionen kennzeichnend sind, doch müssen die Immissionen auf Menschen, Tiere, Pflanzen oder andere Sachen *einwirken* (s. auch Abschn. 6.3.4). Die Quelle spielt für Immissionen keine Rolle, bei der Beurteilung werden grundsätzlich die gesamten Belastungen berücksichtigt.

Das BImSchG unterscheidet vier Hauptbereiche:

Tab. 15-1. Europäische Richtlinien zum Immissionschutz (Auswahl).

Richtlinie Nr.	... regelt
1999/13/EG	Begrenzung von Emissionen flüchtiger organischer Verbindungen
1999/30/EG	Grenzwerte für Schwefeldioxid, Stickstoffdioxid und Stickstoffoxide, Partikel und Blei in der Luft
2000/69/EG	Grenzwerte für Benzol und Kohlenmonoxid in der Luft
88/609/EWG	Schadstoffemissionen von Großfeuerungsanlagen
2000/76/EG	Verbrennung von Abfällen

Luftverunreinigungen
[§ 3 (4) BImSchG]

... Veränderungen der natürlichen Zusammensetzung der Luft, insbesondere durch Rauch, Ruß, Staub, Gase, Aerosole, Dämpfe oder Geruchsstoffe.

Emissionen
[§ 3 (3) BImSchG]

... die von einer Anlage ausgehenden Luftverunreinigungen, Geräusche, Erschütterungen, Licht, Wärme, Strahlen und ähnliche Erscheinungen.

Immissionen
[§ 3 (2) BImSchG]

... auf Menschen, Tiere und Pflanzen, den Boden, das Wasser, die Atmosphäre sowie Kultur- und sonstige Sachgüter einwirkende Luftverunreinigungen, Geräusche, Erschütterungen, Licht, Wärme, Strahlen und ähnliche Umwelterscheinungen.

Immissionsschutz

anlagen- produkt- verkehrs- gebietsbezogen bezogen bezogen bezogen

15 Immissionsschutzrecht

Bundes-Immissionsschutzgesetz
(BImSchG)

1. BImSchV
Kleinfeuerungsanlagenverordnung
3. BImSchV
Schwefelgehaltsverordnung
4. BImSchV
Anlagenverordnung
11. BImSchV
Emissionserklärungsverordnung
12. BImSchV
Störfallverordnung
13. BImSchV
Großfeuerungsanlagenverordnung
17. BImSchV
Abfallverbrennungsverordnung
31. BImSchV
VOC-Verordnung

Abb. 15-1. Aufgrund des Bundes-Immissionsschutzgesetzes erlassene Rechtsverordnungen (Auswahl).

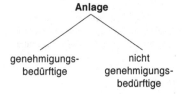

– den anlagenbezogenen (Teil II, §§ 4 - 31 a),
– den produktbezogenen (Teil III, §§ 32 - 37),
– den verkehrsbezogenen (Teil IV, §§ 38 - 43) und
– den gebietsbezogenen Immissionsschutz (Teil V, §§ 44 - 47 a).

Zu diesem Rahmengesetz gibt es inzwischen mehr als 30 Verordnungen zu speziellen Bereichen des Immissionsschutzes (Abb. 15-1).

15.2 Anlagenbezogener Immissionsschutz

Beim *anlagenbezogenen* Immissionsschutz geht es um Vorschriften für ortsfeste genehmigungsbedürftige und nicht genehmigungsbedürftige Anlagen. Errichtung und Betrieb von Anlagen sind *genehmigungsbedürftig*, wenn sie

„auf Grund ihrer Beschaffenheit oder ihres Betriebs in besonderem Maße geeignet sind, schädliche Umwelteinwirkungen hervorzurufen oder in anderer Weise die Allgemeinheit oder die Nachbarschaft zu gefährden, erheblich zu benachteiligen oder erheblich zu belästigen" [§ 4 (1) BImSchG].

Die Vorschriften des BImSchG richten sich vor allem an die Betreiber der Anlagen, an die Hersteller, an die Einführer und die Inverkehrbringer von Anlagen und Stoffen, an Eigentümer und Besitzer von Anlagen sowie von Stoffen und Grundstücken. Die *Anlagenverordnung* („Verordnung über genehmigungsbedürftige Anlagen, 4. Bundes-Immissionsschutzverordnung", 4. BImSchV) zählt im einzelnen die Anlagen auf, die einer Genehmigung bedürfen (Tab. 15-2).

Kraft- und Heizwerke mit Feuerungsanlagen für den Einsatz von festen, flüssigen oder gasförmigen Brennstoffen, soweit die Feuerungswärmeleistung 50 Megawatt übersteigt; Anlagen zur Herstellung von Zementklinker oder Zementen; Anlagen zur Herstellung von Glas; Anlagen zur Stahlerzeugung; Anlagen zur Destillation oder Raffination oder sonstigen Weiterverarbeitung von Erdöl oder Erdölerzeugnissen; Anlagen zur Gewinnung von Zellstoff aus Holz, Stroh oder ähnlichen Faserstoffen; Anlagen, die zur Lagerung von Mineralöl in Behältern mit einem Fassungsvermögen von 50 000 t oder mehr dienen.

Das Verfahren, nach dem eine Genehmigung zur Errichtung und zum Betrieb oder auch zur wesentlichen Änderung der Lage, der Beschaffenheit oder des Betriebs („Änderungsgenehmigung") solcher Anlagen erteilt werden kann, ist in allen Einzelheiten in der 9. BImSchV, der *Genehmigungsverfahrensverordnung*, beschrieben. Die großen Feuerungsanlagen wie Kraftwerke sind wegen ihrer hohen Emissionen an SO_2, NO_x und Staub aus der *Anlagenverordnung* (4. BImSchV) herausgelöst und werden in der

Großfeuerungsanlagenverordnung (13. BImSchV) getrennt behandelt.

Ein Betreiber einer genehmigungsbedürftigen Anlage hat nach § 5 (1) BImSchG vier Grundpflichten zu erfüllen:

– *Schutzpflicht/Schutzgrundsatz* [§ 5 (1) 1]:
„Anlagen sind so zu errichten und zu betreiben, dass zur Gewährleistung eines hohen Schutzniveaus für die Umwelt insgesamt schädliche Umwelteinwirkungen und sonstige Gefahren, erhebliche Nachteile und erhebliche Belästigungen für die Allgemeinheit und die Nachbarschaft nicht hervorgerufen werden können." Unter „schädlichen Umwelteinwirkungen" versteht der Gesetzgeber dabei „Immissionen, die nach Art, Ausmaß oder Dauer geeignet sind, Gefahren, erhebliche Nachteile oder erhebliche Belästigungen für die Allgemeinheit oder die Nachbarschaft herbeizuführen" [§ 3 (1) BImSchG].

– *Vorsorgepflicht/Vorsorgegrundsatz* [§ 5 (1) 2]:
Anlagen sind so zu errichten und zu betreiben, dass „Vorsorge gegen schädliche Umwelteinwirkungen [...] getroffen wird, insbesondere durch die dem Stand der Technik entsprechenden Maßnahmen".

Von besonderer Bedeutung für die Seite der Emissionen ist der Begriff *Stand der Technik*, der in § 3 (6) BImSchG definiert wird (s. auch Abschn. 5.3.2).

– *Abfallvermeidungs- und -verwertungsgebot* [§ 5 (1) 3]:
Anlagen sind so zu errichten und zu betreiben, dass „Abfälle vermieden, nicht zu vermeidende Abfälle verwertet und nicht zu verwertende Abfälle ohne Beeinträchtigung des Wohls der Allgemeinheit beseitigt werden".

– *Wärmenutzungsgebot* [§ 5 (1) 4]:
Die Umwandlung und Nutzung von Energie sind hauptverantwortlich für die Verschmutzung der Luft. Deshalb ist eine sparsame und effiziente Verwendung von Energie eine wichtige Strategie, um Luftverschmutzungen zu vermeiden. Der Betreiber genehmigungsbedürftiger Anlagen ist verpflichtet, entstehende Wärme – soweit technisch möglich und zumutbar – betriebsintern zu nutzen oder an Dritte abzugeben.

Auch für *nicht genehmigungsbedürftige Anlagen*, also Anlagen, die nicht in der Anlagenverordnung (4. BImSchV) aufgeführt sind, gibt es im Bundes-Immissionsschutzgesetz (§§ 22 - 25) entsprechende Regelungen. Zu diesen nicht genehmigungsbedürftigen Anlagen gehören beispielsweise Kleinfeuerungsanlagen (*Kleinfeuerungsanlagenverordnung*, 1. BImSchV).

Besondere Anforderungen, die noch über den in der TA Luft (vgl. Abschn. 15.5) festgehaltenen liegen, werden für Abfallverbrennungsanlagen in der *Abfallverbrennungsverordnung* („Verordnung über Verbrennungsanlagen für Abfälle und ähnliche brennbare Stoffe", 17. BImSchV) gefordert. Die Temperatur

15.2 Anlagenbezogener Immissionsschutz

Tab. 15-2. Genehmigungsbedürftige Anlagen (Beispiele nach 4. BImSchV).

Anlagen

... zur Erzeugung von Strom, Dampf, Warmwasser, Prozesswärme oder erhitztem Abgas durch den Einsatz von Brennstoffen in einer Verbrennungseinrichtung mit einer Feuerungswärmeleistung 50 Megawatt oder mehr

... zur Herstellung von Zementklinker oder Zementen

... zur Herstellung von Glas

... zum Rösten, Schmelzen oder Sintern von Erzen

... zur Destillation oder Weiterverarbeitung von Teer oder Teererzeugnissen oder von Teer- oder Gaswasser

... zur biologischen Behandlung von Abfällen

... zur Lagerung von brennbaren Flüssigkeiten in Behältern mit einem Fassungsvermögen von 50 000 t oder mehr

der Gase, die bei der Verbrennung von Hausmüll oder hinsichtlich ihrer Beschaffenheit oder Zusammensetzung ähnlichen Einsatzstoffen, von Klärschlamm, krankenhausspezifischen Abfällen oder Einsatzstoffen, die keine Halogenkohlenwasserstoffe enthalten, entstehen, müssen mindestens nach der letzten Verbrennungsluft-Zuführung eine Temperatur von 850 °C besitzen; sonst muss die Mindesttemperatur 1200 °C betragen [§ 4 (2) der 17. BImSchV]. Auch sind spezielle Emissionsgrenzwerte für Abfallverbrennungsanlagen festgelegt: Anlagen sind so zu errichten und zu betreiben, dass Mittelwerte (z. B. Tages- und Halbstundenmittelwerte) für Emissionen bestimmte Grenzwerte (Tab. 15-3) nicht überschreiten (§ 5 der 17. BImSchV).

Was der Betreiber einer Anlage im einzelnen tun muss, um die Emissionen in der Luft nach dem Stand der Technik zu minimieren, ist in der TA Luft, einer Verwaltungsvorschrift für die Vollzugsbehörde, festgeschrieben (vgl. Abschn. 15.5).

Tab. 15-3. Emissionsgrenzwerte (Tagesmittelwerte) für Anlagen (Auswahl nach § 5 der 17. BImSchV).

Substanz	Grenzwert (in mg/m^3)
Gesamtstaub	10
Gasförmige anorganische Chlorverbindungen (angegeben als Chlorwasserstoff)	10
Quecksilber und seine Verbindungen, angegeben als Quecksilber	0,03

15.3 Produkt- und gebietsbezogener Immissionsschutz

In den §§ 34 und 35 BImSchG sind Anforderungen an die Beschaffenheit bestimmter Stoffe oder Erzeugnisse gestellt, die bei ihrer Verwendung und Verbrennung schädliche Umwelteinwirkungen in der Luft hervorrufen können. Zu diesem *produktbezogenen* Immissionsschutz gehört z. B. nach § 34 BImSchG der Schwefelgehalt in Heizöl, der in der *Schwefelgehaltsverordnung* („Verordnung über Schwefelgehalt von leichtem Heizöl und Dieselkraftstoff", 3. BImSchV) geregelt ist: Seit dem 1.10.1996 darf er einen Gewichtsanteil von 0,05 %, berechnet als elementarer Schwefel (S), nicht mehr überschreiten (§ 3 der 3. BImSchV).

In den einzelnen Bundesländern sind bestimmte Behörden mit der Umsetzung des BImSchG und seiner Verordnungen befasst. Diese „technischen" Behörden – in Nordrhein-Westfalen beispielsweise das Landesumweltamt (LUA) in Essen – haben in Belastungsgebieten die erforderlichen Messungen und Untersuchungen vorzunehmen oder zu überwachen und Emissionskataster aufzustellen.

Die Vorschriften des *gebietsbezogenen* Immissionsschutzes schließlich haben zum Ziel, die Luftgüte zu verbessern. Dazu werden zum einen vom Betreiber von Anlagen Emissionserklärungen verlangt (§ 27 BImSchG; Vorlagen nach der *Emissionserklärungsverordnung*, der 11. BImSchV), aus denen die Behörde (§ 46 BImSchG) Immissionskataster erstellt, die ihrerseits Grundlage für die Entwicklung von *Luftreinhalteplänen* sind. In solchen Plänen werden Art, Umfang und Ursache von Luftverunreinigungen, dadurch verursachte Schäden sowie Maßnahmen zur Vorsorge und zur Minderung der Immissionen dokumentiert.

Ein spezielles Gesetz mit dem Ziel des Immissionsschutzes ist das „Gesetz zur Verminderung von Luftverunreinigungen durch Bleiverbindungen in Ottokraftstoffen für Kraftfahrzeugmotore", das *Benzinbleigesetz*, BzBlG (s. auch Abschn. 23.3.2). Es hat den Zweck, „zum Schutz der Gesundheit den Gehalt an Bleiverbindungen und anderen an Stelle von Blei zugesetzten Metallverbindungen in Ottokraftstoffen zu beschränken" [§ 1 (1) BzBlG].

15.4 Störfallverordnung

15.4 Störfallverordnung

Die *Störfallverordnung* (12. BImSchV) wurde 1980 als Reaktion auf die Katastrophe in der ca. 30 km nördlich von Mailand gelegenen italienischen Stadt *Seveso* am 10. Juli 1976 (s. auch Abschn. 18.2.2) erlassen, um Störfälle in Industrieanlagen zu vermindern und wirkungsvoller bekämpfen zu können. Aus gleichem Grund und mit gleicher Zielsetzung wurde auch 1982 von der EG eine (erste) *Seveso-Richtlinie* genannte Regelung erlassen (Richtlinie 82/501/EWG), der 1996 die *Seveso-II-Richtlinie* folgte (Richtlinie 96/82/EG).

Diese Verordnung und Richtlinien gelten für bestimmte Industrieanlagen (einige Beispiele s. Tab. 15-4; genehmigungsbedürftige Anlagen nach BImSchG), in denen bestimmte Stoffe (einige Beispiele s. Tab. 15-5), die in den Anhängen zur Störfallverordnung explizit aufgeführt sind, bei einem Störfall entstehen können.

Ein *Störfall* ist ein

„Ereignis, wie z. B. eine Emission, ein Brand oder eine Explosion größeren Ausmaßes, das sich aus einer Störung des bestimmungsgemäßen Betriebs [...] einer Anlage ergibt, das unmittelbar oder später [...] zu einer ernsten Gefahr oder zu Sachschäden [...] führt und bei dem ein oder mehrere gefährliche Stoffe beteiligt sind" (§ 2 Nr. 3 der 12. BImSchV) .

Tab. 15-5. Beispiele für einige in Anhang I der Störfallverordnung (12. BImSchV) aufgeführten Stoffeigenschaften und Stoffe. – Die Regelungen der Störfallverordnung gelten für Betriebsbereiche, in denen gefährliche Stoffe in Mengen vorhanden sind, die die *Mengenschwellen* erreichen oder überschreiten.

Eigenschaft/Gefährlicher Stoff	Mengenschwelle (in kg)
Sehr giftig	5 000
Giftig	50 000
Brandfördernd	50 000
Brom (Br_2)	20 000
Chlor (Cl_2)	10 000
Methylisocyanat	150
Polychlorierte Dibenzofurane und -dioxine[a]	1

[a] Berechnet in TCDD-Äquivalenten (vgl. Abschn. 18.2.2).

Tab. 15-4. Industrieanlagen im Sinne der Seveso-Richtlinien (Auswahl nach Anhang I, Richtlinie 82/501/EWG).

Anlagen zur ...

Herstellung, Umwandlung oder Behandlung organischer oder anorganischer chemischer Stoffe, z. B. Veresterung, Oxidation, Polymerisation, Mischen
Destillation, Raffination oder sonstigen Be- und Verarbeitung von Rohöl oder Rohölerzeugnissen
vollständigen oder teilweisen Beseitigung fester oder flüssiger Stoffe durch Verbrennung oder thermische Zersetzung

„Ernste Gefahr"

bedeutet, dass „das Leben von Menschen bedroht wird oder schwerwiegende Gesundheitsbeeinträchtigungen von Menschen zu befürchten sind, die Gesundheit einer großen Zahl von Menschen beeinträchtigt werden oder die Umwelt, insbesondere Tiere und Pflanzen, der Boden, das Wasser, die Atmosphäre sowie Kultur- oder sonstige Sachgüter geschädigt werden können, falls durch eine Veränderung ihres Bestandes oder ihrer Nutzbarkeit das Gemeinwohl beeinträchtigt würde"

(§ 2 Nr. 4 der 12. BImSchV).

In diesem Sinne gehören die Vorkommnisse im italienischen Seveso und im indischen *Bhopal* am 3. Dezember 1984, bei denen größere Mengen schädlicher Stoffe wie „Dioxin" (TCDD; s. Abschn. 18.2.2) bzw. Methylisocyanat (s. Abschn. 3.4) ausgetreten waren, zu den bedeutendsten Störfällen überhaupt.

Ein wichtiger Punkt in der Störfallverordnung ist der *Sicherheitbericht* (§ 9 der 12. BImSchV), in der eine Anlage und die Verfahren einschließlich der Verfahrensbedingungen, für die die Anlage vorgesehen ist, der Behörde schriftlich darzulegen sind. Besonders ausführlich sollen darin die sicherheitstechnisch bedeutsamen Anlagenteile beschrieben werden, die Gefahrenquellen und die Voraussetzungen, unter denen ein Störfall eintreten kann, sowie der Zustand, die Menge und die Bezeichnung der Stoffe, die bei bestimmungsgemäßem Betrieb der Anlage und/oder bei einer Störung entstehen können.

Für den Betreiber einer Anlage, die der Störfallverordnung unterliegt, gibt es beim Eintritt eines Störfalls der zuständigen Behörde gegenüber eine *Meldepflicht* und eine Pflicht zur Information der Öffentlichkeit.

15.5 TA Luft

Die *TA Luft* („Technische Anleitung zur Reinhaltung der Luft, Erste Allgemeine Verwaltungsvorschrift zum Bundes-Immissionsschutzgesetz") gilt für genehmigungsbedürftige Anlagen nach § 4 BImSchG in Verbindung mit der *Anlagenverordnung* (4. BImSchV). Die TA Luft enthält detaillierte Vorschriften zur Reinhaltung der Luft, die bei Genehmigungsverfahren zur Errichtung und zum Betrieb von Anlagen zu beachten sind und die geprüft werden müssen. Unter Punkt 2.3 dieser Verwaltungsvorschrift wird beispielsweise angegeben, welche maximalen Emissionen krebserzeugender Stoffe im Abgas zugelassen sind; so darf etwa für Vinylchlorid (vgl. Abschn. 18.2.1) bei einem Massenstrom von 25 g/h oder mehr im Abgas eine Massenkonzentration von 5 mg/m^3 nicht überschritten werden.

Unter Punkt 2.5.1 sind in der TA Luft für bestimmte Stoffe zum Schutz vor Gefahren für die Gesundheit Immissionswerte in Form eines *Langzeitgrenzwerts* (Jahresmittelwert, IW 1) und eines *Kurzzeitgrenzwerts* (IW 2) festgelegt (einige Werte s. Tab. 6-9 in Abschn. 6.3.4).

Literatur zu Teil II

Literatur zu Kap. 7

AgBB, Ausschuss zur gesundheitlichen Bewertung von Bauprodukten, Hrsg. 2000. *Vorgehensweise bei der gesundheitlichen Bewertung der Emissionen von flüchtigen organischen Verbindungen (VOC) aus Bauprodukten* (DIBt-Mitteilung 1/2001, S. 3) DIBt: Deutsches Institut für Bautechnik

Ballschmiter K. 1992. Transport und Verbleib organischer Verbindungen im globalen Rahmen. *Angew Chem.* 104: 501-674.

Bundesumweltministerium, Hrsg. 1992. *Konzeption der Bundesregierung zur Verbesserung der Luftqualität in Innenräumen* (Reihe *Umweltpolitik*).

Chameides WL, Davis DD. 1982. Chemistry in the troposphere. *Chem Eng News.* 60 (4 Okt): 39-52.

Comes FJ. 1994. Recycling auch in der Erdatmosphäre: das OH-Radikal – seine Bedeutung für die Chemie der Atmosphäre und die Bestimmung seiner Konzentration. *Angew Chem.* 106: 1900-1910.

Cox RA, Derwent RG. 1981. Gas-phase chemistry of the minor constituents of the troposphere (Gas kinetics and energy transfer). *Specialists Periodical Reports Chem Soc.* 4: 189-234.

Der Rat von Sachverständigen für Umweltfragen, Hrsg. 1987. *Luftverunreinigungen in Innenräumen* (Sondergutachten Mai 1987). Stuttgart: Kohlhammer. 110 S.

DIN 1310. 1984. *Zusammensetzung von Mischphasen (Gasgemische, Lösungen, Mischkristalle): Begriffe, Formelzeichen.*

Fabian P. 1986. Halogenated Hydrocarbons in the atmosphere (Hutzinger O, Hrsg. *Air pollution*; in: *The handbook of environmental chemistry*; vol 4, part A). Berlin: Springer. S 24-51.

Giam CS, Atlas E, Power MA, Leonard JE. 1984. Phthalic acid esters (Hutzinger O, Hrsg. *Anthropogenic compounds*; in: *The handbook of environmental chemistry*; vol 3, part C). Berlin: Springer; S 67-142.

Gore A. 1992. *Wege zum Gleichgewicht: Ein Marshallplan für die Erde.* Frankfurt: S Fischer. 383 S.

Gross G. 1991. Das Klima der Stadt (Hutter K, Hrsg. *Dynamik umweltrelevanter Systeme*). Berlin: Springer; S 271-289.

Klug W. 1991. Schadstoffausbreitung in der Atmosphäre (Hutter K, Hrsg. *Dynamik umweltrelevanter Systeme*). Berlin: Springer; S 291-296.

Kommission Reinhaltung der Luft im VDI und DIN, Hrsg. 1992. *Typische Konzentrationen von Spurenstoffen in der Atmosphäre: Anorganische Verbindungen (einschließlich organischer Schwefelverbindungen).* Düsseldorf. 104 S.

Kommission Reinhaltung der Luft im VDI und DIN, Hrsg. 1994. *Luftreinhaltung in Innenräumen: Herkunft, Messung, Wirkung, Abhilfe* (VDI-Berichte 1122). Düsseldorf: VDI-Verlag. 965 S.

Lide DR, Hrsg. 1992. *CRC Handbook of chemistry and physics – a ready-reference book of chemical and physical data.* Boca Raton: CRC-Press.

Ravishankara AR, Solomon S, Turnipseed AA, Warren RF. 1993. Atmospheric lifetimes of long-lived halogenated species. *Science.* 259: 194-199.

Roof AAM. 1982. Basic principles of environmental photochemistry. (Hutzinger O, Hrsg. 1982. *Reactions and processes.* In: *The handbook of environmental chemistry*; vol 2, part B). Berlin: Springer; S 1-41.

Literatur zu Teil II

Richtwerte für die Innenraumluft: Basisschema. 1996. *Bundesgesundheitsbl.* 39 (11), 422-426.

Rowland FS, Isaksen ISA, Hrsg. 1988. *The changing atmosphere.* Chichester: Wiley. 282 S.

Seifert B. 1984. Luftverunreinigungen in Wohnungen und anderen Innenräumen. *Staub Reinhalt Luft.* 44: 377-382.

Seinfeld JH. 1986. *Atmospheric chemistry and physics of air pollution.* New York: Wiley-Interscience. 738 S.

Umweltbundesamt, Hrsg. 1989 a. *Daten zur Umwelt 1988/89.* Berlin. Erich Schmidt. 612 S.

Umweltbundesamt, Hrsg. 1989 b. *Verzicht aus Verantwortung: Maßnahmen zur Rettung der Ozonschicht* (Berichte Umweltbundesamt 7/89). Berlin: Erich Schmidt. 268 S.

Umweltbundesamt, Hrsg. 1989 c. *Was Sie schon immer über Luftreinhaltung wissen wollten.* Stuttgart: Kohlhammer. 191 S.

Umweltbundesamt, Hrsg. 1992. *Daten zur Umwelt 1990/91.* Berlin: Erich Schmidt. 675 S.

Umweltbundesamt, Hrsg. 1997. *Daten zur Umwelt – Der Zustand der Umwelt in Deutschland Ausgabe 1997.* Berlin: Erich Schmidt. 570 S.

Umweltbundesamt, Hrsg. 2001 a. *Daten zur Umwelt – Der Zustand der Umwelt in Deutschland 2000.* Berlin: Erich Schmidt. 377 S.

Umweltbundesamt, Hrsg. 2001 b. *Richtwerte für die Innenraumluft* (http://www.umweltbundesamt.de/uba-info-daten/daten/irk.htm).

VDI 4300-1. 1995. *Messen von Innenraumluftverunreinigungen: Allgemeine Aspekte der Messstrategie.*

VDI 2450-1. 1977. *Messen von Emission, Transmission und Immission luftverunreinigender Stoffe: Begriffe, Definitionen, Erläuterungen.*

Verband der Chemischen Industrie, Hrsg. 1989. *Chemie und Umwelt: Luft.* Frankfurt/Main. 38 S.

Wagner HG, Zellner R. 1979. Die Geschwindigkeit des reaktiven Abbaus anthropogener Emissionen in der Atmosphäre. *Angew Chem.* 91: 707-718.

Wayne RP. 1991. *Chemistry of atmospheres.* 2te Aufl. Oxford: Clarendon Press. 447 S.

WHO (World Health Organization), Hrsg. 2000. *Guidelines for Air Quality* (http://www.who.int/peh/).

Wint A. 1986. Air Pollution in Perspective (Hutzinger O, Hrsg. *Air pollution*; in: *The handbook of environmental chemistry*; vol 4, part A). Berlin: Springer; S 1-22.

Zellner R. 1992. Physik und Chemie der Atmosphäre. *Nachr Chem Tech Lab.* 40: 17-19.

Literatur zu Kap. 8

Borsch P, Wagner HJ. 1992. *Energie und Umweltbelastung.* Berlin: Springer. 174 S.

Deutscher Bundestag, Hrsg. 1990. *Schutz der Erde: Eine Bestandsaufnahme mit Vorschlägen zu einer neuen Energiepolitik* (Dritter Bericht der Enquete-Kommission des 11. Deutschen Bundestages „Vorsorge zum Schutz der Erde"; Bd 1 und 2). Bonn.

Fonds der Chemischen Industrie zur Förderung der Chemie und der Biologischen Chemie im Verband der Chemischen Industrie eV, Hrsg. 1987. *Umweltbereich Luft* (Textheft zur Folienserie des Fonds der Chemischen Industrie, 22). Frankfurt/Main. 112 S.

Grassl H. 1991. Die besondere Rolle des Wasserkreislaufs für das Klima (Hutter K, Hrsg. *Dynamik umweltrelevanter Systeme*). Berlin: Springer; S 59-81.

ICPP, Intergovernmental Panel on Climate Change, Hrsg. 2001. *Third Assessment Report – Climate Change 2001: The Scientific Book.*

Neftel A. 1991. Polare Eiskappen – das kalte Archiv des Klimas (Hutter K, Hrsg. *Dynamik umweltrelevanter Systeme*). Berlin: Springer; S 83-107.

Raynaud D, Jouzel J, Barnola JM, Chappellaz J, Delmas RJ, Lorius C. 1993. The ice record of Greenhouse gases. *Science*. 259: 926-934.

Revelle R. 1988. Weltklima: Wärmer und feuchter durch Kohlendioxid? (Kraatz R, Hrsg. *Die Dynamik der Erde: Bewegungen, Strukturen, Wechselwirkungen*). 2te Aufl. Heidelberg: Spektrum-der-Wissenschaft-Verlagsgesellschaft; S 194-203.

Roedel W. 1992. *Physik unserer Umwelt: Die Atmosphäre*. Berlin: Springer. 457 S.

Schmitz S, Wiegandt CC. 1992. Die Uneinheitlichkeit der ökologischen Lebensverhältnisse in Deutschland. *Geogr Rundsch*. 44 (3): 169-175.

Schönwiese CD, Dieckmann B. 1988. *Der Treibhauseffekt: Der Mensch ändert das Klima*. Stuttgart: DVA. 232 S.

Sigg L, Stumm W. 1994. *Aquatische Chemie: Eine Einführung in die Chemie wässriger Lösungen und natürlicher Gewässer*. 3te Aufl. Stuttgart: Teubner. 498 S.

Sundquist ET. 1993. The global carbon dioxide budget. *Science*. 259: 934-941.

Umweltbundesamt, Hrsg. 2001. *Daten zur Umwelt – Der Zustand der Umwelt in Deutschland 2000*. Berlin: Erich Schmidt. 377 S.

Verband der Chemischen Industrie, Hrsg. 1989. *Chemie und Umwelt: Luft*. Frankfurt/Main. 38 S.

Vogt S. 1989. Der Treibhauseffekt: Unser Klima gestern, heute und morgen. *GIT Fachz Lab*. 4: 297-308.

Zimmermann PR, Greenberg JP, Wandiga SO, Crutzen PJ. 1982. Termites: a potentially large source of atmospheric methane, carbon dioxide, and molecular hydrogen. *Science*. 218: 563-565.

Warrick RA, Gifford RM, Parry ML. 1986. CO_2, climatic change and agriculture: assessing the response of food crops to the direct effects of increased CO_2 and climatic change (Bolin B, Döös BR, Jäger J, Warrick RA, Hrsg. *The greenhouse effect, climatic change and ecosystems*; Scientific Committee on Problems of the Environment SCOPE, Bd 29). Chichester: Wiley; S 393-473.

World Resources Institute, Hrsg. 2000. *World Resources 2000 – 2001: People and Ecosystems*. Washington, DC. ISBN 1-56973-443-7.

Literatur zu Kap. 9

Deutscher Bundestag, Hrsg. 1990. *Schutz der Erde: Eine Bestandsaufnahme mit Vorschlägen zu einer neuen Energiepolitik* (Dritter Bericht der Enquete-Kommission des 11. Deutschen Bundestages „Vorsorge zum Schutz der Erde"; Bd 1). Bonn. 686 S.

Fellenberg G. 1990. *Chemie der Umweltbelastung*. Stuttgart: Teubner. 256 S.

Khalil MAK, Rasmussen RA. 1988. Carbon monoxide in earth's atmosphere: indications of a global increase. *Nature*. 332: 242-245.

Umweltbundesamt, Hrsg. 2001. *Daten zur Umwelt – Der Zustand der Umwelt in Deutschland 2000*. Berlin: Erich Schmidt. 377 S.

Verband der Chemischen Industrie, Hrsg. 1989. *Chemie und Umwelt: Luft*. Frankfurt/Main. 38 S.

Wagner HG, Zellner R. 1979. Die Geschwindigkeit des reaktiven Abbaus anthropogener Emissionen in der Atmosphäre. *Angew Chem*. 91: 707-718.

Wolf PC. 1971. Carbon monoxide measurement and monitoring in urban air. *Environ Sci Technol*. 5(3): 212-218.

World Resources Institute, Hrsg. 2000. *World Resources 2000 – 2001: People and Ecosystems*. Washington, DC. ISBN 1-56973-443-7.

Literatur zu Teil II

Literatur zu Teil II

Literatur zu Kap. 10

Berner EK, Berner RA. 1987. *The global water cycle: geochemistry and environment.* Englewoods Cliffs, NY: Prentice Hall.

Chameides WL, Davis DD. 1982. Chemistry in the troposphere. *Chem Eng News.* 60 (4 Okt): 39-52.

Fonds der Chemischen Industrie zur Förderung der Chemie und der Biologischen Chemie im Verband der Chemischen Industrie eV, Hrsg. 1987. *Umweltbereich Luft* (Textheft zur Folienserie des Fonds der Chemischen Industrie, 22). Frankfurt/Main. 112 S.

ICPP, Intergovernmental Panel on Climate Change, Hrsg. 2001. *Third Assessment Report – Climate Change 2001: The Scientific Book.*

Jansen W, Block A, Knaack J. 1987. *Saurer Regen: Ursachen, Analytik, Beurteilung.* Stuttgart: JB Metzlersche Verlagsbuchhandlung. 155 S.

Junge C. 1987. Kreisläufe von Spurengasen in der Atmosphäre (Jaenicke R, Hrsg. *Atmosphärische Spurenstoffe; Ergebnisse aus dem Sonderforschungsbereich „Atmosphärische Spurenstoffe" der Deutschen Forschungsgemeinschaft 1970-1985*; Abschlussbericht). Weinheim: VCH; S 19-30.

Kellersohn T. 1993. Wie entsteht der „saure Regen"?. *Chem unserer Zeit.* 27: 109-110.

Kommission Reinhaltung der Luft im VDI und DIN, Hrsg. 1992. *Typische Konzentrationen von Spurenstoffen in der Atmosphäre: Anorganische Verbindungen (einschließlich organischer Schwefelverbindungen).* Düsseldorf. 104 S.

Kuhnert P. 1995. *Über die Zusatzstoffe in unseren Lebensmitteln.* GIT Fachz Lab. 12: 1178-1183.

Mohr H. 1994. Stickstoffeintrag als Ursache neuartiger Waldschäden. *Spektr Wissensch.* (1): 48-53.

Umweltbundesamt, Hrsg. 1989. *Was Sie schon immer über Luftreinhaltung wissen wollten.* Stuttgart: Kohlhammer. 191 S.

Umweltbundesamt, Hrsg. 2001. *Daten zur Umwelt – Der Zustand der Umwelt in Deutschland 2000.* Berlin: Erich Schmidt. 377 S.

Verband der Chemischen Industrie, Hrsg. 1989. *Chemie und Umwelt: Luft.* Frankfurt/Main. 38 S.

Verband der Chemischen Industrie, Hrsg. 1990. *Chemie und Umwelt: Wald.* 6te Aufl. Frankfurt/Main. 36 S.

Wilkins ET. 1954. Air pollution aspects of the London fog of december 1952. *Quart J Royal Meteorol Soc.* 80: 267-271.

Wint A. 1986. Air pollution in perspective (Hutzinger O, Hrsg. *Air pollution*; in: *The handbook of environmental chemistry*; vol 4, part A). Berlin: Springer; S 1-22.

World Resources Institute, Hrsg. 2000. *World Resources 2000 – 2001: People and Ecosystems.* Washington, DC. ISBN 1-56973-443-7.

Literatur zu Kap. 11

Deutscher Bundestag, Hrsg. 1990. *Schutz der Erde: Eine Bestandsaufnahme mit Vorschlägen zu einer neuen Energiepolitik* (Dritter Bericht der Enquete-Kommission des 11. Deutschen Bundestages „Vorsorge zum Schutz der Erde"). Bonn.

Fabian P. 1992. *Atmosphäre und Umwelt: Chemische Prozesse, menschliche Eingriffe, Ozon-Schicht, Luftverschmutzung, Smog, saurer Regen.* 4te Aufl. Berlin: Springer. 144 S.

ICPP, Intergovernmental Panel on Climate Change, Hrsg. 2001. *Third Assessment Report – Climate Change 2001: The Scientific Book.*

Industrieverband Agrar eV, Hrsg. 1990. *Stickstoff und Umwelt* (Folienserie). Frankfurt/Main.

Neftel A. 1991. Polare Eiskappen – das kalte Archiv des Klimas (Hutter K, Hrsg. *Dynamik umweltrelevanter Systeme*). Berlin: Springer; S 83-107.

Roedel W. 1992. *Physik unserer Umwelt: Die Atmosphäre*. Berlin: Springer. 457 S.

VDI 2310-5 Entwurf. 1978. *Maximale Immissions-Werte zum Schutze der Vegetation: Maximale Immissions-Werte für Stickstoffdioxid.*

VDI 2310-12. 1985. *Maximale Immissions-Werte zum Schutze des Menschen: Maximale Immissions-Konzentrationen für Stickstoffdioxid.*

Umweltbundesamt, Hrsg. 2001. *Daten zur Umwelt – Der Zustand der Umwelt in Deutschland 2000*. Berlin: Erich Schmidt. 377 S.

Verband der Chemischen Industrie, Hrsg. 1989. *Chemie und Umwelt: Luft.* Frankfurt/Main. 38 S.

Wagner HG, Zellner R. 1979. Die Geschwindigkeit des reaktiven Abbaus anthropogener Emissionen in der Atmosphäre. *Angew Chem*. 91: 707-718.

Wayne RP. 1991. *Chemistry of atmospheres*. 2te Aufl. Oxford: Clarendon Press. 447 S.

World Resources Institute, Hrsg. 2000. *World Resources 2000 – 2001: People and Ecosystems*. Washington, DC. ISBN 1-56973-443-7.

Literatur zu Kap. 12

Bosch, Hrsg. 1987. *Abgastechnik für Ottomotoren: Technische Unterrichtung*. Stuttgart. 37 S.

Deutscher Bundestag, Hrsg. 1990. *Schutz der Erde: Eine Bestandsaufnahme mit Vorschlägen zu einer neuen Energiepolitik* (Dritter Bericht der Enquete-Kommission des 11. Deutschen Bundestages „Vorsorge zum Schutz der Erde"). Bonn.

Güsten H, Penzhorn RD. 1974. Photochemische Reaktionen atmosphärischer Schadstoffe. *Naturw Rundsch*. 27: 56-68.

Heck HD. 1989. Ozon am Boden: Reines Gift. *Bild Wissensch*. (7): 57-65.

Hess W. 1983. Eine Kur für die Luft. *Bild Wissensch*. (12): 102.

Hoppstock K. 2001. Platingruppenelemente in der Umwelt. *Nachr Chem*. 49: 1305-1309.

ICPP, Intergovernmental Panel on Climate Change, Hrsg. 2001. *Third Assessment Report – Climate Change 2001: The Scientific Book.*

Isidorov VA. 1990. *Organic chemistry of the earth's atmosphere*. Berlin: Springer. 215 S.

Kommission Reinhaltung der Luft im VDI und DIN, Hrsg. 1992. *Typische Konzentrationen von Spurenstoffen in der Atmosphäre: Anorganische Verbindungen (einschließlich organischer Schwefelverbindungen)*. Düsseldorf. 104 S.

Moussiopoulos N, Oehler W, Zellner K. 1989. *Kraftfahrzeugemissionen und Ozonbildung*. Berlin: Springer. 134 S. 199

Raynaud D, Jouzel J, Barnola JM, Chappellaz J, Delmas RJ, Lorius C. 1993. The ice record of Greenhouse gases. *Science*. 259: 926-934.

Roedel W. 1992. *Physik unserer Umwelt: Die Atmosphäre*. Berlin: Springer. 457 S.

Seifert U. 1981. Alternative Kraftstoffe. *Umschau*. 81: 49-53.

Umweltbundesamt, Hrsg. 1992. *Daten zur Umwelt 1990/91*. Berlin: Erich Schmidt. 675 S.

Umweltbundesamt, Hrsg. 2001. *Daten zur Umwelt – Der Zustand der Umwelt in Deutschland 2000*. Berlin: Erich Schmidt. 377 S.

Verband der Automobilindustrie eV (VDA), Hrsg. 1991. *Tatsachen und Zahlen aus der Kraftverkehrswirtschaft* (55te Folge). Frankfurt. 451 S.

Verband der Chemischen Industrie, Hrsg. 1989. *Chemie und Umwelt: Luft.* Frankfurt/Main. 38 S.

Weigert W, Koberstein E. 1976. Autoabgasreinigung mit multifunktionellen Katalysatoren. *Angew Chem*. 88: 657-663.

Literatur zu Teil II

World Resources Institute, Hrsg. 2000. *World Resources 2000 – 2001: People and Ecosystems*. Washington, DC. ISBN 1-56973-443-7.

Literatur zu Kap. 13

Ballschmiter K. 1992. Transport und Verbleib organischer Verbindungen im globalen Rahmen. *Angew Chem*. 104: 501-674.

Becker KH, Fricke W, Löbel J, Schurath U. 1985. Formation, transport, and control of photochemicals (Guderian R, Hrsg. *Air pollution by photochemical oxidants: formation, transport, control, and effect on plants*). Berlin: Springer; S 1-125.

Chapman S. 1930. A theory of upper-atmospheric ozone. *Quart J Royal Meterol Soc*. 3: 103-125.

Deshler T, Hofmann DJ, Hereford JV, Sutter CB. 1990. Ozone and temperature profiles over McMurdo station antarctica in the spring of 1989. *Geophys Res Lett*. 17 (2): 151-154.

Deutscher Bundestag, Hrsg. 1990. *Schutz der Erde: Eine Bestandsaufnahme mit Vorschlägen zu einer neuen Energiepolitik* (Dritter Bericht der Enquete-Kommission des 11. Deutschen Bundestages „Vorsorge zum Schutz der Erde"). Bonn.

DIN 8960. 1998. *Kältemittel: Anforderungen und Kurzzeichen*.

Fabian P. 1986. Halogenated Hydrocarbons in the atmosphere (Hutzinger O, Hrsg. *Air pollution*; in: *The handbook of environmental chemistry*; vol 4, part A). Berlin: Springer; S 24-51.

Fonds der Chemischen Industrie zur Förderung der Chemie und der Biologischen Chemie im Verband der Chemischen Industrie eV, Hrsg. 1992. *Die Chemie des Chlors und seiner Verbindungen* (Textheft zur Folienserie des Fonds der Chemischen Industrie, 24). Frankfurt/Main. 115 S.

Hesse U, Dietrich K, Kauffeld M, Kern H, Preisegger E, Rinne F, Schwarz J. 1992. *Ersatzstoffe für FCKW: Ersatzkältemittel und Ersatztechnologien in der Kältetechnik*. Ehningen: Expert Verlag. 230 S.

ICPP, Intergovernmental Panel on Climate Change, Hrsg. 2001. *Third Assessment Report – Climate Change 2001: The Scientific Book*.

Isidorov VA. 1990. *Organic chemistry of the earth's atmosphere*. Berlin: Springer.

Molina MJ, Rowland FS. 1974. Stratospheric sink for chlorofluormethanes: chlorine atom-catalysed destruction of ozone. *Nature*. 249: 810-812.

Seinfeld JH. 1986. *Atmospheric chemistry and physics of air pollution*. New York: Wiley-Interscience. 738 S.

Umweltbundesamt, Hrsg. 1989. *Verzicht aus Verantwortung: Maßnahmen zur Rettung der Ozonschicht* (Berichte Umweltbundesamt 7/89). Berlin: Erich Schmidt. 225 S.

Umweltbundesamt, Hrsg. 2001. *Daten zur Umwelt – Der Zustand der Umwelt in Deutschland 2000*. Berlin: Erich Schmidt. 377 S.

Wayne RP. 1991. *Chemistry of atmospheres*. 2te Aufl. Oxford: Clarendon Press. 447 S.

World Resources Institute, Hrsg. 2000. *World Resources 2000 – 2001: People and Ecosystems*. Washington, DC. ISBN 1-56973-443-7.

Zellner R. 1991. Zum atmosphärisch-chemischen Verhalten alternativer FCKW. *Chem Ing Tech*. 63: 610-613.

Literatur zu Kap. 14

Berner EK, Berner RA. 1987. *The global water cycle: geochemistry and environment*. Englewoods Cliffs, NY: Prentice Hall.

Der Rat von Sachverständigen für Umweltfragen, Hrsg. 1987. *Luftverunreinigungen in Innenräumen* (Sondergutachten Mai 1987). Stuttgart: Kohlhammer. 110 S.

DFG Deutsche Forschungsgemeinschaft, Hrsg. 2001. *MAK- und BAT-Wer-te-Liste: Maximale Arbeitsplatzkonzentrationen und Biologische Arbeits-stofftoleranzwerte* (Senatskommission zur Prüfung gesundheitsgefährli-cher Arbeitsstoffe, Mitteilung 37). Weinheim: VCH. 222 S.

DIN EN 481. 1993. *Arbeitsplatzatmosphäre: Festlegung der Teilchengrößen-verteilung zur Messung luftgetragener Partikel.*

DIN ISO 13877. 2000. *Bodenbeschaffenheit– Bestimmung von polycyclischen aromatischen Kohlenwasserstoffen: Hochleistungs-Flüssigkeitschroma-tographie-(HPLC-)Verfahren*

DIN 38409-13. 1981. *Deutsche Einheitsverfahren zur Wasser-, Abwasser- und Schlammuntersuchung – Summarische Wirkungs- und Stoffkenngrö-ßen (Gruppe H): Bestimmung von polycyclischen aromatischen Kohlen-wasserstoffen (PAK) in Trinkwasser (H 13-1 bis 13-3).*

DIN 60001-1. 2001. *Textile Faserstoffe: Naturfasern und Kurzzeichen.*

Fishbein L. 1991. Indoor Environments: the role of metals (Merian E, ed. *Metals and their compounds in the environment: occurence, analysis and biological relevance*). Weinheim: VCH. S 287-309.

Fonds der Chemischen Industrie zur Förderung der Chemie und der Biologi-schen Chemie im Verband der Chemischen Industrie eV, Hrsg. 1987. *Umweltbereich Luft* (Textheft zur Folienserie des Fonds der Chemischen Industrie, 22). Frankfurt/Main. 112 S.

Jaenicke R. 1987. Atmosphärische Kondensationskerne (Jaenicke R, Hrsg. *Atmosphärische Spurenstoffe;* Ergebnisse aus dem Sonderforschungs-bereich „Atmosphärische Spurenstoffe" der Deutschen Forschungsge-meinschaft 1970-1985; Abschlussbericht). Weinheim: VCH. S 321-339.

Roedel W. 1992. *Physik unserer Umwelt: Die Atmosphäre.* Berlin: Springer. 457 S.

Scholz W. 1995. *Baustoffkenntnis.* 13te Aufl. Düsseldorf: Werner. 810 S.

Sigg L, Stumm W, Zorbist J, Zürcher F. 1987. The chemistry of fog: factors regulating its composition. *Chimia.* 41: 159-165.

Stoker HS, Seager SL. 1976. *Environmental chemistry: air and water pollution.* 2te Aufl. Glenview, Illinois: Scott, Foresman and Co. 233 S.

VDI 2310-19. 1992. *Maximale Immissions-Werte zum Schutze des Menschen: Maximale Immissions-Konzentrationen für Schwebstaub.*

Verband der Chemischen Industrie, Hrsg. 1989. *Chemie und Umwelt: Luft.* Frankfurt/Main. 38 S.

Wayne RP. 1991. *Chemistry of atmospheres.* 2te Aufl. Oxford: Clarendon Press. 447 S.

Literatur zu Kap. 15

Bender B, Sparwasser R. 1990. *Umweltrecht: Grundzüge des öffentlichen Umweltschutzrechts.* 2te Aufl. Heidelberg: CF Müller Juristischer Ver-lag. 447 S.

Ebeling N. 1999. *Abluft und Abgas – Reinigung und Überwachung* (Kwiat-kowski J, Bliefert C., Hrsg. *Praxis des technischen Umweltschutzes*). Weinheim: Wiley-VCH. 233 S.

Pohle H. 1991. *Chemische Industrie: Umweltschutz, Arbeitsschutz, Anlagen-sicherheit – Rechtliche und Technische Normen, Umsetzung in die Pra-xis.* Weinheim: VCH. 781 S.

Storm PC. 1987. *Umweltrecht: Einführung in ein neues Rechtsgebiet.* 2te Aufl. Berlin: Erich Schmidt. 128 S.

Teil III
Wasser

16 Wasser: Grundlagen

16.1 Bedeutung und Eigenschaften

16.1.1 Bedeutung

Die Erde ist der einzige Planet des Sonnensystems, dessen Oberfläche zu großen Teilen (ca. 70 %) mit flüssigem Wasser bedeckt ist (vgl. Tab. 2-4 in Abschn. 2.4.2). Wasser kommt auf der Erde in drei Aggregatzuständen vor, was auf die besonderen Temperatur- und Druckverhältnisse auf der Erdoberfläche zurückzuführen ist; beispielsweise kann auf dem Planeten Jupiter – Temperatur und Druck an der Oberfläche im Mittel –130 °C bzw. 0,1 bar – Wasser nur als Eis existieren. In *flüssiger* Form kommt Wasser vor allem in den Ozeanen, als oberirdische Fließgewässer, Küstengewässer und Grundwasser vor. Wasser in *fester* Form ist beispielsweise das Eis an den Polkappen. *Gasförmiges* Wasser ist – in wechselndem Anteil – Bestandteil der Atmosphäre (Volumenanteil in der Troposphäre 0,1...4 %).

Das Wasser hat im menschlichen Leben zahlreiche wichtige Aufgaben: Es ist zugleich Lebens- und Reinigungsmittel. In der Industrie ist Wasser von vielfältiger Bedeutung, z. B. als Kühlmittel und Rohstoff (bei der Produktion) oder als Lösungsmittel und als Reaktionsmedium (z. B. in der Chemischen Industrie). Wasser dient der Ver- und Entsorgung (z. B. werden Schmutzstoffe über oberirdische Fließgewässer zum Meer transportiert), für den Verkehr und den Transport. Das Grundwasser ist wichtigstes Reservoir für Trinkwasser. Wasser beeinflusst wesentlich das Klima: Es ist ein wichtiger Wärmeregulator in der Atmosphäre, indem es von der Erde weggehende Strahlung absorbiert (vgl. Tab. 8-11 in Abschn. 8.4.1).

Auch bei der *Photosynthese* (auch *Kohlenstoff-Assimilation*), dem wichtigsten Energie-Direktumwandlungsprozess und der bei weitem umsatzstärksten chemischen Reaktion auf der Erde, spielt Wasser eine wichtige Rolle. In dieser Reaktion, die die Grundlage des meisten irdischen Lebens ist, verbindet sich Wasser mit Kohlendioxid in grünen Pflanzen (Chlorophyll) in Gegenwart von Licht (vereinfacht) gemäß

$$n\,CO_2 + n\,H_2O \xrightarrow{h \cdot \nu} C_n(H_2O)_n + n\,O_2 \qquad (16\text{-}1)$$

zu Kohlenhydraten, $C_n(H_2O)_n$ (z. B. $n = 6$: Glucose; vgl. Abschn. 2.2.2) und Sauerstoff. Bei diesem Vorgang wird Sonnenenergie in *chemische Energie* umgewandelt und in organischen Verbin-

16 Wasser: Grundlagen

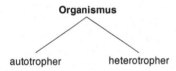

Organismus

autotropher   heterotropher

dungen gespeichert. (Die Organismen, die dies leisten, nennt man *autotroph*, da sie neben einer externen Energiequelle, z. B. dem Sonnenlicht, zum Aufbau ihrer Körpersubstanz im Wesentlichen nur die anorganischen Stoffe Wasser und Kohlendioxid benötigen. Zu diesen Lebewesen gehören alle grünen Pflanzen, Algen und einige Bakterien; vgl. auch Abb. 17-3 in Abschn. 17.2.)

Die Kohlenhydrate ihrerseits können von höheren Organismen, z. B. von Tieren, in der Nahrungskette (vereinfacht) gemäß

$$\{CH_2O\} + O_2 \longrightarrow CO_2 + H_2O \qquad \Delta H < 0 \quad (16\text{-}2\,a)$$

oder

$$C_n(H_2O)_n + n\,O_2 \longrightarrow n\,CO_2 + n\,H_2O \qquad \Delta H < 0 \quad (16\text{-}2\,b)$$

verwendet werden. Während die Photosynthese Energie verbraucht, ist dieser *Atmung* (manchmal auch – da Umkehrung der Assimilation – *Dissimilation)* genannte Prozess die umgekehrte Reaktion (Abbildungen 16-1 und 16-2), bei der aus den organischen Photosynthese-Produkten wieder Energie erzeugt wird [Gl.

Abb. 16-1. Photosynthese und Atmung. – Sonnenenergie und vorwiegend anorganische Nährstoffe werden durch Photosynthese in organische Materie (chemische Energie) umgewandelt; umgekehrt nutzen heterotrophe Verbraucher diese Energie, indem sie organische Materie während der Atmung zersetzen.

Sonnenenergie

Nährstoffe
(vorwiegend organische)

O_2

Photosynthese

Produktion organischer Materie (mittels Chlorophyll) z. B. durch Algen, Pflanzen

Atmung

Verbrauch und Zersetzung organischer Materie z. B. durch Tiere, Bakterien, Pilze

CO_2

Nährstoffe
(vorwiegend anorganische)

Energie

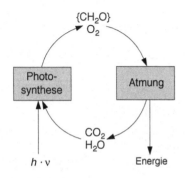

$\{CH_2O\}$
O_2

Photo-synthese

Atmung

CO_2
H_2O

$h \cdot v$

Energie

Abb. 16-2. Photosynthese und Atmung.

(16-2) ist die Rückreaktion der in Gl. (16-1) beschriebenen Reaktion]. Unter Atmung *(Respiration)* versteht man also diejenigen Vorgänge im lebenden Organismus sowohl bei Pflanzen als auch bei Tieren, bei denen für den aeroben Abbau von organischen Stoffen der notwendige Sauerstoff aufgenommen und zu Wasser reduziert und gleichzeitig Kohlendioxid abgegeben wird. (Braucht ein Organismus organische Stoffe zum Aufbau seiner Zellen und als Energielieferanten, bezeichnet man ihn als *heterotroph*.)

Wasser dient in Pflanzen als Transportmedium: Über die Wurzeln wird Wasser aus dem Boden aufgenommen, und auf diesem Weg gelangen auch im Wasser gelöste Nährstoffe in die Pflanze. Die Pflanze verbraucht selbst nur 1 % des aufgenommenen Wassers, der Rest verdunstet aus Blättern oder Nadeln *(Transpira-*

260

tion) und hilft dadurch, den Wärmehaushalt der Pflanze zu regulieren.

Wasser macht auch einen großen Teil des menschlichen Körpers aus (beim erwachsenen Menschen rund 70 %, bei Kindern mehr), wo es suspendierte und gelöste Stoffe beispielsweise zwischen den Zellen transportiert.

16.1.2 Physikalische Eigenschaften

Wasser, H_2O, ist eine der bemerkenswertesten chemischen Verbindungen. Es hat zahlreiche ungewöhnliche physikalisch-chemische Eigenschaften *(Anomalien)*, die es von den analog aufgebauten Verbindungen H_2S, H_2Se und H_2Te der benachbarten Elemente der gleichen Gruppe des Periodensystems (Abb. 16-3) deutlich unterscheidet. Im Gegensatz zu Wasser, das flüssig ist, sind die anderen oben genannten binären Wasserstoffverbindungen unter Normalbedingungen Gase. Wenn man Schmelz- und Siedetemperaturen von Wasser aus denen der drei anderen Verbindungen durch Extrapolation ermitteln würde, ergäben sich für Wasser ungefähr –90 °C bzw. –60 °C (Abb. 16-3). H_2S, H_2Se und H_2Te sind toxisch, Wasser hingegen ist für das Leben notwendig und der Hauptbestandteil der Körperflüssigkeit aller Organismen.

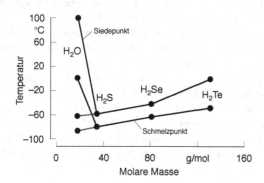

Abb. 16-3. Siede- und Schmelzpunkte von H_2O, H_2S, H_2Se und H_2Te.

Für das Verhalten von Wasser in der Umwelt ist eine Anomalie in der Temperaturabhängigkeit seiner Dichte von Bedeutung: Während sich die meisten Flüssigkeiten beim Gefrieren zusammenziehen, dehnt sich Wasser aus (höchste Dichte, also Volumenminimum, bei 4 °C; Abb. 16-4). Eis schwimmt deshalb in flüssigem Wasser; und Wasser gefriert von der Oberfläche her und bietet so Wasserlebewesen unter der sich von ober her bildenden Eisschicht Raum zum Überleben.

O und H haben unterschiedliche Elektronegativitäten (3,5 bzw. 2,2). Die O–H-Bindung ist deshalb polarisiert: Das H_2O-Molekül ist gewinkelt und bildet einen *Dipol* mit einem elektrisch positiven und einem negativem Ende. Wasser hat eine der höchsten *Dielektrizitätskonstanten*, was von großer Bedeutung für seine guten Löseeigenschaften für polare Stoffe ist.

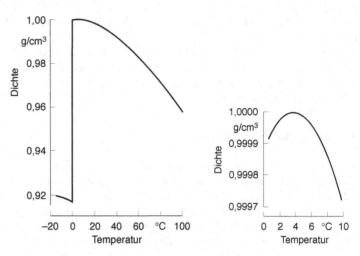

Abb. 16-4. Dichte von Wasser als Funktion der Temperatur (bei 1013 hPa).

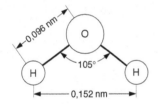

Abb. 16-5. Wassermolekül.

In Tab. 16-1 sind einige physikalische Eigenschaften von flüssigem Wasser im Vergleich mit den Eigenschaften anderer Flüssigkeiten und ihre Bedeutung für die Umwelt zusammengestellt. Diese Eigenschaften bei Temperaturen um 20 °C und Atmosphärendruck sind mit die wichtigsten Voraussetzungen für die Entwicklung von Lebewesen auf der Erdoberfläche.

Die ungewöhnlichen Eigenschaften des Wassers – besonders die Dichteanomalie und die thermischen Eigenschaften – werden vor allen Dingen auf seine Fähigkeit zurückgeführt, Wasserstoffbrückenbindungen aufzubauen. Unter *Wasserstoffbrückenbindung* beim Wassermolekül, H_2O (Abb. 16-5), versteht man die Wechselwirkung der beiden Elektronenpaare am Sauerstoffatom mit Wasserstoffatomen anderer Wassermoleküle. Ein Wassermolekül kann durch seine beiden Wasserstoffatome und seine beiden Elektronenpaare an insgesamt vier Wasserstoffbrücken beteiligt sein („tetraedrische Nahordnung").

16.2 Säure-Base-Reaktionen

16.2.1 Vorbemerkungen, Begriffe

Um einige grundlegende Aussagen über die Gehalte von Gasen in Wasser (z. B. von CO_2 im Meerwasser oder von SO_2 in Seen) und deren Auswirkungen machen zu können, sollen einige einfache Modellrechnungen durchgeführt werden.

Zunächst einige Vorbemerkungen zu Säuren und Basen. Nach J. N. BRÖNSTED sind *Säuren* alle Teilchen, die Protonen abgeben können: Sie sind Protonen-*Donatoren*. Säuren können Ionen (also positiv oder negativ geladene Teilchen) oder Moleküle sein; sie

Tab. 16-1. Physikalische Eigenschaften von Wasser und deren Bedeutung für die Umwelt.

Eigenschaft	Bemerkungen	Bedeutung für die Umwelt
Dichte	Oberhalb des Gefrierpunkts (bei 4 °C) größte Dichte Volumenausdehnung beim Gefrieren (Volumen des Eises nimmt beim Schmelzen um ca. 10 % ab)	Erschwert Gefrieren; Seen frieren von der Oberfläche her zu, am Grund immer noch 4 °C; Umschichtung des Wassers im Frühjahr oder Herbst; Gesteine mit Wassereinschlüssen werden gesprengt (Bodenbildung)
Schmelz- und Siedepunkt	Außerordentlich hoch	Ermöglicht die Existenz von flüssigem Wasser auf der Erdoberfläche
Wärmekapazität	Größte Wärmekapazität aller Flüssigkeiten[a] [75,366 J/(K mol) bei 20 °C]	Puffert gegen extreme Temperaturänderungen; Speicherung großer Wärmemengen bei nur geringen Temperaturdifferenzen (Ozeane und Seen dienen als Wärmespeicher)
Wärmeleitfähigkeit	Gering[b]	Erschwert vollständiges Zufrieren von Gewässern bis zum Grund
Verdampfungsenthalpie	Größte Verdampfungsenthalpie aller Flüssigkeiten (2281,9 kJ/mol)	Kühlender Effekt der Transpiration bei Pflanzen, Tieren und Menschen (bei nur geringen Wasserverlusten)
Schmelzenthalpie	6,01 kJ/mol	Geringe Gefrierpunktserniedrigung bei salzhaltigem Wasser, damit Ausbildung einer Eisschicht (Schutz) bei Temperaturen nahe 0 °C,[c] bis alles Wasser erstarrt ist
Oberflächenspannung	Größte Oberflächenspannung aller Flüssigkeiten, Hg ausgenommen (Wasser/feuchte Luft: 72 mN/m bei 20 °C)	Erleichtert Tropfenbildung in Wolken und Regen
Dipolmoment Dielektrizitätskonstante	Hohes Dipolmoment (1,85 D); Sehr hohe Dielektrizitätskonstante ($\varepsilon = 80{,}08$ bei 20 °C)	Hervorragendes Lösungsmittel für eine Vielzahl von polaren Stoffen und Salzen (Ionen); Transport gelöster Substanzen im hydrologischen Kreislauf und in Lebewesen; Transport bis in höchste Baumkronen; Wasser wird im Boden für Pflanzen in verfügbarer Form zurückgehalten (Adsorption) und folgt nicht nur der Gravitation
Lichtabsorption	Hoch in großen Bereichen des IR; bei 180...780 nm durchlässig, weniger hoch im Sichtbaren	Wichtig für die Regulierung der biologischen Aktivitäten (Photosynthese) und die atmosphärische Temperatur (Erwärmung von Oberflächengewässern; natürlicher Treibhauseffekt)

[a] Ausgenommen flüssiger Wasserstoff.

[b] Wasser hat zwar die größte spezifische Wärmeleitfähigkeit aller Flüssigkeiten (Hg ausgenommen); insgesamt ist sie jedoch gering, verglichen mit Metallen: Wasser 0,0059 J/(cm s K), Eis 0,022 J/(cm s K); beispielsweise Kupfer: 3,93 J/(cm s K).

[c] Gefrierpunkt von Meerwasser mit einem Salz-Massenanteil von 2,463 %: −1,338 °C.

müssen nur ein in wässriger Lösung als H^+-Ion abspaltbares Wasserstoffatom besitzen. Umgekehrt sind *Basen* Moleküle oder Ionen, die in der Lage sind, Protonen zu binden, also Protonen-*Akzeptoren*.

Gegeben sei eine Säure HA mit einem als *Proton*, H^+, abspaltbaren Wasserstoffatom und irgendeinem Rest A (z. B. ist A = Cl in HCl). Die Stärke einer solchen Säure wird über die Lage des Gleichgewichts

$$HA + H_2O \rightleftharpoons H_3O^+ + A^- \tag{16-3}$$

beschrieben, wobei H_3O^+ für die in Wasser stets vorliegende hydratisierte Form des Protons steht, das *Oxonium-Ion*. Für HA wird die *Säurekonstante*, K_S, definiert als

Tab. 16-2. Säureexponenten einiger Säuren. – Bei mehrwertigen Säuren ist nur der erste Säureexponent angegeben.

Säure	pK_S
HCl	–6
H_2SO_4	–3
HNO_3	–1,32
H_2SO_3	1,96
H_2Se	3,77
CH_3COOH	4,75
H_2CO_3	6,35
H_2S	6,92
NH_4^+	9,25
H_2O	15,74

$$K_S = \frac{c(H_3O^+) \cdot c(A^-)}{c(HA)} \tag{16-4}$$

(Im Folgenden werden – vereinfacht – anstelle von Aktivitäten die Konzentrationen verwendet.)

Je größer K_S ist, um so weiter liegt das Gleichgewicht (16-3) auf der rechten Seite, um so stärker ist also die Säure HA in Ionen aufgespalten, *dissoziiert*. Da die K_S-Werte zahlreiche Zehnerpotenzen überstreichen können, hat man den negativen dekadischen Logarithmus des Zahlenwerts von K_S als *Säureexponenten*, pK_S (Tab. 16-2), einer Säure definiert:

$$pK_S = -\lg \frac{K_S}{mol/L} \tag{16-5}$$

Typisch für Säuren nach dieser Definition ist die Eigenschaft, Protonen abzugeben. Deshalb werden der Konzentration der Protonen besondere Aufmerksamkeit geschenkt, und man hat den *pH-Wert* als negativen dekadischen Logarithmus des Zahlenwerts der Protonenkonzentration definiert (Tab. 16-3):

$$pH = -\lg \frac{c(H_3O^+)}{mol/L} \tag{16-6}$$

16.2.2 Näherungsweise pH-Wert-Berechnung

H O
| ||
H–C–C–OH
|
H

Essigsäure

Zu diesen Begriffen ein einfaches Rechenbeispiel: Essigsäure, CH_3COOH, hat einen pK_S-Wert von 4,75. Die Säurekonstante beträgt somit

$$K_S = 10^{-4,75} \text{ mol/L} = 1,78 \cdot 10^{-5} \text{ mol/L}$$

In einer Lösung, die keine weiteren Säuren enthält, ist die Konzentration an H_3O^+- und A^--Ionen gleich,

$$c(H_3O^+) = c(A^-) \tag{16-7}$$

Die *Eigendissoziation* des Wassers

$$H_2O + H_2O \rightleftharpoons H_3O^+ + OH^-$$

Tab. 16-3. pH-Werte verschiedener Flüssigkeiten.

Flüssigkeit	pH-Wert
Magensaft	0,9 … 2,3
Zitronensaft	2
Essig	3,1
Tomatensaft	4
Regen (Bundesdurchschnitt)	4,1
Saure Milch	4,4
Harn	4,8 … 7,4
„Sauberer" Regen	5,6
Milch	6,4 … 6,7
Wasser (chemisch rein)	7,0
Wasser in Flüssen, Bächen[a]	7,0 … 8,0
Blut	7,41
Wasser in Teichen[a]	7,5 … 8,5
Meerwasser	7,8 … 8,2
Seifenlauge	8,2 … 8,7
Darmsaft	8,3
Kalkwasser, gesättigt	12,3

[a] Geeignet für die Fischproduktion.

liefert nur einen geringen Beitrag zur Protonenkonzentration und kann dabei in guter Näherung vernachlässigt werden (was das Rechnen vereinfacht). Damit ergibt sich aus Gl. (16-3):

$$K_S = \frac{[c(H_3O^+)]^2}{c(HA)} \tag{16-8}$$

$c(HA)$ ist die Konzentration an undissoziierter Säure im Gleichgewicht. Da die Säure nur sehr schwach dissoziiert ist, setzt man – eine weitere Vereinfachung – in diesem Fall

$$c(HA) = c(ges)$$

wobei $c(ges)$ die Konzentration der Säure vor der Dissoziation (die „Einwaage-Konzentration", „ges" steht für „gesamt") sein soll. Ersetzt man noch $c(ges)/(mol/L)$ durch C, den Zahlenwert der „Einwaage-Konzentration", so erhält man nach Logarithmieren und Umformen

$$pH = \frac{1}{2}(pK_S - \lg C) \tag{16-9}$$

Damit kann man den pH-Wert einer Essigsäure-Lösung mit beispielsweise $c(ges) = 0,1$ mol/L errechnen zu:

$$pH = \frac{1}{2}(4,75 - \lg 0,1) = 2,875$$

16.3 Offene und geschlossene Systeme

16.3.1 Vorbemerkungen

Die Löslichkeit von Gasen in Wasser ist für pflanzliches und tierisches Leben von großer Bedeutung. Es gibt zwei Möglichkeiten – zwei idealisierte Extremfälle –, mit denen man modellhaft die Wechselwirkung von atmosphärischen Gasen mit Wasser in der Natur beschreiben kann.

Bei einem *offenen* System (Abb. 16-6 a) ist Wasser in Kontakt mit einer unbeschränkten Gasmenge. Der Partialdruck des Gases X, $p(X)$, wird durch den Übergang des Gases in Wasser nicht verändert, ist also praktisch konstant. Auf diese Weise lässt sich recht gut das Lösen von Gasen in Oberflächengewässern beschreiben, beispielsweise von CO_2 oder SO_2 im Meer oder in Seen.

Bei einem *geschlossenen* System (Abb. 16-6 b) steht nur eine beschränkte Menge eines gasförmigen Stoffes zur Verfügung, der sich zwischen der Gas- und der Wasserphase verteilt und dessen Partialdruck sich beim Auflösen im Wasser verringert. Dieses System ist ein gutes Modell für Gleichgewichtsvorgänge, wie sie sich in der Atmosphäre in Wassertröpfchen einstellen, die nur mit einer bestimmten beschränkten Gasmenge in Kontakt sind (beispielsweise in Nebel).

Im Folgenden soll auf das offene System mit einigen ausgewählten Beispielen eingegangen werden.

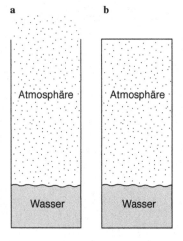

Abb. 16-6. Modelle für die Wechselwirkung von Atmosphäre und Wasser. – **a** Offenes System, **b** geschlossenes System.

16.3.2 Offenes System, keine chemische Reaktion mit Wasser

Beim Lösen von Gasen in Wasser muss man unterscheiden, ob die Gase mit Wasser chemisch reagieren oder nicht.

Gegeben sei ein Gas X (z. B. O_2), das in einem offenen System mit Wasser eines gegebenen Volumens bei einer bestimmten Temperatur in Wechselwirkung steht. Dann stellt sich nach einer bestimmten Zeit zwischen dem Gas im Gasraum und dem im Wasser gelösten Gas ein Gleichgewicht ein:

$$X_{gasförmig} \rightleftharpoons X_{gelöst} \qquad (16\text{-}10)$$

Die Konzentrationen des Gases X in der Luft und im Wasser seien $c_{Luft}(X)$ bzw. $c_{Wasser}(X)$ (beide in mol/L).

Dieses Gleichgewicht kann durch eine Löslichkeitskonstante α mit der Dimension 1 beschrieben werden:

$$\alpha = \frac{c_{Wasser}(X)}{c_{Luft}(X)} \qquad (16\text{-}11)$$

Daraus errechnet sich die Konzentration des Gases im Wasser:

$$c_{Wasser}(X) = \alpha \cdot c_{Luft}(X) \qquad (16\text{-}12)$$

Wegen der allgemeinen Gasgleichung

$$p(X) \cdot V(X) = n(X) \cdot R \cdot T$$

ergibt sich mit

$$c_{\text{Luft}}(X) = \frac{n(X)}{V(X)} = \frac{p(X)}{R \cdot T}$$

für die Sättigungskonzentration von X in Wasser:

$$c_{\text{Wasser}}(X) = \frac{\alpha \cdot p(X)}{R \cdot T}$$

$R = 0,08314$ bar L/(mol K)

oder

$$c_{\text{Wasser}}(X) = K_{\text{H}} \cdot p(X) \qquad (16\text{-}13)$$

mit

$$K_{\text{H}} = \frac{\alpha}{R \cdot T} \qquad (16\text{-}14)$$

Gl. (16-13) ist das *HENRYsche Gesetz* (vgl. Abschn. 3.2.3). Der Proportionalitätsfaktor K_{H}, die *HENRY-Konstante*, hat bei dem Konzentrationsmaß mol/L für $c(X)$ die Einheit mol/(bar L) (s. auch Tab. 3-4 in Abschn. 3.2.3).

Einige Löslichkeitskonstanten bei verschiedenen Temperaturen sind in Tab. 16-4 wiedergegeben. Die Konstanten α beschreiben die *physikalische* Löslichkeit der Gase in Wasser. Durch chemische Reaktionen, besonders Säure-Base-Gleichgewichte, können sich andere tatsächliche Löslichkeiten einstellen.

Dazu einige Beispiele: Sauerstoff, O_2, hat bei 20 °C (= 293,15 K) einen α-Wert von 0,031 (in 1 L Wasser sind also bei dieser Temperatur 31 mL Sauerstoff gelöst); für K_{H} ergibt sich dann nach Gl. (16-14):

$$K_{\text{H}} = 1,27 \cdot 10^{-3} \text{ mol/(bar L)}$$

Daraus errechnet sich nach Gl. (16-13) bei einem O_2-Volumenanteil in Luft von 20,95 % (vgl. Tab. 7-1 in Abschn. 7.2.1) – der O_2-Partialdruck beträgt also bei einem Gesamt-Luftdruck von 1 bar: 0,2095 bar – die O_2-Konzentration in Wasser:

$$c_{\text{Wasser}}(O_2) = 0,266 \cdot 10^{-3} \text{ mol/L}$$

Dies entspricht einer Löslichkeit von 8,5 mg (oder 6,5 mL unter Normalbedingungen) Sauerstoff in 1 L Wasser.

Für Kohlendioxid, CO_2, errechnet sich in ähnlicher Weise (ohne Berücksichtigung der Reaktion mit Wasser) bei einem Volumenanteil von 370 ppm (= 0,0370 % = 0,000 370) mit $\alpha = 0,878$ bei 20 °C:

$$K_{\text{H}} = 36 \cdot 10^{-3} \text{ mol/(bar L)}$$
$$c_{\text{Wasser}}(CO_2) = 13,3 \cdot 10^{-6} \text{ mol/L}$$

16.3 Offene und geschlossene Systeme

Tab. 16-4. Löslichkeitskonstanten α in Süßwasser bei verschiedenen Temperaturen.

Gas	α	
	0 °C	20 °C
N_2	0,0235	0,0155
CO	0,0354	0,0232
O_2	0,0489	0,0310
CO_2	1,71	0,878
H_2S	4,67	2,58
SO_2	79,8	39,4

Ohne die Säurereaktion des Wassers für SO_2, Schwefeldioxid, zu berücksichtigen, ergibt sich mit $\alpha = 39{,}4$ (bei 20 °C) für diese Verbindung entsprechend:

$$K_H = 1{,}62 \text{ mol/(bar L)}$$

und damit bei einem SO_2-Volumenanteil von 2 ppb (vgl. SO_2-MAK-Wert in Abschn. 10.1):

$$c_{\text{Wasser}}(SO_2) = 3{,}24 \cdot 10^{-9} \text{ mol/L}$$

Bei einem SO_2-Volumenanteil von 500 ppb errechnet sich diese „physikalische" Gleichgewichtskonzentration von Schwefeldioxid im Wasser zu:

$$c_{\text{Wasser}}(SO_2) = 0{,}81 \cdot 10^{-6} \text{ mol/L}$$

16.3.3 Offenes System, chemische Reaktion mit Wasser

Wie im vorhergehenden Beispiel soll nun davon ausgegangen werden, dass das Gas X mit Wasser entsprechend Gl. (16-10) im Gleichgewicht steht. Zusätzlich jedoch soll $X_{\text{gelöst}}$ mit Wasser unter Bildung von H^+-Ionen reagieren:

$$X_{\text{gelöst}} + H_2O \;\rightleftharpoons\; H^+ + HXO^- \qquad (16\text{-}15)$$

Die Säurekonstante für diese Reaktion ergibt sich zu

$$K_S = \frac{c(H^+) \cdot c(HXO^-)}{c(X_{\text{gelöst}})} \qquad (16\text{-}16)$$

Ersetzt man X durch CO_2 oder SO_2, so erhält man:

$K_S = 4{,}45 \cdot 10^{-7}$ mol/L

$$CO_{2(\text{gelöst})} + H_2O \;\rightleftharpoons\; H^+ + HCO_3^- \qquad (16\text{-}17)$$

bzw.

$K_S = 1{,}29 \cdot 10^{-2}$ mol/L

$$SO_{2(\text{gelöst})} + H_2O \;\rightleftharpoons\; H^+ + HSO_3^- \qquad (16\text{-}18)$$

Mit der vereinfachenden Annahme Gl. (16-7) (anstelle von A^- steht hier HXO^-) ergibt sich aus Gl. (16-8) und Gl. (16-13):

$$c^2(H^+) = K_S \cdot K_H \cdot p(X)$$

oder

$$c(H^+) = [K_S \cdot K_H \cdot p(X)]^{1/2} \qquad (16\text{-}19)$$

In den folgenden Beispielen werden H_2CO_3 und H_2SO_3 wie einwertige Säuren behandelt, also so, als würden sie nur ein einziges Proton abgeben [s. Gl. (16-17) bzw. (16-18)]; die weitere Reaktion der Teilchen HCO_3^- bzw. HSO_3^- mit Wasser wird also nicht berücksichtigt. Dies ist zulässig, da die Abspaltung des zweiten Protons in der Tat nur unwesentlich zur Erniedrigung des pH-Werts beiträgt.

Für CO_2 ergibt sich aus Gl. (16-19) mit $\alpha = 0{,}878$ bei 20 °C, $K_S = 4{,}45 \cdot 10^{-7}$ mol/L und einem CO_2-Volumenanteil von

357 ppm (= 0,000 357 bar):

$$c(H^+) = 2,39 \cdot 10^{-6}\ mol/L$$

und damit ein pH-Wert von 5,62.

Für einen Volumenanteil von 2 ppb errechnet sich in ähnlicher Weise für Schwefeldioxid ($K_S = 1,29 \cdot 10^{-2}$ mol/L) ein pH-Wert von 5,19. Bei einem SO_2-Volumenanteil von 500 ppb – ein Gehalt, der episodenhaft (s. auch Abschn. 10.3.1) überschritten werden kann – sinkt der pH-Wert auf 3,99.

Die α-Werte (vgl. Tab. 16-4 in Abschn. 16.3.2) beschreiben die rein physikalische Löslichkeit. Die *effektive* Löslichkeit, α_{eff}, ergibt sich in diesen beiden letzten Beispielen aus dem Verhältnis der Summe der in Wasser gelösten Teilchen X und der durch Reaktion gebildeten HXO^--Teilchen zu den in der Luft verbleibenden:

$$\alpha_{eff} = \frac{c_{Wasser}(X) + c(HXO^-)}{c_{Luft}(X)} = \alpha + \frac{c(HXO^-)}{c_{Luft}(X)} \qquad (16\text{-}20)$$

Im Falle X = CO_2 errechnet sich für einen Volumenanteil von 370 ppm [$c_{Luft}(CO_2)$ bei 20 °C: $14,65 \cdot 10^{-6}$ mol/L] und $c(HCO_3^-)$ [= $c(H^+)$] = $2,39 \cdot 10^{-6}$ mol/L:

$$\alpha_{eff} = \frac{c_{Wasser}(CO_2) + c(HCO_3^-)}{c_{Luft}(CO_2)}$$

$$= \frac{13,3 \cdot 10^{-6}\ mol/L + 2,39 \cdot 10^{-6}\ mol/L}{14,65 \cdot 10^{-6}\ mol/L}$$

$$= 1,071$$

Dies bedeutet, dass sich durch die chemische Reaktion von CO_2 mit Wasser α von 0,878 auf 1,071 erhöht, also die tatsächliche Löslichkeit nur um 22 % steigt.

Anders ist dies bei Schwefeldioxid. Die effektive Löslichkeit unter Mitberücksichtigung des als Hydrogensulfit gelösten Schwefeldioxids beträgt für einen Volumenanteil von 2 ppb [$c_{Luft}(SO_2)$ bei 20 °C: $8,21 \cdot 10^{-11}$ mol/L] und $c(HSO_3^-)$ [= $c(H^+)$] = $6,46 \cdot 10^{-6}$ mol/L:

$$\alpha_{eff} = \frac{c_{Wasser}(SO_2) + c(HSO_3^-)}{c_{Luft}(SO_2)}$$

$$= \frac{3,24 \cdot 10^{-9}\ mol/L + 6,46 \cdot 10^{-6}\ mol/L}{8,21 \cdot 10^{-11}\ mol/L}$$

$$= 7,87 \cdot 10^4$$

Dies bedeutet, dass die effektive Löslichkeit α_{eff} um mehr als drei Zehnerpotenzen höher liegt als die „physikalische Löslichkeit" ($\alpha = 39,4$). In 1 L Wasser gehen bei einem Gehalt von 2 ppb ungefähr 0,16 mL SO_2 aus der Gasphase in Lösung, bei 500 ppb ungefähr 2,4 mL SO_2.

16.4 Fällung von Hydroxiden

Einige umweltrelevante Metalle bilden in wässriger Lösung schwer lösliche Hydroxide. Viele Metall-Ionen werden im Wasser durch Hydroxid-Ionen, OH^-, ausgefällt. Unter *Fällung* versteht man die Bildung einer festen Phase aus zwei oder mehr gelösten in der Regel ionischen Komponenten. Solche Fällungsreaktionen sind in der Praxis wichtig, um Metalle wie Aluminium, Eisen, Chrom oder Kupfer aus Gewässern zu entfernen (z. B. bei der Gewinnung von Trinkwasser). Um abschätzen zu können, ob in einer gegebenen Situation ein Metall als Hydroxid in den Sedimenten von Gewässern angereichert werden kann, muss man die Bedingungen kennen, unter denen bestimmte Metalle als Hydroxide ausgefällt werden.

Für das Ausmaß, in dem Metalle im Wasser gelöst bleiben oder als Hydroxid ausgefällt werden, ist der pH-Wert maßgeblich. Die *Fällung* wird durch das Gleichgewicht

$$Me^{n+} + n\ OH^- \rightleftharpoons Me(OH)_n \qquad (16\text{-}21)$$

beschrieben. Üblicherweise gibt man die Gleichgewichtskonstante für die umgekehrte Reaktion an: Für

$$Me(OH)_n \rightleftharpoons Me^{n+} + n\ OH^- \qquad (16\text{-}22)$$

gibt das *Löslichkeitsprodukt*, K_L, eine stoffspezifische Größe (Tab. 16-5), Auskunft über das Ausmaß dieses Lösevorgangs:

$$K_L = c(Me^{n+}) \cdot c^n(OH^-) \qquad (16\text{-}23)$$

Berücksichtigt man noch das Ionenprodukt des Wassers,

$$K_W = c(H_3O^+) \cdot c(OH^-) = 10^{-14}\ mol^2/L^2 \qquad (16\text{-}24)$$

so erhält man

$$K_L = c(Me^{n+}) \cdot [K_W/c(H_3O^+)]^n \qquad (16\text{-}25)$$

oder

$$lg\ c(Me^{n+}) = n\ pK_W - n\ pH - pK_L \qquad (16\text{-}26)$$

Auf diese Weise kann man beispielsweise für Cd^{2+} die Konzentrationen berechnen, die bei einem gegebenen pH-Wert noch in Wasser gelöst vorliegen (Abb. 16-7). Während bei diesen Metallen das gebildete Hydroxid praktisch nicht wieder in einem Überschuss von OH^--Ionen aufgelöst wird, gibt es einige Metalle, die bei Überschreiten eines pH-Optimums wieder in Lösung gehen und gemäß

$$Me(OH)_n + m\ OH^- \rightleftharpoons [Me(OH)_{n+m}]^{m-} \qquad (16\text{-}27)$$

lösliche Hydroxokomplexe bilden (man nennt solche Metalle *amphoter*). Die Gleichgewichtskonstante (Tab. 16-6) für einen solchen Vorgang – Auflösen des schwerlöslichen Niederschlags unter Komplexbildung – ist

Tab. 16-5. Löslichkeitsprodukte von Metallhydroxiden (Auswahl).

Metall-Ion	pK_L
Al^{3+}	32,7
Cd^{2+}	13,92
Cr^{3+}	30,3
Cu^{2+}	19,75
Fe^{2+}	13,5
Fe^{3+}	37,4
Pb^{2+}	15,55
Zn^{2+}	16,75

$pK_L = -\,lg\,[K_L/(mol^{n+1}/L^{n+1})]$

$pK_W = -\,lg\,[K_W/(mol^2/L^2)]$

Tab. 16-6. Bildungskonstanten für Hydroxokomplexe (Auswahl).

Komplex	pK_K	$m^{a)}$
$[Al(OH)_4]^-$	–1	1
$[Cr(OH)_4]^-$	2	1
$[Fe(OH)_4]^-$	4,6	1
$[Pb(OH)_3]^-$	1	1
$[Zn(OH)_4]^{2-}$	1	2

[a] m wie in den Glen. (16-27) bis (16-30).

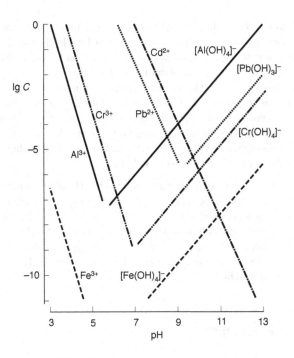

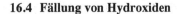

Abb. 16-7. Konzentrationen einiger Metall-Ionen und -Hydroxokomplexe in Abhängigkeit vom pH-Wert der wässrigen Lösung über dem Hydroxid-Bodenkörper.

$$K_K = \frac{c\{[Me(OH)_{n+m}]^{m-}\}}{c^m(OH^-)} \qquad (16\text{-}28)$$

$pK_K = -\lg\,[K_K/(mol^{1-m}/L^{1-m})]$

Für die Konzentration an gelöstem Metall, $c\{[Me(OH)_{n+m}]^{m-}\}$, ergibt sich

$$c\{[Me(OH)_{n+m}]^{m-}\} = K_K \cdot c^m(OH^-) \qquad (16\text{-}29)$$

und damit

$$\lg c\{[Me(OH)_{n+m}]^{m-}\} = -\,m\,pK_W + m\,pH - pK_K \qquad (16\text{-}30)$$

In Abhängigkeit vom pH-Wert liegen bei amphoteren Metallen Me^{n+}- und $[Me(OH)_{n+m}]^{m-}$-Ionen in unterschiedlichen Mengen vor (s. Abb. 16-7); die Summe dieser beiden Konzentration gibt an, wieviel Metall im Wasser gelöst ist.

Besonderes Augenmerk verdienen die amphoteren Metalle; ihre Löslichkeit wird offensichtlich bei einem bestimmten pH-Wert minimal, beispielsweise die von Chrom(III)-hydroxid bei pH ≈ 7. Dies bedeutet, dass man beim Ausfällen in der Praxis ggf. in mehreren Stufen vorgehen muss: Ein Teil der schwerlöslichen Hydroxide wird bei pH-Werten von 9,0...9,5 ausgefällt, und die amphoteren Hydroxide lassen sich anschließend bei pH 7,5...8,5 abtrennen.

Bei dieser Betrachtung der Fällungsreaktionen in wässrigen Systemen sind einige vereinfachende Annahmen gemacht worden:

- Zum einen ist das Löslichkeitsprodukt als konstant angenommen worden – in Wirklichkeit ändert es sich aber, wie alle

chemischen Gleichgewichtskonstanten, mehr oder weniger stark mit der Temperatur und mit dem Druck. (Beispielsweise unterscheiden sich die Temperaturen von Gletscherwasser deutlich von den Temperaturen von Wasser aus heißen Quellen oder in den Tiefen der Ozeane; damit ist aber auch die Löslichkeit von Stoffen in solchen Gewässern verschieden. Und ein konstanter Druck kann zwar für die oberen Wasserschichten von Gewässern angenommen werden, aber für die Löslichkeitsverhältnisse in den Ozeanen ist die Zunahme des Druckes mit der Tiefe von Bedeutung.)

– Zum anderen wurden bei den amphoteren Hydroxiden nur zwei Gleichgewichte betrachtet, andere wurden ggf. vernachlässigt: Beispielsweise bilden Metalle wie Me = Al oder Fe andere OH^- enthaltende Ionen wie $Me(OH)^{2+}$ oder $Me(OH)_2^+$. Deshalb können die berechneten Konzentrationswerte von den tatsächlich in Gewässern gemessenen in einzelnen Fällen erheblich abweichen.

16.5 Flockung

Unter *Flockung* versteht man alle physikalisch-chemischen oder verfahrenstechnischen Prozesse, bei denen Kolloidpartikel oder feinverteilte suspendierte Feststoffe, die sich wegen ihrer Kleinheit durch Filtrieren nicht abtrennen lassen oder nur sehr langsam sedimentieren, in sichtbare oder abtrennfähige größere Verbände, in *Flocken*, übergeführt werden.

Häufig liegen in Oberflächenwässern, Grundwässern und Abwässern feinverteilte Feststoffe als Trübungen vor, die sich nicht durch Sedimentation oder andere Verfahren wie Filtration oder Flotation abtrennen lassen. Nach einer Flockung jedoch werden die Trübstoffe vergrößert und sinken schneller auf den Boden ab („Sedimentationsbeschleunigung"); sie lassen sich dann beispielsweise im Klärbecken einer Wasseraufbereitungsanlage entfernen.

Durch Flockung kann man aus dem Wasser oder Abwasser eine Vielzahl von Verunreinigungen mehr oder weniger gut entfernen, u. a. silikatische Trübstoffe, Kohlenhydrate, Fette, Huminstoffe (-säuren), Ligninsulfonsäuren, Mineralöle und Tenside.

In der Wasseraufbereitung und Abwassertechnik werden zur Flockung *Flockungschemikalien* verwendet. Bei den *anorganischen* Flockungschemikalien handelt es sich vor allem um Eisen(III)- oder Aluminium-Salze. (Manchmal werden bestimmte Fällungsreaktionen, bei denen gelöste Stoffe in eine mechanisch abtrennbare Form übergeführt werden, in den Überbegriff „Flockung" eingeschlossen.) Man verwendet vornehmlich die Sulfate oder Chloride von Fe^{3+} (oder Fe^{2+}, das zu Fe^{3+} oxidiert werden muss) oder Al^{3+}, um neben Phosphat und Fluorid auch anderen Metallionen (z. B. Cadmium) auszufällen, die die Wasserqualität mindern würden. Das sich vorwiegend bildende Aluminium- bzw. Eisen(III)-hydroxid wirkt als Adsorbens nicht nur für gelöste Wasserinhaltsstoffe, sondern auch für Schwebstoffe im Wasser.

Schwermetalle werden üblicherweise mit Natronlauge oder Kalk als schwerlösliche Hydroxide ausgefällt und abgetrennt – vorausgesetzt, die Abwässer enthalten keine Komplexbildner, die die Schwermetalle in Lösung halten. (Hohe Schwermetall-Konzentrationen im Abwasser kommen produktionsbedingt u. a. bei Galvanikbetrieben vor.)

Die *organischen* Flockungschemikalien werden auch manchmal *Flockungshilfsmittel* genannt. Sie sind wasserlösliche organische Polymere, die an mehreren suspendierten Teilchen anhaften können und diese so zu größeren Partikeln verknüpfen. Die ersten dieser Polymere waren reine oder modifizierte Naturprodukte wie Stärke oder Pflanzengummi. Heute verwendet man in der Regel als Flockungshilfsmittel synthetische anionische, kationische oder nichtionische Polyelektrolyte (Tab. 16-7) – je nach Art des zu behandelnden Wassers allein oder in Kombination mit Metallsalzen.

Tab. 16-7. Organische Flockungshilfsmittel (Auswahl).

Polymer	Strukturformel	Ladungscharakter[a]
Polyacrylat	$\left[-CH_2-\overset{\overset{\displaystyle H}{\mid}}{\underset{\underset{\displaystyle C-O^-\,Na^+}{\mid}}{C}} - \right]_n$	anionisch
Polyethylenimin[b]	$\left[-CH_2-\overset{}{\underset{\underset{\displaystyle H}{\mid}}{N}}-CH_2- \right]_n$	kationisch
Polyethylenoxid	$\left[-CH_2-O-CH_2- \right]_n$	nichtionisch

[a] Gelöst in Wasser.

[b] Liegt verzweigt mit Seitenketten am Stickstoff vor; enthält 30…40 % tertiäre Aminogruppen: $\left[-CH_2-\overset{\overset{\displaystyle R}{\mid}}{\underset{\underset{\displaystyle H}{\mid}}{N^+}}-CH_2- \right]_n$

17 Wasserkreislauf, Wasserbelastungen

17.1 Wassermengen, Wasserkreislauf

Die *Hydrosphäre* (*griech*. hydor, Wasser; sphaira, Kugel, Erd-kugel) ist die Wasserhülle der Erde, also der Teil der Umwelt, der vorwiegend aus Wasser besteht: Ozeane, Seen, Flüsse, Grund-wasser, Polareis und Gletscher. Weniger als 3 % der Hydrosphäre befinden sich auf den Kontinenten in Form von Eis, Schnee, Seen, Flüssen oder Grundwasser; mehr als 95 % des Wassers kommen in den Ozeanen vor (Näheres s. Tab. 2-4 in Abschn. 2.4.2).

Wasser – in flüssigem, festem und gasförmigem Zustand – ist die am häufigsten vorkommende Verbindung auf der Erdoberflä-che ($1409 \cdot 10^6$ km^3). Die gesamten *Wasservorräte*, die in den verschiedenen Lagerstätten angetroffen werden, verteilen sich auf mehrere Reservoire (Tab. 17-1). Für den H_2O-Volumenanteil in der Atmosphäre wird als Durchschnittswert 9 ppm $\approx$ 0,001 % an-gegeben. Das Wasser der Ozeane besitzt ungefähr 300-mal die Gesamtmasse aller Bestandteile der Atmosphäre zusammen.

Tab. 17-1. Die Wasservorräte der Erde. – Insgesamt $1409 \cdot 10^6$ km^3.

Bereich der Hydrosphäre	Wasservolumen (in 10^6 km^3)
Weltmeere	1370
Eis und Schnee (Polarkappen u. a.)	29
Grundwasser	9,5
Oberflächenwasser (Seen und Flüsse)	0,13
Atmosphäre	0,013
Biosphäre	0,0006

Nur ein geringer Anteil des Wassers (0,67 %) liegt als Grund-wasser vor. Am wenigsten Wasser befindet sich – die Biosphäre ausgenommen – in der Atmosphäre, und dort nahezu ausschließ-lich in der unteren Troposphäre: eine geringe Menge an gasförmi-gem Wasser mit einer wichtigen Funktion im Wasserkreislauf.

Wasser bleibt nicht dauernd an einer bestimmten Stelle der Erde, sondern es ist – wie alle Stoffe – immer in Bewegung. Die-ser *Wasserkreislauf (hydrolytische Zyklus)* wird vor allem durch die Sonnenstrahlung in Gang gehalten. Qualitativ lässt er sich fol-gendermaßen beschreiben: Das Wasser aus Meeren und anderen freien Wasserflächen (z. B. Seen), aber auch vom Erdboden und von Pflanzen verdunstet in die Atmosphäre und wird dort wegtransportiert, hauptsächlich in Form von Wolken. Zurück zur Erde gelangt es als Niederschlag aus Wolken, wo es entweder über die Oberfläche zu Seen oder zum Meer abfließt oder durch den Boden ins Grundwasser sickert.

Insgesamt werden im Jahr durchschnittlich $0,496 \cdot 10^6$ km³ Wasser durch Verdunstung in die Atmosphäre emittiert (Abb. 17-1). Davon werden 85 % aus den Ozeanen freigesetzt. Die mittleren Verweilzeiten von Wasser in den verschiedenen Reservoiren unterscheiden sich stark: In der Atmosphäre liegen sie bei 8 bis 9 Tagen, auf den Kontinenten und in den Ozeanen bei schätzungsweise 1700 bzw. 3000 Jahren. Die bedeutendste Senke für Wasser in der Atmosphäre ist die Kondensation des Wasserdampfs mit anschließendem Ausregnen. Bevorzugt lagert sich Wasserdampf dazu an Kondensationskerne (vgl. Abschn. 14.1) an.

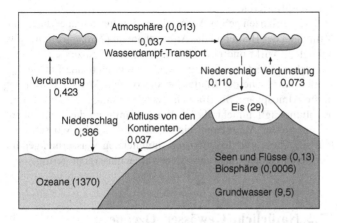

Abb. 17-1. Schematische Darstellung des globalen Wasserkreislaufs. – Die Flüsse zwischen den einzelnen Reservoiren sind in 10^6 km³ Wasser pro Jahr angegeben; die in Klammern angegebenen Werte bezeichnen die Wassermengen in den jeweiligen Reservoiren (in 10^6 km³).

Wasserdampf wird zwar auch durch die Verbrennung von fossilen Brennstoffen, von Biomasse sowie durch andere energieproduzierende Prozesse in die Atmosphäre emittiert, z. B. für Alkane gemäß

$$C_nH_{2n+2} + \frac{3n+1}{2}\, O_2 \longrightarrow n\, CO_2 + (n+1)\, H_2O \qquad (17\text{-}1)$$

($n = 1$: Verbrennung von Methan, CH_4)

Doch sind diese Quellen im Vergleich zum natürlichen Wasserkreislauf nur von untergeordneter Bedeutung. (Dies gilt nicht für den Flugverkehr in der oberen Troposphäre und unteren Stratosphäre: Hier ist die Verbrennung des Treibstoffs die einzige lokale Quelle für Wasser, beeinflusst also Konzentration und Verteilung des Wasserdampfs in diesen Schichten der Atmosphäre.)

Von der Gesamtmenge an Wasserdampf, die in die Atmosphäre emittiert wird, regnen $0,386 \cdot 10^6$ km³/a über den Ozeanen aus. Der Rest von $0,110 \cdot 10^6$ km³/a gelangt größtenteils als *Niederschlag* in Form von Regen, Schnee oder Hagel auf die Kontinente und wird teilweise wieder über Flüsse und Bäche den Ozeanen zugeführt. Als Niederschlag gelangen in einem Jahr insgesamt $0,496 \cdot 10^6 \text{ km}^3$ auf die Erde. Da der Wassergehalt der Atmosphäre $0,013 \cdot 10^6 \text{ km}^3$ beträgt, muss also das Wasser bei der Verweilzeit von weniger als 10 Tagen in der Atmosphäre durchschnittlich ungefähr 40-mal im Jahr „ausgewechselt" werden.

Die Wasserbilanz auf dem Festland ist – abhängig vom jeweils herrschenden Klima – verschieden. In Gegenden mit *humidem*, also *niederschlagsreichem*, Klima [*lat.* (h)umidus, feucht, nass], z. B. in den Tropen, sind die Niederschlagsmengen größer als die Mengen des durch Verdunstung wieder in die Atmosphäre gelangenden Wassers. Bei *aridem* (*lat.* aridus, trocken, ausgetrocknet, dürr) Klima (z. B. in Wüsten) hingegen verdunstet nahezu das gesamte Wasser, das der Erdoberfläche mit Niederschlägen zugeführt wird. Die Niederschlagsmengen auf dem Festland können regional stark schwanken (Tab. 17-2), und selbst örtlich können sie differieren.

Tab. 17-2. Mittlere jährliche Niederschläge.

Land	Niederschlag (in mm)[a]
Skandinavien	5000
Deutschland	800[b]
Iberische Halbinsel	400

[a] Man spricht von „1 mm Niederschlag"; dies entspricht 1 L/m^2.

[b] Langjähriger Durchschnitt (1951-1980) z. B. in Freiburg im Breisgau: 933 mm; in Leipzig: 529 mm.

Auch Pflanzen geben Wasser durch Verdunsten über die Spaltöffnungen der Blätter an die Atmosphäre ab (*Transpiration*), was abkühlend wirkt und eine Überhitzung der Pflanze bei Sonneneinstrahlung verhindert. Je trockener die umgebende Luft und je größer die Fläche der Blätter ist, desto mehr Wasser verdunstet in die Atmosphäre. So gibt beispielsweise eine mannshohe Sonnenblume täglich mehr als 1 L Wasserdampf an die Atmosphäre ab, ein großer Ahornbaum bis zu 400 L. Doch im Wasserkreislauf sind diese von den Pflanzen stammenden Wassermengen im Vergleich zu denen aus dem Meer vernachlässigbar gering.

17.2 Natürliche Gewässer, Ozeane

Unter *Gewässern* versteht man in der Natur fließendes oder stehendes Wasser auf dem Festland oder Grundwasser. Die oberirdisch fließenden Gewässer lassen sich in künstliche (z. B. Kanäle) und natürliche (z. B. Flüsse, Bäche) unterteilen. Stehende Gewässer sind Seen, Teiche, Weiher u. ä. Hinzu kommen die *Ozeane*, die Weltmeere, die an den meisten Kreisläufen maßgeblich beteiligt sind (s. auch Abschn. 2.5), besonders an dem so bedeutenden Kohlenstoffkreislauf (vgl. Abschn. 8.2.2). Die Zusammensetzung solcher natürlicher Oberflächengewässer auf den Kontinenten und auch von Meerwasser ist in Tab. 17-3 zusammengefasst.

Den Ozean kann man sich in einem einfachen Modell – mindestens in den wärmeren Teilen der Weltmeere – als in drei Schichten unterteilt vorstellen (*Dreischichten-Modell*; Abb. 17-2). Eine obere dünne, etwa 75 m messende Deckschicht besteht aus warmem Oberflächenwasser, das einigermaßen durchmischt wird (Mischungsschicht). Hier kommen die Lebewesen in Kontakt mit der Luft und mit dem Licht und können somit aus Kohlendioxid und Wasser organische Substanzen aufbauen.

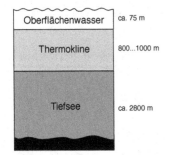

Abb. 17-2. Einfaches Modell des Ozeans (nicht maßstabsgetreu).

Tab. 17-3. Mittlere chemische Zusammensetzung natürlicher Oberflächengewässer.

Komponente X	Süßwasser[a]	Meerwasser
	$c(X)$ (in mmol/L)	
HCO_3^-	0,25...4	2,5
Ca^{2+}	0,05...3	10
H_4SiO_4	0,06...0,6	0,08
Mg^{2+}	0,02...1,6	50
Cl^-	0,02... 2	500
Na^+	0,02...2,5	500
H^+	$3,2...320 \cdot 10^{-6}$ [b]	$7,9 \cdot 10^{-6}$ [c]

[a] Durchschnittliches Oberflächenwasser auf den Kontinenten.
[b] pH 6,5...8,5.
[c] pH 8,1.

Es handelt sich bei diesen Lebewesen hauptsächlich um das mikroskopisch kleine Phytoplankton. Unter *Plankton* (*griech.* plagkton, Umhertreibendes) versteht man frei im Meer oder im Süßwasser schwebende, meist mikroskopisch kleine pflanzliche oder tierische Lebewesen, die sich nicht selbst fortbewegen, sondern durch das Wasser bewegt werden, also ohne oder mit nur geringer Eigenbewegung. Man unterscheidet das *Phytoplankton* (*griech.* phyton, Pflanze), z. B. einzellige Algen, und das *Zooplankton* (*griech.* zoon, Lebewesen, Tier), tierische Organismen wie kleine Krebse, Manteltierchen, Rädertierchen, Larven von Schnecken, Muscheln, Würmer u. a. Dabei dient das Phytoplankton – es wird durch Photosynthese aus anorganischen Bestandteilen des Ozeans aufgebaut (Abb. 17-3; s. auch Abschn. 16.1.1) – als Nahrung für das Zooplankton, das seinerseits in der Nahrungskette von den Fischen als Nahrungsquelle genutzt wird.

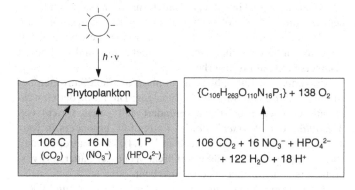

Abb. 17-3. Photosynthese des Phytoplanktons im Oberflächenwasser des Ozean (schematisch). – Die in Klammern angegebenen Teilchen sind die Hauptquelle für die jeweiligen Elemente; die Gleichung (rechts) beschreibt den Aufbau eines Wasserlebewesens mittlerer Zusammensetzung.

Der dünnen Deckschicht folgt eine 800...1000 m dicke Zwischenschicht (s. Abb. 17-2), die *Thermokline*, mit einem scharfen Temperatursprung; diese Wasserschicht ist keine eigentliche Sperrschicht, sie wird langsam (in Jahren) durch jahreszeitlich bedingte Konvektion mit dem Oberflächenwasser und Wasser aus darunter liegenden Schichten der Tiefsee durchmischt.

Die dritte Schicht ist das kalte *Tiefenwasser* des Ozeans. Es wird in Zeiten von mehreren hundert Jahren (ca. 400 Jahre im Atlantik, ca. 1000 Jahre im Pazifik) gegen Oberflächenwasser ausgetauscht. Dazu wird salzhaltiges Oberflächenwasser aus niedrigeren Breiten bei der Abkühlung durch den Kontakt mit der kalten Luft höherer Breiten so schwer, dass es in die Tiefe absinkt und dort wieder in niedrigere Breiten zurückströmt (die globalen Absinkraten schätzt man auf etwa $1...2 \cdot 10^6$ km^3/a).

17.3 Wasserbelastungen

17.3.1 Nährstoffe

Nährstoffe sind bei typischen (grünen) Pflanzen Mineralstoffe und einige Spurenelemente, die für den Stoffwechsel der Pflanzen erforderlich sind; dazu gehören neben Kohlenstoff sowie einigen anderen Elementen noch Stickstoff und Phosphor (vgl. Tab. 21-7 in Abschn. 21.4.1). Besonders diese beiden für Pflanzen so bedeutsamen Elemente können – im Überangebot – Gewässer stark belasten. Eine „Überdüngung" von Oberflächengewässern vor allem mit diesen Pflanzennährstoffen und die dadurch bedingten Störungen des biologischen Gleichgewichts nennt man *Eutrophierung (griech.* eutrophia, Wohlgenährtheit).

Wegen eines solchen Nährstoffüberangebots kommt es in Gewässern zu schnellerem Algenwachstum. Als Folge davon dringt weniger Sonnenlicht in tiefere Wasserschichten vor – Photosynthese kann dort deshalb nur noch in geringerem Ausmaß stattfinden, es wird also weniger Sauerstoff produziert. Abgestorbene Algen aus höheren Gewässerschichten sinken in tiefere und werden dort unter Sauerstoffverbrauch abgebaut. Der Sauerstoff im Gewässer reicht, das ist die Folge, nach einer bestimmten Zeit für seine höheren Lebewesen nicht mehr aus, und es kommt beispielsweise zu Fischsterben.

Erkennbar ist Eutrophierung an massenhaftem Auftreten bestimmter Algen wie Blau- und Grünalgen: Die Farbe der Gewässer an der Wasseroberfläche verändert sich – man spricht von *Algenblüte* oder *Wasserblüte.* Im Extremfall, besonders in wärmeren Jahreszeiten (s. auch Abschn. 17.3.4), kann Eutrophierung zum *Umkippen* von Gewässern führen: Wenn der Sauerstoff verbraucht ist, wird weiter anaerob abgebaut.

Zur Eutrophierung führen hauptsächlich Stickstoff und Phosphor. *Stickstoff*haltige Stoffe, die in die Gewässer gelangen, stammen vor allem aus der Landwirtschaft (Tab. 17-4) – hauptsächlich durch Düngen (vgl. Abschn. 21.4.4) und *Überdüngen*, das Aufbringen von Dünger auf Anbauflächen in zu großen Mengen, und durch Viehhaltung (s. auch Abschn. 19.3.4). *Phosphor* wird vor allem aus der Landwirtschaft und den Haushalten in die Gewässer eingetragen (Tab. 17-4). Die Phosphoreinträge in Abwässer durch Wasch- und Reinigungsmittel konnten inzwischen, gesetzlichen Vorgaben entsprechend, erheblich reduziert werden (vgl. Abschnitte 18.1.3 und auch 20.4).

Tab. 17-4. Stickstoff- und Phosphoreinträge (1993 bis 1997: ca. 820 kt/a bzw. 37 kt/a) in die Oberflächengewässer der Deutschlands.

Eintragsquelle	Stickstoff	Phosphor
	Anteil (in %)	
Kommunale Kläranlagen[a]	25	31
Industrielle Direkteinleiter[a]	3	3
Erosion[b]	2	22
Grundwasser, Drainage[b]	63	24
Urbane Flächen[b]	4	11
Sonstige[b,c]	3	9

[a,b] Punktförmige bzw. diffuse Einträge.
[c] Atmosphärische Deposition, Abschwemmung Landwirtschaft.

Abwasser ist ebenfalls Nährstoffquelle für Mikroorganismen (vgl. auch Abschnitte 17.3.3 und 19.3.1), sofern keine Bestandteile enthalten sind, die die Lebewesen abtöten. Wenn zu viel nährstoffhaltiges Abwasser in ein Gewässer eingeleitet wird und nicht genügend Sauerstoff für die aerob abbauenden Mikroorganismen zur Verfügung steht, können niedere wie höhere Lebewesen wiederum absterben.

17.3.2 Salze, Schwermetalle

Salze, vor allem Chloride, Nitrate, Sulfate und Phosphate, fallen in vielen Prozessen bei Produktion und Rohstoffgewinnung zum Teil in erheblichen Mengen an und sind deshalb von Bedeutung für die Umwelt. Wegen ihrer meist guten Wasserlöslichkeit können sie häufig nur durch aufwendige physikalisch-chemische Reinigungsverfahren aus dem Abwasser oder bei der Trinkwasseraufbereitung entfernt werden.

Cl^-, NO_3^-, PO_4^{3-}

Einige Flüsse in Deutschland wurden noch in den 80er Jahres des letzten Jahrhunderts durch besonders große Salzmengen belastet, z. B.: der *Rhein* u. a. durch elsässische Kaliabwässer, die *Lippe* durch Chlorid aus den Abwässern des Steinkohlebergbaus, die *Werra/Weser* durch Ableitungen aus dem thüringischen Kali-Bergbau.

Die Belastung der Fließgewässer mit Salzen stieg nach dem zweiten Weltkrieg bis ungefähr 1985 erheblich an; inzwischen haben sich diese Gehalte in den meisten deutschen Binnengewässern auf einem niedigen Niveau stabilisiert. Beispielsweise betrug der Gehalt an Nitrat (bezogen auf N) an der deutsch-holländischen Grenze 1955 2 mg/L, 1985 sogar 4 mg/L; inzwischen liegen die Werte bei etwa 0,2 mg/L – mit abnehmendem Trend. Änliches gilt für Phosphat (1955: etwa 0,05 mg/L, bezogen auf P; 1975: 0,4 mg/L; heute: < 0,1 mg/L). Ursachen für diese deutliche Verbesserung der Wasserqualität sind der Neu- und Ausbau von Kläranlagen und im Fall der Phosphate der Einsatz phosphatfreier Waschmittel.

Zu den Wasserbelastungen zählen auch *Schwermetalle* (s. auch Kap. 23), die beispielsweise aus Produktionsprozessen in Gewässer gelangen. Sie werden zu einem hohen Anteil an Schwebstoffen adsorbiert und sedimentieren in geeigneten Zonen des Gewässers. Besonders empfindlich reagieren Wasserorganismen auf Schwermetalle. In Fließgewässern liegen Schwermetalle vor in gelöster Form und in Schwebstoffen (Tab. 17-5) sowie in schwerlöslicher Form in den Sedimenten.

Tab. 17-5. Hintergrundbelastungen an Schwermetallen in Fließgewässern.

Element	Wasser	Schwebstoffe
	Konzentration	
	(in µg/L)	(in mg/L)
Pb	0,1	12,5 ... 50
Cd	0,08	0,15... 0,6
Cr (+6)	2	40 ...160
Cu	0,2	10 ... 40
Ni	0,2	15 ... 60
Hg	< 0,23[a)] < 0,04[b)]	0,1 ... 0,4
Zn	0,2	50 ...200

[a] Anorganisch.
[b] Organisch.

17.3.3 Selbstreinigung

Von besonderer Bedeutung für natürliche Gewässer ist deren Vermögen zur biologischen *Selbstreinigung*, also ihre Fähigkeit, mit Hilfe von Bakterien sowie pflanzlichen und tierischen Organismen organische Stoffe abzubauen und sie zu mineralisieren.

Gewässer mit verfaulbaren Substanzen enthalten Saprobien. *Saprobien* (griech. sapros, faul, verfault; bios, Leben) sind Organismen, die sich von toter organischer Substanz ernähren und die daher auch in entsprechenden Lebensräumen, z. B. in verschmutzten Gewässern, in Holz, an Kadavern, auf Mist und Kompost, leben können. Zu den Saprobien gehören bestimmte Arten aus den Gruppen der Krebse, Würmer, Bakterien und Algen.

Unter *Saprobiensystem* versteht man eine Zusammenstellung von Organismenarten zur Ermittlung und Klassifizierung der Größenordnung des Abbaus organischer Substanzen in Gewässern und damit der Selbstreinigungskraft eines Gewässers, also zur Beurteilung der Gewässergüte (vgl. Abschn. 17.4.7). Grundlage eines Saprobiensystems ist der Zusammenhang zwischen der Wasserverunreinigung einerseits und dem verstärkten Vorkommen bestimmter Gewässerorganismen, der Saprobien, andererseits. Den verschiedenen in Gewässern lebenden Organismen wird jeweils ein *Saprobiewert* (auch *Saprobität; s*) zugeordnet. Typische Organismen, die dabei berücksichtigt werden, sind u. a. Larven von Köcher- und Eintagsfliegen, Kleinkrebse, Wasserasseln, Wimper- und Geißeltierchen. Beispielsweise leben Indikatororganismen der Saprobität $s = 1$ (z. B. Larven von Eintagsfliegen) nur in sehr reinem Wasser, solche mit $s = 4$ (z. B. Wimpertierchen) hingegen vor allem in sehr stark verschmutzten Gewässern.

Mit Hilfe des Saprobiewerts, der die Art der einzelnen in einem Gewässer beobachteten Organismen berücksichtigt, und der Häufigkeit (Abundanzkoeffizient A), mit der bestimmte Organismen in einer definierten Wasserprobe beobachtet wurden („Artenreichtum"; z. B. $A = 1$ für vereinzelt, $A = 7$ für massenhaft), sowie dem Indikationsgewicht G, einer der Zahlen 1, 2, 4, 8 oder 16, die man jedem Organismus zuordnet, um die zunehmende Qualität des Organismus als Indikator zu kennzeichnen, wird der *Saprobienindex (S)* definiert (DIN 38410-2):

$$S = \frac{\sum s_i \cdot A_i \cdot G_i}{\sum A_i \cdot G_i} \tag{17-2}$$

(Summiert wird über bestimmte Gruppen von Indikatororganismen.) So ermittelte S-Werte – sie liegen zwischen 1 und 4 – können herangezogen werden, um die Güte von Gewässern zu quantifizieren (vgl. Tab. 17-10 in Abschn. 17.4.7). Dieser Index zeigt keine Stoffkonzentrationen oder Schmutzfracht direkt an, sondern sagt etwas über die Auswirkungen von Gewässerbelastungen aus.

Auf unterster Ebene der Organismen sind *Bakterien* an der biologischen Selbstreinigung der Gewässer beteiligt. Es handelt sich dabei um äußerst vielgestaltige einzellige, mikroskopisch kleine Organismen, die auch bei der biologischen Abwasserreinigung in Kläranlagen eine wesentliche Rolle spielen, da sie über ihren Stoffwechsel organische Substanzen abbauen können. Ebenfalls von Bedeutung sind *Algen*, autotroph (vgl. Abschn. 16.1.1) lebende ein- oder mehrzellige niedere Pflanzen, die frei im Wasser schwimmend oder festsitzend leben; ihre organische Stoffproduktion bildet die Nahrung für zahlreiche Wassertiere.

17.3.4 Sauerstoffgehalt

Der Mensch verbraucht täglich bei der Atmung ca. 900 g Sauerstoff aus der Luft. Auch für die meisten anderen Organismen ist Sauerstoff lebensnotwendig, um ihre energieliefernden Umsetzungen aufrechtzuerhalten. Solche Lebewesen nennt man *Aerobier* und die in Anwesenheit von Sauerstoff stattfindenden Stoffwechselvorgänge *aerob* (vgl. Abschn. 2.2.2).

Im Gegensatz dazu gedeihen gewisse Mikroorganismen, die *Anaerobier*, unter *anaeroben* Bedingungen, also in Abwesenheit von molekularem Sauerstoff, O_2. Man unterscheidet zwischen den *fakultativen* Anaerobiern, die sowohl in Anwesenheit von O_2 als auch in dessen Abwesenheit (z. B. Nitrat-Atmung) wachsen können, und den *obligaten* Anaerobiern, die sich ausschließlich in einem sauerstofffreien Milieu entwickeln können (z. B. Sulfat-Atmung) und für die O_2 toxisch ist (vgl. Abschn. 2.2.2).

Unter aeroben Bedingungen finden Oxidationsprozesse statt. Beispielsweise wird organisch gebundener Kohlenstoff durch den Stoffwechsel der Mikroorganismen oxidiert und als Kohlendioxid ausgeschieden. Unter anaeroben Bedingungen bei gleichzeitiger Abwesenheit von Sauerstoffverbindungen, die für Mikroorganismen verwertbar sind (z. B. NO_3^- oder SO_4^{2-}), wird hingegen

17 Wasserkreislauf, Wasserbelastungen

Tab. 17-6. Vergleich der wichtigsten Abbauprodukte von Kohlenstoff, Stickstoff oder Schwefel enthaltenden organischen Substanzen unter aeroben und anaeroben Bedingungen.

Aerobe Bedingungen	Anaerobe Bedingungen
$C \rightarrow CO_2$	$C \rightarrow CH_4$
$N \rightarrow NO_3^-$	$N \rightarrow NH_3$, Amine
$S \rightarrow SO_4^{2-}$	$S \rightarrow H_2S$

Substrat reduziert, z. B. Kohlenstoff organischer Verbindungen zu Methan. Entsprechendes gilt für Stickstoff und Schwefel (Tab. 17-6). Wenn die Konzentration an Sauerstoff in einem System zu niedrig wird, sterben die aeroben Mikroorganismen ab, und anaerobe nehmen ihren Platz ein (z. B. in Hausmülldeponien; vgl. Abschn 27.2).

Ohne gelösten Sauerstoff können die meisten Wassertiere und -organismen nicht überleben. Sie brauchen dazu gewisse O_2-Mindestkonzentrationen: Fische die höchsten, Bakterien die kleinsten. (Empfindliche Fischarten können bei Sauerstoffgehalten unter 4 mg/L, dem „fischkritischen Wert", geschädigt werden.)

Die *Löslichkeit* von Sauerstoff in Wasser verringert sich mit steigender Temperatur (bei 30 °C fast auf die Hälfte des Wertes bei 0 °C) und mit dem Außendruck, der mit zunehmender Höhe über dem Erdboden abnimmt (Abb. 17-4). In wärmerem Wasser kann also bedeutend weniger organische Substanz aerob abgebaut werden, warmes Wasser kann somit nur eine geringere Belastung mit organischen abbaubaren Schadstoffen „verkraften". Dies ist eine wichtige Ursache dafür, dass stehende Gewässer vornehmlich im Sommer „umkippen": In den Tiefenzonen solcher Gewässer ist der Sauerstoff so weit verbraucht, dass der aerobe Abbau durch anaerobe Gärung *(Fäulnis)* ersetzt wird, wobei u. a. Schwefelwasserstoff und Methan entstehen (vgl. Tab. 17-6).

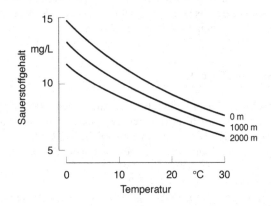

Abb. 17-4. Löslichkeit von Sauerstoff in Wasser bei verschiedenen Temperaturen und Höhen über dem Meer.

Deshalb kann die *Abwärme* aus Kraftwerken und aus Industrieanlagen ein Gewässer belasten (im § 3 des Wasserhaushaltsgesetzes fällt dies unter „Maßnahmen, die geeignet sind, [...] schädliche Veränderungen der physikalischen, chemischen oder biologischen Beschaffenheit des Wassers herbeizuführen"). Kühlung mit Flusswasser kann dazu führen, dass sich die Temperatur im Fluß oder im See nach dem Rücklauf des Kühlwassers um ein halbes Grad oder mehr erhöht. Der Sauerstoffgehalt – eine wichtige Konsequenz – geht dadurch zurück und damit auch die Fähigkeit des Gewässers zur Selbstreinigung. Schon deshalb wird heute immer stärker darauf gedrängt, die Abwärme aus Kraftwerken möglichst weitgehend als Fernwärme zur Beheizung größerer Gebäude und Wohnblocks zu nutzen. (Solche Blockheizkraftwerke erreichen zudem dadurch einen hohem Wirkungsgrad.) Die Abführung nicht genutzter Abwärme durch Frischwasserkühlung wird mehr und mehr durch geschlossene Kühlkreisläufe ersetzt, z. B. durch Nasskühltürme (der größte Teil der Wärme wird als Verdunstungswärme an die Atmosphäre abgegeben) oder Trockenkühltürme (Kühltürme, bei denen Abwärme an die Luft, aber nicht an Gewässer abgegeben wird).

17.4 Bewertung wassergefährdender Stoffe

17.4.1 Wassergefährdende Stoffe

Wassergefährdende Stoffe sind Stoffe, die geeignet sind, Gewässer zu verunreinigen oder sonst in ihren Eigenschaften nachteilig zu verändern (s. auch Abschn. 20.2). Zu diesen Stoffen zählt man neben den biologisch abbaubaren Substanzen wie den Nährstoffen (s. Abschn. 17.3) auch zahlreiche schwer oder nicht abbaubare Schadstoffe, z. B. mineralölhaltige Rückstände (vgl. Abschn. 18.3), Reste von Pflanzenbehandlungsmitteln (vgl. Abschn. 22.3.1), Schwermetalle (vgl. Abschn. 23.1.1) oder halogenierte Kohlenwasserstoffe (vgl. z. B. Abschn. 18.2.3).

Im Idealfall zersetzen sich organische Abfallstoffe im biologischen Selbstreinigungsprozess (vgl. Abschn. 17.3.3) bis zur vollständigen *Mineralisierung*, wandeln sich also ausschließlich in anorganische Stoffe um. Oft enden solche Umwandlungen jedoch voher, und es entstehen organische „Schlackenstoffe", die gar nicht oder nur noch sehr langsam abgebaut werden. Manche Schmutzstoffe sind biologisch von vornherein nur schwer oder praktisch nicht zersetzbar (z. B. chlorierte Organika wie PCB; vgl. Abschn. 18.2.3) und reichern sich deshalb in Gewässern, den Sedimenten und oft auch in den im Wasser lebenden Organismen an.

17.4.2 Biotests

Um die Qualität von Wasser zu untersuchen, verwendet man – neben Tests mit Bakterien, *Daphnien* (zu den Krebstieren zählenden Wasserflöhen) oder Algen – oft *Fischtests*. Es handelt sich dabei um Untersuchungen, mit denen die akute toxische Wirkung von Stoffen auf eine bestimmte Fischart unter definierten Bedingungen und Expositionszeiten gemessen wird. Dazu wird festgestellt, welcher Anteil der Versuchstiere in verschiedenen Schadstoffkonzentrationen während einer bestimmten Zeit überlebt. Als Testfische werden u. a. Forellen, Ellritzen und Goldorfen (die „DIN-Fische" der Abwasserexperten) eingesetzt.

Typischerweise werden EC_0, EC_{50} und EC_{100} nach 24...96 h im *statischen* System (stehendes Wasser in einem Aquarium) bestimmt. Dabei bedeutet z. B. EC_{50} (EC für *engl. Effective Concentration*) diejenige Konzentration, bei der 50 % der Versuchstiere innerhalb eines bestimmten Zeitraums einen festgelegten Effekt zeigen, z. B. sichtbare Veränderungen des Aussehens oder des Schwimmverhaltens und fehlende oder verminderte Futteraufnahme.

Die Giftigkeit von Abwasser gegenüber Fischen wird nach dem Abwasserabgabengesetz [§ 3 (1)] in einem Fischtest überprüft. Das entsprechende Testverfahren ist genormt, um die schädlichen Konzentrationen von Substanzen auf einer einheitlichen Vergleichsbasis zu ermitteln. Beispielsweise wird der Test mit (6 ± 2) cm langen Goldorfen in Aquarien mit 5 L Wasserinhalt (pH-Wert 7,0 ± 0,2) mit einer Mindest-Sauerstoffkonzentration von 4,0 mg/L durchgeführt.

Bei *dynamischen* Tests werden Fische in Teilströmen eines Gewässers gehalten und beobachtet; die Fische kommen in dieser den tatsächlichen Gegebenheiten im Gewässer nahekommenden Versuchanordnung andauernd mit frischem Wasser in Berührung. Eine Änderung der Schadstofffracht lässt sich bereits an Veränderungen der Schwimmfähigkeit und des Schwimmverhaltens der Fische erkennen.

17.4.3 Chemischer Sauerstoffbedarf

Im Prinzip lassen sich mit modernen analytischen Verfahren wie Gaschromatographie und Massenspektrometrie organische Stoffe, die ein Gewässer belasten, einzeln nachweisen und bestimmen. Um die Gesamtbelastung abzuschätzen, verwendet man jedoch in der Praxis häufig *Summenparameter* (nach DIN 38409 „summarische Wirkungs- und Stoffkenngrößen"), die die Summe der Belastungen durch Schadstoffe aus einer bestimmten Stoffgruppe zusammenfassen. Im Abwasserbereich werden mehrere solcher Parameter verwendet, z. B. der CSB, der BSB (Abschn. 17.4.4), der AOX oder der TOC (Abschn. 17.4.6).

Einer dieser Summenparameter, der etwas über die Mengen an chemisch oxidierbaren Stoffen im Wasser aussagt, ist der *Chemische Sauerstoffbedarf, CSB* (*engl.* Chemical Oxygen Demand, COD). Es handelt sich dabei um diejenige Menge an Sauerstoff (in mg/L, g/L o. ä.), die zur Oxidation der in Wasser enthaltenen Stoffe benötigt wird. Um auch biologisch schwer abbaubare Substanzen wie chlorierte organische Verbindungen zu erfassen, werden die Inhaltsstoffe des Wassers unter scharfen Oxidationsbedingungen chemisch behandelt.

Normalpotential E^0:

O_2/H_2O (H^+)	1,23 V
$Cr^{3+}/Cr_2O_7^{2-}$ (H^+)	1,36 V
Mn^{2+}/MnO_4^- (H^+)	1,52 V

Man benutzt dazu nicht den molekularen Sauerstoff, O_2 (schwächeres Oxidationsmittel, Bestimmung des O_2-Verbrauchs schwierig). Ein Maß für den chemischen Sauerstoffverbrauch ist der Permanganat-Verbrauch („Permanganat-Index", DIN 38409-5). Permanganat erfasst organische Wasserinhaltsstoffe jedoch nur teilweise; deshalb wird heutzutage die Oxidation zur CSB-Bestimmung üblicherweise mit *Kaliumdichromat*, $K_2Cr_2O_7$ (einem weniger starken Oxidationsmittel als Kaliumpermanganat, $KMnO_4$), durchgeführt, und zwar in schwefelsaurer Lösung bei 148 °C innerhalb von 2 Stunden in Anwesenheit von Ag^+-Ionen als Katalysator (DIN 38409-41). Unter diesen Bedingungen werden 95...97 % der organischen Stoffe oxidiert. Vereinfacht lässt sich dies beschreiben durch:

$$\begin{matrix} \text{Organische} \\ \text{Substanz} \end{matrix} + Cr_2O_7^{2-} \xrightarrow[H^+]{\text{Katalysator}} CO_2 + H_2O + Cr^{3+} \quad (17\text{-}3)$$

Je mehr oxidierbare, also reduzierend wirkende, Substanz eine Wasserprobe enthält, umso mehr Dichromat wird verbraucht. Aus dem Verbrauch wird diejenige äquivalente Menge an O_2 – der *CSB-Wert* (Tab. 17-7) – ausgerechnet, die theoretisch die gleiche Oxidation ausgeführt hätte.

Der CSB-Wert ist eine wichtige Kenngröße, mit der sich die Gesamtbelastung von Wasser oder Abwasser mit organischen Stoffen charakterisieren lässt. Er ist mit einer der Bewertungsparameter, um Schadeinheiten bei Einleitungen im Rahmen des Abwasserabgabengesetzes zu ermitteln (vgl. Tab. 20-9 in Abschn. 20.3). Mit dem CSB-Wert werden – im Gegensatz zum BSB-Wert (s. Abschn. 17.4.4) – auch die biologisch schwer oder nicht abbaubaren Verbindungen erfasst.

17.4.4 Biochemischer Sauerstoffbedarf

Ein weiterer wichtiger Summenparameter ist der *BSB-Wert*. BSB steht für *Biochemischer Sauerstoffbedarf* (manchmal noch *Biologischer Sauerstoffbedarf* genannt). Der *BSB-Wert* ist die Menge an Sauerstoff (angegeben in mg/L, g/L o. ä.), die Bakterien aufnehmen, um mit Hilfe ihres Enzymsystems organische Substanzen in Wasser innerhalb einer vorgegebenen Zeit teilweise abzubauen oder vollständig zu CO_2 zu oxidieren. Der BSB ist ein Maß für den Gehalt an biochemisch abbaubarer Substanz in einer Wasserprobe: Je größer die Menge an biochemisch oxidierbaren Stoffen im Wasser ist, umso größer ist der BSB-Wert.

Bei häuslichem Abwasser sind meist nach 5 Tagen ca. 70 % der organischen Stoffe abgebaut. Zwar ist der Abbau erst nach ca. 20 Tagen praktisch vollständig, aber der Wert nach 5 Testtagen reicht zur Charakterisierung aus. Man verwendet daher als Kennzahl meist den *BSB5-Wert*: Das ist die Menge an Sauerstoff (in mg/L, g/L o. ä.), den Bakterien und andere Kleinstlebewesen während 5 Tagen verbrauchen, um in einer Wasserprobe (bei 20 °C im Dunkeln) die biochemisch oxidierbaren Inhaltsstoffe wie Fette, Kohlenhydrate oder Tenside abzubauen (Tab. 17-8). In vereinfachter Form lässt sich dies beschreiben durch

$$\begin{matrix} \text{Organische} \\ \text{Substanz} \end{matrix} + O_2 \xrightarrow{\text{Bakterien}} CO_2 + H_2O + \text{Zellmasse} \quad (17\text{-}4)$$

17.4 Bewertung wassergefährdender Stoffe

Tab. 17-7. Typische CSB-Werte.

CSB (in mg/L)	Abwassertyp/ Substrat
5...20	Fließendes Gewässer
20...100	Kommunales Abwasser nach biologischer Reinigung
300...1000	Ungereinigtes kommunales Abwasser
22 000	Deponiesickerwasser[a]

[a] In der „sauren Phase" (vgl. Abschn. 27.2); beim Übergang zur Methangärung Rückgang auf ca. 3000 mg/L.

Tab. 17-8. Typische BSB5-Werte.

BSB5 (in mg/L)	Abwassertyp/ Substrat
6	Mäßig belastetes fließendes Gewässer
20	Kommunales Abwasser nach biologischer Reinigung
250	Ungereinigtes kommunales Abwasser
> 5 000	Abwasser der Nahrungs- und Genussmittelindustrie
13 000	Deponiesickerwasser[a]

[a] In der „sauren Phase" (s. Abschn. 27.2); beim Übergang zur Methangärung Rückgang auf einen Wert von ca. 180 mg/L.

Die Mikroorganismen setzen bei ihrem Stoffwechsel Materie um, um Energie zu gewinnen *(Dissimilation)* und um Baustoffe für die Zellsubstanz bereitzustellen *(Assimilation)*. Die Organismen bilden dabei Abbauprodukte, setzen aber gleichzeitig einen kleineren Anteil der organischen Substanz in arteigene Zellmasse, die *Biomasse*, um (Abb. 17-5). (Die Biomasse von Wasserorganismen besteht im Mittel zu 55 % aus Rohprotein, zu 10 % aus Lipiden und zu 35 % aus Kohlenhydraten.) Daher und weil meist nicht alle Inhaltsstoffe vollständig abbaubar sind, liegt der BSB-Wert stets unter dem CSB-Wert.

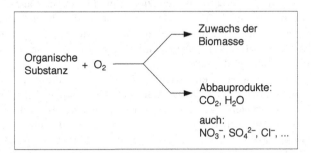

Abb. 17-5. Vereinfachtes Reaktionsschema zum aeroben Abbau organischer Substanzen.

Die Reaktion (17-4) ist für den Abbau von organischen Stoffen in Gewässern, in biologischen Kläranlagen oder im Boden von entscheidender Bedeutung. Die Differenz zwischen CSB und BSB entspricht den mikrobiell nicht-abbaubaren Stoffen im Wasser. Der Quotient aus BSB_5 und CSB, der *biochemische Abbaugrad*

$$\alpha = \frac{BSB_5}{CSB} \tag{17-5}$$

kann theoretisch zwischen 0 und 1 liegen; er dient als grobes Maß für die biochemische Abbaubarkeit von Stoffen in Gewässern oder Abwässern. Je näher der Wert bei 0 liegt, um so höher ist der Anteil biochemisch nicht-abbaubarer Stoffe.

Bei 20 °C und einem Luftdruck von 1013 hPa lösen sich nur 9,17 mg Sauerstoff aus der Luft in 1 L Wasser *(Sättigungswert)*. Wenn Abwässer untersucht werden sollen, deren BSB_5-Wert höher liegt, können sie entsprechend verdünnt und die Ergebnisse hochgerechnet werden (DIN 38409-51).

Die Messung des BSB_5 kann verfälscht werden: Beispielsweise verbraucht Ammonium in hohen Konzentrationen ebenfalls Sauerstoff, was einen mikrobiellen Abbau organischer Stoffe vortäuscht; auch können für die Bakterien giftige Stoffe den Abbau verzögern oder die Bakterien sogar inaktiv machen.

Der Verlauf des Wachstums einer Bakterienpopulation lässt sich durch eine *Wachstumskurve* beschreiben (Abb. 17-6). Die Zellenanzahl Z wird dabei üblicherweise logarithmisch als Funktion der Zeit t aufgetragen; man geht von einer bestimmten Anfangsmenge von Mikroorganismen aus und nimmt an, dass nur

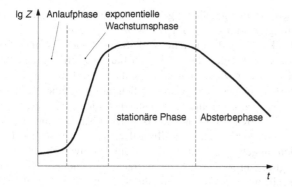

Abb. 17-6. Typische Wachstumskurve einer Bakterienpopulation. – *t* Zeit, *Z* Zellenanzahl.

einmal (zur Zeit $t = 0$) Nährstoffe zugegeben werden. In der Regel hat eine solche Wachstumskurve einige charakteristische Abschnitte. In der *Anlaufphase* steigt die Zellenanzahl nur schwach an, die Bakterien müssen sich erst an die Nährstoffe anpassen. Es schließt sich die *exponentielle Wachstumsphase* an; diese Phase entspricht wegen der logarithmischen Auftragung einem weitgehend linearen Kurvenabschnitt in der Wachstumskurve; die Zellenanzahl verdoppelt sich also nach konstanten Zeitabständen. Es schließt sich eine *stationäre Phase (Stagnationsphase)* an, die durch eine annähernd konstante Zellenanzahl gekennzeichnet ist: Das Wachstum der Zellen und deren Absterben halten sich in diesem Zeitraum die Waage; Ursache sind wachtumsbegrenzende Faktoren wie eine Anhäufung von Stoffwechselprodukten. In der letzten Phase, der *Absterbephase*, verringert sich die Zellenanzahl wieder, weil das Nährstoffangebot zur Neige geht.

17.4.5 Einwohnergleichwert

Schmutzwasser ist „das durch häuslichen, gewerblichen, landwirtschaftlichen oder sonstigen Gebrauch in seinen Eigenschaften veränderte und das bei Trockenwetter damit zusammen abfließende Wasser" und „auch die aus Anlagen zum Behandeln, Lagern und Ablagern von Abfällen austretenden und gesammelten Flüssigkeiten" [§ 2 (1) AbwAG].

Um die Schmutzmenge von gewerblichem oder industriellem mit der von häuslichem Schmutzwasser zu vergleichen, wurde der „Einwohnergleichwert" eingeführt. Man hat dazu auf der Grundlage des BSB_5 die Schädlichkeit von ungereinigtem Abwasser, das ein Einwohner pro Tag durchschnittlich verursacht, zugrunde gelegt.

Als täglich durch einen Einwohner anfallendes Schmutzwasser-Volumen nimmt man für europäische Städte im Durchschnitt rund 200 L an (manche deutsche Städte erreichen mit der anteiligen Industrie bis 350 L) mit einer täglichen Verschmutzung, die einem BSB_5-Wert von ca. 0,3 g/L entspricht. Täglich produziert also ein Einwohner bei diesen Annahmen im Durchschnitt

17 Wasserkreislauf, Wasserbelastungen

Produkt	Menge
Bier	2800...6500 L
Butter	1...2 t
Fischkonserven	2 t
Fleisch- und Wurstwaren	3...8 t
Margarine	2 t
Molkereimilch[a)]	14 000...40 000 L
Obstkonserven	2 t
Papier	1...5 t
Seife	1 t
Wein	7 000...10 000 L
Zellstoff	0,2...0,25 t

[a] Molkerei ohne Käserei.

eine Schmutzmenge, die 60 g BSB_5-Sauerstoff entspricht. Diese Belastung nennt man 1 EGW *(Einwohnergleichwert)*.

Man kann nun die tägliche BSB_5-Schmutzmenge irgendeines Einleiters, z. B. eines Gewerbe- oder Industriebetriebs, auf diese 60 g Sauerstoff beziehen und erhält so die Schmutzmenge pro Tag, ausgedrückt in EGW, als wäre der Schmutz von einer bestimmten Anzahl von Einwohnern verursacht worden. Auf diese Weise lassen sich Mengen an biochemisch abbaubarem Schmutz, wie sie im Abwasser bei der Herstellung der verschiedensten Produkte anfallen, angeben und auch mit der durch Einwohner im Haushalt täglich verursachten Schmutzfracht vergleichen. Beispielsweise fällt im Abwasser jeweils die Schmutzmenge von 1 EGW an, wenn 14...40 L Molkereimilch oder 1 kg Seife hergestellt werden (weitere Beispiele s. Tab. 17-9).

Um kommunale Kläranlagen zu dimensionieren, benutzt man die Summe aus Einwohnergleichwerten der Einwohner (gleich der Einwohnerzahl EZ) und aus zusätzlichen Einwohnergleichwerten EGW der Gewerbe- oder Industriebetriebe und bezeichnet diese Summe als *Einwohnerwert* (EW):

$$EW = EZ + EGW \qquad (17\text{-}6)$$

Beispielsweise ergibt sich für eine Kläranlage mit 20 000 angeschlossenen Einwohnern, einer Molkerei mit 25 000 EGW und einem Betrieb, der täglich 5 t Seife hergestellt (vgl. Tab. 17-9), ein Einwohnerwert

$$EW = 20\ 000 + 25\ 000 + 5 \cdot 1000 = 50\ 000$$

17.4.6 AOX und TOC

Es gibt noch einen weiteren Summenparameter, der bei der Beurteilung der Schädlichkeit eines Abwassers nach dem Abwasserabgabengesetz (s. Abschn. 20.3) eine Rolle spielt: der *AOX-Wert*. Unter *AOX* versteht man an Aktivkohle *adsorbierbare organisch gebundene Halogene*. Der AOX-Wert ist ein Maß für die Summe aller organischen Halogenverbindungen in einem Wasser. Um ihn zu ermitteln, werden die zu bestimmenden Verbindungen aus dem mit Salpetersäure angesäuerten Abwasser an Aktivkohle adsorbiert, die anschließend im Sauerstoffstrom bei ca. 1000 °C verbrannt wird. Die dabei entstehende Halogenwasserstoffsäure wird mikrocoulometrisch bestimmt. Auf diese Weise werden alle an Aktivkohle adsorbierbaren organischen Halogenverbindungen im Wasser erfasst, ungeachtet ihrer Toxizität.

Ein anderer Summenparameter ist der *TOC-Wert* (*engl.* Total Organic Cabon): Dieser mit verhältnismäßig hohem apparativem Aufwand bestimmbare Wert beschreibt ausschließlich den organisch gebundenen Kohlenstoff. Der TOC-Wert erfasst – im Gegensatz zum BSB-Wert – vollständig auch die biologisch schwer und nicht abbaubaren Verbindungen, die für die Beurteilung der Belastung von Wasser und Gewässern wichtig sind.

17.4.7 Gewässergüteklassen

Grundsätzlich gibt es zahlreiche Informationen, die etwas über die Güte eines Gewässers aussagen können. Solche *Gewässergüte-daten* können verschiedene chemische und physikalische Daten sein, u. a. die Färbung des Wassers oder seine Temperatur. Als wichtige Kennzahl für die Charakterisierung des Gütezustands eines Gewässers verwendet man den *Sauerstoffgehalt*. Einem natürlichen Wasser, das bei gegebener Temperatur genauso viel Sauerstoff gelöst enthält wie mit Sauerstoff gesättigtes reines Wasser, wird ein *O_2-Sättigungsindex* von 100 % zugeordnet: bei 20 °C entspricht dies auf Meereshöhe einem Sauerstoffgehalt von ca. 9 mg/L (vgl. auch Abb. 17-4 in Abschn. 17.3.4).

In der Bundesrepublik werden stehende und fließende Ober-flächenwässer – je nach O_2-Gehalt – in vier *Gewässergüteklassen* mit drei Zwischenstufen eingeteilt (Tab. 17-10). Wasser wird als „verunreinigt" eingestuft, wenn die Konzentration an gelöstem Sauerstoff unter einer bestimmten Grenze liegt: Denn Hauptverur-sacher des Sauerstoffverbrauchs im Wasser sind mikrobiell abbau-bare Begleitstoffe. Es gibt zwar einige anorganische Stoffe, die zu dieser Kategorie gehören, aber die meisten O_2-verbrauchen-den Substanzen sind organischer Natur. Sie stammen z. B. aus kommunalen oder industriellen Abwässern (besonders belastet sind Abwässer aus der Papierherstellung, aus Gerbereien, aus Nahrungsmittel herstellenden Betrieben und aus Schlachthöfen).

Es gibt mehrere Möglichkeiten, das Wasser aufgrund von Kenngrößen zu charakterisieren. In Tab. 17-10 sind neben dem O_2-Gehalt der BSB_5-Wert und der Saprobienindex (vgl. Abschn. 17.3.3) aufgeführt.

Bergseen haben einen hohen Sauerstoffgehalt und einen ge-ringen Saprobienindex (1,0...1,5). Bei mäßig belasteten großen Seen liegt der Saprobienindex bei 1,8...> 2,3. Bei Dorfteichen und Tümpeln kann dieser Wert bis 3,2 gehen, und kommunale Ab-wässer haben Saprobienindizes zwischen 3,5 und 4,0.

Tab. 17-10. Einteilung stehender und fließender Oberflächenwässer nach ihrer Güte.

Güteklasse	O_2-Sättigungs-index (%)	Sauerstoff-gehalt (in mg/L)	BSB_5[a] (in mg/L)	Saprobien-index	Grad der Belastung des Wassers
I	100	> 8	1	1,0...< 1,5	anthropogen unbelastet
I - II	85...100	> 8	1...2	1,5...< 1,8	sehr geringe Belastung
II	70...85	> 6	2...6	1,8...< 2,3	mäßige Belastung[b]
II - III	50...70	> 4	5...10	2,3...< 2,7	deutliche Belastung
III	25...50	> 2	7...13	2,7...< 3,2	erhöhte Belastung
III - IV	10...25	< 2	10...20	3,2...< 3,5	hohe Belastung
IV	0...10	< 2	> 15	3,5...4,0	sehr hohe Belastung

[a] Anhaltswerte für häufig anzutreffende Konzentrationen.
[b] Oberflächenwasser, das mit natürlichen Verfahren zu Trinkwasser aufbereitet wird, soll wenigstens der Güteklasse II entsprechen.

18 Spezielle Wasserbelastungen

18.1 Wasch- und Reinigungsmittel

18.1.1 Vorbemerkungen

Wasser kommt in der Natur nie „rein" vor. Es ist ein derart gutes Lösungsmittel, dass es selbst in Regionen der Erde, die am wenigsten mit Schadstoffen belastet sind, zumindest Kohlendioxid, Sauerstoff und Stickstoff gelöst enthält. Auch andere Bestandteile der Atmosphäre finden sich in Oberflächen- und Grundwässern. Normalerweise enthält Wasser in der Natur darüber hinaus Na^+-, Mg^{2+}-, Ca^{2+}- und Eisen-Ionen (s. auch Abschn. 19.1.3).

Wenn man von *reinem Wasser* spricht, handelt es sich stets um Wasser, in dem kein Stoff in einer solchen Konzentration vorliegt, dass das Wasser nicht in seiner als „normal" bezeichneten Form verwendet werden kann, z. B. als Trinkwasser, als Wasser für Fische, für die Landwirtschaft, zum Baden oder als Reaktionsmedium für die Chemische Industrie. Wasser, das für einen bestimmten Zweck „sauber" ist, muss dies für einen anderen nicht sein. Jeder Stoff, der die normale Verwendung des Wassers verhindert, ist in diesem Sinn eine „Wasserverunreinigung".

Eine besondere Belastung der Kläranlagen und Gewässer geht – auch nach ordnungsgemäßem Gebrauch – von *Wasch- und Reinigungsmitteln* aus. Im Wasch- und Reinigungsmittelgesetz (WRMG) werden diese Stoffe definiert als

> „Erzeugnisse, die zur Reinigung bestimmt sind oder bestimmungsgemäß die Reinigung unterstützen und erfahrungsgemäß nach Gebrauch in Gewässer gelangen können" [§ 2 (1) WRMG].

Dazu zählen alle Erzeugnisse, die grenzflächenaktive Stoffe (Tenside) oder organische Lösungsmittel enthalten und vom Verbraucher zur Reinigung verwendet werden können.

Wasch- und Reinigungsmittel werden in großen Mengen verwendet und in das Abwasser abgegeben. Sie verursachen etwa 30 % der Belastung des kommunalen Abwassers mit organischen und etwa 40 % der Belastungen mit gelösten anorganischen Stoffen. Der Verbrauch von Wasch- und Reinigungsmitteln und der Pro-Kopf-Verbrauch sind in Tab. 18-1 aufgeführt. Besondere Bedeutung kommt offensichtlich den *Waschmitteln* zu, also Produkten in Form von Stücken, Pulvern, Pasten oder Flüssigkeiten zur Erhöhung der Waschkraft des Wassers beim Reinigen von Textilerzeugnissen.

Tab. 18-1. Verbrauch von Wasch- und Reinigungsmitteln in Deutschland.

	Verbrauch (in 10^3 t) *Pro-Kopf-Verbrauch (in kg)*			
	1984		1996	
Waschmittel für Textilien	744,2	*12,2*	611,5	*7,5*
Weichspüler	325	*5,3*	135	*1,6*
Geschirrspülmittel	214,3	*3,5*	170	*2,1*
Haushaltsreinigungsmittel[a]	210	*3,4*	185	*2,3*

[a]   Ohne Wohnraum-, Leder- und Spezial-Putz- und Pflegemittel.

Schon den Sumerern war Seife um 2500 v. Chr. bekannt. Man weiß aus Keilschriften, dass aus Öl und Holzasche eine seifenähnliche Substanz hergestellt wurde. Die Ägypter haben zum Waschen Soda und Sand (Silicat) verwendet. Heute sind neue Chemikalien hinzugekommen, die die Waschkraft von Waschmitteln erheblich erhöhen und die (vor allem) auf das Waschen mit der Waschmaschine abgestellt sind.

Ein übliches Universalwaschmittel ist ein Gemisch verschiedener Stoffgruppen (Tab. 18-2). Von ihm erwartet man bei allen Geweben ein gutes Waschergebnis für jede Art von Schmutz („Materie am falschen Ort"), jeden Grad der Verschmutzung und auch für Leitungswasser jeglicher Härte. Für die Wascheigenschaften von besonderer Bedeutung sind die eigentlichen waschaktiven Substanzen, die Tenside, und die Gerüststoffe (Abschn. 18.1.2 bzw. 18.1.3), die vor allem der Wasserenthärtung dienen.

18.1.2 Waschaktive Substanzen (Tenside)

Früher verwendete man für Wasch- und Reinigungszwecke *Seifen*. Das sind Gemische der wasserlöslichen Natriumsalze (auch Kaliumsalze) von gesättigten und ungesättigten höheren Fettsäuren (u. a. von Natriumstearat, -palmitat und -oleat) mit flüssiger, salbenartiger oder fester Konsistenz.

Die Waschleistung der modernen Waschmittel wird vor allem durch synthetische *Tenside* (*lat.* tensio, Spannung) als waschaktive Substanzen bestimmt. Tenside werden hauptsächlich zum Waschen und Reinigen eingesetzt (s. auch Tab. 18-1). An der Spitze liegen die Tenside in Waschmitteln für Haushalt und Gewerbe mit 49 % des Gesamtverbrauchs. Den Tensiden ist gemeinsam, dass sie im Molekül einen hydrophilen und einen hydrophoben Teil enthalten (Abb. 18-1). Diese grenzflächenaktiven Substanzen können – je nach Ladung der *hydrophilen* Baugruppen (*griech.* hydro, Wasser, philos, Freund; Gruppen mit „wasserfreundlichem" Charakter) – anionisch, kationisch, amphoter oder nichtionisch aufgebaut sein (Tab. 18-3). An diese Gruppen können hydrophile Teilchen, auch Wasser, angelagert werden.

18.1 Wasch- und Reinigungsmittel

Tab. 18-2. Rahmenrezeptur eines phosphatfreien Universalwaschmittels.

Wirkstoffgruppe	Anteil (in %)
Gerüststoffe	30...40
Waschaktive Substanzen	10...15
Bleichmittel	20...30
Schaumhemmende Stoffe	1...3
Enzyme	bis 1
Korrosionshemmende Stoffe	2...7
Optische Aufheller	0,1...0,3
Duftstoffe, Farbstoffe	bis 0,3
Stellmittel[a]	2...20

[a]   Hilfsstoffe wie Natriumsulfat zur Verbesserung der Verarbeitbarkeit, z. B. der Rieselfähigkeit der Pulver.

Natriumstearat: $C_{17}H_{35}COO^- Na^+$
Natriumpalmitat: $C_{15}H_{31}COO^- Na^+$
Natriumoleat: $C_{17}H_{33}COO^- Na^+$

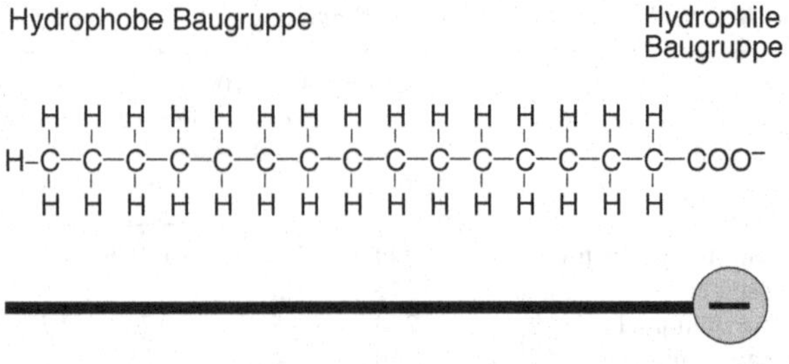

Hydrophobe Baugruppe   Hydrophile Baugruppe

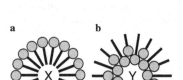

$$H-\underset{\underset{H}{|}}{\overset{\overset{H}{|}}{C}}-\underset{\underset{H}{|}}{\overset{\overset{H}{|}}{C}}-\underset{\underset{H}{|}}{\overset{\overset{H}{|}}{C}}-\underset{\underset{H}{|}}{\overset{\overset{H}{|}}{C}}-\underset{\underset{H}{|}}{\overset{\overset{H}{|}}{C}}-\underset{\underset{H}{|}}{\overset{\overset{H}{|}}{C}}-\underset{\underset{H}{|}}{\overset{\overset{H}{|}}{C}}-\underset{\underset{H}{|}}{\overset{\overset{H}{|}}{C}}-\underset{\underset{H}{|}}{\overset{\overset{H}{|}}{C}}-\underset{\underset{H}{|}}{\overset{\overset{H}{|}}{C}}-\underset{\underset{H}{|}}{\overset{\overset{H}{|}}{C}}-\underset{\underset{H}{|}}{\overset{\overset{H}{|}}{C}}-\underset{\underset{H}{|}}{\overset{\overset{H}{|}}{C}}-\underset{\underset{H}{|}}{\overset{\overset{H}{|}}{C}}-\underset{\underset{H}{|}}{\overset{\overset{H}{|}}{C}}-COO^-$$

Abb. 18-1. Tensid-Anion (Modelldarstellung).

a   **b**

Abb. 18-2. Wirkung von Tensiden: **a** auf ein hydrophobes Teilchen X, **b** auf ein hydrophiles Teilchen Y.

Die *hydrophoben* Gruppen (*griech*. hydro, Wasser, phobos, Furcht; Gruppen mit „wasserfürchtendem", wasserabstoßendem Charakter) sind im Wesentlichen Alkylketten unterschiedlicher Länge. Sie sind in der Lage, sich um hydrophobe Teilchen z. B. aus Fett oder Öl so zu lagern (Abb. 18-2 a), dass sich der polare hydrophile Teil zum Wasser hin ausrichtet, während die unpolaren Enden sich beispielsweise bei einer Öl-Wasser-Grenzschicht zum Öl hin orientieren. Bei Festkörpern verhalten sich Tenside ähnlich.

Diese Eigenschaft von Tensiden spielt beim Waschvorgang eine wichtige Rolle: Tenside erniedrigen – wie auch die grenzflächenaktiven Seifen – die Oberflächen- und Grenzflächenspannung, was u. a. dazu führt, dass Gewebe besser benetzt werden. Dabei wird Öl-, Fett- oder Pigmentschmutz von den Netzmitteln umschlossen, in der wässrigen Phase emulgiert bzw. dispergiert und schließlich mit dem Waschwasser weggeschwemmt. Tenside tragen also wesentlich dazu bei, Schmutz von den Fasern abzulösen.

Tab. 18-3. Verschiedene Klassen von Tensiden.

Klasse	Modell		Beispiel
	hydrophob	hydrophil	
anionisch		⊖	$H_3C-(CH_2)_{16}-COO^-$ 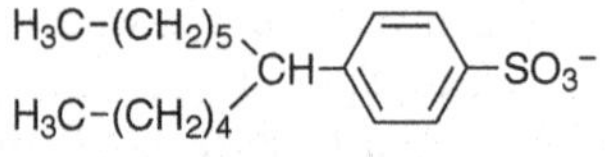
			$H_3C-(CH_2)_5$ $H_3C-(CH_2)_4$ $CH-$ $-SO_3^-$
kationisch		⊕	$H_3C-(CH_2)_{14}-CH_2-\overset{\overset{CH_3}{|}}{\underset{\underset{CH_3}{|}}{N^+}}-CH_3$
amphoter		⊕ ⊖	$H_3C-(CH_2)_{14}-CH_2-\overset{\overset{CH_3}{|}}{\underset{\underset{CH_3}{|}}{N^+}}-(CH_2)_3-COO^-$
nicht ionisch		▢	$H_3C-(CH_2)_{10}-CH_2-(O-CH_2-CH_2)_{10}-OH$

Eine bedeutende Gruppe von wasserlöslichen anionischen Tensiden, die in Waschmitteln eingesetzt werden, sind die biologisch schnell abbaubaren *Fettalkoholsulfate* (FAS). Sie können aus pflanzlichen Ölen nachwachsender Rohstoffe (Ölpalme, Raps) gewonnen werden. Im Gegensatz zu den Seifen bilden diese Tenside mit Ca^{2+}- und Mg^{2+}-Ionen keine Niederschläge [keine Calcium- oder Magnesiumseifen; s. auch Gl. (18.1)]; sie reagieren neutral und sind in alkalischem Medium stabil.

Beim Waschen und Reinigen sind zum Schmutzablösen im Wesentlichen anionische und nichtionische Tenside geeignet (zum Verbrauch s. Tab. 18-4). Die mengenmäßig bedeutendsten Aniontenside sind die *linearen Alkylbenzolsulfonate* (LAS), die leicht biologisch abbaubar sind.

Tenside können dazu beitragen, dass die Membranen von Zellen für bestimmte Stoffe durchlässig werden. Auf diese Weise können die – möglicherweise weniger schädlichen – Tenside die toxischen Wirkungen anderer, an sich wenig oder kaum membrangängiger Stoffe erheblich verstärken – ein Beispiel für Synergismus (vgl. Abschn. 3.9). Auch können Tenside im Boden, je nach Konzentration, unterschiedliche Bodenparameter wie Wassergehalt, Sorptionsfähigkeit oder biologische Aktivität und auch die Mobilität von Schadstoffen beeinflussen.

Vorwiegend werden Tenside über das kommunale Abwasser entsorgt. Somit kommt der biologischen Abbaubarkeit besondere Bedeutung zu, wenn der Einfluss eines Tensids auf die Umwelt beurteilt werden soll: Heutzutage müssen Tenside in Wasch- und Reinigungsmitteln nach der Tensidverordnung (TensV) zu mindestens 90 % biologisch abbaubar sein. Dies heißt: Tenside müssen in einem standardisierten Abbauexperiment mit genau vorgeschriebenen Test- und Analyseverfahren in einem ersten Abbauschritt (Primärabbau) in neue Verbindungen ohne grenzflächenaktive Eigenschaften übergeführt werden. Dieses Ziel wird erreicht: In biologischen Kläranlagen werden heutzutage 99 % der Tenside eliminiert.

18.1.3 Gerüststoffe

Da es in Deutschland überwiegend relativ hartes Wasser (vgl. Abschn. 19.1.3) gibt, ist eine Enthärtung unbedingt erforderlich, weil Wasserhärte den Waschvorgang stört:

– Waschaktive Substanzen werden in hartem Wasser zum Teil unwirksam; Seife schlägt sich als *Kalkseife* (als schwerlöslicher schmierender Niederschlag von Erdalkalisalzen) nieder

$$2\ RCOONa + M(HCO_3)_2$$
$$\longrightarrow (RCOO)_2M\downarrow + 2\ NaHCO_3 \quad (18\text{-}1)$$
$$(M = Ca\ oder\ Mg)$$

und lässt die Textilien grau werden.

– Losgelöster Schmutz lagert sich erneut auf den Textilien ab.

18.1 Wasch- und Reinigungsmittel

Tab. 18-4. Tensidverbrauch (in t) in Deutschland.

Tensidklasse	1992	1994
anionisch[a]	220 000	221 000
nichtionisch	160 000	174 000
kationisch	17 000	10 000

[a] Der Verbrauch an Seifen – pro Jahr gleichbleibend ca. 100 000 t – ist bei diesen Werten nicht berücksichtigt.

Fettalkoholsulfate (FAS)

$R–O–SO_3^- M^+$
($R = C_nH_{2n+1}$, $n = 8 \dots 22$;
$M = Na$ oder K)

Lineare Alkylbenzolsulfonate (LAS)

$R–C_6H_4–SO_3^- M^+$
($R = C_nH_{2n+1}$, $n = 10 \dots 13$;
M bevorzugt Na)

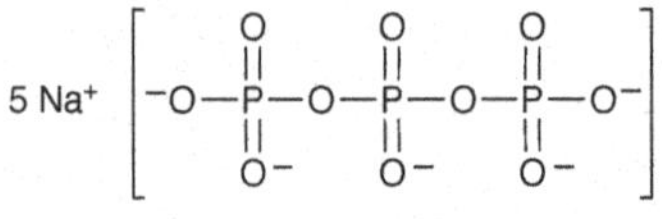

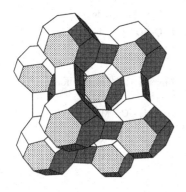

Abb. 18-3. Pentanatriumtriphosphat.

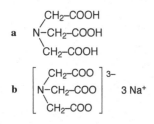

Abb. 18-4. Kristallstruktur eines Zeoliths A mit der Bruttoformel $Na_{12}(AlO_2)_{12}(SiO_2)_{12} \cdot 27 H_2O$.

a

$$N-CH_2-COOH$$

with CH_2-COOH above and CH_2-COOH below

b

$$\begin{bmatrix} CH_2-COO \\ N-CH_2-COO \\ CH_2-COO \end{bmatrix}^{3-} \; 3\,Na^+$$

Abb. 18-5. a Nitrilotriessigsäure und **b** Natriumnitrilotriacetat (NTA).

– Ablagerungen von Kalk an Bauteilen der Waschmaschine, z. B. an den Heizstäben, verringern den Wärmeübergang, erhöhen dadurch den Energieverbrauch und führen zu schnellerem Verschleiß der Geräte.

Als *Gerüststoffe (Builder)* – sie stellen mengenmäßig den Hauptteil der Waschmittelinhaltsstoffe (vgl. Tab. 18-2 in Abschn. 18.1.1) – dienten früher vorrangig die „Waschmittelphosphate", hauptsächlich Pentanatriumtriphosphat, $Na_5P_3O_{10}$, ein Polyphosphat (Abb. 18-3). Solche Phosphate sind chemisch beständig, technisch gut verarbeitbar sowie lagerstabil und gesundheitlich unbedenklich. (Phosphate sind u. a. unersetzlich für die tierische und pflanzliche Ernährung; überdies werden bestimmte Phosphate Lebensmitteln, z. B. Wurstwaren und Schmelzkäse, zugesetzt.)

Diese Phosphate halten die Calcium- und Magnesium-Ionen aus den Geweben dadurch fern, dass sie mit ihnen wasserlösliche Komplexe bilden. Auf diese Weise wird das Ablösen des Schmutzes von der Faseroberfläche erleichtert, die waschaktiven Substanzen werden so unterstützt.

Nachteil dieser Gerüststoffe ist vor allem ihre Eigenschaft, in Gewässern als Nährstoffe zu wirken (vgl. Abschn. 17.3.1). Wegen der Probleme, die Phosphate in Oberflächengewässern verursachen können, hat man zahlreiche Ersatzstoffe eingesetzt, u. a. Zeolithe und Nitrilotriacetat. Der Verbrauch an Waschmittelphosphaten in der Bundesrepublik Deutschland ist entsprechend von jährlich 276 000 t (1976) auf 20 000 t (1989) gesunken; inzwischen sind völlig phosphatfreie Waschmittel in Deutschland die Regel. Auch der Anteil an Phosphat in Oberflächengewässern ist in den letzten Jahren deutlich zurückgegangen.

Zeolithe sind wasserunlösliche Natrium-Aluminium-Silicate, die als Molekularsiebe und Ionenaustauscher wirken und dadurch die Härtebildner des Wassers (vgl. Abschn. 19.1.3) binden. Zeolith A (Elementarzelle s. Abb. 18-4) erfüllt am ehesten die ökonomischen – Preis und Verfügbarkeit – und die ökologischen – Unbedenklichkeit für die Umwelt – Voraussetzungen für den Einsatz als Phosphat-Ersatzstoff. *Nitrilotriacetat* (NTA), ein weiterer Phosphat-Ersatzstoff (Abb. 18-5), trägt ebenfalls durch Komplexbildung zur Enthärtung des Wassers bei und damit zur Erhöhung der Waschwirkung.

18.2 Polychlorierte Dibenzodioxine, Dibenzofurane und Biphenyle

18.2.1 Chlorchemie

Wenn heute von „Chlorchemie" die Rede ist, geht es nicht um die von der Menge her bedeutenden Chloride wie das Salz in den Ozeanen oder den Seesalzkernen (vorwiegend Natriumchlorid,

NaCl), um das ebenfalls aus dem Meer stammende Chlormethan, CH_3Cl (ca. $5 \cdot 10^6$ t/a), oder um die anderen Halogenkohlenwasserstoffe, die von Algen, Bakterien und Phytoplankton ausgeschieden werden, sondern fast ausschließlich um chlorhaltige organische Chemikalien („Chlororganika") und den Kunststoff Polyvinylchlorid.

Die Ausgangssubstanz für die meisten anorganischen und vor allem organischen Chlorchemikalien ist neben Chlorwasserstoff, HCl, das reaktionsfähige elementare *Chlor*, Cl_2 (Produktion in Deutschland 1991 rund $3 \cdot 10^6$ t; Tab. 18-5). Chlor entsteht bei der elektrolytischen Herstellung von Natronlauge, NaOH, einer bedeutenden Grundchemikalie.

18.2 Polychlorierte Dibenzodioxine, Dibenzofurane und Biphenyle

Tab. 18-5. Verwendung von Chlor in der Bundesrepublik Deutschland (Stand 1990).

Einsatzbereich	Anteil (in %)
Sauerstoffhaltige Organika (z. B. Phosgen)	35,1
Vinylchlorid (VC; monomer)	25,2
C_1-Derivate[a] (z. B. CH_3Cl, CH_2Cl_2, $CHCl_3$, CCl_4)	9,5
C_2-Derivate[a] (außer VC; z. B. CH_3CCl_3, $CHCl=CCl_2$, $CCl_2=CCl_2$, $CHCl_2COOH$)	8,7
Anorganika (z. B. $AlCl_3$, PCl_3, $FeCl_3$, $TiCl_4$, $SiCl_4$)	8,7
C_3- und C_4-Derivate[a] (z. B. $CH_2=CH-CH_2Cl$, $CH_2Cl-CH=CHCl$)	7,3
Sonstige Derivate (z. B. chlorierte Aromaten wie Chlorbenzol, Chlortoluole)	4,7
Wasseraufbereitung, Zellstoff/Papier	0,8

[a] Organische Verbindungen mit einem, zwei, drei bzw. vier C-Atomen im Molekül.

Zwei Drittel der organischen Produkte der Chemischen Industrie werden – selbst wenn sie kein Chlor mehr im Endmolekül enthalten – über chlorhaltige Zwischenprodukte hergestellt. Rund ein Viertel der deutschen Chlorproduktion wird über *Vinylchlorid* (VC) zu *Polyvinylchlorid* (PVC) verarbeitet (Abb. 18-6 a bzw. b). Die anderen Chlororganika werden beispielsweise als Lösungsmittel oder bei der Herstellung von Pflanzenschutzmitteln, Tensiden und Kunststoffen eingesetzt.

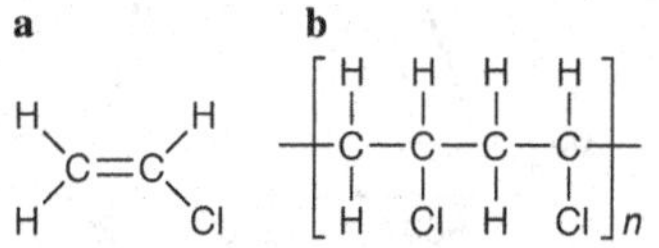

Für viele ist die Chlorchemie „harte" Chemie, eine Art der chemischen Produktion, die unnötig ressourcenverbrauchend, abfallintensiv und gefährlich ist und für die Alternativen gesucht werden müssen. Es werden von den Verfechtern der – wenig klar definierten – *sanften Chemie* u. a. möglichst „naturnahe" Verfahren und eine Abkehr von der Chlorchemie gefordert.

Sicher gefährden chlorierte Kohlenwasserstoffe, z. B. ohne besondere Schutzvorkehrungen offen angewendete Lösungs-, Reinigungs- oder Entfettungsmittel, die Umwelt und die menschliche Gesundheit; auch tragen FCKW (vgl. Abschn. 13.5) zum Treibhauseffekt und zur Zerstörung der Ozonschicht bei. Chlororganika sind aber als reaktive Zwischenprodukte bei der Herstellung anderer Produkte oder wegen ihrer besonderen Eigenschaften für bestimmte Anwendungen unverzichtbar. Da ein offener Eintrag solcher Verbindungen in die Umwelt vermieden

Abb. 18-6. a Chlorethen (Vinylchlorid, VC) und **b** Polyvinylchlorid (PVC).

werden muss, müssen chlorchemische Stoffströme bei Produktion und bei Anwendung möglichst geschlossen gehalten und besonders aufmerksam überwacht werden.

Chlororganika sind *lipophile* Substanzen (*griech.* lipos, Fett; philein, lieben); sie durchdringen verhältnismäßig leicht Zellmembranen. Auch größere Moleküle werden deshalb von Organismen über die Außenhaut und andere Gewebe schnell aufgenommen. Chlororganika sind besonders persistent und bioakkumulierbar. Im Körper von Fischen reichern sie sich beispielsweise bevorzugt in fetthaltigem Gewebe an und bleiben dort lange Zeit deponiert („Langzeitdepot"). Einige Beispiele für die Umweltbelastung durch Chlorkohlenwasserstoffe (CKW) sind in Tab. 18-6 zusammengestellt (s. auch Tab. 3-13 in Abschn. 3.8.3).

Tab. 18-6. Mittlere Belastung von Umweltproben durch einige Chlorkohlenwasserstoffe (in µg/kg, bezogen auf Frischgewicht).

Probenart	Hexachlorbenzol (HCB)	γ-Hexachlorcyclohexan (γ-HCH)	Dichlordiphenyldichlorethen[a] (DDE)	Polychlorierte Biphenyle[b] (PCB)
Boden	6	0,1	0,3	6
Regenwurm	0,1	1	1,6	34
Klärschlamm	1,5	0,5	3	630
Makroalgen	0,04	0,65	0,16	5
Karpfen	7	2,5	60	4 350
Kuhmilch	0,4	0,5	1	15
Humanblut	3,5	2,5	3,5	33
Humanleber	270	3,5	290	1 320
Humanfett	1500	6	1600	10 220

[a] Abbauprodukt des DDT.
[b] Technisches PCB-Gemisch mit einem Chlor-Gewichtsanteil von ca. 60 %.

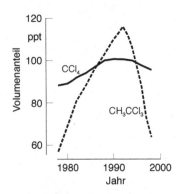

Abb. 18-7. Gehalt an Tetrachlorkohlenstoff (CCl$_4$) und Methylchloroform (CH$_3$CCl$_3$) in der Atmosphäre (seit 1978). – Vorindustrieller (ca. 1860) Gehalt: 0 ppt.

Viele in der Natur vorkommende Chlorverbindungen sind anthropogen, haben also keine natürlichen Quellen, z. B. Tetrachlorkohlenstoff und Methylchloroform (s. auch Abb. 18-7).

Hinzu kommt, dass flüssige chlorierte Kohlenwasserstoffe im Vergleich mit anderen Flüssigkeiten ein deutlich aggressiveres Verhalten gegenüber Materialien wie Ton, Beton oder Stahl zeigen. Überdies weisen zahlreiche Chlororganika, die bei Verbrennung organischer Stoffe in Anwesenheit von chlorhaltigen Verbindungen etwa bei einem Störfall (vgl. Abschn. 15.4) entstehen und emittiert werden können, eine deutliche chronische Humantoxizität auf, z. B. die oftmals als „Supergifte" bezeichneten Polychlor-Dibenzodioxine und -Dibenzofurane (vgl. Abschn. 18.2.2).

Aus diesen Gründen werden viele Vertreter dieser Verbindungsklasse, wenn sie als Abfall anfallen, zu den Problemabfällen der Abfallwirtschaft gezählt. An die Entsorgung dieser Stoffe – früher wurden sie auf hoher See verbrannt (vgl. Abschn. 29.3) – werden besonders hohe Anforderungen gestellt; beispielsweise müssen Abfälle, die Halogenkohlenwasserstoffe enthalten, in Abfallverbrennungsanlagen bei Temperaturen $\geq 1200\ °C$ und einer mittleren Verweilzeit von mindestens 2 s verbrannt werden [§ 4 (2) 17. BImSchV], da man unter diesen Bedingungen polychlorierte Dibenzodioxine und Dibenzofurane zersetzen will.

Abfälle mit halogenorganischen Bestandteilen werden oft als „Sorgenkinder" der Abfallwirtschaft bezeichnet. Nicht zuletzt aus diesem Grund werden Chlororganika von Vertretern der Industrie auf der einen und von Vertretern von Umweltschutzorganisationen auf der anderen Seite kontrovers diskutiert. Gegner der Chlorchemie berufen sich dabei manchmal auf den Ausspruch „Gott schuf 91 Elemente, der Mensch mehr als ein Dutzend und der Teufel eines – das Chlor", der meistens, sinnentstellend, nicht vollständig zitiert wird; denn in einem Editorial, in dem sich der Herausgeber des bedeutenden *The Handbook of Environmental Chemistry*, OTTO HUTZINGER, *gegen* die Verteufelung des Elements Chlor wandte, heißt es später: „Mit einem Wort, ohne das Element Chlor wäre Leben nicht denkbar."

Im Folgenden soll näher auf die polychlorierten Dibenzodioxine, Dibenzofurane und Biphenyle eingegangen werden (zu chlorhaltigen Schädlingsbekämpfungs- und Pflanzenschutzmitteln vgl. Abschn. 22.3).

18.2.2 Polychlorierte Dibenzodioxine und Dibenzofurane

Zwei Gruppen chlorierter aromatischer Ether sind wegen ihrer toxikologischen und ökotoxikologischen Relevanz bekannt geworden, die *polychlorierten Dibenzodioxine* (PCDD) und *polychlorierten Dibenzofurane* (PCDF; Abb. 18-8). Je nach Anzahl und Stellung der Chloratome im Molekül sind insgesamt 75 verschiedene chlorierte Dioxine und 135 verschiedene chlorierte Furane denkbar (meist *Kongenere* genannt).

Wichtige Quellen für diese Chlorverbindungen sind neben den ungereinigten Abgasen und Verbrennungsrückständen von Müllverbrennungsanlagen (Tab. 18-7) Prozesse der Metallgewinnung (z. B. in Sinteranlagen). Neben diesen thermischen Prozessen sind auch bestimmte Produktionsprozesse der Chemischen Industrie von Bedeutung, bei denen diese Stoffe – sie waren selbst nie Ziel einer chemischen Produktion – durch Nebenreaktionen bei der Herstellung vor allem aromatischer Chlorverbindungen entstehen können, z. B. von *Pentachlorphenol* (PCP), einem Holzschutzmittel, oder von chlorierten Biphenylen (PCB; vgl. Abschn. 18.2.3). Vorläufer für chlorierte Dibenzodioxine können Chlorphenole oder Chlorbenzole sein, die u. a. als Lösungsmittel oder als Zwischenprodukt bei der Herstellung von Insektiziden, Arzneimitteln usw. eingesetzt werden.

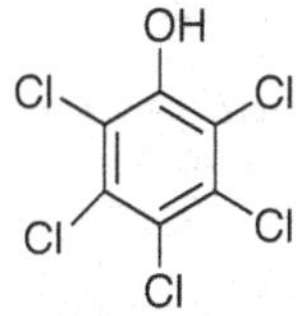

PCDD und PCDF entstehen bei Verbrennungsvorgängen – vorwiegend wohl in industriellen Verfahren, aber auch in der Natur –, an denen Kohlenstoffverbindungen und Chlor (anorganischen oder organischen Ursprungs) beteiligt sind. Dass PCDD und

18.2 Polychlorierte Dibenzodioxine, Dibenzofurane und Biphenyle

a

b

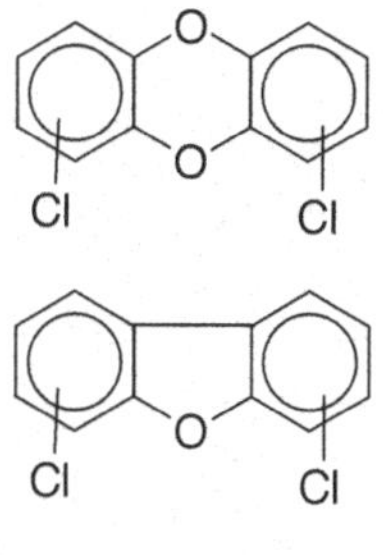

Abb. 18-8. a Polychlorierte Dibenzodioxine (PCDD) und **b** polychlorierte Dibenzofurane (PCDF).

Pentachlorphenol (PCP)

297

Tab. 18-7. Gehalte an 2,3,7,8-TCDD[a)] und 2,3,7,8-TCDF[b)] in Umweltproben aus *M*üllverbrennungs*a*nlagen (MVA).

Quelle	2,3,7,8-TCDD	2,3,7,8-TCDF
Ungereinigtes Abgas	0,2...0,7 ng/m^3	1,8...6 ng/m^3
Flugstaub (E-Filter)	< 10...800 ng/m^3	< 10...1600 ng/m^3
Reingasstaub	200...4000 ng/kg	7000...117 000 ng/kg
Schlacken	< 10 ng/kg	< 1...80 ng/kg

[a]   TCDD *T*etrachlor*d*ibenzo*d*ioxin.
[b]   TCDF *T*etrachlor*d*ibenzo*f*uran.

PCDF so überraschend leicht gebildet werden, rührt von der stabilen 6- bzw. 5-gliedrigen ringförmigen Atomanordnung her; zugleich schützen die Chloratome im Molekül zusätzlich vor Reaktion mit Sauerstoff – diese Verbindungen sind bis 600...800 °C stabil.

In Automobilabgasen wird übrigens ein geringer Anteil an – ebenfalls als toxisch angesehenen – *bromierten* Dibenzodioxinen und Dibenzofuranen gebildet.

Man findet die emittierten PCDD und PCDF vor allem in der Luft und im Boden. Es gibt in Verordnungen und Empfehlungen Grenz- und Richtwerte für PCDD und PCDF:

– Der Grenzwert für Emissionen beispielsweise von Müllverbrennungsanlagen ist für die Summe der polychlorierten Dibenzodioxine und Dibenzofurane auf 0,1 ng/m^3 festgelegt [§ 5 (1) 4 der 17. BImSchV].

– Das Aufbringen von Klärschlamm auf landwirtschaftlich oder gärtnerisch genutzte Böden ist verboten, wenn in der Schlamm-Trockenmasse ein Gehalt an polychlorierten Dibenzodioxine/Dibenzofuranen von 100 ng/kg überschritten ist [§ 4 (1) AbfKlärV].

– Beispielsweise sollen auf Kinderspielflächen Maßnahmen ergriffen werden, wenn im Boden der Wert von 100 ng/kg überschritten ist (Maßnahmenwerte s. Tab. 18-8). Eine unter dem Namen „Kieselrot" vermarktete Schlacke, die bei der Verhüttung von Kupfererzen anfällt und vor allem auf Spiel- und Sportplätzen aufgebracht worden ist, enthielt 20 000... 70 000 ng/kg).

Tab. 18-8. Maßnahmenwerte für Dibenzodioxine /Dibenzofurane (nach BBodSchV, Anhang 2).

Bodennutzung	Maßnahmenwerte (in ng/kg[a)])
Kinderspielflächen	100
Wohngebiete	1 000
Park- und Freizeitanlagen	1 000
Industrie- und Gewerbegrundstücke	10 000

[a]   Bezogen auf Trockenmasse; als TCDD-Äquivalente.

Umweltchemisch relevant sind außer 2,3,7,8-TCDD auch weitere, weniger toxische Vertreter dieser Stoffklasse, die stets ebenfalls im Gemisch auftreten. Für sie hat man *Toxizitätsäquivalentfaktoren* (*engl.* toxic equivalent factors, TEF) definiert (Tab. 18-9), mit denen man die Konzentration der jeweiligen Einzelsubstanz multiplizieren muss, um deren Toxizität mit der von 2,3,7,8-TCDD vergleichen und auch die Toxizität von Gemischen abschätzen zu können. Die so gewichteten Konzentrationen kann man addieren und *Summenwerte*, das TCDD-Äquivalent (*engl.*

TEQ, TCDD eqivalents; manchmal auch I-TEq für „internationale Toxizitätsequivalente"), für polychlorierte Dibenzodioxine und Dibenzofurane angeben. Die oben genannten Grenz- und Richtwerte beziehen sich auf solche Toxizitätsäquivalente.

Die toxischen TCDD und TCDF verursachen – ähnlich wie eine Vielzahl organischer Chlorverbindungen – bereits in sehr geringen Konzentrationen beim Menschen *Chlorakne*, eine schmerzhafte, schwer heilende und zu entstellenden Narben führende Hauterkrankung. Wenn größere Mengen in den Organismus gelangen, können Organe wie die Leber, das Atem- und auch das Nervensystem geschädigt und der Fettstoffwechsel gestört werden.

Die PCDD und PCDF zählen wegen ihrer hohen biologischen, chemischen und physikalischen Stabilität zu den *persistenten organischen Verbindungen* (POP). Wegen ihrer starken Tendenz zur Bioakkumulation (vgl. Abschn. 3.8.2) kann man diese Chlorverbindungen nicht nur im Menschen, sondern auch in anderen Organismen finden, z. B. in Krebsen, Insekten, Fischen, Vögeln und Säugetieren.

Als bislang gefährlichster Vertreter dieser Verbindungsklasse wurde das extrem akut toxische „Seveso-Gift" (oftmals nur kurz *Seveso-Dioxin* genannt; Abb. 18-9) erkannt. LD_{50}-Werte (s. Abschn. 3.9) zeigen, wie verschieden empfindlich sich verschiedene Tierarten dieser Substanz gegenüber verhalten (Tab. 18-10). Die relative Toxizität von 2,3,7,8-TCDD wird von der anderer Stoffe, besonders einiger natürlicher Bakterientoxine wie beispielsweise der Stoffwechselprodukte des Tetanuserregers, zwar noch um mehrere Zehnerpotenzen übertroffen (Tab. 18-11). Aber 2,3,7,8-TCDD gilt als die giftigste Substanz, die bisher in Produktionsprozessen der chemischen und metallverarbeitenden Industrie entstanden ist.

18.2 Polychlorierte Dibenzodioxine, Dibenzofurane und Biphenyle

Tab. 18-9. Toxizitätsäquivalentfaktoren (Auswahl; von der WHO empfohlen).

Verbindung	TEF
2,3,7,8-TCDD[a]	1
1,2,3,7,8-PnCDD	1
1,2,3,4,7,8-HxCDD	0,1
1,2,3,4,6,7,8-HpCDD	0,01
OCDD	0,0001
2,3,7,8-TCDF	0,1
2,3,4,7,8-PnCDF	0,5
1,2,3,4,7,8-HxCDF	0,1
1,2,3,4,6,7,8-HpCDF	0,01
OCDF	0,0001

[a] T Tetra, Pn Penta, Hx Hexa, Hp Hepta, O Octa.

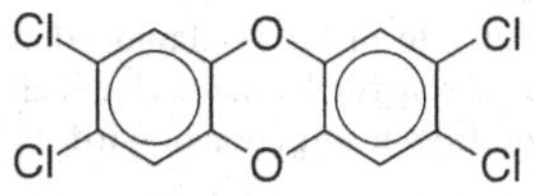

Abb. 18-9. 2,3,7,8-Tetrachlordibenzo[1,4]dioxin (2,3,7,8-TCDD; „Seveso-Dioxin").

Tab. 18-10. LD_{50}-Werte von TCDD bei verschiedenen Tierarten.

Tierart	LD_{50} (in µg/kg)	
Meerschweinchen	0,6...	2,0
Ratte	20 ...	45
Affe	70	
Hund	100 ...	200
Maus	110 ...	280
Hamster	110 ...	5000

Tab. 18-11. Akute Toxizität[a] und molare Massen von 2,3,7,8-TCDD und einigen ausgewählten toxischen Substanzen im Vergleich.

Substanz	Tödliche Minimaldosis (in µg/kg)[a]	Molare Masse (in g/mol)
Botulinustoxin A (bakteriell)	0,000 03	900 000
Tetanustoxin (bakteriell)	0,000 1	150 000
Diphtherietoxin (bakteriell)	0,3	72 000
2,3,7,8-TCDD (chemisch)	1	320
Tetrodotoxin (Fisch)	10	319
Aflatoxin B_1 (Pilz)	10	312
Curarin (pflanzlich)	500	696
Strychnin (pflanzlich)	500	334
Nicotin (pflanzlich)	1 000	162
Natriumcyanid (chemisch)	10 000	49

[a] Bezogen auf das Körpergewicht von Versuchstieren.

Abb. 18-10. Polychlorierte Biphenyle
(PCB).

PCB

Grenzwerte in Klärschlamm, der auf
landwirtschaftlich oder gärtnerisch genutzte Böden aufgebracht wird

0,2 mg/kg

[bezogen auf Schlamm-Tockenmasse;
§ 4 (1) AbfKlärV]

Tab. 18-12. PCB-Konzentrationen in
der Nordsee.

Bereich/ Organismus	Mittlerer PCB-Gehalt (in mg/kg)
Meerwasser	0,000 002
Sediment	0,005...0,16
Plankton	8...10
Fische	1...37
Seevögel	110
Meeressäuger[a]	160

[a]   80 000 000fache Konzentrations-
erhöhung gegenüber Meerwasser.

18.2.3 Polychlorierte Biphenyle

Polychlorierte Biphenyle (PCB; Abb. 18-10) gehören ebenfalls
zur Gruppe der chlorierten Kohlenwasserstoffe. Sie leiten sich
vom Biphenyl ab, in dem mehr als ein Wasserstoffatom durch
Chlor ersetzt ist (theoretisch 209 verschiedene Verbindungen). Die
Stabilität dieser Stoffe nimmt mit wachsender Anzahl der Chloratome zu: PCB mit mehr als vier Chloratomen sind bereits nicht
mehr brennbar. Technische PCB bestehen aus einem Gemisch verschieden stark chlorierter Biphenyle mit einem Chlor-Massenan-
teil von 30...60 %.

PCB haben ungewöhnliche Eigenschaften: Sie sind nicht nur
unbrennbar, chemj^©lienresistent und thermisch stabil (sie zählen zu den stabilsten organischen Verbindungen), sondern auch
mäßig bis sehr viskos, haben einen hohen Siedepunkt u. ä. Deshalb gab es für sie viele verschiedenartige Verwendungen in der
Technik: Sie wurden u. a. als Kühlmittel, Hydraulikflüssigkeiten
und Imprägniermittel für Holz und Papier verwendet. Seit Ende
der 20er Jahre wurden PCB wegen ihrer guten Isoliereigenschaften
in Kondensatoren und Hochspannungstransformatoren eingesetzt.
Man setzte sie auch als Weichmacher Kunststoffen zu und benutzte sie, um Farben und Lacke feuersicherer und witterungs-
beständiger zu machen. Bis heute wurden auf der Welt ca.
1 000 000 t PCB produziert.

In der Bundesrepublik Deutschland wurde die PCB-Produk-
tion 1983 eingestellt. Hauptquelle für PCB ist deshalb heute wahrscheinlich die Entsorgung von *Altöl*.

Die Richtlinie 96/59/EG setzt einen Rahmen zur kontrollierten Beseitigung von PCB-Abfall und zur Dekontamination von
PCB-haltigen Geräten. Nach der *Altölverordnung* (§ 3 AltölV)
dürfen Altöle nicht mehr zu Ölraffinaten aufgearbeitet werden,
wenn sie an PCB mehr als 20 mg/kg enthalten. Es besteht der be-
gründete Verdacht, dass bei der Verschrottung ausgedienter Transformatoren, Kondensatoren und Hydraulikanlagen trotz
Vermischungsverbot [§ 4 (2) AltölV] die abgelassenen PCB-
haltigen Flüssigkeiten mit herkömmlichem Altöl vermischt werden. (Wegen der hohen Lebensdauer verschiedener Transformatoren – zwischen 30 und 50 Jahren – wird die PCB-Problematik
noch längere Zeit aktuell bleiben.)

Erst Mitte der 60er Jahre wurde die ökologische Problematik
bei der Verwendung von PCB erkannt. Sie sind nur geringfügig
akut toxisch, erst die andauernde Aufnahme selbst sehr kleiner
Dosen ist für Organismen schädlich. Wegen ihrer hohen Persistenz
– PCB werden nur sehr langsam abgebaut –, ihrer geringen
Wasserlöslichkeit, geringen Mobilität und ihrer relativ hohen Tendenz zur Bio- und Geoakkumulation wurden PCB weltweit in Tieren und Sedimenten, aber auch in vielen Handelsprodukten gefunden – PCB sind inzwischen ubiquitär (vgl. Abschn. 7.2.3). Die
in Tab. 18-12 angegebenen Werte zeigen beispielhaft, wie sich
diese persistenten Verbindungen über die Nahrungskette anrei-

chern können.

Beim Menschen reichern sich die PCB vor allem – wie die meisten höher chlorierten organischen Verbindungen – im Fettgewebe an (PCB im humanen Gewebe: 0,1...10 ppm). Größere Mengen können zu Leber-, Milz- und Nierenschäden führen. Deshalb dürfen Lebensmittel nicht in den Verkehr gebracht werden, wenn ihr Gehalt die in der *Schadstoff-Höchstmengenverordnung* festgelegten zulässigen Höchstmengen überschreitet, z. B. 0,02 mg/kg für Eier (ohne Schale) und Eiprodukte.

Diese Verordnung regelt Rückstände einiger Chemikalien wie Pflanzenschutzmittel oder Quecksilber auf und in pflanzlichen und tierischen Lebensmitteln: Die Höchstmengen sind so festgelegt, dass bei normaler Lebensweise keine Wirkungen bekannt sind. Die in dieser Rechtsvorschrift festgelegten Höchstmengen werden von den *ADI-Werten* abgeleitet ADI bedeutet Acceptable Daily Intake: Auch bei lebenslanger täglicher Aufnahme der Substanz besteht nach gegenwärtigem wissenschaftlichen Kenntnisstand keine Gefahr für die Gesundheit.

Die Verwendung von PCB ist aus allen diesen Gründen in vielen Ländern bereits Beschränkungen unterworfen. PCB dürfen in Deutschland nur noch in geschlossenen Systemen (z. B. Transformatoren) verwendet werden. Ihre Anwendung ist inzwischen nach der *PCB/PCT-Abfallverordnung* beschränkt. Ein ähnliches umweltrelevantes Verhalten wie die PCB zeigen auch *polychlorierte Terphenyle* und *polychlorierte Naphthaline* (Abb. 18-11).

Für PCB gibt es, je nach Anwendung, Ersatzstoffe. Vorgeschlagen wurden u. a. Stoffe wie substituierte alkylierte Naphthaline oder Chlorbenzole, die aber ebenfalls nicht unproblematisch sind.

PCB

MAK-Werte (abhängig vom Chlorierungsgrad)

Luft:
1 mL/m^3 bei Chlorgehalt 42 %
0,05 mL/m^3 bei Chlorgehalt 54 %

Trinkwasser:
0,1 µg/L für einzelne Isomere
0,5 µg/L für die Summe der Isomere

a

b

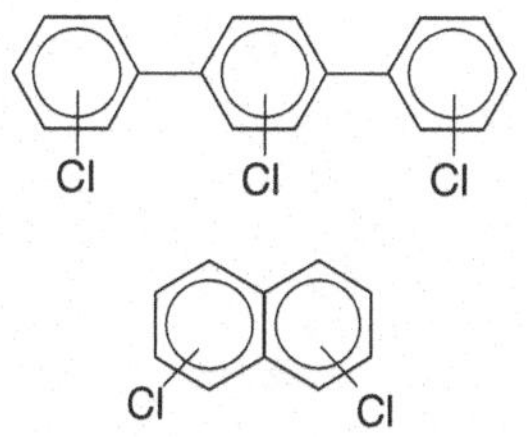

Abb. 18-11. a Polychlorierte Terphenyle (PCT), b polychlorierte Naphthaline (PCN).

18.3 Öl

18.3.1 Entstehung, Wirkungen

Zu den die Umwelt belastenden Substanzen gehören auch *Mineralöle* (z. B. Erdöl, Erdölprodukte). Sie bestehen vorwiegend aus Alkanen und Alkenen sowie cyclischen Kohlenwasserstoffen. In geringem Umfang findet man im Erdöl auch Aldehyde, Ketone und Carbonsäuren.

Solche Ölprodukte sind in der Vergangenheit auf verschiedenen Wegen in die Umwelt gelangt – allein im Jahr 1992 insgesamt fast 200 000 m^3 –, beispielsweise beim Erbohren von Öllagerstätten, beim Transport (Tankerunfälle, Schäden an Pipelines), beim Lagern und Aufarbeiten von Rohöl und beim Beseitigen von Altöl und Restöl der Tankschiffe. Große Mengen ergossen sich in den Persischen Golf während des Golf-Krieges (Tab. 18-13).

Tab. 18-13. Mengen an Öl, die in die Umwelt gelangten.

Vorkommnis (Zeitraum)	Menge (in m^3)
Golf-Krieg (Januar - Juni 1991)	1 · 10^6
Erbohren von Öllagerstätten (1978 - 1992)[a]	1,7 · 10^6

a Berücksichtigt nur Austritte > 4500 m^3.

18 Spezielle Wasserbelastungen

Die umfangreichsten Belastungen der Gewässer entstehen bei Bohrungen am Meeresgrund und bei der Havarie von Großtankern. Besonders spektakulär verlaufen Tankerunfälle, weil in sehr kurzer Zeit große Ölmengen in einem verhältnismäßig kleinen Gebiet, oft in Küstennähe, in das Meer gelangen. Einer der bisher größten Tankerunfälle nahe Europa in der Geschichte der Schiffahrt fand am 16. März 1978 vor der bretonischen Küste statt, als der unter liberianischer Flagge fahrende Tanker Amoco Cadiz mit 223 000 t leichtem Rohöl strandete (Tab. 18-14).

Tab. 18-14. Bedeutende Tankerunfälle (1978-1993, Auswahl).

Datum	Ort	Name des Tankers	Verlorene Ölmenge (in t)
6.8.1983	Cape Town, Südafrika	Castillo de Bellver	258 000
16.3.1978	Bretagne, Frankreich	Amoco Cadiz	223 000
23.2.1980	Pilos, Griechenland	Irenes Serenade	120 000
15.11.1979	Istanbul, Türkei	Independentza	96 000
5.1.1993	Shetland-Inseln	Braer	82 000
10.12.1992	La Coruña, Spanien	Aegean Sea	70 000
6.12.1985	Arabischer Golf	Nova	70 000
19.12.1989	Rabat, Marokko	Khark 5	70 000
11.4.1991	Genua, Italien	Haven	50 000
24.3.1989	Prinz-William-Sund, Alaska	Exxon Valdez	42 000

Ölteppiche (Emulsionen aus Öl und Wasser) auf offenen Wasseroberflächen sind eine Gefahr für die darunter lebenden Organismen, weil sie den Gasaustausch zwischen Wasser und Luft behindern. In solchen Bereichen ersticken Lebewesen unter der Wasseroberfläche, weil kaum noch Sauerstoff aus der Luft in das Wasser gelangen kann. Weiterhin sammelt sich das Kohlendioxid der Atmung in den Zellen der Lebewesen an und macht die Zellflüssigkeit zu sauer. Überdies können wasserlösliche Bestandteile des Erdöls toxisch wirken.

18.3.2 Schadensbehebung, Abbau

Öl in der Umwelt wird mikrobiell durch verschiedene Bakterienarten so langsam abgebaut, dass es Wochen oder Monate lang auf dem Wasser bleibt. Während dieser Zeit können die leichter flüchtigen Bestandteile – sie machen etwa die Hälfte der Gesamtmenge des Öls aus, das bei einem Öltankerunfall ausläuft – verdampfen. Die schwerer flüchtigen Bestandteile, hauptsächlich aromatische Kohlenwasserstoffe, reichern sich dabei an, verklumpen und versinken im Laufe der Zeit unter die Wasseroberfläche.

Die Ölverschmutzungen auf dem Wasser können am besten durch Eindämmen des auslaufenden Öls mit Hilfe von Ölsperren und durch Abschöpfen des Öls von der Wasseroberfläche beseitigt werden. Auf hoher See, besonders bei ungünstigem Wetter, ist dies aber oft nicht möglich.

Unsachgemäßer Umgang mit Mineralölen kann auch den Boden belasten. In den Boden gelangtes Öl kann, ggf. erst nach vielen Jahren, bis zum Grundwasser vordringen und sich dort weiträumig ausbreiten. Das hydrophobe Öl bildet einen dünnen Film auf der Wasseroberfläche. Auf diese Weise kann 1 L dünnflüssiges Mineralöl 10^6 L Wasser unbrauchbar machen. Oftmals erreicht Öl jedoch das Grundwasser nicht, weil der Boden ein hohes Rückhaltevermögen besitzt ($5...50$ L/m^3) und weil Öl viskos ist, also schlechtes Fließverhalten aufweist. Wegen dieser besonders bei schweren Ölen geringen Mobilität und wegen seiner geringen Wasserlöslichkeit kann Öl im Boden mikrobiell abgebaut werden, bevor es das Grundwasser erreicht. (Dass Mikroorganismen fähig sind, Kohlenwasserstoffe abzubauen, wurde schon 1906 entdeckt. Seit 1946 weiß man auch, dass diese „Ölfresser" überall auf der Erde vorkommen. In Norddeutschland hat man solche Bakterien noch in 88 m Tiefe im Erdboden nachgewiesen.)

18.3.3 Altöl

Altöle sind gebrauchte halbflüssige oder flüssige Stoffe, die ganz oder teilweise aus Mineralöl oder synthetischem Öl bestehen, also beispielsweise gebrauchte Schmierstoffe wie Motorenöl, Getriebeöl sowie Maschinen-, Turbinen- oder Hydrauliköle, soweit sie auf Mineralölbasis hergestellt worden sind; man zählt auch dazu ölhaltiger Rückstände aus Behältern, Emulsionen und Wasser-Öl-Gemische. Solche Öle können bereits in kleinen Mengen große Mengen Wasser derart stark verunreinigen, dass es für die Trinkwassergewinnung nicht mehr zu gebrauchen ist.

Altöl ist Abfall. Nach der Richtlinie 75/439/EWG dürfen die als Brennstoff verwendeten Altöle keine PCB/PCT in Konzentrationen von über 55 ppm enthalten. Auch sind für den Gehalt an PCB (vgl. Abschn. 18.2.3) und an Gesamthalogen in der Altölverordnung (§ 3 AltölV) Grenzwerte festgehalten, die eingehalten werden müssen, wenn Altöl aufgearbeitet werden soll.

Aufarbeiten von Altöl

PCB-Gehalt ≤ 20 mg/kg
oder
Gesamthalogen ≤ 2 g/kg

19 Trinkwassergewinnung und Abwasserreinigung

19.1 Trinkwasser

19.1.1 Wasserbedarf

Wasser ist keine übliche Handelsware, sondern ein ererbtes Gut, das geschützt, verteidigt und entsprechend behandelt werden muss.

[Satz (1) der Gründe zum Erlass der Wasser-Rahmen-Richtlinie 2000/60/EG]

Der menschliche Körper besteht zu ca. zwei Drittel aus Wasser, eine Zelle zu etwa 80 %, und manche Gemüse und Früchte enthalten sogar mehr als 90 %. Der tägliche Wasserbedarf eines erwachsenen Menschen beträgt, bezogen auf das Körpergewicht, ca. 35 g/kg; dies bedeutet für einen 70 kg schweren Menschen etwa 2,5 L Trinkwasser am Tag, also ca. 50 000...60 000 L im Laufe eines Lebens. Menschen können wochenlang leben, ohne zu essen, aber nur 5 bis 6 Tage existieren, ohne zu trinken. Abgegeben wird Wasser durch die Atmung, über den Schweiß und andere Ausscheidungen; ersetzt wird es durch Trinken und Aufnahme von Flüssigkeit über die Nahrung.

Chemisch völlig reines (destilliertes) Wasser ist als Getränk für den Menschen gesundheitsschädlich. Es sind kleine Mengen anorganischer Stoffe, die die Qualität des Trinkwassers bestimmen (Mineral- oder Heilwasser!).

Der *Wasserbedarf* hat im Laufe der Zeit ständig zugenommen. Während die Menschen in vorindustrieller Zeit täglich 10...30 L verbrauchten, betrug diese Menge in der Bundesrepublik Deutschland 1950 bereits 85 L, 1970 114 L und lag 1990 bei 146 L täglich (1998: 130 L). Davon wurden für Kochen und Trinken lediglich 5 % verwendet; der Rest wurde für Baden und Duschen (35 %), Toilette und Wäsche (jeweils 25 %) sowie Geschirrspülen (10 %) verbraucht. Wenn man zum Wasserverbrauch der privaten Haushalte und Kleinverbraucher noch den der öffentlicher Einrichtungen wie Schulen, Krankenhäuser u. ä. hinzuzählt, ergibt sich ein täglicher Pro-Kopf-Verbrauch der Bevölkerung von ungefähr 325 L.

Der größte Teil dieser Wassermengen gelangt als Abwasser wieder in die Gewässer zurück. Dieser „Kreislauf" verändert aber die Qualität unserer Gewässer, denn die Abwässer enthalten Schmutz- und Schadstoffe.

In Deutschland gibt es jährlich im Durchschnitt ungefähr 800 mm *Niederschlag* – das sind 800 L/m^2 – als Schnee oder Regen (vgl. Tab. 17-2 in Abschn. 17.1). Dies entspricht einer Niederschlagsmenge von fast $210 \cdot 10^9$ m^3 Wasser (etwa 4-mal das Volumen des Bodensees). Mehr als die Hälfte dieses Wassers verdunstet. Von den verbleibenden $90 \cdot 10^9$ m^3 fließen ca. zwei

Drittel durch die Flüsse ab, der Rest versickert im Boden und füllt die Grundwasserreserven auf. Ein Großteil des gesamten in Deutschland benutzten Wassers (66 %) dient als Kühl- oder Brauchwasser in Elektrizitäts- und Wärmekraftwerken sowie in der Industrie; dieses Wasser braucht keine hohe Qualität aufzuweisen und kann beispielsweise Flüssen entnommen werden. Haushalte und Kleingewerbe verbrauchen nur 9 % des gesamten Wassers in Deutschland (Abb. 19-1).

Anders sieht dies bei dem durch die Wasserwerke geförderten *öffentlichen Trinkwasser* aus. Die Hauptverbraucher sind hier Haushalte und Kleingewerbe mit ca. 66 % (zur weiteren Aufteilung des Wasserverbrauchs s. Tab. 19-1).

In vielen Ländern macht das Trinkwasser nicht den Hauptteil des Wassers aus, das der Mensch der Natur entnimmt. Beispielsweise werden weltweit im Durchschnitt weniger als 10 % des Flusswassers für Haushalte entnommen; in den meisten westlichen Ländern wird dieses Wasser vor allem von der Industrie als Kühlwasser verwendet (Tab. 19-2).

19.1.2 Anforderungen, Gewinnung

Trinkwasser ist Wasser, das für menschlichen Genuss und Gebrauch geeignet ist. Es muss bestimmte Güteeigenschaften erfüllen, die in der *Trinkwasser-Richtlinie* (Richtlinie 98/83/EG) festgelegt sind, in Deutschland vor allem in der *Trinkwasserverordnung* (TrinkwV).

19.1 Trinkwasser

Tab. 19-2. Jährliche Flusswasserentnahme (1995).

Land/Erdteil	Fluss-wasser-entnahme (in km^3/a)	Pro-Kopf-Entnahme (in m^3/a)	Anteil (in %) verschiedener Bereiche H / I / L[a)
China	525,5[c)	439	5 / 18 / 77
Deutschland	46,3[b)	583	14 / 86 / 0
Frankreich	40,6	700	15 / 73 / 12
Italien	57,5	1 005	18 / 37 / 45
Niederlande	7,8[b)	522	16 / 68 / 0
Österreich	2,2	278	31 / 60 / 9
Portugal	7,3[b)	739	8 / 40 / 53
Schweiz	2,6	363	42 / 58 / 0
Spanien	35,5[d)	897	13 / 18 / 68
USA	447,7	1 677	8 / 65 / 27
Afrika	148,8[b)	242	9 / 6 / 85
Asien	2 007,0[b)	675	7 / 9 / 84
Europa	476,1[b)	660	14 / 45 / 41
Südamerika	140,7[b)	477	20 / 11 / 69
Welt	3 414,0	648	9 / 20 / 71

[a] Haushalte / Industrie / Landwirtschaft.
[b] 1990. [c] 1993. [d] 1997.

Tab. 19-1. Wasserentnahme über die öffentliche Trinkwasserversorgung in Deutschland (1998: 4,9 · 10^9 m^3).

Bereich	Anteil (in %)
Industrie und gewerbliche Unternehmen	18
Haushalte und Kleingewerbe	72

19 Trinkwassergewinnung und Abwasserreinigung

Tab. 19-3. Qualitätsstandard für Trinkwasser (Auswahl; Anhang I Teil B der Richtlinie 98/83/EG).

Parameter	Gehalt
Blei	10 µg/L
Cadmium	5 µg/L
Quecksilber	1,0 µg/L
Fluorid	1,5 mg/L
Nitrat[a]	50 mg/L
Nitrit[a]	0,50 mg/L
Benzol, C_6H_6	1,0 µg/L
Benzo[a]pyren	0,010 µg/L
PAK[b]	0,10 µg/L

[a] Die Bedingung $c(NO_3^-)/50 + c(NO_2^-)/3 \leq 1$ ist einzuhalten (c in mg/L).

[b] Summe von Benzo[b]fluoranthen, Benzo[k]fluoranthen, Benzo[ghi]perylen und Indeno[123-cd]pyren (vgl. Abb. 14-11 in Abschn. 14-7).

Tab. 19-4. Wassergewinnung der öffentlichen Versorgung in Deutschland (1998: $5,6 \cdot 10^9 \, m^3$).

Herkunft	Anteil (in %)
Grund- und Quellwasser	73
Uferfiltrat	5
Oberflächenwasser[a]	22

[a] See-, Fluss-, Talsperrenwasser, angereichertes Grundwasser.

Die Grundanforderungen an einwandfreies Trinkwasser sind: Es muss frei sein von Krankheitserregern, es darf keine gesundheitsschädigenden Eigenschaften besitzen, muss keimarm, appetitlich, farblos, kühl, geruchlos, geschmacklich einwandfrei sein und darf nur einen geringen Gehalt an gelösten Stoffen besitzen (DIN 2000). Beispielsweise sind für einige Schwermetalle und Anionen sowie für einige organische Verbindungen nur bestimmte Gehalte maximal zugelassen (Tab. 19-3).

Trinkwasser kann sehr unterschiedliche Verunreinigungen enthalten. Als natürliche Verunreinigungen kommen Stoffe wie Algen oder Schwebstoffe in Frage; vom Menschen verursachte Belastungen können u. a. Nitrat und Pflanzenschutzmittel (vgl. Abschn. 22.3) sein, die über den Boden in das Wasser gelangen.

Das meiste Trinkwasser ist echtes *Grund-* und *Quellwasser* (Tab. 19-4). Um *angereichertes Grundwasser* zu gewinnen, lässt man Oberflächenwasser künstlich versickern, so dass es vom Boden gefiltert wird und in das Grundwasser gelangt. *Uferfiltrat* ist Wasser aus Flüssen, das vom Flussbett durch die angrenzenden Bodenschichten in nahe am Flussufer liegende Förderbrunnen fließt.

19.1.3 Wasserhärte

Zur Charakterisierung einer wichtigen Eigenschaft von Wasser dient der Begriff *Wasserhärte*. Im Zusammenhang mit der Härte von Wasser benutzt man mehrere Begriffe (Unterteilungen, die DIN 32625 nicht vorsieht). Unter *Gesamthärte* (GH) versteht man die Konzentration, $c(X)$, der Ionen Mg^{2+}, Ca^{2+}, Sr^{2+} und Ba^{2+}; da die meisten Wässer keine Sr^{2+}- und Ba^{2+}-Ionen enthalten, wird in der Praxis die Gesamthärte definiert durch

$$c(Ca^{2+}) + c(Mg^{2+}) \tag{19-1}$$

Im Allgemeinen besteht die Gesamthärte zu 70...85 % aus Calcium- und zu 30...15 % aus Magnesiumhärte.

Unter *Carbonathärte* (CH; auch *temporäre Härte* oder *vorübergehende Härte* genannt) versteht man denjenigen Teil der Härte, der durch Kochen entfernt werden kann. Der pH-Wert der meisten Wässer liegt zwischen 4,3 und 8,2; in diesem Bereich liegt neben viel physikalisch gelöstem Kohlendioxid vorwiegend Hydrogencarbonat vor. Die Konzentration an Hydrogencarbonat,

$$c(HCO_3^-), \tag{19-2}$$

ist die Carbonathärte. (Eine bessere Bezeichnung wäre „Hydrogencarbonat-Härte".) Beim Kochen wird CO_2 entsprechend dem Anteil an HCO_3^- gemäß

$$2 \, HCO_3^- \longrightarrow CO_3^{2-} + CO_2\uparrow + H_2O \tag{19-3}$$

aus dem Wasser ausgetrieben; aus Hydrogencarbonat entsteht so Carbonat, das mit Calcium-Ionen als schwer lösliches Calciumcarbonat ausfällt:

$$Ca^{2+} + CO_3^{2-} \longrightarrow CaCO_3\downarrow \qquad (19\text{-}4)$$

Unter *Nichtcarbonat-Härte* (NCH; auch *bleibende* oder *permanente* Härte) versteht man die durch Sulfat- und Chlorid-Ionen, SO_4^{2-} bzw. Cl^-, bedingte Härte (Calcium- oder Magnesium-Salze werden durch Kochen von diesen Ionen nicht ausgefällt). Diese Härte lässt sich beschreiben durch

$$c(Ca^{2+}) + c(Mg^{2+}) - c(HCO_3^-) \qquad (19\text{-}5)$$

Gesamt-, Carbonat- und Nichtcarbonat-Härte werden in mmol/L angegeben (die frühere Einheit „Grad Deutscher Härte" soll heute nicht mehr verwendet werden). Mit Hilfe der Konzentrationen der beiden Erdalkali-Ionen Ca^{2+} und Mg^{2+} kann man Wasser in verschiedene Härtebereiche einteilen (Tab. 19-5). Diese sind von Bedeutung, weil sie u. a. die Waschkraft von Waschmitteln beeinflussen.

Tab. 19-5. Härtebereiche [nach § 7 (1) 5 WRMG].

Härtebereich	Summe der Konzentrationen der Erdalkali-Ionen (in mmol/L)	°dH[a]	Bezeichnung
1	< 1,3	< 7	weich
2	1,3...2,5	7...14	mittelhart
3	2,5...3,8	14...21	hart
4	> 3,8	> 21	sehr hart

[a] Grad deutsche Härte (alte Einheit bis 1985), früher auch °d.
1 °dH enspricht 0,18 mmol/L.

Sehr weich sind Regenwasser, Quellwasser in niederschlagsreichen Gegenden und Wasser aus Gesteinen geringer Löslichkeit wie Granit. Umgekehrt ist Wasser in niederschlagsarmen Gebieten härter, auch Wasser in Kalkgebieten, z. B. im Bereich des Muschelkalks Württembergs, wo Wasserhärten um 20 mmol/L erreicht werden.

Die Wasserhärte ist von Bedeutung bei Speisewässern für Dampfkessel, da bei hoher Temperatur und hohem Druck die Hydrogencarbonate entsprechend Gleichungen (19-3) und (19-4) zu unlöslichen Carbonaten, *Kesselstein*, zersetzt werden. Zum Teil reagiert Magnesiumcarbonat unter diesen Bedingungen weiter gemäß

$$MgCO_3 + H_2O \longrightarrow Mg(OH)_2 + CO_2 \qquad (19\text{-}6)$$

In beiden Fällen bildet sich Kohlendioxid: Das Wasser wird also saurer. Die Gefahr der Korrosion steigt, wenn das Speisewasser zusätzlich noch Sauerstoff enthält. Die Härte von Kesselstein wird durch Gipsanteile erhöht; er kann die Härte von Porzellan erreichen, wenn überdies noch Silicate ausgeschieden werden. Auf Metalloberflächen hemmen Kesselsteinablagerungen die Wärmeübertragung, das Volumen von Hohlkörpern verringert sich, Rohre können „zuwachsen".

19.1.4 Wasserenthärtung, Wasserentsalzung

Zur Wasserenthärtung stehen mehrere Verfahren zur Verfügung. Im *Ionenaustausch*-Verfahren kann über einen Natrium-Austauscher, abgekürzt mit Na_2A, gemäß

$$Na_2A + Ca(HCO_3)_2 \longrightarrow CaA + 2\ NaHCO_3 \qquad (19\text{-}7)$$
$$Na_2A + CaCO_3 \qquad \longrightarrow CaA + Na_2CO_3 \qquad (19\text{-}8)$$

Calcium (entsprechend: auch Magnesium) aus dem Wasser entfernt werden. Zeolithe, die Waschmitteln als Phosphatersatzstoffe zugemischt werden (vgl. Abschn. 18.1.1), wirken nach diesem Prinzip.

Das Wasser enthält nach dem Austausch zwar keine Ca^{2+}- und Mg^{2+}-Ionen mehr, aber $NaHCO_3$, welches unter den Druck- und Temperaturbedingungen in Dampfkesseln in Na_2CO_3 und CO_2 zerfällt und korrodierend wirkt. Dies lässt sich beispielsweise vermeiden, wenn ein Teilstrom des zu entcarbonisierenden Wassers über einen stark sauren H-Ionenaustauscher geführt und dieser mit einem anderen Teilstrom vereinigt wird, der über einen Na-Austauscher geleitet wurde, so dass neutrales Wasser entsteht. Aus diesem kann das Kohlendioxid dann ausgetrieben werden.

Auch kann man spezielle hydrolysestabile Polyphosphate mit Kettenstruktur verwenden, wenn die die Härte verursachenden Kationen ausgefällt werden sollen. Die Härtebildner werden in flockig amorpher Form ausgeschieden und können beispielsweise abfiltriert werden.

Für eine *Vollentsalzung (Demineralisation)* gibt es mehrere Verfahren. Weit verbreitet sind Ionenaustauscher (stark saurer H-Ionenaustauscher und stark basischer OH-Ionenaustauscher in Kombination) und Umkehrosmose mit nachgeschaltetem Ionenaustausch. Ein altes, heute weitgehend verdrängtes Verfahren verwendet Calciumhydroxid und Soda:

$$Ca(HCO_3)_2 + Ca(OH)_2 \longrightarrow 2\ CaCO_3\downarrow + 2\ H_2O \qquad (19\text{-}9)$$

$$Mg(HCO_3)_2 + 2\ Ca(OH)_2$$
$$\longrightarrow Mg(OH)_2\downarrow + 2\ CaCO_3\downarrow + 2\ H_2O \qquad (19\text{-}10)$$

$$CaSO_4 + Na_2CO_3 \longrightarrow CaCO_3\downarrow + Na_2SO_4 \qquad (19\text{-}11)$$

Bei Temperaturen > 80 °C kann mit diesem Verfahren die Härte bis auf etwa 0,18 mmol/L reduziert werden.

Die *Meerwasserentsalzung* ist in vielen Ländern für das Überleben von besonderer Bedeutung. Dabei wird Trinkwasser, Wasser für die Bewässerung landwirtschaftlicher Anbauflächen oder für den technischen Gebrauch aus Meerwasser (mittlerer Salzgehalt 35 g/L) aufbereitet. Um den Salzgehalt zu reduzieren, werden vor allem thermische Verfahren wie die Destillation eingesetzt, daneben auch Membranverfahren wie die Umkehrosmose.

19.2 Abwasser

Abwasser ist jedes durch häuslichen, gewerblichen, industriellen, landwirtschaftlichen und sonstigen Gebrauch in seinen natürlichen Eigenschaften verändertes und in die Abwasserkanalisation gelangtes Wasser. Hierzu zählt man auch abfließendes Niederschlagswasser. Die mineralischen und organischen Schmutzstoffe im Abwasser – sie ergeben beim Ausglühen einen Aschenrest oder sind flüchtig – lassen sich in absetzbare Stoffe, nicht absetzbare Schwebstoffe und gelöste Stoffe, die zwei Drittel der gesamten Schmutzfracht ausmachen, unterteilen (Tab. 19-6).

Tab. 19-6. Typischer mittlerer Schmutzstoffgehalt von Abwasser in Deutschland. – Angenommener mittlerer täglicher Wasserverbrauch, auf einen Einwohner bezogen: 200 L.

Schmutzstoffgehalt	Inhaltsstoffe pro Einwohner (in g/d)			BSB_5 pro Einwohner (in g/d)
	mineralische	organische	gesamt	
Absetzbare Stoffe	20	30	50	20
Nicht absetzbare Schwebstoffe	5	10	15	10
Gelöste Stoffe	75	50	125	30
Zusammen	100	90	190	60[a]

a   1 EGW (vgl. Abschn. 17.4.5).

Tab. 19-7. Abwasser (täglich ca. $90 \cdot 10^6$ m^3) in Deutschland.

Quelle	Anteil (in %)
Kühlanlagen	55
Industrie und Gewerbe	33
Haushalte	10
Öffentliche Einrichtungen	2

Mehr als die Hälfte des gesamten Abwassers ist Kühlwasser (Tab. 19-7). Man kann es „thermisch verschmutzt" nennen, da nach Einleiten in natürliche Gewässer deren Temperatur geringfügig erhöht wird. Kühlwasser enthält in der Regel keine nennenswerten anorganischen oder organischen Verunreinigungen, wie man sie in Abwässern aus Industrie, Landwirtschaft, Gewerbe, öffentlichen Einrichtungen, Kommunen und Privathaushalten findet.

Je nachdem, wo Abwasser entsteht, unterscheidet man zwischen *industriellem* und *kommunalem* Abwasser. Es besteht die Möglichkeit

– der *Direkteinleitung*: Einige größere Gewerbe- und Industriebetriebe leiten ihre Abwässer über eine eigene Kanalisation, ggf. nach Reinigung, direkt in Gewässer; und

– der *Indirekteinleitung*: Das Abwasser wird über die öffentliche Kanalisation in kommunale Kläranlagen geleitet, dort gereinigt und weiter in Gewässer eingeleitet.

Unter *Einleiten* versteht man in diesem Zusammenhang das Zuführen flüssiger (einschließlich schlammiger und gasförmiger)

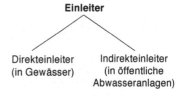

Einleiter

Direkteinleiter (in Gewässer)   Indirekteinleiter (in öffentliche Abwasseranlagen)

309

Stoffe in Gewässer. Abwasserrechtlich handelt es sich dabei um das

„unmittelbare Verbringen von Abwasser in ein Gewässer oder in den Untergrund" [§ 2 (2) Abwasserabgabengesetz].

Der Abwasseranfall in Mitteleuropa liegt pro Tag und Einwohner bei 100...250 L. Dabei macht das häusliche Abwasser insgesamt etwa ein Drittel aus, der Rest ist Fremdwasser und kleingewerblich-industrielles Abwasser (Tab. 19-8).

Tab. 19-8. Abwasseranfall (kommunales Abwasser) in Mittel- und Westeuropa.

Herkunftsbereich	Menge (in L)[a]	Anteil (in %)
Fremdwasser[b]	186	40
Häusliches Abwasser	160	34
Kleingewerbe und Industrie	118	26

a   Abwasseranfall an einem Tag, bezogen auf einen Einwohner.
b   Grundwasser, Bach- und Regenwasser.

19.3 Reinigung kommunaler Abwässer

19.3.1 Mechanische und biologische Abwasserreinigung

Unter *Abwasserreinigung* versteht man alle Techniken, die dazu beitragen, den Gehalt an unerwünschten Abwasserinhaltsstoffen durch biologische, chemische und/oder mechanische Verfahren zu verringern. Außer der Reinigung in konventionellen Kläranlagen stehen andere Verfahren wie Destillation, Umkehrosmose, Elektrodialyse, Ionenaustausch und Adsorption zur Verfügung, um Wasser – abhängig von der Belastung und der gewünschten Endqualität – zu reinigen.

Konventionelle *Kläranlagen* zur Wasseraufbereitung besitzen bis zu drei Stufen (Abb. 19-2):

– eine mechanische Stufe, meist bestehend aus Rechen, Sandfang und Vorklärbecken,
– eine biologische Stufe und
– eine chemische Stufe.

In der *mechanischen* Abwasserreinigung werden sperrige schwimmende Feststoffe durch *Rechen* (oder Siebe) aus dem Wasser entfernt. Die schnell absetzbaren feinkörnigen, vorwiegend mineralischen Feststoffe scheiden sich in einem *Sandfang* ab. Im anschließenden *Vorklärbecken (Absetzbecken)* sollen die organischen Stoffe durch Sedimentation abgeschieden werden; es entsteht der Primärschlamm. In der mechanischen Stufe werden

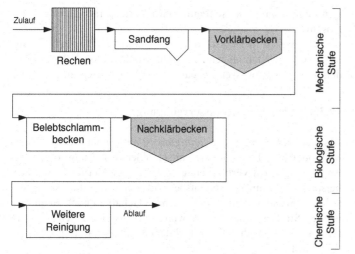

Abb. 19-2. Klärwerk mit drei Aufbereitungsstufen (Schema).

50...65 % der Schwebstoffe und 20...40 % der den BSB_5 (vgl. Abschn. 17.4.4) verursachenden Bestandteile aus dem Wasser entfernt.

Unter *biologischer* Abwasserreinigung versteht man den Abbau von organischen Schmutzstoffen im Wasser durch Mikroorganismen. Der erste Bereich der biologischen Stufe ist das *Belebtschlammbecken* (auch *Belebungsbecken*; oft verwendet man auch einen Festbettreaktor – einen *Tropfkörper* –, auf dessen Füllkörpern die Bakterien als „biologischer Rasen" aufgebracht sind). Dort wird der suspendierte und gelöste Schmutz durch aerobe Bakterien (vgl. Abschn. 17.3.3) und andere Kleinlebewesen in absetzbaren Schlamm umgewandelt. Die Bakterien des Belebtschlammes bauen organische Substanzen im Wasser im Rahmen ihres Stoffwechsels ab. Der dazu benötigte Sauerstoff wird ihnen in das Belebungsbecken künstlich, z. B. durch Rühren und/oder Einblasen von Luft, zugeführt.

Der Stoffwechsel der Bakterien läuft in einem weiten, technisch günstigen Temperaturbereich (5...33 °C) ab. Die Bakterien sind in der Lage, sich an die verschiedenen organischen Substanzen anzupassen und diese abzubauen; im Idealfall werden organische Verunreinigungen bis zum Kohlendioxid oxidiert.

Nach der Reinigung des Abwassers im Belebungsbecken wird der *Belebtschlamm* (zur Zusammensetzung s. Tab. 19-9), ein aus ein- und mehrzelligen Kleinlebewesen wie Bakterien oder Pilzen bestehender Schlamm, im *Nachklärbecken* vom Abwasser durch Absetzen (Sedimentieren) vom weitgehend gereinigten Wasser abgetrennt und größtenteils im Kreislauf in das Belebungsbecken zurückgeführt oder als Überschussschlamm entfernt.

Die Reinigungsleistung der biologischen Stufe kann – in Bezug auf BSB_5 und Feststoffe – bis zu 90 % betragen; der Gehalt an Stickstoff und Phosphor wird weniger stark vermindert (um ca. 50 % bzw. 30 %). Der in dieser Stufe der Abwasser-

Tab. 19-9. Chemische Zusammensetzung eines typischen Belebtschlamms (Trockenmasse). – Durchschnittlich 30 % anorganische und 70 % organische Bestandteile.

Element	Massenanteil (in %)
C	50
O	20
N	14
H	8
P	3
S	1
K	1
Ca	0,5
Mg	0,5
Fe	0,2

reinigung anfallende Schlamm wird weiterverarbeitet (s. dazu Abschn. 19.4).

1995 waren in Deutschland ca. 88 % der Wohnbevölkerung an öffentliche Kläranlagen angeschlossen. In diesen Anlagen wurden 97 % der Abwässer mechanisch/biologisch gereinigt.

19.3.2 Chemische Abwasserreinigung

Als Teil der *chemischen Reinigungsstufe* können verschiedene Methoden wie Flockung und anschließende Fällung, oxidative Entfernung noch verbleibender organischer Verunreinigungen beispielsweise mit Wasserstoffperoxid oder Adsorption an Aktivkohle verwendet werden, um – je nach Gehalt an noch zu entfernenden Stoffen – das Wasser weiter zu reinigen. Auch die Entfernung von Phosphat ist ein Teil der chemischen Reinigung (vgl. Abschn. 19.3.5).

Geruchsbildung in Abwässern ist meist auf Sauerstoffmangel zurückzuführen und oft Folge eines hohen Sauerstoffverbrauchs wegen starker organischer Belastung. In Trockenwetterperioden oder auch nach langem Verweilen von Abwässern in Kanälen kann die Geruchsbelastung besonders stark werden. Sulfat-reduzierende Bakterien verwerten zum Abbau organischer Abwasserbestandteile den Sauerstoff aus dem Sulfat, wobei Schwefelwasserstoff oder Sulfid entsteht („anaerobe Atmung"; vgl. Tab. 2-2 in Abschn. 2.2.2):

$$SO_4^{2-} + 8\,H^+ + 8\,e^- \longrightarrow H_2S + 2\,H_2O + 2\,OH^- \qquad (19\text{-}12)$$
$$SO_4^{2-} + 8\,H^+ + 8\,e^- \longrightarrow S^{2-} + 4\,H_2O \qquad (19\text{-}13)$$

Sulfide und Schwefelwasserstoff, H_2S, sind geruchsbelästigend und toxisch; sie verursachen starke Korrosionsschäden an der Kanalisation, an Rohrleitungen, Pumpen usw.

Ein großer Teil der gewässerbelastenden Stoffe gerät unmittelbar in die Gewässer, ohne ein Klärwerk zu durchlaufen; teilweise geschieht dies, weil es für diese Stoffe keine wirtschaftliche Sammel- und Klärmöglichkeit gibt. Dazu gehören

- Dünger und Schädlingsbekämpfungsmittel auf landwirtschaftlich genutzten Böden,
- Kohlenwasserstoffe,
- Schwermetalle (besonders Blei),
- Nitrate und Sulfate aus der Luft,
- Auslaugungen von Abraumhalden, Industrieschlämmen und Mülldeponien,
- Säureabwässer und salzhaltige Abwässer.

19.3.3 Entkeimung von Trinkwasser

Die Aufbereitung von Rohwasser zu Trinkwasser wird mit zunehmender Verschmutzung aufwendiger. Mit Kalk und Flockungsmitteln können einige Bestandteile ausgefällt werden. Filter (aus Kies, Sand, Aktivkohle) und gutes Durchlüften helfen mit, Geschmacks- und Geruchsstoffe zu entfernen.

Zur *Entkeimung (Desinfektion)* von Trinkwasser werden im Wesentlichen drei Verfahren eingesetzt. Bei der *Chlorung* mit elementarem Chlor bildet sich durch Disproportionierung von Cl_2 in Wasser *Hypochlorit*, OCl^-, ein starkes Oxidationsmittel:

$$Cl_2 + H_2O \longrightarrow Cl^- + OCl^- + 2\,H^+ \qquad (19\text{-}14)$$

Anstelle von Chlor benutzt man in einigen Ländern (nicht in Deutschland) *Chloramin*, H_2NCl, das keine so starke Desinfektionskraft wie das freie Chlor hat.

Bei einem anderen Verfahren zur Wasserbehandlung verwendet man das in Wasser relativ lange Zeit beständige *Chlordioxid*, ClO_2, herstellbar aus Natriumchlorit und Chlorgas:

$$2\,NaClO_2 + Cl_2 \longrightarrow 2\,NaCl + 2\,ClO_2 \qquad (19\text{-}15)$$

ClO_2 reagiert mit organischen Verbindungen nicht oder deutlich langsamer als Chlor unter Bildung von chlorierten Produkten. Wegen des Entstehens gesundheitsschädlicher *Chlorit*-Ionen, ClO_2^-, bei der Reaktion mit reduzierenden organischen Wasserinhaltsstoffen ist dieses Verfahren jedoch nur begrenzt anwendbar.

Ein weiteres Mittel zur Entkeimung ist *Ozon*. Die *Ozonisierung (Ozonierung)* hat gegenüber der Chlorung den Vorteil, dass auch Viren inaktiviert werden; auch beeinträchtigt Ozon nicht den Geschmack des Wassers. Allerdings sind für eine vollständige Entkeimung des Wassers derart große O_3-Mengen erforderlich, dass der Überschuss am Ende wieder entfernt werden muss; danach – und dies ist ein Nachteil – muss das Wasser im Rohrleitungsnetz zusätzlich gechlort werden, um es so vor erneuten Verunreinigungen durch Bakterien zu schützen („Sicherheitschlorung"). Unerwünschte Nebeneffekte einer Ozonisierung bestehen u. a. darin, dass sich aus stickstoffhaltigen organischen Substanzen bei der Oxidation toxisch wirkende Produkte bilden können.

Die sicherste Entkeimung wird erreicht, wenn das Wasser so stark gechlort wird, dass nach der Behandlung noch Reste an freiem Chlor (0,1...0,2 mg/L) im Wasser bleiben; dies reicht aus, um eine Ansiedlung von Mikroorganismen in den Rohrleitungen – eine Reinfektion – weitgehend einzudämmen. Zuviel Chlor im Trinkwasser ist ein gesundheitliches Risiko für den Verbraucher, denn es bildet mit anderen im Wasser gelösten organischen Verbindungen gesundheitsgefährdende organische Chlorverbindungen: Typische Folgeprodukte sind Chlorphenole und Chloralkane. (Deshalb werden vor der Desinfektionschlorung organische Stoffe möglichst weitgehend aus dem Wasser entfernt.)

Wegen der Gefahr, dass sich Seuchen ausbreiten, sind nach derzeitigem Kenntnisstand Chlorung oder Ozonisierung ein kleineres Übel als ein hygienisch nicht einwandfreies Trinkwasser.

19.3 Reinigung kommunaler Abwässer

Harnstoff

R^1
＼N—NO
R^2

Nitrosamine

19.3.4 Nitrat

Nitrat, NO_3^-, ist ein wasserlöslicher mineralischer Nährstoff, der direkt von Pflanzen aufgenommen wird. Es wird als Stickstoffdünger von den Landwirten direkt oder über Gülle und Mist indirekt dem Boden zugeführt. Aufgrund ihrer guten Wasserlöslichkeit werden Nitrate leicht aus dem Boden in das Grundwasser ausgewaschen, in besonders starkem Maß, wenn der Boden z. B. im Winter brach liegt.

Überhöhte Werte von Nitrat im Grundwasser werden gefunden bei:

– zu hoher Düngung oder bei Düngung zum falschen Zeitpunkt (es sollte gedüngt werden, wenn die Pflanzen in der Wachstumsperiode sind und viel Stickstoff brauchen),
– Massentierhaltung (bei zu geringer Landfläche für den anfallenden Wirtschaftsdünger),
– intensiven Sonderkulturen und bei Gemüseanbau,
– Boden mit schwachem oder fehlendem Pflanzenbestand,
– leichtem, durchlässigem Boden.

Auch beim Absterben von Pflanzen oder Tieren werden selbst komplexe, Stickstoff enthaltende organische Verbindungen wie Harnstoff oder Eiweiße durch *Ammonifikation*, Hydrolyse des in Aminogruppen gebundenen Stickstoffs, zu Ammonium-Ionen oder Ammoniak abgebaut:

$$(NH_2)_2CO + H_2O \longrightarrow 2\,NH_3 + CO_2 \qquad (19\text{-}16)$$

$$R\text{–}NH_2 + H_2O \longrightarrow NH_3 + R\text{–}OH \qquad (19\text{-}17)$$

In gleicher Weise wird im Humus gebundener organischer Stickstoff umgewandelt. Besonders auf sauren Böden wachsende Pflanzen wie Roggen oder Kartoffeln können Stickstoff bereits in Form von Ammonium-Ionen aufnehmen.

Ein Entweichen von Ammoniak aus dem Boden wird durch nitrifizierende Bakterien weitgehend verhindert: Durch *Nitrifikation* (auch *Nitrifizierung* genannt) werden Ammoniumverbindungen gemäß

$$2\,NH_4^+ + 3\,O_2 \xrightarrow{\text{Nitritbildner}} 2\,NO_2^- + 4\,H^+ + 2\,H_2O \quad (19\text{-}18a)$$

$$2\,NO_2^- + O_2 \xrightarrow{\text{Nitratbildner}} 2\,NO_3^- \qquad (19\text{-}18b)$$

in Nitrit und Nitrat oxidiert, und in dieser Form kann der Stickstoff von allen Pflanzen aufgenommen werden. Als Gesamtreaktion für die Nitrifikation ergibt sich:

$$NH_4^+ + 2\,O_2 \longrightarrow NO_3^- + H_2O + 2\,H^+ \qquad (19\text{-}19)$$

Der Nitratgehalt im Boden nimmt nicht nur durch mineralische Stickstoffdüngung zu, sondern auch – verursacht über die NO_x-Emissionen von Automobilen und Verbrennungsanlagen – durch Nitrat in den Niederschlägen (vgl. Abschn. 11.1.3 und 21.4.2).

Der Gehalt von Nitrat im Boden nimmt auf drei Wegen ab:
- Aufnahme durch Pflanzen,
- Immobilisierung und Auswaschung,
- Denitrifizierung (durch Nitrat-abbauende Bakterien).

Der Nitratgehalt in Nahrungsmitteln muss möglichst gering gehalten werden, da Nitrate im menschlichen Körper zu Nitrit und weiter zu *Nitrosaminen* [beispielsweise N,N-Dimethylnitrosamin, $(CH_3)_2N–NO$] reagieren können, die als krebserzeugende Substanzen bekannt sind.

$$NO_3^- \longrightarrow NO_2^- \longrightarrow >N–NO \qquad (19-20)$$

(Es gibt sogar eine eigene „Technische Regel für Gefahrstoffe, TRGS 552: N-Nitrosamine".) Wegen dieser toxischen Wirkungen sind in der *Trinkwasserverordnung* wie auch in der europäischen *Trinkwasserrichtlinie* (98/83/EWG) Obergrenzen für Nitrat festgelegt.

Besonders bei Kindern kann der Genuss von nitrathaltigem Wasser zu akuten Krankheiten führen. Im Darm wird Nitrat in Nitrit umgewandelt, das im Blut den Blutfarbstoff Hämoglobin oxidiert und dadurch den Sauerstofftransport stört (vgl. Abschn. 9.3). Im Extremfall kann es bei Säuglingen zur häufig tödlich verlaufenden *Blausucht (Cyanose)* kommen. Diese Krankheit verdankt ihren Namen dem sauerstoffarmen Blut: Es ist dunkler als sauerstoffreiches, weshalb Haut und Schleimhäute, z. B. Lippen und Fingernägel, in schweren Fällen die ganze Haut, blau-rot statt rosig gefärbt sind.

Nitrat ist aus Trinkwasser schwieriger zu entfernen als Phosphat (vgl. Abschn. 19.3.5). Eine biochemische Methode funktioniert so, dass Nitrat bei der Wasseraufbereitung nach Abschalten der Sauerstoffzufuhr mit Hilfe von fakultativen Anaerobiern (vgl. Abschn. 17.3.4) zunächst anaerob denitrifiziert, also zu N_2 (und geringen Anteilen N_2O) reduziert wird [vgl. Gl. (21-4) in Abschn. 21.4.2]. Ammoniakstickstoff wird im anschließenden aeroben Schritt – dazu wird die Sauerstoffzufuhr im Becken wieder angeschaltet –, zu Nitrat oxidiert [Nitrifikation; vgl. Gl. (19-19)], worauf man den vorigen Schritt wiederholen kann. Die gleichen Bakterien können in einer Abfolge mehrerer zeitlich oder räumlich hintereinander geschalteter Denitrifikations- und Nitrifikationsschritte – ohne bzw. mit künstlicher Sauerstoffzufuhr – Nitrat zu Stickstoff reduzieren bzw. Ammoniak-Stickstoff zu Nitrat oxidieren und auf diese Weise den Stickstoffgehalt im Wasser wesentlich verringern.

19.3.5 Phosphat

Oftmals ist es im Anschluss an die Reinigung von Rohwasser notwendig, Phosphate aus Wasser und Abwasser zu entfernen. Diese werden beispielsweise mit Aluminiumsulfat, Eisensalzen oder

19.3 Reinigung kommunaler Abwässer

Nitrat (im Trinkwasser)

≤ 50 mg/L

Die Summe aus Nitratkonzentration in mg/L geteilt durch 50 und Nitritkonzentration geteilt durch 3 darf nicht größer als 1 mg/L sein.

(Anlage 2, Trinkwasserverordnung)

Kalk gefällt. Auf diese Weise können durchschnittlich 90 % der Phosphate aus dem Abwasser entfernt werden.

Bei der Fällung mit Eisen(III)-Ionen [z. B. Eisen(III)-chlorid, Eisen(III)-sulfat] bildet sich schwerer lösliches Eisenphosphat

$$Fe^{3+} + PO_4^{3-} \longrightarrow FePO_4\downarrow \qquad (19\text{-}21)$$

Mit Kalkmilch fällt bei pH-Werten > 5 in Gegenwart von überschüssigem Eisen ein basisches gallertartiges Eisenhydroxid der Zusammensetzung FeO(OH) aus, das $FePO_4$ und in Lösung befindliche Polyphosphate adsorbiert. Dies begünstigt die Sedimentation der verschiedenen Phosphattypen im Abwasser. Phosphate lassen sich auch allein mit Kalkmilch bei pH-Werten > 7 als Apatit ausfällen:

$$5\ Ca^{2+} + 3\ PO_4^{3-} + OH^- \longrightarrow Ca_5(PO_4)_3OH\downarrow \qquad (19\text{-}22)$$
$$\text{Apatit}$$

19.4 Behandlung und Beseitigung von Klärschlamm

Den bei der Behandlung von Abwasser in Abwasserbehandlungsanlagen (vor allem in Vor- und Nachklärbecken) anfallenden Schlamm nennt man *Klärschlamm* (Zusammensetzung s. Tabellen 19-10 und 19-11). Der ursprüngliche unbehandelte Schlamm, der *Rohschlamm*, hat einen Feststoffanteil von 0,1...1,0 %. Durch längeres Absitzen in speziellen Eindickern entsteht ein Klärschlamm mit etwa 5 % Trockensubstanz.

Auch in dieser Form würde er bei der weiteren Nutzung oder Entsorgung mit hohen Transport-, Verbrennungs- oder Trocknungskosten verbunden sein, oder der zu entsorgende Schlamm würde (zu) viel Deponieraum benötigen. Deshalb sucht man, den Wassergehalt weiter zu reduzieren, wofür mehrere Methoden in Frage kommen (Tab. 19-12). Um die Schlämme in Filterband- oder Kammerfilterpressen entwässern zu können, muss man sie zuvor konditionieren, z. B. durch Zugabe von Kalk.

In Deutschland sind 1995 bei der Reinigung kommunaler Abwässer insgesamt $2,6 \cdot 10^6$ t Klärschlamm als Trockenmasse angefallen. Ca. 45 % dieser Schlämme wurden zur Bodenverbesserung eingesetzt. (Weitere Informationen über die in der Klärschlamm-

Tab. 19-10. Mittlere Zusammensetzung (Hauptbestandteile) kommunaler Klärschlämme in Deutschland (1990).

Hauptbestandteile	Massenanteile (in %)[a]
Ca (als CaO)	25,9
C (organisch)	23,5
Al (als Al_2O_3)	10,4
Si (als SiO_2)	8,2
Fe (als Fe_2O_3)	5,3
S (als SO_2)	3,5
P (als P_2O_5)	3,3
N	2,2
Mg (als MgO)	2,1
K (als K_2O)	0,7
Ti (als TiO_2)	0,6
Na (als Na_2O)	0,4
Cl	0,2

[a] Bezogen auf Trockensubstanz.

Tab. 19-11. Mittlerer Schwermetallgehalt von landwirtschaftlich verwerteten Klärschlämmen in Deutschland (1997).

Schwermetall	Massenanteile (in mg/kg)[a]
Zn	809
Cu	274
Pb	63
Cr	46
Ni	23
Cd	1,4
Hg	1

[a] Bezogen auf Trockensubstanz.

Tab. 19-12. Verfahren zum Abtrennen von Wasser aus Klärschlamm.

Methode	Erhöhung des Feststoffgehalts[a] auf ...
Eindicken	5 %
Zentrifugieren	18...25 %
Konditionieren und Filtrieren	40...55 %
Trocknen	90...95 %

[a] Massenanteil des Klärschlamms vor der Behandlung: 0,1...1 %.

verordnung vorgeschriebenen Bedingungen für das Aufbringen von Klärschlamm s. Abschn. 20.1.)

Erwähnt sei an dieser Stelle die (anaerobe) *Schlammfaulung*, in Deutschland wohl das Standardverfahren. Der anaerobe Abbau von Klärschlamm im Faulturm verläuft in gleicher Weise wie die Bildung von Deponiegas in Hausmülldeponien (vgl. Abschn. 27.2). In großen und mittleren Kläranlagen von Städten und Gemeinden wurde die Schlammfaulung schon frühzeitig bei der Entsorgung von Klärschlamm eingesetzt. Dabei wird eingedickter Schlamm (Trockensubstanzgehalt etwa 5 %) in einem „Faulbehälter" durch anaerobe Bakterien zu einem methanhaltigen *Faulgas* umgesetzt. Es fällt dann ein an organischen Stoffen verarmter und im Volumen stark reduzierter *Faulschlamm* an. Pro Einwohner werden mit dieser Methode im Durchschnitt täglich 1,08 L *Rohschlamm*, unbehandelt der Abwasserbehandlungsanlage entnommener Schlamm, auf 0,26 L hygienisch unbedenklichen Faulschlamm reduziert; dabei entstehen ungefähr 20 L energetisch verwertbares *Klärgas* (1 m^3 Klärgas entspricht in seiner Heizwirkung etwa der von 1 L Heizöl).

19.4 Behandlung und Beseitigung von Klärschlamm

20 Gewässerschutzrecht

20.1 Vorbemerkungen

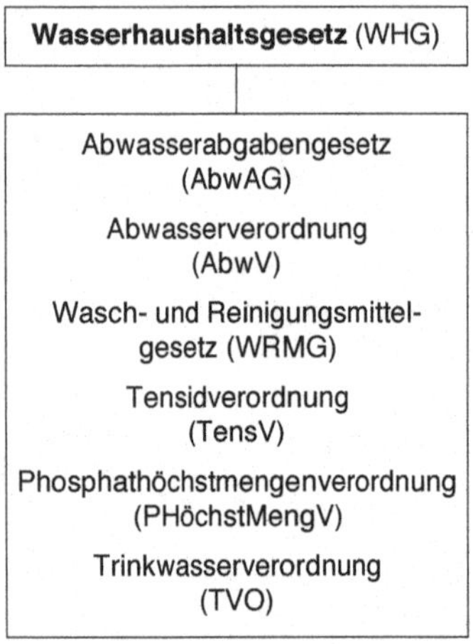

Wasserhaushaltsgesetz (WHG)

Abwasserabgabengesetz
(AbwAG)

Abwasserverordnung
(AbwV)

Wasch- und Reinigungsmittelgesetz (WRMG)

Tensidverordnung
(TensV)

Phosphathöchstmengenverordnung
(PHöchstMengV)

Trinkwasserverordnung
(TVO)

Abb. 20-1. Gesetze und Verordnungen des Wasserrechts (Auswahl).

Unter der Bezeichnung *Wasserrecht* versteht man alle auf das Umweltmedium und Schutzgut Wasser bezogenen gesetzlichen Regelungen der Europäischen Union und der jeweiligen Staaten im Bereich des Gewässerschutzes *(Gewässerschutzrecht)* und der Wasserwirtschaft.

Im Gewässerschutz gibt es zahlreiche Richtlinien der Europäischen Union, in denen Grenzwerte und Qualitätsziele vorgegeben sind, z. B. die *Gewässerschutzrichtlinie* (76/464/EWG), die *Wasser-Rahmen-Richtlinie* (2000/60/EG), die *Trinkwasserrichtlinie* (98/83/EG), die *Grundwasserrichtlinie* (80/68/EWG), die *Kommunalwasserrichtlinie* (91/271/EWG), die *Nitratrichtlinie* (91/676/EWG) und die *Badegewässerrichtlinie* (76/160/EWG).

Zum deutschen Wasserrecht gehören vor allem als Leitgesetz das *Wasserhaushaltsgesetz* (WHG) sowie das *Abwasserabgabengesetz* (AbwAG) und das *Wasch- und Reinigungsmittelgesetz* (WRMG; Abb. 20-1). Ziel dieser Gesetze und ihrer nachgeordneten Rechtsvorschriften ist,

„Gewässer als Bestandteil des Naturhaushalts und als Lebensraum für Tiere und Pflanzen zu sichern. Sie sind so zu bewirtschaften, dass sie dem Wohl der Allgemeinheit und im Einklang mit ihm auch dem Nutzen einzelner dienen und vermeidbare Beeinträchtigungen ihrer ökologischen Funktionen unterbleiben" [§ 1 a (1) WHG].

Der Gesetzgeber will also Gewässer vor Schadstoffeintrag und Erwärmung möglichst weitgehend schützen und die Wassernutzung und bauliche sowie sonstige Maßnahmen regeln, die mit Gewässern in Zusammenhang gebracht werden können. Im Besonderen ist Abwasser so zu beseitigen, dass das Wohl der Allgemeinheit nicht beeinträchtigt wird.

Es gibt weitere gesetzliche Bestimmungen zum Schutz des Wassers und der *Gewässer* (das sind im Sinne des Gewässerschutzrechts oberirdische Gewässer, z. B. Flüsse und Küstengewässer, sowie das im Erdinnern enthaltene Grund- und Quellwasser). Das *Lebensmittel- und Bedarfsgegenständegesetz* (LMG) schreibt vor, dass Lebensmittel – Wasser ist das wichtigste Lebensmittel – bestimmten Qualitätsanforderungen entsprechen müssen und dass auch für die Herstellung von Lebensmitteln solche Forderungen vorgeschrieben werden können; im Besonderen gilt dies für den Zusatz fremder Stoffe. Im *Bundesseuchengesetz* (BSeuchenG) wird unter anderem verlangt, dass das Trinkwasser bestimmten Qualitätsanforderungen genügen muss, die von den Gesundheitsämtern zu überwachen sind. Die *Trinkwasserverordnung* (TVO) schreibt für zahlreiche Wasserinhaltsstoffe Grenzwerte vor; z. B. muss Trinkwasser frei sein von Krankheitserregern (s. auch Abschn. 19.1.2). Auf Länderebene sind vor allem die *Landeswassergesetze* von Bedeutung, die Ausführungsgesetze zu den Rahmengesetzen des Bundes sind.

Ebenfalls zu nennen sind in diesem Zusammenhang das *Hohe-See-Einbringungsgesetz* sowie internationale Vereinbarungen zum Gewässerschutz wie das *Pariser Übereinkommen* von 1974 („Verhütung der Meeresverschmutzung vom Lande aus") und das *Rheinschutzabkommen* von 1976 („Vermeidung und Verminderung der Verschmutzung des Rheins").

Es gibt aber noch andere Gesetze, die im weitesten Sinne der Reinhaltung der Gewässer dienen, z. B. das *Düngemittelgesetz* (DMG).

Hervorgehoben sei an dieser Stelle die aufgrund des Abfallgesetzes erlassene *Klärschlammverordnung* (AbfKlärV): In ihr wird das Aufbringen von Klärschlamm aus Abwasserreinigungsanlagen auf landwirtschaftlich oder gärtnerisch genutzte Böden geregelt. Nach dieser Verordnung darf Klärschlamm erst aufgebracht werden, wenn er entkeimt ist. In der Klärschlammverordnung sind Höchstmengen festgelegt, die auf Felder aufgebracht werden dürfen: in 3 Jahren nicht mehr als 5 t/ha (bezogen auf Trockenmasse). Neben diesem Wert stehen in der Verordnung auch die Grenzwerte für Schwermetalle im aufzubringenden Klärschlamm und in den mit Klärschlamm zu belegenden Böden (Tab. 20-1) sowie einige andere Grenzwerte für Bodenbelastungen mit organischen Schadstoffen, z. B. mit organischen Halogenverbindungen (als AOX; vgl. Abschn. 17.4.6), mit PCB sowie mit PCDD und PCDF (vgl. Abschitte. 18.2.3 bzw. 18.2.2). Diese Grenzwerte können in ländlichen Gebieten ohne spezielle Industrieansiedlungen problemlos eingehalten werden. In industriellen Ballungszentren sind Klärschlämme wegen hoher Schadstoffbelastungen meist nicht mehr in der Landwirtschaft verwertbar und müssen deshalb verbrannt und/oder behandelt und auf Deponien gebracht werden (s. auch Abschn. 19.4).

Tab. 20-1. Grenzwerte für einige Schwermetalle in Klärschlamm und im Boden, der mit Klärschlamm belegt werden soll [nach § 4 (12) und (8) AbfKlärV].

Element	Klärschlamm	Boden
	Grenzwert (in mg/kg)[a]	
Blei	900	100
Cadmium[b]	10	1,5
Chrom	900	100
Kupfer	800	60
Nickel	200	50
Quecksilber	8	1

[a] Bezogen auf Schlamm- oder Boden-Trockenmasse.

[b] Für leichte Böden mit einem Tongehalt < 5 % oder einem Boden-pH-Wert von 5...6 sind als Grenzwerte 5 mg/kg bzw. 1 mg/kg festgelegt.

20.2 Wasserhaushaltsgesetz

Das Rahmengesetz im Bereich des Wasserschutzes ist in Deutschland das *Wasserhaushaltsgesetz* („Gesetz zur Ordnung des Wasserhaushalts", WHG). Es regelt die Benutzung von oberirdischen Gewässern, von Küstengewässern und von Grundwasser sowie die Entnahme und das Einleiten von Wasser.

Zu den schädlichen Stoffen, die sich in Gewässern befinden und die eingebracht oder eingeleitet werden, gehören giftige und langlebige Stoffe, Stoffe, die sich im Ökosystem anreichern können, und Stoffe mit krebserzeugenden, fruchtschädigenden oder erbgutverändernden Wirkung. Im WHG werden die *wassergefährdenden Stoffe* genauer definiert als „feste, flüssige und gasförmige Stoffe, insbesondere

– Säuren, Laugen,
– Alkalimetalle, Siliciumlegierungen mit über 30 vom Hundert Silicium, metallorganische Verbindungen,
– Halogene, Säurehalogenide, Metallcarbonyle und Beizsalze,
– Mineral- und Teeröle sowie deren Produkte,
– flüssige sowie wasserlösliche Kohlenwasserstoffe, Alkohole, Aldehyde, Ketone, Ester, halogen-, stickstoff- und schwefelhaltige organische Verbindungen,
– Gifte,

Bedeutendste Stoffeigenschaften für die Wassergefährdung

• Toxizität
• Beständigkeit
• Verteilungsverhalten

die geeignet sind, nachhaltig die physikalische, chemische oder biologische Beschaffenheit des Wassers nachteilig zu verändern" [§ 19 g (5) WHG].

Zusätzlich werden Stoffe nach ihrer Gefährlichkeit in der *Verwaltungsvorschrift wassergefährdende Stoffe* („Allgemeine Verwaltungsvorschrift über die nähere Bestimmung wassergefährdender Stoffe und ihre Einstufung entsprechend ihrer Gefährlichkeit", VwVwS) vier *Wassergefährdungsklassen* (WGK) zugeordnet (Tab. 20-2). Zur Einstufung eines Stoffes in eine dieser vier Klassen wurden die für die Wassergefährdung bedeutendsten Stoffeigenschaften Toxizität, Beständigkeit und Verteilungsverhalten herangezogen.

Tab. 20-2. Wassergefährdungsklassen (nach Anhang 1 der Verwaltungsvorschrift wassergefährdende Stoffe).

Klasse	Bezeichnung	Beispiele
WGK 3	stark wassergefährdend	Aldrin, Altöle, Blausäure, Benzol, DDT, Lindan, Natriumcyanid, Quecksilber und seine Salze, Trichlorethen, Tetrachlorethen
WGK 2	wassergefährdend	Ammoniak, Bleiacetat, Dieselkraftstoff, Formaldehyd, Kupfer(II)-sulfat, Nitrobenzol, Phenol, Schwefelwasserstoff, Seife, Toluol
WGK 1	schwach wassergefährdend	Kaliumnitrat, Methanol, Natriumfluorid, Natriumhydroxid, Natriumphosphat, Phosphorsäure, Schwefeldioxid, Schwefelsäure
WGK 0	im Allgemeinen nicht wassergefährdend	Aceton, Calciumsulfat, Ethanol, Glycerin, Kaliumsulfat, Kaliumchlorid, Magnesiumsulfat, Natriumchlorid, Paraffine (Wachse)

Die Erlaubnis, Stoffe in oberirdische Gewässer einzubringen oder einzuleiten, darf nur erteilt werden, wenn Menge und Schädlichkeit des Abwassers so gering gehalten sind, wie dies bei Anwendung von Verfahren nach dem *Stand der Technik* möglich ist [§ 7 a (1) WHG; vgl. Abschn. 5.3.2]. „Kriterien zur Bestimmung des Standes der Technik" sind im Anhang zum WHG aufgelistet (Tab. 20-3).

Tab. 20-3. Kriterien zur Bestimmung des Standes der Technik[a)] (Auswahl; Anhang zum WHG; auch: Anhang III des KrW-/AbfG).

1. Einsatz abfallarmer Technologie
2. Einsatz weniger gefährlicher Stoffe
3. Förderung der Rückgewinnung und Wiederverwertung der bei den einzelnen Verfahren erzeugten und verwendeten Stoffe und gegebenenfalls der Abfälle
4. Vergleichbare Verfahren, Vorrichtungen und Betriebsmethoden, die mit Erfolg im Betrieb erprobt werden
5. Fortschritte in der Technologie und in den wissenschaftlichen Erkenntnissen
6. Art, Auswirkungen und Menge der jeweiligen Emissionen
9. Verbrauch an Rohstoffen und die Art der bei den einzelnen Verfahren verwendeten Rohstoffe (einschließlich Wasser) sowie Energieeffizienz
10. Notwendigkeit, die Gesamtwirkung der Emissionen und die Gefahren für den Menschen und die Umwelt so weit wie möglich zu vermeiden oder zu verringern

[a] „... unter Berücksichtigung der Verhältnismäßigkeit zwischen Aufwand und Nutzen möglicher Maßnahmen sowie des Grundsatzes der Vorsorge und der Vorbeugung, jeweils bezogen auf Anlagen einer bestimmten Art".

Die Abwasserverordnung regelt im Einzelnen die Mindestanforderung an das Einleiten von Abwasser in Gewässer für den kommunalen Bereich und für viele verschiedene Industriebranchen. Für die Chemische Industrie kommen zahlreiche der Anhänge dieser Vorschrift zum Tragen, die sich auf die Herstellung bestimmter Stoffe und Stoffklassen oder bestimmte Verfahren beziehen (einige Beispiele s. Tab. 20-4). In diesen Vorschriften werden die Anforderungen an die Schadstoffbelastungen des einzuleitenden Abwassers festgeschrieben (Tab. 20-5).

Man unterscheidet grundsätzlich zwischen *Direkteinleitern*, z. B. Industriebetrieben oder Kläranlagen, die ihre Abwässer unmittelbar gezielt in Gewässer einleiten, und *Indirekteinleitern*, die ihre Abwässer in öffentliche Abwasseranlagen (Kanalisation, Kläranlagen) einleiten.

Im Wasserschutz gibt es zahlreiche Normen und Richtlinien, u. a. Arbeitsblätter, die von der Abwassertechnischen Vereinigung

20.2 Wasserhaushaltsgesetz

Tab. 20-4. Mindestanforderungen an das Einleiten von Abwasser in Gewässer (Auswahl; Anhänge zur Abwasserverordnung).

Nr.	Anwendungsbereich
19/I	Zellstofferzeugung
22	Chemische Industrie
30	Sodaherstellung
36	Herstellung von Kohlenwasserstoffen
37	Herstellung anorganischer Pigmente
39	Nichteisenmetallherstellung
42	Alkalichloridelektrolyse
45	Erdölverarbeitung

Tab. 20-5. Anforderungen an die Abwässer bei der Herstellung von Kohlenwasserstoffen (Auswahl aus Anhang 36 zur AbwV, vereinfacht).

Parameter	Anforderungen (in mg/L)
Chemischer Sauerstoffbedarf (CSB)	120
Biochemischer Sauerstoffbedarf in 5 Tagen (BSB_5)	25
Stickstoff als Summe von Nitrit- und Nitrat-Stickstoff	25
Phosphor, gesamt	1,5
Kohlenwasserstoffe, gesamt	2
Adsorbierbare organisch gebundene Halogene (AOX)	0,1
Benzol und Derivate	0,05

Tab. 20-6. Stoffe, die grundsätzlich nicht in eine öffentliche Abwasseranlage eingeleitet werden dürfen (Auswahl aus ATV-Arbeitsblatt Nr. A 115, Punkt 7).

Schutt, Asche, Sand, Hefe, Textilien

Kunstharz, Lacke, Bitumen und Teer sowie deren Emulsionen, Zement, Mörtel

Jauche, Gülle, Mist

Benzin, Heizöl, tierische und pflanzliche Öle und Fette

Säuren und Laugen, chlorierte Kohlenwasserstoffe, Phosgen, Blausäure und deren Salze

Tab. 20-7. Allgemeine Richtwerte für die wichtigsten Beschaffenheitskriterien von Abwässern nach Anlage I des ATV-Arbeitsblatts Nr. A 115 (Auswahl).

Parameter	Richtwert
pH-Wert	6,5...10
verseifbare Öle und Fette	250 mg/L
halogenierte Kohlenwasserstoffe	5 mg/L
Phenole	100 mg/L
Blei[a]	2 mg/L
Cadmium[a]	0,5 mg/L
Quecksilber[a]	0,05 mg/L
Fluorid	60 mg/L
Sulfid	2 mg/L

[a] Gelöst und ungelöst.

(ATV) herausgegeben werden. Beispielsweise gibt das ATV-Arbeitsblatt Nr. A 115 „Hinweise für das Einleiten von Abwasser in eine öffentliche Abwasseranlage": Es wird u. a. angegeben, welche Stoffe auf keinen Fall eingeleitet werden dürfen (Tab. 20-6), und es werden Richtwerte für zahlreiche Wasserparameter genannt, bei denen in der Regel das Einleiten in öffentliche Abwasseranlagen noch als unbedenklich gilt (Tab. 20-7).

Darüber hinaus gibt es die *Grundwasserverordnung*. Ihr Zweck ist der Schutz des Grundwassers gegen Verschmutzung durch bestimmte gefährliche Stoffe. In dieser Verordnung (sie setzt die Richtlinie 80/68/EWG um) werden Stofffamilien und -gruppen aufgrund ihrer Toxizität, Langlebigkeit oder Fähigkeit zur Bioakkumulation zwei Listen zugeordnet. Stoffe der *Liste I* dürfen nicht in das Grundwasser eingeleitet werden; Stoffe der *Liste II* – sie können eine schädigende Wirkung auf das Grundwasser haben – dürfen nur mit behördlicher Erlaubnis eingeleitet werden (Tab. 20-8).

20.3 Abwasserabgabengesetz

Das Wasserhaushaltsgesetz wird durch die Maßnahmen des *Abwasserabgabengesetzes* („Gesetz über Abgaben für das Einleiten von Abwasser in Gewässer", AbwAG) ergänzt. Einleiter schädlichen Abwassers (Gemeinden oder Industrie) haben danach für das Einleiten von Abwasser in Gewässer eine Abgabe *(Abwasserabgabe)* zu entrichten (§ 1 AbwAG). Je geringer die Schädlichkeit eines Abwassers ist, um so geringer sind auch die Abgaben, die eine Gemeinde oder ein Industrie-Einleiter zu zahlen haben. Diese Abgabe soll dazu beitragen, dass der Anfall von Abwasser möglichst vermieden wird oder wenigstens seine Menge und Schadstofffracht vermindert werden; die Abgabe soll einen Anreiz bieten, Gewässer pfleglich zu behandeln, also abwasserarme oder sogar abwasserlose Produktionsverfahren einzuführen und bei nicht vermeidbarem Abwasser die Schmutzfracht durch sorgfältiges Behandeln vor dem Einleiten zu vermindern.

Die Höhe der Abwasserabgabe richtet sich nach der Menge und nach der *Schädlichkeit* des eingeleiteten Abwassers [§ 3 (1) AbwAG]. Grundlage sind die oxidierbaren Stoffe (ausgedrückt in CSB; vgl. Abschn. 17.4.3), Phosphor, Stickstoff (Ammonium, Nitrit, Nitrat), die organischen Halogenverbindungen (AOX; vgl. Abschn. 17.4.6), die Verbindungen der Schwermetalle (vgl. Abschn. 23.1.1) Quecksilber, Cadmium, Chrom, Nickel, Blei, Kupfer sowie die Giftigkeit des Abwassers gegenüber Fischen (getestet mit Goldorfen).

Die Schädlichkeit wird durch *Schadeinheiten* (SE) ausgedrückt (ab 1.1.2002 beträgt der Abgabesatz für jede Schadeinheit im Jahr 35,79 Euro). In der Anlage zu § 3 AbwAG ist festgelegt, dass einer Schadeinheit bestimmte Schadstoffmengen entsprechen (Tab. 20-9).

20.4 Wasch- und Reinigungsmittelgesetz

Das *Wasch- und Reinigungsmittelgesetz* („Gesetz über die Umweltverträglichkeit von Wasch- und Reinigungsmitteln", WRMG; vgl. Abschn. 18.1.1) ist ein stoffbezogenes Spezialgesetz, das ausschließlich dem Gewässerschutz dient.

„Wasch- und Reinigungsmittel dürfen nur so in den Verkehr gebracht werden, dass nach ihrem Gebrauch jede vermeidbare Beeinträchtigung der Beschaffenheit der Gewässer [...] und eine Beeinträchtigung des Betriebs von Abwasseranlagen unterbleibt" [§ 1 (1) WRMG].

Außerdem sind Wasch- und Reinigungsmittel

„bestimmungsgemäß und gewässerschonend, insbesondere unter Einhaltung der Dosierungsempfehlungen [...] zu verwenden" [§ 1 (2) WRMG].

Einrichtungen zur Reinigung wie beispielsweise Wasch- oder Geschirrspülmaschinen sollen so gestaltet sein,

„dass bei ihrem ordnungsgemäßen Gebrauch so wenig Wasch- und Reinigungsmittel und so wenig Wasser und Energie wie möglich benötigt werden" [§ 1 (3) WRMG].

An die biologische Abbaubarkeit oder sonstige Eliminierbarkeit von grenzflächenaktiven und anderen organischen, in Wasch- und Reinigungsmitteln enthaltenen Stoffen werden besondere Anforderungen gestellt (§ 3 WRMG), die speziell in der *Tensidverordnung* (TensV) festgehalten sind (s. auch Abschn. 18.1.2). Für Phosphatverbindungen (§ 4 WRMG) sind die für Wasch- und Reinigungsmittel zugelassenen Höchstmengen in der *Phosphathöchstmengenverordnung* (PHöchstMengV) festgelegt.

Tab. 20-8. Einige Stofffamilien und -gruppen der Listen I und II der Grundwasserverordnung (auch der Richtlinie 80/68/EWG).

Liste I[a)]

1. Organische Halogenverbindungen und Stoffe, die im Wasser derartige Verbindungen bilden können
5. Quecksilber und Quecksilberverbindungen
6. Cadmium und Cadmiumverbindungen
7. Mineralöle und Kohlenwasserstoffe

Liste II[b)]

1. Folgende Metalle [...] und ihre Verbindungen: 1.1 Zink, 1.2 Kupfer, 1.5 Blei, 1.13 Beryllium, 1.18 Thallium
2. Biozide und davon abgeleitete Verbindungen, die nicht in der Liste I enthalten sind
6. Fluoride
7. Ammoniak und Nitrite

[a] Dürfen nicht ins Grundwasser eingeleitet werden.
[b] Dürfen nur mit behördlicher Erlaubnis eingeleitet werden.

Tab. 20-9. Bewertung der Schadstoffe im Abwasser (Auswahl aus der Anlage zu § 3 AbwAG).

Bewertete Schadstoffe und Schadstoffgruppen	Einer Schadeinheit entsprechen jeweils folgende Mengen
Oxidierbare Stoffe in chemischem Sauerstoffbedarf (CSB)	50 kg O_2
Phosphor	3 kg
Stickstoff	25 kg
Organische Halogenverbindungen als adsorbierbare organisch gebundene Halogene (AOX)	2 kg Halogen, berechnet als organisch gebundenes Chlor
Quecksilber	20 g
Cadmium	100 g
Blei	500 g

Literatur zu Teil III

Literatur zu Kap. 16

Abwassertechnische Vereinigung eV, Hrsg. 1982. *Lehr- und Handbuch der Abwassertechnik* (Bd I: *Wassergütewirtschaftliche Grundlagen, Bemessung und Planung von Abwasserleitungen*). 3te Aufl. Berlin: von Wilhelm Ernst & Sohn.

Bliefert C. 1978. *pH-Wert-Berechnungen*. Weinheim: Verlag Chemie. 255 S.

Hahn HH. 1987. *Wassertechnologie: Fällung, Flockung, Separation*. Berlin: Springer. 304 S.

Lang EW, Lüdemann HD. 1982. Anomalien des flüssigen Wassers. *Angew Chem*. 94: 351-365.

Morgan JJ, Stumm W. 1991. Chemical processes in the environment, relevance of chemical speciation (Merian E, ed. *Metals and their compounds in the environment: occurence, analysis and biological relevance*). Weinheim: VCH; S 67-103.

Roedel W. 1992. *Physik unserer Umwelt: Die Atmosphäre*. Berlin: Springer. 457 S.

Schlegel HG. 1992. *Allgemeine Mikrobiologie*. 7te Aufl. Stuttgart: Thieme. 634 S.

Seel F. 1979. *Grundlagen der analytischen Chemie unter besonderer Berücksichtigung der Chemie in wäßrigen Systemen*. 7te Aufl. Weinheim: Verlag Chemie. 387 S.

Sigg L, Stumm W. 1994. *Aquatische Chemie: Eine Einführung in die Chemie wässriger Lösungen und natürlicher Gewässer*. 3te Aufl. Stuttgart: Teubner. 498 S.

Walther HJ, Winkler F. 1981. *Wasserbehandlung durch Flockung*. Berlin: Akademie-Verlag. 250 S.

Westall J, Stumm W. 1980. The hydrosphere (Hutzinger O, Hrsg. *The natural environment and the biogeochemical cycles*; in: *The handbook of environmental chemistry*; vol 1, part A). Berlin: Springer; S 17-49.

Literatur zu Kap. 17

Abwassertechnische Vereinigung eV, Hrsg. 1982. *Lehr- und Handbuch der Abwassertechnik* (Bd I: *Wassergütewirtschaftliche Grundlagen, Bemessung und Planung von Abwasserleitungen*). 3te Aufl. Berlin: von Wilhelm Ernst & Sohn.

Baum F. 1992. *Umweltschutz in der Praxis*. 2te Aufl. München: R Oldenbourg Verlag. 870 S.

Broecker WS. 1988. Der Ozean (Kraatz R, Hrsg. *Die Dynamik der Erde: Bewegungen, Strukturen, Wechselwirkungen*). 2te Aufl. Heidelberg: Spektrum-der-Wissenschaft-Verlagsgesellschaft; S 144-155.

Bundesminister für Umwelt, Naturschutz und Reaktorsicherheit, Hrsg. 1987. *Was Sie schon immer über Wasser und Umwelt wissen wollten*. 2te Aufl. Stuttgart: Kohlhammer. 194 S.

Deutscher Bundestag, Hrsg. 1990. *Schutz der Erde: Eine Bestandsaufnahme mit Vorschlägen zu einer neuen Energiepolitik* (Dritter Bericht der Enquete-Kommission des 11. Deutschen Bundestages „Vorsorge zum Schutz der Erde"; Bd 1). Bonn. 686 S.

DIN 38409-5. 1989. *Deutsche Einheitsverfahren zur Wasser-, Abwasser- und Schlammuntersuchung – Summarische Wirkungs- und Stoffkenngrößen (Gruppe H): Bestimmung des Permanganat-Index (H5).*

DIN 38409-41. 1980. *Deutsche Einheitsverfahren zur Wasser-, Abwasser- und Schlammuntersuchung – Summarische Wirkungs- und Stoffkenngrößen (Gruppe H): Bestimmung des Chemischen Sauerstoffbedarfs (CSB) im Bereich über 15 mg/L (H 41).*

DIN 38409-43. 1981. *Deutsche Einheitsverfahren zur Wasser-, Abwasser- und Schlammuntersuchung – Summarische Wirkungs- und Stoffkenngrößen (Gruppe H): Bestimmung des chemischen Sauerstoffbedarfs (CSB) (H43).*

DIN 38409-51. 1987. *Deutsche Einheitsverfahren zur Wasser-, Abwasser- und Schlammuntersuchung – Summarische Wirkungs- und Stoffkenngrößen (Gruppe H): Bestimmung des Biochemischen Sauerstoffbedarfs in n Tagen nach dem Verdünnungsprinzip (Verdünnungs-BSB$_n$) (H 51).*

DIN 38410-2. 1990. *Deutsche Einheitsverfahren zur Wasser-, Abwasser- und Schlammuntersuchung – Biologisch-ökologische Gewässeruntersuchung (Gruppe M): Bestimmung des Saprobienindex (M 2).*

Imhoff K, Imhoff KR. 1990. *Taschenbuch der Stadtentwässerung.* 27te Aufl. München: Oldenbourg. 422 S.

Knoch W. 1994. *Wasserversorgung, Abwasserreinigung und Abfallentsorgung: Chemische und analytische Grundlagen.* 2te Aufl. Weinheim: VCH. 396 S.

Schlegel HG. 1992. *Allgemeine Mikrobiologie.* 7te Aufl. Stuttgart: Thieme. 634 S.

Schwoerbel J. 1993. *Einführung in die Limnologie* (UTB Uni-Taschenbücher 31). 7te Aufl. Stuttgart: Gustav Fischer. 387 S.

Seidel K. 1976. Über die Selbstreinigung natürlicher Gewässer. *Naturwissenschaften.* 63: 286-291.

Sigg L, Stumm W. 1994. *Aquatische Chemie: Eine Einführung in die Chemie wässriger Lösungen und natürlicher Gewässer.* 3te Aufl. Stuttgart: Teubner. 498 S.

Tabasaran O, Hrsg. 1982. *Abfallbeseitigung und Abfallwirtschaft.* Düsseldorf: VDI-Verlag. 279 S.

Umweltbundesamt, Hrsg. 1992. *Daten zur Umwelt 1990/91.* Berlin: Erich Schmidt. 675 S.

Umweltbundesamt, Hrsg. 2001. *Daten zur Umwelt – Der Zustand der Umwelt in Deutschland 2000.* Berlin: Erich Schmidt. 377 S.

Wagner R, Hrsg. 1987. *Methoden zur Prüfung der biochemischen Abbaubarkeit chemischer Substanzen.* Weinheim: VCH. 87 S.

Literatur zu Kap. 18

Bahadir M. 1991. Ökologische Chemie: Das schlechte Gewissen der Zivilisation oder Herausforderung für umwelttechnische Innovationen. *Chem unserer Zeit.* 25: 239-248.

Ballschmiter K. 1985. Chemie und Analytik der Polychlordibenzodioxine (Dioxine) und Polychlordibenzofurane (Furane) (Verband der Chemischen Industrie eV, Hrsg. *Dioxin in der Umwelt*; Schriftenreihe Chemie + Fortschritt 1/85); S 8-12.

Borwitzky H, Holtmeier A (Institut für Umwelttechnologie und Umweltanalytik). 1994. *Dioxin: Übersicht zum Kenntnisstand.* Luzern: Die Lovar Stiftung für Umweltschutz. 203 S.

Bundesarbeitgeberverband Chemie eV, Verband der Chemischen Industrie eV, Hrsg. 1985. *Chemie im Haushalt: Thema Waschmittel* (Fakten zur Chemie-Diskussion 31). Wiesbaden und Frankfurt.

Fonds der Chemischen Industrie zur Förderung der Chemie und der Biologischen Chemie im Verband der Chemischen Industrie eV, Hrsg. 1992 a.

Literatur zu Teil III

Die Chemie des Chlors und seiner Verbindungen (Textheft zur Folienserie des Fonds der Chemischen Industrie, 24). Frankfurt/Main. 115 S.

Fonds der Chemischen Industrie zur Förderung der Chemie und der Biologischen Chemie im Verband der Chemischen Industrie eV, Hrsg. 1992 b. *Tenside* (Textheft zur Folienserie des Fonds der Chemischen Industrie, 14). Frankfurt/Main. 62 S.

Heintz A, Reinhardt G. 1991. *Chemie und Umwelt.* 2te Aufl. Braunschweig: Vieweg. 359 S.

Hutzinger O. 1990. Gott schuf 91 Elemente, der Mensch etwas mehr als ein Dutzend und der Teufel eines – das Chlor. *Z Umweltchem Ökotox.* 2(2) Editorial.

Klumpp E, Struck BD, Schwuger MJ. 1992. Wechselwirkung zwischen Tensiden und Schadstoffen in Böden. *Nachr Chem Tech Lab.* 40: 428-435.

Naumann K. 1993. Chlorchemie in der Natur. *Chem unserer Zeit.* 27: 33-41.

Naumann K. 1994. Natürlich vorkommende Organohalogene. *Nachr Chem Tech Lab.* 42: 389-392.

Stache H, Großmann H. 1992. *Waschmittel: Aufgaben in Hygiene und Umwelt.* 2te Aufl. Berlin: Springer. 139 S.

Umweltbundesamt, Hrsg. 2001. *Daten zur Umwelt – Der Zustand der Umwelt in Deutschland 2000.* Berlin: Erich Schmidt. 377 S.

World Resources Institute, Hrsg. 2000. *World Resources 2000 – 2001: People and Ecosystems.* Washington, DC. ISBN 1-56973-443-7.

Literatur zu Kap. 19

Bundesminister für Umwelt, Naturschutz und Reaktorsicherheit, Hrsg. 1987. *Was Sie schon immer über Wasser und Umwelt wissen wollten.* 2te Aufl. Stuttgart: Kohlhammer. 194 S.

DIN 2000. 2000. *Zentrale Trinkwasserversorgung: Leitsätze für Anforderungen an Trinkwasser, Planung, Bau, Betrieb und Instandhaltung der Versorgungsanlagen.*

DIN 32625. 1989. *Größen und Einheiten in der Chemie: Stoffmenge und davon abgeleitete Größen; Begriffe und Definitionen.*

Fonds der Chemischen Industrie zur Förderung der Chemie und der Biologischen Chemie im Verband der Chemischen Industrie eV, Hrsg. 1990. *Umweltbereich Wasser* (Textheft zur Folienserie des Fonds der Chemischen Industrie, 13). Frankfurt/Main. 71 S.

Imhoff K, Imhoff KR. 1990. *Taschenbuch der Stadtentwässerung.* 27te Aufl. München: Oldenbourg. 422 S.

Knoch W. 1994. *Wasserversorgung, Abwasserreinigung und Abfallentsorgung: Chemische und analytische Grundlagen.* 2te Aufl. Weinheim: VCH. 396 S.

Mudrack K, Kunst S. 1991. *Biologie der Abwasserreinigung.* 3te Aufl. Stuttgart: Gustav Fischer. 194 S.

Neitzel V, Iske U. 1998. *Abwasser – Technik und Kontrolle* (Kwiatkowski J, Bliefert C., Hrsg. *Praxis des technischen Umweltschutzes*). Weinheim: Wiley-VCH. 333 S.

Umweltbundesamt, Hrsg. 2001. *Daten zur Umwelt – Der Zustand der Umwelt in Deutschland 2000.* Berlin: Erich Schmidt. 377 S.

Verband der Chemischen Industrie, Hrsg. 1990. *Chemie und Umwelt: Wasser.* 4te Aufl. Frankfurt/Main. 36 S.

World Resources Institute, Hrsg. 2000. *World Resources 2000 – 2001: People and Ecosystems.* Washington, DC. ISBN 1-56973-443-7.

Teil IV
Boden

21 Boden: Grundlagen

21.1 Zusammensetzung

21.1.1 Bodenbestandteile

Die *Lithosphäre* (*griech*. lithos, Stein; sphaira, Kugel, Erdkugel) ist die ca. 100 km dicke Gesteinshülle der Erde; sie umfasst die feste *Erdkruste* und den oberen Bereich des Erdmantels (vgl. Abschn. 2.4.2).

Der obere Teil der Lithosphäre ist der *Boden*, die *Pedosphäre* (*griech*. pedon, Boden). Darunter versteht man die äußerste, meist lockere Schicht der Erdoberfläche einschließlich der darin enthaltenen Rohstoffe und des Grundwassers – zwischen wenigen Dezimetern und einigen Metern dick –, in der sich das Bodenleben abspielt; der Boden ist das Material an der Erdoberfläche zwischen der Luft auf der einen Seite und dem Untergrundgestein auf der anderen. Zum Boden gehören auch in diesen Bereich eindringende Teile der tieferen Lithosphäre, der Hydro- und Atmosphäre; die drei Phasen Gestein, Wasser und Luft überlagern sich hier zeitlich wie örtlich. In diesem Zusammenhang: Die *Pedologie*, die *Bodenkunde*, ist die Wissenschaft von den chemischen und physikalischen Eigenschaften der Böden, ihrer geologischen Herkunft und ihrer mineralischen Struktur.

Luft und Wasser sind verhältnismäßig einheitliche Medien mit einer weitgehend definierten Zusammensetzung. Anders der Boden: er ist keine kompakte Materie, sondern ein komplexes System aus mineralischen und organischen Bestandteilen, in dem Faktoren wie Klima, Wasser und andere Stoffe, Bodenorganismen und Pflanzen in dynamischen Prozessen zusammenwirken. Böden sind physikalisch und chemisch uneinheitlich, was u. a. in verschiedenen Bezeichnungen zum Ausdruck kommt wie Sandböden (Schluffböden) und Tonböden; organische und mineralische Böden; Braunerden, Schwarzerden usw.

Böden sind selbständige Naturkörper: Sie sind Umwandlungsprodukte aus mineralischen und organischen Substanzen, abhängig von der Pflanzendecke; und die Pflanzen hängen wieder vom Boden ab, auf dem sie wachsen. Im Boden leben Kleintiere und Mikroorganismen. Der Abbau von abgestorbener organischer Substanz (z. B. von Pflanzen) durch Bodenorganismen führt einerseits zu anorganischen Verbindungen („Mineralisierung") und andererseits zur Bildung von Humus. Wo es keine Pflanzen gibt wie beispielsweise in Wüsten oder im Hochgebirge, gibt es auch keinen echten Boden. Der Abbau und die Umwandlung organischer Substanz zu Huminstoffen durch chemische Reaktionen oder mit Hilfe von Mikroorganismen, die *Humifizierung* (vgl. Abschn. 21.1.2), ist die Grundlage für Bodenbildung und damit für Pflanzenwachstum: Pflanzen stellen sich mit Unterstützung der Bodenorganismen ihre Böden selbst her, man spricht sogar von „gewachsenen" Böden.

Der Boden enthält verschiedenartige Bestandteile:

– anorganische (mineralische) Bestandteile,
– abgestorbenes und teilweise zersetztes organisches Material,
– Bodenorganismen,
– Bodenluft und
– Bodenwasser, in dem anorganische und organische Stoffe zum Teil gelöst sind.

Ein typischer Grünlandboden besteht, bezogen auf sein Volumen, zu ca. 25 % aus Luft und zu 25 % aus Wasser; 45 % nehmen mineralische Bestandteile ein, und 5 % sind organischer Natur (Abb. 21-1). Es gibt Bodenarten, die mehr als 30 % organische Substanz enthalten („organische Böden", *torfige* Böden).

Boden

Dichte um 1,5 kg/L

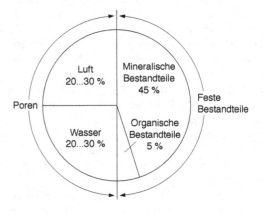

Abb. 21-1. Bodenbestandteile.

Tab. 21-1. Mittlerer Gehalt an mineralischen Nährstoffen im Boden.

Element	Gehalt[a] (in g/kg)	Vorrat im Boden[b] (in t/ha)
N	1	3
P	0,7	2,1
S	0,7	2,1
K	14	42
Ca	14	42
Mg	5	15

[a] Bezogen auf Trockensubstanz.
[b] In einer 20 cm dicken Bodenschicht.

Zu den mineralischen Bestandteilen des Bodens gehören vor allem die Silicate, aber auch anorganische Nährstoffe (vgl. Abschn. 21.4.1); von Bedeutung für Pflanzen sind vor allem die Kationen Ca^{2+}, Mg^{2+} und K^+ sowie Nitrat und Phosphat (Tab. 21-1).

Unter *Bodengefüge* versteht man die spezifische räumliche Anordnung von festen Bodenteilchen mineralischer und organischer Herkunft und das mit Wasser, Luft, Wurzeln und Organismen gefüllte Volumen von Poren in und zwischen den festen Bodenteilchen. Dieses Bodengefüge beeinflusst maßgeblich den Wasser-, Luft-, Wärme- und Nährstoffhaushalt eines Standorts und bestimmt damit wesentlich die Qualität eines Bodens.

Für die Bodenentwicklung und damit auch für das Bodengefüge und die Vegetation sind mehrere Faktoren wichtig (Abb.

21-2). Böden werden, abhängig vom jeweiligen Klima, aus der Atmosphäre mit Wasser und mit Luft versorgt. Die Luft im Boden beeinflusst Mikroorganismen, die Atmung der Pflanzenwurzeln und der Wurzelpilze. Mit zunehmender Tiefe nimmt der Sauerstoffgehalt des Bodens ab. Dies bedeutet, dass Mikroorganismen in oberen Bodenschichten unter aeroben Bedingungen leben, in tieferen Schichten hingegen unter anaeroben. Überdies werden mit zunehmender Tiefe die biotischen und humosen Anteile geringer, und die mineralischen nehmen entsprechend zu.

21.1.2 Humus und Huminstoffe

Humus (lat. Boden) ist die Gesamtheit der im Boden befindlichen abgestorbenen pflanzlichen und tierischen, also organischen Substanzen; man spricht auch von *postmortalem Material* von Pflanzen und Tieren.

Humus besteht aus hochpolymeren *Huminstoffen*; dazu gehören neben den nicht oder nur schwach sauren *Huminen* vor allem die *Huminsäuren (Humussäuren)*. Es handelt sich bei dieser Stoffklasse um Verbindungen, die durch bodenspezifische Synthese – diese „pedologische Umwandlung" nennt man *Humifikation (*auch *Humifizierung)* – aus dem Stoffangebot im Boden gemeinsam von Bodentieren und Mikroorganismen gebildet werden (Abb. 21-3). Huminstoffe sind braune bis schwarze Teilchen; sie sind locker aufgebaut und besitzen innen zugängliche Netzwerke mit großer spezifischer Oberfläche. Sie sind *hydrophil*, also in der Lage, Wasser über polare funktionelle Gruppen wie COOH- und OH-Gruppen durch Wasserstoffbrückenbindungen zu binden („Wasserspeicher"). Überdies können sie Metall-Ionen auch in Form von Chelatkomplexen austauschbar binden („Ionenaustauscher"). Huminstoffe machen allein auf dem Festland 8 % des gesamten organisch gebundenen Kohlenstoffs aus (70 % des Kohlenstoffs liegen als fossile Brennstoffe vor).

Huminstoffe sind natürliche Makromoleküle (molare Masse 2000...500 000 g/mol, meist 20 000...50 000 g/mol; durchschnittlicher C-Gehalt 58 %) mit uneinheitlicher, nicht klar definierter

21.1 Zusammensetzung

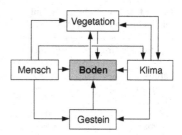

Abb. 21-2. Zusammenwirken einiger für die Bodenentwicklung bedeutsamer Faktoren.

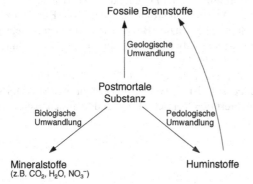

Abb. 21-3. Umwandlungswege postmortaler Substanzen.

Tab. 21-2. Die wichtigsten funktionellen Gruppen in Huminstoffen.

Funktionelle Gruppe	Formel
Carboxy	–COOH
Carbonyl	–CO–
Amino	–NH$_2$
Imino	–NH–
Hydroxy (Phenole, Alkohole)	–OH
Sulfhydryl	–SH

Struktur, bestehend aus unterschiedlichen funktionellen Bausteinen wechselnder Verknüpfung. Diese Biopolymere enthalten hochmolekulare, stark absorbierende Hydroxy- und Polyhydroxycarbonsäuren (mit OH- und COOH-Gruppen), die über C–C-, Ester-, Ether- und Iminobrücken miteinander verknüpft sind (Tab. 21-2), in geringem Ausmaß auch Chlor an den aromatischen Resten. Praktisch alle im Boden vorkommenden organischen Verbindungen können an der Synthese von Huminstoffen beteiligt sein. Huminstoffe sind oft verbunden mit anderen Stoffen wie Zuckern, Polysacchariden, Aminosäuren oder Proteinen. Die Zusammensetzung von Huminstoffen wechselt wegen des ständigen Auf-, Ab- und Umbaus in biologischen und abiologischen Prozessen; eine bestimmte Konstitution (Abb. 21-4) entspricht nur einem vorübergehenden Zustand.

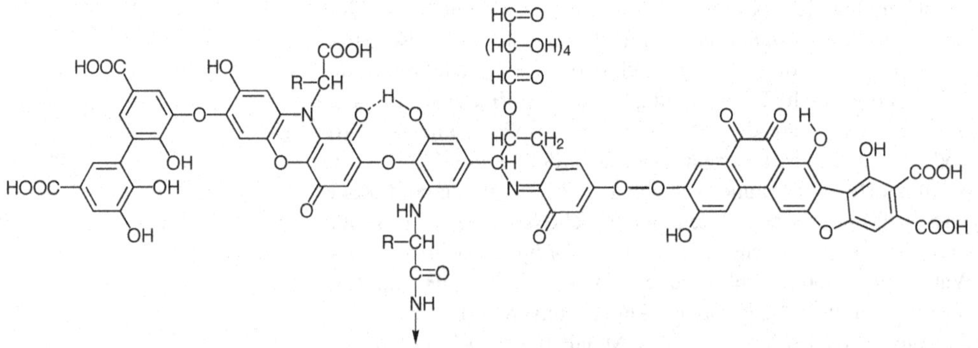

Abb. 21-4. Hypothetische Struktur von Huminstoffen mit aromatischen Kernen, Carboxy- und Hydroxygruppen sowie einer Peptid- und Zuckerseitenkette.

Ackerböden enthalten gewöhnlich 1...2 % Huminstoffe, Schwarzerdeböden 2...7 %, Wiesen 10 % und moorige Böden 10...20 %. Die Wirkung dieser Stoffe im Boden ist zeitlich begrenzt, da sie durch Mikroorganismen und unter Einwirkung von Luftsauerstoff allmählich in Kohlendioxid und Wasser umgewandelt werden. Aus diesem Grund muss man die Huminstoffe dem landwirtschaftlich genutzten Boden zur Verbesserung seiner Qualität immer wieder aufs Neue z. B. durch geeignetes Düngen zuführen (s. auch Abschn. 21.4.4).

Neben den Tonmaterialien ist Humus der wichtigste Bestandteil des Bodens: Er ist die bedeutendste natürliche Stickstoffquelle, und er reguliert den Wasser-, Luft- und Wärmehaushalt des Bodens.

21.1.3 Tonmineralien

Tonmineralien sind schichtförmig aufgebaute, reaktive, quell-
fähige Alumosilicate mit Wassermolekülen in ihrer Struktur (Abb.
21-5). Sie sind im Allgemeinen durch eine kleine Teilchengröße
und entsprechend große Gesamtoberfläche gekennzeichnet. Tonmaterialien können Kationen an sich binden unter gleichzeitigem
Austausch von Ionen, die an der Oberfläche oder zwischen den
Schichten der Aluminiumsilicat-Gerüste meist relativ locker gebunden sind.

Die Tonmineralien leisten einen wichtigen Beitrag zur puffernden Wirkung des Bodens (vgl. Abschn. 22.2.2) und bestimmen –
weil sie die Nährstoffkationen Ca^{2+}, Mg^{2+} und K^+ speichern –
überdies die *Bodenfruchtbarkeit*. Darunter versteht man die Fähigkeit eines Bodens, den angebauten Pflanzen aufgrund seiner
physikalischen, chemischen und biologischen Eigenschaften durch
Vermittlung von Wasser, Nährstoffen und Luft die für die Erzie-
lung eines hohen Ertrags notwendigen Wachstumsbedingungen
zu gewähren.

Der wichtigste Vertreter der Tonmineralien in Böden ist – neben *Kaolinit* mit der Zusammensetzung $Al_2(Si_2O_5)(OH)_4$ – vor
allem *Montmorillonit* (so genannt nach der französischen Stadt
Montmorillon/Vienne) mit der ungefähren Zusammensetzung
$Al_2(Si_4O_{10})(OH)_2$, der in der Natur weit verbreitet ist. Montmorillonit kann zwischen seinen Schichten Wasser einlagern.
Überdies erzeugen Gitterfehler – Aluminium-Ionen im Gitter sind
beispielsweise durch Magnesium-Ionen ersetzt – negative
Überschussladungen der Schichten, die durch positive Ladungen
von hydratisierten Kationen wie K^+-, Mg^{2+}- oder Ca^{2+}-Ionen zwischen den Schichten ausgeglichen werden. So werden die positiv
geladenen Nährstoffkationen im Boden festgehalten und für die
Pflanzen verfügbar gemacht. Besonders diese Kationen sind es,
die in diesen Mineralien wie bei einem Ionenaustauscher durch
andere Kationen – auch Protonen – ausgetauscht werden können.

Humus- und auch Tonteilchen sind zu einem beträchtlichen
Anteil über chemische Bindungen miteinander verbunden. Diese
„Ton-Humus-Komplexe" spielen bei der Nährstoffversorgung der
Pflanzen eine wichtige Rolle als „Austauscher", denn beide binden an ihrer Oberfläche austauschbare Nährstoffkationen, die
wesentlich die Bodenfruchtbarkeit bestimmen. (Humusteilchen
sind bis zu 10-mal wirksamer als Tonteilchen.)

Nicht nur Nährstoffkationen, sondern auch organische Verbindungen wie Pestizide (vgl. Abschn. 22.3) können im Boden
gespeichert werden, indem sie zwischen die Schichten der Tonmineralien diffundieren, an Huminstoffe angelagert werden oder
in Hohlräume ganzer Humuspartikeln wandern.

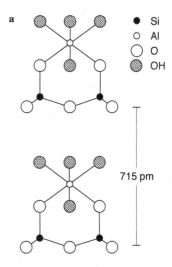

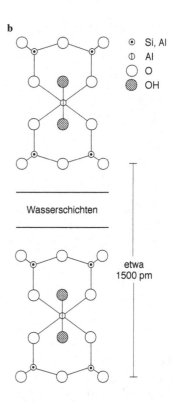

Abb. 21-5. Schematische Darstellung
der Schichtstruktur der Tonmineralien
a Kaolinit und **b** Montmorillonit. – Die
Abstände der Schichten sind angegeben.

Tab. 21-3. Lebewesen in den oberen 30 cm in einem Quadratmeter Boden.

Gruppe	Anzahl
Bakterien	60 000 000 000 000
Pilze	1 000 000 000
Einzeller	500 000 000
Fadenwürmer	10 000 000
Algen	1 000 000
Milben	150 000
Springschwänze	100 000
weiße Regenwürmer	25 000
Regenwürmer	200
Fliegenlarven	200
Tausendfüßler	150
Käfer	100
Schnecken	50
Spinnen	50
Asseln	50
Hundertfüßler	50
Wirbeltiere	0,001

21.1.4 Bodenlebewesen

Für die Auflockerung und Belüftung des Bodens sorgt die biochemische und biologische Aktivität von Bodentieren, die in großer Vielfalt und großer Anzahl im Boden beheimatet sind (Tab. 21-3).

Von besonderer Bedeutung für die Pflanzen sind *Wurzelpilze* (*Mykorrhizen*; *griech.* mykes, Pilz, rhiza, Wurzel), die mit den Wurzeln der Pflanzen in *Symbiose* (*griech.* symbiosis, das Zusammenleben) leben. Der Pilz schafft schwer zugängliche und schwer lösliche Nährstoffe und auch Wasser an die Wurzel der Wirtspflanze; umgekehrt versorgt ihn diese mit Kohlenhydraten. Solche Pilze können die wirksame Wurzelfläche von Pflanzen um das 100- bis 1000fache vergrößern. (Umweltschadstoffe, die beispielsweise zu Bodenversauerung führen, beeinträchtigen die Aktivität solcher Wurzelpilze unter Umständen erheblich.)

21.2 Bedeutung, Funktionen

Boden

- Pflanzenstandort
- Nährstoffspeicher
- Filter
- Nährboden
- Lagerstätte

Der Boden, die oberste Schicht der Erdkruste, ist zwar im Verhältnis zum Erddurchmesser extrem dünn; er bildet dennoch Lebensgrundlage und Lebensraum für Menschen, Tiere, Pflanzen und Mikroorganismen; deshalb ist er ein Schutzgut höchsten Ranges (vgl. Kap. 25).

Als Teil des Naturkreislaufs erfüllt der Boden zahlreiche Funktionen. Zunächst ist der Boden *Pflanzenstandort*, Basis der Vegetation.

Weiter hat er die Funktion eines *Nährstoffspeichers*: Er hält die lebensnotwendigen organischen und anorganischen Nährstoffe – vor allem die Kationen Ca^{2+}, Mg^{2+} und K^+ sowie Nitrat und Phosphat – fest und versorgt damit Pflanzen und Bodenlebewesen. Der Boden verliert ständig einen Teil seiner Nährstoffe durch die Pflanzen, aber auch durch Ausgasen, Auswaschen, Verwitterung oder Erosion (Abb. 21-6). Diese Verluste werden ausgeglichen durch Mineralisierung toter organischer Substanz, durch Verwitterung von Gesteinen und durch Einträge aus der Atmosphäre (z. B. Stickstoff-Fixierung). Überdies werden die mit der Ernte entzogenen Nährstoffe ggf. durch Dünger wieder ersetzt.

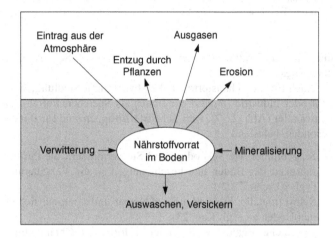

Abb. 21-6. Beeinflussung des Nährstoffvorrats im Boden.

Eine weitere wichtige Funktion der Böden besteht darin, den Abfluss und das Einsickern von Niederschlagswasser zu regeln. In diesem Zusammenhang kommt besonders die Funktion des Bodens als *Filter* zum Tragen: Er entzieht dem Wasser gelöste Stoffe und bindet sie an seine festen Bestandteile; organische Stoffe – auch Schadstoffe – können so ggf. zurückgehalten und biologisch abgebaut werden. Deshalb gelangt beispielsweise Niederschlagswasser in der Regel gereinigt in den Grundwasserhorizont. Neben der Neubildung von Grundwasser beeinflusst der Boden das Rückverdunsten von Bodenwasser in die Atmosphäre (Evaporation).

Der Boden ist *Nährboden* für die Mikroorganismen und Kleintiere, die organisches Material zersetzen (vgl. Abschn. 21.1.4). Auch ist er *Lagerstätte* von Rohstoffen und Standort für den Anbau von Nahrungsmitteln und nachwachsenden Rohstoffen.

Der Boden prägt als Standort für Erholungs- und Wohnflächen Landschaft und Natur. Je nach Nutzung durch Besiedlung, Verkehr, Gewerbe und Industrie oder durch die Land- und Forstwirtschaft gibt es zahlreiche Eingriffe in die Natur des Bodens (Tab. 21-4), beispielsweise durch *Versiegelung* von Bodenflächen durch Gebäude oder Straßen, durch das Ableiten von Niederschlägen

Tab. 21-4. Nutzung der Bodenflächen[a)] in Deutschland (Stand: 1997).

Nutzungsart	Anteil (in %)
Landwirtschaft[b)] (einschließlich Moor- und Heideflächen)	54,1
Wald	29,4
Gebäude und Freifläche	6,1
Verkehrsfläche (Straßen, Schienen, Flughäfen)	4,7
Wasser	2,2
Unbebaute Betriebsflächen	0,7
Sonstige Nutzung (Felsen, Dünen, Sport- und Erholungsanlagen)	2,8

[a] Gesamte Fläche 35 702 800 ha.
[b] Davon 68,3 % Ackerland, 30,4 % Dauergrünland, 0,7 % Garten- und 0,6 % Weinbau.

über die Kanalisation oder durch den Eintrag von Schadstoffen über Abgase.

Auch für die Schadstoffe aus Landwirtschaft, Siedlung, Verkehr oder Industrie fungiert der Boden als Speicher, Puffer und Umwandler (Abb. 21-7). Drei Schadstoffgruppen sind für Böden besonders belastend:

- Säurebildner wie SO_2 oder NO_x: Sie vermindern die Pufferfähigkeit der Böden und beschleunigen so die Versauerung (vgl. Abschn. 22.2);
- Schwermetalle: Sie sind nicht abbaubar und sammeln sich in den Böden an (vgl. Kap. 23);
- zahlreiche organische, besonders chlorhaltige Chemikalien: Sie werden nur sehr langsam abgebaut (vgl. Abschn. 22.3 und Abschn. 18.2).

Die Produktion von Nahrungsmitteln, die Qualität des Trinkwassers und zahlreiche klimatische Veränderungen hängen wesentlich von der Beschaffenheit des Erdbodens ab. Deshalb muss der Boden besonders nachhaltig genutzt werden, und seine Überbeanspruchung ist ebenso zu vermeiden wie seine Verunreinigung.

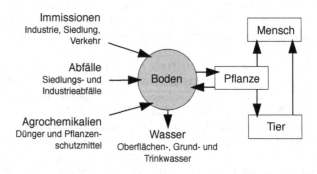

Abb. 21-7. Boden als Speicher, Puffer und Umwandler für Schadstoffe.

21.3 Verwitterung, Erosion

21.3.1 Verwitterung

Unter *Verwitterung* versteht man die Zerstörung („Auflösung") Erdoberflächen-naher Gesteine und Mineralien durch physikalische (mechanische), chemische oder biogene Einflüsse.

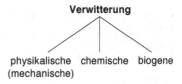

Bei der *physikalischen* (oder *mechanischen)* Verwitterung zerfällt anorganisches Material aufgrund physikalisch-mechanischer Vorgänge. Hierzu gehört die Wirkung großer Temperaturunterschiede. Wasser, das in Gesteinsspalten gefriert, und auskristallisierende Salze können wegen der Vergrößerung ihrer Volumina zu Frost- bzw. zu Salzsprengung führen.

Die *chemische* Verwitterung beruht hauptsächlich auf der Fähigkeit des Wassers, andere Stoffe aufzulösen. In geringem Maße findet bei Gesteinen diese Form der Verwitterung auch durch atmosphärische Gase statt. (Bauwerke und Denkmäler hingegen sind ständig einer langsam fortschreitenden Zerstörung ihrer Oberfläche durch diese Art der Verwitterung unterworfen.)

Die *biogene* Verwitterung wird durch Mikroorganismen, Pflanzen und Tiere verursacht. Sie ist teilweise physikalisch bedingt, z. B. bei Wurzelsprengung und bei der grabenden Tätigkeit vieler Organismen, teilweise chemisch, z. B. durch die ätzende Wirkung von Huminstoffen.

Die Art und auch die Intensität der Verwitterung hängen stark vom Klima ab: In aridem und kaltem Klima findet vorwiegend physikalische Verwitterung statt, in humidem, besonders in warm-humidem Klima eher chemische Verwitterung. Die Geschwindigkeit von biologischen und chemischen Reaktionen im Boden – auch die der Verwitterung – hängt stark von der Temperatur ab. Bei einer Temperaturerhöhung von 10 K, so eine Faustregel, verdoppeln bis verdreifachen sich die Reaktionsgeschwindigkeiten. Dies merkt man besonders in den Tropen, denn dort sind die Zersetzungs- und Verwitterungszeiten deutlich kürzer als in Zonen mit gemäßigtem Klima.

Die Verwitterung ist eine Voraussetzung dafür, dass Sedimentgesteine – die wichtigsten sind vom chemischen Standpunkt her Silicate, Oxide und Carbonate – abgetragen und neu gebildet werden. Die Sedimentation ist notwendig für die Gestaltung der Erdoberfläche und somit auch für die Bildung von Boden. Einige typische Verwitterungsprozesse, bei denen *mineralische* Bestandteile entstehen, sind in Tab. 21-5 zusammengestellt. Gesteine werden dabei in Bestandteile zerlegt, die dann ggf. neue Mineralverbindungen bilden. Es können Schichten mit Gesteinsstücken entstehen, die man je nach Größe als *Ton, Schluff, Sand* oder *Kies* bezeichnet.

Welche Nährelemente nach der Verwitterung potenziell zur Verfügung stehen, hängt wesentlich von der chemischen Zusammensetzung der mineralischen Ausgangsmaterialien ab: Calcium- und Magnesium-Ionen im Boden rühren von Kalk und Dolomit

	Größe
Ton	0,2...2 µm
Schluff	2...0,60 µm
Sand	0,6...2 mm
Kies	2...60 mm

Tab. 21-5. Beispiele typischer Verwitterungsreaktionen von Mineralien.

Mineral	+ Wasser	+ Kohlen-dioxid	⇆	Kationen	+ Anionen	+ Kieselsäure	+ Tonmineral (z. B. Kaolinit)
Kalk							
$CaCO_3$	$+ H_2O$	$+ CO_2$	⇆	Ca^{2+}	$+ 2\ HCO_3^-$		
$CaCO_3$	$+ H_2O$		⇆	Ca^{2+}	$+ HCO_3^- + OH^-$		
Dolomit							
$CaMg(CO_3)_2$	$+ H_2O$		⇆	$Ca^{2+} + Mg^{2+}$	$+ 2\ HCO_3^- + 2\ OH^-$		
Quarz (Granit)							
SiO_2	$+ H_2O$		⇆			$+ H_4SiO_4$	
Anhydrit (Gips)							
$CaSO_4$			⇆	Ca^{2+}	$+ SO_4^{2-}$		
Feldspat							
$NaAlSi_3O_8$	$+ 11/2\ H_2O$		⇆	Na^+	$+ OH^-$	$+2\ H_4SiO_4$	$+ 1/2\ Al_2Si_2O_5(OH)_4$
$NaAlSi_3O_8$	$+ 11/2\ H_2O$	$+ CO_2$	⇆	Na^+	$+ HCO_3^-$	$+2\ H_4SiO_4$	$+ 1/2\ Al_2Si_2O_5(OH)_4$
Steinsalz							
$NaCl$			⇆	Na^+	$+ Cl^-$		

her, Natrium- und Kalium-Ionen von Feldspat und Glimmer, Sulfat von Gips oder Pyrit, Phosphat und Fluorid von Apatit. Die Intensität der Verwitterung wird von der Art der Gesteine bestimmt: Leicht verwitterbar sind Mineralien wie Gips oder Calcit, schwerer die Tonmineralien Montmorillonit oder Kaolinit.

21.3.2 Erosion

Der Boden wird stark durch *Erosion* (*lat.* erosio, das Zerfressenwerden) beeinflusst – heute eines der großen „Bodenprobleme". Es handelt sich dabei um einen Bodenabtrag vor allem durch fließendes Wasser und durch Wind (*Wassererosion* bzw. *Winderosion*). Erosion hat „Bodenverschleppung" zur Folge, die Bodensubstanz wird vermindert. Vornehmlich lockere Bodenbestandteile werden irreversibel abgetragen; dies kann so weit gehen, dass die gesamten fruchtbaren Bodenschichten verlorengehen und riesige Flächen unfruchtbar werden – erinnert sei an die Karstlandschaften des Mittelmeerraums, die infolge großflächiger Entwaldungen durch Erosion entstanden sind.

Besonders hohe *Erosionsverluste*, also Verluste von fruchtbarem Boden durch Erosion, treten in Gebieten auf, in denen sog. Entwicklungsländer liegen. Erosionsverluste gibt es aber auch in der „modernen Landwirtschaft": Bei der Bodenbearbeitung durch den modernen Ackerbau wird die geschlossene Vegetationsdecke, die der Erosion entgegenwirkt, großflächig durch Pflügen u. ä. zerstört, so dass Wind und/oder Oberflächenwasser den Boden weitgehend ungehindert abtragen können. Erosionsraten liegen bei 5...50 t/(ha a) (Tab. 21-6), örtlich sogar bis 100 t/(ha a), was einem

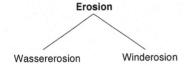

Tab. 21-6. Ausgewählte Erosionsraten.

Angebautes Getreide	Erosionsrate [in t/(ha a)]
Mais, Weizen, Klee im Fruchtwechsel	7
Weizen in Monokultur	25
Mais in Monokultur	50

jährlichen Verlust einer Bodenschicht von ca. 8 mm Dicke entspricht.

Im Gegensatz zur Erosion benötigt die Neubildung von Bodenschichten lange Zeiträume. Als durchschnittliche rechnerische Bodenbildungsrate wird 0,1...0,5 mm/a angegeben – eine Bodenneubildung, die oft nicht einmal ausreicht, selbst die geringen unvermeidbaren natürlichen Erosionsverluste auszugleichen.

21.4 Düngemittel

21.4.1 Nährstoffe

Nährstoffe sind Elemente oder Verbindungen, die ein Organismus zum Leben oder zur Vermehrung braucht. Die Nährstoffe für Pflanzen lassen sich in Abhängigkeit von den benötigten Mengen in *Hauptnährstoffe* und in *Spurennährstoffe* unterteilen (Tab. 21-7). Die Elemente C, O und H zählt man zu den organischen, die anderen 13 Elemente (Tab. 21-7) zu den mineralischen Nährelementen. Fehlt eines dieser 16 *essentiellen* (lebensnotwendigen) Nährelemente, die höhere Pflanzen brauchen, kommt es zu *Mangelerscheinungen* (Tab. 21-8). Bestimmte Pflanzen benötigen zusätzliche Elemente, die manchmal zu den Nährelementen gezählt werden, z. B. Na, Cl, Co oder Si.

Im Prinzip gelangen die Nährstoffe auf zwei Wegen in die Pflanze. Wasserlösliche Nährstoffe werden direkt über die Wur-

Nährstoffe

Haupt- nährstoffe   Spuren- nährstoffe

Tab. 21-7. Hauptnähr- und Spurennährelemente für Pflanzen.

Nährelemente	Wichtigste Aufnahmeform der Nährelemente	
Hauptnährstoffe		
H	H_2O	Organische Nährelemente
C	CO_2, HCO_3^-	
O	O_2, CO_2	
N	NO_3^-, NH_4^+ (NH_3, NO_x, N_2)	
P	$H_2PO_4^-$, HPO_4^{2-}	
S	SO_4^{2-} (SO_2)	
K	K^+	
Mg	Mg^{2+}, Mg-Komplexe	
Ca	Ca^{2+}, Ca-Komplexe	
Spurennährstoffe		Mineralische Nährelemente
B	$H_2BO_3^-$, $[B(OH)_4]^-$, H_3BO_3	
Cl	Cl^- (HCl)	
Mn	Mn^{2+}, Mn-Komplexe	
Fe	Fe^{2+}, Fe^{3+}, Fe-Komplexe	
Cu	Cu^{2+}, Cu-Komplexe	
Zn	Zn^{2+}, Zn-Komplexe	
Mo	MoO_4^{2-}	

Tab. 21-8. Bedeutung einiger Elemente für Pflanzen und Mangelerscheinungen.

Element	Bedeutung für die Pflanze	Mangelerscheinungen
N	Bestandteil der Eiweißstoffe (Proteine)	Blätter vergilben und sterben ab; Kümmerwuchs
P	Bestandteil der Desoxyribonucleinsäure (DNS); Energieträger im Adenosintriphosphat (ATP) bei der Umwandlung von Sonnenenergie in biochemische Energie; wichtig für Vermehrungsvorgänge	Schwaches Wachstum, geringe Wurzelentwicklung; mangelhafte Samenanlage; verzögerte Blüte und Reife; Blattfärbung violett
K	Wichtiges Element zur Regulierung des gesamten Stoffwechsels in der Pflanze und zur Aufrechterhaltung des Quellungszustandes des Plasmas; Hauptbedarf während der Blattentwicklung	Blätter sterben vom Rand her ab;[a] geringe Standfestigkeit; geringere Trockenheits- und Frostresistenz; Blattrandaufhellungen und -absterbeerscheinungen älterer Blätter
Ca	Entquellende Wirkung auf das Plasma (daher Antagonismus zu K^+); als Baustein von Pektin in Mittellamelle der Zellwand	Schädigung der Bindungsgewebe, z. B. in den Vegetationspunkten; Aufhellungen[b] jüngerer Blätter
Mg	Beeinflusst Quellzustand der Plasmakolloide; Baustein von Chlorophyll und Pektin; Regulator einiger Stoffwechselvorgänge	Vergleichbar mit Kaliummangel
Mn	Bestandteil von Enzymen, dadurch u. a. beteiligt an Chlorophyllsynthese und Photosynthese	Dörrfleckenkrankheit bei Getreide und anderen Nutzpflanzen, besonders bei Hafer

[a] Blattrandnekrosen.
[b] Chlorose.

zeln der Pflanzen aufgenommen; wasserunlösliche Stoffe werden zuvor durch Mikrooganismen im Boden zersetzt und in eine Form umgewandelt, die die Pflanze aufnehmen kann.

Während von den lebensnotwendigen Elementen in der Regel Calcium, Schwefel und auch Eisen in Böden in ausreichender Menge vorhanden sind, fehlen gerade in landwirtschaftlich intensiv genutzten Böden meist Stickstoff, Kalium und Phosphor, gelegentlich auch Magnesium. Nur ein Bruchteil (0,1...5 %) des Nährstoffvorrats im Boden ist überhaupt für die Pflanzen verfügbar. Wegen des Verlusts von Nährstoffen vor allem durch die Ernte müssen dem Boden daher durch Düngen immer wieder erneut Nährstoffe zugeführt werden.

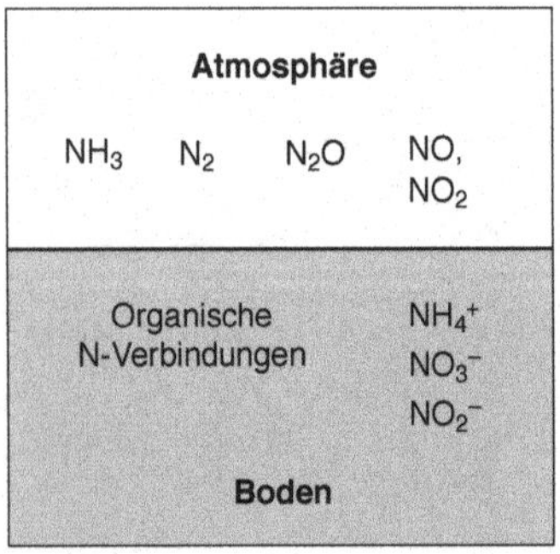

21.4.2 Stickstoff

Stickstoff ist ein wichtiges Element, um Proteine in Pflanzen, Tieren und im Menschen aufzubauen. Die Luft besteht zwar zu 78 % aus N_2 – ein praktisch unerschöpfliches Reservoir –, aber nur wenige Pflanzenarten können den Luftstickstoff unmittelbar nutzen. Fast alle sind auf die Versorgung mit Stickstoff über die Wurzeln in Form von anorganischen Verbindungen, vor allem Nitrat, angewiesen (vgl. Abschn. 11.1.3).

Stickstoff – er kommt in Luft und Boden in verschiedenen Formen vor (Abb. 21-8) – nimmt eine Sonderstellung unter den

Abb. 21-8. Stickstoffverbindungen in Atmosphäre und Boden.

Atmosphäre

NH_3 N_2 N_2O NO, NO_2

Organische N-Verbindungen NH_4^+ NO_3^- NO_2^-

Boden

Mineralstoffen ein: Er wird zwar in mineralischer Form von Pflanzen aufgenommen, stammt jedoch vorwiegend nicht aus Mineralen. Organische N-Verbindungen, z. B. Aminosäuren oder Harnstoff, müssen erst im Boden in Ammonium-Ionen, NH_4^+, umgewandelt werden *(Mineralisation)*, bevor sie – meist nach *Nitrifikation*, also Überführung von Ammonium- in Nitrat-Stickstoff unter dem Einfluss von Bodenbakterien [vgl. Gl. (19-18) und (19-19) in Abschn. 19.3.4] – als Nitrat von den Pflanzen aufgenommen werden können.

$$\text{Organische N-Verbindungen} \xrightarrow{\text{Mineralisation}} NH_4^+ \xrightarrow{\text{Nitrifikation}} NO_2^- \xrightarrow{\text{Nitrifikation}} NO_3^- \qquad (21\text{-}3)$$

Nitrat spielt in der Stickstoff-Ernährung von Pflanzen die überragende Rolle, weil das NO_3^--Ion leicht beweglich ist und in der Bodenlösung somit bis an die Wurzeln transportiert werden kann.

Von allen Elementen in Pflanzennährstoffen, die in Düngemitteln enthalten sind, kann nur Stickstoff in die Atmosphäre gelangen, und zwar durch bakterielle Umsetzung von Nitrat im Boden. Diesen Abbau von Nitrat bezeichnet man als *Denitrifikation* (s. auch Abschn. 11.1.3):

$$NO_3^- \xrightarrow{\text{Denitrifikation}} NO_2^-, NO, N_2O, N_2 \qquad (21\text{-}4)$$

21.4.3 Phosphor

Unter normalen Umweltbedingungen kommt Phosphor nur in Form von Phosphaten vor, z. B. in apatitischen Gesteinen. Die Phosphat-Ionen aus Düngung oder Verwitterung werden meist schnell in alkalischen Böden als Calciumphosphat und in sauren Böden als Eisen- oder Aluminiumphosphat ausgefällt, so dass nur ein geringer Phosphatanteil direkt für Pflanzen verfügbar ist.

Phosphor ist für Pflanzen und Tiere sowie Menschen ein essentielles Element. Er ist Baustein von Nucleinsäuren und von Phospholipiden (Phosphorsäureestern mit fettähnlichen Löslichkeitseigenschaften, zu finden besonders in der Hirnsubstanz), und er spielt eine entscheidende Rolle im Energiestoffwechsel von Pflanzen (z. B. Adenosinmonophospat, AMP; Adenosindiphosphat, ADP; und Adenosintriphosphat, ATP). Als Calciumphosphat ist Phosphor ein wichtiger Bestandteil der Knochen: Von den ca. 700 g Phosphor im menschlichen Organismus (Gewicht 70 kg) liegen 600 g in den Knochen gebunden vor.

Das Besondere am Phosphor im Ökosystem ist, dass er – im Gegensatz beispielsweise zu Kohlenstoff oder Schwefel – in seinem Kreislauf *nicht* in Form gasförmigen Verbindungen auftritt: Die Atmosphäre ist praktisch nicht am weltweiten Transport dieses Elements oder seiner Verbindungen beteiligt. Die natürlichen Phosphorkreisläufe von Land und Meer sind – jeder für sich –

Hydroxylapatit $Ca_5[(OH)(PO_4)_3]$
Fluorapatit $Ca_5[F(PO_4)_3]$

geschlossen, der Fluss zwischen beiden Kreisläufen ist vernachlässigbar gering (Abb. 21-9).

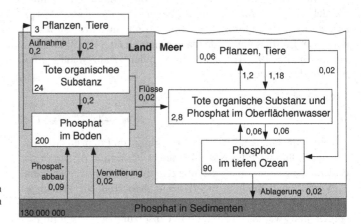

Abb. 21-9. Phosphorkreisläufe von Land und Meer (vereinfacht). – In 10^9 t bzw. 10^9 t/a (bezogen auf P).

Rund 60 % des Phosphats im Boden ist anorganischer Phosphor, vorwiegend aus verwittertem Ausgangsgestein. Die restlichen 40 % sind organischer Natur und beispielsweise im Humus gebunden.

Der Mensch entnimmt bei der Ernte den Feldern große Mengen an Phosphat. Die Natur ist aber nur zu einem geringen Bruchteil in der Lage, diesen Phosphorentzug auszugleichen. Durch Verwitterung wird nur relativ wenig Phosphat freigesetzt: etwa 0,05...2,5 kg/(ha a), bezogen auf P. Zum Teil wird Phosphat bei der Mineralisierung toter organischer Substanz durch phosphatisierende Bakterien gebildet. Der Hauptanteil des entzogenen Phosphors muss wieder ersetzt werden, z. B. durch Phosphatdünger.

Die Phosphatvorräte auf der Welt sind knapp: Man nimmt als Reserven $3,4 \cdot 10^9$ t an; weitere Ressourcen sollen ca. $12 \cdot 10^9$ t umfassen, das gesamte erschließbare Potenzial wird auf $51 \cdot 10^9$ t geschätzt. Eine Erschöpfung dieser Vorräte, die zu 80 % in Dünger und zu 15 % in Waschmitteln (vgl. Abschn. 18.1) eingesetzt werden, ist nach Meinung der meisten Experten absehbar. Man rechnet damit – gleichbleibenden Verbrauch vorausgesetzt –, dass sich im Jahr 2040 die Vorräte auf die Hälfte reduziert haben, bei steigendem Verbrauch soll dies zwischen 2010 und 2020 der Fall sein (s. dazu auch die Anmerkungen zu Rohstoffreserven in Abschn. 2.6).

21.4.4 Düngung

Unter dem Begriff *Agrochemikalien* werden Chemikalien zusammengefasst, die in der Landwirtschaft und in Gärten eingesetzt werden. Dazu gehören Bodenverbesserungsmittel wie die Düngemittel, aber auch alle Arten von Pflanzenschutzmitteln (vgl. Abschn. 22.3).

Als *Düngemittel (Dünger)* werden im Sinne des Düngemittelgesetzes (DMG) alle mineralischen und organischen Stoffe angesehen, die man dem Boden zuführt und „die dazu bestimmt sind, unmittelbar oder mittelbar Nutzpflanzen zugeführt zu werden, um ihr Wachstum zu fördern oder ihren Ertrag zu erhöhen oder ihre Qualität zu verbessern" (§ 1, Nr. 1). Die Pflanzen – dies wurde erstmals in der Mineralstofftheorie von KARL SPRENGEL (1787-1859) und JUSTUS VON LIEBIG (1803-1873) formuliert – ernähren sich nicht vom Humus, sondern von den Mineralstoffen, vor allem von Ca^{2+}, Mg^{2+}, K^+, NO_3^-, PO_4^{3-}, und dies unabhängig davon, ob diese ursprünglich aus anorganischen oder organischen Quellen stammen. (Eine wichtige Grundlage für die Verbesserung der Methoden im Ackerbau – besonders was die Einführung von Düngemitteln betrifft – war der Bericht von LIEBIG aus dem Jahr 1840 über „Die Chemie in ihrer Anwendung auf Agrikultur und Physiologie".)

Unter *Düngung* (oder *Düngen*) versteht man das gezielte Einbringen von Nährstoffen in den Boden, um den Nährstoffentzug durch die Ernte auszugleichen, um also die Fruchtbarkeit des Bodens zu erhalten oder zu erhöhen.

Zahlreiche Abfallarten, die Nährstoffe oder Spurenelemente in Form pflanzenverträglicher Verbindungen enthalten, können direkt (z. B. Jauche) oder nach vorheriger Behandlung (z. B. Müllkompost) zur Düngung verwendet werden.

Im Besonderen nennt man Produkte *Handelsdünger*, wenn sie in Fabriken oder Bergwerken gewonnen werden; der Begriff *Kunstdünger* wird in der Umgangssprache meist für mineralische Handelsdünger verwendet. Zu den *Einnährstoffdüngern* zählt man:

– die *Stickstoffdünger (N-Dünger)*; dazu gehören z. B. Ammoniumnitrat („Ammonsalpeter", NH_4NO_3) und -sulfat, Calciumnitrat [„Kalksalpeter", $Ca(NO_3)_2$] und Harnstoff;
– die *Phosphatdünger (P-Dünger)*, z. B. Superphosphat [Hauptbestandteil: Calciumdihydrogenphosphat, $Ca(H_2PO_4)_2$] und Thomasmehl;
– die *Kalidünger*, reine Kalisalze wie Kaliumchlorid und -sulfat;
– die *Magnesiadünger*, Magnesiumchlorid und -sulfat enthaltende Dünger;
– die *Kalkdünger*, z. B. Calciumcarbonat in Kalkstein und Kreide oder Calciumoxid.

Die *Mehrnährstoffdünger* – früher nannte man sie auch *Mischdünger*, in der Umgangssprache auch *Volldünger* – enthalten zwei oder drei Nährstoffe und zusätzlich Spurenelemente. Man spricht beispielsweise von *NPK-Düngern*, wenn die Elemente N, P und K in Form pflanzenverträglicher Verbindungen enthalten sind. Besonders rasch wirkend sind leicht wasserlösliche Bestandteile wie Calcium- oder Natriumnitrat (Kalk- bzw. Natronsalpeter).

21.4 Düngemittel

Wirtschaftsdünger

Tierische Ausscheidungen, Gülle, Jauche, Stallmist, Stroh sowie ähnliche Nebenerzeugnisse aus der landwirtschaftlichen Produktion.

(§ 1, Nr. 2 Düngemittelgesetz)

Düngung

• *Organische Düngung*
Einsatz von Stallmist, Gülle, Jauche, Ernterückständen wie Stroh oder Blättern, Kompost, Klärschlamm u. a.

• *Mineralische Düngung*
Einsatz von Ammoniumverbindungen, Phosphaten, Kalk u. a.

• *Gründüngung*
Unterpflügen bestimmter Grünpflanzen und Einsatz von *Kompost* aus pflanzlichen Reststoffen

Düngen ist zur Steigerung der Ernteerträge erforderlich, um die wachsende Weltbevölkerung zu ernähren. Bei bestimmten Kulturpflanzen ist der Ertrag heute mehr als 10-mal größer als zu Beginn des 19. Jahrhunderts – und diese Ertragsteigerung ist etwa zur Hälfte auf Düngung zurückzuführen. Etwa 1/3 Hektar würde ausreichen, einen Menschen zu ernähren, wenn die Infrastruktur des entsprechenden Landes funktionieren und wenn in diesem Land nach dem heute bekannten „Stand der Wissenschaft" angebaut und geerntet werden würde.

Der weltweite Verbrauch an Kunstdünger sowie die Anbaufläche – jeweils pro Kopf der Bevölkerung – sind in Abb. 21-10 dargestellt: In der Zeit von 1950 bis 1988 hat sich der Einsatz an Dünger mehr als verfünffacht, während die Anbaufläche pro Einwohner im gleichen Zeitraum fast auf die Hälfte zurückgegangen ist. (Der jährliche durchschnittliche Düngeraufwand in der Welt liegt bei ca. 25 kg/ha; in intensiven Betrieben liegt die jährliche Mineraldüngeraufgabe bei rund 350 kg/ha.)

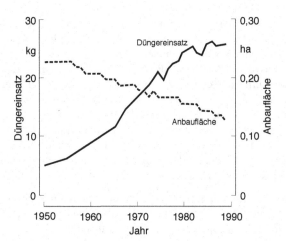

Abb. 21-10. Düngereinsatz und Anbaufläche pro Kopf der Bevölkerung (weltweit).

Besonders stark haben die Pflanzenerträge in den westlichen Ländern zugenommen. Während in Deutschland um 1970 jährlich ca. 1 t Getreide je Hektar geerntet wurde, liegt dieser Wert heute im Durchschnitt bei ca. 4,5 t/ha; Spitzenbetriebe erreichen mehr als 7 t/ha. Anders ist dies in den Entwicklungsländern: Die Bevölkerung wächst dort, im Unterschied zu der der Industrienationen, sehr schnell; die landwirtschaftliche Produktion nimmt im Verhältnis dazu aber nur langsam zu.

22 Bodenbelastungen

22.1 Schadstoffe im Boden

Viele Stoffe, die in den Boden gelangen, können für Mikro-organismen, Pflanzen, Tiere und auch für Menschen gefährlich sein (eine Auswahl s. Tab. 22-1). Eine solche „Bodenbelastung" kann in doppelter Weise wirken: Zum einen können die Stoffe selbst unmittelbar schädlich sein für Pflanzen, ggf. auch direkt für Tiere und den Menschen; zum anderen können die Stoffe aus dem Boden ausgewaschen werden und ins Grund- und Ober-flächenwasser gelangen. Da Trinkwasser meistens aus Grund-wasser gewonnen wird (vgl. Tab. 19-4 in Abschn. 19.1.2), führen Bodenbelastungen zwangsläufig früher oder später auch zu einer Beeinträchtigung der Qualität des Trinkwassers. Auf einige aus-gewählte Stoffe, die für den Boden direkt und damit auch für Pflanzen und/oder für das Grundwasser bedenklich sind, wird im Folgenden eingegangen.

Das Verhalten von Schadstoffen im Boden wird durch deren Eigenschaften wie chemische oder biologische Abbaubarkeit,

Tab. 22-1. Stoffe und Stoffgruppen mit nachgewiesenem Gefahrenpotenzial für den Boden (Auswahl).

Stoffe mit nachgewiesenem Gefahrenpotenzial, die weit verbreitet sind und/oder besonders nachteilige Wirkungen haben	Stoffe mit nachgewiesenem Gefahrenpotenzial, jedoch mit lokaler Bedeutung
Arsen	Chrom
Aluminium	Thallium
Quecksilber	Cobalt
Blei	Uran
Zink	Flusssäure/Fluoride
Nickel	Cyanide
Kupfer	Öle
Salpetersäure/Nitrate	Phenole
Schwefelsäure/Sulfate	Nitroaromaten
Polychlorierte Biphenyle (PCB)	Aromatische Kohlenwasserstoffe, besonders
Polychlorierte Terphenyle (PCT)	Benzol, Toluol, Naphthalin
Polychlorierte Naphthaline (PCN)	
Hexachlorbenzol (HCB)	
1,1,1-Trichlor-2,2-bis(4-chlorphenyl)-ethan (DDT) und Derivate	
Pentachlorphenol (PCP)	
Hexachlorcyclohexan (HCH)	
Polycyclische aromatische Kohlenwasserstoffe (PAK)	
Leichtflüchtige chlorierte Kohlenwasserstoffe (Trichlorethan, Perchlorethen)	
Polychlorierte Dibenzodioxine (PCDD) und Dibenzofurane (PCDF)	

Flüchtigkeit und Adsorbierbarkeit bestimmt. Schadstoffe können sich auf die festen Bodenbestandteile oder auf die Bodenlösung verteilen, den Pflanzen mit der Nahrung oder als Nahrung zugeführt werden und/oder ins Grundwasser ausgewaschen werden (Abb. 22-1). Abgebaut werden natürliche und synthetische organische Stoffe im Boden vorwiegend mikrobiologisch und chemisch, naturgemäß seltener photochemisch.

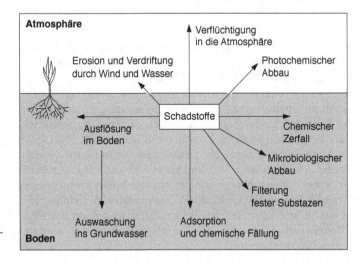

Abb. 22-1. Verhalten von Schadstoffen im Boden (Schema).

Wenn der Eintrag (die Zufuhr) eines Stoffes, auch eines schwer abbaubaren, in den Boden größer ist als der Austrag über Auswaschung, Abbau oder Ernteentzug, kommt es zur *Anreicherung* im Boden. Schadstoffbelastungen können dann so hoch werden, dass sie die natürlichen Abläufe im Boden erheblich stören. Viele Stoffe werden überdies von Pflanzen aufgenommen und unter Umständen derart stark angereichert, dass Schadstoffe über die Nahrungskette bei Tieren und beim Menschen Schäden verursachen können.

Bodenbelastungen können auf verschiedene Weise zustande kommen. Ein Großteil der Stoffe, die den Boden und die in und auf ihm lebenden Organismen beeinflussen, kommt direkt aus der Luft (trockene Deposition) oder zusammen mit den Niederschlägen (nasse, feuchte Deposition); dazu gehört der Eintrag saurer Bestandteile, der zu einer Versauerung des Bodens führen kann (mehr dazu s. Abschn. 22.2), und von Schwermetallen (vgl. Kap. 23). Schadstoffe können auch durch Überschwemmungen und Bewässerung mit verunreinigten Oberflächenwässern oder kommunalen Abwässern eingetragen werden. Bestimmte Schadstoffe reichern sich im Schlamm von Flüssen und auch biologischen Kläranlagen an; dies kann so weit gehen, dass solche Schlämme beispielsweise als Dünger für Felder nicht mehr genutzt werden können (vgl. auch Tab. 20-1 in Abschn. 20.1).

Eine wichtige Belastung für Böden geht von Schadstoffen aus Abfällen aus. Auch können organische Stoffe aus der Landwirtschaft wie Dünger oder Gülle und aus der Forstwirtschaft wie Laub oder Baumreste, selbst belastet oder im Übermaß aufgebracht, den Boden belasten. Ebenso kann Sickerwasser aus ungeordneten Abfallablagerungen früherer Zeiten – selten aus neu angelegten, geordneten Deponien (vgl. Abschn. 27.1) – Boden und Grundwasser gefährden (mehr zu Altlasten s. Kap. 24).

Bodenkontaminationen können diffus sein oder kleinräumig (punktförmig). Bei *diffusen* Bodenkontaminationen liegen – meist wenig schwankende – Konzentrationen eines oder mehrerer bodengefährdender Stoffe auf meist größeren Flächen (z. B. bis über 50 km^2) vor. In der Regel sind Bodenkontaminationen diffus, wenn die Schadstoffe emittiert werden

– aus nicht-stationären Quellen (z. B. aus Kraftfahrzeugen),
– aus Quellen mit großer Ausdehnung (z. B. Ausbringen von Stoffen in der Landwirtschaft, Sedimentablagerungen bei Überflutungen) oder
– aus einer Vielzahl von Quellen (z. B. Emissionen aus Kraftfahrzeugen, aus Haushalten).

Bei *kleinräumigen (punktförmigen)* Bodenkontaminationen handelt es sich meist um höher konzentrierte Schadstoffmengen in einem Bereich, der räumlich durch Einrichtungen wie Umzäunungen, Halden, Betriebsgebäude begrenzt ist, z. B. Altlasten (s. Kap. 24).

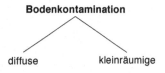

22.2 Bodenversauerung

22.2.1 Boden und pH-Wert

Der pH-Wert ist für die Fruchtbarkeit (vgl. Abschn. 21.1.3) eines Bodens, besonders für seine Fähigkeit, den Pflanzen Nährstoffe zur Verfügung zu stellen, von entscheidender Bedeutung. Erhöhter Säureeintrag in den Boden führt bei Pflanzen – bei Waldbäumen und landwirtschaftlichen Nutzpflanzen gleichermaßen – zu einer Verminderung des Wachstums.

In einem normal funktionierenden Boden laufen Reaktionen ab, bei denen sich Protonen bilden. Die Atmung von Bodenorganismen setzt große Mengen an CO_2 frei [vgl. beispielsweise Gl. (2-24) in Abschn. 2.2.2], das teilweise mit dem Bodenwasser gemäß

$$CO_2 + H_2O \rightleftharpoons H^+ + HCO_3^- \qquad (22\text{-}1)$$

Protonen bildet. Auch die Huminstoffe – Humin*säuren*! (vgl. Abschn. 21.1.2) – sind eine natürliche Quelle für Protonen im Boden.

Des Weiteren erniedrigen sauer wirkende Dünger wie Ammoniumsulfat und Superphosphat den pH-Wert im Boden. Am meisten trägt jedoch der Niederschlag (Regen, Schnee u. ä.) Säuren in den Boden ein. „Sauberer" Regen (pH-Wert um 5,6) wird zum *sauren Regen*, wenn sich „saure Gase" wie SO_2 und NO_x in den Regentropfen lösen [vgl. Gleichungen (10-3) bis (10-4) bzw. (11-3) in Abschn. 10.1 bzw. 11.1.1]. Der Niederschlag ist entsprechend zusammengesetzt: 75 % der Anionen bestehen aus Sulfat (entstanden aus SO_2) und 21 % aus Nitrat (s. auch Tab. 10-6 in Abschn. 10.4.1); als Kationen findet man vor allem (62 %) Ammonium-Ionen (Aerosole enthalten vor allem Ammoniumsulfat). Die Bodenversauerung spielt im Zusammenhang mit den neuartigen Waldschäden (vgl. Abschn. 10.4.3) ein Rolle.

Übrigens ist die trockene Deposition einer der Gründe, warum gerade Waldböden stark belastet sind: Schadstoffe, auch Schwermetalle (vgl. Kap. 23), werden zuerst auf den Blättern oder Nadeln der Bäume angereichert und dann durch Regen und andere Niederschläge auf den Boden gespült.

22.2.2 Der Boden als Puffer

Der Boden ist, abhängig von seiner Zusammensetzung, in der Lage, Protonen in mehr oder weniger großem Ausmaß reversibel oder irreversibel abzufangen. Zu dieser *puffernden* Wirkung (s. auch Abb. 21-7 in Abschn. 21.2) tragen verschiedene Bodenbestandteile bei.

Bei der Einwirkung von Säuren auf den Boden reagiert zunächst Carbonat („Carbonat-Pufferbereich"; Abb. 22-2), das beispielsweise aus fein verteiltem Kalk stammt:

$$CO_3{}^{2-} \xrightarrow{\;H^+\;} HCO_3{}^- (\xrightarrow{\;H^+\;} CO_2) \tag{22-2}$$

In einem kalkhaltigen Boden bedeutet Säureeintrag beschleunig-

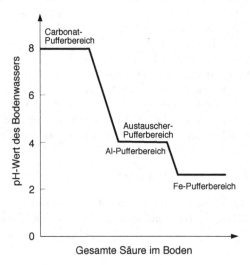

Abb. 22-2. pH-Wert-Veränderung in der Bodenlösung bei fortgesetztem Eintrag von Säure (schematische Darstellung).

tes Auflösen von Kalk: $Ca(HCO_3)_2$ ist bedeutend leichter in Wasser löslich als $CaCO_3$.

Im „Austauscher-Pufferbereich" übernehmen bei weiterem H^+-Eintrag die Tonmineralien (vgl. Abschn. 21.1.3) die Pufferung: Protonen können Nährstoffkationen wie K^+, Ca^{2+} oder Mg^{2+} von den Tonmineralien ablösen, was zu verstärktem Auswaschen führt:

$$Tonmineral–O^- M^+ + H^+$$
$$\text{(M Metall)} \longrightarrow Tonmineral–O^- H^+ + M^+ \quad (22\text{-}3)$$

Diese Kationen gelangen so ins Boden- und ins Grundwasser. Bei weiterer Zugabe von Protonen übernehmen ab pH < 4,2 polymere positiv geladene Hydroxokomplexe des Aluminiums, z. B. $[Al_6(OH)_{15}]^{3+}$, die Pufferung („Al-Pufferbereich"); sie werden dabei in hydratisierte Aluminium-Ionen umgewandelt:

$$[Al_6(OH)_{15}]^{3+} + 15\ H^+ + 21\ H_2O \longrightarrow 6\ [Al(H_2O)_6]^{3+} \quad (22\text{-}4)$$

Und bei pH-Werten um 2, die in der Natur nur selten vorkommen, können Eisenhydroxide im Boden als Puffer fungieren:

$$FeOOH + 3\ H^+ + 4\ H_2O \longrightarrow [Fe(H_2O)_6]^{3+} \quad (22\text{-}5)$$

Viele ähnliche chemische Gleichgewichte im Boden wie beispielsweise

$$Tonmineral–Fe–O^- M^+ + H^+$$
$$\rightleftharpoons Tonmineral–Fe–OH + M^+ \quad (22\text{-}6)$$

$$Tonmineral–Fe–OH + H^+$$
$$\text{(M Metall)} \rightleftharpoons Tonmineral–Fe–OH_2^+ \quad (22\text{-}7)$$

sind stark pH-abhängig. Bei einem „normalen" Boden können Metallkationen (z. B. K^+, Ca^{2+}) angelagert werden, indem sie gegen H^+-Ionen ausgetauscht werden [Lage der Gleichgewichte (22-6) und (22-7) auf der linken Seite].

Die andauernde Belastung der Böden mit Säuren („saurer Regen") in den letzten Jahrzehnten hat die Pufferkapazität der Böden an vielen Stellen stark vermindert; deshalb liegen dann diese Gleichgewichte (22-6) und (22-7) weit auf der rechten Seite: M^+-Ionen bleiben somit bei fortgesetztem Eintrag von Säuren in den Boden nur in sehr geringen Mengen an Tonmineralien oder anderen Bodenbestandteilen gebunden. Sie werden also im Boden nicht ausreichend lange festgehalten: Die ionischen Nährstoffe (K^+-, Mg^{2+}- und Ca^{2+}-Ionen) werden aus den Tonmineralien mit dem Niederschlagswasser in tiefere Bodenschichten – entsprechend auch aus Silicaten und Carbonaten – ausgewaschen und damit dem Zugriff der Pflanzenwurzeln entzogen. Zwar bleibt zunächst dabei der Boden-pH-Wert noch weitgehend konstant, aber der Nährstoffvorrat wird verkleinert und damit die Fruchtbarkeit des Bodens verringert.

Die Bodenversauerung hat weitere nachteilige Folgen, die u. a. in Zusammenhang mit dem Waldsterben gebracht werden. Die Bäume reagieren auf Nährstoffverlust mit Mangelsymptomen (vgl.

Tab. 21-8 in Abschn. 21.4.1). Weiterhin werden durch niedrige pH-Werte die Wurzelpilze, die die Pflanzen bei der Aufnahme von Mineralstoffen symbiotisch unterstützen, geschädigt; auch die Entwicklung der Wurzeln wird behindert. Überdies werden bei niedrigen pH-Werten aus den Tonmineralien $[Al(H_2O)_6]^{3+}$-Ionen freigesetzt [s. Gl. (22-4)], die für Pflanzen giftig sind. Kalkdüngung kann zwar Abhilfe schaffen, ist aber bei großen Flächen, z. B. Wäldern, nur schwer praktizierbar.

22.3 Pestizide

22.3.1 Übersicht

Tab. 22-2. Einteilung der Pestizide nach den bekämpften Schadorganismen.

Bezeichnung	Bekämpfte Schadorganismen
Akarizide	Milben
Algizide	Algen
Bakterizide	Bakterien
Fungizide	Pilze
Herbizide	Unkräuter, Ungräser
Insektizide	Insekten
Molluskizide	Schnecken
Rodentizide	Nagetiere
Virizide	Viren

Pflanzenschutzmittel sind im Sinne des Pflanzenschutzgesetzes (§ 2 PflSchG) Stoffe, die dazu bestimmt sind, Pflanzen oder Pflanzenerzeugnisse vor Tieren, Pflanzen oder Mikroorganismen oder sonstigen Schadorganismen zu schützen; dazu gehören auch Stoffe, die unerwünschte Pflanzen abtöten. Zu dem Pflanzenschutzmitteln zählen folglich die *Schädlingsbekämpfungsmittel (Pestizide)*, also eine Gruppe von Stoffen, mit denen pflanzliche und tierische Organismen bekämpft werden, die dem Menschen, seinen Nutztieren und Kulturpflanzen Schaden zufügen können. Während Dünger vor allem für die Steigerung der Erträge eingesetzt werden (vgl. Abschn. 21.4.4), dienen Pflanzenschutzmittel der *Sicherung* der Ernteerträge.

Man kann die Pestizide nach den Schadorganismen, die sie bekämpfen, in verschiedene Gruppen einteilen (Tab. 22-2).

Die meisten Nutzpflanzen auf der Welt werden heute mit Pestiziden (*lat.* pestis, Pest; cidere, töten) behandelt (Tab. 22-3). Die eingesetzten Mengen an Pestiziden sind – verglichen mit dem Einsatz von Düngemitteln – klein, z. B. bei Herbiziden typischerweise 0,1...2 kg/ha, und 10...500 kg/ha für Fungizide, jeweils bezogen auf den Wirkstoff.

Pestizide können neben den erwünschten auch unerwünschte Eigenschaften haben (Tab. 22-4). Vertreter dieser Stoffklasse gelangen leicht in den Boden und können so zu einem Problem besonders für das Wasser werden. Im Wasserhaushaltsgesetz wird im Zusammenhang mit Wasserschutzgebieten davon gesprochen, dass „das Abschwemmen und der Eintrag von [...] Pflanzenbehandlungsmitteln in Gewässer zu verhüten" sind, soweit es das Wohl der Allgemeinheit erfordert [§ 19 (1) 3].

Aus chemischer Sicht unterscheidet man mehrere Pestizidgruppen (Tab. 22-5), die sich in ihrer Persistenz unterscheiden (Abb. 22-3). Die Gesamtmenge der deutlich stärker persistenten chlorierten Kohlenwasserstoffe – sie werden heute noch verwendet – übersteigt diejenige der anderen Wirkstoffgruppen.

Tab. 22-3. Anteil der mit Pestiziden behandelten Flächen.

Nutzpflanze	Anteil
Obst, Wein, Getreide, Kartoffeln, Zuckerrüben	> 99 %
Mais, Futterrüben	> 95 %
Futterpflanzen	63 %
Wiesen, Weiden, Klee, Luzernen	ca. 5 %

Tab. 22-4. Erwünschte und unerwünschte Eigenschaften von Pestiziden.

Erwünschte Eigenschaften	Unerwünschte Eigenschaften
Sicherung der Ernteerträge	Giftigkeit für den Menschen
Sicherung der Milch- und Fleischproduktion	Rückstandsbildung und globale Ausbreitung
Reduzierung von Ausfällen bei der Nahrungsmittel-lagerung	Anreicherung in der Nahrungskette oder in bestimmten Tierorganen (z. B. im Fettgewebe)
Unterdrückung gefährlicher Seuchen	Beeinträchtigung von Nützlingen und von Boden-
Verbesserung der Körperhygiene	organismen, Beeinträchtigung der Bodenfruchtbarkeit
Einsparung von Arbeitskräften in der Landwirtschaft	Schwierige Dosierung
Desinfektion von sanitären Anlagen	Belastung von Grund- und Oberflächenwasser
	Beeinträchtigung des Trinkwassers
	Störung biologischer Kläranlagen
	Giftige Begleitstoffe
	Toxizität gegenüber den behandelten Kulturpflanzen
	Geschmacksveränderungen bei behandelten Früchten

Chlorkohlen- > Harnstoff- > Carbamate > Phosphorsäure-
wasserstoffe   Derivate   ester

2...5 Jahre   > 2...18 Monate   > 2...12 Wochen

Abb. 22-3. Persistenz einiger Pestizid-gruppen.

22.3.2 DDT

DDT (Abb. 22-4) hat den systematischen Namen 1,1,1-Trichlor-2,2-bis(4-chlorphenyl)-ethan. Es ist das erste synthetisch herge-stellte Insektizid. DDT ist ein wirksames Kontakt- und Fraßgift für Insekten aller Art. Es ist billig, chemisch stabil und gut haf-tend, weil es praktisch wasserunlöslich ist und kaum verdampft. Es ist zugleich das bekannteste, in seinem Verhalten am besten untersuchte und das am weitesten verbreitete Pestizid; mit ihm wurde beispielsweise die Malariamücke Anopheles großflächig erfolgreich bekämpft, was Millionen Menschen vor Krankheit und Tod bewahrt hat.

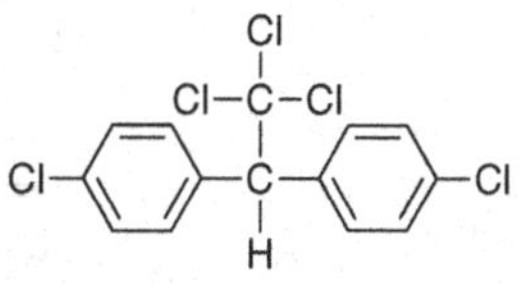

Die insektizide Wirkung von DDT wurde 1939 vom Schwei-zer Chemiker PAUL H. MÜLLER bei Geigy entdeckt, der dafür 1948 den Nobelpreis für Medizin erhielt. DDT wurde jahrzehntelang weltweit erfolgreich zur Bekämpfung von Insekten eingesetzt. Es durchdringt bei Berührung leicht deren Haut, schädigt im Körper die Nervenendungen und das Zentralnervensystem und führt schließlich zum Tod der Insekten.

DDT wirkt gegen die Überträger vieler tropischer Krankhei-ten wie Malaria, Fleckfieber, Gelbfieber und Schlafkrankheit. Nicht nur Fliegen und Mücken, sondern auch Wanzen, Flöhe und Läuse – praktisch alle beißenden (im Gegensatz zu den saugen-den) Insekten – können damit bekämpft werden. Dazu gehören die Schädlinge fast aller Kulturpflanzen.

Ein großes Problem bei DDT ist die nach wiederholter Anwen-dung auftretende *Immunität* der Insekten. Von den Anopheles-

Abb. 22-4. Dichlor-diphenyl-trichlor-ethan (DDT), 1,1,1-Trichlor-2,2-bis(4-chlorphenyl)-ethan.

DDT

MAK-Wert: 1 mg/m^3

Tab. 22-5. Namen und Struktur einiger ausgewählter Pflanzenschutzmittel aus verschiedenen Wirkstoffgruppen.

Wirkstoff	Struktur	Wirkstoff	Struktur
Chlorierte Kohlenwasserstoffe		Aldrin[b)]	
Lindan[a)], γ-HCH		Dieldrin[b)]	mit
DDT[b)]		Chlordan[b)]	
Phosphorsäureester		*Heterocyclische Verbindungen*	
Parathion[c)] (E 605®)		Paraquat[c)]	$\left[H_3C-N^{+}\rangle\langle N^{+}-CH_3 \right]$ 2 Cl[-]
Malathion		1,3,5-Triazine (je nach Resten: Atrazin[c,d)], Simazin[c,e)], Terbuthylazin[c,f)])	
Carbamate		*Chlorierte Phenoxyessigsäuren*	
Aldicarb		2,4-D (2,4-Dichlor-phenoxyessigsäure)	2,4,5-T (2,4,5-Trichlor-phenoxyessigsäure)
Harnstoffderivate			
Isoproturon			

a	Benannt nach dem Holländer VAN DER LINDEN.	d	$R^1 = CH(CH_3)_2$, $R^2 = CH_2CH_3$.
b	Vollständiges Anwendungsverbot in Deutschland.	e	$R^1 = R^2 = CH_2CH_3$.
c	Seit 1991 in der Bundesrepublik Deutschland nicht mehr zugelassen.	f	$R^1 = C(CH_3)_3$, $R^2 = CH_2CH_3$.

Tab. 22-6. Persistenz einiger insektizider Chlorkohlenwasserstoffe im Boden.

Chlor-kohlen-wasserstoff	Durchschnittliche Zeit (in a) für 95 %ige Verminderung des Gehalts
Aldrin	3
Chlordan	4
Lindan	6,5
Dieldrin	8
DDT	10

Mücken, die die Tropenseuche Malaria übertragen, sind bereits 24 Arten DDT-resistent; dies zwingt zum Einsatz größerer Mengen an Insektiziden. Ein weiteres Problem ist die große Persistenz von DDT, also seine Beständigkeit gegen Witterung, Oxidationsmittel und andere äußere Einflüsse (Tab. 22-6; zum Abbau s. auch Abschn. 3.6). Inzwischen ist DDT ubiquitär: Sogar im Schnee der Antarktis wurde es gefunden.

Die Anreicherung von DDT wurde mit ^{14}C-markierten Präparaten untersucht. Es reichert sich – wie viele Chlorverbindungen – im tierischen Fettgewebe an; die BCF-Werte (vgl. Abschn. 3.8.3) von DDT sind > 10 000 (Tab. 22-7). Nach einmaliger Applikation von ^{14}C-DDT im Wasser eines Teiches stieg der Massenanteil nach 59 Tagen im Bauchfett von Barschen auf fast

24 ppm, während der Gehalt im Wasser nach dieser Zeit lediglich ca. 0,000 01 ppm betrug (BCF-Wert: $2,4 \cdot 10^6$).

DDT reichert sich auch im menschlichen Fettgewebe an, z. B. in Leber oder Niere: Bis zu 10 mg/kg wurden nachgewiesen. Für Nahrungsmittel zulässige Höchstmengen sind in der *Rückstands-Höchstmengenverordnung* (RHmV) festgelegt; beispielsweise liegt die zulässige Höchstgrenze an DDT-Rückständen und denen einiger anderer Pflanzenschutzmittel für Milch und Milcherzeugnisse bei 20 µg/kg. Man hat noch vor 15 Jahren so hohe DDT-Mengen in Muttermilch gefunden (z. B. in Japan; Abb. 22-5), dass diese nach geltendem Recht in Deutschland nicht mehr als (Baby-)Nahrung verkauft werden dürfte!

DDT ist stark toxisch für Insekten, aber verhältnismäßig wenig toxisch für Säugetiere. Beim Menschen beobachtet man nach Aufnahme von 300...500 mg als erste Symptome Schweißausbrüche, Sensibilitätsstörungen an Lippen und Zunge sowie Kopfschmerzen und Übelkeit.

Das Inverkehrbringen von DDT und Zubereitungen, die unter Zusatz von DDT hergestellt wurden, ist in der Bundesrepublik Deutschland seit 1974 verboten (früher: *DDT-Gesetz*; heute: ChemVerbotsV). Andere Länder haben ähnliche Verbote ausgesprochen. Aber die Weltproduktion und damit auch die Anwendung von DDT hat weltweit nie einen wesentlichen Einbruch erlitten, u. a. wegen des günstigen Preises und wegen der geringen Humantoxizität; beispielsweise wurde DDT bis 1988, wie andere chlorierte Insektizide auch, in der DDR produziert. 1980 wurden weltweit noch 96 000 t versprüht, meist in Ländern der dritten Welt. Die bis heute im Boden angereicherte Menge wird auf insgesamt ca. 300 000 t geschätzt.

DDT ist als Mittel zur Malaria-Bekämpfung von großem Nutzen. Die Folgen des nahezu totalen Verbots dieses Präparats lassen sich am Beispiel von Ceylon eindrucksvoll ablesen (Tab. 22-8): Die Erkrankungen an Malaria waren nach dem Einsatz von DDT nahezu auf null zurückgegangen, die Krankheit war 1961 praktisch unter Kontrolle; nach Einstellen des DDT-Einsatzes (1964) stieg die Anzahl der Erkrankungen in den Jahren 1968/69 wieder auf das ursprüngliche Niveau von 1946 an.

22.3 Pestizide

Tab. 22-7. BCF-Werte einiger Wasserlebewesen für DDT.

Tier	BCF-Wert
Austern	15 000
Meerbrassen	12 000
Andere Fische	12 000...40 000

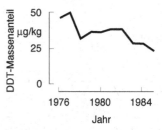

Abb. 22-5. DDT in Muttermilch (in Japan).

Tab. 22-8. Häufigkeit der Erkrankungen an Malaria in Ceylon.

Jahr	Anzahl der Erkrankungen	Anzahl der Todesfälle
1946	2 800 000	12 587
1961	110	–
1968[a] und 1969	2 500 000	?

[a]   1964: Einstellen der Verwendung von DDT.

23 Schwermetalle

23.1 Allgemeines

23.1.1 Bedeutung, Vorkommen

Schwermetalle sind Metalle mit einer Dichte > 5 g/cm^3 (Tab. 23-1). Sie können in der Luft, im Wasser und im Boden vorkommen. Da Erdöl, Kohle und Holz in unterschiedlichen Mengen nahezu alle chemischen Elemente – darunter auch Schwermetalle – enthalten, kommen als Folge von Verbrennungsprozessen diese Elemente und/oder ihre Verbindungen in die Luft und gelangen direkt, meist gebunden an Aerosole (vgl. Abschn. 14.6), oder mit dem Niederschlagswasser auf und in den Boden.

Grundsätzlich können Metalle – wie auch die anderen Elemente – für einen Organismus, z. B. eine Pflanze oder ein Tier (Tab. 23-1), essentiell sein oder auch „unnötig". *Unbenötigte* Metalle werden nicht zum Leben gebraucht und stören oft schon in Spuren den normalen Ablauf von Stoffwechselvorgängen (Abb. 23-1; s. auch Abschn. 3.9); solche Metalle wirken – von geringen tolerierbaren Dosen abgesehen – meist *toxisch (giftig)*.

Anders als mit den unbenötigten verhält es sich mit den *essentiellen* Metallen (*lat.* essentia, Wesen; unentbehrlich, lebensnotwendig). Man versteht darunter Metalle, die der Organismus in bestimmten Konzentrationen braucht, wenn er normal – gesund – leben soll, und die ihm über die Nahrung zugeführt werden müssen. Ob ein Element essentiell ist oder nicht, hängt davon ab, ob es an biochemischen Reaktionen in dem entsprechenden Organismus beteiligt ist. Beispielsweise ist Nickel für Pflanzen ein Schadstoff, von einigen Tieren hingegen wird es in Spuren benötigt (vgl. Tab. 23-1).

Die essentiellen Elemente können – einige kommen nur in Spuren vor – zwei verschiedenartige Reaktionen hervorrufen: Wenn einem Organismus – und dies gilt im Prinzip für Pflanze, Tier und Mensch – zu wenig von einem Element in Form einer geeigneten Verbindung zur Verfügung steht, wird dadurch eine Funktion, z. B. ein Stoffwechselvorgang (und damit bei Nutzpflanzen der Ertrag; vgl. Tab. 21-8 in Abschn. 21.4.1), behindert; es können Mangelerscheinungen auftreten (Tab. 23-2). Liegt ein Element – wieder abhängig vom Organismus – in zu großer Konzentration vor, wirkt es toxisch. Mangel oder Überangebot sind zwei Erscheinungsformen der Toxizität von Metallen. Nur bei nicht zu großer und nicht zu kleiner – bei „optimaler" –

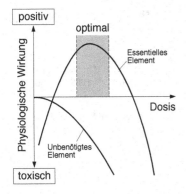

Abb. 23-1. Dosis-Wirkung-Beziehung von essentiellen und unbenötigten Elementen (z. B. Zn, Cu bzw. Cd, Pb).

Tab. 23-1. Klassifizierung von Schwermetallen (Auswahl).

Metall	Pflanzen	Tiere	Dichte (in g/cm^3)
Pt	T[a]		21,4
Hg	T	T	13,59
Pb	T	T	11,34
Mo	E	E T	10,2
Cu	E T	E T	8,92
Ni	T	E	8,90
Co		E	8,9
Cd	T	T	8,65
Fe	E	E	7,86
Sn		E	7,28
Cr		E	7,20
Mn	E T	E	7,2
Zn	E T	E	7,14
V	E	E	5,96

[a]   T toxisch, E essentiell.

Tab. 23-2. Einige Funktionen von Spurenelementen sowie Folgen eines vollständigen Mangels im menschlichen Organismus (Auswahl).

Element	Bestandteil von ...	Vollständiger Mangel bewirkt u. a.
Cr	Glucosetoleranzfaktor	Diabetes
Co	Vitamin B_{12}	Anämie, Ausbleiben der Nucleinsäuresynthese
Fe	Hämoglobin	Unterbrechung der O_2-Verteilung
Cu	Tyrosinase	Ausbleiben der Pigmentbildung (weiße Haare)
Mn	Pyruvatcarboxylase	Citronensäurezyklus unwirksam

23.1 Allgemeines

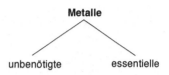

Konzentration (vgl. Abb. 23-1), und dies an der richtigen Stelle im Organismus, übt das Element eine positive physiologische Wirkung auf Wachstum oder Produktion von Biomasse aus, und die normale biologische Aktivität bleibt garantiert.

Für die tatsächliche toxische Wirkung eines Elements in der Umwelt spielt seine Löslichkeit oder die seiner Verbindungen eine wichtige Rolle (Tab. 23-3). Neben einigen unkritischen Elementen wie Natrium oder Kalium und anderen, die zwar toxisch, aber nur schwer löslich sind oder selten vorkommen wie Barium bzw. Iridium, gibt es einige sehr toxische und leicht verfügbare, z. B. Blei oder Quecksilber.

Ein 70 kg wiegender „Durchschnittsmensch" enthält weniger als 10 g an essentiellen Metallen (Tab. 23-4). Diese Elemente müssen ihm über die Nahrung zugeführt werden. Nicht zuletzt bei der Ernährung muss ein Gleichgewicht zwischen dem Zuwenig und Zuviel dieser lebensnotwendigen Metalle gefunden werden (Tab. 23-5).

Tab. 23-3. Anordnung einiger Elemente nach ihrer Toxizität.

Nicht kritisch	Toxisch und relativ leicht verfügbar	Toxisch, aber schwer löslich oder selten
Na	Be	Ti
K	Co	Hf
Mg	Ni	Zr
Ca	Cu	W
H	Zn	Nb
O	Sn	Ta
N	As	Re
C	Se	Ga
P	Te	La[a]
Fe	Pd	Os
S	Ag	Rh
Cl	Cd	Ir
Br	Pt	Ru
F	Au	Ba
Li	Ha	
Rb	Te	
Sr	Pb	
Al[b]	Sb	
Si	Bi	

Tab. 23-4. Ungefähre durchschnittliche Zusammensetzung des menschlichen Körpers.

Element	Gehalt[a] (in g)	Element	Gehalt[a] (in g)	Element	Gehalt[a] (in g)
H	7 000	K[b]	140	Rb	1,1
B	0,01	Ca[b]	1 050	Sr	0,14
C	12 600	Ti	0,01	Zr	0,3
N	2 100	V[c]	0,02	Nb	0,1
O	45 500	Cr[c]	0,005	Mo[c]	0,005
F	0,8	Mn[c]	0,02	Cd	0,03
Na[b]	105	Fe[c]	4,2	Sn[c]	0,03
Mg[b]	35	Co[c]	0,003	Sb	0,07
Al	0,1	Ni	0,01	I	0,03
Si	1,4	Cu[c]	0,11	Ba	0,016
P	700	Zn[c]	2,33	Pb	0,08
S	175	As	0,014		
Cl	105	Se	0,02		

[a] Bezogen auf 70 kg Körpergewicht.
[b] Essentielle Leichtmetalle (kommen im Organismus als Ionen vor).
[c] Essentielle Schwermetalle (kommen in Spuren in Proteinen u. ä. vor).

[a] Alle Lanthanoide bilden schwer lösliche Verbindungen, und einige sind sehr selten.
[b] Wenn Al durch Protonen freigesetzt wird: giftig in Böden und Gewässern.

Tab. 23-5. Durchschnittliche tägliche Aufnahme einiger Schwermetalle durch den Menschen sowie biologische Halbwertszeiten.

Metall	Aufnahme (in mg/d)	Biologische Halbwertszeit
Cr	0,25	1,7 a
Mn	4,4	17 d
Fe	15 000	2,3 a
Co	0,4	9,5 d
Cu	1,3	80 d
Zn	14 500	2,6 a
Mo	0,3	5 d
Cd	0,03	> 10 a (in Leber und Niere)
Hg	0,003	1 a (im Gehirn)
		30...60 d (im übriger Körper)
Pb	0,35	15...30 d (im Blut)
		2 a (im Skelett)

Metalle kommen in der Natur in verschiedenen Erscheinungsformen vor: als Ionen, als anorganische und organische Komplexe – und dies in Lösung oder an Kolloiden oder luftgetragenen Teilchen adsorbiert. Schwermetalle sind in Organismen normalerweise in Proteinen eingebaut, von denen einige als *Enzyme*, den Stoffwechsel steuernde Biokatalysatoren, dienen. Die Leichtmetalle hingegen bilden Ionen in wässriger Lösung und helfen in dieser Form, die Elektroneutralität der Körperflüssigkeit oder anderer Systeme, die Flüssigkeit enthalten, z. B. der Zellen, aufrechtzuhalten.

Die akute Toxizität eines Metalls hängt von mehreren Faktoren ab: von der Form, in der ein Element vorliegt (z. B. Wertigkeit; als metallorganische Verbindung), von der Art der Aufnahme (z. B. oral, inhalativ), von der Art des Lebewesens (z. B. Pflanze, Tier), seinem Alter und Entwicklungsstand, von der Konzentration an einer bestimmten Stelle im Organismus oder in einem bestimmten Organ. Vielen Schwermetallen gemeinsam ist ihre Affinität zu Thiol-Gruppen (SH-Gruppen) und ihre Bereitschaft, Metallkomplexe zu bilden. Besonders die letzte Eigenschaft wird in der Medizin ausgenutzt, indem Metallvergiftungen durch Chelatkomplex-Bildner behandelt werden.

23.1.2 Emissionen von Metallen, Kreisläufe

Wie alle Elemente sind auch die Metalle an Kreisläufen beteiligt (Abb. 23-2). In diesen weltweiten Stofftransporten hat für bestimmte Metalle (vgl. Abschn. 2.5) die Atmosphäre die größte Bedeutung als Transportmedium. Zum Vergleich solcher anthropogener und natürlicher Emissionen ist der atmosphärische *Interferenzfaktor*, *IF*, eingeführt worden [ähnlich dem Quotienten

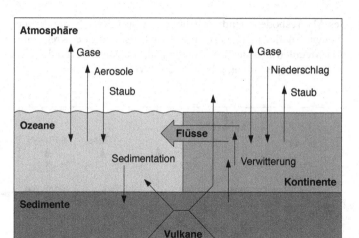

Abb. 23-2. Kreislauf von Metallen (vereinfachte Darstellung).

A/N in Gl. (7-1) in Abschn. 7.2.2], das Verhältnis der anthropogenen zu den natürlichen Emissionen:

$$IF = \frac{\text{Gesamte anthropogene Emissionen}}{\text{Gesamte natürliche Emissionen}} \qquad (23\text{-}1)$$

Ein IF-Wert von 1 = 100 % bedeutet, dass sich in der Atmosphäre Emissionen aus natürlichen und anthropogenen Quellen die Waage halten. Bei IF-Werten > 100 % überwiegen die anthropogenen Emissionen; dies ist in besonders starkem Maß der Fall bei den toxischen Metallen Cadmium und Blei (vgl. Abschn. 23.4 bzw. 23.3). Bei einem IF-Wert < 100 % gibt es mehr natürliche als anthropogene, die Atmosphäre belastende Emissionen. Einige dieser IF-Werte sind in Tab. 23-6 zusammengestellt.

Einige Schwermetalle kommen in Gewässern in gelöster Form vor (s. dazu Tab. 17-5 in Abschn. 17.3.2). Aber viele Schwermetalle bilden in Wasser schwerlösliche Verbindungen und scheiden auf diese Weise aus den Biozyklen aus. Auf weiten Teilen

Tab. 23-6. Natürliche und anthropogene Emissionen einiger Elemente in die Atmosphäre und ihr atmosphärischer Interferenzfaktor.

Element	Natürliche Emissionen (in 10^2 t/a)	Anthropogene Emissionen (in 10^2 t/a)	Atmospärischer Interferenzfaktor, IF (in %)
Al	490 000	72 000	15
Hg	400	110	27,5
Fe	278 000	107 000	38
Co	70	44	63
Cr	584	940	161
Cu	193	2 630	1 363
Cd	2,9	55	1 897
Zn	358	8 400	2 346
Pb	58,7	20 300	34 583

des Meeresbodens sind so beispielsweise reiche Minerallager (Manganknollen u. a.) entstanden. Eine Darstellung der Kreisläufe von Metallen und der Umwandlungen, die Metallverbindungen in Gewässern erfahren, gibt Abb. 23-3 wieder.

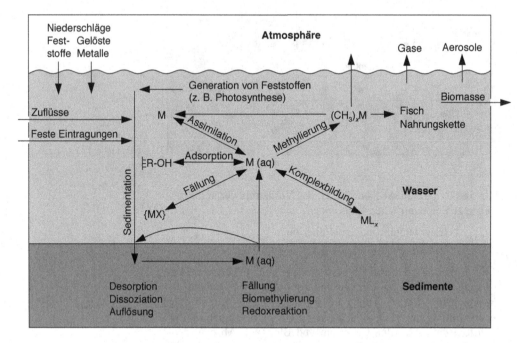

Abb. 23-3. Kreisläufe und Reaktionen von Metallen in Gewässern.

23.1.3 Persistenz von Metallen

Die Persistenz von Metallen in der Umwelt ist besonders ausgeprägt: Metalle können nicht, wie beispielsweise organische Schadstoffe, biologisch oder chemisch abgebaut werden. Metalle und ihre Verbindungen werden oft unverändert über beträchtliche Entfernungen durch Luft oder Wasser transportiert. Eine Metallverbindung kann nur in eine andere umgewandelt werden; aber das Metall bleibt, ggf. mit anderer Oxidationszahl. In einigen Fällen führen erst solche Umwandlungsreaktionen zu den eigentlichen toxischen Verbindungen (z. B. die Methylierung von Quecksilber) oder zu einer Immobilisierung (z. B. Ausfällung von $PbSO_4$).

Eine Selbstreinigung der Böden in Bezug auf Schwermetalle ist nicht möglich. Im Boden werden Schwermetalle an Tonteilchen oder Huminstoffe (s. auch Tab. 23-7) so fest gebunden, dass sie kaum ausgewaschen werden. Deshalb werden Schwermetalle oft im Boden oder in Sedimenten stark angereichert.

Viele Minerale (Tonminerale, Metalloxide) und die Huminstoffe haben geladene Oberflächen, an denen Metall-Ionen austauschbar gebunden werden können. Wegen der stofflichen Ver-schiedenheit der Bodenbestandteile lässt sich keine einheitliche Form angeben, in der Schwermetalle in der festen Phase von Böden und Sedimenten gebunden sind; eine vereinfachte Darstellung zeigt Tab. 23-7. Es gibt verschiedene chemische Reaktionen, in denen Metall-Ionen im Boden freigesetzt werden und sich dann im Bodenwasser lösen können. An einigen dieser Reaktionen sind Protonen beteiligt. Wenn sich durch zunehmende Bodenversauerung deren Gehalt im Boden erhöht, können im Laufe der Zeit auch fester gebundene Schwermetalle freigesetzt werden und in Lösung gehen.

Tab. 23-7. Metalle in Böden und Sedimenten. – Bindungen und Reaktionen, die zu einer Freisetzung als Metall-Ionen oder als lösliche Komplexe führen.

Bindungsform, Vorkommen	Reaktionen
Ionogen, austauschbar gebunden	$(B)^{2-}Me^{2+} + \mathbf{Me^{2+}} \leftrightarrows (B)^{2-}\mathbf{Me^{2+}} + Me^{2+}$
(gebunden an Tonminerale wie Kaolinit oder	$(B)^{2-}Me^{2+} + 2\,H^+ \leftrightarrows (B)^{2-}(2\,H^+) + Me^{2+}$
Montmorillonit)	$(B)^{2-}Me^{2+} + n\,L \leftrightarrows (B)^{2-} + MeL_n^{2+}$
Adsorptiv gebunden	$(B)Me^{2+} \leftrightarrows (B) + Me^{2+}$
(an Oberflächen, z. B. von Eisenoxiden)	$(B)Me^{2+} + n\,L \leftrightarrows (B) + MeL_n^{2+}$
Schwerlösliche (anorganische) Verbindung	$\left.\begin{array}{l} MeCO_3 \\ MeS \\ Me(OH)_2 \end{array}\right\} \begin{array}{l} \xrightarrow{H^+} Me^{2+} + ... \\ \\ \xrightarrow{n\,L} MeL_n^{2+} + ... \end{array}$
Komplex mit (organischen) Liganden	$MeL_n \xrightarrow{H^+} Me^{2+} + ...$

B Boden- oder Sedimentbestandteil; Me Metall; L Komplexbildner.

Eine der ernstesten Folgen der Persistenz von Metallen ist ihre Anreicherung in Nahrungsketten. Am Ende solcher Ketten können Metalle in Konzentrationen auftreten, die um mehrere Zehnerpotenzen höher liegen als im Wasser oder in der Luft (vgl. Tab. 3-12 in Abschn. 3.8.3). Dies kann so weit gehen, dass eine Pflanze oder ein Tier nicht mehr als menschliche Nahrung brauchbar ist.

Der menschliche Organismus ist – wie auch andere Organismen – in der Lage, einmal aufgenommene Metalle wieder auszuscheiden. Meist wird jedoch nicht alles ausgeschieden, vielmehr kommt es zu Akkumulation. Dies liegt an den großen Metallmengen, die täglich in den Organismus gelangen, und an den hohen *biologischen Halbwertszeiten* (denjenigen Zeiten, in denen Stoffe in lebenden Systemen zur Hälfte abgebaut oder ausgeschieden werden) besonders einiger für den menschlichen Organismus schädlicher Metalle wie Quecksilber, Blei oder Cadmium (vgl. Tab. 23-5 in Abschn. 23.1.1).

23.1.4 Schwermetalle und Pflanzen

Es gibt zahlreiche industrielle und gewerbliche Produkte, die den Boden belasten. Während in der Regel Agrochemikalien die Pflanzen über den Boden beeinflussen, können Schadstoffe in Abfall, Abwasser und Abluft zusätzlich über die Atmosphäre auf Pflanzen, Tiere und Menschen einwirken (Abb. 23-4).

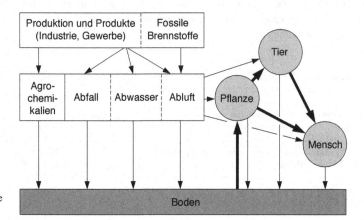

Abb. 23-4. Wege der Schwermetalle in der Umwelt.

Quellen für die vorwiegend anthropogenen Emissionen von Schwermetallen wie Cadmium, Blei oder Quecksilber sind Kraftwerke, Industrie- und Hüttenanlagen, Müllverbrennungsanlagen, Straßenverkehr und Mineraldünger.

Die Schwermetallgehalte in Böden der ländlichen Regionen liegen – wie das bei anthropogenen Belastungen nicht anders zu erwarten ist – deutlich unter denen städtischer und industrieller Bereiche (Tab. 23-8). Die Gehalte in den Böden von ländlichen, städtischen und industriellen Zonen verhalten sich ungefähr wie 1 : 10 : 100.

Es hängt stark von der Zusammensetzung der Böden ab, in welchem Ausmaß Schwermetalle zurückgehalten werden. Die „leichten" sandigen Böden Norddeutschlands sind nur wenig zu belasten: Diese Böden mit geringen Ton- und Huminstoffanteilen können Schwermetalle kaum adsorbieren. Anders ist dies mit den „schweren" Böden in Süddeutschland, in denen die Tonanteile erheblich zur adsorbierenden und absorbierenden sowie puffernden Wirkung beitragen. Aus diesem Grund sind die Schwermetallbelastungen der Böden in Süddeutschland im Durchschnitt höher als die der Böden in Norddeutschland.

Im Allgemeinen nehmen mit steigenden Gehalten an Schwermetallen und anderen Schadstoffen im Boden auch die entsprechenden Gehalte in den Pflanzen zu. Der Übergang von Schwermetallen aus dem Boden in Pflanzen lässt sich mit Hilfe des *Transferfaktors* (*F*), definiert als Quotient aus Metallkonzentration in der Pflanze und der Metallkonzentration im Boden, in Zahlen fas-

Tab. 23-8. Schwermetallgehalte in den Böden verschiedener Regionen.

Region	Pb	Cd	Zn
	Schwermetallgehalt im Boden[a] (in mg/kg)		
Ländlich	40	1	40
Städtisch	300	4	1300
Industriell	2000	70	6000

[a] Bezogen auf Trockenmasse.

sen (Konzentrationen in Zähler und Nenner bezogen auf Trockenmasse):

$$F = \frac{\text{Metallkonzentration in der Pflanze}}{\text{Metallkonzentration im Boden}} \qquad (23\text{-}2)$$

Der Übergang von Schwermetallen aus dem Boden in Pflanzen
ist von Metall zu Metall verschieden. Je leichter das Metall-Ion
aus dem Boden von den Pflanzen aufgenommen wird, um so
größer ist F. Dieser Faktor beschreibt den Übergang bestimmter
Schwermetalle aus dem Boden in Pflanzen nur größenordnungsmäßig. Die Schwermetallgehalte in Pflanzen und ihren Böden
können sich, je nach Element, um bis zu drei Größenordnungen
unterscheiden – die F-Werte liegen zwischen 0,01 und 10. Als
äußerst *unbeweglich (immobil)* in Bezug auf diesen Übergang gelten Pb und Hg, gut *beweglich* ist beispielsweise Cd (Tab. 23-9).

Tab. 23-9. Transferfaktor beim Übergang von Schwermetallen aus dem
Boden in die Pflanze.

Element	Transferfaktor (F)	Beweglichkeit der Ionen
Pb, Hg, Co, Cr	0,01 ... 0,1	äußerst unbeweglich
Ni, Cu	0,1 ... 1,0	mäßig beweglich
Zn, Cd, Tl	1,0 ... 10	gut beweglich

Die Aufnahme von Schwermetallen durch Pflanzen wird auch
durch den Boden beeinflusst (Abb. 23-5): Bei hohem Humus- oder
Tongehalten bleiben die Schwermetalle fester im Boden gebunden (s. auch Abschnitte 21.1.2 und 21.1.3), und ein höherer pH-
Wert (z. B. nach Kalkung) ist dafür verantwortlich, dass einige
Schwermetalle zu einem größeren Anteil als Hydroxide oder
schwerer bewegliche Hydroxokomplexe vorliegen (s. auch
Abschn. 16.4). In beiden Fällen sind geringere Mengen an Schwer-
metall-Ionen über das Bodenwasser für die Wurzeln verfügbar;

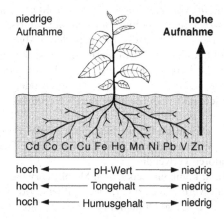

Abb. 23-5. Beeinflussung der Aufnahme von Schwermetallen durch Pflanzen durch verschiedene Bodenfak-
toren.

damit stehen weniger Schwermetalle zur Verfügung, die von den Pflanzen über die Wurzeln aufgenommen werden können.

Im Folgenden soll auf drei ausgewählte Metalle, Quecksilber, Blei und Cadmium, und ihre Bedeutung für Pflanzen, Tiere und den Menschen ausführlicher eingegangen werden.

23.2 Quecksilber

23.2.1 Eigenschaften, Verwendung, Quellen

Quecksilber (Dichte 13,59 g/cm^3) ist das einzige bei Raumtemperatur flüssige Metall. Aufgrund seines hohen Dampfdrucks (0,162 Pa bei 20 °C) enthält eine gesättigte Atmosphäre bei Raumtemperatur ca. 20 mg/m^3. Es ist das flüchtigste aller Metalle und hat auch mit −39 °C den niedrigsten Festpunkt. Viele Metalle lösen sich in Quecksilber auf und bilden Legierungen (*Amalgame*).

Die Fettlöslichkeit von elementarem Quecksilber liegt bei 5...50 mg/L und übertrifft die Wasserlöslichkeit (ca. 20 µg/L) deutlich.

Quecksilber ist zwar ein seltenes Element (nur 0,000 008 % der Erdkruste), es ist aber in der Natur in verschiedenen Erzen konzentriert. Wichtigstes Erz ist *Zinnober*, HgS, der durch Rösten in metallisches Quecksilber übergeführt wird:

$$HgS + O_2 \longrightarrow Hg + SO_2 \qquad (23\text{-}3)$$

Quecksilber – jährliche Weltproduktion über 10 000 t – wird in der Industrie in drei Formen verwendet: als Metall, als organische und als anorganische Quecksilberverbindungen. Als *Metall* wird Quecksilber z. B. in der Elektroindustrie, als Kathode bei der Chloralkalielektrolyse (Zersetzung wässriger NaCl-Lösungen durch elektrische Energie) und in der Zahnmedizin als Bestandteil von Dental-Amalgam eingesetzt (Tab. 23-10).

In Form *organischer* Quecksilberverbindungen mit aliphatischen oder aromatischen Kohlenwasserstoffgruppen kommt Quecksilber beispielsweise in fungiziden *Saatgut-Schutzmitteln* (*Saatbeizmitteln*) vor, z. B. als Phenylquecksilberacetat, oder in *Antifoulingfarben* (*engl.* fouling, Bewuchs am Schiffsrumpf; Farben für Schiffsanstriche, die den Bewuchs durch Algen, Muscheln und andere Organismen vermindern oder ausschalten sollen). Wegen ihrer Auswirkungen auf die Gesundheit und die Umwelt sind viele Quecksilberverbindungen verboten oder unterliegen strengen Beschränkungen [Anhang I der Verordnung (EWG) Nr. 2455/92].

Anorganische Quecksilberverbindungen – ihr Verbrauch ist am geringsten – werden in Form von Chloriden oder Oxiden z. B. als Katalysatoren verwendet.

In der Natur kommen, neben dem Metall, vorwiegend folgende Quecksilberverbindungen vor: Quecksilbersulfid, das Methylquecksilber-Kation und Dimethylquecksilber (Tab. 23-11).

Tab. 23-10. Beispiele für den Quecksilberverbrauch in den USA (1985). – Weltjahresproduktion 3 400 t (2000).

Endverbraucher	Jährlicher Verbrauch (in %)
Elektronische Apparaturen	32
NaCl-Elektrolyse	23
Technische Instrumente	21
Zahnmedizin	~ 6
Farben	~ 5
Verschiedenes (z. B. Katalysatoren, Landwirtschaft, Arzneimittel)	~ 13

Phenylquecksilberacetat

Tab. 23-11. Einige Eigenschaften in der Natur vorkommender Quecksilberverbindungen.

Verbindung	Eigenschaft
HgS	schwerlöslich
CH_3Hg^+	hydrophil
$(CH_3)_2Hg$	lipophil und flüchtig

Die Hauptquellen für Quecksilber sind natürlicher Art: die Erosion, durch die es vor allem ins Meer gelangt, und der Erdboden, aus dem das Metall in die Atmosphäre verdampft (weltweite Emissionen in die Atmosphäre 40 000...50 000 t). Die menschlichen Aktivitäten machen ungefähr ein Drittel der gesamten Emissionen aus. Beträchtliche Mengen von Quecksilber werden beispielsweise bei der Herstellung des Elements freigesetzt. Die Verbrennung von Kohle ist auch eine anthropogene Quelle für Quecksilber. In Kohle befinden sich zwar nur 0,03...0,3 mg/kg; da aber jährlich weltweit ca. $3,5 \cdot 10^9$ t Kohle verbrannt werden, ergibt das immerhin einen Wert von 100...1000 t Quecksilber, die ausschließlich auf diesem Weg in die Atmosphäre gelangen (mittlere Hg-Konzentration in industriellen Regionen 20...50 ng/m^3).

Das Metall und die Sulfide, freigesetzt durch die Verwitterung von Gestein und Mineralien, sind nur wenig in Wasser löslich, so dass auf diesem direkten Weg höchstens mechanisch erzeugte Teilchen in die Umwelt gelangen. Jedoch werden bereits in zahlreichen chemischen und biochemischen Reaktionen im Sediment (Abb. 23-6) schwerlösliche Quecksilberverbindungen vor allem durch Methylierung in organische Verbindungen wie CH_3Hg^+ Cl^- und $(CH_3)_2Hg$ umgewandelt, die dann in die Hydrosphäre und auch in die Atmosphäre gelangen und dort wirken und ggf. weiterreagieren können.

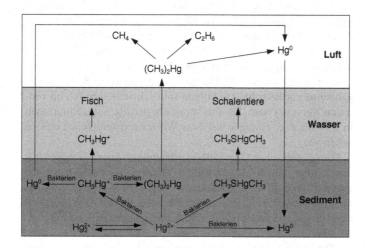

Abb. 23-6. Reaktionen von Quecksilber in Sediment, Hydrosphäre und Atmosphäre.

23.2.2 Giftwirkung, ökologische Wirkungen

PLINIUS der Jüngere war der erste, der in der römischen Literatur auf das Unwohlsein von Sklaven hinwies, die in Quecksilberminen arbeiteten. Um 1530 beschrieb PARACELSUS Quecksilbervergiftungen. Die Verwendung von Quecksilber in der Medizin lässt sich über 300 Jahre zurückverfolgen.

23 Schwermetalle

Quecksilber und alle seine Verbindungen sind, ausreichende Mengen vorausgesetzt, toxisch für alle Lebewesen, jedoch – je nach Verbindung – mit verschiedenen Toxizitäten, verschiedenen Verteilungscharakteristiken, verschiedener Akkumulation und verschiedenen Retentionszeiten im Körper.

Letzten Endes besteht die Wirkung des „Umweltgiftes" Quecksilber darin, dass die Aktivität von Enzymen behindert wird und damit diejenigen chemischen Reaktionen unterbunden werden, die diese Enzyme im Körper katalysieren. Auch Zellen können geschädigt werden; Grund dafür ist auch die Fähigkeit von Quecksilber, S-enthaltende Gruppen, wie sie sowohl in den Zellwänden als auch in Enzymen vorkommen, fest zu binden. Auf diese Weise werden die Membraneigenschaften der Zellwände unterbrochen und die normalen Zellaktivitäten unterbunden. Der durch Quecksilber hervorgerufene Schaden ist gewöhnlich permanent, bisher ist keine wirksame Behandlung bekannt.

Quecksilberverbindungen lassen sich unter dem Gesichtspunkt ihrer toxischen Wirkung in zwei Gruppen einteilen: in organische und nicht-organische Verbindungen.

Unter den nicht-organischen Verbindungen ist vor allem das *Metall* als Hauptrisiko im beruflichen Bereich von Bedeutung. Metallisches Quecksilber ist geringfügig (20 µg/L) in Wasser löslich, was teilweise für die toxische Wirkung von Bedeutung ist. Metallisches Quecksilber soll, oral aufgenommen, über Magen und Darm wieder ausgeschieden werden, ohne dass Vergiftungserscheinungen auftreten. Grund dafür ist, dass Quecksilber durch die Schleimhaut des Magen-Darm-Kanals kaum resorbiert wird. Der einatomige Quecksilber*dampf* hingegen diffundiert durch die Lunge und gelangt auf diesem Weg ins Blut und ins Gehirn. Eingeatmeter Hg-Dampf wird zu ungefähr 80 % im Organismus zurückgehalten. Folgen sind schwere Schäden im zentralen Nervensystem. Da aber meist nur geringe Konzentrationen in der Luft sind, kommen auf diese Weise hervorgerufene Schäden selten vor.

Die *organischen* Quecksilberverbindungen lassen sich in Arylquecksilber- und Alkylquecksilber-Verbindungen unterteilen. Zu den *Aryl*quecksilber-Verbindungen – sie sind in lebenden Systemen biologisch weniger widerstandsfähig als die Alkyl-Verbindungen – gehört das schon erwähnte Phenylquecksilberacetat (vgl. Abschn. 23.2.1).

Für Mensch und Umwelt besonders gefährlich sind die *Alkyl*quecksilber-Verbindungen wie $(CH_3)_2Hg$ oder Salze des organischen Kations CH_3Hg^+, die sich aus anorganischen Quecksilberverbindungen durch bestimmte anaerobe Mikroorganismen z. B. im Schlamm von Seen und Flüssen bilden können (s. auch Tab. 23-11). Weil sie gut durch biologische Membranen, z. B. Zellwände, diffundieren können, dringen Alkylquecksilber-Verbindungen leicht in die Hirnrinde ein und akkumulieren dort. Diese Verbindungen haben verhältnismäßig lange Retentionszeiten (zur hohen Halbwertszeit von Quecksilber im menschlichen Körper

Quecksilber

	MAK-Wert
Metall und seine anorganischen Verbindungen	$0,1 \text{ mg/m}^3$
seine organischen Verbindungen	$0,01 \text{ mg/m}^3$

	BAT-Wert
Metall und seine anorganischen Verbindungen	25 µg/L (B)[a]
	100 µg/L (U)[a]
seine organischen Verbindungen	100 µg/L (B)[a]

[a] Im Blut (B) bzw. im Urin (U).

Organische Quecksilberverbindungen

Aryl-Quecksilberverbindungen   Alkyl-Quecksilberverbindungen

vgl. Tab. 23-5 in Abschn. 23.1.1) und sind gut in Fett löslich, so dass sich bei wiederholtem Einwirken selbst nur geringer Mengen hohe Konzentrationen im Organismus einstellen können.

In diesem Zusammenhang soll die *Minamata-Krankheit* erwähnt werden. 1956 kam es auf der japanischen Insel Kyushu an der Minamatabucht zu einer bis dahin unbekannten Erkrankung des Nervensystems: Viele Menschen dieser Region litten plötzlich unter Seh- und Gleichgewichtsstörungen, Empfindungsstörungen an Mund, Lippen, Zunge und Extremitäten, zunehmender Interesselosigkeit für die Umgebung hin bis zu schwerster Apathie; Gedächtnisstörungen und unkoordinierte Bewegungen kamen hinzu. Registriert wurden fast 100 Todesfälle, erheblich mehr Personen wurden geschädigt. Es handelte sich um eine Vergiftung durch Nahrungsmittel, zurückzuführen auf Methylquecksilberchlorid, CH_3HgCl. Es stammte aus den Abwässern einer chemischen Fabrik, die von 1932 bis 1986 mehr als 80 t Quecksilber, das als Katalysator bei der Herstellung von Acetaldehyd verwendet worden war, mit dem Abwasser in das Meer leitete. Mikroorganismen hatten daraus vor allem CH_3HgCl gebildet, das sich in den Fischen, einem Hauptnahrungsmittel der Bevölkerung, angereichert hatte.

Während der Minamata-Tragödie wurden Hg-Gehalte in Fischen von 10...30 mg/kg gemessen. Zum Vergleich: in der *Schadstoff-Höchstmengenverordnung* (SHmV) ist für Fische wie Aal, Lachs oder Rotbarsch und daraus hergestellte Erzeugnisse ein Höchstwert von 1 mg/kg festgelegt, für die meisten Fische liegt der Grenzwert sogar bei 0,5 mg/kg.

Die Aufnahme von Quecksilber über Luft und Wasser ist, verglichen mit der Einnahme über Nahrungsmittel, ist von verhältnismäßig geringer Bedeutung (Tab. 23-12). Ungeachtet der Quelle kann es zu lokalen Verunreinigungen durch Quecksilber kommen, da es in der Nahrungskette sowohl im Boden als auch im aquatischen Bereich angereichert wird. Im Bodenbereich liegen die Bioakkumulationsfaktoren bei etwa 2...3. Im Wasser sind die Faktoren um ein Vielfaches größer (vgl. Tab. 3-12 in Abschn. 3.8.3), entsprechend auch die Gefahr, sich zu vergiften: Fische und Schalentiere wie Muscheln oder Krebse sind für zahlreiche Menschen Hauptnahrungsquelle. Die höchsten Quecksilberkonzentrationen in Lebensmitteln wurden mit Abstand in Süßwasser- und Seefischen und in Schweinenieren gefunden (Tab. 23-13).

23.3 Blei

23.3.1 Eigenschaften, Verwendung

Blei ist einer der metallischen Hauptschadstoffe in der Atmosphäre. Es kommt zwar in der Erdkruste mit 0,0018 % nur verhältnismäßig selten vor und ist damit seltener als beispielsweise Lithi-

23.3 Blei

Quecksilber (im Trinkwasser)

Grenzwert 0,001 mg/L

(Anlage 2, Trinkwasserverordnung)

Tab. 23-12. Geschätzte durchschnittliche mittlere tägliche Quecksilberaufnahme.

Expositionspfad	Aufnahme[a] (in µg/d)	Überwiegende Form
Luft	0,03	Hg
Zahnamalgam	3,8...21	Hg
Trinkwasser	0,05	Hg^{2+}
Lebensmittel (Fisch)	3,0	CH_3Hg^+

[a] Ca. 75 % werden wieder resorbiert.

Tab. 23-13. Quecksilbergehalte in Lebensmitteln in der Bundesrepublik Deutschland (Ergebnisse aus den Jahren 1979 und 1984).

Lebensmittel, Lebensmittelgruppe	Mittlerer Hg-Gehalt (in mg/kg bzw. mg/L)
Hühnereier	0,011
Rind-/Kalbfleisch	0,003
Schweinefleisch	0,006
Rinder-/Kalbsleber	0,015
Schweineleber	0,058
Süßwasserfisch	0,257
Seefisch	0,128
Blattgemüse	0,004
Kernobst	0,002
Steinobst	0,001
Getreide	0,004
Kartoffeln	0,006
Trinkwasser	0,0003
Milch	0,009
Schweineniere	0,246
Rinderniere	0,077
Kalbsniere	0,014

um, Nickel, Rubidium, Strontium, Cer oder Wolfram. Dennoch ist Blei allgemein bekannt und wird vielfach verwendet. Es hat eine hohe Dichte (11,34 g/cm^3) und einen niedrigen Schmelzpunkt. Es ist weich und kann mit einfachen und billigen Techniken bearbeitet werden; Blei lässt sich beispielsweise flüssig (Schmp. 327 °C) verarbeiten.

Metallisches Blei bildet an der Luft eine Schutzschicht aus Bleioxid gegen weitere Korrosion. Blei lässt sich mit vielen anderen Metallen legieren. Es kann leicht aus seinen Erzen (wichtigstes Erz: Bleiglanz, PbS) gewonnen werden. Deshalb hatten schon die Ägypter vor ca. 5000 Jahren und die Babylonier Blei zur Verfügung – Blei ist eines der ältesten Gebrauchsmetalle. Vielfach wird sogar der Untergang des Römischen Reiches auf chronische Vergiftungen durch Blei aus Wasserleitungen und Küchengeräten zurückgeführt.

Tab. 23-14. Einsatz von Blei (1998). – Weltproduktion: 3 · 10^6 t (2000).

Produkte	Anteil (in %)
Batterien	60
Chemische Industrie	20
Antiklopfmittel[a]	~ 4
Andere Verwendungen[b]	~16

[a] Vor allem als Tetraethylblei.
[b] U. a. als Kabelummantelungen, Rohre, Bleche

Viele Metallprodukte (Tab. 23-14) enthalten Blei, z. B. Munition, Kabelummantelungen, Letternmetall, Lötzinn. Bekannt ist die Verwendung als *Mennige*; dieses rote Pulver dient als Korrosionsschutz-Grundanstrich mit niedriger Wasserlöslichkeit und guten Deckeigenschaften für Stahl.

23.3.2 Quellen

Blei ist ubiquitär. Allein in der Bundesrepublik Deutschland wurden seit Beginn 1950 rund 200 000 t Blei durch den Betrieb von Verbrennungsmotoren mit verbleitem Benzin freigesetzt. Wenn man von einer gleichmäßigen Verteilung dieser Bleimenge über das gesamte Bundesgebiet ausgehen würde, entspräche dies einer Belastung des Bodens mit Blei von etwa 800 kg/km^2, also fast 1 g/m^2.

Einige Informationen über den Transport von Blei zwischen verschiedenen Kompartimenten kann Tab. 2-7 in Abschn. 2.5 entnommen werden.

Das Auto ist weltweit einer der Hauptemittenten des Bleis: 90 % in der Atmosphäre entstammen dem Automobilverkehr. Das dem Benzin als Antiklopfmittel zugesetzte Tetraethylblei (*engl.* t*e*tra*e*thyl*l*ead, TEL), Pb(C$_2$H$_5$)$_4$, ist eine leicht bewegliche, farblose, giftige Flüssigkeit. *Antiklopfmittel (Klopfbremsen)* sind Substanzen, die die Octanzahl von Ottomotoren erhöhen und das „Klopfen" des Motors verringern. Ihre Wirkung beruht darauf, dass sie im Ottomotor zunächst gemäß

Tetramethylblei, Pb(CH$_3$)$_4$,
Tetraethylblei, Pb(C$_2$H$_5$)$_4$

MAK-Wert: 0,05 mg/m^3
(als Pb berechnet)

1,2-Dichlormethan und 1,2-Dibromethan

$$\text{Pb(C}_2\text{H}_5)_4 \xrightarrow{\;>100\,°C\;} \text{Pb} + 4\,\text{C}_2\text{H}_5 \qquad (23\text{-}4)$$

in Blei und freie Ethyl-Radikale zerfallen und dann bei der Verbrennung unerwünschte Radikalketten-Reaktionen von *Benzin* abfangen. Die zunächst gebildeten Bleioxide reagieren mit geringen Mengen von Dihalogenethanen wie Dichlor- und Dibromethan, die in einigen Ländern dem Benzin zugesetzt sind (in Deutschland verboten nach der *Kraftstoffzusatzverordnung*, 19.

BImSchV), zu flüchtigeren anorganischen Bleiverbindungen (Tab. 23-15). Diese gelangen zusammen mit Staub zum großen Teil aus der Atmosphäre über nasse Deposition auf die Erde in den Boden.

In den Auspuffabgasen von Automobilen ist Bleitetraethyl nicht zu beobachten; es wird während der Verbrennung vollständig in anorganische Verbindungen umgewandelt (s. Tab. 23-15). Deshalb kommen über den Verbrennungsprozess im Ottomotor praktisch keine *organischen* Bleiverbindungen, die leicht von Haut und Schleimhaut absorbiert werden, in die Atmosphäre.

In der Bundesrepublik Deutschland ist seit 1971 nach dem *Benzinbleigesetz* (BzBlG) der Gehalt an Bleiverbindungen in Kraftstoffen für Ottomotoren begrenzt: Maximal erlaubt sind nach § 2 (1) BzBlG 0,15 g/L; dem *bleifreien (unverbleiten)* Benzin dürfen nur bis 0,013 g/L zugesetzt werden (10. BImSchV; jeweils berechnet als Blei und gemessen bei +15 °C). Mit zunehmender Verwendung von bleifreiem Benzin sind in Deutschland die Bleiemissionen und die Umweltbelastung durch Blei stark zurückgegangen (Tab. 23-16); auch der durchschnittliche *Blutbleispiegel*, der Bleigehalt im menschlichen Blut, sank deutlich (s. auch Abschn. 23.3.3).

Zunehmend wird *t*-Butylmethylether als Antiklopfmittel eingesetzt.

23.3.3 Giftwirkung, ökologische Wirkungen

Blei ist für Menschen, Tiere und Pflanzen kein essentielles Element, sondern es gehört mit seinen Verbindungen zu den starken „Umweltgiften".

In die *Pflanzen* gelangt Blei auf zwei Wegen. Zum einen wird es durch die Spaltöffnungen (Stomata) der Blätter aufgenommen; der größte Teil des als Staub oder in Lösung auf die Pflanzenoberfläche gebrachten Bleis ist nur adsorbiert und lässt sich durch Waschen auch nach längerer Zeit wieder entfernen. Der andere Teil des Bleis gelangt über die Wurzeln in die Pflanzen. Es wirkt dann hemmend auf die Chlorophyllsynthese. Die Mobilität von Blei aus dem Boden in Pflanzen ist jedoch wegen der geringen Löslichkeit der in der Umwelt auftretenden Bleiverbindungen äußerst gering (vgl. Tab. 23-9 in Abschn. 23.1.4), was die – bezogen auf den Bleieintrag in den Boden – geringe Anreicherung in den Pflanzen erklärt.

Blei kann in den Boden gelangen, wenn Klärschlamm als Dünger verwendet wurde (erlaubte Bleigehalte in Klärschlamm vgl. Tab. 20-1 in Abschn. 20.1). Das *Einleiten* von Blei in Gewässer ist in Deutschland nach dem Abwasserabgabengesetz (AbwAG) abgabenpflichtig (vgl. Tab. 20-9 in Abschn. 20.3).

Hauptsächlich gelangt Blei in Form *anorganischer* Verbindungen in den menschlichen Körper: zum einen in das Atmungssystem in Form bleihaltiger Aerosole (Absorption durch die Lunge), zum anderen über Essen, Trinkwasser und Getränke (Absorp-

Tab. 23-15. Wichtige Bleiverbindungen in Automobilabgasen.

Bleiverbindung	Anteil am Gesamt-blei im Abgas (in %)
PbBrCl	32,0
PbBrCl · 2 PbO	31,4
PbCl$_2$	10,4
Pb(OH)Cl	7,7
PbBr$_2$	5,5
PbCl$_2$ · 2 PbO	5,2

$$H_3C-\underset{\underset{CH_3}{|}}{\overset{\overset{CH_3}{|}}{C}}-O-CH_3$$

t-Butylmethylether (MTBE)

Tab. 23-16. Bleiemissionen und Bleigehalte in Moosen.

Gesamt-Emission (in t/a)		Gehalt in Moosen (in µg/g)	
1990	1995	1990/91	1995/96
2315	624	13	7,7

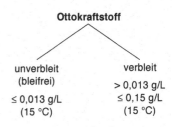

Blei und seine Verbindungen (außer Bleiarsenat, Bleichromat und Alkylbleiverbindungen)

BAT-Wert (Blei im Blut):
700 µg/L für Männer
300 µg/L für Frauen

MAK-Wert: 0,1 mg/m^3

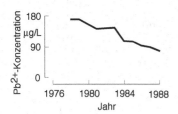

Abb. 23-7. Bleigehalt im Blut Erwachsener (in Belgien).

Blei (im Trinkwasser)

Grenzwert 0,01 mg/L

(Anlage 2, Trinkwasserverordnung)

tion durch den Magen-Darm-Trakt). Aber nur 5...10 % des eingenommen Bleis gelangt aus dem Verdauungstrakt in das Blut; vom inhalierten Blei erreichen hingegen 30...40 % das Blut: Trotz des geringeren Gehalts in der Luft wird deshalb mehr Blei über die Lunge als über das Verdauungssystem in den menschlichen Körper gebracht.

Als maximal tolerierbare Grenzen für die *Blutbleikonzentration* werden in den meisten Ländern 300...400 µg/L für Erwachsene angesehen; bei Kindern sollen 70 µg/L nicht überschritten werden. Bereits bei 500...600 µg/L sollen Störungen des Allgemeinbefindens und depressive sowie feindselige Verhaltensweisen auftreten. (Der BAT-Wert für Blei liegt für männliche Erwachsene bei 700 µg/L!). Die Einführung des unverbleiten Benzins hat auch die mittlere Blutbleikonzentration erniedrigt: Sie liegt bei Erwachsenen in Deutschland gegenwärtig im Mittel bei etwa 100 µg/L (vgl. auch frühere mittlere Blutbleigehalte in Abb. 23-7).

Oftmals werden die für Trinkwasser festgelegten Grenzwerte für Blei überschritten, wenn das Wasser noch durch Bleirohre geleitet wird. Dabei bildet sich nach

$$2 \, Pb + O_2 + 2 \, H_2O \longrightarrow 2 \, Pb(OH)_2 \qquad (23\text{-}5)$$

eine fest haftende Schutzschicht von Bleihydroxid. Je härter das Wasser ist, je mehr Carbonate sich also im Wasser befinden, desto weniger Pb^{2+}-Ionen gelangen aus den Rohren ins Wasser, da sich an der Innenwand der Rohre fest haftende Schichten aus schwerlöslichem basischem Bleicarbonat absetzen, die das Bleirohr vor weiteren Angriffen schützen. Nach längerem Verweilen von Wasser in Bleirohren wurden Werte bis zu 0,3 mg/L beobachtet.

Giftiger als Bleimetall sind seine Verbindungen und Salze, die vor allem als

– Rostschutzmittel (Mennige),
– Farben (Bleiweiß, Bleichromat) und
– Bestandteile von Firnis- und Bleikitt (Bleiglätte)

eingesetzt werden.

Blei ist heute noch eine der wichtigsten Ursachen von gewerblichen Vergiftungen. In etwa 150 verschiedenen Berufen besteht Kontakt zu Blei und Bleiverbindungen. Besonders gefährdet sind Arbeiter in Bleihütten und Bleigießereien, in Fabriken für Akkumulatoren, für Bleisalze und Bleifarben sowie in der Glas- und Automobilindustrie.

Besonders gefährlich ist die fortgesetzte Aufnahme kleiner Bleimengen (biologische Halbwertszeit vgl. Tab. 23-5 in Abschn. 23.1.1). Ein Teil des Bleis wird zwar durch den Harn ausgeschieden, ein größerer Teil wird jedoch vor allem in den Knochen gespeichert, wo es Calcium verdrängt. Auch blockiert Blei freie Thiolgruppen von Enzymen; eine Folge ist die „Blutkrankheit", die sich in Müdigkeit, Appetitlosigkeit und schmerzhaften Koliken, Blässe der Haut und Muskelschwäche, manchmal in einem „Bleisaum" (Ablagerungen von Bleisulfid, PbS, am Zahnfleischrand) äußert.

Besonders hohe Bleigehalte in Lebensmitteln (Tab. 23-17) wurden beobachtet bei Innereien wie Rinder- und Kalbsleber sowie -nieren, bei Blattgemüse, Beerenobst und Tomatenmark. Von der Weltgesundheitsorganisation (World Health Organization, WHO) wurde schon 1972 angegeben, welche Bleimengen pro Kilogramm Körpergewicht wöchentlich höchstens aufgenommen werden dürfen: 0,05 mg/kg (nicht anwendbar für Kinder).

23.4 Cadmium

23.4.1 Eigenschaften, Verwendung, Quellen

Cadmium ist ein silberweißes, glänzendes, ziemlich weiches und plastisch verformbares Metall (Dichte 8,65 g/cm^3; Schmp. 321 °C). Es wird zur Herstellung von Trockenbatterien (Nickel-Cadmium-Batterien), zur Erzeugung gut verformbarer korrosionsbeständiger Eisen-Schutzüberzüge durch Galvanisierung und als Legierungsbestandteil verwendet. Weiter setzt man Cadmiumverbindungen als hochtemperaturbeständige Farbpigmente und als PVC-Stabilisatoren ein (Tab. 23-18). Cadmium kommt oft zusammen mit Zink vor und wird als Nebenprodukt bei der Zinkproduktion gewonnen.

Cadmium in der Umwelt stammt zu einem großen Teil aus Metallhütten und Müllverbrennungsanlagen. Bei der Verhüttung cadmiumhaltiger Erze und beim Schweißen und Brennschneiden cadmierter Metalle entsteht dampfförmiges Cadmiumoxid, CdO, das sich in der Atmosphäre bevorzugt an kleine Aerosolpartikeln (Durchmesser > 2 μm) anlagert, die tief in die Lunge eindringen können.

In den Boden gelangt Cadmium durch Deposition, durch cadmiumhaltige Düngemittel und durch Klärschlamm. In Gewässer kommt es vor allem durch Deposition aus der Luft, aber auch über Niederschlagswasser aus Regenrinnen (verzinkte Rinnen enthalten stets Cadmium) und durch Sickerwasser aus Mülldeponien.

Die Emissionen liegen weltweit bei ca. 8000 t/a, davon nur 5...10 % aus natürlichen Quellen. Die Deposition von Cadmium in ländlichen und Reinluftgebieten wird mit etwa 0,5 μg/(m^2 d) angegeben. In verschmutzten Gebieten liegen die Werte bei mehr als dem 10fachen.

23.4.2 Giftwirkung, ökologische Wirkungen

Cadmium ist nach bisherigem Wissen ein nicht-essentielles Element. Es reichert sich über die Nahrungskette in Pflanzen und Tieren und auch im menschlichen Körper an, aus dem es nur teil-

23.4 Cadmium

Tab. 23-17. Bleigehalte in Lebensmitteln in der Bundesrepublik Deutschland (Ergebnisse aus den Jahren 1979 und 1984).

Lebensmittel, Lebensmittelgruppe	Mittlerer Pb-Gehalt (in mg/kg bzw. mg/L)
Milch	0,019
Hühnereier	0,074
Rind-/Kalbfleisch	0,070
Schweinefleisch	0,061
Rinder-/Kalbsleber	0,278
Schweineleber	0,149
Süßwasserfisch	0,124
Blattgemüse	0,620
Kernobst	0,171
Steinobst	0,142
Getreide	0,041
Kartoffeln	0,075
Trinkwasser	0,009
Schweineniere	0,076
Rinderniere	0,653
Kalbsniere	0,243
Wein	0,173
Gemüsekonserven	0,289
Tomatenmark	2,620
Obstkonserven	0,473

Tab. 23-18. Verwendung von Cadmium (1982). – Weltproduktion 18 100 t (2000).

Einsatzbereich	Anteil (in %)
Überzüge	29
Batterien	29
Pigmente	24
Stabilisatoren	12
Legierungen u. a.	6

Cadmium (im Trinkwasser)

Grenzwert 0,005 mg/L

(Anlage 2, Trinkwasserverordnung)

Cadmium und seine Verbindungen
(in Form von Stäuben/Aerosolen)

TRK-Wert: 0,03 mg/m^3

(bei der Batterieherstellung, der thermischen Zink-, Blei und Kupfergewinnung, beim Schweißen Cadmium-haltiger Legierungen)

Tab. 23-19. Cadmiumgehalte in Lebensmitteln in der Bundesrepublik Deutschland (Ergebnisse aus den Jahren 1979 und 1984).

Lebensmittel, Lebensmittelgruppe	Mittlerer Cd-Gehalt (in mg/kg bzw. mg/L)
Milch	0,001
Hühnereier	0,024
Rind-/Kalbfleisch	0,016
Schweinefleisch	0,009
Rinder-/Kalbsleber	0,127
Schweineleber	0,165
Süßwasserfisch	0,020
Blattgemüse	0,044
Kernobst	0,010
Steinobst	0,014
Getreide	0,035
Kartoffeln	0,050
Trinkwasser	0,001
Schweineniere	0,691
Rinderniere	0,619
Kalbsniere	0,128
Spinat	0,232
Sellerie	0,675
Wein	0,003

weise wieder ausgeschieden wird (hohe biologische Halbwertszeit; vgl. Tab. 23-5 in Abschn. 23.1.1).

Das wichtigste Zielorgan bei chronischen Cadmiumvergiftungen ist neben der Leber die Niere. Akkumulation von Cadmium in diesem Organ kann in schweren Fällen zu völligem Nierenversagen mit Harnvergiftung führen. Eine andauernde Cadmiumbelastung führt neben Nieren- auch zu Lungenschäden und unter bestimmten Bedingungen zu Knochenveränderungen. Die Cadmiumkonzentrationen in der Nierenrinde sind heute wegen der größeren Belastung der Umwelt mit Cadmium 10- bis 50-mal höher als vor 50 Jahren.

Viele Cadmium-Verbindungen sind in der Gefahrstoffliste (Richtlinie 67/548/EWG, Anhang I) als krebserzeugend, fortpflanzungsgefährdend und/oder erbgutverändernd eingestuft, z. B. Cadmiumoxid als „krebserzeugend Kategorie 2" (vgl. Abschn. 6.3.1).

In Japan war seit den 40er Jahren eine Krankheit, *Itai-Itai-Krankheit* genannt (im Deutschen etwa „Aua-aua-Krankheit", was auf den schmerzhaften Verlauf hinweist), in der Nähe von Cadmium-Zink-Hütten aufgetreten. Sie äußerte sich darin, dass sich das Skelett der in der Nähe lebenden Reisbauern und Fischer stark verformte (Knochenerweichung), Knochen bei geringer Belastung brachen, eine allgemeine Abwehrschwäche gegen Infektionskrankheiten beobachtet wurde und Nierenschäden auftraten. Viele dieser Krankheitsfälle verliefen tödlich, und erst Mitte der 60er Jahre erkannte man, dass die Bewässerung von Reisfeldern mit stark cadmiumhaltigen Abwässern eines Bergwerks die Ursache dieser Krankheit war. Die tägliche Aufnahme von Cadmium in diesen Gebieten lag bei etwa 600 µg mit der Nahrung und 1000 µg mit dem Wasser – ein Vielfaches der von der Weltgesundheitsorganisation als zumutbar bezeichneten Aufnahmemenge von 1 µg/kg (bezogen auf das Körpergewicht), also von 70 µg für einen 70 kg schweren Erwachsenen.

Der Mensch nimmt täglich 20...30 µg Cadmium auf: Ungefähr 85 % werden mit der Nahrung (Tab. 23-19) zugeführt, 15 % mit dem Trinkwasser; die Aufnahme von Cadmium über die Luft spielt kaum eine Rolle, sofern lokal nicht eine industrielle Quelle vorhanden ist. Daneben kann aber das Rauchen erheblich belasten: Mit dem Rauch einer Zigarette gelangen 0,1...0,2 µg Cadmium in den menschlichen Körper, wovon 10...50 % in der Lunge resorbiert werden. 20 Zigaretten am Tag können die tägliche Cadmiumbelastung verdoppeln.

24 Altlasten

24.1 Allgemeines

Altlasten sind im Sinne des Bundes-Bodengesetzes [§ 2 (5)]

- stillgelegte Abfallbeseitigungsanlagen sowie sonstige Grundstücke, auf denen Abfälle behandelt, gelagert oder abgelagert worden sind *(Altablagerungen)*, und
- Grundstücke stillgelegter Anlagen und sonstige Grundstücke, auf denen mit umweltgefährdenden Stoffen umgegangen worden ist *(Altstandorte)*,

durch die schädliche Bodenveränderungen oder sonstige Gefahren für den einzelnen oder die Allgemeinheit hervorgerufen werden.

Altlasten gibt es in allen Industrieländern: Ihr Ursprung liegt in der modernen Industrie- und Konsumgesellschaft mit ihren Produktionsmethoden und ihrer Abfallbeseitigung in den frühen Jahren.

Altablagerungen sind also ehemalige Abfallentsorgungsanlagen oder Müllkippen, verfüllte oder stillgelegte Deponien, auf denen *Bodenschadstoffe* wie kommunale und/oder gewerbliche Abfälle oder Chemikalien nicht nach dem heutigen Stand der Deponietechnik gelagert wurden. *Altstandorte* (manchmal auch *Altanlagen* genannt) sind Grundstücke oder Betriebsflächen und nicht mehr verwendete Leitungs- oder Kanalsysteme vor allem aus der gewerblichen Wirtschaft, in denen oder auf denen mit umweltgefährdenden Stoffen umgegangen wurde, die also aufgrund industrieller Produktion mit umweltgefährdenden Produktionsrückständen kontaminiert sind, z. B. ehemalige Standorte von Kokereien, Gaswerken, Kläranlagen, Chemie- und Mineralölanlagen. Die Selbstreinigungskräfte der Böden und der Gewässer und die Verdünnung in den Gewässern haben nicht (mehr) ausgereicht, nachteilige Folgen – eine Gefährdung der Umwelt – zu verhindern.

Es handelt sich bei Altlasten also um kontaminierte Standorte oder Gelände, auf denen in der Vergangenheit Schadstoffe in solchen Mengen in den Boden eingetragen wurden, dass sie den Boden schädlich verändert haben und dass davon eine Gefahr für den einzelnen oder für die Allgemeinheit ausgeht. Solche Schadstoffanreicherungen im Boden beeinträchtigen auch die Nutzung eines Geländes z. B. als Baugrund (Probleme mit Altlasten werden häufig erst bemerkt, wenn ein Standort neu genutzt werden soll). Und manchmal belästigen Altlasten durch Ausgasungen auch die

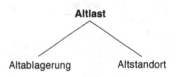

Altlast

Altablagerung   Altstandort

Schadstoffe (für den Boden) (nach BBodSchV, § 2 Nr. 6)

Stoffe und Zubereitungen, die auf Grund ihrer Gesundheitsschädlichkeit, ihrer Langlebigkeit oder Bioverfügbarkeit im Boden oder auf Grund anderer Eigenschaften und ihrer Konzentration geeignet sind, den Boden in seinen Funktionen zu schädigen oder sonstige Gefahren hervorzurufen.

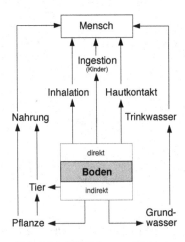

Abb. 24-1. Mögliche von Altablagerungen und Altstandorten ausgehende Belastungen (Schema).

Bodenbewertung

Maßnahmenwerte
Prüfwerte
Vorsorgewerte

Nachbarschaft, was mit erheblichen Gesundheitsrisiken verbunden sein kann.

Die Schadstoffe aus dem Boden können über die Luft in Form von Stäuben oder Gasen oder über das Grund- und Sickerwasser für Menschen, Tiere und Pflanzen gefährlich werden (eine Übersicht über mögliche Wirkungen und Belastungen s. Abb. 24-1).

Man spricht von einer *Verdachtsfläche*, wenn bei einem Grundstück der Verdacht schädlicher Bodenveränderungen besteht. *Altlastverdächtige Flächen* sind Altablagerungen und Altstandorte, bei denen ein solcher Verdacht besteht (Tab. 24-1).

Spezielle Altlasten sind *militärische Altlasten (Rüstungsaltlasten, rüstungsbedingte Altlasten)*, Altstandorte ehemaliger Munitionslager und -fabriken, Produktionsstätten konventioneller oder chemischer Kampfmittel (wie Bomben, Granaten, Minen bzw. Sprengstoffe, chemische Kampfstoffe) und Treibstoffe sowie Großtanklager. Für Deutschland (1992) sind mehr als 1600 solcher Rüstungsaltlasten zusammengestellt.

24.2 Bewertung

Die *Bewertung* von schädlichen Bodenveränderungen, von Verdachtsflächen, von altlastenverdächtigen Flächen und von Altlasten ist in der *Bundes-Bodenschutz- und Altlastenverordnung* (BBSchV) geregelt. In dieser aufgrund des Bundes-Bodengesetzes erlassenen Rechtsverordnung sind für zahlreiche Stoffe Maßnahmen-, Prüf- und Vorsorgewerte festgelegt (§ 8).

Maßnahmenwerte („Interventionswerte") sind Konzentrationen, bei deren Überschreitung unter Berücksichtigung der jeweiligen Bodennutzung in der Regel von einer schädlichen Bodenveränderungen oder von einer Altlast auszugehen ist und Maßnahmen (z. B. Sanierung) erforderlich sind. Wenn die *Prüfwerte* überschritten werden, ist im Einzelfall unter Berücksichtigung der Bodennutzung festzustellen, ob eine schädliche Bodenveränderung oder Altlast vorliegt. *Vorsorgewerte* schließlich sind Bodenwerte, bei deren Überschreiten die Besorgnis einer schädlichen Bodenveränderung besteht.

Bei der *Bodennutzung*, die bei den Maßnahmen- und Prüfwerten berücksichtigt wird, werden vier Bereiche unterschieden, für die verschiedene Werte festgelegt sind (Tabellen 24-2 und 24-3; s. auch Tab. 18-8).

24.3 Sanierung und Sicherung

Das Ziel einer Sanierung ist Bodenschutz, also in erster Linie die Wiederherstellung des ursprünglichen Zustands des Bodens: Der Boden soll wieder multifunktional werden und nach der Sanierung wieder für möglichst alle Nutzungsarten geeignet sein.

Tab. 24-2. Prüfwerte für einige Bodenschadstoffe (Wirkungspfad Boden–Mensch; nach Anhang 2 der Bundes-Bodenschutz- und Altlastenverordnung).

	Bodennutzung			
	Kinderspiel- flächen	Wohn- gebiete	Park- und Freizeit- anlagen	Industrie- und Gewerbe- grundstücke
	Prüfwerte (in mg/kg[a])			
Blei	200	400	1 000	2 000
Cadmium	10	20	50	60
Chrom	200	400	1 000	1 000
Quecksilber	10	20	50	80
Cyanide	50	50	50	100
Benzo[a]pyren	2	4	10	12
DDT	40	80	200	–
Hexachlorbenzol	4	8	20	200
PCB (als Summe[b])	0,4	0,8	2	40

[a] Bezogen auf Trockenmasse.
[b] Bestimmt werden die folgenden 6 PCB-Kongonere (auch mit PCB_6 abgekürzt): 2,4,4'-Trichlorbiphenyl, 2,2',5,5'-Tetrachlorbiphenyl, 2,2',4,5,5'-Pentachlorbiphenyl, 2,2',3,4,5'- und 2,2',4,4',5,5'-Hexachlorbiphenyl, 2,2',3,4,4',5,5'-Heptachlorbiphenyl (Nummern nach BALLSCHMITER: 28, 52, 101, 138, 153, 180).

Tab. 24-3. Vorsorgewerte für einige Metalle (nach Anhang 2 der Bundes-Bodenschutz- und Altlastenverordnung).

Bodenart	Pb	Cd	Hg
	Vorsorgewerte (in mg/kg[a])		
Ton	100	1,5	1
Lehm/ Schluff	70	1	0,5
Sand	40	0,4	0,1

[a] Bezogen auf Trockenmasse.

24.3 Sanierung und Sicherung

Aus der Umweltsicht sind die Bodenfunktionen schützenswert, die ökologische Funktionen erfüllen: Möglichst viele ökologische Faktoren des Bodens müssen an möglichst vielen Standorten erhalten oder wiederhergestellt werden. Vor allem sind dies

– die Regelung der Stoff- und Energieflüsse im Naturhaushalt (*Regelungsfunktion* des Bodens),
– die Produktion von Biomasse, besonders von Pflanzen (*Produktionsfunktion*),
– die Gewährung von Lebensraum für die Bodenorganismen (*Lebensraumfunktion*).

Ein solches – anspruchsvolles – Sanierungsziel orientiert sich am Schutzgut Boden (*schutzgutorientierte Sanierung*). In der Praxis werden Flächen jedoch auch (oft) saniert, um sie als Baugrund für Wohnungen oder als Industriestandorte (wieder) zu nutzen (*nutzungsorientierte Sanierung*).

Man unterscheidet zwischen aktiven und passiven Bodensanierungsverfahren. Die *passiven* Verfahren dienen der *Sicherung* von Altlasten: Sie sollen eine Ausbreitung der Schadstoffe langfristig verhindern oder vermindern; das Gefährdungspotenzial wird vermindert, aber nicht beseitigt. Zu den Sicherungsverfahren von Altlasten gehört, den betreffenden Bodenbereich zu „immobilisieren" (Isolationsverfahren): Um eine weitere Gefährdung des Grundwassers abzuwehren, können z. B. Basisabdichtungen unter der kontaminierten Bodenfläche eingebaut werden. Die Schad-

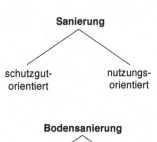

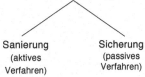

stoffe werden auf diese Weise eingekapselt, die Schadstoffquelle wird abgeschirmt (solche Baumaßnahmen sind wirkungsvoll bei Standorten mit verhältnismäßig hohem Gefährdungspotenzial). Durch eine Oberflächenabdichtung lässt sich ein Auswaschen von Schadstoffen aus dem Bodenbereich durch Niederschläge weitgehend verhindern. Auch kann man kontaminiertes Grundwasser abpumpen, das Grundwasser absenken oder umlenken (*hydraulische* Verfahren).

Bei den *aktiven* Verfahren geht es um das eigentliche *Sanieren* einer Altlast: Der Boden soll dekontaminiert, die Schadstoffe sollen beseitigt oder vermindert werden und damit die von der Altlast ausgehende Gefährdung. Es werden je nach Problem unterschiedliche Verfahren angewandt. Bei In-situ-Verfahren (manchmal auch „In-site-Verfahren" genannt), „Vor-Ort-Verfahren", wird der belastete Boden an Ort und Stelle ohne Auskoffern oder Bewegen der Bodenmassen saniert (Abb. 24-2). In Frage kommen prinzipiell mechanisch-physikalische, chemische, thermische oder mikrobiologische Verfahren. Oftmals werden mobile Reinigungsanlagen für das Erdreich eingesetzt, oder die Reinigungsvorgänge werden im Gelände durchgeführt.

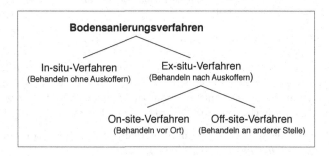

Abb. 24-2. Begriffe im Zusammenhang mit Sanierungsverfahren.

In-situ-Verfahren

- Bodenluft-Absaugung
- Mikrobiologische Verfahren
- Immobilisierung
- Chemische Verfahren

Zu den *In-situ-Verfahren* gehören neben der Bodenluft-Absaugung die mikrobiologischen Verfahren und die Immobilisierung. Die *Bodenluft-Absaugung* wird vor allem eingesetzt für leichtflüchtige chlorierte Kohlenwasserstoffe. Die Gase sind nach dem Absaugen belastet; sie müssen geeignet gereinigt werden, bevor sie in die Luft abgelassen werden können.

Mikrobiologische Verfahren sind grundsätzlich bei biologisch abbaubaren Schadstoffen anwendbar. Dazu ist erforderlich, dass die Mikroorganismen die Stoffe als ihre Nahrung benutzen und sie in möglichst unschädliche Produkte wie CO_2 und H_2O und in Biomasse umwandeln. Die meisten organischen Verbindungen, besonders die durch Biosynthese entstandenen biogenen (z. B. Mineralöle mit ihren kürzerkettigen aliphatischen Kohlenwasserstoffen), sind unter aeroben Bedingungen leicht abbaubar (Tab. 24-4). Tasächlich wurden auch bisher am häufigsten mit Mineralöl verunreinigte Böden biologisch gereinigt. Leicht abbaubar sind auch einige anorganische Substanzen wie Cyanide, Schwefel

Tab. 24-4. Abbaubarkeit von Bodenschadstoffen durch Mikroorganismen.

Grad der Abbaubarkeit	Verbindungen, Verbindungsklassen
Leicht abbaubar	Aromatische Kohlenwasserstoffe (z. B. Benzol, Toluol, Phenol)
	Alicyclische Kohlenwasserstoffe, Alkane, polyaromatische Kohlenwasserstoffe
	Bestimmte chlorierte aromatische Kohlenwasserstoffe (z. B. einige Chlorphenole)
Schwer abbaubar	Andere chlorierte aromatische Kohlenwasserstoffe, Nitrophenole
	PCB, PCDD, PCDF[a]
Nicht abbaubar	Schwermetalle, einige Polymere (z. B. PTFE, PVC)

[a] Vgl. Abschn. 18.2.

oder Thiosulfat. Andere Stoffklassen werden deutlich langsamer oder kaum abgebaut, z. B. PAK mit fünf und mehr aromatischen Ringen oder Chlororganika wie polychlorierte Biphenyle (PCB), polychlorierte Dibenzodioxine (PCDD) und Dibenzofurane (PCDF). Es gibt aber auch Stoffe, die sich überhaupt nicht biologisch abbauen lassen, z. B. Schwermetalle oder einige synthetischen Polymere wie Polytetrafluorethylen (PTFE) oder Polyvinylchlorid (PVC).

Für die mikrobiologischen Verfahren müssen neben der biologischen Abbaubarkeit einige weitere Bedingungen erfüllt sein, z. B. müssen Temperatur und Feuchtigkeit geeignet sein, und Sauerstoff muss in ausreichenden Mengen verfügbar sein; die Schadstoffe müssen auch *bioverfügbar* sein und dürfen nicht von Bodenbestandteilen (wie Tonen oder Humus) so fest adsorbiert werden, dass sie für die Mikroorganismen nicht mehr zugänglich sind.

Eine mikrobiologische Sanierung – dessen muss man sich im Klaren sein – dauert lange und ist schwierig zu kontrollieren. Dieses Verfahren kann bei Böden, die einheitlich durch wenige Stoffe verunreinigt sind, zu guten Ergebnissen führen. Aber bei einer größeren Anzahl von Schadstoffen gleichzeitig sind mikrobiologische Verfahren nur eingeschränkt wirksam. Überdies können umweltgefährdende Umwandlungsprodukte entstehen, die ggf. schwierig zu analysieren sind.

Bei *Immobilisierungsverfahren* werden Bodenschadstoffe vor allem chemisch „unbeweglich" gemacht, indem sie mittels Adsorption, Fällung oder Ionenaustausch in einen unlöslichen Zustand übergeführt werden: Dadurch soll verhindert werden, dass die Schadstoffe ausgelaugt und damit transportiert werden. Dazu werden Lösungen geeigneter Reagentien (z. B. Fällungsmittel wie Laugen zum Ausfällen von Metallen als Hydroxide) in den Boden gegeben.

Bei *Ex-situ-Verfahren* wird das kontaminierte Erdreich zunächst ausgekoffert und dann vor Ort (on-site) oder an anderer Stelle (off-site) behandelt (vgl. Abb. 24-2) und wieder genutzt. Ex-situ-Verfahren sind aufwendiger als die In-situ-Verfahren, besonders wenn die Schadstoffe tiefer in den Boden eingedrungen sind.

Ex-situ-Verfahren

- Bodenaustausch
- Extrahieren, Waschen
- Thermische Behandlung

Eine Ex-situ-Methode der Standortsanierung besteht darin, das kontaminierte Erdreich auszutauschen *(Bodenaustausch)*. Dazu wird verunreinigter Boden ausgeräumt, der Bodenaushub auf eine Sondermülldeponie abgelagert und durch nicht belasteten Boden ersetzt. Bei diesem Verfahren wird das unerwünschte Problem nur verlagert; Boden wird heute kaum noch ausgetauscht, denn dies ist zu teuer.

In vielen Fällen erfolgreich sind Bodenwasch- und Extraktionsverfahren sowie thermische Verfahren. Bei der *Bodenwäsche/Extraktion* werden die Schadstoffe nicht zerstört oder umgewandelt, sondern in eine flüssige Phase übergeführt und anschließend aufkonzentriert. Bei diesen Verfahren wird der Boden in der Regel in seiner biologischen Aktivität zerstört. Eingesetzt werden Wasser, Säuren, Laugen und organische Lösungsmittel, teilweise unter Zugabe von Tensiden. Nassextraktionen werden u. a. bei Böden mit Schwermetallen, Cyaniden oder (halogenierten) Kohlenwasserstoffen angewandt. Solche Verfahren sind allerdings nur dann wirtschaftlich, wenn der Boden möglichst wenig Feinkornanteil hat (also wenige Bodenbestandteile mit Korngrößen < 0,02 mm), da sonst das Abtrennen von gröberem Material problematisch ist und ggf. die Abfallmenge zu groß wird.

Bei der *thermischen Behandlung* wird der Boden – wie bei der Verbrennung von Hausmüll oder Sonderabfällen – je nach Verfahren bei Temperaturen von 600...1200 °C pyrolysiert oder verbrannt; ggf. sind andere Verfahrensschritte vor- oder nachgeschaltet, z. B. eine Nachverbrennung der Rauchgase bei 1200 °C. Allerdings wird durch die thermische Behandlung aus Boden ein ausgeglühtes Material; der vormals organisch belebte Boden ist „tot".

Bei allen Verfahren wird der Boden bezogen auf die Schadstoffkonzentration in der Regel nicht „vollständig" saniert. Der Wirkungsgrad des jeweiligen Verfahrens hängt stark von der Bodenbeschaffenheit und der Art der Verunreinigung(en) ab. Oft werden bei solchen Verfahren die Schadstoffe lediglich im Boden verdünnt, manchmal auch in andere Umweltmedien verlagert.

25 Bodenschutzrecht

Der Boden hat zahlreiche schützenswerte Eigenschaften und Funktionen (vgl. Abschn. 21.2), und bei der Nutzung des Bodens werden vielfältige Schutzziele angestrebt, u. a.:

–   Bodenflächen, die Standort für den Anbau von Nahrungsmitteln, Futtermitteln und nachwachsenden Rohstoffen sind, dürfen nicht so stark durch Schadstoffe belastet sein, dass sich die Vitalität der Pflanzen und der Bodenorganismen nachteilig so verändert, dass es zu Ertragseinbußen bei Nutzpflanzen kommt.

–   Bei Bodenflächen, die gärtnerisch, landwirtschaftlich oder forstwirtschaftlich genutzt werden, darf es nicht zu einer gefährlichen Anreicherung von Schadstoffen in den dort wachsenden Pflanzen kommen.

–   Bei belasteten Bodenflächen darf die Gesundheit des Menschen nicht durch direkte Einwirkungen wie Inhalation und Hautkontakt gefährdet werden.

Seit 1998 gibt es ein eigenes *Bundes-Bodenschutzgesetz* (BBodSchG). Zweck dieses Gesetzes „zum Schutz vor schädlichen Bodenveränderungen und zur Sanierung von Altlasten" ist es, nachhaltig die Funktionen des Bodens (s. auch Abschn. 21.2) zu sichern oder wiederherzustellen. *Schädliche Bodenveränderungen*, also Beeinträchtigungen der Bodenfunktionen, sind abzuwehren, Altlasten (vgl. Kap. 24) sowie dadurch verursachte Gewässerverunreinigungen sind zu sanieren.

Begriffe wie „Maßnahmenwert", „Prüfwert" und „Vorsorgewert", sind im Bodengesetz definiert; und für verschiedene Bodenschadstoffe sind solche Werte in der Bundes-Bodenschutz- und Altlastenverordnung (BBodSchV) festgelegt (vgl. Abschn. 24.2).

Neben dem Bodenschutzgesetz gibt es zahlreiche Regelungen in Gesetzen und Verordnungen, die – indirekt – den Schutz des Bodens vor schädlichen Veränderungen zum Ziel haben und Vorsorge gegen das Entstehen schädlicher Bodenveränderungen treffen sollen. Oftmals werden Grenzwerte (z. B. für Emissionen oder für Gehalte in Abwässern) angegeben, die sicherstellen sollen, dass die Bodenbelastungen noch in vertretbaren Grenzen bleiben. Aufgrund des *Bundes-Immissionsschutzgesetzes* sind Regelungen – beispielsweise in der *TA Luft* (Nr. 2.5.1, 2.5.2) zu Immissionen von Blei oder Cadmium – festgelegt worden, die zum Ziel haben, die Luftverunreinigung zu verringern; und geringere Ablagerun-

Funktionen des Bodens
(nach BBodSchG, § 2)

• Natürliche Funktionen als
  – Lebensgrundlage und Lebensraum für Menschen, Tiere, Pflanzen und Bodenorganismen
  – Bestandteil des Naturhaushalts, insbesondere mit seinen Wasser- und Nährstoffkreisläufen
  – Abbau-, Ausgleichs- und Aufbaumedium für stoffliche Einwirkungen auf Grund der Filter-, Puffer- und Stoffumwandlungseigenschaften, insbesondere auch zum Schutz des Grundwassers

• Funktionen als Archiv der Natur- und Kulturgeschichte

• Nutzungsfunktionen als
  – Rohstofflagerstätte
  – Fläche für Siedlung und Erholung
  – Standort für die land- und forstwirtschaftliche Nutzung
  – Standort für sonstige wirtschaftliche öffentliche Nutzungen, Verkehr, Ver- und Entsorgung

gen von Luftschadstoffen bedeuten unmittelbar eine geringere Bodenbelastung.

In den Bundesgesetzen zum Schutz des Wassers, vor allem im *Wasserhaushaltsgesetz* und *Abwasserabgabengesetz,* und in den entsprechenden Ländergesetzen wird geregelt, welcher Schadstoffgehalt im Abwasser zulässig ist: Abwasser muss – auch von Indirekteinleitern – vor dem Einleiten zumindest nach den „allgemein anerkannten Regeln der Technik" gereinigt werden; enthält das Abwasser „gefährliche Stoffe" (z. B. langlebige, anreicherungsfähige oder solche mit krebserzeugender Wirkung), müssen die Anforderungen dem „Stand der Technik" entsprechen (§ 7 a WHG). Allgemein darf der Stoffaustrag in Gewässer zu keiner nachteiligen Veränderung der Oberflächengewässer oder des Grundwassers – und damit auch des Bodens – führen. Die Verordnungen zur Lagerung und zum Transport wassergefährdender Stoffe (z. B. Heizöl), die auf diesem Gesetz aufbauen, sollen also auch den Schutz des Bodens gewährleisten.

In den Vorschriften, die die Abfallbeseitigung begleiten (z. B. im *Kreislaufwirtschafts- und Abfallgesetz),* dienen alle Vorschriften zur Vermeidung und Verwertung sowie zur schadstoffarmen Beseitigung von Reststoffen auch indirekt der Reinhaltung des Bodens. Vor allem die *Klärschlammverordnung* regelt die Nutzung von Klärschlamm und die Verwertung landwirtschaftlicher Reststoffe. In dieser Verordnung sind beispielsweise für sieben Schwermetalle Grenzwerte für tolerierbare Gesamtgehalte in Böden aufgenommen (vgl. Tab. 20-1 in Abschn. 20.1).

Das Aufbringen von Pflanzenschutzmitteln unterliegt nach dem *Pflanzenschutzgesetz* ebenfalls Beschränkungen. Bereits vor der Zulassung einer Chemikalie als Wirkstoff in einem Pflanzenschutzmittel sind umfangreiche Prüfungen vonnöten. Auch für Düngemittel stehen im *Düngemittelgesetz* und in der *Düngemittelverordnung* Forderungen, die dem Boden zugute kommen, z. B. müssen Dünger nahezu frei von bestimmten Nebenbestandteilen wie Schwermetallen oder chlorierten Kohlenwasserstoffen sein.

Ebenso enthalten die Gesetze für Naturschutz, Landschaftspflege, Wald, Raumordnung, Landbeschaffung und Verkehr Schutzvorschriften, die zumindest indirekt den Boden betreffen.

Literatur zu Teil IV

Literatur zu Kap. 21

Bernhardt H, Hrsg. 1987. *Phosphor: Wege und Verbleib in der Bundesrepublik Deutschland*. Weinheim: Verlag Chemie. 285 S.

Bossel H. 1990. *Umweltwissen: Daten, Fakten, Zusammenhänge*. Berlin: Springer. 169 S.

Checchin A, Kohlsdorf I, Stahl E, Weiss J. 1984. *Pflanzenernährung*. 2te Aufl. St Augustin: Verlagsgesellschaft für Ackerbau. 69 S.

Fritsch B. 1993. *Mensch – Umwelt – Wissen: Evolutionsgeschichtliche Aspekte des Umweltproblems*. 3te Aufl. Stuttgart: Teubner. 442 S.

Gisi U. 1990. *Bodenökologie*. Stuttgart: Thieme. 304 S.

Greenwood NN, Earnshaw A. 1988. *Chemie der Elemente*. Weinheim: VCH. 1707 S.

Haber W. 1990. Wirkungsbereich: Boden. (Simonis UE, Hrsg. *Basiswissen Umweltpolitik: Ursachen, Wirkungen und Bekämpfung von Umweltproblemen*). 2te Aufl. Berlin: Edition Sigma Rainer Bohn Verlag. S 98-107.

Jansen W, Block A, Knaack J. 1987. *Saurer Regen: Ursachen, Analytik, Beurteilung*. Stuttgart: JB Metzlersche Verlagsbuchhandlung. 155 S.

Kickuth R. 1972. Huminstoffe – ihre Chemie und Struktur. *Chem Labor Betrieb*. 23 (11): 481-486.

Paul EA, Huang PM. 1980. Chemical aspects of soil (Hutzinger O, Hrsg. *The natural environment and the biogeochemical cycles*; in: *The handbook of environmental chemistry*; vol 1, part A). Berlin: Springer; S 69-86.

Sauerbeck D. 1990. Anreicherung von Fremd- und Schadstoffen in landwirtschaftlich genutzten Böden (Verbindungsstelle Landwirtschaft-Industrie eV, Hrsg. *Produktionsfaktor Umwelt: Boden*). Düsseldorf: Energiewirtschaft und Technik Verlagsgesellschaft; S 71-97.

Sigg L, Stumm W. 1994. *Aquatische Chemie: Eine Einführung in die Chemie wässriger Lösungen und natürlicher Gewässer*. 3te Aufl. Stuttgart: Teubner. 498 S.

Sposito G. 1989. *The chemistry of soils*. New York: Oxford University Press. 277 S.

Stevenson FJ. 1982. *Humus chemistry: genesis, composition, reactions*. New York: Wiley. 443 S.

Stevenson FJ. 1986. *Cycles of soil: carbon, nitrogen, phosphorus, sulfur, micronutrients*. New York: Wiley. 380 S.

Verband der Chemischen Industrie eV, Hrsg. 1987. *Chemie und Umwelt: Boden*. 2te Aufl. Frankfurt/Main. 31 S.

Literatur zu Kap. 22

Domsch KH. 1992. *Pestizide im Boden: Mikrobieller Abbau und Nebenwirkungen auf Mikrooganismen*. Weinheim: VCH. 575 S.

Fellenberg G. 1977. *Umweltforschung: Einführung in die Probleme der Umweltverschmutzung*. Berlin: Springer. 202 S.

Fellenberg G. 1990. *Chemie der Umweltbelastung*. Stuttgart: Teubner. 256 S.

Gisi U. 1990. *Bodenökologie*. Stuttgart: Thieme. 304 S.

Literatur zu Teil IV

Korte F, Klein W, Drefahl B. 1970. Technische Umweltchemikalien, Vorkommen, Abbau und Konsequenzen. *Naturw Rdsch.* 23 (11): 445-457.

Meadows DH, Meadows DL, Randers J. 1992. *Die neuen Grenzen des Wachstums – Die Lage der Menschheit: Bedrohung und Zukunftschancen.* Stuttgart: Deutsche Verlags-Anstalt. 3te Aufl. 319 S.

Neumann HG. 1972. DDT in der Umwelt: Gefahr für unsere Gesellschaft?. *Chem unserer Zeit.* 6: 82-86.

Schulze ED, Lange OL. 1990. Die Wirkung von Luftverunreinigungen auf Waldökosysteme. *Chem unserer Zeit.* 3: 117-130.

Umweltbundesamt, Hrsg. 2001. *Daten zur Umwelt – Der Zustand der Umwelt in Deutschland 2000.* Berlin: Erich Schmidt. 377 S.

Verschueren K. 1983. *Handbook of environmental data on organic chemicals.* 2te Aufl. New York: Van Nostrand Reinhold. 1310 S.

Literatur zu Kap. 23

Bergmann W. 1989. Boden- und Umweltfaktoren, die die Mineralstoffaufnahme der Pflanzen beeinflussen – unter besonderer Brücksichtigung der Schwermetalle (Behrens D, Wiesner J, Hrsg. *Beurteilung von Schwermetallkontaminationen im Boden*). 2te Aufl. Frankfurt/Main: Dechema; S 317-340. (8))

Berrow ML, Burridge JC. 1984. Aufnahme, Verteilung und Wirkungen bei Pflanzen (Merian E, Hrsg. *Metalle in der Umwelt: Verteilung, Analytik und biologische Relevanz*). Weinheim: VCH; S 125-133.

Birgersson B, Sterner O, Zimerson E. 1988. *Chemie und Gesundheit: Eine verständliche Einführung in die Toxikologie.* Weinheim: VCH.

Burg R v, Greenwood MR. 1991. Mercury (Merian E, ed. *Metals and their compounds in the environment: occurrence, analysis and biological relevance*). Weinheim: VCH; S 1045-1088.

DFG Deutsche Forschungsgemeinschaft, Hrsg. 2001. *MAK- und BAT-Werte-Liste 2001: Maximale Arbeitsplatzkonzentrationen und Biologische Arbeitsstofftoleranzwerte* (Senatskommission zur Prüfung gesundheitsschädlicher Arbeitsstoffe, Mitteilung 37). Weinheim: Wiley-VCH. 222 S.

Dües G. 1989. Bindungsformen von Schwermetallen im Boden, dargestellt auf der Basis fraktionierter Extraktionen (Behrens D, Wiesner J, Hrsg. *Beurteilung von Schwermetallkontaminationen im Boden*). 2te Aufl. Frankfurt/Main: Dechema; S 143-168.

Duffield JR, Williams DR. 1991. Treatment using metal ions and complexes (Merian E, Hrsg. *Metals and their compounds in the environment: occurence, analysis and biological relevance*). Weinheim: VCH; S 565-570.

Ewers U, Schlipköter HW. 1991. Lead (Merian E, ed. *Metals and their compounds in the environment: occurence, analysis and biological relevance*). Weinheim: VCH; S 971-1014.

Greenwood MR, Burg R v. 1984. Quecksilber (Merian E, Hrsg. *Metalle in der Umwelt: Verteilung, Analytik und biologische Relevanz*). Weinheim: VCH; S 511-539.

Kieffer F. 1984. Metalle als lebensnotwendige Spurenelemente für Pflanzen, Tiere und Menschen (Merian E, Hrsg. *Metalle in der Umwelt: Verteilung, Analytik und biologische Relevanz*). Weinheim: VCH; S 117-123.

Link B. 1999. Richtwerte für die Innenraumluft – Quecksilber. *Bundesgesundheitsbl.* 42 (2), 168-173.

Meadows DH, Meadows DL, Randers J. 1992. *Die neuen Grenzen des Wachstums – Die Lage der Menschheit: Bedrohung und Zukunftschancen.* Stuttgart: Deutsche Verlags-Anstalt. 3te Aufl. 319 S.

Merian E, Hrsg. 1984. *Metalle in der Umwelt: Verteilung, Analytik und biologische Relevanz.* Weinheim: VCH. 722 S.

Morgan JJ, Stumm W. 1991. Chemical processes in the environment, relevance of chemical speciation (Merian E, ed. *Metals and their com-*

pounds in the environment: occurrence, analysis and biological relevance). Weinheim: VCH; S 67-103.

Sauerbeck D. 1989. Der Transfer von Schwermetallen in die Pflanze (Behrens D, Wiesner J, Hrsg. *Beurteilung von Schwermetallkontaminationen im Boden*). 2te Aufl. Frankfurt/Main: Dechema; S 281-316.

Sauerbeck D. 1990. Anreicherung von Fremd- und Schadstoffen in landwirtschaftlich genutzten Böden (Verbindungsstelle Landwirtschaft-Industrie eV, Hrsg. *Produktionsfaktor Umwelt: Boden*). Düsseldorf: Energiewirtschaft und Technik Verlagsgesellschaft; S 71-97.

Stoeppler M. 1991. Cadmium (Merian E, ed. *Metals and their compounds in the environment: occurrence, analysis and biological relevance*). Weinheim: VCH; S 803-851.

Stoker HS, Seager SL. 1976. *Environmental chemistry: air and water pollution*. 2te Aufl. Glenview, Illinois: Scott, Foresman and Co. 233 S.

Strubelt O. 1989. *Gifte in unserer Umwelt: Toxische Gefahren von Arsen bis Zyankali*. Stuttgart: Deutsche Verlagsanstalt. 295 S.

Strubelt O. 1996. *Gifte in Natur und Umwelt: Pestizide und Schwermetalle, Arzneimittel und Drogen*. Heidelberg: Spektrum Akademischer Verlag. 349 S.

Stumm W, Keller L. 1984. Chemische Prozesse in der Umwelt – Die Bedeutung der Spezierung für die chemische Dynamik der Metalle in Gewässern, Böden und Atmosphäre (Merian E, Hrsg. *Metalle in der Umwelt: Verteilung, Analytik und biologische Relevanz*). Weinheim: VCH; S 21-33.

Ter Haar GL, Bayard MA. 1971. Composition of airborne lead particles. *Nature*. 232: 553-554.

Thayer JS. 1995. *Environmental chemistry of the heavy elements: hydrido and organo compounds*. Weinheim: VCH. 145 S.

Umweltbundesamt, Hrsg. 2001. *Daten zur Umwelt – Der Zustand der Umwelt in Deutschland 2000*. Berlin: Erich Schmidt. 377 S.

Wedepohl KH. 1991. The composition of the upper earth's crust and the natural cycles of selected metals; metals in natural raw materials; natural sources (Merian E, ed. *Metals and their compounds in the environment: occurrence, analysis and biological relevance*). Weinheim: VCH; S 3-17.

Wilmoth RC, Hubbart SJ, Burckle JO, Martin JF. 1991. Production and processing of metals: their disposal and future risk (Merian E, ed. *Metals and their compounds in the environment: occurence, analysis and biological relevance*). Weinheim: VCH; S 19-65.

Wood JM. 1975. Biological cycles for elements in the environment. *Naturwissenschaften*. 62: 357-364.

Literatur zu Kap. 24

Bilitewski B, Härdtle G, Marek K. 1991. *Abfallwirtschaft: Eine Einführung*. Berlin: Springer. 634 S.

Brandt E. 1993. *Altlasten: Bewertung, Sanierung, Finanzierung*. 3te Aufl. Taunusstein: Eberhard Blottner. 317 S.

Pudill R, Müller HW, Zöllner U. 1991. Altlastenanalytik: Altlasten: eine Herausforderung für die Analytiker. *Umw Technol*. 1: 19-37.

Sattler K, Emberger J. 1990. *Behandlung fester Abfälle: Vermeiden, Verwerten, Sammeln, Beseitigen, Sanieren; Verfahrensweise, Technische Realisierung; Rechtliche Grundlagen*. 2te Aufl. Würzburg: Vogel Buchverlag. 258 S.

Schmitz S, Wiegandt CC. 1992. Die Uneinheitlichkeit der ökologischen Lebensverhältnisse in Deutschland. *Geogr Rundsch*. 44 (3): 169-175.

Umweltbundesamt, Hrsg. 2001. *Daten zur Umwelt – Der Zustand der Umwelt in Deutschland 2000*. Berlin: Erich Schmidt. 377 S.

Literatur zu Teil IV

Weber HH, Hrsg. 1990. *Altlasten: Erkennen, Bewerten, Sanieren.* Berlin: Springer. 395 S.

Wille F. 1993. *Bodensanierungsverfahren: Grundlagen und Anwendungen.* Würzburg: Vogel. 208 S.

Literatur zu Kap. 25

Ballschmiter K, Schäfer W, Buchert H. 1987. Isomer-specific identification of PCB congeners in technical mixtures and environmental samples by HRGC-ECD and HRGC-MSD. *Fresenius Z Anal Chem.* 326: 253-257.

Teil V
Abfall

26 Abfall: Überblick

26.1 Abfälle

Abfälle sind im Sinne der Abfallrichtlinie (Richtlinie 75/442/EWG)

"alle Stoffe oder Gegenstände, [...] deren sich ihr Besitzer entledigt, entledigen will oder entledigen muss".

Anstelle von "Stoffe oder Gegenstände" spricht das Kreislaufwirtschafts- und Abfallgesetz [§ 3 (1) KrW-/AbfG] von "beweglichen Sachen".

Diese "Stoffe oder Gegenstände" oder "Sachen" müssen zu einer der im Anhang I der Richtlinie oder des Gesetzes aufgeführten Abfallgruppe gehören (mehr dazu s. Abschn. 30.1). Bei Abfällen aus Haushalten benutzt man eher den Begriff *Müll*; manchmal spricht man auch noch von *Kehricht*.

Bei allem, was wir tun, entstehen Abfälle, und alles was wir erzeugen, wird früher oder später zu Abfall: Abfall entsteht bei der Gewinnung von Rohstoffen, bei der Produktion von Gütern, bei ihrer Lagerung und bei ihrem Transport sowie bei Verbrauch und Gebrauch der Güter (Abb. 26-1). Der Abfall ist in dem Ausmaß, in dem er heute in unserer "Wegwerfgesellschaft" anfällt,

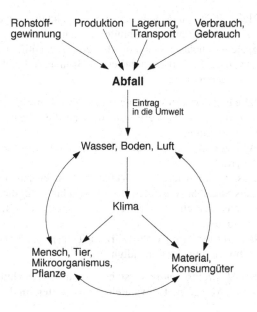

Abb. 26-1. Entstehung von Abfall und dessen Wechselwirkung mit der Umwelt.

ein beachtliches Umweltproblem. Abfälle und die Maßnahmen zu ihrer Entfernung beeinflussen – wie auch Emissionen von Stoffen jeder Art – Luft, Wasser und Boden und damit auch den Menschen.

Einem Produktionsprozess (Abb. 26-2) werden Energie und Einsatzstoffe, also Rohstoffe (z. B. Erdöl), Hilfsstoffe (z. B. Lösungsmittel, Schmiermittel, Fette) sowie Wasser und Luft zugeführt. In den meisten Prozessen fallen bei der Herstellung der Produkte Abfälle an, ebenso bei der Reinigung von Prozessabluft und -abwasser. Auch das Produkt und sein Schicksal dürfen nicht unberücksichtigt bleiben: Die Produkte für das tägliche Leben oder für Gewerbe und Industrie werden – selbst wenn ihre Nutzungsdauer sehr lang ist – irgendwann ebenfalls zu Abfall (s. auch Abschn. 28.1): Die Waren von heute sind die Abfälle von morgen.

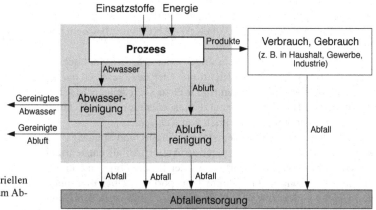

Abb. 26-2. Beitrag eines industriellen Prozesses und von Produkten zum Abfallaufkommen.

Produktion, Nutzung (Konsum) von Produkten, Recycling (s. Kap. 28) und Beseitigung der Abfälle stehen miteinander in Beziehungen, die durch das Schema in Abb. 26-3 verdeutlicht werden.

Es gibt mehrere – offensichtliche – Gründe, möglichst viele Abfälle zu nutzen, u. a.:

– Abfälle und deren Beseitigung belasten die Umwelt; man denke nur an Deponiesickerwasser oder an die Abgase bei der Müllverbrennung;
– die Verfügbarkeit nicht erneuerbarer Ressourcen kann verlängert werden;
– Schadstoffe können ggf. in „Wertstoffe" umgewandelt werden, also als Sekundärrohstoffe (s. auch Abschn. 28.2) dienen;
– selbst die energetische Verwertung von Abfällen hilft, Energie zu sparen;
– Abfälle verursachen Kosten (z. B. für Transport oder Deponierung, für thermische Behandlung).

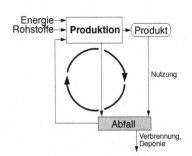

Abb. 26-3. Beziehungen zwischen Produktion, Nutzung, Recycling und Entsorgung (vereinfachtes Schema).

Unter *Abfallentsorgung* versteht man alle Maßnahmen zum Verringern, Ablagern, Umwandeln oder Weiter- und Wiederverwerten von festen, flüssigen und gasförmigen Abfallstoffen; dazu gehören das Sammeln, Transportieren, Behandeln (z. B. Zerkleinern, Verdichten, Entwässern, Kompostieren, Verbrennen), Zwischenlagern und Deponieren.

Die Abfallentsorgung umfasst die Beseitigung und die Verwertung der Abfälle. Man spricht von *Beseitigung*, wenn Verfahren angewandt werden, die in Anhang II A der Abfallrichtlinie 75/442/EWG (identisch mit Anhang II A des KrW-/AbfG) aufgelistet sind (Tab. 26-1). Die Verfahren zur *Verwertung* sind in Anhang II B zusammengestellt (Tab. 26-2).

26.1 Abfälle

Tab. 26-1. Einige in der Praxis angewandte Beseitigungsverfahren (Anhang II A der Abfallrichtlinie 75/442/EWG).

D1 Ablagerungen in oder auf dem Boden (z. B. Deponien)
D2 Behandlung im Boden (z. B. biologischer Abbau von flüssigen oder schlammigen Abfällen im Erdreich)
D4 Oberflächenaufbringung (z. B. Ableitung flüssiger oder schlammiger Abfälle in Gruben, Teichen oder Lagunen)
D6 Einleitung in ein Gewässer mit Ausnahme von Meeren/Ozeanen
D7 Einleitung in Meere/Ozeane einschließlich Einbringung in den Meeresboden
D8 Biologische Behandlung [...]
D9 Chemisch/physikalische Behandlung [...] (z. B. Verdampfen, Trocknen, Kalzinieren)
D10 Verbrennung an Land

Tab. 26-2. Einige in der Praxis angewandte Verwertungsverfahren (Anhang II B der Abfallrichtlinie 75/442/EWG).

R1 Hauptverwendung als Brennstoff oder andere Mittel der Energieerzeugung
R2 Rückgewinnung/Regenerierung von Lösemitteln
R3 Verwertung/Rückgewinnung organischer Stoffe, die nicht als Lösemittel verwendet werden (einschließlich der Kompostierung und sonstiger biologischer Umwandlungsverfahren)
R4 Verwertung/Rückgewinnung von Metallen und Metallverbindungen
R6 Regenerierung von Säuren und Basen
R8 Wiedergewinnung von Katalysatorenbestandteilen
R9 Ölraffination oder andere Wiederverwendungsmöglichkeiten von Öl
R10 Aufbringung auf den Boden zum Nutzen der Landwirtschaft oder der Ökologie

Für bestimmte Abfälle haben sich spezielle Bezeichnungen eingebürgert. Unter *Hausmüll* versteht man Abfälle hauptsächlich aus privaten Haushalten. *Hausmüllähnliche Abfälle* (auch *hausmüllähnliche Gewerbeabfälle* genannt) sind Abfälle, wie sie in Gewerbebetrieben, Geschäften, Dienstleistungsbetrieben, öffentlichen Einrichtungen und der Industrie anfallen, soweit sie nach Art und Menge gemeinsam mit oder wie Hausmüll entsorgt werden können (mehr dazu s. Abschn. 26.2). Unter *Sperrmüll*, der zum Haushaltsabfall gezählt wird, versteht man Gegenstände, die aufgrund ihrer Größe oder ihres Gewichts nicht in Abfallbehältern oder -säcken der Müllabfuhr bereitgestellt werden können.

Zusammen mit Markt-, Garten- und Parkabfällen, Straßenkehricht u. ä. fasst man diese drei Sorten von Abfall unter dem Begriff *Siedlungsabfälle* zusammen (s. auch Tab. 26-3). Es gibt eine Verwaltungsvorschrift zum Abfallgesetz, die *TA Siedlungsabfall* („Technische Anleitung zur Verwertung, Behandlung und sonstigen Entsorgung von Siedlungsabfällen"), die sich mit technischen Fragen der Verwertung, Behandlung und Deponierung solcher Abfälle auseinandersetzt und Handlungsanweisungen gibt.

Tab. 26-3. Aufkommen an Siedlungsabfällen in Deutschland (1998). – Insgesamt $45 \cdot 10^6$ t für 82,04 Mio. Einwohner.

Abfallart	Menge (in 10^6 t)
Hausmüll, hausmüllähnliche Gewerbeabfälle (über die öffentliche Müllanfuhr eingesammelt)	17,2
Hausmüllähnliche Gewerbeabfälle (nicht über die öffentliche Müllanfuhr eingesammelt)	5,2
Sperrmüll	3,2
Kompostierbare Abfälle aus der Biotonne	3,3
Garten- und Parkabfälle (einschließlich Friedhofsabfälle)	3,2
Straßenkehricht, Marktabfälle	0,7
Sonstige Getrenntsammlung (Glas, Papier, Kunststoffe, Elektronikteile)	12,2

Zu den Abfällen aus dem produzierenden Gewerbe – man spricht auch von *produktionsspezifischen Abfällen* – gehören neben Bauabfällen (sie machen ungefähr die Hälfte des Abfallaufkommens aus; vgl. Tab. 26-5) alle bei Produktionsprozessen anfallenden nicht mehr verwertbaren Stoffe wie Lösungsmittel, Katalysatoren, Aschen, Schlacken oder Öl- und Kunststoffabfälle.

Unter *Sonderabfällen* („besonders überwachungsbedürftigen Abfällen"; vgl. Abschn. 29.1) versteht man spezielle vornehmlich in Industrie und Gewerbe anfallende Abfälle, die nach Art, Beschaffenheit oder Menge *nicht* zusammen mit den in den Haushalten anfallenden Abfällen entsorgt werden können. Solche Abfälle sind *gefährlich*, beispielsweise gesundheits-, luft-, boden- oder wassergefährdend. Auch deshalb sind sie von der Hausmüllentsorgung ausgeschlossen und bedürfen besonderer Behandlung (vgl. Abschn. 29.2). (Manchmal nennt man Sonderabfälle, die in Haushaltungen anfallen, *Problemabfälle*.)

Man findet noch eine weitere Unterscheidung für Abfälle: *Primärabfälle* sind unbehandelte Abfälle, so wie sie beim Produktionsprozess oder beim Verbrauch anfallen. *Sekundärabfälle* sind Abfälle, nach – z. B. thermischer – Behandlung.

Tab. 26-4. Jährliches Abfallaufkommen pro Einwohner in verschiedenen Ländern (Auswahl, 1999).

Land	Abfall-aufkommen (in kg)
USA[a]	744
Luxemburg	648
Dänemark	627
Spanien	621
Norwegen	596
Niederlande	594
England	558
Österreich	549
Frankreich	539
Belgien	535
Italien	492
Deutschland[b]	485
Schweden	452
Portugal	437
Schweiz	363

[a] Ca. 1990. [b] 1998.

26.2 Hausmüll und hausmüllähnliche Gewerbeabfälle

Jeder Einwohner Deutschlands erzeugt jährlich durchschnittlich kommunalen Abfall in einer Größenordnung von 485 kg (dabei werden auch hausmüllähnliche Gewerbeabfälle und Sperrmüll berücksichtigt). Heute werden Bestandteile wie Glas, Papier/Pappe oder Verpackungsmaterialien, die früher im Hausmüll blieben, getrennt gesammelt – ein Teil des Abfalls wird aufbereitet, die Menge des zu beseitigenden Abfalls wird somit insgesamt niedriger. Wertstoffe werden also auch im Hausmüll erfasst und verwertet, was dazu beigetragen hat, dass das Hausmüllaufkommen in Deutschland in den letzten Jahren weitgehend konstant geblieben ist. Zum Vergleich (Tab. 26-4): Jeder Einwohner der USA erzeugt jährlich fast 750 kg Hausmüll; in Ländern wie Norwegen oder den Niederlanden liegt der entsprechende Wert bei 500 kg und darüber und in Frankreich oder Österreich unter 300 kg.

Die Dichte des Abfalls hängt wesentlich von seiner Zusammensetzung ab, aber auch von der Größe der Sammelbehälter: Bei Behältern mit einem Fassungsvermögen von 100 L liegt die Dichte von Hausabfällen um 150 kg/m^3. Wegen der hohen Anforderungen an die physikalischen und chemischen Eigenschaften von abzulagerndem Abfalls (s. Abschn. 27.3) und wegen des begrenzten Deponieraums muss es vorrangiges Ziel der Abfallentsorgung sein, das Müllvolumen erheblich zu reduzieren. Hierbei kommt der thermischen Abfallverwertung (s. Abschn. 27.4) eine Schlüsselrolle zu.

Die durchschnittliche Zusammensetzung des Hausmülls ist aufgrund einer 1985 bundesweit durchgeführten Analyse weitgehend bekannt (Tab. 26-5): Hauptsächlich wird das große Volumen durch den Anteil – schätzungsweise 50 % des Gesamtmüllvolumens – an sperrigem Verpackungsmaterial verursacht. Die Zusammensetzung des Abfalls, der einen Haushalt verlässt, hat sich heute wohl nicht wesentlich verändert, lediglich werden heute einige Bestandteile der häuslichen Abfälle wie Papier/Pappe oder Glas getrennt gesammelt.

Einige Müllbestandteile, besonders der Verpackungsverbrauch, ist – nicht zuletzt aufgrund der Forderungen der *Verpackungsverordnung* (vgl. Abschn. 28.2) – zurückgegangen: 2000 lag der Verbrauch an Verpackungen um 1,5 · 10^6 t niedriger als 1991 (Tab. 26-6).

Tab. 26-5. Zusammensetzung des Hausmülls in der Bundesrepublik Deutschland (1985).

Bestandteil	Massenanteil (in %)
Lebensmittelreste	29,9
Fein- und Mittelmüll[a]	26,1
Papier und Pappe	12
Glas	9,2
Kunststoffe	5,4[b]
Metalle	3,2
Wegwerfwindeln	2,8
Textilien	2
Mineralien[c]	2
Materialverbund[d]	1,1
Problemabfälle[e]	0,4

[a] Größe der Bestandteile < 8 mm bzw. 8...40 mm, z. B. Asche, Schlacke.
[b] PVC 0,7 %; Polyolefine 3,4 %; Polystyrol u. a. 1,3 %.
[c] Steine, Porzellan, Keramik.
[d] z. B. Haushaltsgeräte aus unterschiedlichen Materialien
[e] Batterien, Lösungsmittel, Pflanzenschutzmittel, Leuchtstoffröhren u. a.

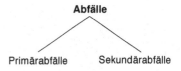

Abfälle

Primärabfälle   Sekundärabfälle

Tab. 26-6. Entwicklung des Verpackungsverbrauchs in Deutschland.

Material	Verpackungsverbrauch (in 10^3 t)[a]			
	1991	1994	1997	2000[b]
Glas	4 637	4 127	3 715	3 690
Weißblech	666	458	433	430
Aluminium	72	60	60	51
Kunststoff[c]	1 628	1 527	1 497	1 447
Papier, Pappe, Karton	5 395	5 055	5 136	5 296
Verbunde	725	684	671	738
Feinblech	410	339	306	309
Holz, Kork	2 184	1 853	1 992	2 131
Textil, Keramik, Kautschuk	16	14	17	16
Verpackungen insgesamt	15 620	14 119	13 827	14 109

[a] Werte gerundet.
[a] Vorausschätzungen.
[b] Einschließlich Kunststoff/Kunststoff-Verbund.

26.3 Abfälle aus Industrie und Gewerbe

In Industrie und Gewerbe fallen verschiedenartige Abfälle an, die keine Siedlungsabfälle (z. B. hausmüllähnliche Gewerbeabfälle) sind, die also nicht durch die öffentliche Müllabfuhr entsorgt und gemeinsam mit Hausmüll beseitigt werden können. Die TA Siedlungsabfall nennt *produktionsspezifische Abfälle*, die zwar keine Siedlungsabfälle sind, die jedoch nach Art, Schadstoffgehalt und Reaktionsverhalten wie Siedlungsabfälle entsorgt werden können. Hinzu kommen die *Sonderabfälle*, die besonders überwachungsbedürftigen Abfälle, die aufgrund ihres Gefahrenpotenzials besonders entsorgt werden müssen (s. Kap. 29).

Das Aufkommen dieser Abfälle ist in den verschiedenen Wirtschaftsbereichen unterschiedlich und wird auch unterschiedlich statistisch erfasst. Besonders große Mengen an Abfällen in Form von Bodenaushub, Bauschutt u. ä. kommen im Baugewerbe vor (Tab. 26-7).

Von besonderem Interesse im Zusammenhang mit Industrie und Gewerbe sind aber die besonders überwachungsbedürftigen Abfälle (Tab. 26-8).

Eine Tendenz lässt sich allgemein bei Abfällen beobachten (Abb. 26-4), die in industriellen Prozessen bei der Veredelung natürlicher Rohstoffe zu einem Endprodukt wie in

Rohstoff $\rightarrow$ Grundstoff $\rightarrow$ Vorprodukt $\rightarrow$ Zwischenprodukt $\rightarrow$ Endprodukt
(z. B. Erdöl $\rightarrow$ Naphtha $\rightarrow$ Ethen $\rightarrow$ Tensid $\rightarrow$ Spezielles Reinigungsmittel)

zwangsläufig anfallen: Je stärker ein Stoff veredelt wird, um so mehr nimmt sein Wertstoffgehalt und auch sein Schadstoffpotenzial zu, während zugleich die Menge der Verunreinigungen im Stoff und auch die bei jedem Verarbeitungsschritt anfallenden Abfallmengen abnehmen (Abb. 26-4).

Tab. 26-7. Bei Produktion und Verbrauch entstandene Abfälle in Deutschland (1997).

Art der Abfälle	Abfall-menge[a] (in 10^6 t/a)
Siedlungsabfälle	45,0
Bergematerial aus dem Bergbau	57,6
Abfälle aus dem produzierenden Gewerbe und sonstige Abfälle	62,1
Bodenschutt, Bodenaushub, Straßenaufbruch, Baustellenabfälle	222,2
Insgesamt	386,9

Tab. 26-8. Besonders überwachungsbedürftige Abfälle in Deutschland (Auswahl; 1997).

Abfallgruppe	Abfallmenge (in 10^3 t/a)
Abfälle mineralischen Ursprungs (ohne Metallabfälle)	8 282
Abfälle von Mineralöl- und Kohleveredelungsprodukten	3 309
Säuren, Laugen und Konzentrate	2 400
Organische Lösungsmittel, Farben, Lacke, Klebstoffe und Harze	1 101
Abfälle aus Wasseraufbereitung, Abwasserreinigung und Gewässerunterhaltung	725
Oxide, Hydroxide, Salze	489
Kunstoff- und Gummiabfälle	484
Metallhaltige Abfälle	192
Abfälle von Pflanzenschutz- und Schädlingsbekämpfungsmitteln sowie von pharmazeutischen Erzeugnissen	67
Zellulose-, Papier- und Pappeabfälle	27
Krankenhausspezifische Abfälle	24

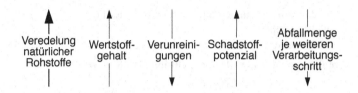

Abb. 26-4. Zusammenhang (qualitativ) zwischen Abfallmenge, Wertstoffgehalt, Verunreinigungen und Schadstoffpotenzial bei der Veredelung natürlicher Rohstoffe.

26.4 Entsorgung von Abfällen

Die Vermeidung von Abfällen hat inzwischen in vielen Bereichen Fortschritte gemacht. Beispielsweise sind die Verpackungsabfälle deutlich zurückgegangen (vgl. Tab. 26-6). Auch werden Abfälle in vielen Bereichen verwertet – nicht zuletzt wegen der dabei zu sparenden Kosten, z. B. durch Kompostierung geeigneter organischer Abfälle oder beim Behälterglas (vgl. Abschn. 28.2). Aber dennoch bleiben Abfälle, die beseitigt werden müssen.

Für die Entsorgung (Verwertung oder Beseitigung) von Abfällen gibt es zahlreiche *Abfallentsorgungsanlagen* wie Deponien, thermische Behandlungsanlagen oder Kompostierungsanlagen, aber auch Anlagen für spezielle Abfälle, z. B. Bauschuttaufbereitungsanlagen oder mechanisch/biologische Behandlungsanlagen (Tab. 26-9). (Mehr zur Ablagerung von Abfällen auf Deponien s. Abschn. 27.1 und zur thermischen Entsorgung s. Abschn. 27.4.)

Die *grenzüberschreitende Abfallverbringung* (z. B. der Abfallexport aus Industriestaaten in Entwicklungsländer) ist inzwischen durch zahlreiche Regelungen geordnet: völkerrechtlich verbindlich durch das „Basler Übereinkommen über die Kontrolle der grenzüberschreitenden Verbringung gefährlicher Abfälle und ihrer Entsorgung" (1989), auf europäischer Ebene durch die in den Mitgliedstaaten verbindliche EG-Abfallverbringungsverordnung (Verordnung Nr. 259/93) und auch durch das deutsche Abfallverbringungsgesetz (AbfVerbG).

Tab. 26-9. In Abfallentsorgungsanlagen behandelte Abfälle in Deutschland.

Anlagen	Abfallmenge[a] (in 10^6 t)	
	1990	1997[b]
Deponien	130,5	49,4
Thermische Behandlungsanlagen	8,8	9,5
Kompostierungsanlagen	1,5	7,2
Sonstige Anlagen	3,9	14,1
Insgesamt	144,5	80,2

[a] Vorläufiges Ergebnis.
[b] Ohne besonders überwachungsbedürftige Abfälle.

26.5 Abfallarten, Abfallverzeichnis

Das europäische Abfallrecht kennt neben den „normalen" Abfällen – dazu gehört u. a. der Hausmüll – gefährliche Abfälle. Abfälle werden *gefährlich* genannt, wenn sie

– entweder als Substanzen in einem entsprechenden Verzeichnis aufgeführt sind oder
– wenn sie bestimmte gefahrenrelevante Eigenschaften besitzen, die in Listen aufgeführt sind.

Beispielsweise machen Bestandteile wie (Anhang II der Richtlinie 91/689/EWG)

C1 Beryllium, Berylliumverbindungen
C3 Chrom(VI)-Verbindungen

C 23 saure Lösungen oder Säuren in fester Form

C 30 Perchlorate

C 48 schwefelorganische Verbindungen

Abfälle wie (Anhang I B der Richtlinie 91/689/EWG)

Aschen und oder Schlacken
verbrauchte Katalysatoren
Schlämme aus Wasserreinigungsanlagen
Rückstände aus Ionenaustauschern

zu gefährlichen Abfällen, sofern diese die in Anhang III der der Richtlinie 91/689/EWG (Tab. 26-10) genannten Eigenschaften aufweisen.

Nach dem Kreislaufwirtschafts- und Abfallgesetz (§ 41 KrW-/AbfG unterscheidet man in diesem Zusammenhang zwischen „überwachungsbedürftigen Abfälle" und „besonders überwachungsbedürftigen Abfälle". Die *besonders überwachungsbedürftigen Abfälle* gehören zu den Abfallarten, die in den Anlagen 1 und 2 der „Bestimmungsverordnung besonders überwachungsbedürftige Abfälle" (BestbüAbfV) aufgelistet sind (Beispiele s. Tab. 26-11).

Daneben gibt es noch die *überwachungsbedürftigen Abfälle zur Verwertung*; darunter versteht man solche Abfallarten, die in der Anlage der „Bestimmungsverordnung überwachungsbedürftige Abfälle zur Verwertung" (BestüVAbfV) aufgelistet sind.

In diesen Auflistungen werden die Abfälle – entsprechend der Richtlinie 91/689/EWG über gefährliche Abfälle – einer bestimmten Abfallart nach den Regelungen der Abfallverzeichnis-Verordnung (AVV) zugeordnet und mit dem *Abfallschlüssel* gekennzeichnet (manchmal auch *EWC-Code* genannt; nach *E*uropean *W*aste *C*atalogue für „Europäisches Abfallverzeichnis").

Diese Stoffliste dient als Grundlage für eine einheitliche Begriffsbestimmung, Systematik, Beschreibung und Bewertung der Abfälle. Aufgenommen sind Rückstände oder Reststoffe, Zwi-

Tab. 26-10. Einige gefahrenrelevante Eigenschaften von Abfällen (nach Richtlinie 91/689/EWG, Anhang III).

Klasse	Eigenschaft	Beschreibung
H1	explosiv	Stoffe und Zubereitungen, die unter Einwirkung einer Flamme explodieren können oder empfindlicher auf Stöße oder Reibung reagieren als Dinitrobenzol
H2	brandfördernd	Stoffe und Zubereitungen, die bei Berührung mit anderen, insbesondere brennbaren Stoffen eine stark exotherme Reaktion auslösen
H5	gesundheitsschädlich	Stoffe und Zubereitungen, die bei Einatmung, Einnahme oder Hautdurchdringung Gefahren von beschränkter Tragweite hervorrufen können
H6	giftig	Stoffe und Zubereitungen (einschließlich der hochgiftigen Stoffe und Zubereitungen), die bei Einatmung, Einnahme oder Hautdurchdringung schwere, akute oder chronische Gefahren oder sogar den Tod verursachen können
H8	ätzend	Stoffe und Zubereitungen, die bei Berührung mit lebenden Geweben zerstörend auf diese einwirken können
H14	ökotoxisch	Stoffe und Zubereitungen, die unmittelbare oder mittelbare Gefahren für einen oder mehrere Umweltbereiche darstellen können

Tab. 26-11. Verzeichnis von Abfällen und Abfallschlüssel (nach Abfall-verzeichnis-Verordnung, AVV, oder der Entscheidung 2000/532/EG).

Abfall-schlüssel	Abfallbezeichnung	Anm.[a]
04	**Abfälle aus der Leder-, Pelz- und Textilindustrie**	
04 01	*Abfälle aus der Leder- und Pelzindustrie*	
04 01 04	chromhaltige Gerbereibrühe	B
04 01 05	chromfreie Gerbereibrühe	
04 02	*Abfälle aus der Textilindustrie*	
04 02 09	Abfälle aus Verbundmaterialien (imprägnierte Textilien, Elastomer, Plastomer)	
04 02 10	organische Stoffe aus Naturstoffen (z. B. Fette, Wachse)	
05	**Abfälle aus der Erdölraffination, Erdgasreinigung und Kohlepyrolyse**	
05 01	*Abfälle aus der Erdölraffination*	
05 01 03	Bodenschlämme aus Tanks	A
05 01 05	verschüttetes Öl	A
05 07	*Abfälle aus Erdgasreinigung und -transport*	
05 07 01	quecksilberhaltige Abfälle	A
05 07 02	schwefelhaltige Abfälle	B

a   A: nach BestbüAbfV „besonders überwachungsbedürftiger Abfall".
    B: nach BestüVAbfV „überwachungsbedürftiger Abfall zur Verwertung".

schen- oder Endprodukte, die in Herstellungsprozessen oder Anwendungen zu Abfällen werden können. Das Abfallverzeichnis hat zur Zeit 20 Kapitel (Tab. 26-12). Die Zuordnung von Sonder-abfällen zu einem bestimmten 6-stelligen *Abfallschlüssel* ist in § 2 BestbüAbfV geregelt.

Es sei ausdrücklich darauf hingewiesen, dass ein Stoff nicht dadurch unter allen Umständen als Abfall betrachtet werden muss, wenn er im Verzeichnis gefährlicher Abfälle (Entscheidung 2000/532/EG) aufgenommen ist; er muss auch die andere Voraussetzung der Abfall-Definition [Artikel 1 (2) a der Richtlinie 75/442/EWG oder § 3 (1) KrW-/AbfG] erfüllen, nämlich, dass der Besitzer sich der Stoffe oder Gegenstände entledigt, entledigen will oder entledigen muss.

Tab. 26-12. Kapitel (mit zweistelliger Kapitelüberschrift; Auswahl aus dem Europäischen Abfallverzeichnis). – Vgl. auch Tab. 26-11.

Abfall-schlüssel	Abfallbezeichnung
01	Abfälle, die beim Aufsuchen, Ausbeuten und Gewinnen und sowie bei der physikalischen und chemischen Behandlung von Bodenschät-zen entstehen
06	Abfälle aus anorganisch-chemischen Prozessen
07	Abfälle aus organisch-chemischen Prozessen
17	Bau- und Abbruchabfälle (einschließlich Aushub von verunreinig-ten Standorten)

27 Hausmüll

27.1 Deponien

Deponien (*lat.* deponere, ablegen, weglegen) sind Abfallentsorgungsanlagen, in denen Abfälle zeitlich unbegrenzt gelagert werden („Ablagerung von Abfällen"). In Deponien landen ungefähr 50 % des in der Entsorgungswirtschaft eingesetzten Abfalls (vgl. Tab. 26-9).

Man kann Deponien nach ihrer Art klassifizieren (z. B. Untertagedeponien) und nach der Art der Abfälle, die gelagert werden, (z. B. Bauschuttdeponien; Tab. 27-1). Daneben lassen sich Deponien nach ihren Klassen unterscheiden (s. Abschn. 27.3).

Bis ins letzte Jahrhundert hinein wurden Siedlungsabfälle und Abfälle aus Gewerbe und Produktion üblicherweise in Vertiefungen, an Berghänge oder auf Halden gekippt. In solchen *wilden* Deponien („Müllkippen") wurde der Abfall ohne behördliche Genehmigung abgelagert; in einer *ungeordneten Deponie* war die Ablagerung zwar behördlich genehmigt. In beiden Fällen wurden jedoch keine Maßnahmen zum Schutz des Bodens und des Grundwassers, beispielsweise das Erfassen des Deponiesickerwassers, ergriffen. Solche Kippen – ein Teil der heutigen Altlasten (vgl. Abschn. 24.1) – existierten in Deutschland vor der Neuordnung der Abfallbeseitigung bis Anfang der 70er Jahre des letzten Jahrhunderts noch häufig: In den alten Bundesländern wurden in dieser Zeit etwa 40 000 unkontrollierte Ablagerungsplätze geschlossen. Diese Art, Müll abzulagern, belastet das Grund- und Oberflächenwasser stark, denn das Niederschlagswasser sickert ungehindert durch den Müll und wäscht Schadstoffe in den Untergrund aus.

In *geordneten* Deponien (Tab. 27-2) werden kontrolliert und geordnet auf Dauer Abfälle abgelagert, z. B. Hausmüll und hausmüllähnliche Gewerbeabfälle (*Hausmülldeponien*) oder Bauschutt (*Bauschuttdeponien*). An die Standorte solcher Deponien, ihre Abdichtung, an das Sammeln und Abführen/Reinigen von Deponiesickerwasser und Deponiegas sowie an die (kontrollierte) Nutzung und die Überwachung des Verhaltens der Deponie werden zahlreiche Anforderungen gestellt. Beispielsweise soll das Abdichtungssystem der Deponie mehrere Jahrzehnte lang verhindern, dass Sickerwasser in den Untergrund gelangt; bevor es die Deponie verlässt, soll es erfasst und gereinigt werden. Und eine Oberflächenabdichtung der Deponie soll sicherstellen, dass möglichst wenig Fremd- oder Niederschlagswasser in den Deponiekörper eindringt.

Tab. 27-1. Klassifizierung der Deponien.

Erdaushubdeponien[a]
Bauschuttdeponien
Hausmülldeponien
Industrieabfalldeponien
Monodeponien
  (z. B. für Schlacken, Schlämme)
Sonderabfalldeponien
Untertagedeponien

[a] Auch Bodenaushubdeponien genannt.

Tab. 27-2. Anzahl der in Deutschland betriebenen oberirdischen Hausmülldeponien.

Jahr	1990	1995	1999
Anzahl	8273	562	376

Bei Errichtung, Betrieb und Stillegung sind viele Gesetze und Verwaltungsvorschriften zu beachten, u. a. die Bundes- und jeweiligen Länder-Abfall- und -Wassergesetze, das Bundesnaturschutzgesetz, das Bundes-Immissionsschutzgesetz und das Bundesseuchengesetz, aber vor allem die Verwaltungsvorschriften *TA Abfall* für Sonderabfälle und *TA Siedlungsabfall* für die anderen Abfälle (s. Abschn. 27.3).

Die Menge der potenziell gefährlichen Abfälle, die in Deutschland langfristig vor allem in der Industrie anfallen, ist um ein Vielfaches größer, als die dafür geeigneten Sonderabfalldeponien (z. B. Untertagedeponien) werden aufnehmen können. Schon allein deshalb müssen andere Entsorgungsverfahren wie Verbrennung herangezogen werden, um bestimmte Sonderabfälle vor dem Deponieren unschädlich zu machen und um ihr Volumen zu vermindern; dann sind nur noch die nicht mehr verwertbaren inerten Rückstände wie Asche abzulagern (vgl. Abschn. 27.3).

Das Volumen von Müll wird durch Verbrennung erheblich verringert. Die Verbrennung ist inzwischen aber auch notwendig, damit der Müll überhaupt abgelagert werden darf: Das abzulagernde Gut muss bestimmte physikalische und chemische Grenzwerte unterschreiten (vgl. Abschn. 27.3). Der Export von Hausmüll oder Produktionsabfällen in benachbarte Länder ist immer weniger erforderlich (die grenzüberschreitende Abfallverbringung ist durch Regelungen eingeschränkt, z. B. das *Abfallverbringungsgesetz*).

27.2 Deponiegas, Biogas

27.2 Deponiegas, Biogas

Seit langem ist die Deponie mit direkt angeliefertem, unbehandeltem Hausmüll die „klassische" Methode der Müllentsorgung (das hat sich mit den Regelungen der TA Siedlungsabfall geändert; s. Abschn. 27.3). Eine solche Hausmülldeponie ist ein lange Zeit agierender Reaktor: Nicht vorbehandelter Hausmüll unterliegt in einer solchen Deponie ständig chemischen Abbaureaktionen; dabei ändert sich die Zusammensetzung der Stoffe in der Deponie, und es bilden sich Gase, die *Deponiegase* (Tab. 27-3). Die Zusammensetzung dieser Gase kann stark variieren; sie hängt, wie auch das Langzeitverhalten der Deponie, wesentlich vom Deponietyp ab: In einer Bauschuttdeponie nahezu ohne organische Bestandteile laufen – schon allein wegen der unterschiedlichen Zusammensetzung der deponierten Stoffe – andere chemische Reaktionen ab als in einer Hausmülldeponie, in der die Stoffe einen hohen Anteil an organischem, durch Mikroorganismen zersetzbarem Material aufweisen.

Kurze Zeit, nachdem der Hausmüll auf die Deponie gekommen ist – er wird durch Planierfahrzeuge *(Kompaktoren)* auf ungefähr 1/5 seines Volumens verdichtet („Verdichtungsdeponie") –, beginnt der chemische Abbau (Abb. 27-1). Man geht davon

Tab. 27-3. Mittlere Zusammensetzung von Deponiegas bei Hausmülldeponien.

Komponente	Volumenanteil
Methan (CH_4)	60 %
Kohlendioxid (CO_2)	38 %
Stickstoff (N_2)	0,45 %
Sauerstoff + Argon ($O_2 + Ar$)	0,13 %
Ethan (C_2H_6)	0,01%
Schwefelwasserstoff[a] (H_2S)	60 ppm

[a] Neben Verbindungen wie Ethylmercaptan, C_2H_5SH, hauptsächlich verantwortlich für die Geruchsentwicklung.

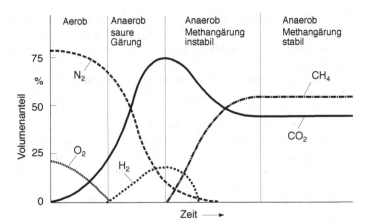

Abb. 27-1. Zusammensetzung von Deponiegas beim Abbau von Hausmüll in Abhängigkeit vom Alter der Deponie.

aus, dass die Gasentwicklung einer Deponie vier Phasen durchläuft. In den ersten 5 bis 15 Tagen findet eine *aerobe Zersetzung* statt: Luftsauerstoff ist in der Deponie noch in ausreichenden Mengen in Hohlräumen enthalten, selbst wenn der Abfall durch anderen, neu deponierten zugedeckt ist und so praktisch keine frische Luft ins Innere gelangt. Während dieser aeroben Abbauphase entstehen im wesentlichen Kohlendioxid und Wasser; der Luftsauerstoff wird dabei langsam aufgebraucht.

Es schließt sich eine anaerobe Phase an: die *saure Gärung*. Während dieser mehrere Monate dauernden Phase entsteht kein Methan, sondern Wasserstoff; am Ende erreichen die Gehalte an Kohlendioxid und Wasserstoff ein Maximum. Durch acidogene Bakterien wie Milchsäure-, Propionsäure- oder Buttersäurebakterien und Hefen wird die verwertbare Biomasse hauptsächlich in Essigsäure umgewandelt, aber auch in andere organische Säuren und in Alkohole sowie Kohlendioxid und Wasserstoff.

Danach schließt sich die anaerobe *instabile Methangärung* an ("alkalische Gärung"), die sich erst nach einigen Jahren stabilisiert. In diesem Zeitraum bilden sich dann durch methanogene, sulfatreduzierende und ggf. denitrifizierende Bakterien aus der Biomasse vor allem Methan, CH_4, und Kohlendioxid, CO_2, nach den beiden Reaktionen

$$CH_3COOH \longrightarrow CO_2 + CH_4 \qquad \Delta G = -53\,\text{kJ} \qquad (27\text{-}1)$$
$$4\,H_2 + CO_2 \longrightarrow CH_4 + 2\,H_2O \qquad \Delta G = -131\,\text{kJ} \qquad (27\text{-}2)$$

Nach 1,5 bis 2 Jahren beginnt die Jahrzehnte dauernde Phase der *stabilen Methangärung*, in der die Zusammensetzung des Deponiegases konstant bei 55...60 % CH_4 und 40...45 % CO_2 bleibt; der Anteil der Spurengase liegt meist deutlich unter 1 %. Das abgesaugte Deponiegas – bezogen auf den Hausmüll entstehen 150...250 m^3/t – kann nun beispielsweise in Feuerungsanlagen oder Verbrennungsmotoren genutzt werden.

Die Deponiegas-Zusammensetzung hängt also von der jeweiligen Abbauphase des Hausmülls ab. Aber auch die Zusammensetzung des Deponieinhalts beeinflusst die Gasproduktion (Tab. 27-4). Beispielsweise erniedrigen Sägespäne die Methanproduktion erheblich, während Gras oder andere Stoffe pflanzlicher Herkunft (Vegetabilien) den Methangehalt deutlich ansteigen lassen.

Der abgelagerte Müll im Deponiekörper wird im Laufe der Zeit unter dem Einfluss vor allem von Feuchtigkeit und Mikroorganismen teilweise umgewandelt: Er verwittert, er wird durch Wasser ausgelaugt, das als *Sickerwasser* aus dem Deponiekörper austritt, und er altert (er „sedimentiert künstlich"). Das Sickerwasser, das mit Schadstoffen aus dem Abfall und Produkten der Stoffumwandlungen im Deponiekörper belastet ist (s. auch Tabellen 17-7 und 17-8 in Abschn. 17.4), wird meist behandelt und dann in ein Gewässer oder in eine öffentliche Kanalisation eingeleitet.

Vegetabilien und Gras produzieren offensichtlich am meisten Methan (vgl. Tab. 27-4). Dies nutzt man auch anderweitig, um aus geeignetem organischen Material in speziellen Türmen *(Faultürmen)* Methan zu gewinnen. Der „Faulungsprozess" der organischen Stoffe entspricht im Wesentlichen dem anaeroben Abbau in einer Hausmülldeponie. Das hierbei entstehende Gas nennt man *Biogas* (auch *Faulgas*; vgl. Abschn. 19.4). Es entsteht bei der bakteriellen Zersetzung organischer Stoffe (des „Faulguts") wie Gras, Stalldung, Jauche, Schlachtabfällen, Klärschlamm, Stroh und dergleichen in Abwesenheit von Sauerstoff (anaerober Abbau). Biogas ist ein Gasgemisch vorwiegend aus CH_4 (50...70 %) und aus CO_2 (27...43 %); den Rest teilen sich – ähnlich wie bei Deponiegas (vgl. Tab. 27-3) – N_2, H_2 und H_2S. Der Abbau von organischen Substanzen lässt sich idealisiert beispielsweise für Glucose, $C_6H_{12}O_6$, beschreiben durch Gl. (2-20) (Abschn. 2.2.2).

Biogas ist ein *Brennstoff*: Es kann unter Abgabe nutzbarer Wärme wirtschaftlich verbrannt werden. Sein *Heizwert*, also sein Energiegehalt, liegt bei ca. 25 MJ/m^3 (zum Vergleich mit anderen Brennstoffen s. Tabellen 27-5 und 27-6).

Die Biogasbildung läuft ähnlich ab wie die Vorgänge in einer Deponie, lediglich ohne aerobe Phase. Der zurückbleibende ausgefaulte Rückstand (Schlamm) ist nahezu keimfrei und fast geruchlos. Da die Nährstoffe des Ausgangsmaterials wie Phosphor oder Kalium bei der Faulung weitgehend erhalten bleiben, kann der Rückstandsschlamm – vorausgesetzt, sein Gehalt an Schadstoffen (z. B. Schwermetallen) lässt dies zu – als hochwertiger Dünger genutzt werden.

27.3 Deponieklassen

Entsprechend der europäischen Deponierichtlinie (1999/31/EG) und der *TA Siedlungsabfall* („Technische Anleitung zur Verwertung, Behandlung und sonstigen Entsorgung von Siedlungsabfällen") ist eines der Ziele bei Bau und Unterhalt von Deponien, die Emissionen in Luft, Boden und (Grund-)Wasser auf ein

Tab. 27-4. Einfluss der Deponiezusammensetzung auf die Produktion von Deponiegas und dessen Gehalt an Methan.

Fraktion	Gesamtgas (in L/kg)	Methananteil (in L/kg)
Vegetabilien	340	291
Gras	386	216
Hausmüll	172	97
Zeitungspapier	168	94
Laub	128	71
Gartenabfälle	95	60
Sägespäne	44	24

Tab. 27-5. Mittlere Heizwerte einiger gasförmiger Brennstoffe.

Gas	Mittlerer Heizwert (in MJ/m^3)
Butan	124
Propan	93
Acetylen	57
Methan	36
Erdgas	35
Biogas	25
Stadtgas	16
Wasserstoff	11

Tab. 27-6. Mittlere Heizwerte einiger flüssiger und fester Brennstoffe.

Feststoff/Flüssigkeit	Mittlerer Heizwert (in MJ/kg)
Benzin	43
Heizöl	41
Steinkohle	32
Holzkohle	26
Methanol	19
Braunkohle	15
Holz	15

nicht vermeidbares Minimum zu reduzieren: Die Deponien sollen die Umwelt und die Nachbarschaft möglichst wenig beeinträchtigen. Deshalb dürfen nur geringe Mengen an organischen Stoffen im Ablagerungsmaterial enthalten sein, damit im Deponiekörper keine biochemischen Umwandlungsprozesse (s. auch Abschn. 27.2) zu befürchten sind, also praktisch kein Deponiegas entsteht, die organische Belastung des Sickerwassers gering ist und nur geringfügige Setzungen als Folge des biologischen Abbaus (von organischen Abfallbestandteilen) auftreten.

Hausmüll und Bodenaushub sind seit 2001 bzw. ab 2005, so die TA Siedlungsabfall, nur noch als „inertisierte" Abfälle (*Inertabfälle* in der Deponierichtlinie) abzulagern: Der Abfall muss eine bestimmte Festigkeit aufweisen; der organische Anteil des Trockenrückstandes, bestimmt als Glühverlust oder als TOC (*engl. Total Organic Carbon*, gesamter organisch gebundener Kohlenstoff; s. Abschn. 17.4.6), und der Gehalt an extrahierbaren lipophilen Bestandteilen (Stoffen mit einer Affinität zu Fetten, z. B. Halogenkohlenwasserstoffen) darf bestimmte Grenzen nicht überschreiten; und nach Eluieren mit Wasser (nach DIN 38414-4) müssen u. a. in Bezug auf Schwermetalle bestimmte Konzentrationsgrenzen unterschritten bleiben.

Dies bedeutet für viele Abfälle – auch für Hausmüll –, dass sie in Zukunft nicht mehr direkt in eine Deponie geliefert und dort gelagert werden können, sondern zuvor in einer Verwertungs- oder Beseitigungsanlage behandelt werden müssen. Deponiert werden dürfen nur noch Siedlungsabfälle, die nicht verwertet werden können und die weitgehend inert oder unlöslich (immobil) sind. Die Ablagerung von allen unbehandelten Abfällen, die die Zuordnungskriterien (Tab. 27-7) nicht erfüllen, wird nach der

Inertabfälle
(Richtline 1999/31/EG, Artikel 2 e)

Abfälle, die keinen wesentlichen physikalischen, chemischen oder biologischen Veränderungen unterliegen. Inertabfälle lösen sich nicht auf, brennen nicht und reagieren nicht in anderer Weise physikalisch oder chemisch, sie bauen sich nicht biologisch ab und beeinträchtigen nicht andere Materialien, mit denen sie in Kontakt kommen, in einer Weise, die zu Umweltverschmutzung führen oder sich negativ auf die menschliche Gesundheit auswirken könnte. Die gesamte Auslaugbarkeit und der Schadstoffgehalt der Abfälle und die Ökotoxizität des Sickerwassers müssen unerheblich sein und dürfen insbesondere nicht die Qualität von Oberflächenwasser und/oder Grundwasser gefährden.

Eluat

Die nach Herauslösen („Auslaugen") von adsorbierten Stoffen, z.B. von Schadstoffen, aus einer festen Substanz – hier aus dem zu deponierenden Abfall – übrigbleibende (mit Schadstoffen beladene) Flüssigkeit.

Tab. 27-7. Zuordnungswerte für die Deponieklassen I und II (nach Anhang B der TA Siedlungsabfall; Auswahl[a]).

Kriterien	Deponieklasse I	Deponieklasse II
Extrahierbare lipophile Stoffe der Originalsubstanz[b]	≤ 0,4 %	≤ 0,8 %
Organischer Anteil des Trockenrückstandes der Originalsubstanz, bestimmt als Glühverlust (oder TOC)[b]	< 3 % (< 1 %)	< 5 % (< 3 %)
Eluatkriterien		
Blei	≤ 0,2 mg/L	≤ 1 mg/L
Cadmium	≤ 0,05 mg/L	≤ 0,1 mg/L
Quecksilber	≤ 0,005 mg/L	≤ 0,02 mg/L
Fluorid	≤ 5 mg/L	≤ 25 mg/L
Phenole	≤ 0,2 mg/L	≤ 50 mg/L
wasserlöslicher Anteil (Abdampfrückstand)[b]	≤ 3 %	≤ 6 %

[a]   Physikalische Parameter zur Festigkeit des abzulagernden Abfalls (z. B. Flügelscherfestigkeit oder Druckfestigkeit) sind hier nicht aufgenommen.
[b]   Bezogen auf die Masse.

Abfallablagerungsverordnung (AbfAblV) bis spätestens zum 1. Juni 2005 untersagt.

Die TA Siedlungsabfall sieht zwei *Deponieklassen* vor, die sich in *Zuordnungswerten* unterscheiden; das sind Werte zur physikalischen Beschaffenheit (Festigkeit) und chemischen Zusammensetzung, die unterschritten sein müssen, damit ein nicht verwertbarer Abfall abgelagert werden darf (s. Tab. 27-7). Die beiden Deponieklassen unterscheiden sich in den Eluat-Grenzwerten für einige Metalle und Anionen und auch im erlaubten Gehalt an fettlöslichen Verbindungen und an organischen Stoffen.

Sofern die Abfälle die nach Deponieklassen abgestuften Kriterien nicht erfüllen, müssen sie durch geeignete Vorbehandlung deponiefähig gemacht werden. Für Hausmüll sind dazu derzeit möglicherweise die biologischen Behandlungsmethoden in der Lage, sicher jedoch die thermischen Verfahren.

In den als Regeldeponien angestrebten Deponien der Deponieklasse I sollen nicht verwertbare Abfälle mit besonders niedrigen Eluatwerten und ohne nennenswerte Anteile an organischen Stoffen abgelagert werden. Auf Deponien der Deponieklasse II dürfen Abfälle mit etwas höheren Anteilen an biologisch abbaubaren Stoffen und reduzierten Anforderungen an das Eluat abgelagert werden. Bei Deponien der Klasse II müssen deutlich höhere Anforderungen an Deponiestandort und Abdichtung der Deponiebasis und -oberfläche einhalten werden.

Als dritte Deponieklasse kann man die nach der TA Abfall Teil 1 anzulegende *Sonderabfalldeponie* (SAD; oberirdische Deponie für besonders überwachungsbedürftige Abfälle) ansehen. Sie ist für Sonderabfälle (s. Kap. 29) vorgesehen und gleicht, was die Anforderungen an Deponiekonstruktion, Betrieb u. ä. betrifft, der Deponieklasse II der TA Siedlungsabfall.

27.4 Verbrennung

Aufgrund der Regelungen der *TA Siedlungsabfall* (s. auch Abschn. 27.3) wird Hausmüll in Deutschland in naher Zukunft zunehmend verbrannt werden. Von 1990 bis 1997 ist der Anteil an Hausmüll, hausmüllähnlichen Gewerbeabfällen, an Sperrmüll, Straßenkehricht und an Marktabfällen, die der Verbrennung zugeführt wurden, von 15 % auf 33 % gestiegen.

Wenn Hausmüll verbrannt wird, muss dies – sofern keine halogenierten Kohlenwasserstoffe enthalten sind (s. auch Abschn. 18.2.1) – entsprechend den Forderungen in § 3 (4) 1 der *Abfallverbrennungsverordnung* („17. Verordnung zur Durchführung des Bundes-Immissionsschutzgesetzes: Verordnung über Verbrennungsanlagen für Abfälle und ähnliche brennbare Stoffe", 17. BImSchV) bei einer Mindesttemperatur von 850 °C geschehen.

Müllverbrennung ohne Stützfeuerung, also zusätzliche Energiezufuhr durch Heizöl oder Erdgas, ist möglich, wenn der Müll

27.4 Verbrennung

Deponieklassen
(nach Artikel 4 der Deponierichtlinie 1999/31/EG)

- Deponie für gefährliche Abfälle
- Deponie für nicht gefährliche Abfälle
- Deponie für Inertabfälle

Deponieklasse I

Deponie für Abfälle, die einen sehr geringen organischen Anteil enthalten und bei denen eine sehr geringe Schadstofffreisetzung im Auslaugungsversuch stattfindet.

(§ 2 Nr. 8 Abfallablagerungsverordnung, AbfAblV)

Deponieklasse II

Deponie für Abfälle, einschließlich biologisch-mechanisch behandelter Abfälle, die einen höheren organischen Anteil enthalten als die, die auf Deponien der Klasse I abgelagert werden dürfen, und bei denen auch die Schadstofffreisetzung im Auslaugungsversuch größer ist als bei der Deponieklasse I und bei der zum Ausgleich die Anforderungen an den Deponiestandort und an die Deponieabdichtung höher sind.

(§ 2 Nr. 9 AbfAblV)

Tab. 27-9. Emissionsgrenzwerte[a)] im Abgas von Verbrennungsanlagen. – Alle Angaben in mg/m^3, ausgenommen Dioxine/Furane.

Schadstoff	Grenzwert
Gesamtstaub	10
gas- und dampfförmige organische Stoffe[b)]	10
Chlorwasserstoff	10
Fluorwasserstoff	1
Schwefeldioxid	50
Kohlenmonoxid	50
Blei	0,5
Cadmium	0,05
Quecksilber	0,05
Polychlorierte Dibnezo dioxine/-furane[c)]	0,1 ng/m^3

[a]   Richtlinie 2000/76/EG.
[b]   Angegeben als organischer Gesamtkohlenstoff.
[c]   Summenwerte (s. Abschn. 18.2.2).

Tab. 27-10. Gemessene Emissionswerte bei Eintritt und Austritt der Abgas-Reinigungsstufe einer Müllverbrennungsanlage (Beispiel). – Alle Angaben in mg/m^3, ausgenommen Dioxine/Furane.

Schadstoff	Konzentration	
	am Eintritt	am Austritt
Staub	3000	< 1
HCl	1200	< 11
HF	12	< 0,1
SO$_2$	350	< 15
Hg	n. b.[a)]	< 0,05
Dioxine/ Furane[b)]	n. b.	< 0,1 ng/m^3

[a]   Nicht bestimmt.
[b]   Summenwerte (s. Abschn. 18.2.2).

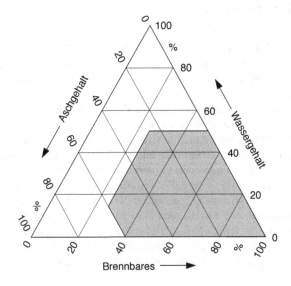

Abb. 27-2. „Mülldreieck": Brennbarkeit von Müll in Abhängigkeit von Asche- und Wassergehalt sowie vom Gehalt an brennbarem Material. – Gerasterte Fläche: Bereich der Müllverbrennung ohne Stützfeuerung.

bestimmte Bedingungen erfüllt, die seinen Gehalt an brennbaren Bestandteilen, an Wasser und an Asche betreffen: Nur Müll mit einer Zusammensetzung innerhalb des gerasterten Flächenteils des *Mülldreiecks* (weniger als 50 % Wasser, weniger als 60 % Asche und mehr als 25 % Brennbares) wird selbständig brennen, also ohne zusätzliche Feuerung (Abb. 27-2).

Im September 2000 waren in Deutschland 61 Anlagen zur thermischen Behandlung von Siedlungsabfällen in Betrieb (jährliche Kapazität ca. $14 \cdot 10^6$ t). Nahezu alle Anlagen verfügen über eine Wärmeverwertung (Strom, ggf. Fernwärme, Dampf). Weiterhin gibt es spezielle Verbrennungsanlagen für feste, pastöse und flüssige Sonderabfälle und für Reste und Rückstände aus anderen vorgeschalteten Abfallverwertungsanlagen wie Kompostierungsanlagen.

1997 sind in Deutschland $2,2 \cdot 10^6$ t Klärschlamm (Trockensubstanz) angefallen, 41 % davon wurden landwirtschaftlich genutzt. Der Anteil an nicht verwertetem Klärschlamm, der deponiert wird, liegt bei 16...19 %. Ab 2005 wird eine mechanisch-biologische Vorbehandlung von zu deponierendem Klärschlamm nicht mehr ausreichen: Der Schlamm wird weiter behandelt werden müssen, z. B. thermisch (Mitverbrennung in Hausmüllverbrennungsanlagen oder thermische Behandlung in eigenen Klärschlammverbrennungsanlagen), um den Anforderungen der TA Siedlungsabfall zu genügen.

Der Stand der Technik ist bei den *Müllverbrennungsanlagen* (MVA) inzwischen erheblich fortgeschritten (einige Grenzwerte s. Tab. 27-9). Diese Vorgaben zur Schadgasreinigung, die sich auch in der 17. BImSchV befinden, werden von vielen Anlagen nicht nur eingehalten, sondern sogar erheblich unterschritten (Tab. 27-10). Beispielsweise ist man heute in der Lage, durch geeignete Prozessführung praktisch dioxinfrei zu verbrennen. Dies bedeutet, dass MVA heute Dioxin-Senken sind.

28 Recycling

28.1 Begriffe

Mit Hilfe umweltverträglicher („umweltfreundlicher") Verfahren und Anlagen zu produzieren ist ein wichtiges Anliegen des produktionsbezogenen Umweltschutzes der Industrie, besonders der Chemischen Industrie (vgl. Kap. 4). Im *produktbezogenen* Umweltschutz (manche gehen soweit und sprechen von *produktintegriertem* Umweltschutz) geht es neben dem Schutz vor Gefahren, die von einem Produkt für die Umwelt ausgehen können, um den Lebenslauf des Produkts von der Anwendung oder vom Verbrauch bis schließlich zu seiner Entsorgung. Schon bei der Entwicklung neuer Produkte werden Fragen wie „Wie umweltverträglich ist das Produkt im Gebrauch?" gestellt. Verbesserte Produkteigenschaften können beispielsweise dazu beitragen, Rohstoffe zu sparen (z. B. die gesteigerte Reinigungskraft von Wasch- und Putzmitteln).

Eine andere wichtige Frage ist: „Was passiert, wenn ein Produkt das Ende seines Lebenszyklus erreicht hat?" An dieser Stelle des Lebenslaufs eines Produkts spielt Recycling eine besondere Rolle. Der Begriff *Recycling* (*lat.* re, wieder, zurück; cyclus, Kreis, Kreislauf) bedeutet „im (oder in den) Kreislauf (zurück)führen". „Aufbereitung" und „Verwendung/Verwertung" beschreiben das gleiche: Sie stehen für erneutes Nutzen von Materialien oder gebrauchten Produkten in den Produktions- oder Nutzungsprozessen, also das Rückgewinnen von Rohstoffen aus Abfällen. Es lassen sich parallel zu Produktion, Gebrauch und Entsorgung eines Industrieprodukts drei Arten des Recyclings unterscheiden (VDI-Richtlinie 2243):

- *Produktionsabfallrecycling*, „die Rückführung der Produktionsabfälle nach oder ohne Durchlauf eines Behandlungsprozesses – d. h. Aufarbeitungsprozesses – in einen neuen Produktionsprozess";
- *Produktrecycling*, also Recycling während des Gebrauchs des Produkts, „die Rückführung von gebrauchten Produkten nach oder ohne Durchlauf eines Behandlungsprozesses – z. B. des Aufarbeitungsprozesses – in ein neues Gebrauchsstadium unter Nutzung der Produktgestalt",
- *Altstoffrecycling*, also Recycling nach Produktgebrauch, „die Rückführung von verbrauchten Produkten bzw. Altstoffen nach oder ohne Durchlauf eines Behandlungsprozesses – d. h. Aufarbeitungsprozesses – in einen neuen Produktionsprozess".

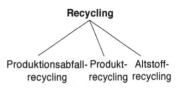

Darüber hinaus kann man grundsätzlich zwischen Verwendung und Verwertung unterscheiden. Bei der *Verwendung* wird das Produkt in den Nutzungskreislauf zurückgeführt, es behält seine Produktgestalt bei. Bei der *Verwertung* wird die Gestalt des Produkts aufgelöst mit dem Ziel, Wertstoffe zurückzugewinnen.

Zu diesen beiden Begriffen kommen noch die Vorsilben „wieder" und „weiter". Bei *Wiederverwendung* oder *Wiederverwertung* erfüllt das Produkt seine ursprüngliche Funktion. Von *Weiterverwendung* oder *Weiterverwertung* spricht man, wenn das Altprodukt für einen Zweck verwendet wird, für den es ursprünglich nicht hergestellt worden war, bzw. wenn ein andersartiger Produktionsprozess durchlaufen wird (Abb. 28-1).

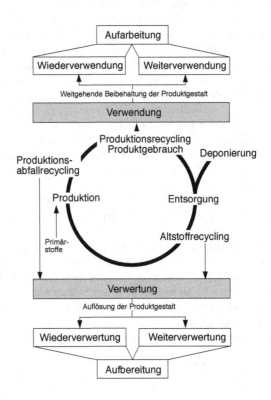

Abb. 28-1. Lebenszyklus eines Produkts und verschiedene Arten des Recyclings.

Manchmal unterscheidet man zwischen Primär- und Sekundärrecycling. Unter *Primärrecycling* versteht man die Zurückführung von gereinigter gebrauchter Ware in den Verwendungskreislauf. Man spricht von *Sekundärrecycling*, wenn ein Stoff nach seiner Verwendung in seine Elemente oder andere Grundbausteine aufgespalten wird, die dann wieder eingesetzt werden.

Recycling soll dazu beitragen, die Abfallmengen zu vermindern und gleichzeitig die knapper werdenden Rohstoffvorräte zu schonen. Abfallstoffe, die wieder in den Produktionsprozess eingebracht werden, ersetzen Primärrohstoffe – man nennt deshalb auch solche derart verwertbaren Abfälle oft *Sekundärrohstoffe*.

Recycling in einem geschlossenen Kreislauf (Abb. 28-2 a) ist eine Idealvorstellung, „Kreislaufwirtschaft" im Sinne des Wortes kann es nicht geben: In der Natur gibt es zwar so etwas begrenzt, zahlreiche Vorgänge verlaufen in einem Zyklus von Gebildet- und Zerstört-Werden – aber immer unter Zufuhr von Energie, die in der Natur durch die Sonne gesichert ist. Anders bei Wirtschaftsgütern in realen „Kreisprozessen": Hier gibt es zahlreiche Einschränkungen durch die Technik. Bei der Produktion werden Energie und Rohstoffe verbraucht, wobei Abfall entsteht, und die Produkte werden nach ihrer Nutzung auch zu Abfall (Abb. 28-2 b und c; s. auch Abb. 26-3 in Abschn. 26.1). Selbst beim Recycling ist zusätzliche Energie erforderlich z. B. für das Sammeln, Transportieren und Sortieren der zu verwertenden Abfälle. Und Energiebedarf bedeutet praktisch immer Umwandlung fossiler Energieträger in Kohlendioxid. Eingeschränkt möglich ist lediglich, die Rückstände (mit zusätzlicher Energie und ggf. weiterem Einsatz von Stoffen) aufzubereiten und wieder im gleichen

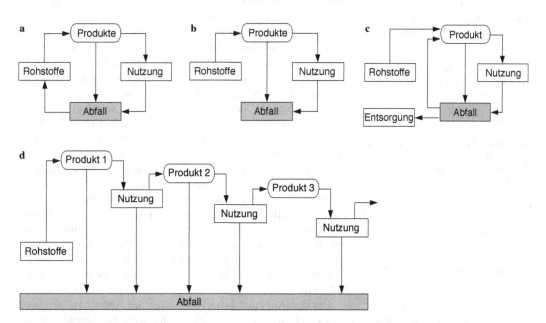

Abb. 28-2. Herstellung eines Produkts **a** mit vollständigem (idealem) Recycling, **b** mit anfallendem Abfall, **c** und **d** mit teilweiser Rückführung der Abfälle in den Prozess.

Tab. 28-1. Verwertung einiger industrieller Nebenprodukte[a].

Art des Abfalls	davon verwertet (in %)
Eisenhüttenschlacken	97
Nebengestein der Steinkohle	21
Müllverbrennungsaschen	68

[a] Deutschland, alte Bundesländer (1989); Abfallmenge 94,7 · 10^6 t.

Tab. 28-2. Verwertungsquoten von Verkaufsverpackungen (2000).

Material	Anteil (in %)
Glas	86
Papier, Pappe, Karton	86
Weißblech	84
Kunststoffe	70
Aluminium	70

Tab. 28-3. Anteil des Einsatzes an Altpapier an der deutschen Papierproduktion.

Jahr	1991	1995	1999
Anteil (in %)	50	58	61

Tab. 28-4. Anteil des Altpapiers bei der Produktion von Papierprodukten in Deutschland (Auswahl; 1999).

Bereich	Anteil (in %)
Wellpappenrohpapiere	111[a]
Verpackungspapiere und -pappen	97
Zeitungsdruckpapier	117[a]
Hygienepapiere	71
Grafische Papiere	16

[a] Die eingesetzte Menge an Sekundärrohstoff ist größer als die Menge des daraus hergestellten neuen Papiers.

oder in anderen Produktionsprozessen einzusetzen („Verwertungskaskaden", Abb. 28-2 d).

Es gibt industrielle Prozesse, z. B. die Eisen- und Stahlgewinnung (Tab. 28-1), bei denen jährlich große Mengen an Nebenprodukten anfallen, die teilweise oder weitgehend verwertet werden, beispielsweise Schlacken und Aschen beim Bau von Wegen und Straßen. Auch Hausmüll ist zum Teil eine Rohstoffquelle. Beispielsweise werden Papier-/Pappe- oder Glasabfälle zu mehr als 50 % als Rohstoffe verwendet. Und bei gebrauchten Verpackungen liegen die Verwertungsquoten bei 70 % und mehr (Tab. 28-2).

Recycling kann in manchen Fällen echt Ressourcen schonen helfen. In der deutschen Papierindustrie beispielsweise wird Altpapier in großem Umfang verwertet: 10 · 10^6 t im Jahr 1999 („Umweltschutzpapier"); der Altpapieranteil an der gesamten deutschen Papierproduktion liegt bei 61 % (Tab. 28-3), im Bereich der Verpackungspapiere liegt der Einsatz von Altpapier bei 100 % (Tab. 28-4).

Neben dem Schonen von Ressourcen und verminderten Umweltbelastungen bei der Produktion kann auch die Einsparung von *Energie* als Folge von Recycling interessant sein. So sind beispielsweise beim Erschmelzen aus Scherben nur etwa zwei Drittel der Energie erforderlich, die beim Herstellen von Glas aus den Primärrohstoffen Quarz, Kalk und Soda benötigt wird. Bei der Herstellung von Eisen oder Aluminium kann ebenfalls Energie gespart werden: Beim Erschmelzen einer Tonne Stahl aus Metallschrott wird nur die Hälfte bis ein Drittel derjenigen Energie benötigt, die erforderlich wäre, wenn der Stahl aus Erz hergestellt würde. Bei Aluminium (Anteil des Sekundäraluminums an der gesamten Aluminiumproduktion 1999: 30 %; Recyclingraten im Bereich Verpackungen: 72 %) ist diese Einsparung extrem hoch: Es sind nur noch 5 % der Energie erforderlich, die benötigt wird, Aluminium aus dem Erz *Bauxit* herzustellen.

Ein Faktor, der dem Recycling Grenzen setzt, ist die weiträumige Verteilung vieler Stoffe in der Umwelt. Es ist z. B. nicht möglich, das Blei aus den Kfz-Abgasen zurückzugewinnen, weil es in der Natur – besonders in der Nähe von Straßen – zu weiträumig verteilt ist. Ähnliches gilt für Kupfer, das zu einem großen Anteil in Lösungen, Pigmenten, Schlämmen, Legierungen und Stäuben enthalten ist (immerhin 60 % des Kupfereinsatzes in der Bundesrepublik Deutschland); der Energieaufwand für die Kupferrückgewinnung wäre unvertretbar hoch. Es sind ausreichende Mengen einmal verbrauchter Produkte und hohe Konzentrationen der zurückzugewinnenden Stoffe erforderlich, damit Recyclingverfahren überhaupt ökonomisch und ökologisch sinnvoll werden.

Um den Aufwand beim Auftrennen des Abfalls zu mindern, hat es sich in vielen Ländern durchgesetzt, bestimmte Abfälle (Tab. 28-5) über Depotcontainer, stationäre Annahmestellen, Schadstoffmobile oder spezielle Wertstofftonnen getrennt zu sammeln. Ein Teil dieser Abfälle wird verwertet – bei Altpapier, Altglas und kompostierbaren organischen Abfällen mehr als 90 % –, und der Rest wird im Wesentlichen beseitigt.

Recycling ist in einigen Bereichen, in denen es weit verbreitet und allgemein akzeptiert ist, unter energetischen und abfallwirtschaftlichen Gesichtspunkten fragwürdig. Altglas für Behälterglas wird in Deutschland inzwischen zwar zu 80 % verwertet (Tab. 28-6). Aber *Einwegflaschen* zu produzieren und nach Verwendung die Scherben mit großem Aufwand zu sammeln und zum Produzenten zurückzutransportieren, damit daraus wieder neue Flaschen hergestellt werden, ist zwar rohstoffsparend, belastet jedoch die Umwelt wegen des Energieaufwands, der mit dem Transportieren und erneuten Produzieren verbunden ist. Andererseits belastet bei Mehrwegflaschen neben dem Transport das Reinigen der benutzten Flaschen besonders das Abwasser.

Ob Recycling sinnvoll ist oder nicht, lässt sich nur klären, wenn man es mit anderen Prozessen vergleicht – beispielsweise mit solchen, bei denen Primärrohstoffe eingesetzt werden; dabei muss man stets den Verbrauch von Stoffen *und* den von Energie berücksichtigen. (Zur Bewertung von Produkten und Verfahren ist das Instrument „Ökobilanz" geeignet; vgl. Abschn. 4.4.)

In vielen Anwendungen führt Recycling zu einer Minderung der Produktqualität und damit zu einem Wertverlust (man spricht auch von „Down-Recycling" oder sogar von *Downcycling*). Dies gilt besonders für Kunststoffe, von denen viele Sorten im Hausmüll zu finden sind. Kunststoffabfälle sind im Allgemeinen stark verunreinigt. Es ist meist nicht wirtschaftlich und auch nicht möglich, sie sortenrein aufzutrennen und ausreichend zu reinigen. Das Verarbeiten solcher verunreinigter Kunststoffe führt in der Regel zu Neuprodukten minderer Qualität, z. B. von geringerer Härte und Wärmebeständigkeit.

Kunststoffabfälle sind hochmolekulare Stoffe; sie lassen sich durch physikalische Trennverfahren wie Destillation, Extraktion oder Kristallisation nicht reinigen. Deshalb bleibt für ein Recycling nur der Weg über die pyrolytische Zersetzung der Makromoleküle in kleinere Bruchstücke, die dann mit Trennverfahren, wie sie in der Petrochemie üblich sind, aufgearbeitet und anschließend wieder verarbeitet werden können („Sekundärrecycling"; s. Abschn. 28.1).

Jedes Recycling belastet die Umwelt. Zum einen ist für Sammeln, ggf. Sortieren, Transport und Aufbereiten des Materials Energie nötig; zum anderen gibt es beim Recycling – wie bei allen industriellen Prozessen – Probleme in Bezug auf Wasser- und Luftreinheit.

In den klassischen Industriestaaten funktioniert das Verwerten von Abfällen schlechter als in Ländern mit geringerem Lebensstandard – wahrscheinlich wegen des verhältnismäßig hohen ökonomischen Anreizes für Bewohner dieser Staaten. An ökologisch sinnvollem Wiederverwenden/Wiederverwerten kommt aber auch unsere Gesellschaft nicht vorbei, weil die Umweltbelastung bei

28.2 Möglichkeiten, Grenzen

Tab. 28-5. Im Rahmen der öffentlichen Abfallentsorgung getrennt gesammelte Abfälle (1990).

Abfallart	Menge (in 10^3 t)
Altpapier	1605
Altglas	1324
Kompostierbare organische Abfälle	1264
Kunststoffe	41
Altöl	19
Altfarben und Lacke	13
Auto- und Kleinbatterien	10
Lösungsmittel	3
Altmedikamente	3

Tab. 28-6. Anteil der Altglasverwertung (Behälterglas) in Deutschland.

Jahr	1996	1997	1999
Anteil (in %)	75	79	80

Ist Recycling sinnvoll?

Recycling ist aus ökologischer Sicht nur dann sinnvoll, wenn die beim Sammeln und erneuten Verarbeiten anfallenden Rückstände, Emissionen, benötigten Energiemengen und Belastungen der Umwelt geringer sind als die Summe der Belastungen, die bei der Herstellung neuer Materialien aus Primärrohstoffen und Deponierung oder Verbrennung der Abfälle anfallen.

Herstellung eines Produktes aus Abfallstoffen in den meisten Fällen doch geringer ist als die, die mit der Herstellung des Produkts oder Halbzeugs aus den in der Natur gewonnenen Primärrohstoffen, z. B. aus Erz, verbunden ist.

Die technologischen Möglichkeiten, Stoffe wie Papier, Eisen oder Nichteisen-Metalle als *Sekundärrohstoffe* (vgl. Abschn. 2.6) zu verwenden, sind schon seit langem bekannt; veränderte marktwirtschaftliche und auch rechtliche Randbedingungen werden wohl in naher Zukunft die Anreize für Gewerbe und Industrie vergrößern, solche Technologien weiterzuentwickeln, sie vermehrt einzusetzen und auf andere Produktgruppen auszudehnen.

Bei den Verpackungen, die einen großen Anteil des Abfalls ausmachen, hat der Gesetzgeber für deren Verwertung Anstöße durch die *Verpackungsverordnung* („Verordnung über die Vermeidung von Verpackungsabfällen", VerpackV) gegeben. Man will erreichen, dass Verpackungsabfälle möglichst vermieden oder zumindest stofflich verwertet werden. Nach dieser Verordnung unterliegen die meisten Verpackungsarten einer umfangreichen Rücknahmepflicht durch Hersteller und Vertreiber.

Beide können sich Dritter bedienen, um den Verpflichtungen aus der VerpackV nachzukommen. Dazu haben Handel, Konsumgüterindustrie und Verpackungswirtschaft die Firma *Duales System Deutschland* (DSD) als GmbH gegründet – „dual", weil es als zweites Entsorgungssystem parallel zur kommunalen Abfallbeseitigung betrieben wird. Das DSD hat in Deutschland ein Entsorgungssystem organisiert, in dem gebrauchte *Verkaufsverpackungen* wie Getränkekartons, Joghurtbecher oder Zahnpastatuben flächendeckend eingesammelt, sortiert und stofflich verwertet werden. Das DSD vergibt auf Antrag der Befüller für alle Verkaufsverpackungen, die diesem System angeschlossen sind, den *Grünen Punkt*. Auf einer Einwegverpackung soll er signalisieren, dass diese nicht mehr als Abfall beseitigt werden soll, sondern dass die entsprechende Herstellerfirma Lizenzgebühren an das DSD entrichtet hat, mit denen die Industrie ihrer Verpflichtung nachkommen will, die Verpackungen stofflich zu verwerten.

28.3 Baustoffe

Einen besonders hohen Stellenwert hat Recycling bei *Baustoffen*, also den mineralischen oder nichtmineralischen Materialien, die zum Bau von Gebäuden, Straßen usw. benötigt und verwendet werden. Im Baubereich fallen sehr unterschiedliche Stoffe als Abfälle an, die möglichst weitgehend wiederverwertet werden sollen, neben Steinen, Ziegeln u. ä. beispielsweise Holz, Metalle, Glas oder Kunststoffe. Diese *Bauabfälle* (manchmal auch *Baurestmassen* genannt) stellen am gesamten Abfallaufkommen in

Bauabfälle

Boden- Straßen- Bau- Baustellen-
aushub aufbruch schutt abfall

Deutschland (ca. $400 \cdot 10^6$ t/a) den größten Anteil: ca. 60 % (bezogen auf das Gewicht) oder ca. 50 % bezogen auf das Volumen. Sie bestehen zu 75 % aus Bodenaushub; den Rest machen Straßenaufbruch, Bauschutt und Baustellenabfälle aus (Tab. 28-7).

Tab. 28-7. Zusammensetzung von Bauabfällen.[a)]

Bodenaushub	Straßenaufbruch	Bauschutt	Baustellenabfälle
Mutterboden	bituminös	Erdreich	Holz
Sand, Kies	oder hydraulisch	Beton	Kunststoff
Lehm, Ton	gebundene Stoffe	Fliesen	Papier
Steine, Fels	teerhaltige	Ziegel	Pappe
	oder teerbehaftete	Kalksandstein	Metall
	Substanzen	Mörtel	Kabel
	Pflaster- und Randsteine	Gips	Farben
	Sand, Kies, Schotter	Blähton	Lacke
		Steinwolle	Kleister

[a] 1997: insgesamt ca. $225 \cdot 10^6$ t; 1996: $83{,}2 \cdot 10^6$ t (ohne Bodenaushub), davon 70 % verwertet.

Unbelasteter *Bodenaushub (Erdaushub)* besteht aus natürlich gewachsenem oder bereits verwendetem Erd- oder Felsmaterial. Er fällt bei fast allen Bautätigkeiten an und ist schon seit langem ein Wirtschaftsgut: Er wird praktisch vollständig verwertet und nicht auf Deponien abgelagert. Kontaminierter Boden fällt in den Bereich der Altlastensanierung (vgl. Kap. 24).

Zum *Straßenaufbruch* zählt man alle Stoffe, die beim Rückbau, Ausbau und bei der Instandsetzung von Straßen, Wegen oder verfestigten Flächen anfallen. Es handelt sich um mineralisches Material, das mit Bitumen oder Teer gebunden oder ungebunden im Straßenbau verwendet wurde. Straßenaufbruch wird zur Zeit zu ca. 60 % wiederverwendet.

Bauschutt ist im Wesentlichen mineralisches Material, das überwiegend beim Abbruch oder Abriss von Bauwerken oder Bauwerksteilen anfällt. Er ist in der Regel heterogen zusammengesetzt: Er besteht vorwiegend aus Steinbaustoffen (z. B. Kalksandstein, Naturgestein), Beton, Ziegeln und Mörtel. Bauschutt wird zur Zeit immer noch in erheblichem Umfang deponiert, lediglich 20 % des Bauschutts werden stofflich verwertet.

Baustellenabfälle enstehen bei Neu-, Um- und Ausbauten im Hoch- und Tiefbau. Sie enthalten viele verschiedenartige Bestandteile, z. B. Verpackungsabfälle, Farb- und Lackreste, Glas- und Keramikbruch, Dachpappe, Holz, Metalle, Teppich- und Klebstoffreste, Elektro- und Kabelabfälle, Dämmstoffe, Isolier- und Kunststoffe.

Werden Bauwerke mit der Abrissbirne oder durch Sprengung abgrissen, dann werden mit Schadstoffen kontaminierte Baustoffe (z. B. von Schornsteinen) mit unkontaminiertem Material ver-

Baustoff

mineralischer   nicht-mineralischer

mischt. Oft erhält man auf diese Weise ein belastetes Bauschutt-gemisch, das zwar noch nicht auf einer Deponie abgelagert werden muss, aber dennoch zu stark belastet ist (z. B. mit PAK), um uneingeschränkt weiterverwendet zu werden. Um solche Bauabfälle zu vermeiden und verwerten zu können, wird die Abbruch- und Bauindustrie gezwungen sein, als Stand der Technik den *kontrollierten Rückbau* von Gebäuden anzusehen. Dabei werden zunächst die in einem Gebäude verbauten Materialien und besonders die kontaminierten Bereiche erfasst, und erst dann werden die einzelnen Teile des Gebäudes nach Plan demontiert.

Recycling von Bauabfällen
(von Bauschutt, Straßenaufbruch und Baustellenabfällen; 1996)

Angefallen: 83,2 · 10^6 t; davon verwertet: 70 %

Die Menge der zu deponierenden Stoffe soll – dies gilt für alle Abfälle – auf das absolut unvermeidliche Maß reduziert werden; möglichst viel soll verwertet („rezykliert") werden. Diese Regelungen des europäischen Abfallrechts (vgl. EU-Abfallrichtlinie 75/442/EWG) und des Kreislaufwirtschafts- und Abfallgesetzes gelten auch für Bauabfälle. Überdies geben zahlreiche Regelungen der TA Siedlungsabfall genaue Anweisungen, wie Bauabfälle zu behandeln sind.

Heute werden die aufgearbeiteten Bauabfälle im Wesentlichen im Straßen-, Wege- und Tiefbau eingesetzt – meist eher ein „Downcycling" der eingesetzten Materialien als ein *Recycling*. Das Ziel einer echten Kreislaufwirtschaft muss es hingegen sein, ständig mehr Stoffe wiederzuverwenden, also solche Rohstoffe oder Produkte herzustellen, die dort eingesetzt werden können, wo sie herstammen. Dies kann dadurch erreicht werden, dass die spezifischen Produkteigenschaften der Rezyklate eng gefasst werden und durch geeignete Untersuchungs- und Kontrollmethoden sicherstellt wird, dass die Recycling-Baustoffe die erforderliche Güte und Qualität besitzen.

In Bezug auf die Anwendungen gibt es Bauabfall mit niedrigeren Qualitätsanforderungen, z. B. für den Straßen- und Wegeunterbau; im Gegensatz dazu gibt es Anwendungen, bei denen an den Bauabfall Qualitätsanforderungen wie an Primärrohstoffe gestellt werden (müssen), z. B. bei Material für Tragschichten im Straßenbau.

29 Sonderabfall

29.1 Begriffe

Der im Sprachgebrauch übliche Begriff *Sonderabfall* ist im europäischen Recht und auch im Kreislaufwirtschafts- und Abfallgesetz (KrW-/AbfG) oder anderen Regelungen für Deutschland nicht zu finden, lediglich in einigen Länder-Abfallgesetzen. Im europäischen Recht geht es um *gefährliche Abfälle* (Richtlinie 91/689/EWG); in § 41 (1) KrW-/AbfG ist von *besonders überwachungsbedürftigen Abfällen* die Rede: Es handelt sich dabei um Abfälle

> „aus gewerblichen oder sonstigen wirtschaftlichen Unternehmen oder öffentlichen Einrichtungen, die nach Art, Beschaffenheit oder Menge in besonderem Maße gesundheits-, luft- oder wassergefährdend, explosibel oder brennbar sind oder Erreger übertragbarer Krankheiten enthalten oder hervorbringen können".

Solche besonders überwachungsbedürftigen Abfälle können zur Verwertung oder zur Beseitigung bestimmt sein. In beiden Fällen sind an die Überwachung sowie an die Verwertung bzw. Beseitigung dieser Abfälle „besondere Anforderungen zu stellen" [§ 41 (3) 1]. Abfälle, die zu den Sonderabfällen zählen, sind in der *Bestimmungsverordnung besonders überwachungsbedürftige Abfälle* (s. Abschn. 30.3) zusammengefasst.

Im Besonderen sind Produktionsabfälle aus Industriebetrieben Sonderabfälle, z. B. Abfälle aus der pharmazeutischen, metall-, glas- und mineralölverarbeitenden sowie petrochemischen Industrie; darunter fallen Teerrückstände, organische Lösungsmittel, organisch-chemische Rückstände und Fehlchargen aus der Chemischen Industrie, Säuren, Laugen, wasserlösliche Schwermetall-Salze sowie Schlämme aus der Metallverarbeitung und -veredlung (s. auch Tab. 26-8).

Sonderabfälle besitzen ein hohes Umwelt- oder Gesundheitsgefährdungspotenzial, und sie werden deshalb behördlich besonders überwacht. Der Gesetzgeber hat für diese Art von Abfällen *Nachweisverfahren* vorgeschrieben (§ 43 KrW-/AbfG): Der Besitzer oder Erzeuger hat u. a. nachzuweisen, wie er die Abfälle verwertet oder beseitigt hat (z. B. durch ein Abfallwirtschaftskonzept und Abfallbilanzen bei Verwertung im eigenen Betrieb oder durch Belege bei Beseitigung durch einen gewerbsmäßigen Entsorgungsfachbetrieb).

29 Sonderabfall

Tab. 29-1. Beseitigung und Verwertung von Abfällen aus der Produktion.

Entsorgung	1990	1993
	Menge (in 10^6 t)	
Beseitigung	53	31
Verwertung	45	47
Zusammen	98	78

Für Abfälle wird in allen Länder der EU gesetzlich gefordert, dass sie – wenn schon nicht vermeidbar – möglichst verwertet werden sollen: „Verwerten vor Beseitigen" ist schon seit vielen Jahren eine der wichtigsten Forderungen in der europäischen und nationalen Abfallgesetzgebung. Sie hat wesentlich dazu beigetragen, dass in den meisten Bereichen die Menge der Abfälle zur Beseitigung abgenommen und die zur Verwertung zugenommen hat; dies gilt auch für die Produktionsabfälle (Tab. 29-1).

Es gibt in der TA Abfall (vgl. Abschn. 30.2) eine Anweisung (Abb. 29-1), wie zu überprüfen ist, ob ein Abfall verwertet werden kann oder anderweitig entsorgt werden muss. In dieser Verwaltungsvorschrift werden für die Begriffe „technisch möglich", „zumutbar" usw. Auslegungshinweise gegeben.

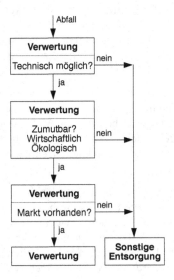

Abb. 29-1. Prüfschema nach TA Abfall (Nr. 4.3) zur Verwertung von Sonderabfällen.

Nicht vermeidbare Abfälle müssen immer möglichst umweltverträglich verwertet werden, und zwar stofflich (Recycling; s. Kap. 28) oder energetisch.

Energetisch verwertet werden dürfen Stoffe allerdings nur, wenn einige Mindestbedingungen erfüllt sind [§ 6 (2)]:

- Die Abfälle müssen einen Heizwert von 11 000 kJ/kg oder mehr besitzen,
- die Feuerungsanlage muss einen Wirkungsgrad von 75 % erzielen,
- die gewonnene Wärme muss selbst oder durch Dritte genutzt werden,
- die bei der Verwertung anfallenden Abfälle müssen möglichst ohne weitere Behandlung abgelagert werden können.

29.2 Thermische Behandlung, Sonderabfalldeponien

29.2.1 Vorbemerkungen

Sonderabfälle werden – je nach Art – speziellen Vorbehandlungs-
verfahren mit dem Ziel unterworfen, sie in eine Form umzuwandeln, die für eine nachfolgende Verwertung oder Beseitigung
(Verbrennung oder Ablagerung) geeignet ist. Einige Abfälle
werden dafür in speziellen Anlagen einer *c*hemisch-*p*hysikalischen
oder *b*iologischen Vorbehandlung (CPB) unterzogen. Zu diesen
Behandlungen – betroffen sind im Wesentlichen Säuren, Laugen,
schwermetallhaltige Lösungen mit toxischen Verbindungen wie
Cyanid und Chromat oder Öl-Wasser-Gemische – gehören u. a.
Neutralisation, Fällung/Flockung und Oxidation/Reduktion.

Die thermische Behandlung von Sonderabfällen ist die einzige großtechnisch verfügbare Methode, um eine Vielzahl von Abfällen umzuwandeln. Sie hat mehrere Ziele:

– Schädliche oder gefährliche Inhaltsstoffe in den Abfällen
  sollen zerstört, umgewandelt, abgetrennt, konzentriert oder
  immobilisiert werden; besonders sollen solche Abfälle minera-
  lisiert werden, die wegen ihres Anteils an organischen Schadstoffen nicht anders sinnvoll zu behandeln sind, um sie in eine
  ablagerungsfähige und umweltverträglichere Form zu bringen,
  z. B. Öl- und Farbschlämme oder Produktionsrückstände der
  Chemischen Industrie.

– Das Volumen und die Menge der Abfälle sollen – ein weiteres wichtiges Ziel der thermischen Behandlung – vermindert
  werden. (Bei der Hausmüllverbrennung wird das Volumen
  unter Aufbereitung und Verwertung der Schlacke um ca. 95 %
  reduziert.)

– Verwertbare Abfallkomponenten sollen zurückgewonnen werden, beispielsweise Metalle aus Metall-Kunststoff-Verbund-
  werkstoffen oder aus Elektronikschrott.

In der Abfalltechnik lassen sich die thermischen Behandlungs-
prozesse einteilen in Verbrennung, Pyrolyse, Vergasung und Hydrierung. Bei der *Verbrennung* handelt es sich um eine Stoffum-
wandlung bei höherer Temperatur in Anwesenheit von Sauerstoff.

Bei der *Pyrolyse* (auch *Entgasung* genannt) wird der zu besei-
tigende Stoff unter Zufuhr von Wärme, jedoch weitgehend unter
Ausschluss von Sauerstoff bei Temperaturen von 250...1100 °C
umgewandelt. Es bilden sich brennbare Gase oder Öle, die entweder weiter stofflich aufgearbeitet oder zur Energiegewinnung
genutzt werden können.

Die *Vergasung* ist eine Kombination aus teilweiser Pyrolyse
und Verbrennung. Bei hohen Temperaturen werden kohlenstoff-
haltige Anteile durch Luft oder Sauerstoff in gasförmige Brenn-

Thermische Behandlung
- Verbrennung
- Pyrolyse
- Vergasung
- Hydrierung

stoffe, z. B. CO, übergeführt, die dann weiter verbrannt werden können.

Unter *Hydrierung* versteht man die thermische Zersetzung ggf. in Gegenwart von Katalysatoren unter Sauerstoffausschluss mit nachfolgender Reduktion durch Wasserstoff unter hohem Druck. Dieses Verfahren ist besonders geeignet für chlororganische Verbindungen, da H_2 gemäß

$$R{-}Cl + H_2 \longrightarrow R{-}H + HCl \qquad (29\text{-}1)$$

Chloratome abspaltet und als Chlorwasserstoff bindet.

29.2.2 Verbrennung

Bei Sonderabfällen hat – neben der Deponierung – die Verbrennung als Methode der Beseitigung einen höheren Stellenwert als bei den anderen Abfallarten (vgl. Tab. 29-2 und Tab. 27-8 in Abschn. 27.4). Von der Menge und der ökologischen Bedeutung her nehmen die Halogenkohlenwasserstoffe einen besonderen Platz ein bei den Sonderabfällen, die durch Verbrennung beseitigt werden. In der Abfallverbrennungsverordnung (17. BImSchV) werden für diese Verbindungsklasse besondere Feuerungsbedingungen gefordert [§ 4 (2)]: Mindesttemperatur 1100 °C bei einer Verweilzeit von 2 s und einem Sauerstoff-Volumenanteil von mindestens 6 % in der Verbrennungsluft.

29.2.3 Andere thermische Verfahren

Pyrolyse und andere thermische Verfahren haben eine deutlich geringere Bedeutung als die Verbrennung. Die Pyrolyse bei niedrigeren Reaktionstemperaturen (Tab. 29-3) ist besonders bei Abfällen mit polymeren Bestandteilen erfolgversprechend, z. B. bei Kunststoffabfällen oder bei Altreifen.

Man kann bei der Pyrolyse zwei ineinandergreifende Schritte unterscheiden: Zuerst findet Zersetzung statt, die im Wesentlichen durch die Struktur des Polymers und die Reaktionsbedingungen geprägt ist. Bei dieser thermischen Depolymerisation bilden sich Kettenbruchstücke unterschiedlicher Länge; ggf. werden Seitenketten unter Bildung von H_2O, CO_2, NH_3, HCl, H_2S, CH_4 und anderen Aliphaten abgespalten. Dann finden Folgereaktionen statt, z. B. Polymerisation der primären Zersetzungsprodukte zu Teeren. Beispielsweise entstehen bei der Pyrolyse von getrocknetem Klärschlamm mehr als 60 % verwertbare gasförmige und flüssige Stoffe (Tab. 29-4).

In der Zwischenzeit gibt es auch eine funktionsfähige Hydrieranlage, in der Bitumen, Schweröle, Altöle, aber auch PCB-haltige Transformatorenflüssigkeiten durch Wasserstoffzugabe bei hohen Drücken und Temperaturen zu kurzkettigen Brenngasen, Heizölen und Benzin umgewandelt werden. Ideal sind solche Anlagen

Tab. 29-2. Beseitigung besonders überwachungsbedürftiger Abfälle aus dem produzierenden Gewerbe und aus Krankenhäusern (1990).

Abfälle und deren Beseitigung	Menge (in 10^6 t)
Erfasste Sonderabfälle	15,9
Beseitigt außerbetrieblich	6,8
Beseitigt in betriebseigenen	
Deponien	3,1
Verbrennungsanlagen	2,0
Abgegeben[a]	4,0

[a] An weiterverarbeitende Betriebe oder Altstoffhandel.

Tab. 29-3. Pyrolyse bei verschiedenen Temperaturen.

Bezeichnung	Reaktionstemperatur
Tieftemperaturpyrolyse	< 550 °C
Mitteltemperaturpyrolyse	550...800 °C
Hochtemperaturpyrolyse	> 800 °C

Tab. 29-4. Pyrolyse von getrocknetem Klärschlamm (Versuchsanlage; 600 °C).

Bestandteile	Massenanteil[a] (in %)
Teer und Leichtöl	44
Gas	18
Koks	22
Wasser	16

[a] Bezogen auf Trockenmasse.

immer im *Verbundbetrieb*: Der Wasserstoff fällt bei anderen Prozessen an, und die entstehenden Hydrierrückstände und die Brenngase werden einem anderen Verwerter, z. B. einer nahegelegenen Kokerei, zugeführt, während das erzeugte synthetische Rohöl (Benzin, Mitteldestillat, Schmieröl) an eine Raffinerie zum weiteren Aufarbeiten abgegeben wird.

29.2.4 Sonderabfalldeponien

Sonderabfälle (besonders überwachungsbedürftige Abfälle) können in *Zwischenlagern* zeitlich begrenzt deponiert werden. Dabei handelt es sich meist um spezielle Bauwerke, in denen Abfälle unter kontrollierten Bedingungen so lange gelagert bleiben, bis sie einer geeigneten Behandlung unterzogen werden oder bis für ihren sicheren, zeitlich unbegrenzten Verbleib in *Sonderabfalldeponien* gesorgt ist.

Um spezielle Sonderabfälle mit besonderem Gefährdungspotential fern der Biosphäre – in *Endlagern (Endlagerstätten)* – für lange Zeit abzulagern, richtet man *Untertagedeponien* ein. Auf diese Weise will man sicherstellen, dass Schadstoffe mit hohem und dauerhaftem Gefährdungspotential für Jahrzehnte oder gar Jahrhunderte der Biospäre ferngehalten werden. Als Untertagedeponien nutzt man Bergwerke, die ursprünglich der Rohstoffgewinnung dienten (z. B. ausgediente Salzbergwerke), Kavernen im Salzgestein oder Tiefbohrlöcher. Beispielsweise müssen die geologischen Barrieren für solche Deponien gegenüber Flüssigkeiten und Gasen dicht sein. Die weiteren Anforderungen an Standort, an Sicherheitsbeurteilung und Errichtung solcher Untertagedeponien und an ihren Betrieb sind in der TA Abfall (vgl. Abschn. 30.3) präzisiert.

In der Vergangenheit haben zahlreiche „Giftmüllskandale" mit dazu beigetragen, die breite Öffentlichkeit für Abfallfragen zu sensibilisieren. Bei solchen Vorfällen wurden in der Regel Sonderabfälle nicht ordnungsgemäß entsorgt – erinnert sei an das (nie endgültig geklärte) Verschwinden von 41 Fässern mit dioxinhaltigem Material aus *Seveso*, Oberitalien.

29.3 Abfallbeseitigung auf See

Die Meere galten lange Zeit – zu Unrecht – als nahezu unbegrenzt aufnahmefähig für Abfälle. Da die Nordsee ein abgetrennter Meeresteil ist, der nur begrenzt Wasser mit dem Atlantik austauscht, ist sie besonders gefährdet.

Um die Meere vor Missbrauch zu schützen, gibt es einige vertragliche Regelungen, die sich mit der Abfallbeseitigung auf See und in die See beschäftigen. Die wichtigsten internationalen Übereinkommen sind das Oslo- und das London-Abkommen, aus denen das *Hohe-See-Einbringungsgesetz* entstanden ist.

Anzahl

der öffentlich zugänglichen oberirdischen Sonderabfalldeponien in Deutschland (1997): 14

Oslo-Abkommen
(vom 15.2.1972)

„Übereinkommen über die Verhütung der Meeresverschmutzung durch das Einbringen durch Schiffe und Luftfahrzeuge"

London-Abkommen
(vom 29.12.1972)

„Übereinkommen über die Verhütung der Meeresverschmutzung durch das Einbringen von Abfällen und anderen Stoffen"

Auf See wurden bisher hauptsächlich flüssige chlorierte Kohlenwasserstoffe enthaltende Abfallstoffe verbrannt. Das *Verbrennen* dieser Abfälle wurde seit 1969 betrieben. Der sich dabei bildende Salzsäure-Nebel wird unmittelbar auf die Meeresoberfläche niedergeschlagen und schnell vom Meerwasser absorbiert und neutralisiert. Durch seinen Anteil an Alkalihydrogencarbonat und -carbonat ist das Meerwasser schwach alkalisch; 1 m^3 Meerwasser kann etwa 80 g Chlorwasserstoff neutralisieren. (Diese Methode der Entsorgung wurde früher hauptsächlich deshalb verwendet, weil zu wenig geeignete Sonderabfall-Verbrennungsanlagen an Land vorhanden waren.)

Gemäß den Beschlüssen der 2. Nordseeschutzkonferenz vom November 1987 in London wurde die *Verbrennung auf hoher See* bis 1994 europaweit eingestellt. Abfälle aus der Bundesrepublik Deutschland werden bereits seit 1989 nicht mehr auf See verbrannt.

Eine andere Art der „Abfallbeseitigung auf See" war das *Verklappen*. Man versteht darunter das Einbringen fester und flüssiger Abfallstoffe durch Spezialschiffe ins Meer: Feste Abfälle wurden versenkt, flüssige wurden durch direktes Einleiten in den Schraubenstrahl verquirlt. Die Schiffe öffneten dazu auf hoher See die Klappen oder Ventile ihrer Abfallbehälter, so dass die Abfallstoffe ins Meer fließen konnten.

Verklappt wurden vor allem *Dünnsäuren* (die bei chemischtechnischen Prozessen entstehenden meist stark verunreinigten Abfallsäuren niederer Konzentrationen). Zu den Abfallsäuren, die viele Jahre lang auf diese Weise auf hoher See entsorgt wurden, zählt im Besonderen die bei der Gewinnung von *Titandioxid* (TiO_2), einem wichtigen Weißpigment, durch Aufschluss des Erzes *Ilmenit* mit konzentrierter Schwefelsäure anfallende Dünnsäure, die durchschnittlich 20 % Schwefelsäure und vor allem größere Mengen an gelöstem Eisensulfat, dem *Grünsalz*, enthält.

Die *Tiefenverpressung (Tiefenversenkung)* wurde bei bestimmten flüssigen Abfallarten angewandt, z. B. bei HCl-haltiger Dünnsäure aus der Produktion von mineralischen *Bleicherden* (feinverteilte, kolloide Aluminium- und/oder Magnesiumsilicate mit hoher Adsorptionskraft zum Entfärben, *Bleichen*, beispielsweise von Pflanzenölen und Fetten). Dazu wurden die Säuren unterhalb von nutzbaren Wasserschichten etwa in 500...1500 m Tiefe verpresst (1967 bis 1977 rund $12 \cdot 10^6$ m^3).

30 Abfallrecht

30.1 Europäisches Abfallrecht

Die *Rahmenrichtlinie* für das europäische Abfallrecht ist die Richtlinie 75/442/EWG über Abfälle. Im Artikel 1 (2) a ist die für alle Länder der EU verbindliche Definition für Abfälle zu finden:

> „Abfälle": alle Stoffe oder Gegenstände, die unter die in Anhang I aufgeführten Gruppen fallen und deren sich ihr Besitzer entledigt, entledigen will oder entledigen muss.

In diesem Anhang I sind 16 Abfallgruppen aufgeführt (Tab. 30-1); die gleiche Liste findet sich auch als Anhang I im KrW-/AbfG (vgl. Abschn. 30.2).

In dieser europäischen Abfall-Rahmenrichtlinie wird festgehalten, dass die Mitgliedstaaten alle Maßnahmen treffen sollen, um folgendes zu fördern [Artikel 3 (1)]:

– in erster Linie die Verhütung oder Verringerung der Erzeugung von Abfällen und ihrer Gefährlichkeit und
– in zweiter Linie die
  a) *stoffliche Verwertung* der Abfälle (Rückführung, Wiederverwendung, Wiedereinsatz oder andere Verwertungsvorgänge im Hinblick auf die Gewinnung von sekundären Rohstoffen) oder
  b) *energetische Verwertung* der Abfälle.

EU-Abfallrichtlinie

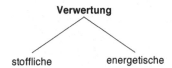

Tab. 30-1. Abfallgruppen nach Anhang I der Richtlinie 75/442/EWG (auch des Kreislaufwirtschafts- und Abfallgesetzes; Auswahl).

Gruppe	Art des Abfalls
Q 2	Nicht den Normen entsprechende Produkte
Q 3	Produkte, bei denen das Verfalldatum überschritten ist
Q 7	Unverwendbar gewordene Stoffe (z. B. kontaminierte Säuren, Lösungsmittel, Härtesalze usw.)
Q 8	Rückstände aus industriellen Verfahren (z. B. Schlacken, Destillationsrückstände usw.)
Q 11	Bei der Förderung und der Aufbereitung von Rohstoffen anfallende Rückstände (z. B. im Bergbau, bei der Erdölförderung usw.
Q 12	Kontaminierte Stoffe (z. B. mit PCB verschmutztes Öl usw.)
Q 15	Kontaminierte Stoffe oder Produkte, die bei der Sanierung von Böden anfallen

Neben diesen beiden Arten der Verwertung nennt die Richtlinie 94/62/EG „über Verpackungen und Verpackungsabfälle" noch die *organische* Verwertung: die aerobe Behandlung (*biologische* Verwertung) oder die anaerobe Behandlung (*Biogaserzeugung*) der biologisch abbaubaren Bestandteile von Verpackungsabfällen.

Neben dieser Rahmenrichtlinie, die in den letzten Jahren zahlreiche Änderungen erfahren hat, gibt es einige europäische Richtlinien, die spezielle Abfälle betreffen:

– Da sind zunächst die *gefährlichen Abfälle* (Richtlinie 91/689/EWG; mehr dazu s. Kap. 29).

– Weiterhin wird die Beseitigung von *Altöl* (Richtlinie 75/439/EWG) geregelt. Die Mitgliedsstaaten werden aufgefordert, mit entsprechenden Maßnahmen sicherzustellen, „dass bei der Sammlung und Beseitigung von Altölen keine vermeidbare Beeinträchtigung der Menschen, der Gewässer, der Luft oder des Bodens eintritt" (Artikel 2).

– Die Richtlinie 76/403/EWG schreibt die Beseitigung von Geräten oder Gegenständen, die *polychlorierte Biphenyle* und *Terphenyle* enthalten, vor und fordert die Mitgliedstaaten auf, die erforderlichen Maßnahmen zu treffen, damit deren Regenerierung so weit wie möglich gefördert wird (s. auch Abschn. 18.2.3).

– Die Richtlinie 91/157/EWG fordert von den Mitgliedstaaten der EU, das Inverkehrbringen von *Batterien* und *Akkumulatoren* zu verbieten, die vorgeschriebene Gewichtsanteile an Quecksilber, Cadmium oder Blei überschreiten. Auch wird in dieser Richtlinie das Einsammeln von Batterien und Akkumulatoren für die Verwertung oder Beseitigung angesprochen.

– Die Richtlinie 94/62/EG propagiert das Ziel, *Verpackungsabfälle* zu vermeiden oder Verpackungen wiederzuverwenden. Ab 1.7.2001 sollen 50...65 % des gesamten Verpackungsamterials (bezogen auf dessen Masse) verwertet werden, 25...45 % stofflich.

– In der Richtlinie 86/278/EWG geht es um die Verwendung von *Klärschlamm* in der Landwirtschaft, also das Ausbringen von Schlämmen auf dem Boden. Festgelegt sind für Schwermetalle die höchstens zulässigen Konzentrationen in den Schlämmen und die jährlichen Höchstmengen, die in die landwirtschaftlich genutzten Böden eingebracht werden können (s. auch Abschn. 19.4).

Überdies ist die grenzüberschreitende Verbringung gefährlicher Abfälle in der europäischen *Abfallverbringungsverordnung* geregelt (Verordnung Nr. 259/93 „zur Überwachung und Kontrolle der Verbringung von Abfällen in der, in die und aus der Europäischen Gemeinschaft").

30.2 Kreislaufwirtschafts- und Abfallgesetz

Das Abfallrecht ist ein zentrales Gebiet des Umweltrechts, das zu anderen Bereichen des Umweltschutzes, beispielsweise zum Gewässerschutz oder zum Immissionsschutz, in Beziehung steht. Das Abfallrecht enthält Vorschriften zur Vermeidung, Verwertung und zur Beseitigung von Abfällen. Sein wichtigstes Regelwerk ist das *Kreislaufwirtschafts- und Abfallgesetz* („Gesetz zur Förderung der Kreislaufwirtschaft und Sicherung der umweltverträglichen Beseitigung von Abfällen", KrW-/AbfG) mit seinen ergänzenden Verordnungen (Abb. 30-1) und Verwaltungsvorschriften.

Zunächst wird im Kreislaufwirtschafts- und Abfallgesetz für den zentralen Begriff „Abfall" eine dem europäischen Abfallrecht nahezu identische Definition gegeben [§ 3 (1); s. Abschn. 26.1]. Es gibt nur *Abfälle zur Verwertung* oder *Abfälle zur Beseitigung*. Die frühere Unterscheidung zwischen „Abfall" (im Falle der Beseitigung) und „Wirtschaftsgut" (im Falle der Verwertung) ist entfallen: Alle Produktionsrückstände gelten als Abfall, auch wenn sie verwertet werden.

Nach dem KrW-/AbfG sind Abfälle „in erster Linie zu vermeiden, insbesondere durch die Verminderung ihrer Menge und Schädlichkeit" [§ 4 (1) 1]. Maßnahmen hierfür sind vorrangig „die anlageninterne Kreislaufführung von Stoffen, die abfallarme Produktgestaltung sowie ein auf den Erwerb abfall- und schadstoffarmer Produkte gerichtetes Konsumverhalten" [§ 4 (2)].

Einmal entstandene Abfälle sind „stofflich zu verwerten oder zur Gewinnung von Energie zu nutzen" [§ 4 (1) 2]. Zur *stofflichen Verwertung* gehört auch das Recycling (s. Kap. 28). Die *energetische Verwertung* „beinhaltet den Einsatz von Abfällen als Ersatzbrennstoff" [§ 4 (4)] (davon zu unterscheiden ist die thermische Behandlung von Abfällen zur Beseitigung): Der Hauptzweck des Verbrennens darf nicht sein, das Schadstoffpotenzial des Abfalls zu vermindern oder zu beseitigen, sondern den Abfall zu nutzen.

Vor der Beseitigung von Abfällen genießt die Verwertung Vorrang, wenn sie technisch möglich und wirtschaftlich zumutbar ist, und wenn für die gewonnenen Produkte oder für die gewonnene Energie ein Markt vorhanden ist oder geschaffen werden kann [§ 5 (4)]. Keiner der beiden Verwertungsarten wird der Vorrang gegeben: Jeweils die „besser umweltverträgliche Verwertungsart" [§ 6 (1) b] ist vorzuziehen.

Mit der anlageninternen Verwertung von Abfällen sind einige allgemeine Pflichten und einige Anforderungen verbunden, z. B. hat die Abfallentsorgung „ordnungsgemäß und schadlos" zu erfolgen [§ 4 (3)]. Besondere Anforderungen werden an die Kreislaufwirtschaft für Klärschlamm und Kompost gestellt, die als landwirtschaftliche Dünger eingesetzt werden sollen (§ 8).

Abfälle sind im Inland zu beseitigen [§ 10 (3)]. Nähere Ausführungen dazu finden sich im *Abfallverbringungsgesetz* („Ge-

30.2 Kreislaufwirtschafts- und Abfallgesetz

Kreislaufwirtschafts- und Abfallgesetz (KrW-/AbfG)

Bestimmungsverordnung besonders überwachungsbedürftiger Abfälle (BestbüAbfV)

Bestimmungsverordnung überwachungsbedürftiger Abfälle zur Verwertung (BestüVAbfV)

Abfallverzeichnis-Verordnung (AVV)

Abfallwirtschaftskonzept- und -bilanzverordnung (AbfKoBiV)

Klärschlammverordnung (AbfKlärV)

Altölverordnung (AltölV)

Verpackungsbverordnung (VerpackV)

Abfall-Ablagerungsverordnung (AbfAblV)

Bioabfallverordnung (BioAbfV)

Batterieverordnung (BattV)

Abb. 30-1. Rechtsverordnungen zum Kreislaufwirtschafts- und Abfallgesetz (Auswahl).

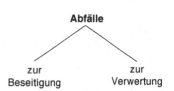

Abfälle

zur Beseitigung   zur Verwertung

setz über die Überwachung und Kontrolle der grenzüberschreitenden Verbringung von Abfällen", AbfVerbrG).

Im Besonderen sind Abfälle „so zu beseitigen, dass das Wohl der Allgemeinheit nicht beeinträchtigt wird" [§ 10 (4)], d. h.

- die Gesundheit der Menschen darf nicht beeinträchtigt werden,
- Tiere und Pflanzen dürfen nicht gefährdet werden,
- Gewässer und Boden dürfen nicht schädlich beeinflusst werden,
- es dürfen keine schädlichen Umwelteinwirkungen durch Luftverunreinigungen oder Lärm verursacht werden,
- die Belange der Raumordnung und der Landesplanung, des Naturschutzes und der Landespflege sowie des Städtebaus müssen gewahrt bleiben,
- die öffentliche Sicherheit und Ordnung dürfen nicht gefährdet oder gestört werden.

Neben der Unterscheidung von Abfällen zur Beseitigung und Abfällen zur Verwertung (nach § 3; s. oben) gibt es noch eine andere Einstufung: als besonders überwachungsbedürftige Abfälle, als überwachungsbedürftige Abfälle und als nicht überwachungsbedürftige Abfälle. Abfälle sind *besonders überwachungsbedürftig* [§ 41 (1)], wenn sie in der *Bestimmungsverordnung besonders überwachungsbedürftige Abfälle* (s. Abschn. 30.3) aufgelistet sind. *Überwachungsbedürftig* sind nach § 41 (2) alle anderen Abfälle, die beseitigt werden, und alle Abfälle zur Verwertung, die in der *Bestimmungsverordnung überwachungsbedürftige Abfälle zur Verwertung* (s. Abschn. 30.3) aufgeführt sind. Abfälle zur Verwertung, die in keiner der Rechtsverordnungen genannt sind, sind nicht überwachungsbedürftig. (Für diese verschiedenen Abfallsorten besteht in verschiedenem Ausmaß die Verpflichtung, Art, Menge und Entsorgung der Stoffe nachzuweisen.)

Ein weiterer Unterschied sei noch genannt: „Erzeuger, bei denen jährlich mehr als insgesamt 2000 Kilogramm besonders überwachungsbedürftige Abfälle oder jährlich mehr als 2000 Tonnen überwachungsbedürftige Abfälle je Abfallschlüssel anfallen, haben ein *Abfallwirtschaftskonzept* über die Vermeidung, Verwertung und Beseitigung der anfallenden Abfälle zu erstellen" [§ 19 (1)]. In diesem als „internes Planungsinstrument" dienenden Konzept sind u. a. aufzuführen

- die Art und Menge der jeweiligen Abfälle,
- die getroffenen Maßnahmen, um diese Abfälle zu vermeiden, zu verwerten oder zu beseitigen,
- die Begründung, warum ein Abfall beseitigt werden muss, warum er also nicht – technisch sinnvoll oder wirtschaftlich zumutbar – verwertet werden kann.

Näheres regelt die *Abfallwirtschaftskonzept- und -bilanzverordnung* („Verordnung über Abfallwirtschaftskonzepte und Abfallbilanzen", AbfKoBiV).

30.3 Abfallverordnungen und Abfallverwaltungsvorschriften

Das Kreislaufwirtschafts- und Abfallgesetz enthält einige Ermächtigungen für Verordnungen, „untergesetzliches Regelwerk" (vgl. Abb. 30-1), das an das europäische Recht angepasst ist.

Es gibt die *Bestimmungsverordnung besonders überwachungsbedürftige Abfälle* (BestbüAbfV) und die *Bestimmungsverordnung überwachungsbedürftige Abfälle zur Verwertung* (BestüVAbfV). In diesen Verordnungen werden die (besonders) überwachungsbedürftigen Abfälle definiert und durch Schlüsselnummern gekennzeichnet.

Zu den neuen Verordnungen gehört auch die *Abfallverzeichnis-Verordnung* (AVV, „Verordnung über das Europäische Abfallverzeichnis"). Dort ist für die Mitgliedsstaaten der EU einheitlich geregelt, wie zur Bezeichnung die Abfälle den im Abfallverzeichnis (s. Abschn. 26.5) mit einem 6-stelligen Abfallcode gekennzeichneten Abfallarten zuzuordnen sind.

Im Zusammenhang mit der Entsorgung von Abfällen ist die *Nachweisverordnung* („Verordnung über Verwertungs- und Beseitigungsnachweise", NachwV) von Bedeutung: In ihr ist geregelt, wie die Entsorgung besonders überwachungsbedürftiger Abfälle, überwachungsbedürftiger und nicht überwachungsbedürftiger Abfälle nachgewiesen werden soll („Nachweisführung").

Zu nennen ist weiter noch die *Bioabfallverordnung* (BioAbfV). Darin wird die „Verwertung von Bioabfällen auf landwirtschaftlich, forstwirtschaftlich und gärtnerisch genutzten Böden" geregelt. Im Besonderen sind, ähnlich wie in der Klärschlammverordnung, die Schwermetallgehalte festgelegt, die bei einer Aufbringung nicht überschritten werden dürfen.

In Rahmen des Abfallrechts gibt es zwei wichtige Verwaltungsvorschriften, die TA Siedlungsabfall (s. Kap. 27) und die TA Abfall. In der *Technischen Anleitung Abfall (TA Abfall*, „Zweite allgemeine Verwaltungsvorschrift zum Abfallgesetz Teil 1") – da sie nur Sonderabfälle betrifft, wird sie manchmal auch „TA Sonderabfall" genannt – ist festgelegt, wie besonders überwachungsbedürftige Abfälle nach dem *Stand der Technik* zu entsorgen sind – von der Lagerung und Ablagerung über die chemische/physikalische und biologische Behandlung bis zur Verbrennung.

30.3 Abfallverordnungen und Abfallverwaltungsvorschriften

Stand der Technik (nach TA Abfall)

Der Entwicklungsstand fortschrittlicher Verfahren, Einrichtungen oder Betriebsweisen, der die praktische Eignung einer Maßnahme für eine umweltverträgliche Abfallentsorgung gesichert erscheinen lässt. Bei der Bestimmung des Standes der Technik sind insbesondere vergleichbare geeignete Verfahren, Einrichtungen oder Betriebsweisen heranzuziehen, die mit Erfolg im Betrieb erprobt worden sind.

Literatur zu Teil V

Literatur zu Kap. 26

Arras K. 1992. Abfall und Recycling. *Scope Spezial Umwelt-Technologien*. 14: 121-124.

Bahadir M. 1991. Ökologische Chemie: Das schlechte Gewissen der Zivilisation oder Herausforderung für umwelttechnische Innovationen. *Chem unserer Zeit*. 25: 239-248.

Bilitewski B, Härdtle G, Marek K. 1994. *Abfallwirtschaft: Eine Einführung*. 2te Aufl. Berlin: Springer. 635 S.

Nöthe M. 1999. *Abfall – Behandlung, Management, Rechtsgrundlagen* (Kwiatkowski J, Bliefert C., Hrsg. *Praxis des technischen Umweltschutzes*). Weinheim: Wiley-VCH. 297 S.

Sattler K, Emberger J. 1990. *Behandlung fester Abfälle: Vermeiden, Verwerten, Sammeln, Beseitigen, Sanieren; Verfahrensweise, technische Realisierung; rechtliche Grundlagen*. 2te Aufl. Würzburg: Vogel Buchverlag. 258 S.

Umweltbundesamt, Hrsg. 1989. *Daten zur Umwelt 1988/89*. Berlin: Erich Schmidt. 612 S.

Umweltbundesamt, Hrsg. 2001. *Daten zur Umwelt – Der Zustand der Umwelt in Deutschland 2000*. Berlin: Erich Schmidt. 377 S.

Literatur zu Kap. 27

Arras K. 1992. Abfall und Recycling. *Scope Spezial Umwelt-Technologien*. 14: 121-124.

DIN 38414-4. 1984. *Deutsche Einheitsverfahren zur Wasser-, Abwasser und Schlammuntersuchung – Schlamm und Sedimente (Gruppe S): Bestimmung der Eluierbarkeit mit Wasser (S 4)*

Farquhar GJ, Rovers FA. 1973. Gas production during refuse decomposition. *Water Air Pollut*. 2: 483-495.

Sattler K, Emberger J. 1990. *Behandlung fester Abfälle: Vermeiden, Verwerten, Sammeln, Beseitigen, Sanieren; Verfahrensweise, technische Realisierung; rechtliche Grundlagen*. 2te Aufl. Würzburg: Vogel Buchverlag. 258 S.

Umweltbundesamt, Hrsg. 2001. *Daten zur Umwelt – Der Zustand der Umwelt in Deutschland 2000*. Berlin: Erich Schmidt. 377 S.

Literatur zu Kap. 28

Arras K. 1992. Abfall und Recycling. *Scope Spezial Umwelt-Technologien*. 14: 121-124.

Bank M. 1993. *Basiswissen Umwelttechnik: Wasser, Luft, Abfall, Lärm, Umweltrecht*. Würzburg: Vogel. 1143 S.

Deckers M. 1995. *Verwertung von Bauabfällen* (Müller/Schmitt-Gleser. *Handbuch der Abfallentsorgung*. 24te ErgLfg 9/95). S 3-26.

Bundeministerium für Umwelt, Naturschutz und Reaktorsicherheit, Hrsg. 2001. Bauschuttrecycling. *Umwelt*. 1/2001: 40-41.

Kohler G. 1994. *Recyclingpraxis Baustoffe*. Köln: Verlag TÜV Rheinland.

Umweltbundesamt, Hrsg. 2001. *Daten zur Umwelt – Der Zustand der Umwelt in Deutschland 2000.* Berlin: Erich Schmidt. 377 S.

VDI 2243 Entwurf. 1991. *Konstruieren recyclinggerechter technischer Produkte.*

Literatur zu Kap. 29

Berghoff R. 1991. Vergleich thermischer Verfahren zur Behandlung von Sonderabfällen. *Brennst Wärme Kraft.* 43 (10): V15-V21.

Bilitewski B, Härdtle G, Marek K. 1994. *Abfallwirtschaft: Eine Einführung.* 2te Aufl. Berlin: Springer. 635 S.

Kaminsky W. 1984. Recycling von Abfallstoffen. *Umschau.* 84: 674-677.

Sattler K, Emberger J. 1990. *Behandlung fester Abfälle: Vermeiden, Verwerten, Sammeln, Beseitigen, Sanieren; Verfahrensweise, technische Realisierung; rechtliche Grundlagen.* 2te Aufl. Würzburg: Vogel Buchverlag. 258 S.

Umweltbundesamt, Hrsg. 1994. *Daten zur Umwelt 1992/93.* Berlin: Erich Schmidt. 688 S.

Literatur zu Kap. 30

Bilitewski B, Härdtle G, Marek K. 1994. *Abfallwirtschaft: Eine Einführung.* 2te Aufl. Berlin: Springer. 635 S.

Gassner E. 1993. *TA Sonderabfall: Gesamtfassung der Zweiten Allgemeinen Verwaltungsvorschrift zum Abfallgesetz.* 2te Aufl. München: Rehm. 131 S.

Nöthe M. 1999. *Abfall – Behandlung, Management, Rechtsgrundlagen* (Kwiatkowski J, Bliefert C., Hrsg. *Praxis des technischen Umweltschutzes*). Weinheim: Wiley-VCH. 297 S.

Wagner K. 1995. *Abfall und Kreislaufwirtschaft: Erläuterungen zu deutschen und europäischen (EU) Regelwerken.* Düsseldorf: VDI-Verlag. 310 S.

Anhang

Anhang A
Gehaltsangaben für Gase

Beimischungen von Gasen in der Atmosphäre können
- als *Volumenanteil* $\varphi(X)$

$$\varphi(X) = \frac{V(X)}{V_0} \qquad \text{(A-1)}$$

mit V_0, dem Gesamtvolumen, und $V(X)$, dem Volumen der Portion X – beide *vor* dem Mischen,
- als *Volumenkonzentration* $\sigma(X)$

$$\sigma(X) = \frac{V(X)}{V} \qquad \text{(A-2)}$$

mit dem Gesamtvolumen V *nach* dem Mischvorgang oder dem Volumen der Mischphase oder
- als *Massenkonzentration* $\beta(X)$

$$\beta(X) = \frac{m(X)}{V} \qquad \text{(A-3)}$$

mit der Masse $m(X)$ der Stoffportion X im Volumen V angegeben werden. Typische Einheiten der Massenkonzentration für atmosphärische Spurenbestandteile sind mg/m^3 oder µg/m^3.

Die Volumenkonzentration $\sigma(X)$ und der Volumenanteil $\varphi(X)$ sind für Beimischungen in der Atmosphäre gleich, da dort Mischungsvorgänge das Volumen nicht ändern, das heißt, dass das Gesamtvolumen vor dem Mischen, V_0, gleich ist dem Volumen der Mischphase, V. Deshalb verwendet man die beiden Begriffe „Volumenanteil" und „Volumenkonzentration" bei der Beschreibung der Atmosphärenzusammensetzung synonym.

Der *Volumenanteil* φ wird manchmal auch *Volumenverhältnis* oder *Mischungsverhältnis* genannt. Als Quotient zweier gleicher Größen (hier: Volumen) hat φ die Dimension $[V]/[V] = 1$, ist also eine reine Zahl. Da in der Atmosphärenchemie die Volumenanteile oder Volumenkonzentrationen oftmals in der Größenordnung von 10^{-2}, 10^{-3}, 10^{-6} oder noch niedriger liegen, hat man für Faktoren, mit denen das Ergebnis zu multiplizieren ist, bestimmte Zeichen festgelegt (Tab. A-1); beispielsweise gibt man bevorzugt

$$\varphi = 2 \text{ ppb}$$

an und nicht etwa – was ebenfalls korrekt wäre –

$$\varphi = 2 \cdot 10^{-9} \text{ m}^3/\text{m}^3 \text{ oder } \varphi = 2 \text{ µL/m}^3$$

DIN 1310. 1984. *Zusammensetzung von Mischphasen (Gasgemische, Lösungen, Mischkristalle): Begriffe, Formelzeichen.*

Tab. A-1. Gebräuchliche Faktoren und Zeichen bei der Angabe von Volumenanteilen.

Zeichen	%	‰	ppm	ppb	ppt
Faktor	10^{-2}	10^{-3}	10^{-6}	10^{-9}	10^{-12}
Name	Prozent	Promille	"parts per million"	"parts per billion"	"parts per trillion" [a]

ᵃ *Engl.* part, Teil, Anteil; *engl.* million, Million; *engl.* billion, Milliarde; *engl.* trillion, Billion.

Wichtig in der Atmosphärenchemie ist die Umrechnung von Massenkonzentrationen β in Volumenkonzentrationen σ oder Volumenanteile φ. Wegen

$$m(X) = M(X) \cdot n(X) \tag{A-4}$$

wird aus Gl. (A-3):

$$\beta(X) = M(X) \cdot \frac{n(X)}{V} \tag{A-5}$$

$R = 0{,}08314$ bar L/(mol K)

Die allgemeine Gasgleichung $p \cdot V(X) = n(X) \cdot R \cdot T$ lässt sich in der Form schreiben:

$$n(X) = \frac{p}{R \cdot T} \cdot V(X) \tag{A-6}$$

Eingesetzt in Gl. (A-5) erhält man:

$$\beta(X) = M(X) \cdot \frac{p}{R \cdot T} \cdot \frac{V(X)}{V}$$

$$= M(X) \cdot \frac{p}{R \cdot T} \cdot \sigma(X) \tag{A-7}$$

und mit

$$A = \frac{p}{R \cdot T} \tag{A-8}$$

ergibt sich

$$\beta(X) = A \cdot M(X) \cdot \sigma(X) \tag{A-9}$$

$A = 0{,}0446$ mol/L
  bei 0 °C = 273 K und 1013 mbar

$A = 0{,}0416$ mol/L
  bei 20 °C = 293 K und 1013 mbar

$\beta(X)$ ist die Massenkonzentration des Gases X (in g/L), der Faktor A hat die Einheit mol/L, $M(X)$ ist die molare Masse von X (in g/mol) und $\sigma(X)$ die Volumenkonzentration von X (Dimension: 1).

Wenn beide Seiten von Gl. (A-9) mit 10^{-6} multipliziert werden, lassen sich – bei gleichen Einheiten für A und $M(X)$ – Volumenanteile σ in ppm in Massenkonzentrationen β in mg/m³ umrechnen.

Dazu ein Beispiel: Gegeben sind

X = CO, $M(CO) = 28$ g/mol, $T = 293$ K und $p = 1{,}013$ bar;

dann erhält man für $\sigma(X) = 2$ ppm $= 2 \cdot 10^{-6}$:

$$\begin{aligned}
\beta(CO) &= A \cdot M(X) \cdot \sigma(X) \\
&= 0{,}0416 \text{ mol/L} \cdot 28 \text{ g/mol} \cdot 2 \cdot 10^{-6} \\
&= 2{,}33 \cdot 10^{-6} \text{ g/L} = 2330 \text{ µg/m}^3 = 2{,}33 \text{ mg/m}^3
\end{aligned}$$

Ein Volumenanteil von 2 ppm CO entspricht also bei 20 °C und 1013 mbar einer Massenkonzentration von 2,33 mg/m^3.

In Tab. A-2 sind für einige Stoffe zum Volumenanteil $\varphi(X) = 1$ ppm die entsprechenden Massenkonzentrationen $\beta(X)$ (in mg/m^3) bei 0 °C und bei 20 °C angegeben.

Tab. A-2. Umrechnung von Volumenanteil $\varphi(X)$ in Massenkonzentration $\beta(X)$ bei 0 °C und bei 20 °C (1013 mbar).

Stoff X	Molare Masse $M(X)$ (in g/mol)	$\varphi(X) = 1$ ppm entspricht: $\beta(X)$ (in mg/m^3)	
		bei 0 °C	bei 20 °C
H_2	2,02	0,0899	0,0839
He	4,00	0,179	0,166
CH_4	16,04	0,715	0,667
OH	17,01	0,759	0,708
NH_3	17,03	0,760	0,708
HF	20,01	0,892	0,832
Ne	20,18	0,900	0,839
CO	28,01	1,25	1,17
N_2	28,01	1,25	1,17
C_2H_4	28,05	1,25	1,17
NO	30,01	1,34	1,25
HCHO	30,03	1,34	1,25
C_2H_6	30,07	1,34	1,25
O_2	32,00	1,43	1,33
HO_2	33,01	1,47	1,37
H_2O_2	34,01	1,52	1,41
H_2S	34,08	1,52	1,42
HCl	36,46	1,63	1,52
Ar	39,95	1,78	1,66
C_3H_6	42,08	1,88	1,75
CO_2	44,01	1,96	1,83
N_2O	44,01	1,96	1,83
CH_3CHO	44,05	1,96	1,83
NO_2	46,00	2,05	1,91
O_3	48,00	2,14	2,00
CH_3SH	48,10	2,15	2,00
CH_3Cl	50,49	2,25	2,10
COS	60,07	2,68	2,50
$(CH_3)_2S$	62,12	2,77	2,58
HNO_3	63,01	2,81	2,62
SO_2	64,06	2,86	2,66
Cl_2	70,91	3,16	2,95
CS_2	76,14	3,40	3,17
Kr	83,80	3,74	3,49
CF_4	88,01	3,93	3,66
CF_2Cl_2 (R 12)	120,91	5,39	5,03
$CH_3COO_2NO_2$ (PAN)	121,05	5,40	5,04
C_2HCl_3	131,39	5,86	5,47
CH_3CCl_3	133,40	5,95	5,55
$CFCl_3$ (R 11)	137,37	6,13	5,71
C_2F_6	138,01	6,16	5,74
SF_6	146,06	6,51	6,08
CCl_4	153,81	6,86	6,40
C_2Cl_4	165,83	7,40	6,90

Anhang B
Gesetze, Verordnungen, Vorschriften

Im Folgenden sind einige gesetzliche Vorschriften zu umweltrelevanten Bereichen wie Chemikalien, Immissions-, Gewässer- und Bodenschutz sowie Abfall aufgelistet.

B.1 Europäisches Recht

Bei den Fassungen der *europäischen* Verordnungen und Richtlinien wurden die zahlreichen Änderungen und Ergänzungen nicht genannt (beispielsweise gibt es für die Gefahrstoffrichtlinie bis Anfang 2002 insgesamt 39 Änderungen und Ergänzungen).

Bei den *deutschen* Rechtsvorschriften wurden in den meisten Fällen die Fassungen angegeben, die in der Datenbank umwelt-online.de als aktuelle genannt sind.

Verordnung (EWG) Nr. 2455/92 des Rates vom 23.7.1992 betreffend die Ausfuhr und Einfuhr bestimmter gefährlicher Chemikalien

Verordnung (EWG) Nr. 259/93 des Rates vom 1.2.1993 zur Überwachung und Kontrolle der Verbringung von Abfällen in der, in die und aus der Europäischen Gemeinschaft (**Abfallverbringungsverordnung**)

Verordnung (EWG) Nr. 793/93 des Rates vom 23.3.1993 zur Bewertung und Kontrolle der Umweltrisiken chemischer Altstoffe (**Altstoff-Verordnung**)

Verordnung (EWG) Nr. 1836/93 des Rates vom 29.6.1993 über die freiwillige Beteiligung gewerblicher Unternehmen an einem Gemeinschaftssystem für das Umweltmanagement und die Umweltbetriebsprüfung (**Umwelt-Audit-Verordnung**; „Öko-Audit-Verordnung")

Verordnung (EG) Nr. 2037/2000 des Europäischen Parlaments und des Rates vom 29.6.2000 über Stoffe, die zum Abbau der Ozonschicht führen

Richtlinie 67/548/EWG des Rates vom 27.6.1967 zur Angleichung der Rechts- und Verwaltungsvorschriften für die Einstufung, Verpackung und Kennzeichnung gefährlicher Stoffe (**Gefahrstoffrichtlinie**)

Richtlinie 75/439/EWG des Rates vom 16.6.1975 über die Altölbeseitigung

Richtlinie 75/442/EWG des Rates vom 15.7.1975 über Abfälle (**Abfallrichtlinie**)

Richtlinie 76/160/EWG des Rates vom 8.12.1975 über die Qualität der Badegewässer (**Badegewässerrichtlinie**)

Richtlinie 76/403/EWG des Rates vom 6.4.1976 über die Beseitigung polychlorierter Biphenyle und Terphenyle

Richtlinie 76/464/EWG des Rates vom 4.5.1976 betreffend die Verschmutzung infolge der Ableitung bestimmter gefährlicher Stoffe in die Gewässer der Gemeinschaft (**Gewässerschutzrichtlinie**)

Richtlinie 76/769/EWG des Rates vom 27.6.1976 zur Angleichung der Rechts- und Verwaltungsvorschriften der Mitgliedstaaten für Beschränkungen des Inverkehrbringens und der Verwendung gewisser gefährlicher Stoffe und Zubereitungen

Richtlinie 80/68/EWG des Rates vom 17.12.1979 über den Schutz des Grundwassers gegen Verschmutzung durch bestimmte gefährliche Stoffe (**Grundwasserrichtlinie**)

Richtlinie 82/501/EWG vom 24.6.1982 über die Gefahren schwerer Unfälle bei bestimmten Industrietätigkeiten (**Seveso-I-Richtlinie**)

Richtlinie 83/477/EWG des Rates vom 19.9.1983 über den Schutz der Arbeitnehmer gegen Gefährdung durch Asbest am Arbeitsplatz

Richtlinie 86/278/EWG des Rates vom 12.6.1986 über den Schutz der Umwelt und insbesondere der Böden bei der Verwendung von Klärschlamm in der Landwirtschaft

Richtlinie 87/217/EWG vom 19.3.1987 zur Verhütung und Verringerung der Umweltverschmutzung durch Asbest

Richtlinie 88/609/EWG des Rates vom 24.11.1988 zur Begrenzung von Schadstoffemissionen von Großfeuerungsanlagen in die Luft

Richtlinie 89/106/EWG des Rates vom 21.12.1988 zur Angleichung der Rechts- und Verwaltungsvorschriften der Mitgliedstaaten über Bauprodukte (**Bauproduktenrichtlinie**)

Richtlinie 91/157/EWG des Rates vom 18.3.1991 über gefährliche Stoffe enthaltende Batterien und Akkumulatoren

Richtlinie 91/271/EWG des Rates vom 21.5.1991 über die Behandlung von kommunalem Abwasser (**Kommunalabwasserrichtlinie**)

Richtlinie 91/414/EWG des Rates vom 15.7.1991 über das Inverkehrbringen von Pflanzenschutzmitteln

Richtlinie 91/542/EWG des Rates vom 1.10.1991 zur Änderung der Richtlinie 88/77/EWG zur Angleichung der Rechtsvorschriften der Mitgliedstaaten über Maßnahmen gegen die Emission gasförmiger Schadstoffe aus Dieselmotoren zum Antrieb von Fahrzeugen

Richtlinie 91/676/EWG des Rates vom 12.12.1991 zum Schutz der Gewässer vor Verunreinigungen durch Nitrat aus landwirtschaftlichen Quellen (**Nitratrichtlinie**)

Richtlinie 91/689/EWG des Rates vom 12.12.1991 über gefährliche Abfälle

Richtlinie 92/72/EWG des Rates vom 21.9.1992 über die Luftverschmutzung durch Ozon

Richtlinie 93/67/EWG der Kommission vom 20.6.1993 zur Festlegung von Grundsätzen für die Bewertung der Risiken für Mensch und Umwelt von gemäß der Richtlinie 67/548/EWG des Rates notifizierten Stoffen

Richtlinie 94/62/EG des Europäischen Parlaments und des Rates vom 20.12.1994 über Verpackungen und Verpackungsabfälle

Richtlinie 96/59/EG des Rates vom 16.9.1996 über die Beseitigung polychlorierter Biphenyle und polychlorierter Terphenyle (PCB/PCT)

Richtlinie 96/62/EG des Rates vom 27.9.1996 über die Beurteilung und Kontrolle der Luftqualität

Richtlinie 96/82/EG des Rates vom 9.12.1996 zur Beherrschung der Gefahren bei schweren Unfällen mit gefährlichen Stoffen (**Seveso-II-Richtlinie**)

Richtlinie 96/91/EG des Rates vom 24.9.1996 über die integrierte Vermeidung und Verminderung der Umweltverschmutzung (**IVU-Richtlinie**)

Richtlinie 97/68/EG des Europäischen Parlaments und des Rates vom 16.12.1997 zur Angleichung der Rechtsvorschriften der Mitgliedstaaten über Maßnahmen zur Bekämpfung der Emission von gasförmigen Schadstoffen und luftverunreinigenden Partikeln aus Verbrennungsmotoren für mobile Maschinen und Geräte

Richtlinie 98/24/EG des Rates vom 7.4.1998 zum Schutz von Gesundheit und Sicherheit der Arbeitnehmer vor der Gefährdung durch chemische Arbeitsstoffe bei der Arbeit

Richtlinie 98/83/EG des Rates vom 3.11.1998 über die Qualität von Wasser für den menschlichen Gebrauch (**Trinkwasserrichtlinie**)

Richtlinie 1999/13/EG des Rates vom 11.3.1999 über die Begrenzung von Emissionen flüchtiger organischer Verbindungen, die bei bestimmten Tätigkeiten und in bestimmten Anlagen bei der Verwendung organischer Lösungsmittel entstehen (**VOC-Richtlinie**)

Richtlinie 1999/30/EG des Rates vom 22.4.1999 über Grenzwerte für Schwefeldioxid, Stickstoffdioxid und Stickstoffoxide, Partikel und Blei in der Luft

Richtlinie 1999/31/EG des Rates vom 26.4.1999 über Abfalldeponien (**Deponierichtlinie**)

Richtlinie 1999/45/EG des Europäischen Parlaments und des Rates vom 31.5.1999 zur Angleichung der Rechts- und Verwaltungsvorschriften der Mitgliedstaaten für die Einstufung, Verpackung und Kennzeichnung gefährlicher Zubereitungen (**Zubereitungsrichtlinie**)

Richtlinie 2000/60/EG des Europäischen Parlaments und des Rates vom 23.10.2000 zur Schaffung eines Ordnungsrahmens für Maßnahmen der Gemeinschaft im Bereich der Wasserpolitik (**Wasser-Rahmen-Richtlinie**)

Richtlinie 2000/69/EG des Europäischen Parlaments und des Rates vom 16.11.2000 über Grenzwerte für Benzol und Kohlenmonoxid in der Luft

Richtlinie 2000/76/EG des Europäischen Parlaments und des Rates vom 4.12.2000 über die Verbrennung von Abfällen

Entscheidung 2000/532/EG der Kommission vom 3.5.2000 zur Ersetzung der Entscheidung 94/3/EG über ein Abfallverzeichnis gemäß Artikel 1 Buchstabe a) der Richtlinie 75/442/EWG des Rates über Abfälle und der Entscheidung 94/904/EG des Rates über ein Verzeichnis gefährlicher Abfälle im Sinne von Artikel 1 Absatz 4 der Richtlinie 91/689/EWG über gefährliche Abfälle

Richtlinie 2002/3/EG des Europäischen Parlaments und des Rates vom 12.2.2002 über den Ozongehalt der Luft

B.2 Deutsches Recht

BGBl.   Bundesgesetzblatt
GMBl.   Gemeinsames Ministerialblatt
GVBl.   Gesetz- und Verordnungsblatt
BAnz.   Bundesanzeiger
BArbBl.   Bundesarbeitsblatt

Abfallablagerungsverordnung (AbfAblV)
Verordnung über die umweltverträgliche Ablagerung von Siedlungsabfällen vom 20.2.2001 (BGBl. I S. 305)

Abfallverbringungsgesetz (AbfVerbrG)
Gesetz über die Überwachung und Kontrolle der grenzüberschreitenden Verbringung von Abfällen vom 30.9.1994 (BGBl. I S. 2771)

Abfallverbrennungsverordnung
s. 17. BImSchV

Abfallverbringungsgesetz (AbfVerbrG)
Gesetz über die Überwachung und Kontrolle der grenzüberschreitenden Verbringung von Abfällen vom 30.9.1994 (BGBl. I S. 2771)

Abfallverwaltungsvorschrift
Erste Abfallverwaltungsvorschrift über Anforderungen zum Schutz des Grundwassers bei der Lagerung und Ablagerung von Abfällen vom 31.1.1990 (GMBl S. 74)

Abfallverzeichnis-Verordnung (AVV)
Verordnung über das Europäische Abfallverzeichnis vom 10.12.2001 (BGBl. I S. 3379)

Abfallwirtschaftskonzept- und Bilanzverordnung (AbfKoBiV)
Verordnung über Abfallwirtschaftskonzepte und Abfallbilanzen vom 13.9.1996 (BGBl. I S. 1447)

Abwasserabgabengesetz (AbwAG)
Gesetz über Abgaben für das Einleiten von Abwasser in Gewässer vom 13.9.1976 (BGBl. I S. 2721, 3007) in der Fassung der Bekanntmachung vom 6.11.1990 (BGBl. I S. 2432)

Abwasserherkunftsverordnung (AbwHerkV)
Verordnung über die Herkunftsbereiche von Abwasser vom 3.11.1994 (BGBl. I S. 3370)

Abwasserverordnung (AbwV)
Verordnung über Anforderungen an das Einleiten von Abwasser in Gewässer vom 20.9.2001 (BGBl. I S. 2240)

Abwasser-Verwaltungsvorschriften (AbwasserVwV)
Allgemeine Verwaltungsvorschriften über Mindestanforderungen an das Einleiten von Abwasser in Gewässer
4. AbwasserVwV (Ölsaatenaufbereitung, Speisefett- und Speiseölraffination) vom 17.3.1981
19. AbwasserVwV (Zellstofferzeugung) vom 13.5.1989

27. **AbwasserVwV** (Erzaufbereitung) vom 3.3.1983

32. **AbwasserVwV** (Arzneimittel) vom 5.9.1984

38. **AbwasserVwV** (Textilherstellung) vom 5.9.1984

42. **AbwasserVwV** (Alkalichloridelektrolyse nach dem Amalgamverfahren) vom 5.9.1984

Altautoverordnung (AltautoV)

Altölverordnung vom 27.10.1987 (BGBl. I S. 2335)

Altölverordnung (AltölV)

Verordnung über die Überlassung und umweltverträgliche Entsorgung von Altautos vom 4.7.1997 (BGBl. I S. 1666)

Anlagenverordnung

s. 4. BImSchV

Arbeitsschutzgesetz (ArbSchG)

Gesetz über die Durchführung von Maßnahmen des Arbeitsschutzes zur Verbesserung der Sicherheit und des Gesundheitsschutzes der Beschäftigten bei der Arbeit vom 7.8.1996 (BGBl. I S. 1246)

Arbeitsstätten-Richtlinie (ASR)

„ASR 5 – Lüftung" zu § 5 der Arbeitsstättenverordnung (BArbBl. 10/1979, S. 103

Arbeitsstättenverordnung (ArbStättV)

Verordnung über Arbeitsstätten vom 20.3.1975 (BGBl. I S. 729)

Arbeitsstoffverordnung (ArbStoffV)

Verordnung über gefährliche Arbeitsstoffe vom 29.7.1980 (BGBl. I S. 2069, bereinigt S. 2159) in der Fassung der Bekanntmachung vom 11.2.1982 (BGBl. I S. 144)

Bauproduktengesetz (BauPG)

Gesetz über das Inverkehrbringen von und den freien Warenverkehr mit Bauprodukten zur Umsetzung der Richtlinie 89/196/EWG des Rates vom 21. Dezember 1988 zur Angleichung der Rechts- und Verwaltungsvorschriften der Mitgliedsstaaten über Bauprodukte und andere Rechtsakte der Europäischen Gemeinschaften (BGBl. I S. 812)

Batterieverordnung (BattV)

Verordnung über die Rücknahme und Entsorgung gebrauchter Batterien und Akkumulatoren vom 9.7.2001 (BGBl. I S. 1486)

Bedarfsgegenständeverordnung

vom 23.12.1997 (BGBl. I S. 5)

Benzinbleigesetz (BzBlG)

Gesetz zur Verminderung von Luftverunreinigungen durch Bleiverbindungen in Ottokraftstoffen für Kraftfahrzeugmotore vom 5.8.1971 (BGBl. I S. 1234)

Bestimmungsverordnung besonders überwachungsbedürftige Abfälle (BestbüAbfV)

Verordnung zur Bestimmung von besonders überwachungsbedürftigen Abfällen vom 10.9.1996 (BGBl I S. 1366)

Bestimmungsverordnung überwachungsbedürftige Abfälle zur Verwertung (BestüVAbfV)

Verordnung zur Bestimmung von überwachungsbedürftigen Abfällen zur Verwertung vom 10.9.1996 (BGBl I S. 1377)

Bioabfallverordnung (BioAbfV)

Verordnung über die Verwertung von Bioabfällen auf landwirtschaftlich, forstwirtschaftlich und gärtnerisch genutzten Böden vom 21.9.1998 (BGBl. I S. 2955)

Bundes-Bodenschutzgesetz (BBodSchG)

Gesetz zum Schutz vor schädlichen Bodenveränderungen und zur Sanierung von Altlasten vom 17.3.1998 (BGBl. I S. 2331)

Bundes-Bodenschutz- und Altlastenverordnung (BBodSchV)

vom 12.7.1999 (BGBl. I S. 1554)

Bundes-Immissionsschutzgesetz (BImSchG)

Gesetz zum Schutz vor schädlichen Umwelteinwirkungen durch Luftverunreinigungen, Geräusche, Erschütterungen und ähnliche Vorgänge vom 14.5.1990 (BGBl. I S. 880)

Bundes-Immissionsschutz-Verordnungen

1. BImSchV (Kleinfeuerungsanlagenverordnung): Verordnung über Kleinfeuerungsanlagen vom 15.7.1988 (BGBl. I S. 1059)

2. BImSchV (HKW-Verordnung): Verordnung zur Emissionsbegrenzung von leichtflüchtigen Halogenkohlenwasserstoffen vom 21.4.1986 (BGBl. I S. 571)

3. BImSchV (Schwefelgehaltsverordnung): Verordnung über Schwefelgehalt von leichtem Heizöl und Dieselkraftstoff vom 15.1.1975 (BGBl. I S. 264)

4. BImSchV (Anlagenverordnung): Verordnung über genehmigungsbedürftige Anlagen vom 24.7.1985 (BGBl. I S. 1586)

5. BImSchV (Immissionsschutzbeauftragtenverordnung): Verordnung über Immissionsschutzbeauftragte vom 14.2.1975 (BGBl. I S. 504, 727)

6. BImSchV (Fachkundeverordnung): Verordnung über die Fachkunde und Zuverlässigkeit der Immissionsschutzbeauftragten vom 12.4.1975 (BGBl. I S. 957)

9. BImSchV (Genehmigungsverfahrensverordnung): Verordnung über das Genehmigungsverfahren vom 18.2.1977 (BGBl. I S. 274)

10. BImSchV (Kraftstoffqualitätsverordnung): Verordnung über die Beschaffenheit und die Auszeichnung der Qualitäten von Kraftstoffen vom 13.12.1993 (BGBl. I S. 2036)

11. BImSchV: Emissionserklärungsverordnung vom 20.12.1978 (BGBl. I S. 2027)

12. BImSchV: Störfall-Verordnung vom 26.4.2000 (BGBl. I S. 603)

13. BImSchV (Großfeuerungsanlagenverordnung): Verordnung über Großfeuerungsanlagen vom 22.6.1983 (BGBl. I S. 719)

17. BImSchV (Abfallverbrennungsverordnung): Verordnung über Verbrennungsanlagen für Abfälle und ähnliche brennbare Stoffe vom 23.11.1990 (BGBl. I S. 2545)

19. BImSchV (Kraftstoffzusatzverordnung): Verordnung über Chlor- und Bromverbindungen als Kraftstoffzusatz vom 17.1.1992 (BGBl. I S. 75)

21. BImSchV (Betankungsverordnung): Verordnung zur Begrenzung der Kohlenwasserstoffemissionen bei der Betankung von Kraftfahrzeugen vom 7.10.1992 (BGBl. I S. 1730)

22. BImSchV (Immissionswerteverordnung): Verordnung über Immissionswerte vom 26.10.1993 (BGBl. I S. 1819)

23. BImSchV: Verordnung über die Festlegung von Konzentrationswerten vom 16.12.1996 (BGBl. I S. 1962)

31. BImSchV (VOC-Verordnung): Verordnung zur Begrenzung der Emissionen flüchtiger organischer Verbindungen bei der Verwendung organischer Lösemittel in bestimmten Anlagen vom 21.8.2001 (BGBl. I S. 2180)

Bundesnaturschutzgesetz (BNatSchG)
Gesetz über Naturschutz und Landschaftspflege vom 12.3.1987 (BGBl. I S. 889)

Bundesseuchengesetz (BSeuchenG)
Gesetz zur Verhütung und Bekämpfung übertragbarer Krankheiten beim Menschen vom 18.12.1979 (BGBl. I S. 2262; 1980, S. 151)

Chemikalien-Bewertungs-Verwaltungsvorschrift
(ChemVwV-Bewertung)
Allgemeine Verwaltungsvorschrift zur Durchführung der Bewertung nach § 12 Abs. 2 des Chemikaliengesetzes vom 20.7.1990 (GMBl. S. 425)

Chemikaliengesetz (ChemG)
Gesetz zum Schutz vor gefährlichen Stoffen vom 14.3.1990 (BGBl. I S. 521)

Chemikalien-Verbotsverordnung (ChemVerbotsV)
Verordnung über Verbote und Beschränkungen des Inverkehrbringens gefährlicher Stoffe, Zubereitungen und Erzeugnisse nach dem Chemikaliengesetz vom 19.7.1996 (BGBl. I S. 1151)

DDT-Gesetz

Gesetz über den Verkehr mit DDT vom 7.8.1982 (BGBl. I S. 1385)

Diätverordnung (DiätVO)

Verordnung über diätetische Lebensmittel vom 25.8.1988 (BGBl. I S. 1713)

Düngemittelgesetz (DMG)

Düngemittelgesetz vom 15.12.1977 (BGBl. I S. 2134)

Düngemittelverordnung

Düngemittelverordnung vom 4.8.1999 (BGBl. I S. 1758)

EAK-Verordnung (EAKV)

Verordnung zur Einführung des Europäischen Abfallkatalogs vom 13.9.1996 (BGBl. I S. 1428)

Emissionserklärungsverordnung

s. 11. BImSchV

Fachkundeverordnung

s. 6. BImSchV

FCKW-Halon-Verbotsverordnung

Verordnung zum Verbot von bestimmten die Ozonschicht abbauenden Halogenkohlenwasserstoffen vom 6.5.1991 (BGBl. I S. 1090)

Fleischverordnung

Verordnung über Fleisch und Fleischerzeugnisse vom 21.1.1982 (BGBl. I S. 89)

Futtermittelgesetz (FMG)

Futtermittelgesetz vom 2.7.1975 (BGBl. I S. 1745)

Futtermittelverordnung

Futtermittelverordnung vom 8.4.1981 (BGBl. I S. 352)

Gefahrgutbeförderungsgesetz (GGBefG)

Gesetz über die Beförderung gefährlicher Güter vom 9.10.1998 (BGBl. I S. 3114)

Gefahrgutverordnung Straße und Eisenbahn (GGVSE)

Verordnung über die innerstaatliche und grenzüberschreitende Beförderung gefährlicher Güter auf der Straße und mit Eisenbahnen vom 11.12.2000 (BGBl. I S. 3529)

Gefahrstoffverordnung (GefStoffV)

Verordnung zum Schutz vor gefährlichen Stoffen vom 15.11.1999 (BGBl. I S. 2233)

Genehmigungsverfahrensverordnung

s. 9. BImSchV

Getränkeverpackungsverordnung (GetrVerpV)

Verordnung über die Rücknahme und Pfanderhebung von Getränkeverpackungen aus Kunststoffen vom 20.12.1988 (BGBl. I S. 2456)

Giftinformationsverordnung (ChemGiftInfoV)

Verordnung über die Mitteilungspflichten nach § 16 e des Chemikaliengesetzes zur Vorbeugung und Information bei Vergiftungen vom 17.7.1990 (BGBl. I S. 1424)

GLP-Verwaltungsvorschrift (ChemVwV-GLP)

Allgemeine Verwaltungsvorschrift zum Verfahren der behördlichen Überwachung der Grundsätze der Guten Laborpraxis vom 29.10.1990 (BAnz. S. 5754, Anlage Nr. 204a)

Großfeuerungsanlagenverordnung

s. 13. BImSchV

Grundwasserverordnung

Verordnung zur Umsetzung der Richtlinie 80/68/EWG des Rates vom 17. Dezember 1979 über den Schutz des Grundwassers gegen Verschmutzung durch bestimmte gefährliche Stoffe vom 18.3.1997 (BGBl. I S. 542)

GUV 19.16

Regeln für Sicherheit und Gesundheitsschutz beim Umgang mit Gefahrstoffen im Unterricht (Bundesverband der Unfallkassen, Hrsg.)

**Anhang B
Gesetze, Verordnungen,
Vorschriften**

GUV 19.17
Regeln für Sicherheit und Gesundheitsschutz beim Umgang mit Gefahr-
stoffen im Hochschulbereich (Bundesverband der Unfallkassen, Hrsg.)
Halogenkohlenwasserstoff-Abfallverordnung (HKWAbfV)
Verordnung über die Entsorgung gebrauchter halogenierter Lösemittel
vom 23.10.1989 (BGBl. I S. 1918)
HKW-Verordnung
s. 2. BImSchV
Hohe-See-Einbringungsgesetz
Gesetz über das Verbot der Einbringung von Abfällen und anderen Stof-
fen und Gegenständen in die Hohe See vom 26.8.1998 (BGBl. I S. 2461)
Immissionsschutzbeauftragtenverordnung
s. 5. BImSchV
Indirekteinleiterverordnung
Verordnung über die Genehmigungspflicht für das Einleiten gefährlicher
Stoffe und Stoffgruppen in öffentliche Abwasseranlagen und ihre Über-
wachung (VGS) vom 14.3.1989 (GVBl. Berlin S. 561)
Katalog wassergefährdender Stoffe
Katalog wassergefährdender Stoffe vom 1.3.1985 (GMBl. S. 175)
Klärschlammverordnung (AbfKlärV)
Klärschlammverordnung vom 15.4.1992 (BGBl. I S. 912)
Kleinfeuerungsanlagenverordnung
s. 1. BImSchV
Kraftstoffqualitätsverordnung
s. 10. BImSchV
Kraftstoffzusatzverordnung
s. 19. BImSchV
Kreislaufwirtschafts- und Abfallgesetz (KrW-/AbfG)
Gesetz zur Förderung der Kreislaufwirtschaft und Sicherung der umwelt-
verträglichen Beseitigung von Abfällen vom 27.9.1994 (BGBl. I S. 2705)
Lebensmittel- und Bedarfsgegenständegesetz (LMBG)
Gesetz über den Verkehr mit Lebensmitteln, Tabakerzeugnissen, kosme-
tischen Mitteln und sonstigen Bedarfsgegenständen vom 9.9.1997 (BGBl.
I S. 2296, 2391)
Lebensmittel-Kennzeichnungsverordnung (LMKV)
Verordnung über die Kennzeichnung von Lebensmitteln vom 6.9.1984
(BGBl. I S. 1221)
Nachweisverordnung (NachwV)
Verordnung über Verwertungs- und Beseitigungsnachweise vom
10.9.1996 (BGBl. I S. 1382)
„Öko-Audit-Verordnung"
s. EG-Umwelt-Audit-Verordnung
PCB/PCT-Abfallverordnung (PCBAbfallV)
Verordnung über die Entsorgung polychlorierter Biphenyle, polychlo-
rierter Terphenyle und halogenierter Monomethyldiphenylmethane) vom
26.6.2000 (BGBl. I S. 932)
Pentachlorphenolverbotsverordnung (PCP-V)
Pentachlorphenolverbotsverordnung vom 12.12.1989 (BGBl. I S. 2235)
Pflanzenschutz-Anwendungsverordnung (PflSchAnwV)
Verordnung über Anwendungsverbote für Pflanzenschutzmittel vom
10.11.1992 (BGBl. I S. 1887)
Pflanzenschutzgesetz (PflSchG)
Gesetz zum Schutz der Kulturpflanzen vom 14.5.1998 (BGBl. I S. 971)
Pflanzenschutzmittelverordnung (PflSchMittelV)
Verordnung über Pflanzenschutzmittel und Pflanzenschutzgeräte vom
28.7.1987 (BGBl. I S. 1754)
Prüfnachweisverordnung (ChemPrüfV)
Verordnung über Prüfnachweise und sonstige Anmelde- und Mitteilungs-
unterlagen nach dem Chemikaliengesetz vom 1.8.1994 (BGBl. I S. 1877)

Phosphathöchstmengenverordnung (PHöchstMengV)

Verordnung über Höchstmengen für Phosphate in Wasch- und Reinigungsmitteln vom 4.6.1980 (BGBl. I S. 664)

Rahmen-Abwasserverwaltungsvorschrift (Rahmen-AbwasserVwV)

Allgemeine Rahmen-Verwaltungsvorschrift über Mindestanforderungen an das Einleiten von Abwasser in Gewässer vom 31.7.1996 (GMBl. 729)

Rückstands-Höchstmengenverordnung (RHmV)

Verordnung über Höchstmengen an Rückständen von Pflanzenschutz- und Schädlingsbekämpfungsmitteln, Düngemitteln und sonstigen Mitteln in oder auf Lebensmitteln und Tabakerzeugnissen vom 21.10.1999 (BGBl. I S. 2082)

Schadstoff-Höchstmengenverordnung (SHmV)

Verordnung über Höchstmengen an Schadstoffen in Lebensmitteln vom 23.3.1988 (BGBl. I S. 422)

Schwefelgehaltsverordnung

s. 3. BImSchV

Sprengstoffgesetz (SprengG)

Gesetz über explosionsgefährliche Stoffe vom 13.9.1976 (BGBl. I S. 2737) in der Fassung vom 17.4.1986 (BGBl. I S. 577)

Störfallverordnung

s. 12. BImSchV

Tabak-Kennzeichnungs- und Teer-Höchstmengenverordnung (TabKTHmV)

Verordnung über die Kennzeichnung von Tabakerzeugnissen und über Höchstmengen von Teer im Zigarettenrauch vom 29.10.1991 (BGBl. I S. 2053)

Tabakverordnung (TabV)

Verordnung über Tabakerzeugnisse vom 20.12.1977 (BGBl. I S. 2831)

TA Abfall

Zweite allgemeine Verwaltungsvorschrift zum Abfallgesetz (TA Abfall), Teil 1: Technische Anleitung zur Lagerung, chemisch/physikalischen, biologischen Behandlung, Verbrennung und Ablagerung von besonders überwachungsbedürftigen Abfällen vom 12.3.1991 (GMBl. S. 139, 467)

TA Luft

Erste Allgemeine Verwaltungsvorschrift zum Bundes-Immissionsschutzgesetz, Technische Anleitung zur Reinhaltung der Luft vom 27.2.1986 (GMBl. S. 95, 202)

TA Siedlungsabfall

Dritte allgemeine Verwaltungsvorschrift zum Abfallgesetz (TA Siedlungsabfall), Technische Anleitung zur Verwertung, Behandlung und sonstigen Entsorgung von Siedlungsabfällen vom 14.5.1993 (BAnz. S. 4967)

Technische Regeln für brennbare Flüssigkeiten (TRbF)

TRbF 502, Richtlinie/Bau- und Prüfgrundsätze für Leckanzeigegeräte für doppelwandige Rohrleitungen (BArbBl. 12/1982, S. 72)

TRbF 510, Richtlinie/Bau- und Prüfgrundsätze für Überfüllsicherungen (BArbBl. 2/1985, S. 85)

Technische Regeln für Gefahrstoffe (TRGS)

TRGS 102, Technische Richtkonzentrationen (TRK) für gefährliche Stoffe (BArbBl. 9/1993 S. 65)

TRGS 200, Einstufung und Kennzeichnung von Stoffen, Zubereitungen und Erzeugnissen (BArbBl. 3/1999 S. 35)

TRGS 201, Einstufung und Kennzeichnung von Abfällen zur Beseitigung beim Umgang (BArbBl. 12/1997 S. 47)

TRGS 220, Sicherheitsdatenblatt für gefährliche Stoffe und Zubereitungen (BArbBl. 2/2000 S. 65)

TRGS 519, Asbest – Abbruch-, Sanierungs- oder Instandhaltungsarbeiten (BArbBl. 9/2001 S. 64)

TRGS 521, Faserstäube (BArbBl. 10/1996 S. 96)

TRGS 552, N-Nitrosamine (BArbBl. 3/1996 S. 65)

TRGS 553, Holzstaub (BArbBl. 3/1999 S. 52)

TRGS 554, Dieselmotoremissionen (DME) (BArbBl. 3/2001 S. 112)

TRGS 900, Grenzwerte in der Luft am Arbeitsplatz – Luftgrenzwerte (BArbBl. 10/2000 S. 34)

TRGS 901, Begründungen zur Erläuterungen zu Grenzwerten in der Luft am Arbeitsplatz (BArbBl. 4/1997 S. 42)

TRGS 903, Biologische Arbeitsplatztoleranzwerte – BAT-Werte (BArbBl. 4/2001 S. 53)

TRGS 905, Verzeichnis krebserzeugender, erbgutverändernder oder fortpflanzungsgefährdender Stoffe (BArbBl. 3/2001 S. 97)

TRGS 907, Verzeichnis sensibilisierender Stoffe (BArbBl. 12/1997 S. 65)

Tensidverordnung (TensV)
Verordnung über die Abbaubarkeit anionischer und nicht ionischer grenzflächenaktiver Stoffe in Wasch- und Reinigungsmitteln vom 30.1.1977 (BGBl. I S. 244)

Trinkwasserverordnung (TrinkwV)
Verordnung über die Qualität von Wasser für den menschlichen Gebrauch vom 21.5.2001 (BGBl. I S. 959)

Umweltauditgesetz (UAG)
Gesetz zur Ausführung der Verordnung (EWG) Nr. 1836/93 des Rates vom 29. Juni 1993 über die freiwillige Beteiligung gewerblicher Unternehmen an einem Gemeinschaftssystem für das Umweltmanagement und die Umweltbetriebsprüfung vom 7.12.1995 (BGBl. I S. 1591)

Umwelthaftungsgesetz (UmweltHG)
Gesetz über die Umwelthaftung vom 10.12.1990 (BGBl. I S. 2634)

Umweltstatistikengesetz (UStatG)
Gesetz über Umweltstatistiken vom 14.3.1980 (BGBl. I S. 846)

Umweltverträglichkeitsprüfung (UVPG)
Grundsätze für die Prüfung der Umweltverträglichkeit öffentlicher Maßnahmen des Bundes vom 12.9.1975 (GMBl. S. 717)

UVP-Gesetz (UVPG)
Gesetz über die Umweltverträglichkeitsprüfung vom 5.9.2001 (BGBl. S. 2350)

Verordnung über Betriebsbeauftragte für Abfall
vom 26.10.1977 (BMBl. S. 1913)

Verordnung über brennbare Flüssigkeiten (VbF)
Verordnung über Anlagen zur Lagerung, Abfüllung und Beförderung brennbarer Flüssigkeiten zu Lande vom 27.2.1980 (BGBl. I S. 173, 229)

Verordnung über die Entsorgung gebrauchter halogenierter Lösemittel (HKWAbfV)
vom 23.10.1989 (BGBl. I S. 1918)

Verpackungsverordnung (VerpackV)
Verordnung über die Vermeidung und Verwertung von Verpackungsabfällen vom 27.8.1998 (BGBl. I S. 2379)

Verwaltungsvorschrift wassergefährdende Stoffe (VwVwS)
Allgemeine Verwaltungsvorschrift über die nähere Bestimmung wassergefährdender Stoffe und ihre Einstufung entsprechend ihrer Gefährlichkeit vom 9.3.1990 (GMBl. S. 114)

Wasch- und Reinigungsmittelgesetz (WRMG)
Gesetz über die Umweltverträglichkeit von Wasch- und Reinigungsmitteln vom 5.3.1987 (BGBl. I S. 875)

Wasserhaushaltsgesetz (WHG)
Gesetz zur Ordnung des Wasserhaushalts in der Fassung der Bekanntmachung vom 23.9.1986 (BGBl. I S. 1529, 1654)

Zusatzstoff-Zulassungsverordnung (ZZulV)
Verordnung über die Zulassung von Zusatzstoffen zu Lebensmitteln zu technologischen Zwecken vom 29.1.1998 (BGBl. I S. 230)

Anhang C
Quellen von Abbildungen
und Tabellen

Abb. 1-4 nach Dieckmann 1991, S. 139; **Abb. 1-5** nach Meadows 1972, S. 21; **Abb. 1-6** nach Umweltbundesamt 1989, S. 24, und World Resources Institute 2000, S. 282, 285; **Tab. 1-1** nach Fritsch 1993, S. 77.

Abb. 2-1 nach Greenwood und Earnshaw 1988, S. 4, vereinfacht; **Abb. 2-2** nach Junge 1981, S. 237; **Abb. 2-3** nach Schidlowski 1988, S. 190; **Abb. 2-4** nach Schidlowski 1973, S. 208; **Abb. 2-5** nach Miller 1953; **Abb. 2-7** nach *Römpp Chemie Lexikon* (Falbe J, Regitz M, Hrsg. 1990. 9te Aufl. Stuttgart: Thieme. Bd 2), S. 1201, vereinfacht; **Abb. 2-9** nach Dieminger 1969, S. 36; **Abb. 2-10** nach v. Bünau und Wolff 1987, S. 160; **Abb. 2-11** nach Sposito 1989, S. 4; **Abb. 2-13** nach Herrmann 1992, S. 95; **Abb. 2-14** nach Asche 1994; **Tab. 2-1** nach Palme, Suess und Zeh 1981 und *Römpps Chemie-Lexikon* (Neumüller OA, Hrsg. 1981. 8te Aufl. Stuttgart: Franckhsche Verlagsbuchhandlung. Bd 2), S. 1443; **Tab. 2-3** nach Miller 1957 und Miller 1955; **Tab. 2-4** nach Zehnder und Zinder 1980, S. 106, *Römpp Lexikon Umwelt* (Hulpke H, Koch HA, Wagner R, Hrsg. 1993. Stuttgart: Thieme), S. 786, und Sigg und Stumm 1994, S. 35; **Tab. 2-5** nach Kümmel und Papp 1988, S. 16; **Tab. 2-6** v. Bünau und Wolff 1987, S. 161; **Tab. 2-7** nach Sposito 1989 und Deutscher Bundestag 1990, Bd. 1, S. 154 für C; **Tab. 2-8** nach Bossel 1990, S. 58; **Tab. 2-9** nach Fritsch 1993, S. 107; **Tab. 2-10** nach Leisinger 1996, S. 242.

Abb. 3-1 nach Fritsch 1993, S. 187; **Abb. 3-3** nach Pohle 1991, S. 41 (Lühr HP, Hahn J. 1984. Welche Modelle sind denkbar, um den Gewässerschutz in Zukunft zu verbessern? Vortrag, Tagung 21./22.5.1984, Gottlieb-Duttweiler Institut, Schweiz); **Abb. 3-5** nach Günther 1981, S. 57; **Abb. 3-6** nach Korte 1987, S. 36; **Abb. 3-7** nach Klötzli 1983, S. 180; **Abb. 3-9** nach Bossel 1990, S. 123; **Tab. 3-1** nach Fritsch 1993, S. 187; **Tab. 3-4** nach Grombach, Haberer und Trüeb 1985, S. 21; **Tab. 3-6** nach Koch 1991, S. 11; **Tab. 3-7** nach Koch 1991, S. 12; **Tab. 3-10** und **Tab. 3-11** nach Parlar und Angerhöfer 1991, S. 28; **Tab. 3-12** nach v. Burg und Greenwood 1991, S. 1057; **Tab. 3-13** nach Bossel 1990, S. 120; **Tab. 3-14** nach Verschueren 1983; **Tab. 3-15** ausgewählte Werte (gerundet) aus Gemert und Nettenbreijer 1977.

Abb. 4-2 nach RAL 1996, S. 156 bzw. S. 110; **Abb. 4-4** nach VCI 1993, S. 4; **Abb. 4-6** nach Hornke, Lipphardt und Meldt 1990, S. 17; **Abb. 4-7** nach VCI 1993, S. 9; **Abb. 4-8** nach Dieckmann 1991, S. 132; **Abb. 4-11** nach Umweltbundesamt 1992, S. 61 a; **Abb. 4-13** mit freundlicher Genehmigung des VCI, Frankfurt; **Tab. 4-1** nach Johansson 2001, S. 2/3; **Tab. 4-2** nach Wilmoth, Hubbart, Burckle und Martin 1991, S. 21; **Tab. 4-3** nach Umweltbundesamt 1989, S. 167. **Tab. 4-4** nach Umwelt 6/1994, S. 234.

Tab. 6-6 nach DFG 1993, S. 17 ff; **Tab. 6-7** nach DFG 1993, S. 100 ff; **Tab. 6-8** nach DFG 1993, S. 127 ff.

Abb. 7-1 zum Teil nach Chameides und Davis 1982; **Abb. 7-2** nach Chameides und Davis 1982; **Abb. 7-5** nach Klug 1991, S. 293; **Abb. 7-6** und **Abb. 7-7** nach Umweltbundesamt 1997, S. 182; **Abb. 7-9** nach Roof 1982, S. 7; **Tab. 7-1** nach Cox und Derwent 1981, S. 200-202; **Tab. 7-1** zum Teil nach Lide 1992, Kommission Reinhaltung der Luft 1992 und Fabian 1986, S. 25; **Tab. 7-2** nach Gross 1991, S. 273; **Tab. 7-3** und **Tab. 7-4** vorläufige Daten nach Umweltbundesamt 2001, S. 139, 140; **Tab. 7-6** nach Umweltbundesamt 1989 a, S. 243; **Tab. 7-9** nach Umweltbundesamt 1997, S. 183

(Werte aus Balkendiagramm); **Tab. 7-10** nach Verband der Chemischen Industrie 1989, S. 7; **Tab. 7-12** nach Cox und Derwent 1981, S. 200-202; **Tab. 7-13** nach Umweltbundesamt 1989 c, S. 155; **Tab. 7-14** nach Der Rat von Sachverständigen für Umweltfragen 1987, S. 10; **Tab. 7-15** nach Seifert 1984, S. 379, und nach Der Rat von Sachverständigen für Umweltfragen 1987, S. 8; **Tab. 7-16** nach WHO 2000, S. 47, 51-54; **Tab. 7-17** nach Umweltbundesamt 2001 b; **Tab. 7-18** nach AgBB 2000; **Tab. 7-20** Ionisationsenergien nach Lide 1992; **Tab. 7-23** nach Umweltbundesamt 1989 b, S. 48.

Abb. 8-1 nach Warrick, Gifford und Parry 1986,395; **Abb. 8-2** nach *U.S. Energy Information Administration* (zit. nach *Zeit* 41 vom 5.10.2000); **Abb. 8-3** nach Fonds der Chemischen Industrie 1987, S. 18; **Abb. 8-4** nach Deutscher Bundestag 1990, Bd. 1, S. 154; **Abb. 8-5** nach Warrick, Gifford und Parry 1986, S. 395; **Abb. 8-6** nach Revelle 1988, S. 199; **Abb. 8-7** nach Umweltbundesamt 2001, S. 125; **Abb. 8-8** nach ICPP 2001, S. 36; **Abb. 8-9** nach Raynaud et al. 1993; **Abb. 8-10** nach Raynaud et al. 1993; **Abb. 8-12** nach Grassl 1991, S. 62; **Abb. 8-13** nach ICPP 2001, S. 26; **Tab. 8-4** nach Verband der Chemischen Industrie 1989, S. 8; **Tab. 8-5** nach Umweltbundesamt 2001, S. 84; **Tab. 8-6** nach Umweltbundesamt 2001, S. 147; **Tab. 8-7** nach Umweltbundesamt 2001, S. 139; **Tab. 8-8** nach Umweltbundesamt 2001, S. 84; **Tab. 8-9** nach *BP Statistical Review of World Energy 2001* (http://www.bp.com/centres/energy/index.asp); **Tab. 8-10** nach Sigg und Stumm 1994, S. 12; **Tab. 8-11** zum Teil nach Schönwiese und Dieckmann 1988, S. 132, und Umweltbundesamt 2001, S. 115; **Tab. 8-12** nach IPCC 2001, S. 38; **Tab. 8-13** nach IPCC 2001, S. 47.

Abb. 9-1 nach Khalil und Rasmussen 1988, S. 243; **Abb. 9-2** nach Umweltbundesamt 2001, S. 139; **Abb. 9-4** nach Wolf 1971, S. 213; **Tab. 9-1** nach World Resources Institute 2000, S. 284; **Tab. 9-2** nach Fellenberg 1990, S. 52.

Abb. 10-1 nach Chameides und Davis 1982, S. 50; **Tab. 10-S** nach World Resources Institute 2000, S. 284; **Abb. 10-2** nach Berner und Berner 1987, S. 100, vereinfacht; **Abb. 10-3** nach Umweltbundesamt 2001, S. 139; **Abb. 10-4** nach Wilkins 1954, S. 270; **Abb. 10-5** nach Katalyse 1988, S. 310; **Abb. 10-6** nach Chameides und Davis 1982, S. 49; **Abb. 10-7** nach ICPP 2001, S. 36; **Tab. 10-3** nach Fonds der Chemischen Industrie 1987, S. 41; **Tab. 10-4** nach Umweltbundesamt 1989, S. 156; **Tab. 10-6** nach Verband der Chemischen Industrie 1990, S. 21; **Tab. 10-7** nach Jansen, Block und Knaack 1987; **Tab. 10-8** vorwiegend nach *Römpp Lexikon Umwelt* (Hulpke H, Koch HA, Wagner R, Hrsg. 1993. Stuttgart: Thieme), S. 783.

Abb. 11-1 nach Industrieverband Agrar 1990, Folie 2, vereinfacht; **Abb. 11-2** nach ICPP 2001, S. 36; **Abb. 11-4** nach Verband der Chemischen Industrie 1989, S. 13, und *Jahresbericht aus dem Messenetz des Umweltbundesamtes* (http://www.umweltdaten.de/down-d/mbjm00.pdf); **Abb. 11-5** nach Neftel 1991, S. 98; **Tab. 11-3** nach *Römpp Lexikon Umwelt* (Hulpke H, Koch HA, Wagner R, Hrsg. 1993. Stuttgart: Thieme), S. 673; **Tab. 11-4** nach Deutscher Bundestag 1990, Bd. 1, S. 163; **Tab. 11-5** vorläufige Daten nach Umweltbundesamt 2001, S. 139; **Tab. 11-6** nach Deutscher Bundestag 1990, Bd. 1, S. 174; **Tab. 11-7** nach World Resources Institute 2000, S. 284; **Tab. 11-8** nach Wagner und Zellner 1979, S. 713.

Abb. 12-1 nach ICPP 2001, S. 36; **Abb. 12-2** nach Raynaud et al. 1993; **Abb. 12-7** nach Güsten und Penzhorn 1974, S. 58; **Abb. 12-8** nach Güsten und Penzhorn 1974, S. 58; **Abb. 12-13** nach Verband der Chemischen Industrie, Hrsg. 1989, S. 13; **Abb. 12-15** zum Teil nach *Wie funktioniert das? Die Umwelt des Menschen* (Meyers Lexikonredaktion, Hrsg. 1989. 3te Aufl. Mannheim: Meyers Lexikonverlag), S. 333; **Abb. 12-17** nach Moussiopoulos, Oehler und Zellner 1989, S. 57; **Abb. 12-18** nach Moussiopoulos, Oehler und Zellner 1989, S. 61; **Tab. 12-2** nach Isidorov 1990, S. 30 und 38 sowie Deutscher Bundestag 1990, Bd. 1, S. 176; **Tab. 12-3** nach Deutscher Bundestag 1990, Bd. 1, S. 159; **Tab. 12-4** vorläufige Daten nach Umweltbundesamt 2001, S. 140; **Tab. 12-5** nach Verband der Chemischen Industrie 1989,

S. 8-9; **Tab. 12-6** nach World Resources Institute 2000, S. 284; **Tab. 12-9** nach Deutscher Bundestag 1990, Bd. 1, S. 169; **Tab. 12-13** nach Bosch 1987, S. 3; **Tab. 12-14** nach Weigert, Koberstein und Lakatos 1973, S. 471; **Tab. 12-15** nach Hess 1983; **Tab. 12-16** nach World Resources Institute 2000, S. 294-295; **Tab. 12-16 a** nach Hoppstock 2001.

Abb. 13-1 nach Seinfeld 1986, S. 169; **Abb. 13-7** nach Umweltbundesamt 1998 (http://www.umwelt bundesamt.de/uba-info-daten-e/daten-e/tab2-ozon.htm); **Abb. 13-8** nach Fabian 1986, S. 47; **Abb. 13-9** nach ICPP 2001, S. 43, und World Resources 2000, S. 285; **Abb. 13-10** nach *Römpp Lexikon Umwelt* (Hulpke H, Koch HA, Wagner R, Hrsg. 1993. Stuttgart: Thieme), S. 531; **Abb. 13-11** nach Becker et al. 1985, S. 26; **Abb. 13-12** nach Mirabel P. 2001. Les processus multiphasiques. *L'Actualité Chimique*, 1: 17; **Abb. 13-13** nach Deutscher Bundestag 1990, Bd. 1, S. 485, geändert; **Abb. 13-19** nach Deutscher Bundestag 1990, Bd. 1, S. 494; **Abb. 13-20** nach Umweltbundesamt 1989, S. 24 (ODP-Werte), und nach Fonds der Chemischen Industrie 1992, S. 66 (GWP-Werte); **Tab. 13-1** nach Umweltbundesamt 2001, S. 117; **Tab. 13-3** nach Deutscher Bundestag 1990, S. 583; **Tab. 13-5** z. T. nach Umweltbundesamt 1989, S. 24, und Anhang I der Verordnung 4/91/EWG; **Tab. 13-7** nach Umweltbundesamt 1989, S. 68; **Tab. 13-8** nach Ballschmiter 1992; **Tab. 13-9** nach Umweltbundesamt 1989, S. 24 und 170 ff.

Abb. 14-2 nach Verband der Chemischen Industrie 1989, S. 13; **Abb. 14-3** nach Roedel 1992, S. 376; **Abb. 14-6** nach Sigg et al. 1987, S. 128, vereinfacht; **Abb. 14-7** nach Jaenicke 1987, S. 334, vereinfacht; **Abb. 14-8** nach Roedel 1992, S. 379; **Abb. 14-9** nach Stoker und Seager 1976, S. 94; **Abb. 14-10** nach Fonds der Chemischen Industrie 1987, S. 63; **Abb. 14-14** mit freundlicher Genehmigung von Herrn H. Rahmer, Fraunhofer-Institut für Toxikologie und Aerosolforschung, Hannover; **Tab. 14-2** nach Roedel 1992, S. 383; **Tab. 14-3** nach Roedel 1992, S. 383; **Tab. 14-5** nach Fonds der Chemischen Industrie 1987, S. 62; **Tab. 14-6** nach Der Rat von Sachverständigen für Umweltfragen 1987, S. 12; **Tab. 14-9** nach *Römpp Chemie Lexikon* (Falbe J, Regitz M, Hrsg. 1990. 9te Aufl. Stuttgart: Thieme. Bd 6), S. 4436 f; **Tab. 14-10** nach Fishbein 1991, S 289; **Tab. 14-11** Hauptverband der gewerblichen Berufsgenossenschaften, Zentrales Informationssystem der gesetzlichen Unfallversicherung.

Tab. 16-2 nach Bliefert 1978; **Tab. 16-4** nach Roedel 1992, S. 200; **Tab. 16-5** nach Seel 1979, S. 363-365; **Tab. 16-6** nach Seel 1979, S. 366-367; **Tab. 16-7** nach Walther und Winkler 1981, S. 34-36.

Abb. 17-1 nach *Römpp Lexikon Umwelt* (Hulpke H, Koch HA, Wagner R, Hrsg. 1993. Stuttgart: Thieme), S. 791; **Abb. 17-4** nach Werten aus Abwassertechnische Vereinigung 1982, S. 72; **Abb. 17-6** nach Wagner 1987, S. 76; **Tab. 17-1** nach *Römpp Lexikon Umwelt* (Hulpke H, Koch HA, Wagner R, Hrsg. 1993. Stuttgart: Thieme), S. 786; **Tab. 17-3** nach Sigg und Stumm 1994, S. 8; **Tab. 17-4** nach Umweltbundesamt 2001, S. 208; **Tab. 17-5** nach *Umwelt* 10/1994, S. 383-384; **Tab. 17-7** und **Tab. 17-8** zum Teil nach Tabasaran 1982, S. 105; **Tab. 17-9** zum Teil nach Baum 1992, S. 459; **Tab. 17-10** zum Teil nach Imhoff und Imhoff 1990, S. 346.

Abb. 18-1 nach Fonds der Chemischen Industrie 1992 b, S. 7; **Tab. 18-1** Verbrauchszahlen mit freundlicher Genehmigung durch den Industrieverband Körperpflege- und Waschmittel (IKW), Frankfurt/Main, 1997; **Tab. 18-2** nach Bundesarbeitgeberverband Chemie und Verband der Chemischen Industrie 1985; **Tab. 18-3** nach Fonds der Chemischen Industrie 1992 b, S. 8; **Tab. 18-5** nach Fonds der Chemischen Industrie 1992 a, S. 19 und 21; **Tab. 18-6** nach Bahadir 1991, S. 244; **Abb. 18-7** nach World Resources Institute 2000, S. 285; **Tab. 18-7** nach Ballschmiter 1985, S. 12; **Tab. 18-10** nach Borwitzky und Holtmeier 1994, S. 27; **Tab. 18-11** nach Fonds der Chemischen Industrie 1992 a, S. 77; **Tab. 18-12** nach Heintz und Reinhardt 1991, S. 304.

Anhang C
Quellen von Abbildungen und Tabellen

**Anhang C
Quellen von Abbildungen
und Tabellen**

Abb. 19-1 nach Umweltbundesamt 2001, S. 52; **Tab. 19-1** nach nach Umweltbundesamt 2001, S. 52; **Tab. 19-2** nach World Resources Institute 2000, S. 276-277; **Tab. 19-4** nach Umweltbundesamt 2001, S. 52; **Tab. 19-6** nach Imhoff und Imhoff 1990, S. 104; **Tab. 19-7** Fonds der Chemischen Industrie 1990, S. 13; **Tab. 19-8** nach Bundesminister für Umwelt, Naturschutz und Reaktorsicherheit 1987, S. 36-37; **Tab. 19-9** und **Tab. 19-10**, **Tab. 19-11** nach Umweltbundesamt 2001, S. 186; **Tab. 19-12** nach Fonds der Chemischen Industrie 1990, S. 25 ff.

Abb. 21-1 nach Paul und Huang 1980, S. 72; **Abb. 21-3** nach Kickuth 1972; **Abb. 21-4** nach Stevenson 1982, S. 259; **Abb. 21-5** nach Greenwood und Earnshaw 1988, S. 453 und 455; **Abb. 21-7** nach Sauerbeck 1990, S. 72; **Abb. 21-9** nach Bossel 1990, S. 63; **Abb. 21-10** nach Fritsch 1993, S. 96; **Tab. 21-1** nach Bossel 1990, S. 67; **Tab. 21-2** nach Sposito 1989, S. 51; **Tab. 21-3** nach Verband der Chemischen Industrie 1987, S. 10; **Tab. 21-4** nach Statistisches Bundesamt, Flächennutzung 1997; Umweltbundesamt 2001, S. 33; **Tab. 21-5** nach Sigg und Stumm 1994, S. 3; **Tab. 21-6** nach Bossel 1990, S. 67; **Tab. 21-7** nach Gisi 1990, S. 138; **Tab. 21-8** zum Teil nach Checchin et al. 1984, S. 7.

Abb. 22-1 nach Gisi 1990, S. 263; **Abb. 22-2** nach Schulze und Lange 1990, S. 123. **Abb. 22-3** nach Fellenberg 1990, S. 156; **Abb. 22-5** nach Meadows, Meadows und Randers 1992, S. 118; **Tab. 22-3** nach Bossel 1990, S. 136; **Tab. 22-4** zum Teil nach Fellenberg 1977, S. 142; **Tab. 22-5** zum Teil nach Domsch 1992; **Tab. 22-6** nach Korte, Klein und Drefahl 1970; **Tab. 22-7** nach Verschueren 1983, S. 442; **Tab. 22-8** nach Neumann 1972.

Abb. 23-2 nach Stumm und Keller 1984, S. 28; **Abb. 23-3** nach Stumm und Keller 1984, S. 31; **Abb. 23-4** nach Sauerbeck 1990, S. 74; **Abb. 23-5** nach Bergmann 1989, S. 332; **Abb. 23-6** nach v. Burg und Greenwood 1991, S. 1052; **Abb. 23-7** nach Meadows, Meadows und Randers 1992, S. 118; **Tab. 23-1** zum Teil nach Berrow 1984, S. 131; **Tab. 23-2** nach Kieffer 1984, S. 120; **Tab. 23-3** nach Wood 1975; **Tab. 23-4** nach Kieffer 1984, S. 120; **Tab. 23-5** nach Birgersson, Sterner und Zimerson 1988, Merian 1991 sowie Stoker und Seager 1976, S. 196; **Tab. 23-6** zum Teil nach Stumm und Keller 1984, S. 29; **Tab. 23-7** zum Teil nach Dües 1989, S. 144, vereinfacht; **Tab. 23-8** nach Sauerbeck 1990, S. 74; **Tab. 23-9** nach Sauerbeck 1989, S. 283; **Tab. 23-10** nach Greenwood und v. Burg 1984, S. 515, und *World Metal Statistics – Yearbook* (World Bureau of Metal Statistics, ed.), S. 47; **Tab. 23-12** nach Link 1999, S. 169; **Tab. 23-13** Auswahl nach Strubelt 1989, S. 50, vereinfacht; **Tab. 23-14** nach *Fischer Weltalmanach 2002* und *World Metal Statistics – Yearbook* (World Bureau of Metal Statistics, ed.), S. 37; **Tab. 23-15** nach Ter Haar und Bayard 1971; **Tab. 23-16** nach Umweltbundesamt 2001, S. 166; **Tab. 23-17** Auswahl nach Strubelt 1989, S. 60, vereinfacht; **Tab. 23-18** nach Stoeppler 1991, S. 809 (Werte gerundet) und *World Metal Statistics – Yearbook* (World Bureau of Metal Statistics, ed.), S. 20; **Tab. 23-19** Auswahl nach Strubelt 1989, S. 64, vereinfacht.

Abb. 24-1 nach Pudill, Müller und Zöllner 1991, S. 22; **Tab. 24-1** nach Umweltbundesamt 2001, S. 203; **Tab. 24-4** nach Bilitewski, Härdtle und Marek 1991, S. 544.

Abb. 26-1 nach Bahdir 1991; **Tab. 26-3** Umweltstatistische Erhebungen des Statistischen Bundesamtes Deutschland; **Tab. 26-4** nach Bilitewski, Härdtle und Marek 1991, S. 90; Eurostat, Allgemeine Statistik, Schlüsselindikatoren; BUWAL, Abteilung Abfall; **Tab. 26-5** nach Arras 1992 und Umweltbundesamt 1989, S. 422; **Tab. 26-6** nach Umweltbundesamt 2001, S. 63; **Tab. 26-7** nach Umweltbundesamt 2001, S. 60; **Tab. 26-8** nach Umweltbundesamt 2001, S. 61; **Tab. 26-9** nach Umweltbundesamt 2001, S. 73.

Tab. 27-1 nach Umweltbundesamt (http://www.umwelt bundesamt.de/uba-info-daten-t/daten-t/deponie.htm); **Tab. 27-2** nach Umweltbundesamt 2001,

S. 82; **Abb. 27-3** nach *Springer Umweltlexikon* (Bahadir M, Parlar H, Spiteller M, Hrsg. 1995. Berlin: Springer), S. 697; **Tab. 27-3** und **Tab. 27-4** nach Sattler und Emberger 1990, S. 123; **Tab. 27-10** nach Arras 1992, S. 123.

Abb. 28-1 nach Hartmann und Lehmann 1993, S. 101; **Abb. 28-2** nach Kuhn und Rademacher 1994, S. 662; **Abb. 28-4** nach Umweltbundesamt *(Umwelt-daten Deutschland 1995)*, S. 41; **Tab. 28-1** nach *Umwelt* 7-8/1995, S. 276-277, und *Umwelt* 6/1995, S. 234; **Tab. 28-2** nach Umweltbundesamt 2001, S. 63; Prognose, Werte gerundet; **Tab. 28-3** und **Tab. 28-4** nach Umwelt-bundesamt 2001, S. 65; **Tab. 28-5** nach Umweltbundesamt 1994, S. 537; **Tab. 28-6** nach Umweltbundesamt 2001, S. 66; **Tab. 28-7** nach *Umwelt* 5/1997, S. 209-210.

Abb. 29-1 nach Pohle 1991, S. 183; **Tab. 29-1** nach Umweltbundesamt (http://www.umweltbundesamt.de/uba-info-daten-t/daten-t/abfallaufkommen.htm); **Tab. 29-2** nach Umweltbundesamt 1994, S. 554; **Tab. 29-3** nach Sattler und Emberger 1990, S. 189 ff; **Tab. 29-4** nach Kaminsky 1984, S. 677.

Anhang C
Quellen von Abbildungen
und Tabellen

Register

446

452

455

459